塑料成型工艺与模具设计

张维合　编著

化学工业出版社
·北京·

本书分3篇，共20章。其中，第1篇是塑料及其成型工艺，共3章，详细介绍了与塑料模具设计相关的塑料基本知识、常用塑料的性能及成型工艺条件以及塑件设计。第2篇是注射成型工艺与模具设计，共13章，详细介绍了注塑模具八大组成部分的设计内容、设计原则、设计要点，以及快速发展的热流道模具技术。第3篇是塑料其他成型工艺与模具设计，共4章，主要介绍了挤出成型工艺与模具设计、压缩成型工艺与模具设计、压注成型工艺与模具设计和吹塑成型工艺与模具设计。

本书可作为普通高等院校材料成型及控制工程专业的教材，并可作为高职高专模具设计与制造专业教材使用，亦可供有关工程技术人员参考。

图书在版编目（CIP）数据

塑料成型工艺与模具设计/张维合编著．—北京：化学工业出版社，2014.1（2023.7重印）
ISBN 978-7-122-18956-1

Ⅰ.①塑…　Ⅱ.①张…　Ⅲ.①塑料成型-工艺②塑料模具-设计　Ⅳ.①TQ320.66

中国版本图书馆CIP数据核字（2013）第267174号

责任编辑：王苏平　　文字编辑：王　琪
责任校对：王素芹　　装帧设计：王晓宇

出版发行：化学工业出版社（北京市东城区青年湖南街13号　邮政编码100011）
印　　装：涿州市般润文化传播有限公司
787mm×1092mm　1/16　印张22¼　字数585千字　2023年7月北京第1版第10次印刷

购书咨询：010-64518888　　售后服务：010-64518899
网　　址：http://www.cip.com.cn
凡购买本书，如有缺损质量问题，本社销售中心负责调换。

定　　价：48.00元

前言

FOREWORD

目前世界上已经发明的塑料品种已达数万种，常用的也有三百多种。随着塑料制品在机械、电子、交通、航空航天、建筑、农业、轻工、国防和包装等各行业的广泛应用，塑料模具的需求量也日益增加，塑料模具在国民经济中的重要性也日益突出。各国都把模具设计与制造技术提到相当高的地位，制造业中许多先进的设计、制造、测量、检验及管理技术与设备首先都应用到模具行业中。

塑料模具发展的三要素是人才、技术和设备。其中最重要的是人才，因为技术需要人才去发明和掌握，设备也需要人才去制造和使用。因此肩负着模具人才培养重任的高等院校，其重要性不言而喻。为了不断地向企业提供更多更好的塑料模具人才，我们不但要紧跟时代脚步，与时俱进，而且要引领时代潮流，披荆斩棘。

本书分 3 篇，共 20 章。其中，第 1 篇是塑料及其成型工艺，共 3 章，详细介绍了与塑料模具设计相关的塑料基本知识、常用塑料的性能及成型工艺条件以及塑件设计。第 2 篇是注射成型工艺与模具设计，共 13 章，详细介绍了注塑模具八大组成部分的设计内容、设计原则、设计要点，以及快速发展的热流道模具技术。第 3 篇是塑料其他成型工艺与模具设计，共 4 章，主要介绍了挤出成型工艺与模具设计、压缩成型工艺与模具设计、压注成型工艺与模具设计和吹塑成型工艺与模具设计。

本书有以下特点。

① 内容深入浅出，语言通俗易懂，既阐述基础知识，又介绍了先进的模具设计理念；既有计算公式，又有很多极具实用性价值的模具设计经验数据和资料。

② 图例丰富，尤其是配有大量立体图，使模具结构更加形象具体，简明易懂。

③ 采用最新国家标准，力求每一个公式、图表、图形都符合最新国家标准。

④ 模具结构先进齐全，实用性强，很多都是近几年来在生产实践中广泛应用的、真实可靠的模具结构实例。

⑤ 知识结构完整，重点突出。书中介绍了五种常用的塑料模具，在每一类模具的设计中，都详细介绍模具的工作原理、结构组成和特点、设计原则和要

点等。由于注塑模具应用最广，结构最为复杂，因此在第 2 篇中用了较大的篇幅对其八大组成部分做了重点介绍。

本书相关电子课件可免费提供给采用本书作为教材的院校使用，如有需要请联系 cipedu@163.com。

本书在编写过程中，参考了多家大型模具制造企业的设计资料，这些企业包括：忠信制模（东莞）有限公司，伟易达集团，龙昌集团，广东美的集团，精英制模有限公司，富士康科技有限公司，誉名实业有限公司，龙记集团，富达金五金塑胶有限公司，联盛塑料五金模具有限公司，美的模具有限公司，上海威虹模塑科技有限公司，东莞英济模具有限公司。

在此向以上企业表示谢意！

本书由广东科技学院张维合编著，在编写过程中还得到了广东科技学院李炳、闫丽静和肖永康，西安工业大学黄洪生和贾培刚，东莞职业技术学院刘大勇，浙江大学宁波理工学院贾志欣，昆山登云科技职业学院邹继强，黑龙江工程学院毕凤阳，大连工业大学李姝，襄樊职业技术学院彭超，潮汕职业技术学院马小伟和山东德州职业技术学院保俊等老师的宝贵支持，在此一并致以诚挚谢意！

由于时间仓促，加之水平有限，书中难免存在一些不足，敬请读者批评指正。有任何问题或意见请发邮件至 allenzhang0628@126.com。

编著者

2013 年 10 月

目 录

CONTENTS

第1篇 塑料及其成型工艺

第1篇
塑料及其成型工艺

第1章

Chapter 01

塑料基本知识

1.1 概述

1.1.1 什么是塑料

按照国际标准（ISO）和我国国家标准（GB/T 2035—1996）塑料的定义是：以高聚物为主要成分，并在加工为成品时的某个阶段可流动成型的材料。并注明弹性材料也可成型流动，但不认为是塑料。

根据美国材料试验协会的定义，塑料是一种以高分子量有机物质为主要成分的材料，它在加工完成时呈现固态形状，在制造以及加工过程中，可以借助流动来成型。

有些树脂可以直接作为塑料使用，如聚乙烯、聚苯乙烯、尼龙等，但多数树脂必须在其中加入一些添加剂，才能作为塑料使用，如酚醛树脂、氨基树脂、聚氯乙烯等。塑料是指以有机合成树脂为主要成分，加入或不加入其他配合材料（添加剂）而构成的人造材料。它通常在加热、加压条件下可模塑成具有一定形状的产品，在常温下这种形状保持不变。

因此，对于塑料我们可以得到以下几个概念。

① 塑料是高分子有机化合物。

② 塑料种类繁多，因为具有不同的单体组成，所以形成不同的塑料。

③ 不同塑料具有不同的性质。

④ 塑料可以以多种形态存在，如玻璃态、高弹态、黏流态等。

⑤ 塑料可以模塑成型。

⑥ 塑料的成型方法多样，而且可以进行大批量生产，成本低。

⑦ 塑料用途广泛，制品呈现多样化。

1.1.2 塑料的组成

塑料的主要成分是各种各样的树脂，而树脂又是一种聚合物，但塑料和聚合物是不同的概念，单纯的聚合物性能往往不能满足加工成型和实际使用的要求，一般不单独使用，只有在加入添加剂后在工业中才有使用价值。因此，塑料是以合成树脂为主要成分，再加入其他各种各样的添加剂（也称助剂）制成的。合成树脂决定了塑料制品的基本性能，其作用是将各种助剂黏结成一个整体，添加剂是为改善塑料的成型工艺性能、改善制品的使用性能或降低成本而加入的一些物质。

塑料材料所使用的添加剂品种很多，如填充剂、增塑剂、着色剂、稳定剂、固化剂、抗氧化剂等。在塑料中，树脂虽然起决定性的作用，但添加剂也起着不能忽略的作用。

1.1.2.1 树脂

树脂是在受热时软化，在外力作用下有流动倾向的聚合物。它是塑料中最重要的成分，在塑料中起黏结作用的成分，也称黏料，它决定了塑料的类型和基本性能，如热性能、物理性能、化学性能、力学性能及电性能等。

1.1.2.2 添加剂

（1）填充剂　填充剂又称填料，是塑料中的重要的但并非每种塑料必不可少的成分。填充剂与塑料中的其他成分机械混合，与树脂牢固黏结在一起，但它们之间不起化学反应。

在塑料中填充剂不仅可减少树脂用量，降低塑料成本，而且能改善塑料的某些性能，扩大塑料的使用范围。例如，在酚醛树脂中加入木粉后，既克服了它的脆性，又降低了成本。在聚乙烯、聚氯乙烯等树脂中加入钙质填充剂，便成为价格低廉、刚性强、耐热性好的塑料。用玻璃纤维作为塑料的填充剂，大幅度提高塑料的力学性能，有的填充剂还可以使塑料具有树脂所没有的性能，如导电性、导热性、磁性等。

填充剂有无机填充剂和有机填充剂。常用的填充剂的形态有粉状、纤维状和片状三种。粉状填充剂有木粉、纸浆、大理石粉、滑石粉、云母粉、石棉粉、石墨等；纤维状填充剂有棉纤维、亚麻纤维、玻璃纤维、石棉纤维、碳纤维、硼纤维和金属须等；片状填充剂有纸张、棉布、麻布和玻璃布等。填充剂的用量通常占塑料全部成分的40%以下。

（2）增塑剂　增塑剂是能与树脂相容、低挥发性、高沸点的有机化合物，它能够增加塑料的可塑性和柔软性，改善其成型性能，降低刚性和脆性。其作用是降低聚合物分子间的作用力，使树脂高分子容易产生相对滑移，从而使塑料在较低的温度下具有良好的可塑性和柔软性。

但加入增塑剂在改善塑料成型加工性能的同时，有时也会降低树脂的某些性能，如塑料的稳定性、介电性能和机械强度等。因此，在塑料中应尽可能地减少增塑剂的含量，大多数塑料一般不添加增塑剂。

对增塑剂的要求如下。

① 与树脂有良好的相容性。

② 挥发性小，不易从塑件中析出。

③ 无毒、无色、无臭味。

④ 对光和热比较稳定。

⑤ 不吸湿。

常用的增塑剂有邻苯二甲酸二丁酯、邻苯二甲酸二辛酯、樟脑等。

（3）着色剂　大多合成树脂的本色是白色半透明或无色透明。为使塑件获得各种所需色彩，在工业生产中常常加入着色剂来改变合成树脂的本色，从而得到颜色鲜艳、漂亮的制品。有些着色剂还能提高塑料的光稳定性、热稳定性。如本色聚甲醛塑料用炭黑着色后能在一定程度上有助于防止光老化。

着色剂主要分为颜料和染料两种。颜料是不能溶于普通溶剂的着色剂，故要获得理想的着色性能，需要用机械方法将颜料均匀分散于塑料中。按结构可分为有机颜料和无机颜料。无机颜料的热稳定性、光稳定性优良，价格低，但着色力相对较差，相对密度大，如钠猩红、黄光硫靛红棕、颜料蓝、炭黑等；有机颜料的着色力高，色泽鲜艳，色谱齐全，相对密度小，缺点为耐热性、耐候性和遮盖力方面不如无机颜料，如铬黄、绛红镉、氧化铬、铅粉末等。染料是可溶于大多数溶剂的有机化合物，优点为密度小，着色力高，透明度好，但其一般分子结构小，着色时易发生迁移，如士林蓝。

对着色剂的一般要求是：着色力强；与树脂有很好的相容性；不与塑料中其他成分起化学反应；性质稳定，在成型过程中不因温度、压力变化而降解变色，而且在塑件的长期使用过程中能够保持稳定。

（4）稳定剂　树脂在加工和使用过程中会发生降解（俗称老化）。所谓降解是指聚合物在热、力、氧、水、光、射线等作用下，大分子断链或化学结构发生有害变化的反应。为防止塑料在热、光、氧和霉菌等外界因素的作用下产生降解和交联，在聚合物中添加的能够稳定其化学性质的添加剂称为稳定剂。

根据稳定剂所发挥作用的不同，可分为热稳定剂、光稳定剂和抗氧化剂等。

① 热稳定剂　主要作用是抑制塑料成型过程中可能发生的热降解反应，保证塑料制品顺利成型并得到良好的质量。如有机锡化合物常用于聚氯乙烯，无毒，但价格高。

② 光稳定剂　防止塑料在太阳光、灯光和高能射线辐照下出现降解和性能降低而添加的物质称为光稳定剂。其种类有紫外线吸收剂、光屏蔽剂等，如苯甲酸酯类及炭黑等。

③ 抗氧化剂　是指防止塑料在高温下氧化降解的添加物，如酚类及胺类有机物等。

在大多数塑料中都要添加稳定剂，稳定剂的含量一般为塑料的0.3%～0.5%。对稳定剂的要求是：与树脂有很好的相容性；对聚合物的稳定效果好；能耐水、耐油、耐化学药品腐蚀，并在成型过程中不降解、挥发小、无色。

（5）固化剂　固化剂又称硬化剂、交联剂，用于成型热固性塑料。线型高分子结构的合成树脂需发生交联反应转变成体型高分子结构。固化剂添加的目的是促进交联反应。例如，在环氧树脂中加入乙二胺、三乙醇胺等。

此外，在塑料中还可加入一些其他添加剂，如发泡剂、阻燃剂、防静电剂、导电剂等。阻燃剂可降低塑料的燃烧性；发泡剂可制成泡沫塑料；防静电剂可使塑件具有适量的导电性以消除带静电的现象。在实际工作中，塑料要不要加添加剂，加何种添加剂，应根据塑料的品种和塑件的使用要求来确定。

1.1.3　塑料的分类

塑料的品种很多，目前世界上已制造出上万种可加工的塑料原料（包括改性塑料），常用的有三百多种。塑料分类的方式也很多，常用的分类方法有以下几种。

（1）根据塑料中树脂的分子结构和受热后表现的性能分类　可分成两大类：热塑性塑料和热固性塑料。

① 热塑性塑料　热塑性塑料中树脂的分子结构呈线型或支链型结构，常称为线型聚合物。它在加热时可制成一定形状的塑件，冷却后保持已定型的形状。如再次加热，又可软化熔融，再次制成一定形状的塑件，可反复多次进行，具有可逆性。在上述成型过程中一般无化学变化，只有物理变化。由于热塑性塑料具有上述可逆的特性，因此在塑料加工中产生的边角料及废品可以回收粉碎成颗粒后掺入原料中利用。

热塑性塑料又可分为结晶性塑料和无定形塑料两种。结晶性塑料分子链排列整齐、稳定、紧密，而无定形塑料分子链排列则杂乱无章。因而结晶性塑料一般都较耐热、不透明和具有较高的机械强度，而无定形塑料则与此相反。常用的聚乙烯、聚丙烯和聚酰胺（尼龙）等属于结晶性塑料；常用的聚苯乙烯、聚氯乙烯和 ABS 等属于无定形塑料。

从表观特征来看，一般结晶性塑料是不透明或半透明的，无定形塑料是透明的。但也有例外，如聚4-甲基-1-戊烯为结晶性塑料，却有高透明性，而 ABS 为无定形塑料，却是不透明的。

② 热固性塑料　热固性塑料在受热之初也具有链状或树枝状结构，同样具有可塑性和可熔性，可制成一定形状的塑件。当继续加热时，这些链状或树枝状分子主链间形成化学键结合，逐渐变成网状结构，称为交联反应。当温度升高到达一定值后，交联反应进一步进行，分子最终变为体型结构，成为既不熔化又不溶解的物质，称为固化。当再次加热时，由于分子的链与链之间产生了化学反应，塑件形状固定下来不再变化。塑料不再具有可塑性，直到在很高的温度下被烧焦炭化，其具有不可逆性。在成型过程中，既有物理变化又有化学变化。由于热固性塑料具有上述特性，故加工中的边角料和废品不可回收再生利用。

显然，热固性塑料的耐热性比热塑性塑料好。常用的酚醛树脂、三聚氰胺-甲醛树脂、不饱和聚酯等均属于热固性塑料。

热塑性塑料常采用注射、挤出或吹塑等方法成型。热固性塑料常用于压缩成型、压注成型，也可以采用注射成型。

由于塑料的主要成分是聚合物，塑料常用聚合物的名称来命名，因此，塑料的名称大都烦琐，说与写均不方便，所以常用国际通用的英文缩写字母来表示。常用塑料的缩写和名称见附录1。

（2）根据塑料性能及用途分类　可分为通用塑料、工程塑料和特种塑料等。

① 通用塑料　通用塑料指的是产量大、用途广、价格低、性能普通的一类塑料，通常用作非结构材料。世界上公认的六大类通用塑料有聚乙烯、聚丙烯、聚氯乙烯、聚苯乙烯、酚醛塑料和氨基塑料，其产量约占世界塑料总产量的75%以上，构成了塑料工业的主体。

② 工程塑料　工程塑料泛指一些具有能制造机械零件或工程结构材料等工业品质的塑料。除具有较高的机械强度外，这类塑料的耐磨性、耐腐蚀性、耐热性、自润滑性及尺寸稳定性等均比通用塑料优良，它们具有某些金属特性，因而在机械制造、轻工、电子、日用、宇航、导弹、原子能等工程技术部门得到广泛应用，越来越多地代替金属用于某些机械零件。

目前工程上使用较多的塑料包括聚酰胺、聚甲醛、聚碳酸酯、ABS、聚砜、聚苯醚、聚四氟乙烯等，其中前四种发展最快，为国际上公认的四大工程塑料。

③ 特种塑料（功能塑料）　是指那些具有特殊功能、适合某种特殊场合用途的塑料，主要有医用塑料、光敏塑料、导磁塑料、超导电塑料、耐辐射塑料、耐高温塑料等。其主要成分是树脂，有的是专门合成的树脂，也有一些是采用上述通用塑料和工程塑料用树脂经特殊处理或改性后获得特殊性能。这类塑料产量小，性能优异，价格昂贵。

随着塑料应用范围的越来越广，工程塑料和通用塑料之间的界限已难以划分，例如通用塑料聚氯乙烯作为耐腐蚀材料已大量应用于化工机械中。

（3）按塑料的结晶形态不同分类　一般分为结晶性塑料和非结晶性塑料（无定形塑料）。

结晶性塑料是指在适当的条件下，分子能产生某种几何结构的塑料（如PE、PP、PA、POM、PET、PBT等），大多数属于部分结晶态。非结晶性塑料是指分子形状和分子相互排列不呈晶体结构而呈无序状态的塑料（如ABS、PC、PVC、PS、PMMA、EVA、AS等）。非结晶性塑料又称无定形塑料，非结晶性塑料在各个方向上表现的力学特性是相同的，即各向同性。

结晶性塑料对注塑机和注塑模具的要求如下。

① 结晶性塑料熔化时需要较多的能量来摧毁晶格，所以由固体转化为熔融的熔体时需要输入较多的热量，所以注塑机的塑化能力较大，额定注射量也要相应提高。

② 结晶性塑料熔点范围窄，为防止喷嘴温度降低时胶料结晶堵塞喷嘴，喷嘴孔径应适当加大，并加装能单独控制喷嘴温度的发热圈。

③ 由于模具温度对结晶度有重要影响，所以模具冷却水路应尽可能多，保证成型时模具温度均匀。

④ 结晶性塑料在结晶过程中发生较大的体积收缩，引起较大的成型收缩，因此在模具设计中要认真考虑其成型收缩率。

⑤ 结晶性塑料由于各向异性显著，内应力大，在模具设计中要注意浇口的位置和大小，以及加强筋的位置与大小，否则容易发生翘曲变形，而后要靠调整成型工艺去改善是相当困难的。

⑥ 结晶度与塑件壁厚有关，壁厚大时冷却慢，结晶度高，收缩大，易发生缩孔、气孔，因此在模具设计中要注意对塑件壁厚的控制。

结晶性塑料的成型工艺特点如下。

① 冷却时释放出的热量大，要充分冷却，高温成型时注意冷却时间的控制。

② 熔融态与固态时的密度差大，成型收缩大，易发生缩孔、气孔，要注意保压压力的设定。

③ 模温低时，冷却快，结晶度低，收缩小，透明度高。结晶度与塑件壁厚有关，塑件壁厚大时冷却慢，结晶度高，收缩大，物性好，所以结晶性塑料应按要求必须控制模温。

④ 塑件脱模后因未结晶的分子有继续结晶化的倾向，处于能量不平衡状态，易发生变形、翘曲，应适当提高料温和模具温度，采用中等的注射压力和注射速度。

(4) 按塑料的透光性不同分类　一般分为透明塑料、半透明塑料和不透明塑料。

① 透明塑料　透光率在 88%以上的塑料称为透明塑料，如 PMMA、PS、PC、Z-聚酯等。

② 半透明塑料　常用的半透明塑料有 PP、PVC、PE、AS、PET、MBS、PSF 等。

③ 不透明塑料　不透明的塑料主要有 POM、PA、ABS、HIPS、PPO 等。

(5) 按塑料的硬度不同分类　一般分为硬质塑料、半硬质塑料和软质塑料。

① 硬质塑料　有 ABS、POM、PS、PMMA、PC、PET、PBT、PPO 等。

② 半硬质塑料　有 PP、PE、PA、PVC 等。

③ 软质塑料　有软 PVC、BS (K 料)、TPE、TPR、EVA、TPU 等。

1.1.4　塑料的优点和缺点

(1) 塑料的优点

① 易于加工，易于成型，适于全自动大批量生产，成本低　即使塑件的几何形状相当复杂，也可以模塑成型，其生产效率远胜于金属加工，特别是注射成型塑件，只要一道工序，即可制造出很复杂的塑料制品。

由于塑料易于加工，可以进行大批量生产，设备费用比较低廉，所以制品成本较低。

② 可根据需要随意着色，或制成透明塑件　利用塑料可任意着色的特性，可制作五光十色、透明美丽的塑件，通过塑料之间的共混，还可以做出具有珠光宝气效果的塑件，大大提高其商品附加值，并给人一种清新明快的感觉。

③ 质量轻，比强度高　大多数塑料的密度与水相当，在 $1.0g/cm^3$ 左右，与金属、陶瓷制件相比，质量轻。塑料的机械强度虽不及金属及陶瓷，但比强度（强度与密度的比值）比它们要高，故可制作轻质、高强度塑件。如果在塑料中填充玻璃纤维后，其强度和耐磨性还可大大提高。

④ 不生锈，不易腐蚀　塑料不会像金属那样易生锈或受到化学药品腐蚀，使用时不必担心酸、碱、盐、油类、药品、潮湿及霉菌等的侵蚀。

⑤ 不易传热，保温性能好　由于塑料比热容大，热导率小，不易传热，故其保温及隔热效果良好。

⑥ 既能制作导电部件，又能制作绝缘产品　塑料本身是很好的绝缘物质，目前可以说没有哪一种电气元件不使用塑料。但如果在塑料中填充金属粉末或碎屑加以成型，也可制成导电性良好的产品。

⑦ 减震、消声性能优良，透光性好　塑料具有优良的减震、消声性能。透明塑料（如PMMA、PS、PC等）可制作透明的塑件，如镜片、标牌、罩板等。

(2) 塑料的缺点

① 耐热性差，易于燃烧　这是塑料最大的缺点，与金属和陶瓷相比，其耐热性低劣得多，温度稍高，就会变形，而且易于燃烧。燃烧时多数塑料能产生大量的热、烟和有毒气体。即使是热固性树脂，超过200℃也会冒烟，并产生剥落。

② 随着温度的变化，性质也会大大改变　高温自不必说，即使遇到低温，各种性质也会大大改变。

③ 机械强度较低　与同样体积的金属相比，机械强度低得多，特别是薄壁塑件，这种差别尤为明显。

④ 易受特殊溶剂及药品的腐蚀　一般来说，塑料不容易受化学药品的腐蚀，但有些塑料易受特殊溶剂及药品的腐蚀，如PC、ABS、PS等，在这方面的性质特别差。在一般情况下，热固性树脂在这方面就比较好，不易腐蚀。

⑤ 耐候性差，易老化　无论是强度、表面光泽还是透明度，塑料都不耐久，受负荷有蠕变现象。另外，所有的塑料均怕紫外线及太阳光照射，在光、氧、热、水及大气环境作用下易老化。

⑥ 易受损伤，也容易沾染灰尘及污物　塑料的表面硬度都比较低，容易受损伤。另外，由于是绝缘体，故带有静电，因此容易沾染灰尘。

⑦ 尺寸稳定性差　与金属相比，塑料收缩率很高，而且易受注射成型工艺参数的影响，波动性较大，不易控制，故模塑件的尺寸精度难以保证。另外，在使用期间塑件受潮、吸湿或温度发生变化时，尺寸易随时间发生变化。

1.2　塑料的性能

塑料的性能包括塑料的使用性能和塑料的工艺性能，使用性能体现了塑料的使用价值，工艺性能体现了塑料的成型特性。

1.2.1　塑料的使用性能

塑料的使用性能即塑料制品在实际使用中需要的性能，主要有物理性能、化学性能、力学性能、热性能、电性能等。这些性能都可以用一定的指标衡量并可以用一定的试验方法测得。

1.2.1.1　塑料的物理性能

塑料的物理性能主要有密度、表观密度、透湿性、吸水性、透明性、透光性等。

密度是指单位体积中塑料的质量。而表观密度是指单位体积的试验材料（包括空隙在内）的质量。

透湿性是指塑料透过蒸汽的性质。它可用透湿系数表示。透湿系数是在一定温度下，试样两侧在单位压力差的情况下，单位时间内在单位面积上通过的蒸汽量与试样厚度的乘积。

吸水性是指塑料吸收水分的性质。它可用吸水率表示。吸水率是指在一定温度下，把塑料放在水中浸泡一定时间后质量增加的百分率。

透明性是指塑料透过可见光的性质。它可用透光率来表示。透光率是指透过塑料的光通量与其入射光通量的百分率。

1.2.1.2　塑料的化学性能

塑料的化学性能有耐化学品性、耐老化性、耐候性、光稳定性、抗霉性等。

耐化学品性是指塑料耐酸、碱、盐、溶剂和其他化学物质的能力。

耐老化性是指塑料暴露于自然环境中或人工条件下，随着时间推移而不产生化学结构变化，从而保持其性能的能力。

耐候性是指塑料暴露在日光、冷热、风雨等气候条件下，保持其性能的性质。

光稳定性是指塑料在日光或紫外线照射下，抵抗褪色、变黑或降解等的能力。

抗霉性是指塑料对霉菌的抵抗能力。

1.2.1.3　塑料的力学性能

塑料的力学性能主要有拉伸强度、压缩强度、弯曲强度、断裂伸长率、冲击韧度、疲劳强度、蠕变性能、摩擦系数及磨耗、硬度等。

与金属相比，塑料的强度和刚度绝对值都比较小。未增强的塑料，通用塑料的拉伸强度一般为 20～50MPa，工程塑料一般为 50～80MPa，很少有超过 100MPa 的品种。经玻璃纤维增强后，许多工程塑料的拉伸强度可以达到或超过 150MPa，但仍明显低于金属材料，如碳钢的抗拉强度高限可达 1300MPa，高强度钢可达 1860MPa，而铝合金的抗拉强度也在 165～620MPa 之间。但由于塑料密度小，塑料的比强度和比刚度高于很多金属。

塑料是高分子材料，长时间受载与短时间受载时有明显区别，主要表现在蠕变和应力松弛。蠕变是指当塑料受到一个恒定载荷时，随着时间的增长，应变会缓慢地持续增大。所有的塑料都会不同程度地产生蠕变。耐蠕变性是指材料在长期载荷作用下，抵抗应变随时间而变化的能力。它是衡量塑件尺寸稳定性的一个重要因素。分子链间作用力大的塑料，特别是分子链间具有交联的塑料，耐蠕变性就好。

应力松弛是指在恒定的应变条件下，塑料的应力随时间延长而逐渐减小。例如，塑件作为螺纹紧固件，往往由于应力松弛使紧固力变小甚至松脱，带螺纹的塑料密封件也会因应力松弛失去密封性。针对这类情况，应选用应力松弛较小的塑料或采用相应的防范措施。

磨耗量是指两个彼此接触的物体（试验时用塑料与砂纸）因为摩擦作用而使材料（塑料）表面造成的损耗。它可以用摩擦损失的体积表示。

1.2.1.4　塑料的热性能

塑料的热性能主要是线膨胀系数、热导率、玻璃化温度、耐热性、热变形温度、热稳定性、热降解温度、耐燃性、比热容等。

耐热性是指塑料在外力作用下，受热而不变形的性质，它可用热变形温度或马丁耐热温度来量度。方法是将试样浸在一种等速升温的适宜传热介质中，在一定的弯矩负荷作用下，测出试样弯曲变形达到规定值的温度。马丁耐热温度和热变形温度测定的装置和测定方法不同，应用场合也不同。前者适用于量度耐热性低于 60℃ 的塑料的耐热性；后者适用于量度常温下是硬质的模塑材料和板材的耐热性。

热稳定性是指高分子化合物在加工或使用过程中受热而不降解变质的性质。它可用一定量的聚合物以一定压力压成一定尺寸的试片，然后将其置于专用的试验装置中，在一定温度下恒温加热一定时间，测其质量损失，并以损失的质量和原来质量的百分率表示热稳定性的大小。

热降解温度是高分子化合物在受热时发生降解的温度。它是反映聚合物热稳定性的一个量值。它可以用压力法或试纸鉴别法测试。压力法是根据聚合物降解时产生气体，从而产生压力差的原理进行测试；试纸鉴别法是根据聚合物发生降解放出的气体使试纸变色的原理进行测试。

耐燃性是指塑料接触火焰时抵制燃烧或离开火焰时阻碍继续燃烧的能力。

1.2.1.5 塑料的电性能

塑料的电性能主要有介电常数、介电强度、耐电弧性等。

介电常数是以绝缘材料（塑料）为介质与以真空为介质制成的同尺寸电容器的电容量之比。介电强度是指塑料抵抗电击穿能力的量度，其值为塑料击穿电压值与试样厚度之比，单位为 kV/mm。

耐电弧性是塑料抵抗由于高压电弧作用引起变质的能力，通常用电弧焰在塑料表面引起炭化至表面导电所需的时间表示。

1.2.2 塑料的成型性能

塑料与成型工艺、成型质量有关的各种性能，统称为塑料的工艺性能，了解和掌握塑料的工艺性能，直接关系到塑料能否顺利成型和保证塑件质量，同时也影响着模具的设计要求，下面分别介绍热塑性塑料和热固性塑料成型的主要工艺性能和要求。

1.2.2.1 热塑性塑料的成型工艺性能

热塑性塑料的工艺性能除了热力学性能、结晶性、取向性外，还有收缩性、流动性、热敏性、水敏性、吸湿性、相容性等。

（1）收缩性 塑料通常是在高温熔融状态下充满模具型腔而成型，当塑件从模具中取出冷却到室温后，其尺寸会比原来在模具中的尺寸减小，这种特性称为收缩性。它可用单位长度塑件收缩量的百分数来表示，即收缩率（S）。

由于这种收缩不仅是塑件本身的热胀冷缩造成的，而且还与各种成型工艺条件及模具因素有关，因此成型后塑件的收缩称为成型收缩。可以通过调整工艺参数或修改模具结构，以缩小或改变塑件尺寸的变化情况。

① 成型收缩的分类 成型收缩分为尺寸收缩和后收缩两种形式，而且同时都具有方向性。

a. 塑件的尺寸收缩 由于塑件的热胀冷缩以及塑件内部的物理、化学变化等原因，导致塑件脱模冷却到室温后发生的尺寸缩小现象，为此在设计模具的成型零部件时必须考虑通过设计对它进行补偿，避免塑件尺寸出现超差。

b. 塑件的后收缩 塑件成型时，因其内部物理、化学及力学变化等因素产生一系列应力，塑件成型固化后存在残余应力，塑件脱模后，因各种残余应力的作用将会使塑件尺寸产生再次缩小的现象。通常，一般塑件脱模后 10h 内的后收缩较大，48h 后基本定型，但要达到最终定型，则需要很长时间，一般热塑性塑料的后收缩大于热固性塑料。注射成型和压注成型的塑件后收缩大于压缩成型塑件。

为减小塑件内部的应力，稳定塑件的成型后的尺寸，有时根据塑料的性能及工艺要求，塑件在成型后需进行热处理，热处理后也会导致塑件的尺寸发生收缩，称为后处理收缩。塑件后处理工序包括退火处理和调湿处理，详见第 2 章 2.4 节。

在对高精度塑件的模具设计时应补偿后收缩和后处理收缩产生的误差。

② 塑件收缩的方向性 塑料在成型过程中高分子沿流动方向的取向效应会导致塑件的各向异性，塑件的收缩必然会因方向的不同而不同。通常沿料流的方向收缩大、强度高，而与料流垂直的方向收缩小、强度低。同时，由于塑件各个部位添加剂分布不均匀，密度不均匀，故收缩也不均匀，从而塑件收缩产生收缩差，容易造成塑件产生翘曲、变形乃至开裂。

③ 成型收缩率 塑件成型收缩率分为实际收缩率与计算收缩率，实际收缩率表示模具或塑件在成型温度的尺寸与塑件在常温下的尺寸之间的差别，计算收缩率则表示在常温下模具的尺寸与塑件的尺寸之间的差别。计算公式如下：

$$S'=\frac{L_C-L_S}{L_S}\times 100\% \quad (1\text{-}1)$$

$$S=\frac{L_m-L_S}{L_S}\times 100\% \quad (1\text{-}2)$$

式中 S'——实际收缩率；

S——计算收缩率；

L_C——塑件或模具在成型温度时的尺寸；

L_S——塑件在常温时的尺寸；

L_m——模具在常温时的尺寸。

因实际收缩率与计算收缩率数值相差很小，所以在普通中、小模具设计时常采用计算收缩率来计算型腔及型芯等的尺寸。而对大型、精密模具设计时一般采用实际收缩率来计算型腔及型芯等的尺寸。

④ 影响收缩率的因素　在实际成型时，不仅塑料品种不同其收缩率不同，而且同一品种塑料的不同批号，或同一塑件不同部位的收缩值也常不同。影响收缩率变化的主要因素有以下四个方面。

a. 塑料的品种　各种塑料都有其各自的收缩率范围，但即使是同一种塑料由于分子量、填料及配比等不同，则其收缩率及各向异性也各不相同。无定形塑料的收缩率小于1%，结晶性塑料的收缩率均超过1%，结晶性塑料注塑的塑件，具有后收缩现象，需在冷却24h后测量其尺寸，精确度可达0.02mm。常用塑料收缩率见表1-1。

表 1-1　常用塑料收缩率

类别	塑料名称	成型收缩率/%	
		非增强	玻璃纤维增强
非结晶性塑料	聚苯乙烯	0.3～0.6	—
	苯乙烯-丁二烯共聚物(SB)	0.4～0.7	—
	苯乙烯-丙烯脂共聚物(SAN)	0.4～0.7	0.1～0.3
	ABS	0.4～0.7	0.2～0.4
	有机玻璃(PMMA)	0.3～0.7	—
	聚碳酸酯	0.6～0.8	0.2～0.5
	硬聚氯乙烯	0.4～0.7	—
	改性聚苯乙烯	0.5～0.9	0.2～0.4
	聚砜	0.6～0.8	0.2～0.5
	纤维素塑料	0.4～0.7	—
结晶性塑料	聚乙烯	1.2～3.8	—
	聚丙烯	1.2～2.6	0.5～1.2
	聚甲醛	1.8～3.0	0.2～0.8
	聚酰胺6(尼龙-6)	0.5～2.2	0.7～1.2
	聚酰胺66(尼龙-66)	0.5～2.5	—
	聚酰胺610(尼龙-610)	0.5～2.5	—
	聚酰胺11(尼龙-11)	1.8～2.5	—
	PET树脂	1.2～2.0	0.3～0.6
	PBT树脂	1.4～2.7	0.4～1.3

b. 塑件结构　塑件的形状、尺寸、壁厚、有无嵌件、嵌件数量及布局等，对收缩率值有很大影响，一般塑件壁厚越大则收缩率越大，形状复杂的塑件的收缩率小于形状简单的塑件的收缩率，有嵌件的塑件因嵌件阻碍和激冷收缩率减小。

c. 模具结构　模具的分型面、加压方向及浇注系统的结构形式、布局及尺寸等直接影响料流方向、密度分布、保压补缩作用及成型时间，对收缩率及方向性影响很大，尤其是挤出成型和注射成型更为突出。

d. 成型工艺条件　模具的温度、注射压力、保压时间等成型条件对塑件收缩均有较大影响。模具温度高，熔料冷却慢，密度高，收缩大。尤其对结晶性塑料，因其体积变化大，其收缩更大，模具温度分布均匀性也直接影响塑件各部分收缩率的大小和方向性，注射压力高，熔料黏度差小，脱模后弹性回复大，收缩率减小。保压时间长，则收缩率小，但方向性明显。

由于收缩率不是一个固定值，而是在一定范围内波动，收缩率的变化将引起塑件尺寸变化，因此，在模具设计时应根据塑料的收缩率范围、塑件壁厚、形状、浇口形式、尺寸、位置成型因素等综合考虑确定塑件各部位的收缩率。对精度高的塑件应选取收缩率波动范围小的塑料，并留有修模余地，试模后逐步修正模具，以达到塑件尺寸精度的要求。

（2）流动性　在成型过程中，塑料熔体在一定的温度、压力下填充模具型腔的能力称为塑料的流动性。塑料流动性的好坏，在很大程度上直接影响成型工艺的参数，如成型温度、成型压力、成型周期、模具浇注系统的尺寸及其他结构参数。在决定塑件大小和壁厚时，也要考虑流动性的影响。

流动性的大小与塑料的分子结构有关，具有线型分子而没有或很少有交联结构的树脂流动性大。在塑料中加入填料，会降低树脂的流动性，而加入增塑剂或润滑剂，则可增加塑料的流动性。塑件合理的结构设计也可以改善流动性，例如，在流道和型腔的拐角处采用圆角结构就可以改善熔体的流动性。

塑料的流动性对塑件质量、模具设计以及成型工艺影响很大，流动性差的塑料，不容易充满型腔，易产生缺料或熔接痕等缺陷，因此需要较大的成型压力才能成型。相反，流动性好的塑料，可以用较小的成型压力充满型腔。但流动性太好，会在成型时产生严重的溢料飞边。因此，在塑件成型过程中，选用塑件材料时，应根据塑件的结构、尺寸及成型方法选择适当流动性的塑料，以获得令人满意的塑件。此外，模具设计时应根据塑料流动性来考虑分型面和浇注系统及料流方向。选择成型温度也应考虑塑料的流动性，流动性好的塑料，成型温度应低一些；流动性差的塑料，成型温度应高一些。

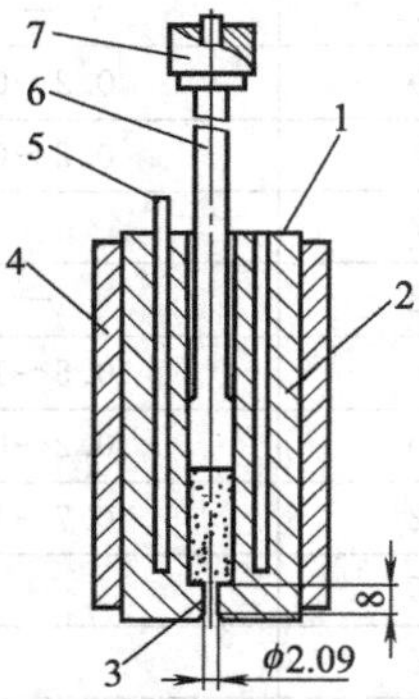

图 1-1　熔体流动速率测试仪

1—热电偶测温管；2—料筒；3—出料孔；4—保温层；5—加热棒；6—柱塞；7—重锤（重锤加柱塞共重 2160g）

塑料流动性的测定采用统一的方法，对热塑性塑料通常有熔体指数测定法和螺旋线长度试验法。熔体指数测定法是将被测塑料装入如图 1-1 所示的标准装置内，一定温度和负荷下，其熔体在 10min 内通过标准毛细管（直径为 2.09mm 的出料孔）的质量，该值称为熔体指数。它是反映塑料在熔融状态下流动性的一个量值，熔体指数越大，流动性越好。熔体指数的单位以 g/10min 表示。通常以 MI 表示。图 1-1 为熔体流动速率测试仪。

按照模具设计要求，热塑性塑料的流动性可分为以下三类。

① 流动性好的塑料　如聚酰胺、聚乙烯、聚苯乙烯、聚丙烯、醋酸纤维素和聚甲基戊烯等。

② 流动性中等的塑料　如改性聚苯乙烯、ABS、AS、聚甲基丙烯酸甲酯、聚甲醛和氯化聚醚等。

③ 流动性差的塑料　如聚碳酸酯、硬聚氯乙烯、聚苯醚、聚砜、聚芳砜和氟塑料等。

塑料流动性的影响因素主要有以下三个。

① 温度　料温高，则塑料流动性增大，但料温对不同塑料的流动性影响各有差异。聚苯乙烯、聚丙烯、聚酰胺、聚甲基丙烯酸甲酯、ABS、AS、聚碳酸酯、醋酸纤维素等塑料流动性对温度变化的影响较大；而聚乙烯、聚甲醛的流动性受温度变化的影响较小。

② 压力　注射压力增大，则熔料受剪切作用大，流动性也增大，尤其是聚乙烯、聚甲醛十分敏感。但过高的压力会使塑件产生应力，并且会降低熔体黏度，形成飞边。

③ 模具结构　浇注系统的形式、尺寸、布置、型腔表面粗糙度、流道截面厚度、型腔形式、排气系统、冷却系统设计、熔体流动阻力等因素都直接影响熔体的流动性。

凡是遇到促使熔体温度降低、流动阻力增大的因素（如塑件壁厚太薄、转角处采用尖角等），流动性就会降低。表 1-2 列出了常用塑料改进流动性能的方式。

表 1-2　常用塑料改进流动性能的方式

塑料代号	名称	改进方式	塑料代号	名称	改进方式
PE	聚乙烯	提高螺杆速度	PS	聚苯乙烯	两者都行
PP	聚丙烯	提高螺杆速度	ABS	丙烯腈-丁二烯-苯乙烯共聚物	提高温度
PA	尼龙(聚酰胺)	提高温度	PVC	聚氯乙烯	提高温度
POM	聚甲醛	提高螺杆速度	PMMA	聚甲基丙烯酸甲酯	提高温度
PC	聚碳酸酯	提高温度			

(3) 热敏性　各种塑料的化学结构在热量作用下均有可能发生变化，某些热稳定性差的塑料，在料温高和受热时间长的情况下就会产生分解、降解、变色的特性，这种对热量的敏感程度称为塑料的热敏性。热敏性很强的塑料（即热稳定性很差的塑料）通常简称为热敏性塑料。如硬聚氯乙烯、聚三氟氯乙烯、聚甲醛等。这种塑料在成型过程中很容易在不太高的温度下发生热分解、热降解或在受热时间较长的情况下发生过热降解，从而影响塑件的性能和表面质量。

热敏性塑料熔体在发生热分解或热降解时，会产生各种降解产物。有的降解产物会对人体、模具和设备产生刺激、腐蚀或带有一定毒性；有的降解产物还会是加速该塑料降解的催化剂，如聚氯乙烯降解产生氯化氢，能起到进一步加剧高分子降解的作用。

为了避免热敏性塑料在加工成型过程中发生热降解现象，在模具设计、选择注塑机及成型时，可在塑料中加入热稳定剂，也可采用合适的设备（螺杆式注塑机），严格控制成型温度、模温、加热时间、螺杆转速及背压等。及时清除降解产物，设备和模具应采取防腐蚀等措施。

(4) 水敏性　塑料的水敏性是指它在高温、高压下对水降解的敏感性。如聚碳酸酯即是典型的水敏性塑料。即使含有少量水分，在高温、高压下也会发生降解。因此，水敏性塑料成型前必须严格控制水分含量，进行干燥处理。

(5) 吸湿性　吸湿性是指塑料对水分的亲疏程度。以此性质塑料大致可分为两类：一类是具有吸水或黏附水分性能的塑料，如聚酰胺、聚碳酸酯、聚砜、ABS 等；另一类是既不吸水也不易黏附水分的塑料，如聚乙烯、聚丙烯、聚甲醛等。

凡是具有吸水性倾向的塑料，如果在成型前水分没有除去，含量超过一定限度，在成型加工时，水分将会变为气体并促使塑料发生降解，导致塑料起泡和流动性降低，造成成型困难，而且使塑件的表面质量和力学性能降低。因此，为保证成型的顺利进行和塑件的质量，对吸水性强和黏附水分倾向大的塑料，在成型前必须除去水分，进行干燥处理，必要时还应在注塑机的料斗内设置红外线加热。常用塑料的允许含水量与干燥温度见表 1-3。

表 1-3　常用塑料的允许含水量与干燥温度

塑料名称	允许含水量/%	干燥温度/℃
ABS	0.3	80～90
聚苯乙烯	0.05～0.10	60～75
纤维素塑料	最高 0.40	65～87
聚氯乙烯	0.08	60～93
聚碳酸酯	最高 0.02	100～120
聚丙烯	0.10	65～75
酯类纤维塑料	0.10	76～87
尼龙	0.04～0.08	80～90

引起塑料中水分和挥发物多的原因主要有以下三个方面。

① 塑料（或树脂）的平均分子量低。

② 塑料（或树脂）在生产时没有得到充分的干燥。

③ 吸水性大的塑料因存放不当而使之吸收了周围空气中的水分，不同塑料有不同的干燥温度和干燥时间的规定。

（6）相容性　相容性是指两种或两种以上不同品种的塑料，在熔融状态下不产生相分离现象的能力。如果两种塑料不相容，则混熔时制件会出现分层、脱皮等表面缺陷。不同塑料的相容性与其分子结构有一定关系，分子结构相似者较易相容，例如高压聚乙烯、低压聚乙烯、聚丙烯彼此之间的混熔等。分子结构不同时较难相容，例如聚乙烯和聚苯乙烯之间的混熔。

（7）塑料的加工温度　塑料的加工温度就是达到黏流态的温度，加工温度不是一个点，而是一个范围（从熔点到降解温度之间）。在对塑料进行热成型时应根据塑件的大小、复杂程度、厚薄、嵌件情况、所用着色剂对温度的耐受性、注塑机性能等因素选择适当的加工温度。

常用塑料的加工温度范围见表 1-4。

表 1-4　常用塑料的加工温度范围　　单位：℃

塑料名称	玻璃化温度	熔点	加工温度范围	降解温度(空气中)
聚苯乙烯	85～110	165	180～260	260
ABS	90～120	160	180～250	250
高压聚乙烯	−123～85	110	160～240	280
低压聚乙烯	−123～85	130	200～280	280
聚丙烯	−123～85	164	200～300	300
尼龙-66	50	250～260	260～290	300
尼龙-6	50	215～225	260～290	300
有机玻璃	90～105	180	180～250	260
聚碳酸酯	140～150	250	280～310	330

（8）塑料降解　塑料在高温、应力、氧气和水分等外部条件作用下，发生化学反应，导致聚合物分子链断裂，使弹性消失，强度降低，制品表面粗糙，使用寿命缩短的现象，称为降解。避免发生降解的措施如下。

① 提高塑料质量。

② 烘料，严格控制水分含量。

③ 选择合理的注射工艺参数。

④ 对热、氧稳定性差的塑料加入稳定剂。

1.2.2.2　热固性塑料的成型工艺性能

热固性塑料利用螺杆或柱塞把聚合物经加热过的料筒（48～126℃）以降低黏度，随后注入加热过的模具中（149～232℃）。一旦塑料充满模具，即对其保压。此时产生化学交联，使聚合物变硬。硬的（即固化的）塑件趁热即可自模具中顶出，它不能再成型或再熔融。

成型设备有带一个用以闭合模具的液压驱动合模装置和一个能输送物料的注射装置。多数热固性塑料都是在颗粒态或片状下使用的，可由重力料斗送入螺杆注射装置。当加工聚酯整体模塑料（BMC）时，它犹如“面包团”，采用一个供料活塞将物料压入螺纹槽中。

采用这种工艺方法加工的聚合物主要有酚醛塑料、聚酯整体模塑料、三聚氰胺、环氧树脂、脲醛塑料、乙烯基酯聚合物和邻苯二甲酸二烯丙酯（DAP）。

多数热固性塑料都含有大量的填充剂（含量达70%），以降低成本或提高其低收缩性能，增加强度或特殊性能。常用的填充剂包括玻璃纤维、矿物纤维、陶土、木纤维和炭黑。这些填充物可能十分具有磨损性，并产生高黏度，这些必须为加工设备所克服。

热塑性塑料和热固性塑料在加热时都会降低黏度。但和热塑性塑料不同的是，热固性塑料的黏度会随时间和温度增加而增加，这是因为发生了化学交联反应。这些作用的综合结果是黏度随时间和温度而呈U形曲线变化。在最低黏度区域完成填充模具的操作，这是热固性注射模塑的目的，因为此时物料成型为模具形状所需压力是最低的。这也有助于对聚合物中的纤维损害降到最低。

热固性塑料和热塑性塑料相比，具有塑件尺寸稳定性好、耐热性好和刚性大等特点，所以在工程上应用十分广泛。热固性塑料的工艺性能明显不同于热塑性塑料，其主要性能指标有收缩率、流动性、水分及挥发物含量与固化速度等。

（1）收缩率　同热塑性塑料一样，热固性塑料经成型冷却也会发生尺寸收缩，其收缩率的计算方法与热塑性塑料相同。产生收缩的主要原因有以下几个。

① 热收缩　热收缩是由于热胀冷缩而使塑件成型冷却后所产生的收缩。由于塑料主要成分是树脂，线膨胀系数比钢材大几倍至几十倍，塑件从成型加工温度冷却到室温时，会远远大于模具尺寸收缩量的收缩，收缩量大小可以用塑料线膨胀系数的大小来判断。热收缩与模具的温度成正比，是成型收缩中主要的收缩因素之一。

② 结构变化引起的收缩　热固性塑料在成型过程中由于进行了交联反应，分子由线型结构变为网状结构，由于分子链间距的缩小，结构变得紧密，故产生了体积变化。这种由结构变化而产生的收缩，在进行到一定程度时就不会继续产生。

③ 弹性回复　塑件从模具中取出后，作用在塑件上的压力消失，由于塑件固化后并非刚性体，脱模时产生弹性回复，会造成塑件体积的负收缩（膨胀）。在成型以玻璃纤维和布质为填料的热固性塑料时，这种情况尤为明显。

④ 塑性变形　塑件脱模时，成型压力迅速降低，但模壁紧压在塑件的周围，使其产生塑性变形。发生变形部分的收缩率比没有变形部分的大，因此塑件往往在平行加压方向收缩较小，在垂直加压方向收缩较大。为防止两个方向的收缩率相差过大，可采用迅速脱模的方法补救。

热固性塑料影响收缩率的因素与热塑性塑料也相同，有原材料、模具结构、成型方法及成型工艺条件等。塑料中树脂和填料的种类及含量，也将直接影响收缩率的大小。当所用树脂在固化反应中放出的低分子挥发物较多时，收缩率较大；放出的低分子挥发物较少时，收缩率较塑料中填料含量较多或填料中无机填料增多时，收缩率较小。

凡是有利于提高成型压力、增大塑料充模流动性、使塑件密实的模具结构，均能减小塑件的收缩率，例如用压缩成型或压注成型的塑件比注射成型的塑件收缩率小。凡是能使塑件密实，成型前使低分子挥发物逸出的工艺因素，都能使塑件收缩率减小，例如成型前对酚醛塑料的预热、加压等。

（2）流动性　热固性塑料流动性的意义与热塑性塑料流动性类同，但热固性塑料通常以

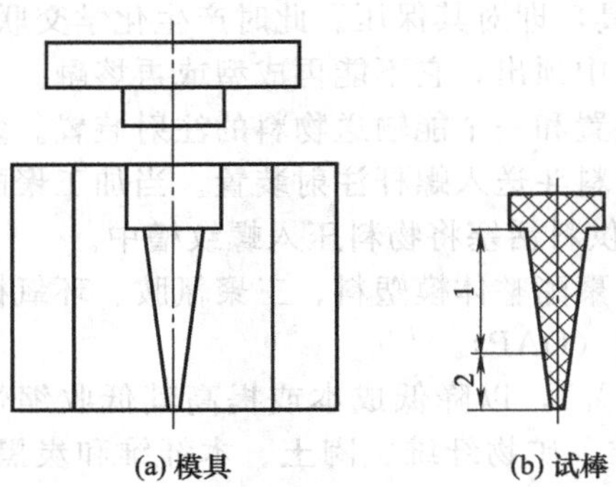

图 1-2　拉西格流动性试验法示意图
1—光滑部分；2—粗糙部分

拉西格流动性来表示。

将一定质量的欲测塑料预压成圆锭，将圆锭放入压模中，在一定温度和压力下，测定它从模孔中挤出的长度（粗糙部分不计在内），此即拉西格流动性，拉西格流动性单位为 mm。其数值越大，则流动性越好；反之，则流动性差。拉西格流动性试验法如图 1-2所示。

每一品种塑料的流动性可分为三个不同等级。

① 第一级　拉西格流动值为 100～130mm，用于压制无嵌件、形状简单、厚度一般的塑件。

② 第二级　拉西格流动值为 131～150mm，用于压制中等复杂程度的塑件。

③ 第三级　拉西格流动值为 151～180mm，用于压制结构复杂、型腔很深、嵌件较多的薄壁塑件或用于压注成型。

塑料的流动性除了与塑料性质有关外，还与模具结构、表面粗糙度、预热及成型工艺条件有关。

(3) 比容（比体积）与压缩率　比容是单位质量的松散塑料所占的体积，单位为 cm^3/g。压缩率为塑料与塑件两者体积的比值，其值恒大于 1。比容与压缩率均表示粉状或短纤维塑料的松散程度，均可用来确定压缩模加料腔容积的大小。

比容和压缩率较大时，则要求加料腔体积大，同时也说明塑料内充气多，排气困难，成型周期长，生产率低；比容和压缩率较小时，有利于压锭和压缩、压注。但比容太小，则以容积法装料则会造成加料量不准确。各种塑料的比容和压缩率是不同的，同一种塑料，其比容和压缩率又因塑料形状、颗粒度及其均匀性不同而异。

(4) 水分和挥发物的含量　塑料中的水分和挥发物来自两个方面：一是生产过程中遗留下来及成型之前在运输、保管期间吸收的；二是成型过程中化学反应产生的副产物。如果塑料中的水分和挥发物含量大，会促使流动性增大，易产生溢料，成型周期增长，收缩率增大，塑件易产生气泡、组织疏松、翘曲变形、波纹等缺陷。塑料中的水分和挥发物含量过小，也会造成流动性降低，成型困难，同时也不利于压锭。

对来源属于第一种的水分和挥发物，可在成型前进行预热干燥；而对第二种来源的水分和挥发物（包括预热干燥时未除去的水分和挥发物），应在模具设计时采取相应措施（如开排气槽或压制操作时设排气工步等）。

水分和挥发物的测定，采用 (12±0.12)g 试验用料在 103～105℃ 烘箱中干燥 30min 后，测其前后质量差求得，其计算公式为：

$$X=\frac{\Delta m}{M}\times 100\% \qquad (1\text{-}3)$$

式中　X——挥发物含量的百分比；

Δm——塑料干燥的质量损失，g；

M——塑料干燥前的质量，g。

(5) 固化特性　固化特性是热固性塑料特有的性能，是指热固性塑料成型时完成交联反应的过程。固化速度通常以塑料试样固化 1mm 厚度所需要的时间来表示，单位为 s/mm，数值越小，固化速度就越快。合理的固化速度不仅与塑料品种有关，而且与塑件形状、壁厚、模具温度和成型工艺条件有关，如采用预压的锭料、预热、提高成型温度、增加加压时间都能显著加快固化速度。此外，固化速度还应适应成型方法的要求。例如压注成型或注射成型时，应要求在塑化、填充时交联反应慢，以保持长时间的流动状态。但当充满型腔后，在高温、高压下应快速固化。固化速度慢的塑料，会使成型周期变长，生产率降低；固化速度快的塑料，则不易成型大型复杂的塑件。

复习与思考

1. 什么是塑料？简述其优缺点。

2. 简述塑料的成型工艺性能。

3. 塑料制品收缩率的计算方法有哪两种？模具设计时以哪一种为设计参数来计算型腔及型芯尺寸？

4. 热塑性塑料和热固性塑料的成型方法各有哪些？

5. 热塑性塑料和热固性塑料成型工艺性能各有哪些？

6. 影响收缩率变化的因素有哪些？

7. 简述热塑性塑料与热固性塑料的区别。

8. 比较 ABS、PE、PC、PP、PS、PA、PPO、醋酸纤维素、硬 PVC、PSF 等常用塑料的流动性。简述塑料流动性对模具设计的影响。

9. 计算题：

塑件尺寸如图 1-3 所示，材料为 ABS，收缩率为 0.5%。计算该塑件的模具型腔在常温下的对应尺寸应为多少毫米（精确到二位小数）？

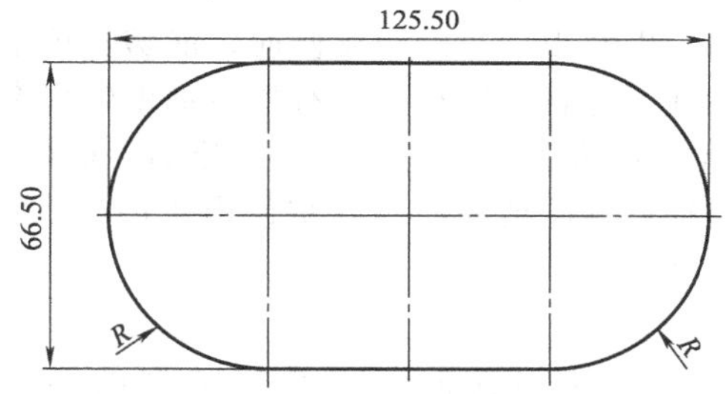

图 1-3 塑件

第2章

Chapter 02

常用塑料的性能及成型工艺条件

2.1 常用热塑性塑料的特性、成型条件、对模具要求及用途

2.1.1 聚苯乙烯

（1）化学和物理特性　大多数商业用的聚苯乙烯（PS）都是透明、非晶体材料。聚苯乙烯具有非常好的化学稳定性、热稳定性、透光性（透光率88%～92%）、电绝缘特性（是目前最理想的高频绝缘材料）以及很微小的吸湿倾向。能够抵抗水、稀释的无机酸，但能够被强氧化性酸如浓硫酸所腐蚀，并且能够在一些有机溶剂中膨胀变形。典型的聚苯乙烯收缩率在0.4%～0.7%之间，常用收缩率为0.5%。PS的流动性极好，成型加工容易。易着色，装饰性好。聚苯乙烯的最大缺点是质地硬而脆，塑件由于内应力而易开裂。它的耐热性低，只能在不高的温度下使用，易老化。

（2）模具设计方面

① 除潜伏式浇口外，可以使用其他所有常规类型的浇口。若用点浇口，直径为0.8～1.0mm。

② 聚苯乙烯性脆易开裂，设计恰当合理的顶出脱模机构，防止因顶出力过大或不均匀而导致塑件开裂，选择较大的脱模斜度。

（3）注射工艺条件

① 干燥处理　除非储存不当，通常不需要干燥处理。如果需要干燥，建议干燥条件为80℃、2～3h。

② 料筒温度　180～280℃。对于阻燃型材料其上限为250℃。

③ 模具温度　40～60℃。

④ 注射压力　50～140MPa。

⑤ 注射速度　注射速度宜适当高一些以减少熔接痕，但因注射速度受注射压力影响大，过高的速度可能会导致飞边或出模时粘模以及顶出时顶白、顶裂等问题。

（4）共混改性塑料

① PS+PVC　共混成为性能较好的不燃塑料。

② PS+PPO　改善PPO加工性，降低吸湿性，降低成本，提高PS耐热性、抗冲击性。

③ PS+5%～20%的橡胶　高抗冲聚苯乙烯(HIPS)，HIPS的冲击强度和弹性与PS相比有明显改善，其韧性也是PS的4倍左右，但流动性比PS稍差，也不透明。

（5）典型用途　聚苯乙烯在工业上可用作仪表外壳、灯罩、化学仪器零件、透明模型、

产品包装等；在电气方面用作良好的绝缘材料、接线盒、电池盒、光源散射器、绝缘薄膜、透明容器等；在日用品方面广泛用于包装材料、各种容器、玩具及餐具、托盘等。

2.1.2 丙烯腈-丁二烯-苯乙烯共聚物

丙烯腈-丁二烯-苯乙烯共聚物代号 ABS。可以看成是 PB（聚丁二烯）、BS（丁苯橡胶）、PBA（丁腈橡胶）分散于 AS（丙烯腈-苯乙烯共聚物）或 PS（聚苯乙烯）中的一种多组分聚合物。三种组分的含量和作用分别如下。

A（丙烯腈）——占 20%～30%，使塑料件表面有较高硬度，提高耐磨性、耐热性。

B（丁二烯）——占 25%～30%，加强柔顺性，保持材料弹性及冲击强度。

S（苯乙烯）——占 40%～50%，保持良好的成型性（流动性、着色性）、高光洁度及保持材料刚性。

（1）化学和物理特性　ABS 的特性主要取决于三种单体的比率以及两相中的分子结构。这就可以在产品设计上具有很大的灵活性，并且由此产生了市场上各种不同品质的 ABS 材料。这些不同品质的材料提供了不同的特性，例如从中等到高等的抗冲击性，从低到高的光洁度和高温扭曲特性等。

ABS 的收缩率在 0.4%～0.7%之间，常用收缩率为 0.5%。

ABS 材料具有优越的综合性能。ABS 塑件强度高、刚性好，硬度、抗冲击性、塑件表面光泽性好，耐磨性好。ABS 耐热可达 90℃（甚至可在 110～115℃使用），比聚苯乙烯、聚氯乙烯、尼龙等都高。耐低温，可在－40℃下使用。同时耐酸、碱、盐，耐油，耐水。具有一定的化学稳定性和良好的介电性。并且不易燃。

ABS 有优良的成型加工性，尺寸稳定性好，着色性、电镀性都好（是所有塑料中电镀性最好的）。ABS 的缺点是不耐有机溶剂，耐气候性差，在紫外线下易老化。

（2）模具设计方面

① 需要采用较高的料温与模温，浇注系统的流动阻力要小。为了在较高注射压力下避免浇口附近产生较大应力导致塑件翘曲变形，可采用护耳式浇口。

② 注意选择浇口位置，避免浇口与熔接痕位于影响塑件外观的部位。

③ 合理设计脱模结构，推出力过大时，塑件表面易“发白（顶白）”、“变浑”。

（3）注射工艺条件

① 干燥处理　ABS 材料具有吸湿性，要求在加工之前进行干燥处理。建议干燥条件为 80～90℃下最少干燥 2h。

② 料筒温度　180～260℃；建议温度为 245℃。

③ 模具温度　40～90℃（模具温度将影响塑件光洁度，温度较低则导致光洁度较低）。

④ 注射压力　70～100MPa。

⑤ 注射速度　中高速度。

（4）共混改性塑料

① ABS＋PC　提高 ABS 耐热性和冲击强度。

② ABS＋PVC　提高 ABS 韧性、耐热性及抗老化能力。

③ ABS＋尼龙　提高 ABS 耐热性、耐化学品性、流动性及低温抗冲击性，降低成本。

（5）典型用途　ABS 的应用很广，在机械工业上用来制造齿轮、泵叶轮、轴承、把手、管道、电机外壳、仪表壳、仪表盘、水箱外壳、蓄电池槽、冷藏库和冰箱衬里等；在汽车工业上用 ABS 制造汽车仪表板、工具舱门、车轮盖、反光镜盒、挡泥板、扶手、热空气调节导管、加热器等，还有用 ABS 夹层板制造小轿车车身；ABS 也可用来制作水表壳、纺织器材、电器零件、文教体育用品、玩具、电子琴、电话机壳体、收录机壳体、打字机键盘、电冰箱、食品包装容器、农药喷雾器及家具等；ABS 还可用来制作娱乐用车辆，如高尔夫球手推车以及喷气式雪橇车等。

2.1.3 甲基丙烯酸甲酯-丁二烯-苯乙烯共聚物

将ABS中的丙烯腈换成甲基丙烯酸甲酯，得到透明的MBS，即甲基丙烯酸甲酯-丁二烯-苯乙烯共聚物。注射工艺条件同ABS，需注意避免黑点、气泡等缺陷影响外观。

2.1.4 聚乙烯

聚乙烯（PE）按聚合时所采用压力的不同，可分为高压聚乙烯（LDPE）和低压聚乙烯（HDPE）。聚乙烯收缩率通常取2%，它是世界上产量最大的塑料。PE材料的特点是软性、无毒、价廉、加工方便、吸水性小、可不用干燥、流动性好等。但其制件成型收缩率大，易产生收缩凹陷和变形。LDPE模温尽量前后一致，冷却水道离型腔不要太近，用PE材料的塑件可强行脱模。

（1）化学和物理特性　LDPE分子量较低，分子链有支链，结晶度较低（55%～60%），故密度低，质地柔软，透明性较HDPE好。抗冲击性、耐低温性极好，但耐热性及硬度都低。

如果LDPE的密度在0.89～0.925g/cm³之间，那么其收缩率在2%～5%之间；如果密度在0.926～0.94g/cm³之间，那么其收缩率在1.5%～4%之间。当然实际的收缩率还要取决于注射工艺参数。

LDPE在室温下可以抵抗多种溶剂，但是芳香烃和氯化烃例外，LDPE容易发生环境应力开裂现象。

LDPE是半结晶性材料，成型后收缩率较高，在1.5%～4%之间。HDPE结晶度为85%～90%，远高于LDPE，这决定了它具有较高的机械强度、密度、拉伸强度、高温扭曲温度、黏性以及化学稳定性等特点。

HDPE比LDPE有更强的抗渗透性，但冲击强度较低。HDPE的特性主要由密度和分子量分布所控制。适用于注塑模具的HDPE分子量分布很窄。对于密度为0.91～0.925g/cm³，称为低密度聚乙烯；对于密度为0.926～0.94g/cm³，称为中密度聚乙烯；对于密度为0.94～0.965g/cm³，称为高密度聚乙烯。

HDPE很容易发生环境应力开裂现象。可以通过使用很低流动特性的材料以减小内部应力，从而减轻开裂现象。HDPE当温度高于60℃时很容易在烃类溶剂中溶解，但其抗溶解性比LDPE还要好一些。

（2）模具设计方面

① 应设计能使熔体快速充模的浇注系统。

② 温度调节系统应保证模具具有较高冷却效率，并使塑件具有均匀冷却速度。冷却管道直径应不小于6mm，并且距模具表面的距离应在（3～5）d范围内（这里d是冷却管道的直径）。

③ 对于较浅的侧向凹凸结构可采取强制脱模方法。

④ 尽量不用直接浇口，尤其对于成型面积较大的扁平塑件宜用点浇口。直接浇口附近易产生较大取向应力，导致塑件发生翘曲变形。

⑤ 流道直径在4～7.5mm之间，流道长度应尽可能短。可以使用各种类型的浇口，浇口长度不要超过0.75mm。特别适用于热流道模具。

（3）注射工艺条件

① 干燥　如果储存恰当则无须干燥。

② 料筒温度　LDPE成型温度180～240℃；HDPE成型温度180～250℃。

③ 模具温度　LDPE 50～70℃；HDPE 50～95℃。6mm以下壁厚的塑件应使用较高的

模具温度，6mm 以上壁厚的塑件使用较低的模具温度。塑件冷却温度应当均匀，以减小收缩率的差异。

④ 注射压力　70～105MPa。注射 PE 一般不需高压，保压压力取注射压力的 30%～60%。

⑤ 注射速度　建议使用高速注射。

(4) 共混改性塑性

① PE+EVA　改善环境应力开裂，但机械强度有所下降。

② PE+PP　提高塑料硬度。

③ PE+PE　不同密度 PE 共混以调节柔软性和硬度。

④ PE+PB（聚丁二烯）　提高其弹性。

(5) 典型用途

① HDPE　电冰箱容器、储存容器、家用厨具、密封盖等。另外，还可用于制造塑料管、塑料板、塑料绳以及承载不高的零件，如齿轮、轴承等。

② LDPE　日用品中用于制作塑料薄膜（理想的包装材料）、软管、塑料瓶、碗、箱柜、管道连接器，电气工业中用于绝缘零件和包覆电缆等。

2.1.5 聚丙烯

(1) 特性　聚丙烯（PP）是一种高结晶度材料，是常用塑料中最轻的，密度仅为 0.91g/cm^3（比水小），产品质量轻、韧性好、耐化学品性好。PP 耐磨性好，优于 HIPS，高温抗冲击性好。硬度低于 ABS 及 HIPS，但优于 PE。并且有较高的熔点。由于均聚物型的聚丙烯温度高于 0℃以上时非常脆，因此许多商业的聚丙烯材料是加入 1%～4%乙烯的无规共聚物，或更高比例乙烯含量的嵌段式共聚物。共聚物型的聚丙烯材料有较低的热扭曲温度（100℃）、低透明度、低光泽度、低刚性，但是具有更强的冲击强度。聚丙烯的强度随着乙烯含量的增加而增大。

聚丙烯的软化温度为 150℃。由于结晶度较高，这种材料的表面刚度和抗划痕特性很好。聚丙烯不存在环境应力开裂问题。通常，采用加入玻璃纤维、金属添加剂或橡胶的方法对聚丙烯进行改性。由于结晶，聚丙烯的收缩率较高，一般为 1.8%～2.5%。并且收缩率的方向均匀性比 HDPE 等材料要好得多。加入 30%的玻璃纤维可以使收缩率降到 0.7%。均聚物型和共聚物型的聚丙烯材料都具有优良的抗吸湿性、抗酸碱腐蚀性、抗溶解性。然而，它对芳香烃（如苯）溶剂、氯化烃（如四氯化碳）溶剂等没有抵抗力。PP 也不像 PE 那样在高温下仍具有抗氧化性。

PP 料流动性好，成型性好，适合扁平大型塑件。PP 料是通用塑料中耐热性最好的，其热变形温度为 80～100℃，能在沸水中煮。

聚丙烯具有突出的延伸性和抗疲劳性，屈服强度高，有很高的疲劳寿命。聚丙烯料的缺点是尺寸精度低，刚性不足，耐候性差，具有后收缩现象，脱模后易老化、变脆，易变形。装饰性和装配性都差，表面涂漆、粘贴、电镀加工相当困难。低温下表现脆性，对缺口敏感，产品设计时避免尖角，壁厚件所需模温较薄壁件低。

(2) 模具设计方面

① 温度调节系统应能较好地控制塑件冷却速度，并保证冷却速度均匀。

② 对于冷流道，典型的流道直径范围是 4～7mm。建议使用截面为圆形的分流道。所有类型的浇口都可以使用。但对于成型面积较大的扁平塑件尽量不用直接浇口，而用点浇口，典型的点浇口直径范围是 1～1.5mm，但也可以使用小到 ϕ0.7mm 的浇口。对于侧浇口，最小的浇口深度应为壁厚的一半，最小的浇口宽度应至少为壁厚的 2 倍。

③ 对于带有条形纹路的塑件，合理设计浇注系统及熔体充模方向尤为重要。

④ PP 材料适合热流道系统。

(3) 注射工艺条件

① 干燥处理　如果储存适当则不需要干燥处理。

② 染色与装饰　PP 染色性较差，色粉在塑料中扩散不够均匀（一般需加入扩散油/白磺油），大塑件尤为明显。PP 塑件表面若需喷油或移印等装饰，须先用 PP 底漆（俗称 PP 水）擦拭。

③ 熔化温度　因 PP 高结晶，所以加工温度需要较高。前料筒 200～240℃，中料筒 170～220℃，后料筒 160～190℃，注意不要超过 275℃。实际上为减少飞边、收缩等缺陷，往往取偏下限料温。

④ 模具温度　40～80℃，建议使用 50℃左右。结晶程度主要由模具温度决定。模温太低（<40℃），塑件表面光泽差，甚至无光泽；模温太高（>90℃），则易发生翘曲变形、收缩凹陷等。

⑤ 注射压力　PP 成型收缩率大，尺寸不稳定，塑件易变形收缩，可采用提高注射压力及注射速度、减少层间剪切力使成型收缩率降低，但 PP 流动性很好，注射压力大时易出现飞边，且有方向性强的缺陷，注射压力一般为 70～140MPa（压力太小会收缩明显），保压压力取注射压力的 80%左右，宜取较长的保压时间补缩及较长的冷却时间保证塑件尺寸、变形程度。

⑥ 注射速度　PP 冷却速度快，宜快速注射，适当加深排气槽来改善排气不良。如果塑件表面出现了缺陷，也可使用较高温度下的低速注射。应注意的是，高结晶的 PP 高分子在熔点附近，其容积会发生很大变化，冷却时收缩及结晶化导致塑件内部产生气泡甚至局部空心（这会影响制件机械强度），所以调节注射工艺参数要有利于补缩。

(4) 共混改性塑料

① PP＋EVA（10%）　改善加工性，帮助提高冲击强度。

② PP＋LDPE（10%）　提高流动性及抗冲击性。

③ PP＋橡胶　提高抗冲击性。

(5) 典型用途　汽车工业（主要使用含金属添加剂的 PP），用作挡泥板、通风管、风扇等；工业器械，用作洗碗机门衬垫、干燥机通风管、洗衣机框架及机盖、冰箱门衬垫等；日用消费品，用作草坪和园艺设备，如剪草机和喷水器等。

2.1.6 聚酰胺

聚酰胺（PA）品种较多，有 PA6、PA66、PA610、PA612 以及 PA1010 等。最常用的 PA66，在尼龙材料中强度最高，PA6 具有最佳的加工性能。它们的化学结构略有差异，性能也不尽相同，但都具有下列共同的特点，其成型性能也是相同的。

(1) 化学和物理特性

① 结晶度高。

② 机械强度高、韧性好、耐疲劳、表面硬且光滑、摩擦系数小、耐磨、具有自润滑性、耐热（100℃内可长期使用）、耐腐蚀、制件质量轻、易染色、易成型。冲击强度高（高过 ABS、POM，但比 PC 低），冲击强度随温度、湿度增加而显著增加（吸水后其他强度如拉伸强度、硬度、刚度会有下降）。

③ 缺点主要有：热变形温度低，吸湿性大（加工前要充分干燥，加工后要进行调湿处理），注塑技术要求较严，尺寸稳定性较差。

④ 流动性好，容易充模成型，也易产生飞边，尼龙模具要有较充分的排气措施。

⑤ 常用于齿轮、凸轮、齿条、联轴节、辊子、轴承类传动零件等零件。

(2) 模具设计方面

① PA 黏度低，流动性好，容易产生飞边，设计时应注意提高对分型面的加工要求，以确保分型面的紧密贴合，但模具又必须有良好的排气系统。

② 浇口设计形式不限。

③ 模温要求较高，以保证结晶度要求。

④ PA 收缩率波动范围大，尺寸稳定性差，模温控制应灵敏可靠，设计模具时应注意从结构方面防止塑件出现缩孔，并能提高塑件尺寸的稳定性（如采取措施保证模温分布均匀）。

⑤ 选用耐磨性较好的模具材料。

(3) 注射工艺条件

① 原料需充分干燥，温度 80～90℃，时间 4h 以上。

② 熔料黏度低，流动性极好，塑件易出现飞边，故注射压力取低一些，一般为 60～90MPa，保压压力取相同压力（加入玻璃纤维的尼龙相反要用高压）。

③ 料温控制。过高的料温易使塑件出现色变、质脆及银丝，而过低的料温使材料很硬可能损伤模具及螺杆。料筒温度一般为 220～280℃（加纤维后要偏高），不宜超过 300℃（PA6 熔点温度 210～215℃，PA66 熔点温度 255～265℃）。

④ 收缩率 0.8%～1.4%，使塑件呈现出尺寸的不稳定（收缩率随料温变化而波动）。

⑤ 模温控制。一般控制在 40～90℃，模温直接影响尼龙结晶情况及性能表现。模温高，则结晶度大，刚性、硬度、耐磨性提高；模温低，则柔韧性好，伸长率高，收缩率小。

⑥ 注射速度。高速注射，因为尼龙料熔点（凝点）高，只有高速注射才能顺利充模，对薄壁、细长件更是如此。高速注射时需要同时注意飞边产生及排气不良导致的外观问题。

⑦ 尼龙类塑件须进行调湿处理。

(4) 共混改性塑料

① PA+PPO　高温尺寸稳定性、耐化学药品性佳，吸水性低。

② PA+PTFE　增加尼龙润滑性，减少磨耗。

(5) 典型用途　由于有很好的机械强度和刚度，PA6 被广泛应用于结构部件。又由于 PA6 有很好的耐磨损特性，还用于制造轴承和齿轮等零件。PA66 更广泛应用于汽车工业、仪器壳体以及其他需要有抗冲击性和高强度要求的产品。PA12 常用于水表和其他商业设备、电缆套、机械凸轮，滑动机构以及轴承等。

2.1.7　聚氯乙烯

聚氯乙烯（PVC）品种很多，分为软质、半软质及硬质 PVC。材料中增塑剂含量决定软硬程度及力学性能。一般以含 15%以下增塑剂的 PVC 称为硬 PVC，而含 15%以上增塑剂的 PVC 称为软 PVC。

(1) 化学和物理性质　塑件表面光泽性差，刚性 PVC 是使用最广泛的塑料材料之一，PVC 材料是一种非结晶性材料，透明，着色容易。PVC 材料在实际使用中经常加入增塑剂、稳定剂、润滑剂、辅助加工剂、色料、抗冲改性剂及其他添加剂。PVC 材料具有不易燃性、高强度、耐气候变化性以及优良的几何稳定性。PVC 对氧化剂、还原剂都有很强的抵抗力。对强酸也有很强的抵抗力，但浓硫酸、浓硝酸对它有腐蚀作用。另外，PVC 也不适用于与芳香烃、氯化烃接触的场合。PVC 在加工时熔化温度是一个非常重要的工艺参数，如果此参数不当将导致材料分解。

PVC 的流动特性相当差，其工艺范围很窄。特别是大分子量的 PVC 材料更难以加工，因此通常使用的都是小分子量的 PVC 材料。

硬 PVC 的收缩率相当低，一般为 0.2%～0.6%。软 PVC 收缩率为 1.5%～2.5%。

清洁良好的浇注系统凝料（水口料）可百分之百回用。PVC 是热敏性塑料，受热会分解出一种对人体有毒、对模具有腐蚀性的气体。含氯的 PVC 有毒，不能用于食物包装材料及玩具。

（2）模具设计方面

① 流道和浇口。PVC 流动性很差，必须设计流动阻力小的浇注系统，并避免系统内的流道有死角。注塑模具的浇口及流道应尽可能粗、短、厚，且制件壁厚应在 1.5mm 以上，以减少压力损失，使料流尽快充满型腔。

② 温度调节系统灵敏度应高，控制应可靠。

③ PVC 分解时会产生对模腔具有腐蚀作用的挥发性气体，模腔表壁需镀铬或采用耐腐蚀钢料，如 S136H 和 PAK90 等。

④ 注意设计合理的排气结构。

（3）注射工艺条件

① 干燥处理　原料必须干燥（氯乙烯分子易吸水），干燥温度在 85℃左右，时间在 2h 以上。

② 料筒温度　料筒前段 160～170℃，中段 160～165℃，后段 140～150℃。由于 PVC 本身耐热性差，料在料筒内长时间受热，会分解析出氯化氢（HCl）使塑件变黄甚至产生黑点，并且氯化氢对模腔有腐蚀作用，所以要经常清洗模腔及机头死角部位。

③ 模具温度　模具温度尽可能低（模温控制在 30～45℃），以缩短成型周期及减小塑件出模后的变形，必要时借助定型夹具来校正控制变形。PVC 宜采用高压低温。

④ 注射压力　70～180MPa。

⑤ 保压压力　可大到 150MPa。

⑥ 注射速度　为避免材料降解，一般要用相当大的注射速度。

（4）共混改性塑料

① PVC＋EVA　提高冲击强度（长效增塑作用）。

② PVC＋ABS　增加韧性，提高冲击强度。

（5）典型用途　用于供水管道、家用管道、房屋墙板、商用机器壳体、电子产品包装、医疗器械、食品包装等。

2.1.8　聚碳酸酯

（1）化学和物理性质　聚碳酸酯（PC）是一种高透明度（接近 PMMA）、非晶体工程材料，俗称防弹玻璃胶，外观透明微黄，刚硬而带韧性，具有特别好的冲击强度、热稳定性、光泽度、抑制细菌特性、阻燃特性以及抗污染性。

聚碳酸酯收缩率较低，一般为 0.5％～0.7％，塑件的尺寸稳定性好，塑件精度高。

聚碳酸酯优点非常突出：机械强度高，抗冲击性是塑料之冠，弹性模量高，受温度影响小，抗蠕变性突出；耐热性好，热变形温度为 135～143℃，长期工作温度达 120～130℃；耐气候性好，任由风吹雨打，三年不会变色；成型精度高，尺寸稳定性好；透光性好，着色性好；吸水率低，浸泡 24h 后增重 0.13％。但对水分极敏感，易产生应力开裂现象；耐稀酸、氧化剂、还原剂、盐类、油脂等，但不耐碱、不耐酮等有机溶剂。PC 材料的最大缺点是流动性较差，因此这种材料的注射过程较困难。在选用何种品质的 PC 材料时，要以产品的最终期望为基准。如果塑件要求有较高的抗冲击性，那么就使用低流动率的 PC 材料；反之，可以使用高流动率的 PC 材料，这样可以优化注射过程。

聚碳酸酯的流动性对压力不敏感，对温度敏感，可采用提高成型温度的方法来提高流动性。PC 材料耐疲劳强度差，耐磨性不好，对缺口敏感，而耐应力开裂性差。

聚碳酸酯对模具设计要求高，塑件表面易出现银纹，浇口位置产生气纹。

（2）模具设计方面

① 流道和浇口。PC 黏度高，流动性差，流道设计尽可能粗而短，转折尽可能少，且须设冷料井。为使降低熔料的流动阻力，分流道截面用圆形，并且流道需研磨抛光。注射浇口可采用任何形式的浇口，但采用直接浇口、环形浇口、扇形浇口等最好。浇口尺寸宜大一些。

② 聚碳酸酯较硬，易损伤模具，成型零部件应采用耐磨性较好的材料，并进行淬火处理或镀硬铬。

(3) 注射工艺条件

① 干燥处理　PC 材料具有吸湿性，加工前的干燥很重要。建议干燥条件为 100～120℃，时间在 2h 以上。加工前的湿度必须小于 0.02%。

② 料筒温度　270～320℃（不超过 350℃）。PC 对温度很敏感，熔体黏度随温度升高而明显下降，适当提高料筒后段温度对塑化有利。

③ 模具温度　80～120℃。模温宜高，以减少模温及料温的差异，从而降低塑件内应力。应注意的是，模温高虽然降低了内应力，但过高会易粘模，且使成型周期加长。

④ 注射压力　100～150MPa 。PC 流动性差，需用高压注射，但需顾及塑件残留大的内应力（可能导致开裂）。

⑤ 注射速度　壁厚取中速，壁薄取高速。对于较小的浇口使用低速注射，对其他类型的浇口使用高速注射。

⑥ 必要时退火降低内应力　烘炉温度 125～135℃，时间 2h，自然冷却到常温。

(4) 共混改性塑料

① PC+ABS　随着 ABS 的增加，加工性能得到改善，成型温度有所下降，流动性变好，内应力有所改善，但机械强度随之下降。

② PC+POM　可直接以任何比例混合，其中比例在 PC∶POM=(50～70)∶(50～30) 时，塑件在很大程度上保持了 PC 的优良力学性能，而且耐应力开裂能力显著提高。

③ PC+PE　目的是降低熔体黏度，提高流动性，也可使 PC 的冲击强度、拉伸强度及断裂强度得到一定程度改善。

④ PC+PMMA　可使塑件呈现珠光效果。

(5) 典型用途　电气和商业设备，如计算机元件、连接器等；器具，如食品加工机、电冰箱抽屉等；交通运输行业，如车辆的前后灯、仪表板等。

2.1.9　聚甲醛

(1) 化学和物理性能　聚甲醛（POM）为高结晶、乳白色料粒，它是一种坚韧而有弹性的材料，即使在低温下仍有很好的抗蠕变特性、化学稳定性和抗冲击特性。聚甲醛的抗反复冲击性好过 PC 及 ABS。聚甲醛制品硬度高、刚性好、耐磨、强度高，塑件表面光泽性好，手摸时有一种油腻感，聚甲醛是一种刚性很高的工程塑料，与金属性能相似。

聚甲醛的耐疲劳性是所有塑料中最好的。耐磨性及自润滑性仅次于尼龙（但价格比尼龙便宜），并具有较好的韧性，温度、湿度对其性能影响不大，加工前不用烘料。

聚甲醛的热变形温度很高，约为 172℃。聚甲醛既有均聚物材料也有共聚物材料。均聚物材料具有很好的拉伸强度、抗疲劳强度，但不易于加工。共聚物材料有很好的热稳定性、化学稳定性，并且易于加工。无论均聚物材料还是共聚物材料，都是结晶性材料，并且不易吸收水分。

聚甲醛的高结晶程度导致它有相当高的收缩率，可达到 2%～3.5%。对于各种不同的增强型材料有不同的收缩率。POM 的收缩率对注塑参数的变化比较敏感，尺寸难以控制。对模具腐蚀性大。

(2) 模具设计方面

① 聚甲醛具有高弹性，浅的侧凹可以强行脱模。

② POM 可以使用任何类型的浇口。如果使用潜伏式浇口，则最好使用较短的类型。

③ 对于均聚物材料，建议使用热流道。对于共聚物材料，既可使用内部的热流道也可使用外部的热流道。

④ 流动性中等，易分解，必须设计流动阻力小的浇注系统，并避免系统内流道有死角。

⑤ 合理设计顶出脱模机构，防止顶出零件在高温下因热膨胀而发生卡死现象。

⑥ 聚甲醛在高温下会分解出一种对模腔具有腐蚀作用的挥发性气体，模腔表壁需镀铬或采用耐腐蚀材料，并注意设计合理的排气结构。

(3) 注射工艺条件

① 干燥处理　结晶性塑料，原料一般不干燥或短时间干燥（100℃，1～2h）。

② 加工温度　均聚物材料为 190～230℃；共聚物材料为 190～210℃。注意料温不可太高，240℃以上会分解出甲醛单体（熔料颜色变暗），使塑件性能变差及腐蚀模腔。

③ 模具温度　80～100℃。为了减小成型后收缩率可选用高一些的模具温度。

④ 注射压力　注射压力 85～150MPa，背压力 0.5MPa，正常宜采用较高的注射压力，因流体流动性对剪切速率敏感，不宜单靠提高料温来提高流动性，否则有害无益。

⑤ 注射速度　流动性中等，注射速度宜用中、高速。

⑥ 聚甲醛收缩率很大（2%～2.5%），须尽量延长保压时间来补缩，改善缩水现象。

(4) 共混改性塑料　POM ＋ PUR（聚氨酯）为超韧 POM，冲击强度可提高几十倍。

(5) 典型用途　POM 具有很低的摩擦系数和很好的几何稳定性，特别适合于制作齿轮、轴承、凸轮、齿条、联轴节和辊子等。由于它还具有耐高温特性，因此还用于管道器件（管道阀门、泵壳体）、草坪设备等。

2.1.10　聚甲基丙烯酸甲酯

(1) 化学和物理特性　聚甲基丙烯酸甲酯（PMMA），俗称有机玻璃，又称亚克力，具有最优秀的透明度（仅 PS 可与之相比）及耐气候变化特性。白光的穿透性高达 92%。PMMA 塑件具有很低的双折射，特别适合制作影碟等。

PMMA 在常温下具有较高的机械强度、抗蠕变特性及较好的抗冲击特性。但随着负荷加大、时间增长，可导致应力开裂现象。

PMMA 收缩率较小，在 0.3%～0.4%之间。

PMMA 耐热性较好，热变形温度 98℃，表面硬度低，易被刮伤而留下痕迹，故包装要求很高。对水分和温度敏感，加工前要烘料。

PMMA 最大的缺点是脆（但比 PS 好）。

(2) 模具设计方面

① PMMA 流动性较差，必须设计流动阻力小的浇注系统。浇口宜采用侧浇口，尺寸取大一些。模腔、流道表面应光滑，对料流阻力小。

② 在高压充模时，容易产生喷射流动，影响塑件透明度，可采用护耳式浇口（此类浇口还有防止其附近产生较大应力的作用）。

③ 脱模斜度要足够大以使脱模顺利。

④ 注意设计合理的排气结构和冷料井，防止出现气泡、银纹（温度太高影响）、熔接痕等缺陷。

(3) 注射工艺条件

① 干燥处理　PMMA 原料必须经过严格干燥，建议干燥条件为 95～100℃，时间 4～6h，料斗应持续保温以免回潮。

② 料筒温度　220～270℃。料温、模温需取高一些，以提高流动性，减少内应力，改

善透明性及机械强度（料筒温度：前200～230℃，中215～235℃，后140～160℃）。

③ 模具温度　40～70℃。

④ 注射速度　注射速度不能太快以免气泡明显，但速度太慢会使熔接线变粗。

⑤ 注射时间和保压压力　流动性中等，宜高压成型（80～140MPa），宜适当增加注射时间及足够保压压力（注射压力的80%）补缩。

⑥ 保证清洁　PMMA极易出现黑点，应从以下方面控制。

a. 保证原料洁净（尤其是再用的流道料）。

b. 定期清洁模具。

c. 注塑机台面保持清洁（清洁料筒前端、螺杆及喷嘴等）。

（4）共混改性塑料

① PMMA＋PC　可获得珠光色泽，能代替添加有毒的Cd类无机物制成珠光塑料。

② PMMA＋PET　增加PET结晶速率。

（5）典型用途　汽车工业，如信号灯设备、仪表盘等；医药行业，如储血容器等；工业应用，如影碟、灯光散射器；日用消费品，如饮料杯、文具等。

2.1.11　乙烯-醋酸乙烯酯共聚物

（1）化学和物理特性

① 乙烯-醋酸乙烯酯共聚物（EVA）的柔软性、抗冲击性、强韧性、耐应力开裂性及透明性均优于PE。

② 醋酸乙烯酯（VA）含量越少，材料性质越趋于PE，VA含量越高，材料性质越近于橡胶。

（2）模具设计方面　EVA为热敏性塑料，在高温下会产生对模腔具有腐蚀作用的挥发性气体，模腔表壁需镀铬或采用耐腐蚀钢材。

（3）注射工艺条件

① 干燥处理　原料不必干燥，直接生产加工性能良好。

② 工艺参数　料筒温度120～180℃，模温20～40℃，注射压力60MPa左右（不同型号EVA会有变化）。

2.1.12　丙烯腈-苯乙烯共聚物

（1）化学和物理特性

① 丙烯腈-苯乙烯共聚物（AS）是丙烯腈和苯乙烯的共聚体，密度在1.07g/cm^{3}左右，它不易因产生内应力开裂。

② 高透明，高光泽，抗冲击性优于PS。

③ 不耐动态疲劳，但耐应力开裂性远胜于PS。

（2）模具设计方面　塑件合适的壁厚为1.5～3mm。浇口设计方面，可采用任何形式的浇口，亦可用热流道，收缩率为0.2%～0.7%。

（3）注射工艺条件　AS熔体温度一般以210～250℃为宜，模温控制在45～75℃较好。该料较易吸湿，加工前需干燥1～2h，干燥温度70～85℃。AS流动性比PS稍差一点，故注射压力亦略高一些，宜取100～140MPa。背压力5～15MPa，注射速度中等，回料转速70～100r/min。

（4）典型用途　托盘类、杯、餐具、冰箱内格、旋钮、灯饰配件、饰物、仪表镜、包装盒、文具、气体打火机、牙刷柄等。

2.1.13　苯乙烯-丁二烯共聚物

（1）化学和物理特性　苯乙烯-丁二烯共聚物（BS）俗称K料，是由苯乙烯与丁二烯共聚而成的，它是无定形聚合物。BS的硬度取决于含有丁二烯成分的多少。BS透明、无味、无毒，密度在1.01g/cm^3左右（比PS、AS低），抗冲击性比AS高，透明性好（80%～90%），热变形温度为77℃，耐化学品性较差，易受油、酸、碱及活性强的有机溶剂侵蚀。由于K料的流动性好，加工温度范围较宽，所以其加工性能良好（熔体流动速率为8g/10min）。

（2）模具设计方面

① 塑件合适壁厚 1.0～6.0mm。

② 浇口设计 K料可采用所有类型的浇口，浇口厚度为0.7～0.9mm。

③ 排气槽大小 厚度为0.03～0.06mm，宽度为3～6mm。

④ 收缩率 0.4%～0.5%。

（3）注射工艺条件 K料的吸水性低，加工前可不用干燥，如果K料长时间在湿度大的环境中敞开式存放，则需干燥（65℃以下）。K料流动性好，易于加工，其加工温度范围较宽，一般在170～250℃之间，注射压力为40～70MPa。K料不结晶，收缩率低（0.4%～0.7%）。K料在高于260℃时，若熔料在料筒中停留时间超过20min，会导致热降解，影响其透明度，甚至会变色、变脆。宜用“低压、中速、中温”的条件成型，模具温度宜在30～60℃之间。较厚的塑件，取出后可放入水中冷却，以便均匀冷却，避免出现空洞现象。

（4）共混改性塑料 根据需要，K料可以和聚苯乙烯及其改性物（包括ABS）以任何比例混炼。

（5）典型用途 杯子、盖子、瓶、合页式盒子、衣架、玩具、PVC的代用料塑件、食品包装及医药包装用品等。

2.1.14 聚苯醚

（1）化学和物理特性 聚苯醚（PPO）是一种综合性能极佳的无定形工程塑料，密度为1.06g/cm^3，硬而韧，其硬度比PA、POM、PC大，机械强度高，刚性好，耐热性好，耐化学品性好，热变形性好（热变形温度为126℃，可在沸水中煮），尺寸稳定性好（缩水率为0.7%），吸水率低（小于0.15%）。缺点是在紫外线照射下不稳定，颜色会变深。

（2）模具设计方面

① 塑件合适壁厚 2～3.5mm。

② 浇口设计 容易产生喷射流纹，大型塑件最好选用薄片浇口或扇形浇口，细小塑件可用点浇口或潜伏式浇口，流道则以较大为佳。

③ 收缩率 0.5%～0.8%。

（3）注射工艺条件 PPO的熔体黏度高，流动性差，加工条件要求高。加工前，需在110℃的温度下干燥1～2h，成型温度为260～310℃，模温控制在80～110℃为宜，需在“高温、高压、高速”的条件下成型加工。此料注塑生产过程中浇口前方易产生喷射流纹（俗称蛇纹），浇口流道以较大尺寸为佳。PPO长期在加工温度下有“交联”倾向。

（4）典型用途 高频电子零件、绝缘零件、线圈芯、医疗用具、高温食具、食具消毒器、滤水器材、齿轮、泵叶轮、化工用管道、塑料螺钉、复印机壳及零件、打印机、传真机、计算机内部配件等。

2.1.15 聚对苯二甲酸丁二醇酯

（1）化学和物理特性 聚对苯二甲酸丁二醇酯（PBT）是一种性能优良的结晶性工程塑料，刚性和硬度高，热稳定性好。密度为1.30～1.38g/cm^3，熔点为220～267℃。它具有优良的抗冲击性，因摩擦系数低而耐磨性极优，尺寸稳定性好，吸湿性较小，耐化学品腐蚀性好（除浓硝酸外）。易水解，塑件不宜在水中使用，成型收缩率较大，为1.7%～2.2%，塑件经120℃退火后可提高其冲击强度10%～15%。

(2) 模具设计方面

① 塑件合适壁厚 1.5～4mm (排气要充分)。

② 浇口设计 不宜用热流道系统。大部分浇口均适宜，因为需高速注射，浇口通常要较大，点浇口和潜伏式浇口的直径应为1.5mm。

③ 收缩率 1.7%～2.3%，成型后48h内仍有少许收缩（约0.05%）。

(3) 注射工艺条件 PBT注塑之前一定要在110～120℃的温度下干燥3h左右，成型加工温度为250～270℃，模温控制在50～75℃为宜。因该料从熔融状态一经冷却，则会立即凝固结晶，故其冷却时间较短。若喷嘴温度控制不当（偏低），流道（浇口）易冷却固化，会出现堵嘴现象。若料筒温度超过275℃或熔料在料筒中停留时间超过30min，易引起材料分解变脆。PBT注塑时需用较大浇口进料，不宜使用热流道系统，模具排气要良好，宜用“高速、中压、中温”的条件成型加工，防火料或加玻璃纤维的PBT浇注系统凝料不宜再回收利用，停机时需用PE或PP料及时清洗料管，以免炭化。

(4) 典型用途 用在要求润滑性及耐腐蚀的一些部件中，如齿轮、轴承、医药用品、工具箱和搅拌棒、打球用防护面罩、叶轮、螺旋桨、滑片、泵壳等。

2.1.16 乙酸丁酸纤维素

(1) 化学和物理特性 乙酸丁酸纤维素（CAB）是一种无定形纤维素类塑料，密度为1.15～1.22g/cm^3，因其组成不同，有透明、半透明、不透明三种状态。它是纤维素塑料中韧性最好的品种之一，能耐高动态疲劳，透气性好，透水率高，耐光性、耐候性及耐化学品性特佳，成型收缩率为0.3%～0.8%，尺寸稳定性好。

(2) 模具设计方面

① 合适壁厚 1.5～4mm。

② 浇口设计 大多数浇口都可采用，如侧浇口、直接浇口、扇形浇口、潜伏式浇口、薄片浇口、点浇口等。

③ 收缩率 0.3%～0.8%。

(3) 注射工艺条件 CAB的熔点为140℃，成型加工温度控制在180～230℃为宜，加工前一定要在80℃的温度下干燥2h左右，模具温度应控制在40～70℃。宜用“中压、中速、中温”的条件成型加工，可适用于大多数类型的浇口进料，热稳定性较好，停机时无须用其他料清洗料筒。

(4) 典型用途 眼镜架、闪光灯、安全镜、医药用具及盘子、工具柄、小型电气绝缘零件。

2.2 热塑性增强塑料

热塑性增强塑料一般由树脂及增强材料组成。目前常用的树脂主要为尼龙、聚苯乙烯、ABS、AS、聚碳酸酯、线型聚酯、聚乙烯、聚丙烯、聚甲醛等。增强材料一般为无碱玻璃纤维（有长短两种，长纤维料一般与粒料长一致，为2～3mm，短纤维料长一般小于0.8mm）经表面处理后与树脂配制而成。玻璃纤维含量一般在20%～40%之间。由于各种增强塑料所选用的树脂不同，玻璃纤维长度、直径，有无含碱及表面处理剂不同，其增强效果不一，成型特性也不一。如前所述，增强材料可改善一系列力学性能，但也存在一系列缺点。如冲击强度与冲击疲劳强度降低（但缺口冲击强度提高），透明性、焊接点强度也降低，收缩、强度、热膨胀系数、热导率的异向性增大。故目前该塑料主要用于小型、高强度、耐热、工作环境差及高精度要求的塑件。

2.2.1 成型工艺特点

增强塑料熔体指数比普通料低30%～70%，故流动性不良，易产生填充不良、熔接不良、玻璃纤维分布不均匀等缺陷。尤其对长纤维料更易发生上述缺陷，并容易损伤纤维而影响力学性能。成型收缩小，异向性明显。成型收缩比未增强塑料小，但异向性增大，沿料流方向的收缩小，垂直方向大，近进料口处小，远处大，塑件易发生翘曲、变形，脱模不良、磨损大、不易脱模，并对模具磨损大，在注射时料流对浇注系统、型芯等磨损也大。成型时由于纤维表面处理剂易挥发成气体，必须予以排出，不然易产生熔接不良、缺料及烧伤等缺陷。

2.2.2 成型注意事项

为了解决增强塑料上述工艺弊病，在成型时应注意下列事项。

① 宜用高温、高压、高速注射。

② 对结晶性材料应按要求调节，同时应防止树脂、玻璃纤维分头聚积，玻璃纤维外露及局部烧伤。

③ 保压补缩应充分。

④ 塑件冷却应均匀。

⑤ 料温、模温的变化对塑件收缩率的影响较大，温度高则收缩率大，保压压力及注射压力增大，可使收缩率变小，但影响较小。

⑥ 由于增强塑料刚性好，热变形温度高，可在较高温度时脱模，但要注意脱模后均匀冷却。

⑦ 应选用适当的脱模剂。

⑧ 宜用螺杆式注塑机成型。对于长纤维的增强塑料则必须用螺杆式注塑机加工。

2.2.3 对模具设计的要求

① 塑件形状及壁厚设计特别应考虑有利于料流畅通填充型腔，尽量避免尖角、缺口。

② 脱模斜度应取大一些，含玻璃纤维15%的可取1°～2°，含玻璃纤维30%的可取2°～3°。当不允许有脱模斜度时，则应避免强行脱模，宜采用侧向分型结构。

③ 浇注系统截面宜大，流程平直而短，以利于纤维均匀分散。

④ 设计浇口应考虑防止填充不足和异向性变形，玻璃纤维如果分布不均匀，易产生熔接痕等缺陷。浇口宜采用薄片浇口、扇形浇口、环形浇口及多点形式的点浇口。浇口截面可适当增大，但其长度宜短。

⑤ 模具型芯、型腔应有足够的刚性及强度。

⑥ 模具应淬硬、抛光，选用耐磨钢种，易磨损部位应便于维修更换。

⑦ 推出应均匀有力。

⑧ 模具应设有排气溢料槽，并宜设于易出现熔接痕的部位。

2.3 热固性塑料特性与成型工艺

2.3.1 酚醛塑料

(1) 基本特性　酚醛塑料是以酚醛树脂为基础制得的。酚醛树脂本身很脆，呈玻璃态，没有明确的熔点，固体树脂可在一定温度范围内软化或熔化，能溶于乙醇、丙酮、苯和甲苯，不溶于矿物油和植物油。刚性好，变形小，耐热、耐磨，能在150～200℃的温度范围内长期使用，在水润滑条件下，有极低的摩擦系数。酚醛树脂有良好的电性能，它在常温时有较高的绝缘性，是一种优良的工频绝缘材料。缺点是质地脆，冲击强度低。

(2) 应用　主要用于制造齿轮、轴瓦、导向轮、轴承及电气绝缘件、汽车电器和仪表零件。石棉布层压塑料主要用于高温下工作的零件。木质层压塑料适用于水润滑冷却下的轴承及齿轮等。

(3) 成型特点　成型工艺主要有压缩成型、注射成型和压注成型。成型性能好，模温对流动性影响较大，模温应控制在(165±5)℃，一般当温度超过160℃时流动性迅速下降。硬化时放出大量热，厚壁大型塑件易发生硬化不均匀及过热现象。

2.3.2 环氧树脂

(1) 基本特性　环氧树脂是含有环氧基的高分子化合物，具有很强的黏结能力。耐化学药品、耐热，具有良好的电气绝缘性，收缩率小。比酚醛树脂有更好的力学性能。其缺点是耐气候性差，抗冲击性低，质地脆。

(2) 应用　环氧树脂可用作金属和非金属材料的黏合剂，用来制造日常生活和文教用品，封闭各种电子元件，可在湿热条件下使用。用环氧树脂配以石英粉等可以用来浇铸各种模具。还可以作为各种产品的防腐蚀涂料。

(3) 成型特点　主要有压缩成型、压注成型两种，流动性好，硬化速度快。用于浇注时，浇注前应加脱模剂，因环氧树脂热刚性差，硬化收缩小，难以脱模。硬化时不析出任何副产物，成型时不需排气。

2.3.3 氨基塑料

氨基塑料是由氨基化合物与醛类（主要是甲醛）经缩聚反应而得到的，主要包括脲-甲醛塑料、三聚氰胺-甲醛塑料等。

(1) 基本特性及应用　脲-甲醛塑料是脲-甲醛树脂和漂白纸浆等制成。着色性好，色泽鲜艳，外观光亮，无特殊气味，不怕电火花，有灭弧能力，防霉性良好，耐热性、耐水性比酚醛塑料弱。在水中长期浸泡后电气绝缘性下降。脲-甲醛塑料大量用来制造日用品、航空和汽车的装饰件及电气照明用设备的零件、电话机、收音机、钟表外壳、开关插座及电气绝缘零件。

三聚氰胺-甲醛塑料是由三聚氰胺-甲醛树脂等制成的。着色性好，色泽鲜艳，外观光亮，无毒，电绝缘性能良好，耐水性、耐热性较高。在－20～100℃的温度范围内性能变化小，质量轻，不易碎，能耐茶、咖啡等污染性强的物质。三聚氰胺-甲醛塑料主要用作餐具、航空茶杯及电器开关、灭弧罩及防爆电器等矿用电器的配件。

(2) 成型特点　氨基塑料含水分及挥发物多，使用前需预热干燥。主要成型方法有压缩成型、压注成型，收缩率大，且成型时有弱酸性分解物及水分析出，流动性好，硬化速度快。因此，预热及成型温度要适当，装料、合模及加工速度要快，带嵌件的塑料易产生应力集中，尺寸稳定性差。

2.4 塑件的后处理

塑料熔体在成型过程中有时会存在不均匀结晶、取向和收缩应力，导致塑件在脱模后变形，力学性能、化学性能及表观质量变坏，严重时甚至会引起塑料制品开裂。为了解决这些问题，常常对这些塑件进行后处理，后处理的方法主要有退火处理和调湿处理。

(1) 退火处理

① 退火处理的目的

a. 消除或降低塑料制品成型后的残余应力。

b. 降低塑件的硬度，提高塑件的韧度。

② 退火工具　烘箱或液体介质（如热水、热油等）。

③ 退火温度　塑件使用温度加 10～20℃，或塑件变形温度减 10～20℃。

④ 退火时间　退火时间与塑件壁厚有关，通常可按每毫米厚度约需 0.5h 的原则估算。

(2) 调湿处理

① 调湿目的　调湿处理主要针对吸湿性很强且易氧化的尼龙类制品，用于消除内应力，达到吸湿平衡，以稳定尺寸。

② 调湿介质　一般为沸水或乙酸钾溶液（沸点为 121℃）。

③ 调湿温度　100～120℃。

④ 调湿时间　保湿时间与壁厚有关，通常为 2～9h。

复习与思考

1. 选择题

(1) 下列可用于制造齿轮、轴承耐磨件的塑料有（　　）。

A. 聚酰胺（尼龙，PA）　B. 聚甲醛（POM）　C. 聚碳酸酯（PC）

D. 聚苯醚（PPO）　E. 聚对苯二甲酸丁二醇酯（PBT）

(2) 下列塑料可用于制作透明制品的有（　　）。

A. 聚苯乙烯（PS）　B. 有机玻璃（PMMA）

C. 聚丙烯（PP）　D. 聚碳酸酯（PC）

2. 判断题

(1) 高抗冲聚苯乙烯（HIPS）是在 PS 中加入 5%～10%的橡胶，不透明，它除具有 PS 的易加工、易着色外，还具有较强的韧性（是 PS 的 4 倍）和冲击强度，较大的弹性，流动性比 PS 好。（　）

(2) 丙烯腈-丁二烯-苯乙烯共聚物（ABS）的综合性能好，机械强度高，抗冲击能力强，抗蠕变性好，有一定的表面硬度，耐磨性好，耐低温，可在－40℃下使用，电镀性好。（　）

(3) 聚乙烯（PE）的特点是：软性，无毒，价廉，加工方便，吸水性小，可不用干燥，半透明。（　）

(4) 聚丙烯（PP）在常用塑料中密度最大，表面涂漆、粘贴、电镀加工相当容易。（　）

(5) PS、HIPS、ABS、PC、PPO 的收缩率都可取 5%，PE、POM、PP、PVC 的收缩率都可取 2%。（　）

(6) 聚碳酸酯（PC）的抗冲击性是塑料之冠，可长期工作温度达 120～130℃。（　）

(7) 聚甲基丙烯酸甲酯（PMMA）最大的缺点是脆（比 PS 还脆）。（　）

(8) 聚氯乙烯（PVC）可用于设计缓冲（击）类胶件，如凉鞋、防震垫 。（　）

(9) 聚苯乙烯（PS）的透光性好，吸水率低，可不用烘料，流动性好，易成型加工，最大的缺点是质地脆。（　）

3. 简述热塑性增强塑料的收缩率有何特点？对模具设计有何要求？

4. 举出三种常用的热固性塑料，简述其成型工艺。

5. 塑件有哪些后处理工序？其作用是什么？

第3章

Chapter 03

塑件设计

3.1 塑件结构设计的一般原则

3.1.1 力求使塑件结构简单、易于成型

与金属等其他材料相比，塑料成型容易，成型方法多样。因此塑件的结构、形状可以做到比金属零件更加复杂多变。但复杂的塑件必将增加模具的制造难度和成本，也会增加塑件的注射成型成本，这对产品开发成本的控制当然不利。

因此设计塑件时，应在满足产品功能要求的前提下，力求使塑件结构简单，尤其要尽量避免侧向凹凸结构，见表3-1。因为侧向凹凸结构需要模具增加侧向抽芯机构，使模具变得复杂，增加了制作成本。

表 3-1　避免侧向凹凸

不合理	合理	不合理	合理
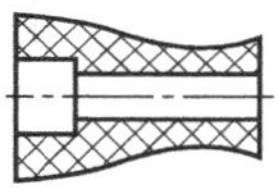	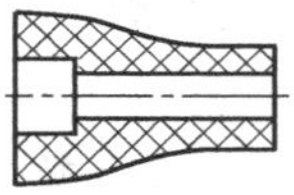	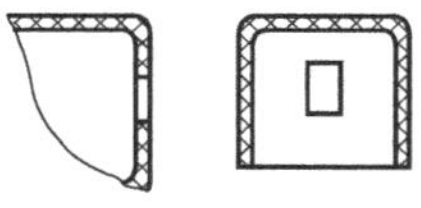	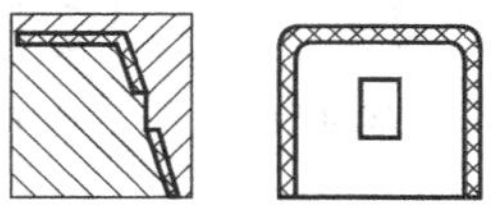
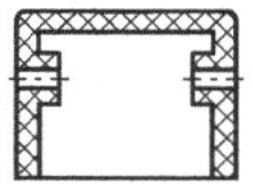	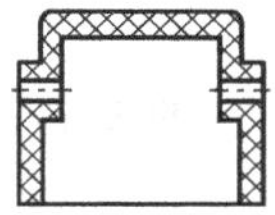	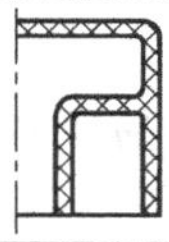	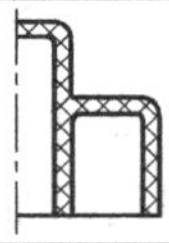

如果侧向凹凸结构不可避免，则应该使侧向凹凸结构尽量简化，有两种方法可以避免模具采用侧向抽芯机构：强行脱模和对插，如图3-1所示。

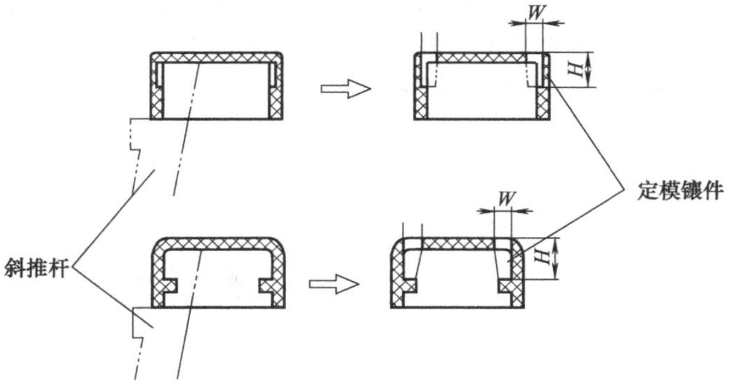

图 3-1　简化模具结构，避免内侧抽芯

强行脱模详见第 13 章，对插结构如图 3-1 所法。图中，W 应大于等于 $H/3$。

塑件设计时除了尽量避免侧向抽芯外，还要力求使模具的其他结构也简单耐用，包括以下几个方面。

（1）模具成型零件上不得有尖利或薄弱结构　模具上的尖利或薄弱结构会影响模具强度及使用寿命。塑件设计时应尽量避免这种现象出现。如图 3-2 所示的塑件，因有封闭加强筋，会使模具上产生薄弱结构。应改为开放式或加大封闭空间，避免模具产生尖、薄结构。模具如图 3-3 所示。

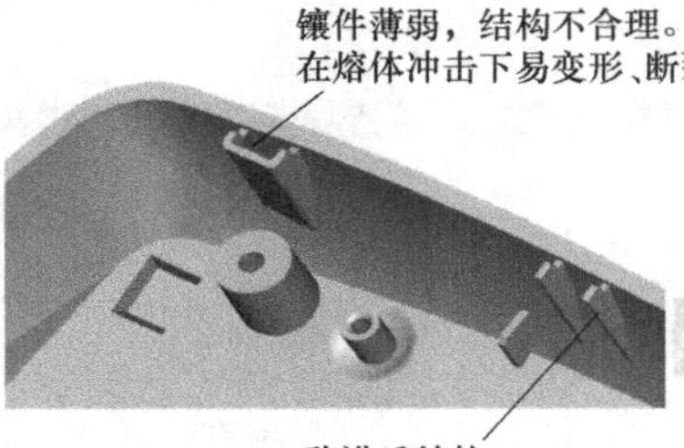

图 3-2　塑件

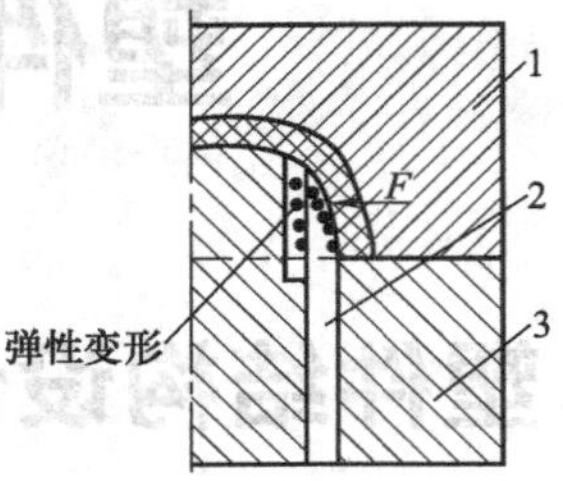

图 3-3　模具

1—定模镶件；2—动模型芯；3—动模镶件

（2）尽可能地使分型面变得容易　简单的分型面使模具加工容易，生产时不易产生飞边，浇口切除也容易。如图 3-4（a）所示的分型线为阶梯形状，模具加工较为困难；图 3-4（b）改用直线或曲面，使模具加工变得较为容易。

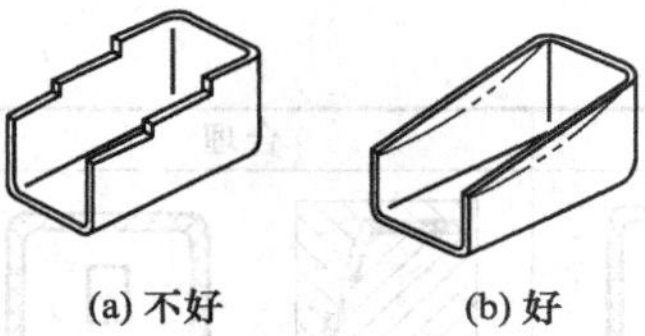

图 3-4　简化分型面

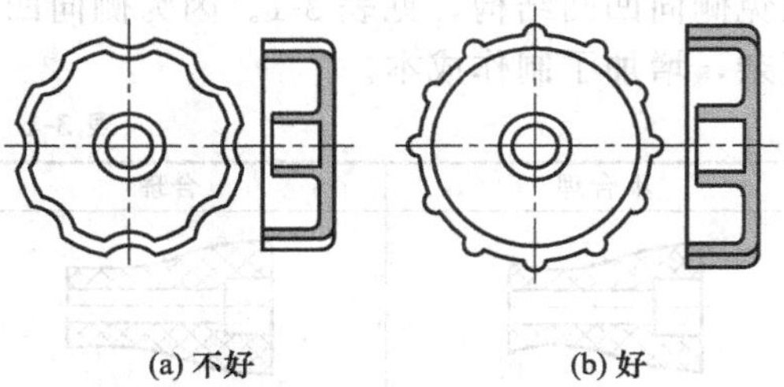

图 3-5　简化型芯结构

（3）尽可能使成型零件简单易于加工　图 3-5（a）的型芯复杂，难以加工；图 3-5（b）的型芯则较易加工。

3.1.2　壁厚均匀

壁厚均匀为塑件设计第一原则，应尽量避免出现过厚或过薄的壁厚。这一点即使在转角部位也要注意。因为壁厚不均匀会使塑件冷却后收缩不均匀，造成收缩凹陷，产生内应力、变形及破裂等，如图 3-6～图 3-8 所示。另外，成型塑件的冷却时间取决于壁厚较厚的部分，壁厚不均匀会使成型周期延长，生产效率降低。

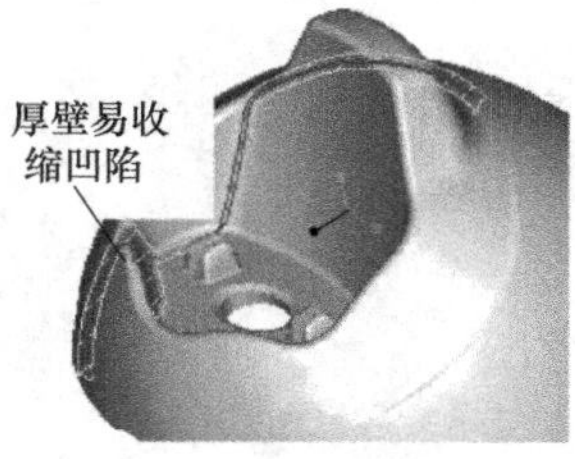

图 3-6　防止凹陷

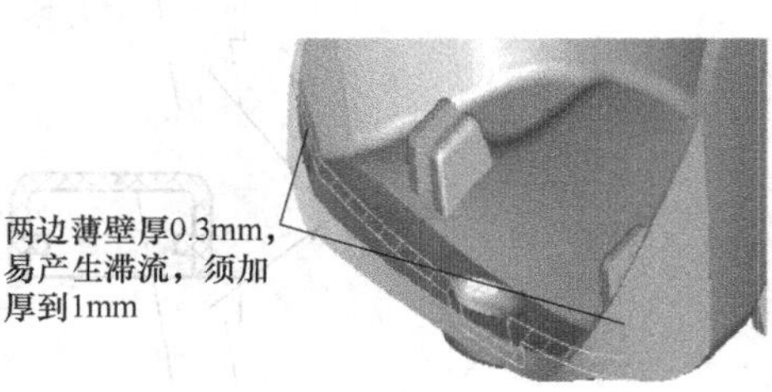

图 3-7　防止滞流

当壁厚有较大差别时，应减胶抽取厚壁部分，力求壁厚尺寸一致。在减胶时，应尽可能地加大内模型芯，这是因为小型芯的温度增高会使成型周期延长。厚壁减胶后，若引起强度或装配的问题，可以增加骨位或凸起去解决。如果厚壁难以避免，应该用渐变去代替壁厚的突然变化。壁厚改进的方法见表 3-2。

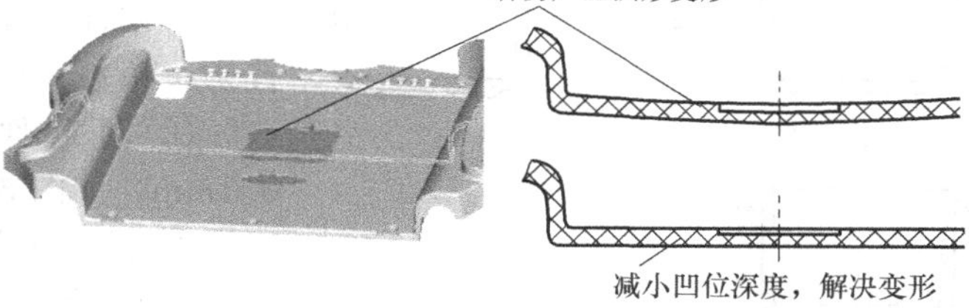

图 3-8　防止变形

表 3-2　壁厚改进的方法

不合理	合理	不合理	合理
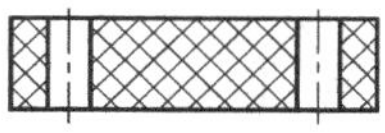	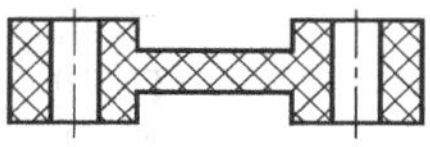	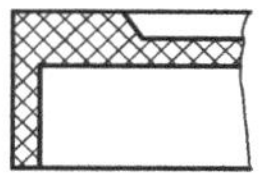	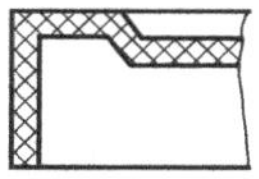
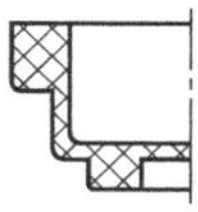	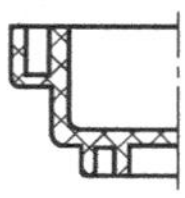	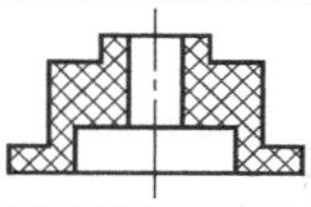	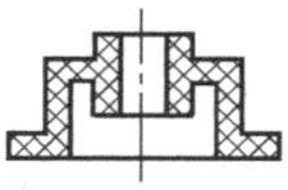
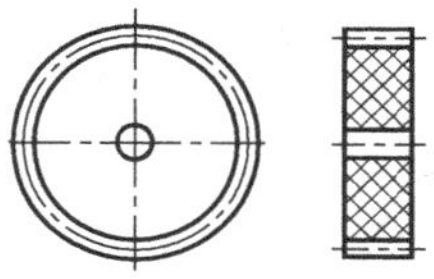	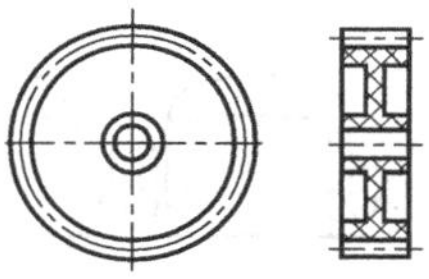	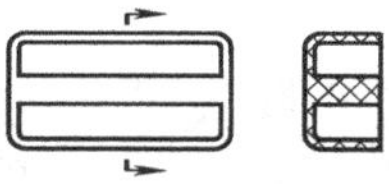	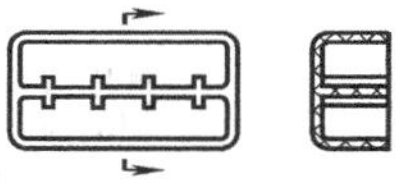
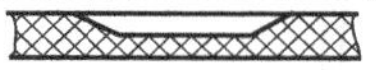		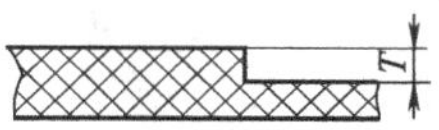	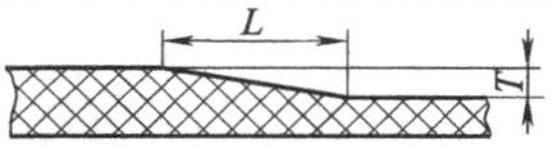 $L \geqslant 3T \sim 10T$

3.1.3　保证强度和刚度

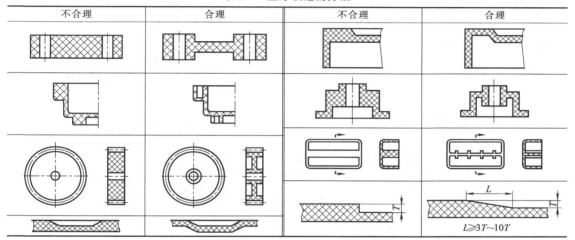

塑件的缺点之一是其强度和刚度远不如钢铁制品。如何提高塑件的强度和刚度，使其满足产品功能的要求，是设计者必须考虑的。提高塑件强度和刚度最简单实用的方法就是设计加强筋，而不是简单用增加壁厚的办法。因为增加壁厚不仅大幅度增加了塑件的重量，而且易产生缩孔、凹痕等缺陷，而设置加强筋，不但能提高塑件的强度和刚度，还能防止和避免塑料的变形和翘曲。设置加强筋的方向应与料流方向尽量保持一致，以防止充模时料流受到搅乱，降低塑件的韧性或影响塑件外观质量。加强方式有侧壁加强、底部加强和边缘加强等，如图 3-9 和图 3-10 所示。

图 3-9　侧壁加强

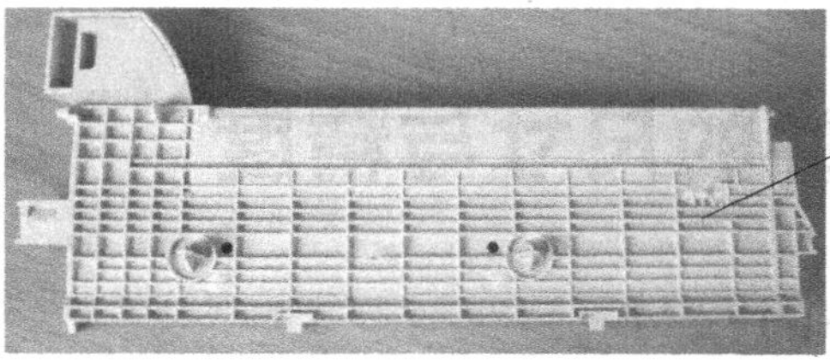

图 3-10　底部加强

对于容器类塑件，提高强度和刚度的方法通常都在边缘加强，同时底部加圆骨或做拱起等结构，如图 3-11 所示。

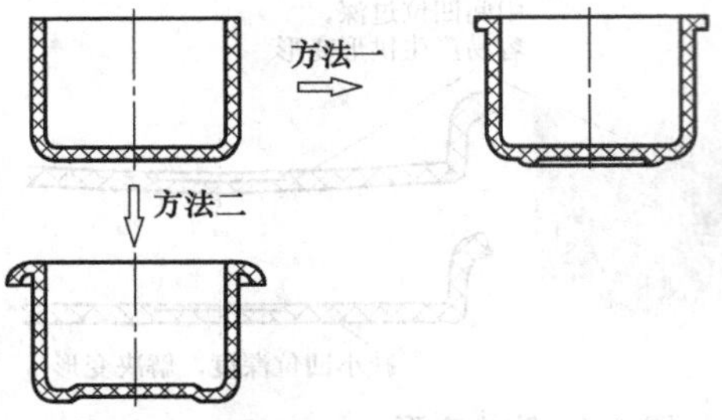

图 3-11　容器类塑件提高强度和刚度的方法

3.1.4　装配间隙合理

各塑件之间的装配间隙应均匀合理，一般塑件间隙（单边）如下。

① 固定件之间配合间隙一般取 0.05～0.1mm，如图 3-12 所示。

② 面、底盖止口间隙一般取 0.05～0.1mm，如图 3-13 所示。

③ 直径 $\phi \leqslant 15$mm 按钮的活动间隙（单边）0.1～0.2mm；直径 $\phi > 15$mm 按钮活动间隙（单边）0.15～0.25mm；异形按钮的活动间隙 0.3～0.35mm，如图 3-14 所示。

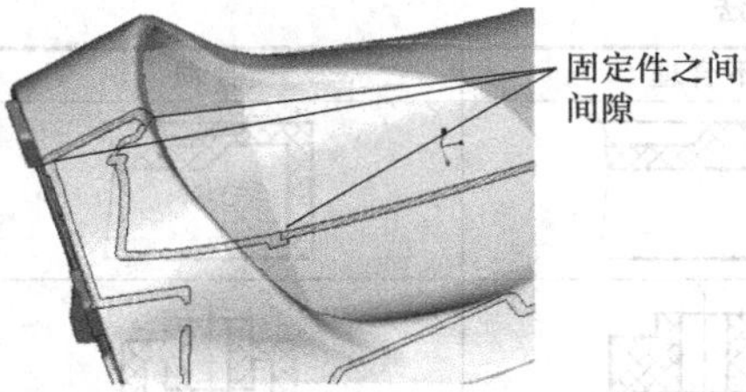

图 3-12　固定件之间的配合

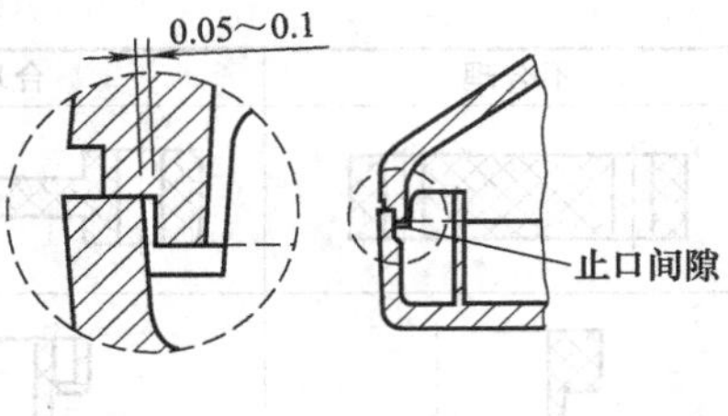

图 3-13　面、底盖止口间隙

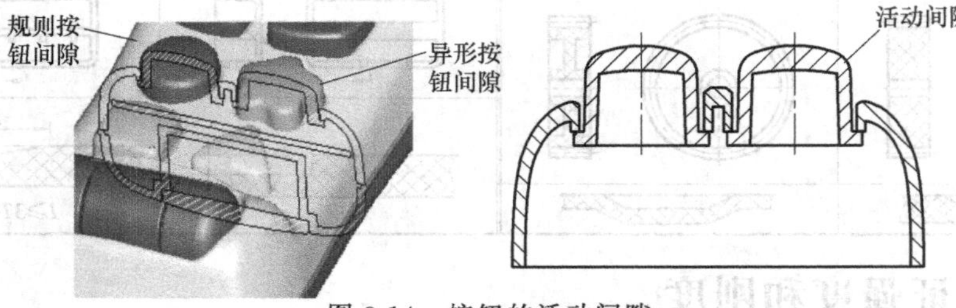

图 3-14　按钮的活动间隙

3.1.5　其他原则

① 根据塑件所要求的功能决定其形状、尺寸、外观及材料，当塑件外观要求较高时，应先通过外观造型，再设计内部结构。

② 尽量将塑件设计成回转体或对称形状。这种形状结构工艺性好，能承受较大的力，模具设计时易保证温度平衡，塑件不易产生翘曲变形等。

③ 设计塑件时应考虑塑料的流动性、收缩性及其他特性，在满足使用要求的前提下，塑件的所有的转角尽可能设计成圆角，或者用圆弧过渡。

3.2 塑件的尺寸与精度

3.2.1　塑件的尺寸

塑件的尺寸首先受到塑料的流动性限制。在一定的设备和工艺条件下，流动性好的塑料可以成型较大尺寸的塑件；反之，能成型的塑件尺寸就较小。其次，塑件尺寸还受成型设备的限制，如注塑机的注射量、锁模力和模板尺寸等；压缩成型和压注成型的塑件尺寸要受到压力机最大压力和压力机工作台面最大尺寸的限制。目前，世界上最大的注塑机在法国，该机可以注射出总质量可达 170kg 的塑件；世界上最小的注塑机在德国，该机的注射量只有 0.1g，用于生产 0.05g 的塑件。

3.2.2 塑件的精度

塑件尺寸精度是指所获得的塑件尺寸与塑件图中尺寸的符合程度，即所获得塑件尺寸的准确度。影响塑件精度的因素有很多，包括以下几个方面。

① 模具的制造精度及磨损程度　这些会直接影响塑件尺寸精度。

② 塑料收缩率的波动　一般结晶性塑料和半结晶性塑料（POM 和 PA 等）的收缩率比无定形塑料的大，范围宽，波动性也大。因此塑件尺寸精度也较差。

③ 成型工艺参数　成型工艺条件如料温、模温、注射压力、保压压力、塑化背压力、注射速度、成型周期等都会对塑件的收缩率产生影响。

④ 模具的结构　如多型腔模一般比单型腔模的塑件尺寸波动大。对于多腔注塑模具，为了减少尺寸波动，需要进行一些其他方面的努力，如分流道采用平衡布置、模具各部位的温度应尽量均匀等。另外，模具的结构如分型面选择、浇注系统的设计、排气、模具的冷却和加热等以及模具的刚度等都会影响塑件尺寸精度。

⑤ 塑件的结构形状　壁厚不均匀的塑件、严重不对称的塑件、很高很深的塑件、塑件的精度都会受到一定的影响。

⑥ 模具在使用过程中的磨损和模具导向部件的磨损　这些也会直接影响塑件的尺寸精度。对于工程塑料制品，尤其是以塑代钢的制品，设计者往往简单地套用机械零件的尺寸公差，这是很不合理的，许多工业化国家都根据塑料特性制定了模塑件的尺寸公差。我国也于 2008 年修订了《模塑塑料件尺寸公差》（GB/T 14486—2008），见附录 2。设计者可根据所用的塑料原料和产品使用要求，根据标准中的规定确定塑件的尺寸公差。由于影响塑件尺寸精度的因素有很多，因此在塑件设计中正确、合理确定尺寸公差是非常重要的。一般来说，在保证使用要求的前提下，精度应设计得尽量低一些。常用材料模塑件公差等级的使用见表 3-3。

表 3-3　常用材料模塑件公差等级的使用（GB/T 14486—2008）

材料代号	模塑材料		公差等级		
			标注公差尺寸		未注公差尺寸
			高精度	一般精度	
ABS	丙烯腈-丁二烯-苯乙烯共聚物		MT2	MT3	MT5
CA	醋酸纤维素		MT3	MT4	MT6
EP	环氧树脂		MT2	MT3	MT5
PA	聚酰胺	无填料填充	MT3	MT4	MT6
		30%玻璃纤维填充	MT2	MT3	MT6
PBT	聚对苯二甲酸丁二醇酯	无填料填充	MT3	MT4	MT6
		30%玻璃纤维填充	MT2	MT3	MT5
PC	聚碳酸酯		MT2	MT3	MT5
PDAP	聚邻苯二甲酸二烯丙酯		MT2	MT3	MT5
PEEK	聚醚醚酮		MT2	MT3	MT5
HDPE	高密度聚乙烯		MT4	MT5	MT7
LDPE	低密度聚乙烯		MT5	MT6	MT7
PESU	聚醚砜		MT2	MT3	MT5
PET	聚对苯二甲酸乙二醇酯	无填料填充	MT3	MT4	MT6
		30%玻璃纤维填充	MT2	MT3	MT6
PF	苯酚-甲醛树脂	无机填料填充	MT2	MT3	MT5
		有机填料填充	MT3	MT4	MT6
PMMA	聚甲基丙烯酸甲酯		MT2	MT3	MT5
POM	聚甲醛	≤150mm	MT3	MT4	MT6
		＞160mm	MT4	MT5	MT7
PP	聚丙烯	无填料填充	MT4	MT5	MT7
		30%无机填料填充	MT2	MT3	MT5
PPE	聚苯醚、聚亚苯醚		MT2	MT3	MT5
PPS	聚苯硫醚		MT2	MT3	MT5

材料代号	模塑材料		公差等级		
			标注公差尺寸		未注公差尺寸
			高精度	一般精度	
PS	聚苯乙烯		MT2	MT3	MT5
PSU	聚砜		MT2	MT3	MT5
PUR-P	热塑性聚氨酯		MT4	MT6	MT7
PVC-P	软聚氯乙烯		MT5	MT6	MT7
PVC-U	未增塑聚氯乙烯		MT2	MT3	MT5
SAN	丙烯腈-苯乙烯共聚物		MT2	MT3	MT5
UF	脲-甲醛树脂	无机填料填充	MT2	MT3	MT6
		有机填料填充	MT3	MT4	MT6
UP	不饱和聚酯	30%玻璃纤维填充	MT2	MT3	MT5

3.2.3 塑件的表面质量

塑件的表面质量指的是塑件成型后的表面缺陷状态，如常见的填充不足、飞边、收缩凹陷、气孔、熔接痕、银纹、翘曲变形、顶白、黑斑、尺寸不稳定及粗糙度等。塑件的表面粗糙度应遵循表 3-4 中《塑料件表面粗糙度标准——不同加工方法和不同材料所能达到的表面粗糙度》(GB/T 14234—1993)。一般模具型腔粗糙度要比塑件的要求低 1～2 级。

表 3-4 不同加工方法和不同材料所能达到的表面粗糙度（GB/T 14234—1993）

加工方法	材料		*Ra* 参数值范围/μm										
			0.025	0.050	0.100	0.200	0.40	0.80	1.60	3.20	6.30	12.50	25
注射成型	热塑性塑料	PMMA	•	•	•	•	•	•	•				
		ABS	•	•	•	•	•	•	•				
		AS	•	•	•	•	•	•	•				
		PC		•	•	•	•	•	•				
		PS		•	•	•	•	•	•	•			
		PP			•	•	•	•	•				
		PA			•	•	•	•	•				
		PE			•	•	•	•	•	•	•		
		POM		•	•	•	•	•	•	•			
		PSF				•	•	•	•	•			
		PVC				•	•	•	•	•			
		PPO				•	•	•	•	•			
		CPE				•	•	•	•	•			
		PBP				•	•	•	•	•			
	热固性塑料	氨基塑料				•	•	•	•	•			
		酚醛塑料				•	•	•	•	•			
		聚硅氧烷塑料				•	•	•	•	•			
压缩和传递成型	氨基塑料					•	•	•	•	•			
	蜜胺塑料				•	•	•	•					
	酚醛塑料					•	•	•	•	•			
	DAP						•	•	•	•			
	不饱和聚酯						•	•	•	•			
	环氧塑料					•	•	•	•	•			
机械加工	有机玻璃		•	•	•	•	•	•	•	•	•		
	尼龙								•	•	•	•	
	聚四氟乙烯							•	•	•	•	•	
	聚氯乙烯								•	•	•	•	
	增强塑料								•	•	•	•	•

注：1. 模具型腔 *Ra* 数值应相应增大 2 级。

2. •表示有此项。

3.3 塑件的常见结构设计

3.3.1 脱模斜度

为了便于脱模，防止塑件表面在脱模时划伤等，在设计时必须使塑件内外表面沿脱模方向具有合理的脱模斜度。确定脱模斜度时要注意以下几点。

① 为了不影响塑件装配，一般往减胶方向做脱模斜度。因此，设计脱模斜度后所标的尺寸，外部（型腔）尺寸为大端尺寸，内部（型芯）尺寸为小端尺寸。

② 一般来说，定模型腔脱模斜度 a 大于动模型芯脱模斜度 b。目的是保证塑件在开模时留在动模。但塑件较高时，这样会导致壁厚不均匀，因此实际设计中大多都取 $a=b$，如图 3-15 所示。

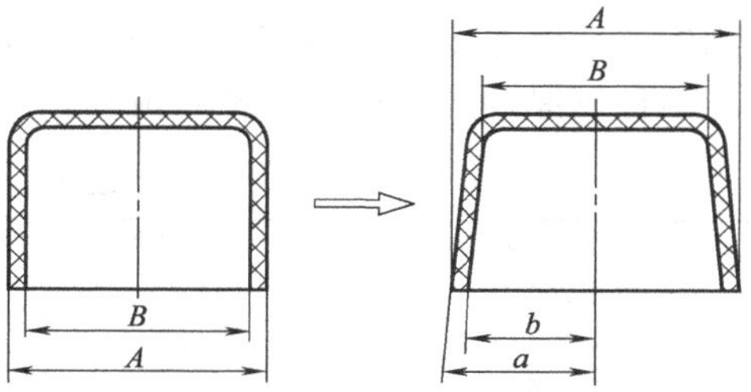

图 3-15 脱模斜度及大小头的尺寸

③ 不同品种的塑料其脱模斜度不同。硬质塑料比软质塑料的脱模斜度大；收缩率大的塑料比收缩率小的塑料脱模斜度大；增强塑料，宜取大一点的脱模斜度；自润滑性塑料，脱模斜度可取小一些。常用塑料的脱模斜度见表 3-5。

表 3-5 常用塑料的脱模斜度

塑料名称	斜度	
	型腔 a	型芯 b
聚乙烯、聚丙烯、软聚氯乙烯	45′～1°	30′～45′
丙烯腈-丁二烯-苯乙烯共聚物、尼龙、聚甲醛、氯化聚醚、聚苯醚	1°～1°30′	40′～1°
硬聚氯乙烯、聚苯乙烯、聚甲基丙烯酸甲酯、聚碳酸酯、聚砜	1°～2°	50′～1°30′
热固性塑料	40′～1°	20′～50′

④ 塑件的几何形状对脱模斜度也有一定的影响。塑件高度越高，孔越深，为了保证精度要求，脱模斜度宜取小一点；形状较复杂或成型孔较多的塑件，取较大的脱模斜度；壁厚大的塑件，可取较大值。

⑤ 精度要求越高，脱模斜度要越小。在不影响塑件品质的前提下，脱模斜度越大越好。

⑥ 型腔表面粗糙度不同，脱模斜度也不同。对塑件 3D 文件中没有脱模斜度要求的部位，参照技术说明中一般脱模斜度的要求。塑件外观表面要求光面或纹面，其脱模斜度也不同。

a. 透明塑件，模具型腔表面镜面抛光：小塑件脱模斜度≥1°，大塑件脱模斜度≥3°。

b. 塑件表面要求蚀纹，模具型腔侧表面要喷砂或腐蚀：$Ra<6.3\mu m$，脱模斜度≥3°；$Ra\geq 6.3\mu m$，脱模斜度≥4°。

c. 塑件表面要求火花纹，模具型腔侧表面在电极加工后不再抛光：$Ra<3.2\mu m$，脱模斜度≥3°；$Ra\geq 3.2\mu m$，脱模斜度≥4°。

3.3.2 塑件外形及壁厚

塑件外形尽量采用流线型，避免突然的变化，以免在成型时因塑料在此处流动不顺引起气泡等缺陷，并且此处模具易产生磨损。确定壁厚大小及形状时，需考虑塑件的构造、强度及脱模斜度等因素。在满足性能及成型工艺的情况下，尽量薄一些。因为壁薄对于成型周期更为有利，且节省塑料。设计塑件壁厚时还应考虑塑料的流动性、收缩性及其他特性。

（1）决定壁厚的主要因素

① 结构强度和刚度是否足够。

② 脱模时能经受推出机构的推出力而不变形。

③ 能否均匀分散所受的冲击力。

④ 有嵌入件时，能否防止破裂，如产生熔接痕是否会影响强度。

⑤ 成型孔部位的熔接痕是否会影响强度。

⑥ 能承受装配时的紧固力。

⑦ 棱角及壁厚较薄部分是否会阻碍材料流动，从而引起填充不足。

（2）壁厚必须合理　壁厚太小，熔融塑料在模具型腔中的流动阻力较大，难填充，强度和刚度差；壁厚太大，内部易生气泡，外部易生收缩凹陷，且冷却时间长，料多亦增加成本。塑件壁厚的大小取决于塑料流动性和塑件大小，见表 3-6。

表 3-6　常用塑料的壁厚值　　　　单位：mm

塑　料	最小壁厚	小型塑件推荐壁厚	中型塑件推荐壁厚	大型塑件推荐壁厚
聚酰胺(PA)	0.45	0.75	1.6	2.4 ～ 3.2
聚乙烯(PE)	0.6	1.25	1.6	2.4 ～ 3.2
聚苯乙烯(PS)	0.75	1.25	1.6	3.2 ～ 5.4
高抗冲聚苯乙烯(HIPS)	0.75	1.25	1.6	3.2 ～ 5.4
有机玻璃(PMMA)	0.8	1.5	2.2	4 ～ 6.5
聚氯乙烯(PVC)	1.15	1.6	1.8	3.2 ～ 5.8
聚丙烯(PP)	0.85	1.45	1.75	2.4 ～ 3.2
聚碳酸酯(PC)	0.95	1.8	2.3	3 ～ 4.5
聚苯醚(PPO)	1.2	1.75	2.5	3.5 ～ 6.4
醋酸纤维素(EC)	0.7	1.25	1.9	3.2 ～ 4.8
聚甲醛(POM)	0.8	1.40	1.6	3.2 ～ 5.4
聚砜(PSF)	0.95	1.80	2.3	3 ～ 4.5
丙烯腈-丁二烯-苯乙烯共聚物(ABS)	0.75	1.5	2	3 ～ 3.5

（3）通常壁厚小于 1mm 时称为薄壁塑件　薄壁塑件要用高压、高速来注塑，其热量很快被模具镶件带走，有时无须采用冷却水冷却。

3.3.3　圆角

（1）圆角的作用　塑件的尖锐转角既不安全，又对成型不利，在尖角处模具容易产生应力开裂（图 3-16）。

消除塑件尖锐的转角，不但可以降低该处的应力集中，提高塑件的结构强度，也可以使得塑料熔体成型时有流线型的流路，以及成品更易于脱模。另外，从模具的角度去看，圆角也有益于模具加工和模具强度，如图 3-17 所示。

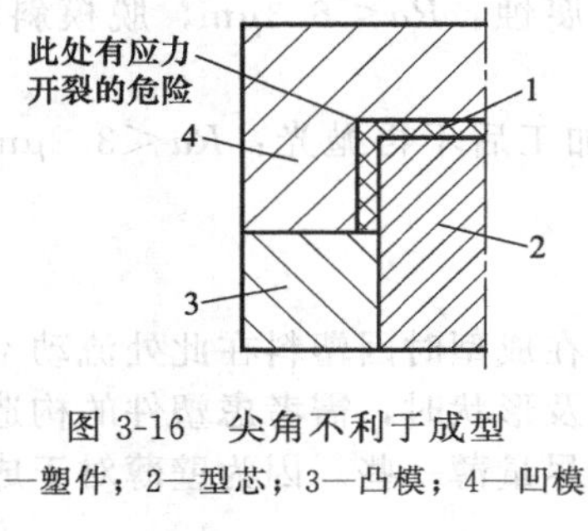

图 3-16　尖角不利于成型

1—塑件；2—型芯；3—凸模；4—凹模

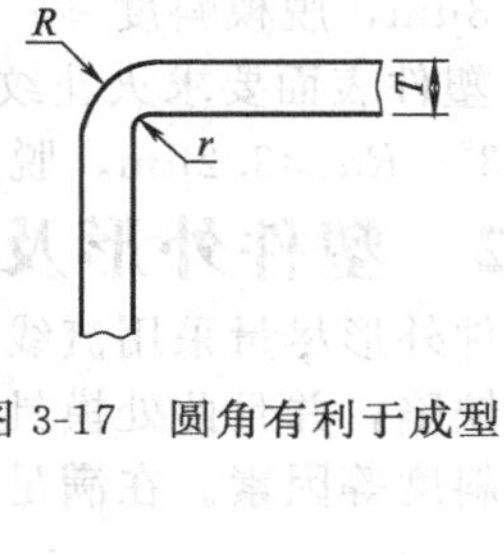

图 3-17　圆角有利于成型

塑件所有的内侧和外侧的周边转角圆弧都必须尽可能大，以消除应力集中。但是，太大的圆弧可能造成收缩，特别是在加强筋或凸柱根部的转角圆弧。原则上，最小的转角圆弧为0.5～0.8mm。

圆角对于成型塑件的设计会有以下一些优点。

① 圆角使得成型塑件强度提高以及应力降低。

② 尖锐转角的消除，降低了龟裂的可能性，可以提高对突然的振动或冲击的抵抗能力。

③ 塑料的流动阻力将大为降低，圆形的转角，使得熔体能够均匀、没有滞留现象以及较少应力地流入型腔内的所有断面，并且改善成型制品断面密度的均匀性。

④ 模具强度获得改善，以避免模具内产生尖角，造成应力集中，导致龟裂等，特别是对于需要热处理或受力较高的部分，圆弧转角更为重要。

⑤ 圆弧还使塑件变得安全和美观。

(2) 圆角大小的确定

① 圆弧大小设计：$R=1.5T$，$r=0.5T$，T 为壁厚，如图 3-17 所示。

② 若 $R/T<0.3$，则易产生应力集中；若 $R/T>0.8$，则不会产生应力集中。

3.3.4 加强筋

(1) 加强筋的作用

① 增加塑件的强度和刚度　在不增加壁厚的情况下，加强塑件的强度和刚度（图 3-18），避免塑件翘曲变形。

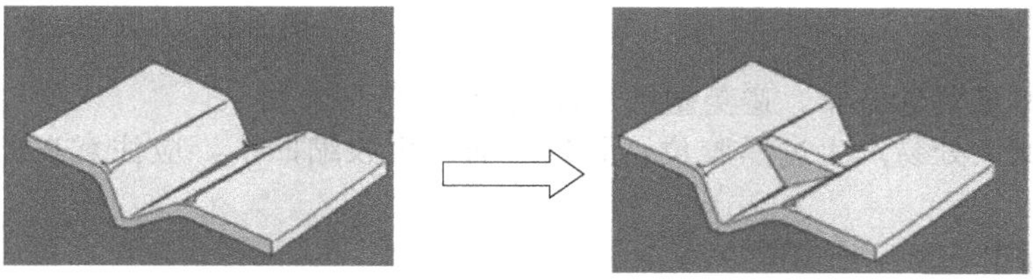

图 3-18　增加强度改善熔体填充

② 改善熔体填充　合理布置加强筋还可以改善充模流动性，减少塑件内应力，避免气孔、缩孔和凹陷等缺陷。

③ 用于装配　在装配中用于固定或支撑其他零件，如图 3-19 所示。

④ 加强筋应用实例　加强筋应用实例如图 3-20 所示。

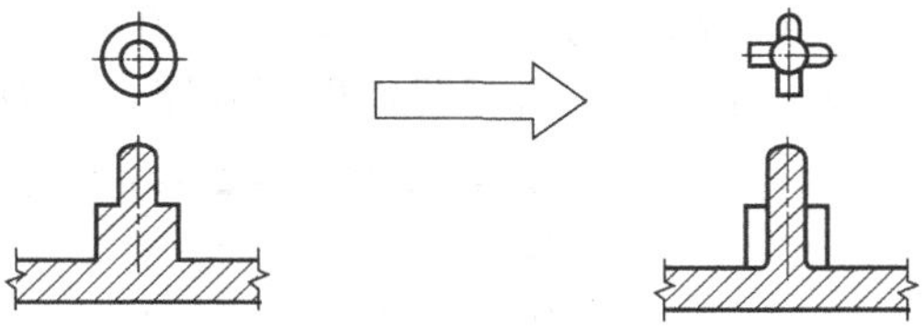

图 3-19　以筋代肉

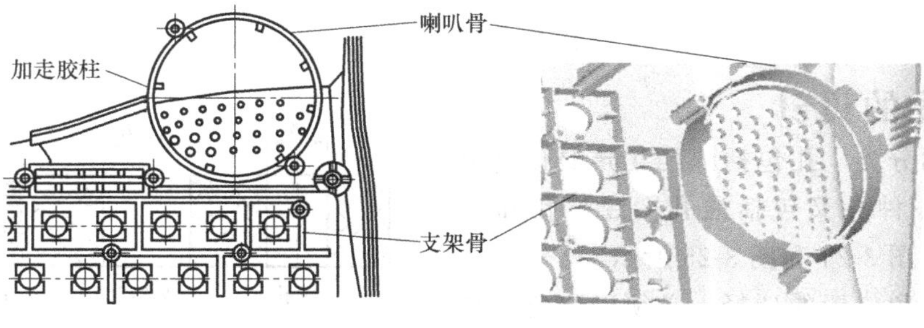

图 3-20　加强筋应用实例

(2) 加强筋设计要点（图 3-21）

① 加强筋的尺寸

a. 筋间间距 $L \geqslant 4T$（T 为塑件壁厚）。

b. 筋高 H 宜小于 $3T$。加强筋太高还会增加模具的排气负担，同时增加塑料也不利于控制生产成本。

c. 筋宽（大端）$S=(0.5 \sim 0.7)T$，加强筋太厚时，背面易产生收缩凹痕。

d. 筋根倒角 $R=T/8$。倒角可以改善熔体流动性，避免塑件产生应力开裂。但倒角太大塑件背面也会产生收缩凹痕。

e. 加强筋尽量使用最大的脱模斜度，以利于脱模。加强筋的脱模角一般取 $0.5° \sim 2°$，塑件表面有蚀纹或是结构复杂的应加大脱模角，最大可达到 2°，这是因为形状复杂的塑件脱模阻力大，如脱模斜度不够大时会出现拉花现象。

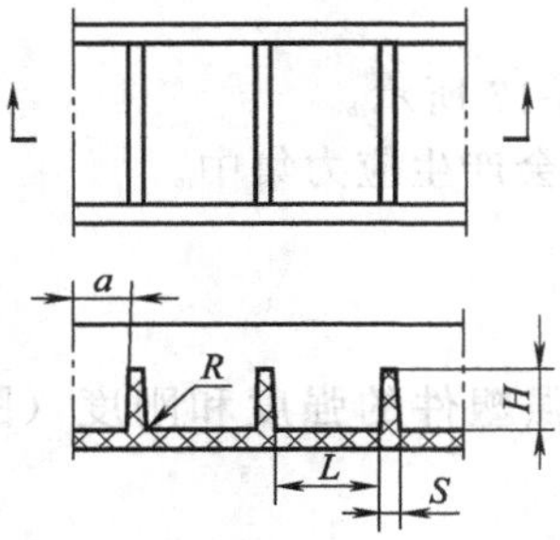

图 3-21 加强筋设计

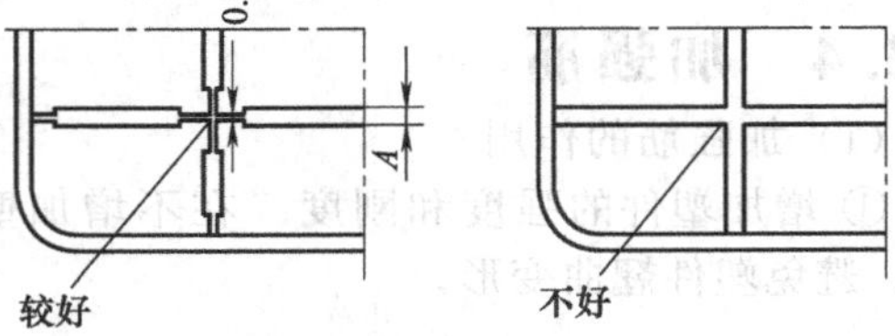

图 3-22 加强筋减胶

② 加强筋尽量对称分布，避免塑件局部应力集中。

③ 加强筋交叉处易产生过厚胶位，导致反面产生收缩凹痕，应注意在此处减料，如图 3-22 所示。

3.3.5 凸起

凸起的作用是减小配合接触面积，不致因塑件变形而造成装配困难。同时也使模具制作和修改更加方便，如图 3-23 所示。

凸起的高度约为 0.4mm，一般为 3～4 个。

当凸起或骨位引起塑件内部收缩，表面出现凹陷时，可在凹陷位增设花纹等造型。

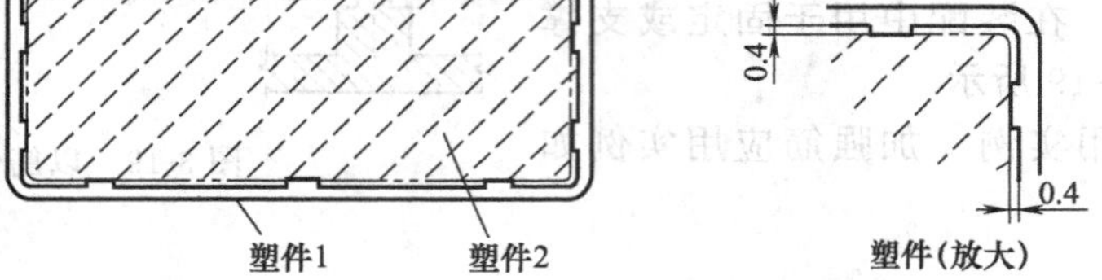

图 3-23 凸起设计

3.3.6 孔的设计

(1) 孔的分类 孔包括圆孔、异形孔及螺纹孔，而任何一种孔又包括通孔、台阶孔和盲孔（不通孔），如图 3-24 和图 3-25 所示。

孔的形状和位置的选择，必须以避免造成塑件在强度上的减弱以及在生产上的复杂化为原则。

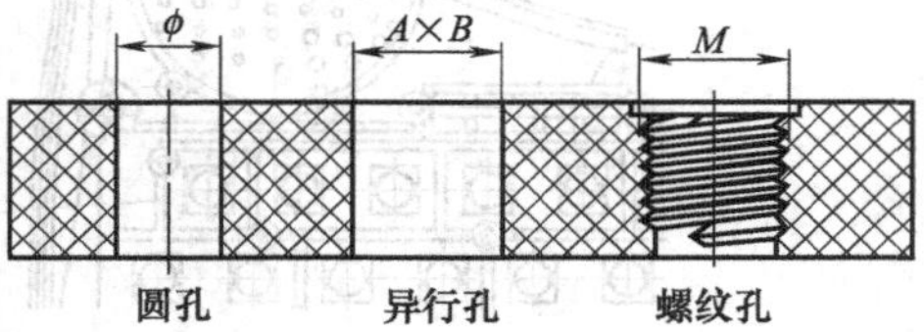

图 3-24 孔的形式

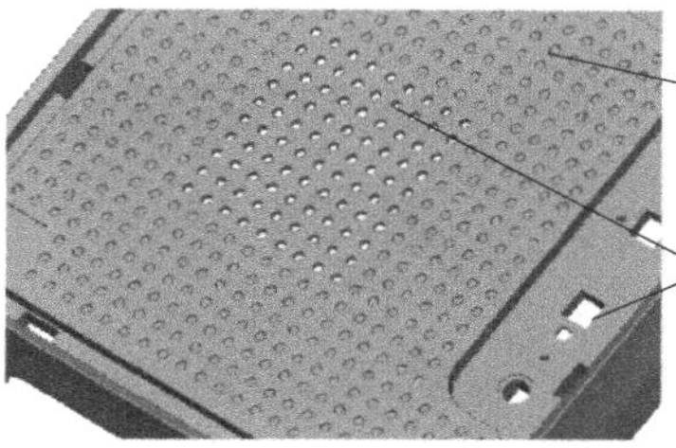

图 3-25　通孔和盲孔

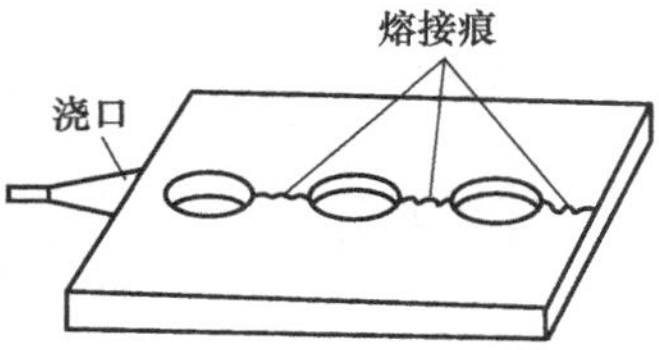

图 3-26　通孔易产生熔接痕

不管从模具结构上看，还是从熔体流动性来看，圆孔都比异形孔好，因此能用圆孔则不用异形孔。螺孔用于塑件间的连接，从模具结构上看，它是最复杂的，因此有时也用金属嵌件来替代。

从模具结构上看，通孔比盲孔好，因为前者的型芯可以采用插穿，而后者的型芯只能做成悬臂结构，在熔体的冲击下容易变形。据测试，只有一端固定的型芯，在熔体冲击下所产生的变形量，是两端都有固定的型芯的 48 倍。

但从熔体填充角度去看，盲孔比通孔要好，因为塑件常会在通孔旁形成熔接痕，影响外观，如图 3-26 所示。要解决这个问题，可以先将通孔做成盲孔，成型后再以钻刀钻通，但这样会增加加工成本。

(2) 圆形通孔设计要点　圆形通孔的设计如图 3-27 所示。

① 孔与孔之间距离 B 宜为孔径 A 的 2 倍以上。

② 孔与成品边缘之间距离 F 宜为孔径 A 的 3 倍以上。

③ 孔与侧壁之间距离 C 不应小于孔径 A。

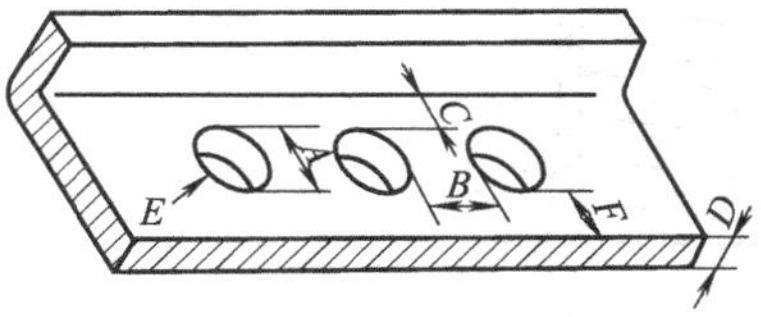

图 3-27　圆形通孔的设计

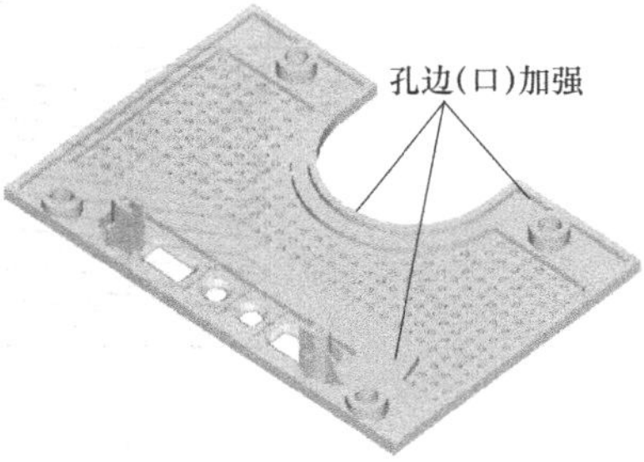

图 3-28　孔边（口）加强实例

④ 通孔周边的壁厚宜加强（尤其针对有装配性、受力的孔），开口的孔周边也宜加强，如图 3-28 所示。

(3) 盲孔设计要点　盲孔深不宜超过孔径的 4 倍，而对于孔径在 1.5mm 以下的盲孔，孔深更不得超过孔径的 2 倍。若要加深盲孔深度则可用台阶孔，如图 3-29 所示。

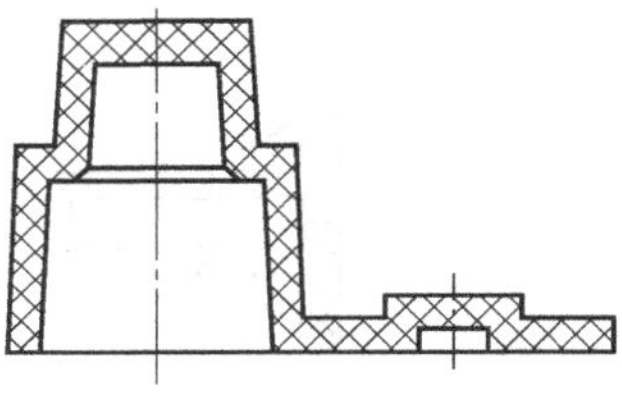

图 3-29　盲孔

若孔径又小又深时，可在成型后再进行机械加工。

塑件上的空心螺柱通常情况下是盲孔，但其孔深往往大于 4 倍的直径，由于自攻螺钉攻入孔内深度只有 6～8mm，型芯上端有点变形不会影响装配。

(4) 异形孔设计要点　除圆孔以外的孔都称为异形孔，成型时应尽量采用碰穿。异形孔拐角要做圆角，否则会因应力集中而开裂。异形孔孔口加倒角而不加圆角，目的是有利于装配，如图 3-30 所示。

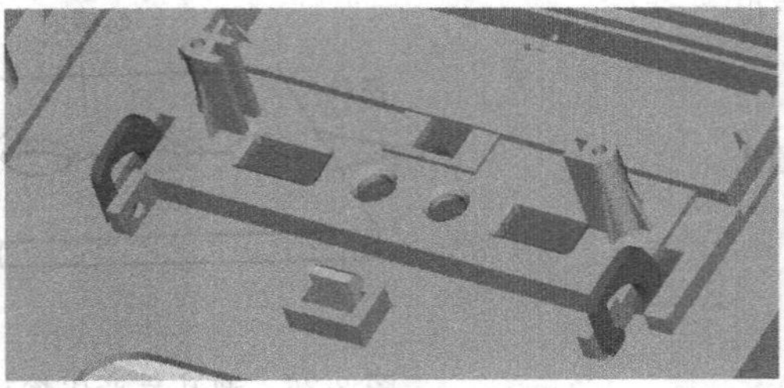
(a)

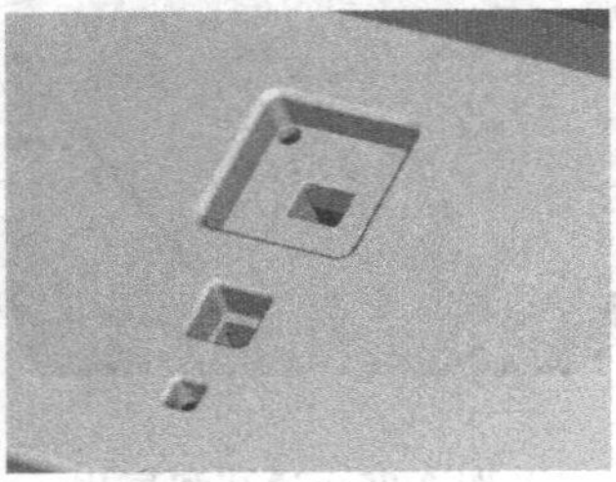
(b)

图 3-30　异形孔

3.3.7　螺纹的设计

塑件上的螺纹用于连接，形状如图 3-31 所示。加工方法有注射成型、机械加工、自攻及嵌件。

螺纹设计时应注意如下事项。

① 避免使用 32 牙/in（螺距 0.75mm）以下的螺纹，最大螺距可采用 5mm。

② 长螺纹会因收缩的关系使螺距失真，应避免使用，如结构需要时可采用自攻螺钉的方法。

③ 当螺纹公差小于成型材料的收缩量时应避免使用。

④ 螺纹不得延长至成品末端，因为这样产生的尖锐部位会使模具及螺纹的端面崩裂，寿命降低，一般至少要留 0.8mm 的直身部分，如图 3-31 所示。

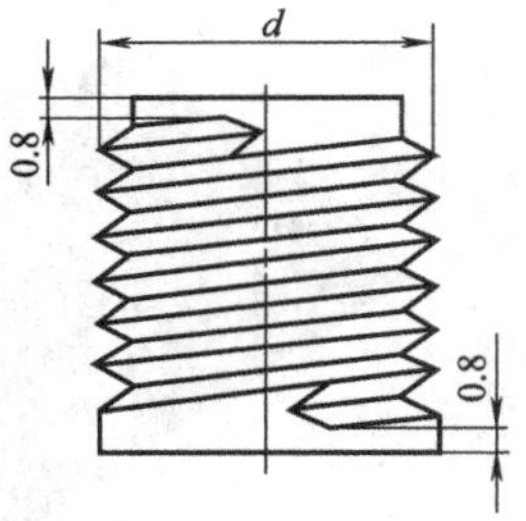

(a) 外螺纹

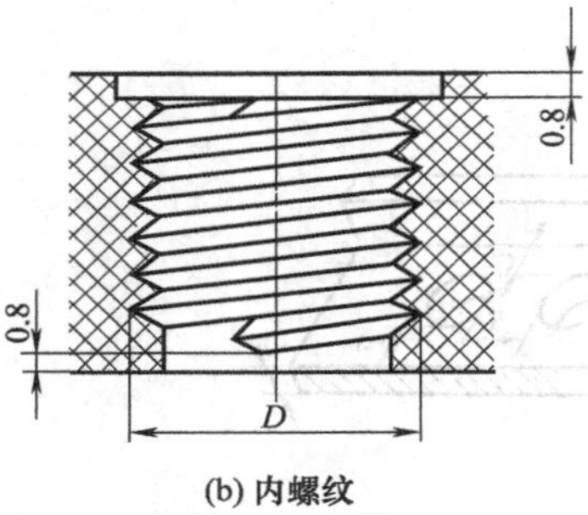

(b) 内螺纹

图 3-31　塑料螺纹结构

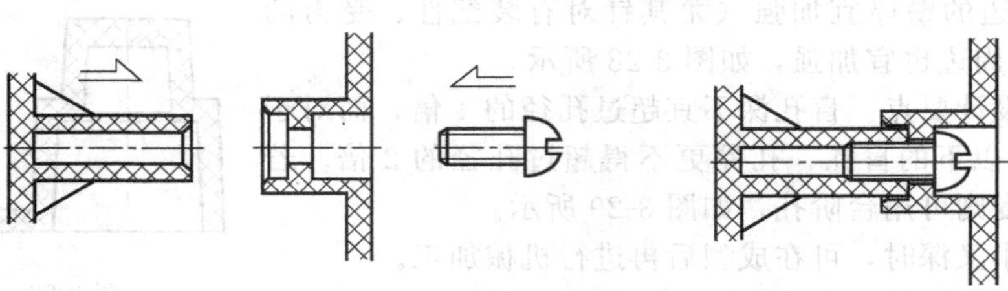

图 3-32　螺钉连接

3.3.8　自攻螺柱的设计

自攻螺柱与自攻螺钉配合，用于塑件的连接。螺柱内孔并无螺纹，而是一段光孔，装配时金属螺钉强行旋入达到连接的目的，如图 3-32 所示。

自攻螺柱设计要点如下。

① 螺柱的长度 H 一般不超过本身直径的 3 倍，否则必须设计加强筋（长度太长时会引起困气、填充不足、推出变形等），如图 3-33 所示。

② 螺柱的作用是用于连接两个塑件，其位置不能太接近转角或侧壁（模具易破边），也不能离边及角太远（连接效果不好）。

③ 由于柱子根部与塑件壁连接处的壁厚会突然变厚，会导致塑件表面产生缩痕。这时，模具上须在柱子根部加钢减小壁厚，这种结构在模具上俗称火山口，如图 3-33 所示。设计火山口要注意三点。

a. 火山口直径通常取 ϕ9mm，深度取 0.3～0.5mm。

b. 对直径小于 2.6mm 的螺柱，原则上不设火山口，但型芯底料厚 H_2 应为1.2～1.4mm。

c. 对有火山口的螺柱，原则上都应设置火箭脚，以提高强度及便于胶料流动。

④ 螺柱预留攻螺纹的尺寸，前端宜设计倒角，以便于金属螺钉旋入，如图 3-33 所示。

⑤ 自攻螺钉直径与空心螺柱直径的关系见表 3-7。

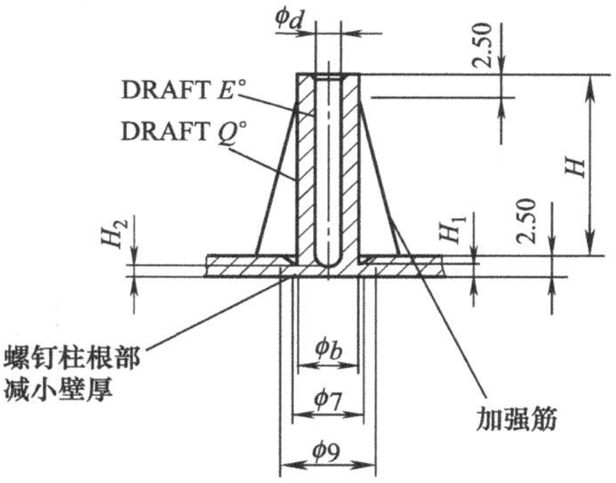

图 3-33 螺柱根部减胶防止背面收缩

3.3.9 嵌件的设计

在塑件内嵌入金属或其他材料零件形成不可拆卸的连接，所嵌入的零件即称嵌件。塑件中镶入嵌件的目的是提高塑件局部的强度、硬度、耐磨性、导电性、导磁性等，或者是增加塑件的尺寸和形状的稳定性，或者是降低塑料的消耗，降低成本。

表 3-7 自攻螺钉直径与空心螺柱直径的关系 单位：mm

自攻螺钉直径	螺柱大小
2.0	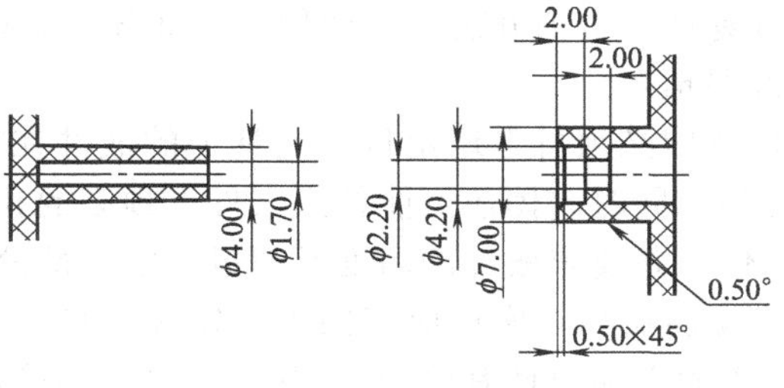
2.3	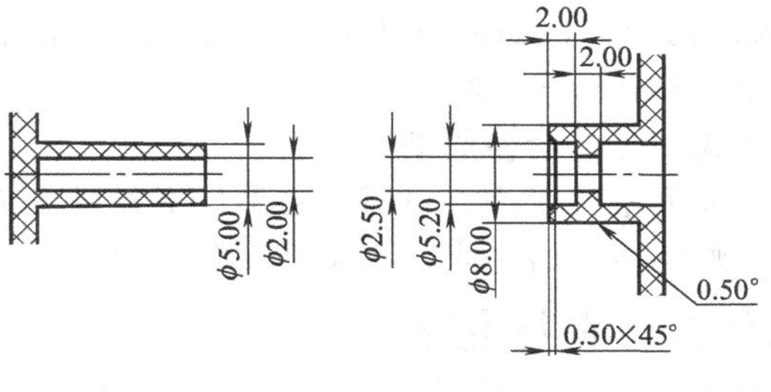

续表

自攻螺钉直径	螺柱大小
2.6	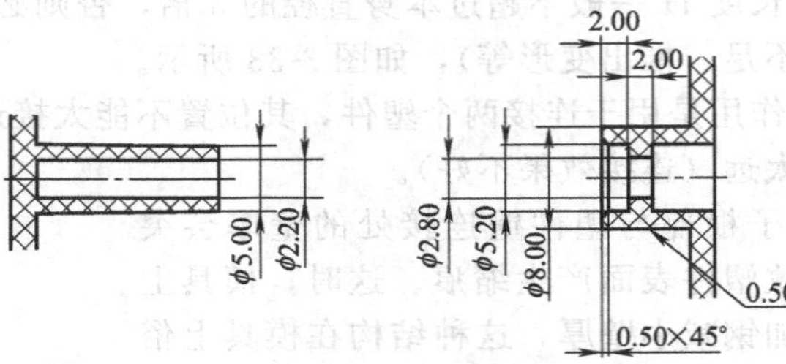
3.0	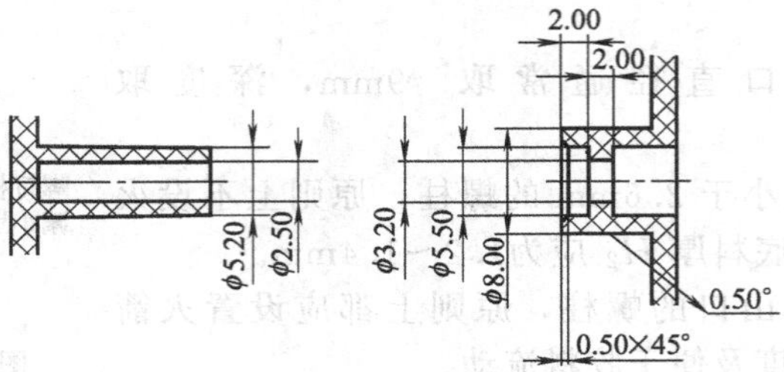
3.5	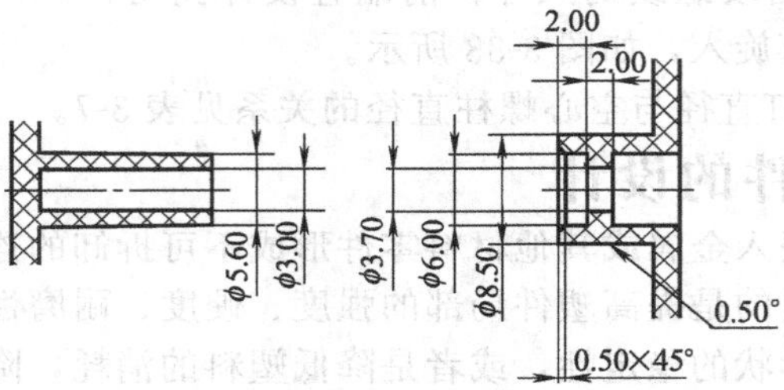

嵌件包括金属（铜和铝）、玻璃、木材、纤维、橡胶和已成型的塑件等。

嵌件设计要点如下。

① 嵌件四周易产生应力开裂，与塑件结合部分不能有尖角锐边。

② 嵌件最好要预热。

③ 嵌件在模具中必须可靠地定位。模具中的嵌件在成型时要受到高压熔体的冲击，可能发生位移和变形，同时熔体还可能挤入嵌件上预制的孔或螺纹线中，影响嵌件使用，因此嵌件必须可靠定位，并要求嵌件的高度不超过其定位部分直径的 2 倍。

④ 嵌件应有防转结构，嵌件应牢固地固定在塑件中。为了防止嵌件受力时在塑件内转动或脱出，嵌件表面必须设计有适当的凹凸状，如滚菱形花、六角形等，见表 3-8。

⑤ 嵌件周围的壁厚应足够大。由于金属嵌件与塑件的收缩率相差较大，致使嵌件周围的塑料存在很大的内应力，如果设计不当，则会造成塑件的开裂，而保持嵌件周围适当的塑料层厚度可以减少塑件的开裂倾向。

⑥ 使用嵌件成型时，会使周期延长。

⑦ 嵌件高出成型塑件少许，可避免在装配时被拉动而松脱。

⑧ 嵌件可在塑件成型时嵌入，也可在塑件成型后压入。

3.3.10　塑件上的标记符号

标记符号应放在分型面的平行方向上，并有适当的斜度以便脱模。

表 3-8　嵌件的安装与定位

图	说　明	图	说　明
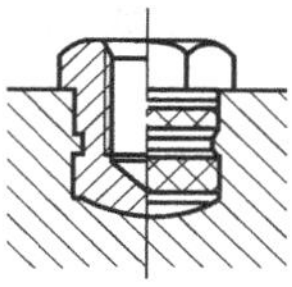	嵌件表面滚花定位	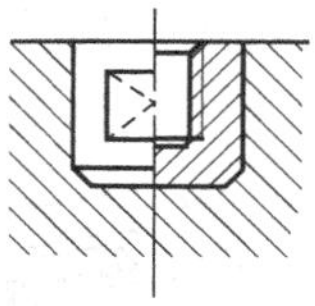	圆形嵌件侧面切削平面定位
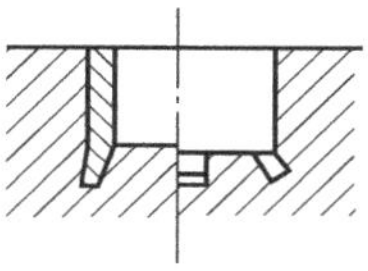	嵌件外侧突起定位	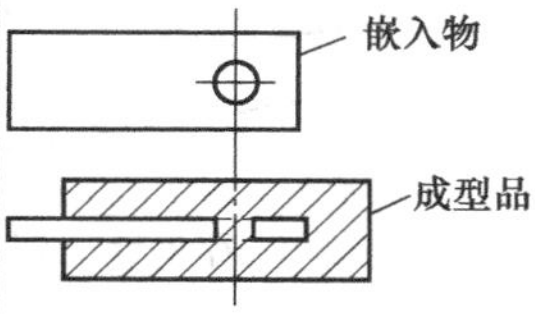	板类嵌件钻孔定位
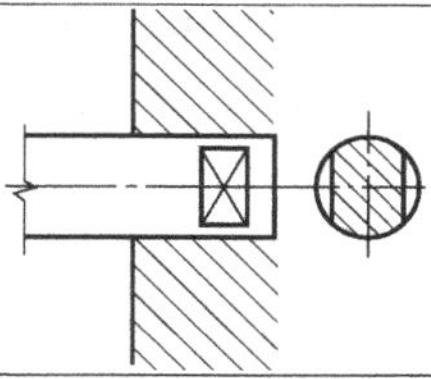	侧面切削凹槽定位	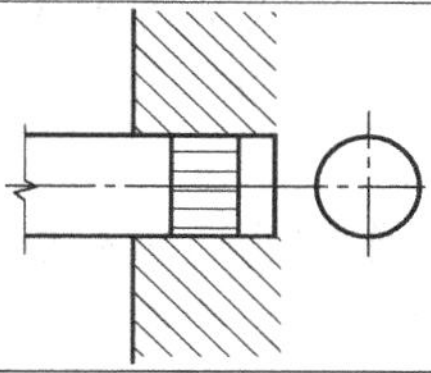	表面局部滚直纹定位
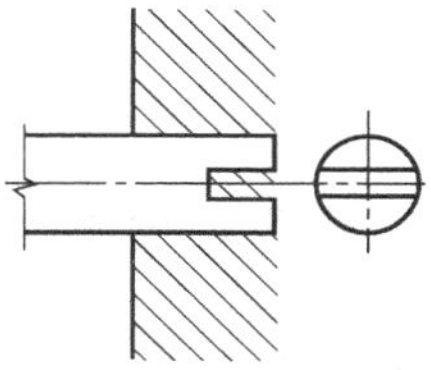	端面开槽定位	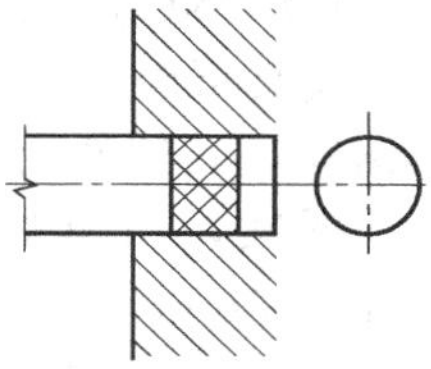	表面局部滚网纹定位
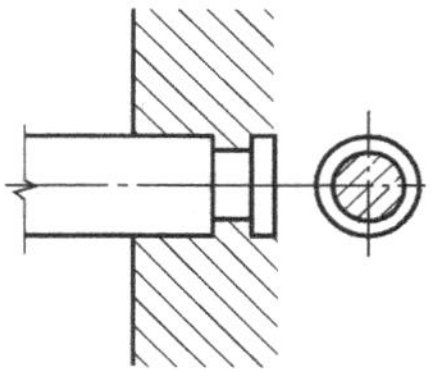	圆周局部加工圆槽定位受扭应力的嵌件不适用	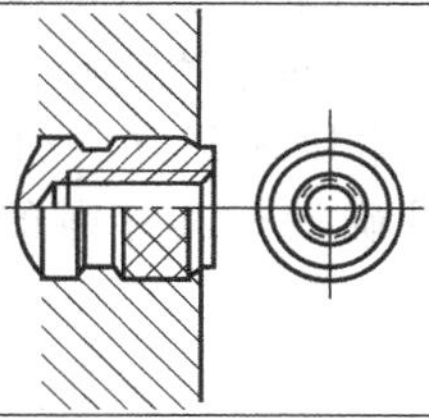	表面滚花加圆槽定位，效果最好
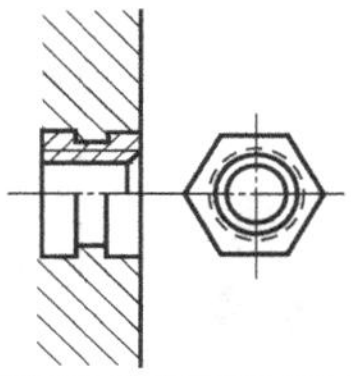	六角螺母嵌件的定位	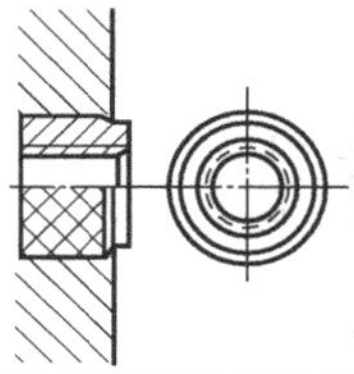	表面滚花的内螺纹嵌件定位(通孔)
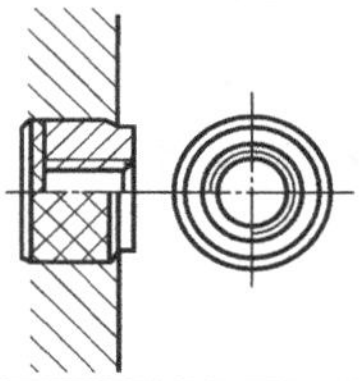	表面滚花的内螺纹嵌件定位(盲孔)	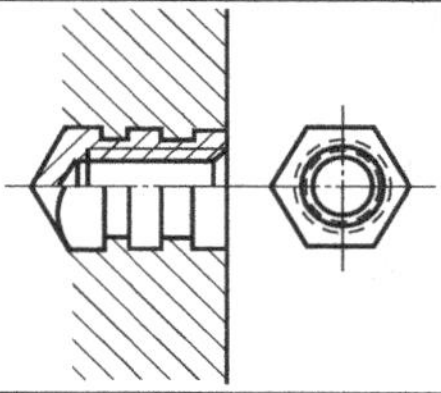	表面开圆槽的内螺纹六角嵌件定位
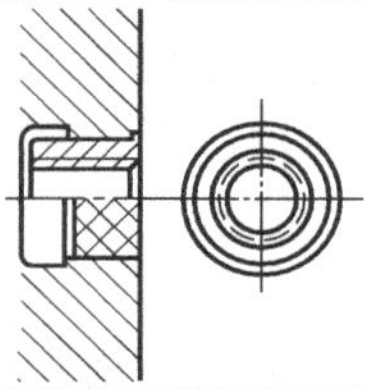	有盖滚花嵌件的定位	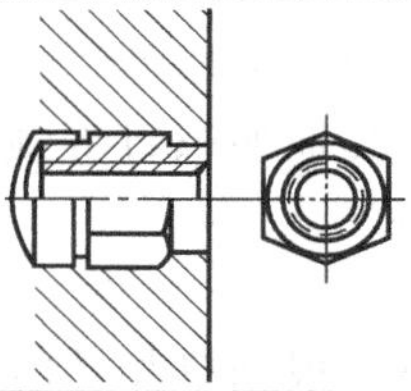	六角内螺纹(通孔)嵌件定位，用盖对螺纹进行保护

最为常用的是在凹框内设置凸起的标记符号，它可把凹框制成镶块嵌入模具内，这样既易于加工，标记符号在使用时又不易被磨损破坏。采用凸形文字、图案，在模具上则为凹形，加工方便。因此塑件上直接用模具成型的文字、图案，如客户无要求，均做成凸形，如图 3-34 所示。

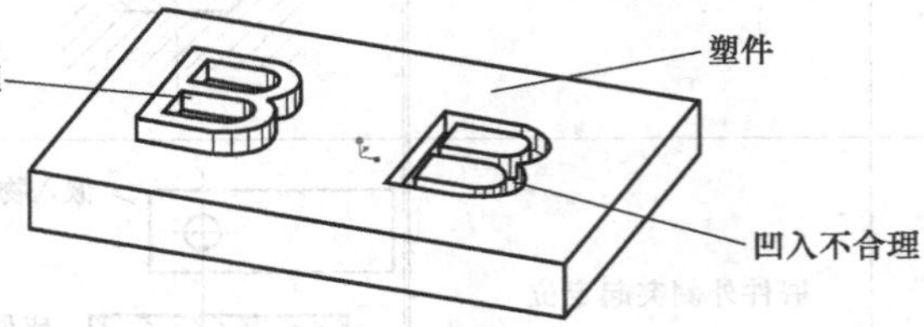

图 3-34 塑件上的文字

塑件上成型的标记符号，凹入的高度不小于 0.2mm，线条宽度不小于 0.3mm，通常以 0.8mm 为宜。两条线间距离不小于 0.4mm，边框可比图案纹高出 0.3mm 以上，标记符号的脱模斜度应大于 10°以上。

模具上文字、图案的制作方法通常有以下三种。

① 蚀纹，也称化学腐蚀。

② 电极加工，电极由雕刻或 CNC 加工制作。

③ 雕刻或 CNC 直接加工模具型腔。

若采用电极加工文字、图案，其塑件上文字、图案的设计要求如下。

① 塑件上为凸形文字、图案，凸出的高度以 0.2～0.4mm 为宜，线条宽度不小于 0.3mm，两条线间距离不小于 0.4mm，如图 3-35 所示。

② 塑件上为凹形文字或图案，凹入的深度为 0.2～0.5mm，一般凹入深度取 0.3mm 为宜；线条宽度不小于 0.3mm，两条线间距离不小于 0.4mm，如图 3-36 所示。

塑件表面浮雕的制作，常用雕刻方法加工模具。由于塑件 3D 文件不会有浮雕造型，2D 文件上浮雕的大小也是不准确的，其浮雕的形状是依照样板为标准，先放大样品，再雕刻型腔。

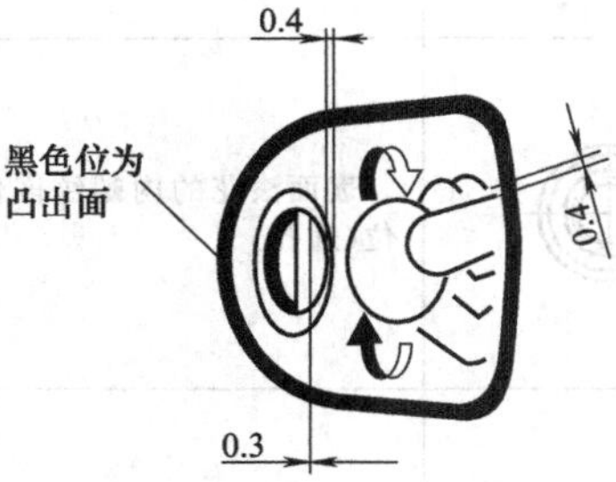

图 3-35 塑件上的凸起图案

图 3-36 塑件上的凹入图案

3.3.11 搭扣的设计

3.3.11.1 搭扣的作用

搭扣又称锁扣，直接在塑件上成型，主要用于装配。因为搭扣不仅装配方法快捷，而且经济实用，装配时无须配合其他如螺钉等锁紧配件，所以这一结构在塑件中被广泛使用。搭扣的装配过程如图 3-37 所示。

3.3.11.2 搭扣的分类

（1）搭扣按功能的分类　根据搭扣功能可分为永久型和可拆卸型两种。永久型搭扣的设

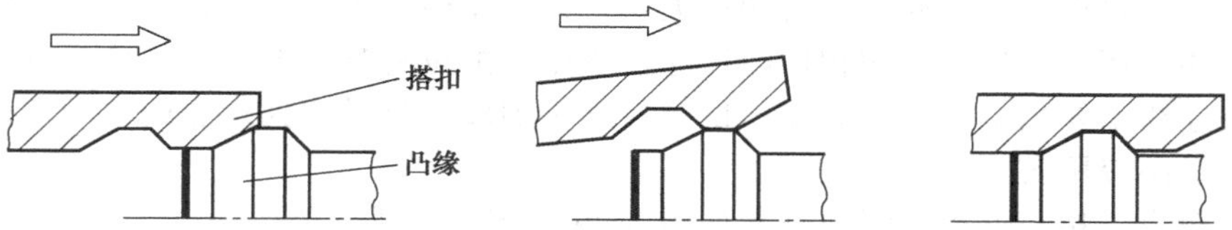

图 3-37　搭扣的装配过程

计方便装上但不容易拆下，可拆卸型搭扣的设计则装上、拆下均十分方便。其原理是可拆卸型搭扣的钩形伸出部分附有适当的导入角及导出角，方便扣上及分离的动作，导入角及导出角的大小直接影响扣上及分离时所需的力度，永久型搭扣则只有导入角而没有导出角的设计，所以一经扣上，相接部分即形成自我锁上的状态，不容易拆下，如图 3-38 所示。

（2）搭扣按形状的分类　根据搭扣形状可分为单边搭扣、环形搭扣、球形搭扣等，其设计可参见图 3-38。

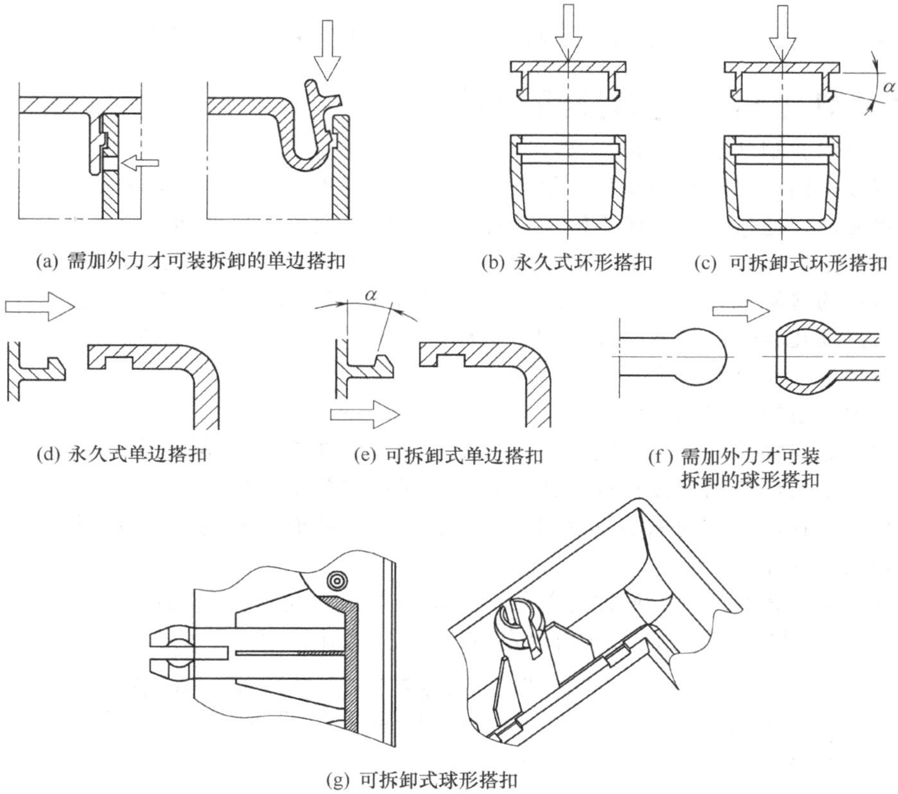

(a) 需加外力才可装拆卸的单边搭扣　(b) 永久式环形搭扣　(c) 可拆卸式环形搭扣

(d) 永久式单边搭扣　(e) 可拆卸式单边搭扣　(f) 需加外力才可装拆卸的球形搭扣

(g) 可拆卸式球形搭扣

图 3-38　搭扣类型

3.3.11.3　搭扣的缺点及解决办法

（1）第一个缺点及解决办法　搭扣装置由两部分组成，钩形伸出部分及凸缘部分经多次重复使用后容易产生变形，甚至出现断裂的现象，断裂后的搭扣很难修补，这种情况较常出现于脆性或掺入纤维的塑料上。因为搭扣与塑件同时成型，所以搭扣的损坏亦即塑件的损坏。解决的办法：一是将搭扣装置设计成多个搭扣同时使用，使整体的装置不会因为个别搭扣的损坏而不能运作，从而提高其使用寿命；二是在搭扣根部设计圆角过渡，避免应力集中，提高强度。

（2）第二个缺点及解决办法　搭扣相关尺寸的公差要求十分严格，搭扣扣住的尺寸过大容易造成搭扣损坏；相反，搭扣扣住的尺寸过小则装配位置难以控制或组合部分出现过松的现象。解决办法是要预留一定的间隙，试模后逐步加胶，最后达到理想的装配状态。

3.3.11.4　搭扣应用实例

永久型四边搭扣和可拆卸型门搭扣如图 3-39 和图 3-40 所示。

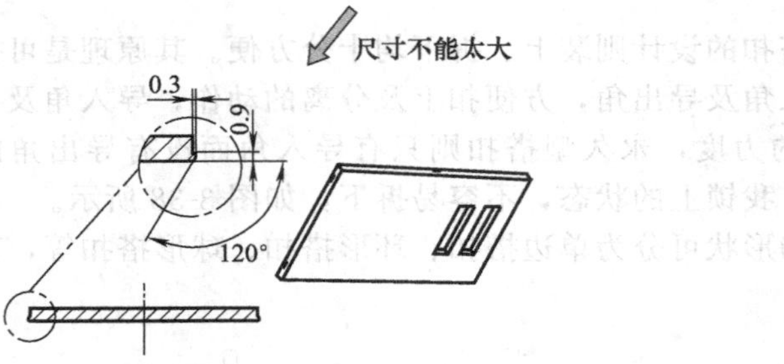

图 3-39　搭扣应用实例一：永久型四边搭扣

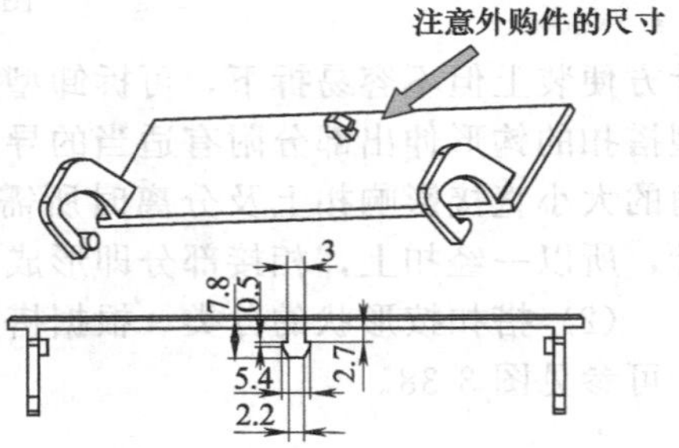

图 3-40　搭扣应用实例二：可拆卸型门搭扣

3.3.12　塑件超声波焊接线设计

3.3.12.1　超声波塑料焊接原理

当超声波作用于热塑性塑料的接触面时，会产生每秒几万次的高频振动，这种达到一定振幅的高频振动，通过塑件把超声波能量传送到焊区，由于焊区即两个焊接的交界面处声阻大，因此会产生局部高温。又由于塑料导热性差，一时还不能及时散发，热量聚集在焊区，致使两个塑料的接触面迅速熔化，加上一定压力后，使其融合成一体。当超声波停止作用后，让压力持续几秒钟，使其凝固成型，这样就形成一个坚固的分子链，达到焊接的目的，焊接强度能接近于原材料强度。

3.3.12.2　超声波焊接线的形状

（1）能源定向焊接线　能源定向焊接线是将能源集中在被称为定向的三角形凸起部分，由反复冲击产生的热量的焊接设计方式。其优点是形状简单，焊接部分的限制较小。

但结晶性塑料，过分的局部发热引起软化、熔融，从而引发出压焊应力损失、气密不良等问题，必须引起注意。

能源定向焊接线凸起部分截面为等腰三角形或等边三角形，前端部的角度设定成 60°～90°为最佳。焊接量的高度方向尺寸与设定角度有关，如图 3-41 所示。

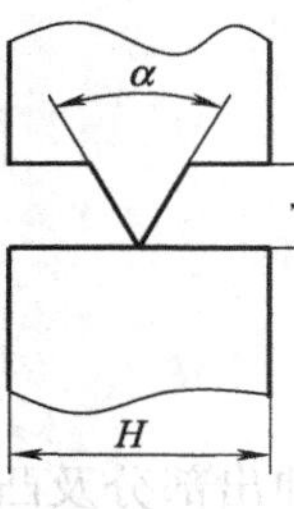

尺寸	无定形塑料		半结晶性塑料	
	小零件	大零件	小零件	大零件
h/mm	0.3～0.4	0.5～0.6	0.5～0.7	0.7～1.0
α	60°～90°		90°	

图 3-41　能源定向焊接线

图 3-42 是改良型能源定向焊接线，其优点一是可以有效保证焊接的两个塑件的位置精度，二是可以防止焊接时熔料溢出而影响外观。图中，$A=B=H/3$，$C=0.05\sim0.10$mm，$h=H/8$ 或取 0.20～0.60mm。

（2）剪切焊接线　剪切焊接线是利用斜面以达到完全的面接合。由于可获得均一的热能及较大的焊接面积，故焊接强度高，气密性好。剪切焊接线如图 4-43 所示。

剪切焊接线的倾斜角度视塑件的厚度而定。倾斜角度越大，则焊接面积也就越大，但由于接合面不易产生滑动，故需要较大的能源。

当焊接半结晶性聚合物（或其他难以焊接的聚合物）和需要密封接头时，一般推荐使用剪切焊接线。

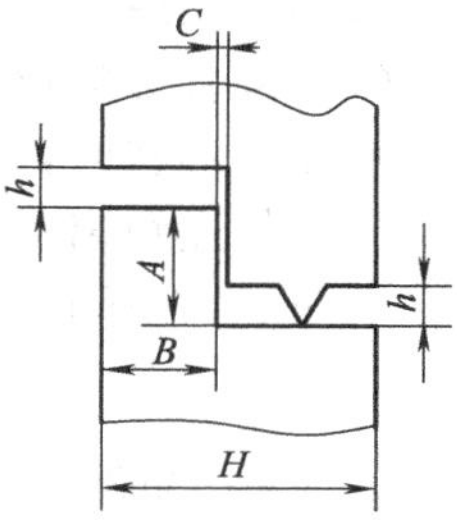

图 3-42 改良型能源定向焊接线

(3) 斜坡焊接线 斜坡焊接线设计可以为非结晶性塑料提供高强度密封焊接。斜坡焊接是自固定的且最适合小尺寸的圆形或椭圆形塑件。斜坡焊接的焊接能量要求很高。斜坡焊接线如图 3-44 所示。图中，$Y=X-(0.10\sim0.25\text{mm})$；$\alpha=\beta=30°\sim60°$；$M\geqslant0.75\text{mm}$；$A=B+(0.10\sim0.15\text{mm})$。

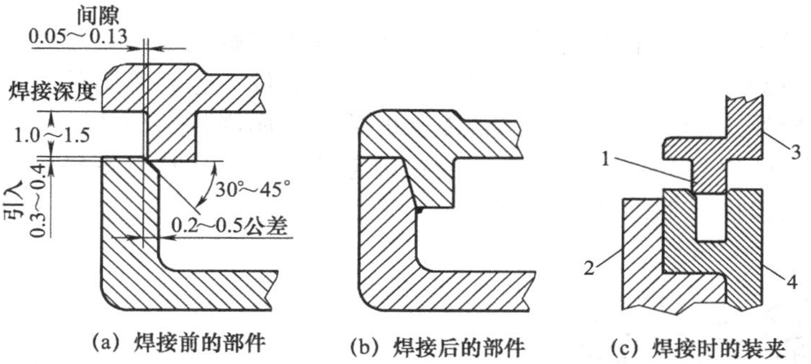

图 3-43 剪切焊接线

1—槽舌剪切接头，有助于阻止部件向内弯曲；2—支撑夹具，目的是在焊接过程中阻止下面部件壁向外弯曲；3—上面的部件；4—下面的部件

(4) 槽舌焊接线 槽舌接合不但提供了剪切强度，而且提供了拉伸强度，这种接合是自对中的，接合区域的壁厚必须相对大一些，以适应槽舌接合尺寸设计。另外，塑件公差要求相对较高。

槽舌焊接线如图 3-45 所示。图中，$A=H/5\sim H/4$，$B=H/2$，$C=D=0.20\sim0.60\text{mm}$，$E=H/3$，$h=0.05\sim0.13\text{mm}$，$\beta=3°\sim5°$。

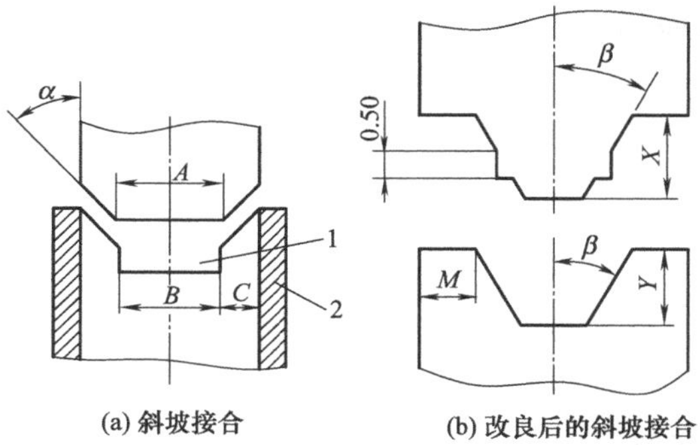

图 3-44 斜坡焊接线

1—溢料槽；2—夹具

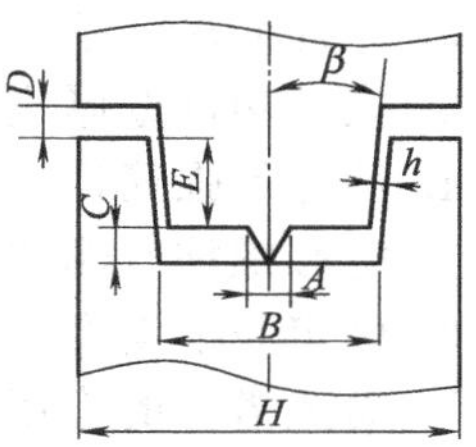

图 3-45 槽舌焊接线

3.3.12.3　超声波焊接塑件设计的注意事项

（1）接合部的形状　接合部的形状以圆形为最佳。在万不得已的情况下，一定要设计成角形或异形形状时，则各边缘也要倒 R 角，或尽可能地设计成对称形状，如图 3-46 所示。

（2）传递距离　到焊接部的距离越短，焊接能源的损失就越小，就可进行良好的焊接作业，如图 3-47 所示。

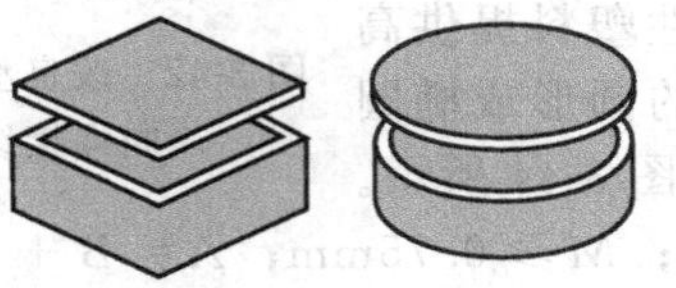

图 3-46　接合部的形状以圆形为最佳

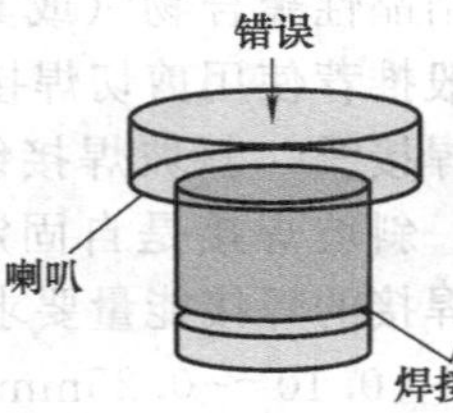

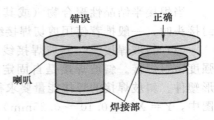

图 3-47　传递距离越短越好

（3）与圆柱形工具相接触的塑件　与圆柱形工具相接触的塑件，尽可能轻量化，且形状越简单越好。当与圆柱形工具相接触的塑件含有金属嵌件、轮毂等附件时，因焊接能源传递不及时，很容易导致焊接不良，有时还会因共振造成金属嵌件部分的熔化，轮毂等凸出塑件发生破裂。所以，凸出部分、嵌件等必须放在固定的夹具上，在万不得已的情况下，应倒 R 角，以增大塑件的强度，如图 3-48 所示。

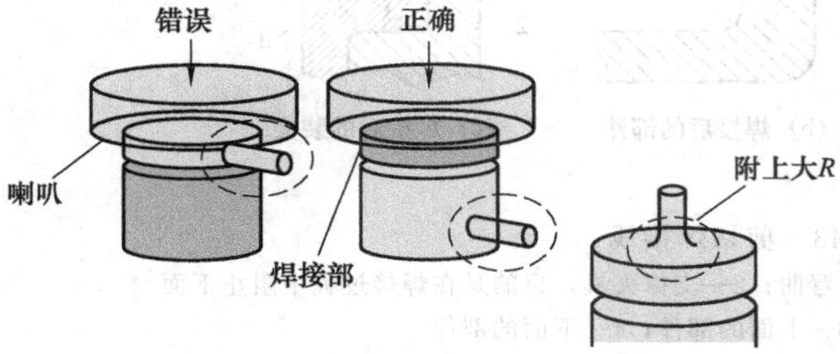

图 3-48　靠近焊接线处结构越简单越好

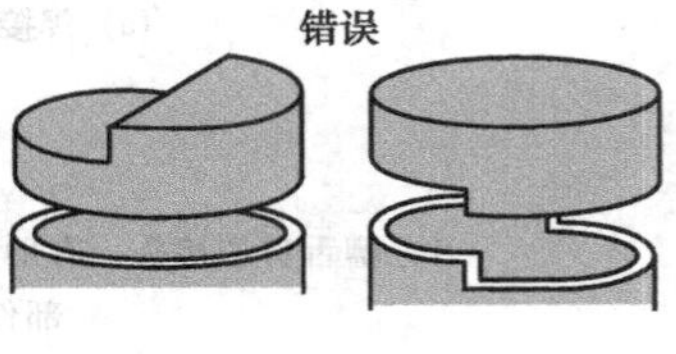

图 3-49　焊接面及安装面宜为平面

（4）圆柱形工具的接触面　应将圆柱形工具的接触面及接合面设计为平面。若设计为阶梯形的话，则会引发焊接能源的传递不均匀，容易造成焊接不良，如图 3-49 所示。

（5）变形　必须控制被焊接塑件的翘曲变形。若发生翘曲变形时，就会导致焊接面的接合不良、焊接状态不均匀、强度下降、密封性不良等问题。

复习与思考

1. 塑件的设计原则是什么？
2. 塑件的尺寸精度取决于哪些因素？
3. 设计塑件壁厚应注意哪些方面？
4. 简述加强筋设计原则。
5. 空心螺柱有哪些设计原则？
6. 确定脱模斜度时，要注意哪些因素？
7. 简述搭扣的作用及分类。
8. 有嵌件的塑件，模具设计时应注意哪些问题？

第2篇 注射成型工艺与模具设计

第4章 注射成型工艺

Chapter 04

4.1 注射成型工艺过程

注射成型工艺过程分为塑化计量、注射充模和冷却定型三个阶段，图 4-1 是注射成型工艺过程示意图。

4.1.1 塑化计量

4.1.1.1 塑化的概念

成型塑料在注塑机料筒内经过加热、压实以及混合等作用以后，由松散的粉状或粒状固体转变成连续的均化熔体的过程称为塑化。

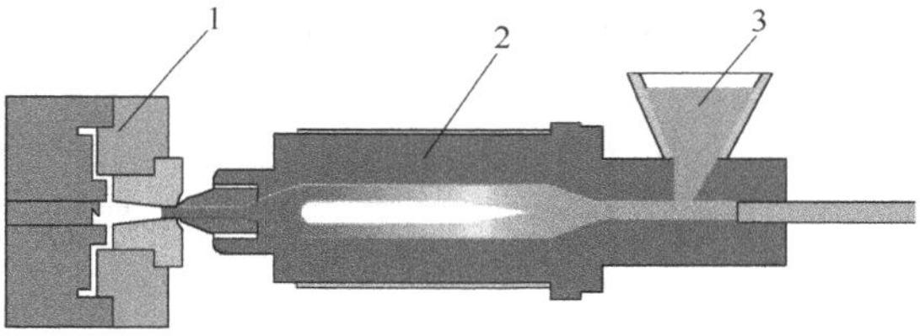

图 4-1 注射成型工艺过程示意图

1—模具；2—料筒；3—料斗

均化包含四个方面的内容：熔体内组分均匀、密度均匀、黏度均匀和温度分布均匀。

塑料塑化好，才能保证塑料熔体在下一阶段的注射充模过程中具有良好的流动性（包括可挤压性和可模塑性），才有可能最终获得高质量的塑件。

4.1.1.2 计量

（1）计量　是指能够保证注塑机通过柱塞或螺杆，将塑化好的熔体定温、定压、定量地输出（即注射出）料筒所进行的准备动作，这些动作均需注塑机控制柱塞或螺杆在塑化过程中完成。

（2）影响计量准确性的因素

① 注塑机控制系统的精度。

② 料筒（即塑化室）和螺杆的几何要素及其加工质量影响。

计量精度越高，获得高精度塑件的可能性越大，计量在注射成型生产中十分重要。

4.1.1.3　塑化效果和塑化能力

塑化效果是指塑料转变成熔体之后的均化程度。

塑化能力是指注塑机在单位时间内能够塑化的塑料质量或体积。

（1）塑化效果与塑料受热方式和注塑机结构有关

① 塑料受热方式　柱塞式注塑机，塑料在料筒内只能接受柱塞的推挤力，几乎不受剪切作用，塑化所用的热量主要从外部装有加热装置的高温料筒上取得。螺杆式注塑机，螺杆在料筒内的旋转会对塑料起到强烈的搅拌和剪切作用，导致塑料之间进行剧烈摩擦，并因此而产生很大热量，塑料塑化时的热量可来源于以下两个方面。

a. 高温料筒和自身产生出的摩擦热。

b. 只凭摩擦热单独供给。

② 塑化效果对比：在动力熔融条件下，强烈的搅拌与剪切作用不仅有利于熔体中各组分混合均化，而且还避免了波动的料筒温度对熔体温度的影响，有利于熔体的黏度均化和温度分布均化，能够得到良好的塑化效果。而柱塞式注塑机塑化物料时，既不能产生搅拌和剪切的混合作用，又受料筒温度波动的影响，故熔体的组分、黏度和温度分布的均化程度都比较低，其塑化效果既不如动力熔融，也不如介于中间状态的部分依靠料筒热量的普通螺杆塑化。

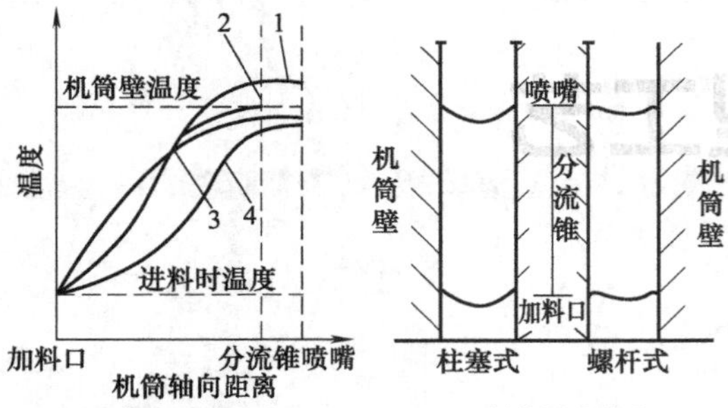

(a) 轴向温度分布　(b) 径向温度分布

图 4-2　塑料在料筒内塑化时温度分布曲线

1—螺杆式注塑机（剪切作用强烈）；2—螺杆式注塑机（剪切作用平缓）；3—柱塞式注塑机（靠近机筒壁）；4—柱塞式注塑机（机筒中心部位）

图 4-2 为柱塞式注塑机和螺杆式注塑机塑化相同塑料时料筒中塑料和熔体的温度分布曲线。可以看出，用螺杆式注塑机塑化塑料时，喷嘴附近熔体的径向温度分布要比柱塞式注塑机来得均匀。

（2）不同结构的注塑机，塑化能力不同

① 柱塞式注塑机的理论塑化能力为：

$$m_{pp}=\frac{3.6\alpha A_p^2\rho}{4K_t(5-\xi)V} \tag{4-1}$$

$$E=\frac{\theta_R-\theta_0}{\theta_b-\theta_0}$$

式中　m_{pp}——柱塞式注塑机的塑化能力，kg/h；

α——热扩散率，m^2/h；

A_p——塑化物料接受的传热面积，与料筒内径和分流锥直径有关，m^2；

ρ——塑料密度，kg/m^3；

K_t——热流动系数，与加热系数 E 有关（图 4-3），其中，θ_R 为熔体平均温度，θ_0 为塑料的初始温度，θ_b 为料筒内壁温度；

ξ——常数，无分流锥时 $\xi=1$，有分流锥时 $\xi=2$；

V——受热塑料的总体积，m^3。

② 螺杆式注塑机的理论塑化能力，用螺杆计量段对熔体的输送能力表示，即有：

$$m_{ps}=\frac{\pi^2D^2Nh_m\sin\varphi\cos\varphi}{2}-\frac{\pi Dh_m^3\sin^2\varphi}{12\eta_mL_m}p_b \tag{4-2}$$

式中　m_{ps}——螺杆式注塑机的塑化能力，cm^3/s；

D——螺杆的基本直径，cm；

L_m——计量段长度，cm；
h_m——计量段螺槽深度，cm；
φ——螺杆的螺旋升角，(°)；
η_m——熔体在计量段螺槽中的黏度，Pa·s；
N——螺杆转速，r/s；
p_b——塑化时熔体对螺杆产生的反向压力，通常称为背压力，Pa。

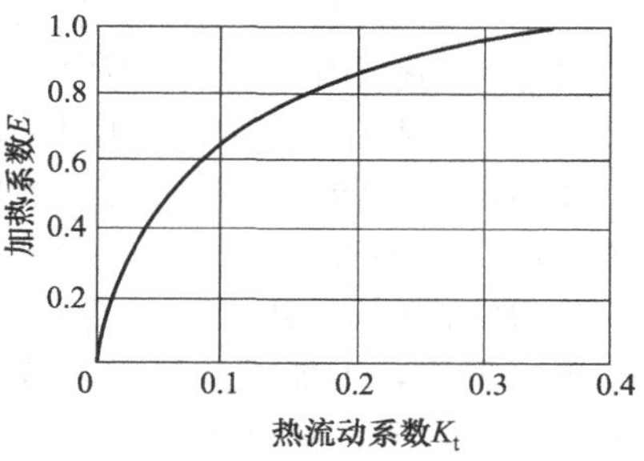

图 4-3　热流动系数与加热系数的关系

分析以上两式：柱塞式注塑机的塑化能力与料筒结构和塑料体积有关，提高塑化能力，需增大传热面积 A_p 或减小塑料的总体积 V，而增大 A_p 时常会使 V 跟着增大，V 的增大将导致熔体不易均化；螺杆式注塑机塑化能力与塑料体积无关，塑化能力一般都比柱塞式注塑机大，这也是普通柱塞式注塑机为什么只能成型小型塑件的主要原因之一。

由此可见，影响塑化效果和塑化能力的主要因素除了成型塑料本身的特性之外，还与料筒结构、料筒加热温度、螺杆转速、螺杆行程（或计量段长度）、螺杆几何参数以及熔体对螺杆产生背压力等因素有关。

4.1.2　注射充模

柱塞或螺杆从料筒内的计量位置开始，通过注射油缸和活塞施加高压，将塑化好的塑料熔体经过料筒前端的喷嘴和模具中的浇注系统快速进入封闭型腔的过程称为注射充模。其分为三个阶段：流动充模、保压补料、倒流。

4.1.2.1　流动充模

流动充模是指注塑机将塑化好的熔体注射进入型腔的过程。

在熔体注射过程中会遇到料筒、喷嘴、模具浇注系统、型腔表壁对熔体的外摩擦，及熔体内部产生的黏性内摩擦。为了克服这些流动阻力，注塑机须通过螺杆或柱塞向熔体施加很大的注射压力。要掌握熔体的流动充模规律，须了解注射压力在此过程中的变化特点以及与它相关的熔体温度、流速和充模特性问题。

4.1.2.2　注射压力的变化

注射压力的变化可用注射成型的压力-时间曲线描述，如图 4-4 所示。图中，t_0 为柱塞或螺杆开始注射熔体的时刻；t_1 为熔体开始流入型腔的时刻；t_2 为熔体充满型腔的时刻。时间 $t_0 \sim t_2$ 代表整个充模阶段，其中，$t_0 \sim t_1$ 称为流动期；$t_1 \sim t_2$ 称为充模期。

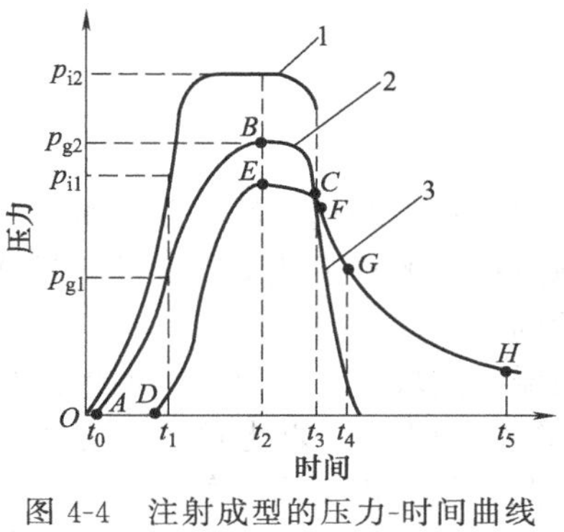

图 4-4　注射成型的压力-时间曲线

1—注射压力曲线；2—喷嘴（出料口）处的压力曲线；3—模腔（浇口末端）压力曲线

① 流动期内，注射压力和喷嘴处的压力急剧上升，而型腔（浇口末端）的压力却近似等于零，注射压力主要用来克服熔体在型腔以外的阻力。例如，t_1 时刻的压力差 $\Delta p_1 = p_{i1} - p_{g1}$ 代表熔体从料筒到喷嘴时所消耗的注射压力，而喷嘴压力 p_{g1} 则代表熔体从喷嘴至型腔之间消耗的注射压力。

② 充模期内，熔体流入型腔，型腔压力急剧上升；注射压力和喷嘴压力也会随之增加到最大值（或最大值附近），然后停止变化或平缓下降，这时注射压力对熔体起两个方面的作用，一是克服熔体在型腔内的流动阻力，二是对熔体进行一定程度的压实。

流动充模阶段，注射压力随时间呈非线性变化，注射压力对熔体的作用必须充分，否则，熔体流动会因阻力过大而中断，导致生产出现废品。

4.1.2.3 注射压力、熔体温度与熔体流速的关系

注射压力在流动充模阶段受熔体的温度和流速影响，如图 4-5 所示。流速影响通过与它有关的剪切速率表征（流速梯度等于剪切速率）。

① 剪切速率一定，压力-温度曲线分为三段：左边一段熔体热分解区，注射压力随温度升高迅速下降，不能在此区注射成型；右边一段高弹变形流动区，注射压力随温度降低迅速增大，也不适于注射成型；只有中间一段温度区，曲线相对平缓，温度和注射压力都较适中，易于注射成型，温度升高有利于降低熔体黏度，注射压力可随之减小一定幅度。

② 温度一定时，剪切速率增大，注射压力也要增大，完全符合流体力学压力与流速的关系。反之，过大的注射压力引起很高的剪切速率时，熔体内的剪切摩擦热也随之增大，很可能引起热分解或热降解。另外，过大的剪切速率又很容易使熔体发生过度的剪切稀化，从而导致成型过程出现溢料飞边。

注射压力对流动充模时喷嘴处的熔体温度也有影响。

注射压力上升阶段，喷嘴处的熔体温度也随着升高，如图 4-6 所示。AC 段和图 4-4 喷嘴压力曲线上的 AC 段对应。喷嘴直径对流经喷嘴的熔体温升影响不大，引起温升的主要原因是注射压力增大。生产中应尽量避免采用过大的注射压力，否则会导致熔体热降解。

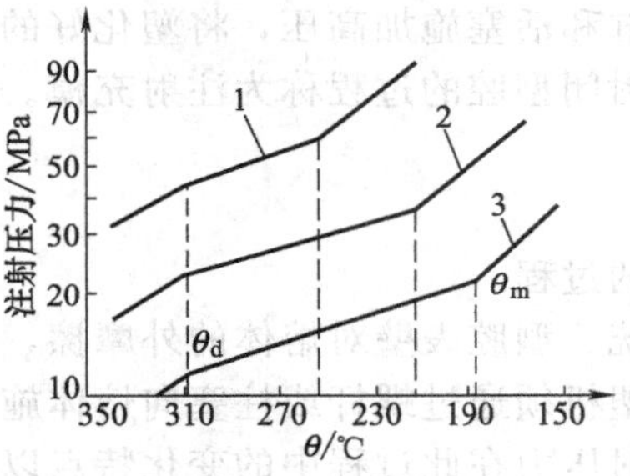

图 4-5 注射压力、熔体温度与剪切速率的关系

（熔体指数为 5g/10min 的低密度聚乙烯）

1—$\dot{\gamma}=2.1\times10^5\mathrm{s}^{-1}$；2—$\dot{\gamma}=3.5\times10^4\mathrm{s}^{-1}$；3—$\dot{\gamma}=1.2\times10^4\mathrm{s}^{-1}$

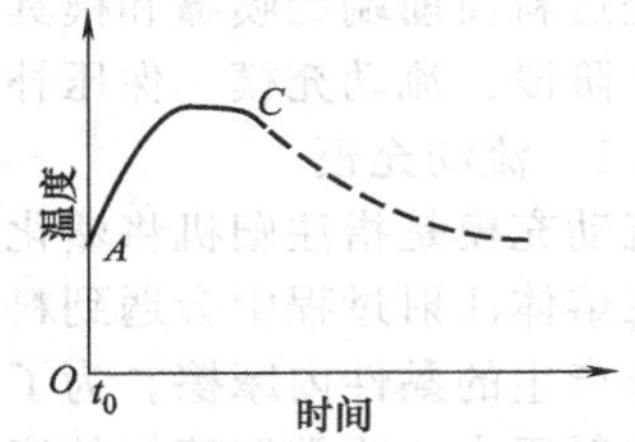

图 4-6 流动充模时喷嘴处的熔体温度

4.1.2.4 注射压力与熔体充模特性

熔体充模流动形式与充模速度有关，充模速度受注射工艺条件和模具结构的影响。注射成型时不希望充模期发生高速喷射流动，而希望获得中速或低速的扩展流动，为此，需通过分析充模期的流动取向，了解注射压力对于熔体充模特性的影响。

实际中，扩展流动时，料流前沿的低温层对熔体的阻滞作用较大，先进入型腔的熔体温度下降得很快，黏度也随之增大，这增加后面熔体前进的流动阻力。如此时的注射压力不大，很容易使充模流动中止，导致注射成型出现废品。为此，往往需提高注射压力。而注射压力提高后，熔体内的剪切作用加强，流动取向效应将增大，最终可能导致塑件出现比较明显的各向异性并引起热稳定性变差。在这种情况下生产出的塑件，若在温度变化大的环境中工作，很有可能发生与取向一致的裂纹。

应注意的是，在一定的模具结构条件下，只要保证充模时不发生高速喷射流动，充模速度尽量取快一些，这样不仅避免使用较大的注射压力导致塑件使用性能不良，而且对提高生

产率也有好处。

4.1.2.5　保压补缩

保压补缩阶段是指从熔体充满型腔至柱塞或螺杆在料筒中开始后撤为止，如图 4-4 所示的 $t_2 \sim t_3$ 段。

保压是指注射压力对型腔内的熔体继续进行压实的过程；补缩是指保压过程中，注塑机对型腔内逐渐开始冷却的熔体因成型收缩而出现的空隙进行补料动作。

（1）分析

① 保压补缩阶段，如柱塞或螺杆停止在原位保持不动，型腔压力曲线会略有下降（图 4-4 中的 EF 段）；反之，若要使型腔压力保持不变，则需要柱塞或螺杆在保压过程中继续向前少许移动，这时压力曲线将与时间坐标轴平行。

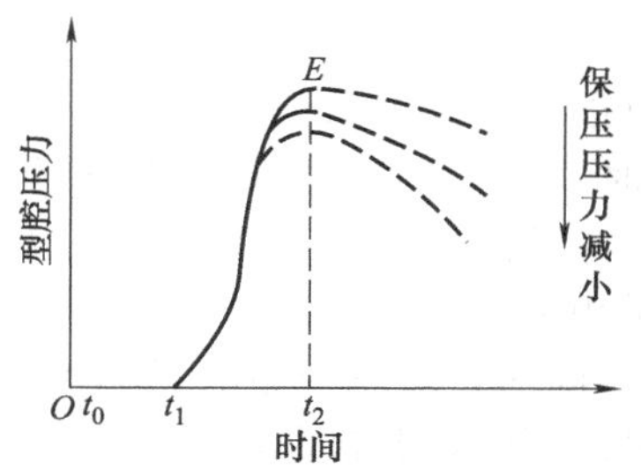

图 4-7　保压压力对型腔压力的影响

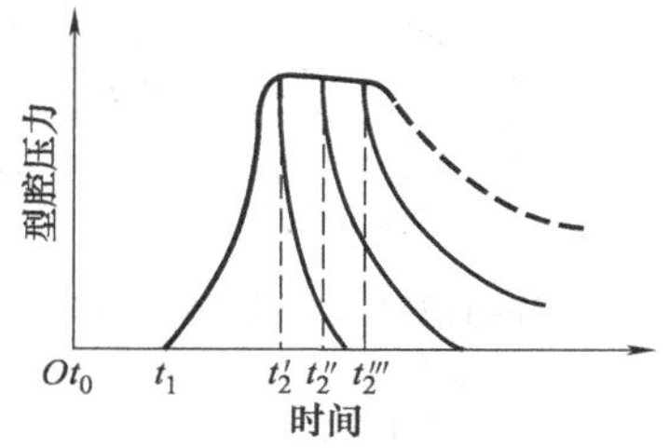

图 4-8　保压时间对型腔压力的影响

② 保压压力和保压时间对型腔压力的影响。如保压压力不足，补缩流动受浇口摩擦阻力限制不易进行，型腔压力因补料不足迅速下降（图 4-7）；如保压时间不充分，型腔内熔体倒流，也会造成型腔压力迅速下降（图 4-8）。保压时间足够长，可使浇口或型腔内的熔体完全固化，倒流不易发生，型腔压力将随着图 4-8 中的虚线缓慢下降。

（2）结论

① 保压压力、保压时间与型腔压力的关系，对冷却定型时的塑件密度、收缩及表面缺陷等问题产生重要影响。

② 保压补缩阶段熔体仍有流动，且其温度亦在不断下降，此阶段是大分子取向以及熔体结晶的主要时期，保压时间的长短和冷却速度的快慢均对取向和结晶程度有影响。

4.1.2.6　倒流

倒流是指柱塞或螺杆在料筒中向后倒退时（即撤除保压压力以后），型腔内熔体朝着浇口和流道进行的反向流动。整个倒流过程将从注射压力撤出开始，至浇口处熔体冻结（简称浇口冻结）时为止，如图 4-4 所示的 $t_3 \sim t_4$ 段。

（1）引起倒流的原因　主要是注射压力撤除后，型腔压力大于流道压力，且熔体与大气相通所造成的。

（2）保压压力、保压时间与倒流的关系　如撤除压力时，浇口已经冻结或喷嘴带有止逆阀，倒流现象不存在。保压时间较长，保压压力对型腔的熔体作用时间也长，倒流较小，塑件的收缩情况有所减轻；而保压时间短，情况刚好相反。

（3）倒流对于注射成型不利

① 使塑件内部产生真空泡或表面出现凹陷等成型缺陷。

② 对塑件内的大分子取向也有一定影响，原因是倒流本身也是一种熔体流动行为，从原理上讲，也能提高大分子的取向能力，但实际上倒流产生的取向结构在塑件内并不太多（因倒流波及的区域不太大），且倒流期内，熔体温度还比较高，取向结构很可能被分子热运动解除。

4.1.3 冷却定型

冷却定型是指从浇口冻结时间开始，到塑件脱模为止，如图 4-4 所示的 $t_4 \sim t_5$ 注射成型工艺过程的最后阶段。

4.1.3.1 冷却定型时的型腔压力

与保压时间有很大关系，如图 4-9 所示的温度-压力曲线。图中，曲线 1 代表型腔压力很低的情况，曲线 2 为正常工艺条件下的情况。F 和 F'是保压压力撤除的位置；G、G'分别是与 F、F'对应的浇口冻结位置；H、H'分别是与 G、G'对应，但型腔压力相同时的脱模位置。从 F 处撤除保压压力时，保压时间要长一些；从 F' 处撤除保压压力时，保压时间就会短一些。

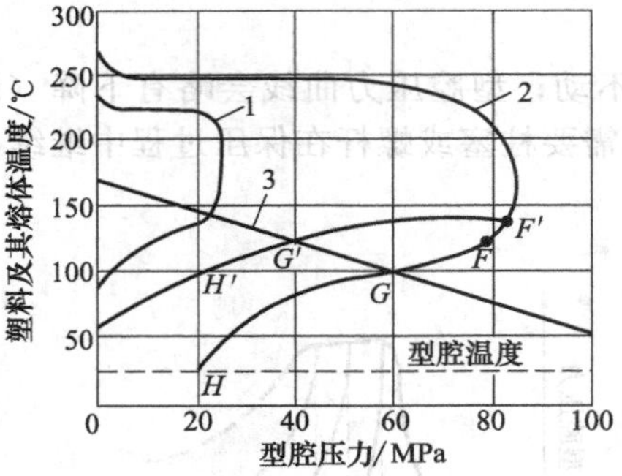

图 4-9 注射成型时温度-压力曲线
1—型腔压力很低；2—正常工艺条件；
3—浇口冻结曲线

由以上分析可以推出以下结论。

① 如果保压时间短，则保压作用终止时模内熔体温度较高，浇口冻结温度也高；开始冷却定型时的型腔压力低，情况相反。

② 保压时间不同时，若在型腔压力相同的条件下脱模，则保压时间短时，脱模温度高，塑件在模内冷却时间短（从浇口冻结算起）容易因刚度不足而变形；保压时间长，情况则相反。

③ 若将温度-压力曲线中因保压时间不同而产生的浇口冻结位置连成曲线，则该曲线称为浇口冻结曲线，在注射工艺条件正常和稳定的条件下，冻结曲线呈直线状。

4.1.3.2 冷却定型时的塑件密度

冷却定型阶段，浇口冻结，熔体不再向型腔内补充，可用聚合物状态方程描述型腔内的压力、温度与比体积（或密度）的关系。对于确定的聚合物，比体积（或密度）一定时，温度和压力呈直线关系。将这种关系反映在温度-压力坐标系中，可得到许多比容不等的直线，图 4-10 中的 1、1′、2、2′四条直线，它们统称为等比体积线。其中，1 和 1′分别经过浇口冻结位置 G 和 G'，2 和 2′分别经过脱模位置 H 和 H'。很明显，四条直线的斜率均与比体积（或密度）有关，斜率越大，比体积越大，而密度越小。

由以上分析可以推出以下结论。

① 保压时间长时，浇口冻结温度低，冷却定型开始时型腔压力比较高，冷却定型时的塑件密度比较大。

② 保压时间一定时，若采用较高的脱模温度，冷却定型时型腔压力比较大，脱模后塑件会进行较大的收缩，脱模塑件密度较低，尚待在模外继续收缩，塑件会因这种模外收缩在其内部产生较大的残余应力，发生翘曲变形。

4.1.3.3 熔体在型腔内的冷却情况

冷却定型时熔体在型腔中的冷却情况用图 4-11 表示。图中，H 为型腔厚度，h 为固化层厚度，冷却过程中 h 不断加大，θ_M 为型腔表壁温度，θ_s 为固化层与熔体之间的界面温度，型腔内的温度分布如 $\theta(y)$ 曲线，y 是型腔厚度坐标。假设熔体密实，h 增长很慢，固化层内温度呈直线变化，热传导限定在固化层范围内，则温度分布曲线用下式表达：

$$\theta = \theta_M + \frac{\theta_s - \theta_M}{h} y \tag{4-3}$$

若再设熔体在固化过程中的面密度变化速度为 V_c，则有平衡方程：

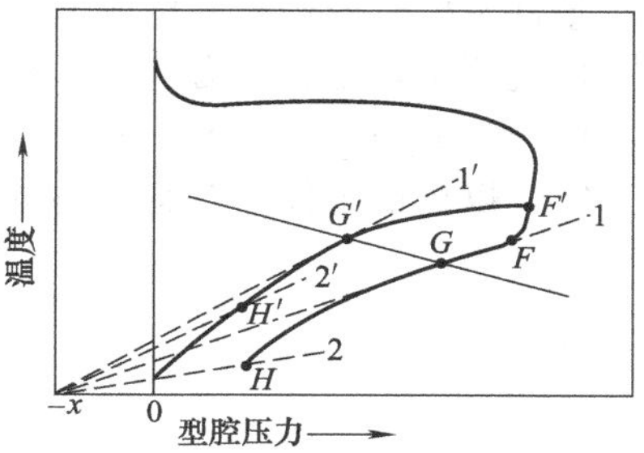

图 4-10　冷却定型时的压力、温度和比体积

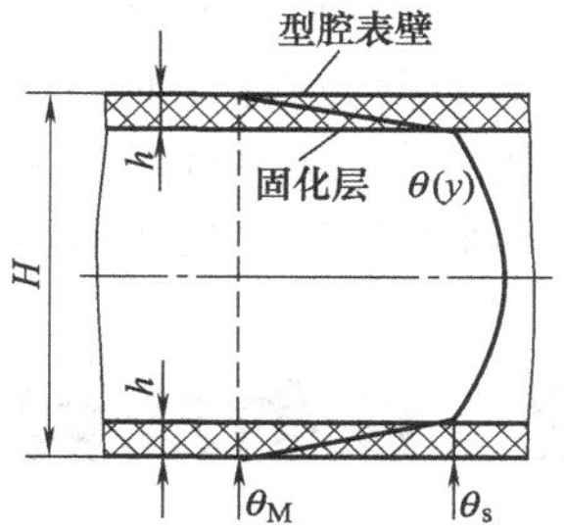

图 4-11　型腔冷却温度分布

$$V_c q_m = \lambda_s \left(\frac{\partial\theta}{\partial y}\right) = \frac{\lambda_s}{h}(\theta_s - \theta_M) \tag{4-4}$$

式中　q_m——熔融潜热；

λ_s——固化层的热导率。

其中：

$$V_c = \rho_s \frac{dh}{dt_c} \tag{4-5}$$

式中　ρ_s——固化层密度；

t_c——冷却时间。

将式（4-5）代入式（4-4）得：

$$h = \frac{dh}{dt_c} = \frac{\lambda_s}{\rho_s q_m}(\theta_s - \theta_m) \tag{4-6}$$

利用初始条件 $t_c=0$ 时，$h=0$，将式（4-6）积分后可得固化层厚度与冷却时间的关系为：

$$h^2 = \frac{2\lambda_s t_c}{\rho_s q_m}(\theta_s - \theta_M) \tag{4-7}$$

式（4-7）实际上隐含熔体在型腔内的冷却速度，利用它可以计算冷却时间。例如，在 $\rho_s=0.91\text{g/cm}^3$、$q_m=100\text{J/g}$、$\theta_s=100℃$、$\lambda_s=0.23\text{W/(m·k)}$、$H=3\text{mm}$、$\theta_M=30℃$ 的条件下利用式（4-7）可求出 $h=H/2=1.5\text{mm}$ 时的冷却时间 $t_c=6.09\text{s}$。

4.1.3.4　脱模条件

聚合物状态方程表明，冷却定型阶段有压力、比容和温度三个可变参数，但外部无熔体向型腔补给，比容只与温度变化引起的体积收缩有关，独立参数只有型腔压力和温度，它们均与脱模条件有关。

① 脱模温度　不宜太高，否则，塑件脱模后会产生较大的收缩，容易在脱模后发生热变形。受模温限制，脱模温度也不能太低。适当的脱模温度应在模具温度 θ_M 和塑料的热变形温度 θ_H 之间，低于热变形温度，如图 4-12 所示。

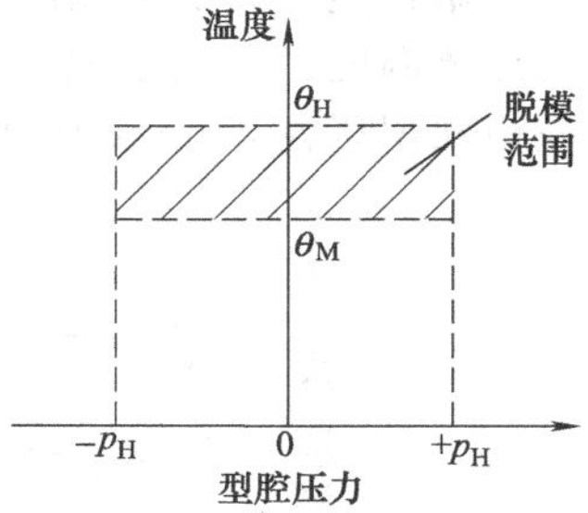

图 4-12　脱模时温度和压力范围

θ_H—允许的最高脱模温度；θ_M—模具温度；

$\pm p_H$—允许的最大与最小脱模压力

② 脱模压力　型腔压力和外界压力的差值不要太大，应在图 4-11 中脱模压力范围内（其值可由经验或试验确定）。否则塑件脱模后内部产生较大的残余应力，导致使用过程中发生形状尺寸变化或产生其他缺陷。

③ 保压时间　保压时间较长，型腔压力下降慢，脱模时的残余应力偏向一边，当残余

应力超过一定值后则开启模具时可能产生爆鸣现象，塑件脱模时容易被刮伤或破裂。

未进行保压或保压时间较短，型腔压力下降快，倒流严重，型腔压力甚至可能下降到比外界压力要低，这时残余应力偏向一边，塑件将会因此产生凹陷或真空泡。所以生产中应尽量调整好保压时间，使脱模时的残余应力接近或等于零，以保证塑件具有良好质量。

4.2 注射成型工艺条件

一件合格塑料制品的取得必须具备四个条件：质量合格的塑料和模具，与模具及塑料匹配的注塑机，以及选择合理的注射成型工艺条件。注射成型工艺条件包括三个参数：温度、压力和成型周期（即时间）。

4.2.1 注射温度

注射成型时的温度包括熔体温度和模具温度，熔体温度是指料筒温度和喷嘴温度，料筒温度又包括前段温度、中段温度和后段温度。熔体温度影响塑料的塑化和填充，模具温度则影响熔体的填充和冷却固化。

选取熔体温度时应注意如下几点。

① 不同塑料的熔体温度都不尽相同　一般来说，结晶度越高的塑料要求熔体温度越高（如 PP 料），流动性越差的塑料要求熔体温度越高（如 PC 料）。

② 熔体温度应合理　熔体温度太低，不利于塑化，熔体的流动与成型困难，成型后塑料制品易留下熔接痕、填充不满及表面光泽差等缺陷。熔体温度太高，易导致塑料制品产生飞边，严重时将导致塑料发生降解，使制品的物理和力学性能变差。

③ 喷嘴的温度　通常低于料筒的前段温度，以避免“流延”现象。

4.2.1.1 熔体温度

熔体温度主要影响塑化和注射充模。熔体温度是指塑化物料的温度和从喷嘴注射出的熔体温度，前者称为塑化温度，而后者称为注射温度。

熔体温度主要取决于料筒和喷嘴两部分的温度。

熔体温度太低，不利于塑化，物料熔融后黏度也较大，故会造成成型困难，成型后的塑件容易出现熔接痕、表面无光泽和缺料等缺陷。

提高熔体温度，有利于塑化并降低熔体黏度、流动阻力或注射压力损失，熔体在模内的流动和充模状况随之改变（流速增大、充模时间缩短），对塑件的一些性能带来许多好的影响。

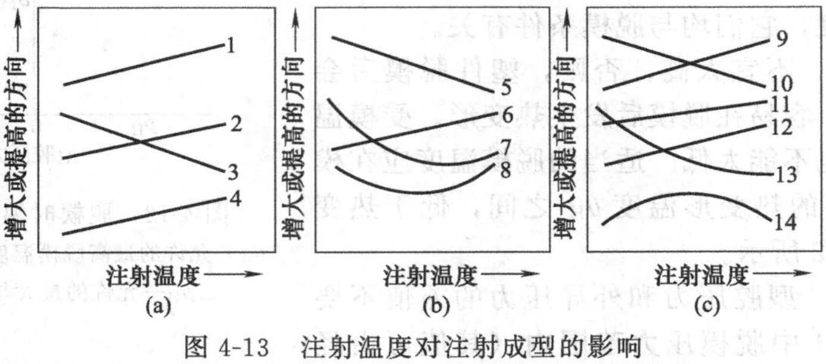

图 4-13　注射温度对注射成型的影响

1—低压缩比螺杆塑化量；2—高压缩比螺杆塑化量；3—充模压力；4—料流长度（等效流动性能）；5—料流方向的冲击韧度；6—与料流方向垂直的冲击韧度；7—料流方向的收缩率；8—与料流方向垂直的收缩率；9—结晶性塑料密度；10—通过浇口的压力损失；11—热变形温度；12—熔接痕强度；13—料流方向的弯曲强度和拉伸强度；14—取向程度

熔体温度过高，很容易引起热降解，最终反而导致塑件的物理和力学性能变差。

表 4-1 列出了常用塑料可以使用的注射温度与模具型腔表壁温度范围，图 4-13 的曲线表示出了注射温度对塑化能力、充模压力、流动性能和塑件性能的影响。

表 4-1 常用塑料注射温度与模具型腔表壁温度

塑料	注射温度(熔体温度)/℃	型腔表壁温度/℃	塑料	注射温度(熔体温度)/℃	型腔表壁温度/℃
ABS	200～270	50～90	GRPA66	280～310	70～120
AS(SAN)	220～280	40～80	矿物纤维 PA66	280～305	90～120
ASA	230～260	40～90	PA11. PA12	210～250	40～80
GPPS	180～280	10～70	PA610	230～290	30～60
HIPS	170～260	5～75	POM	180～220	60～120
LDPE	190～240	20～60	PPO	220～300	80～110
HDPE	210～270	30～70	GRPPO	250～345	80～110
PP	250～270	20～60	PC	280～320	80～100
GRPP	260～280	50～80	GRPC	300～330	100～120
TPX	280～320	20～60	PSF	340～400	95～160
CA	170～250	40～70	GRPBT	245～270	65～110
PMMA	170～270	20～90	GRPET	260～310	95～140
聚芳酯	300～360	80～130	PBT	330～360	约 200
软 PVC	170～190	15～50	PET	340～425	65～175
硬 PVC	190～215	20～60	PES	330～370	110～150
PA6	230～260	40～60	PEEK	360～400	160～180
GRPA6	270～290	70～120	PPS	300～360	35～80、120～150
PA66	260～290	40～80			

① 型腔所需注射量大于注塑机额定注射量的 75%或成型物料不预热时，料筒后段温度应比中段、前段低 5～10℃。对于含水量偏高的物料，也可使料筒后段温度偏高一些；对于螺杆式料筒，为了防止热降解，可使料筒前段温度略低于中段。

② 料筒温度应保持在塑料的黏流温度 θ_f（θ_m）以上和热分解温度 θ_d 以下某一个适当的范围内。对于热敏性塑料或分子量较低、分布又较宽的塑料，料筒温度应选较低值，即只要稍高于 θ_f（θ_m）即可，以免发生热降解。

各种塑料适用的料筒温度和喷嘴温度选择或控制原则可参考表 4-2。

表 4-2 常用塑料的料筒温度和喷嘴温度

塑料	料筒温度/℃			喷嘴温度/℃	塑料	料筒温度/℃			喷嘴温度/℃
	后段	中段	前段			后段	中段	前段	
PE	160～170	180～190	200～220	220～240	PA66	220	240	250	240
HDPE	200～220	220～240	240～280	240～280	PUR	175～200	180～210	205～240	205～240
PP	150～210	170～230	190～250	240～250	CAB	130～140	150～175	160～190	165～200
ABS	150～180	180～230	210～240	220～240	CA	130～140	150～160	165～175	165～180
SPVC	125～150	140～170	160～180	150～180	CP	160～190	180～210	190～220	190～220
RPVC	140～160	160～180	180～200	180～200	PPO	260～280	300～310	320～340	320～340
PCTFE	250～280	270～300	290～330	340～370	SPU	250～270	270～290	290～320	300～340
PMMA	150～180	170～200	190～220	200～220	IO	90～170	130～215	140～215	140～220
POM	150～180	180～205	195～215	190～215	TPX	240～270	250～280	250～290	250～300
PC	220～230	240～250	260～270	260～270	线型聚酯	70～100	70～100	70～100	70～100
PA6	210	220	230	230	醇酸树脂	70	70	70	70

③ 料筒温度与注塑机类型及塑件和模具的结构特点有关。如注射同一塑料时，螺杆式料筒温度可比柱塞式低 10～20℃。又如，薄壁塑件、形状复杂塑件及带有嵌件的制品，因

流动较困难或容易冷却，应选用较高的料筒温度；反之，对于厚壁塑件、简单塑件及无嵌件塑件，均可选用较低的料筒温度。

④ 为了避免成型物料在料筒中过热降解，除应严格控制料筒最高温度之外，还必须控制物料或熔体在料筒内的停留时间，这对热敏性塑料尤为重要。通常，料筒温度提高以后，都要适当缩短物料或熔体在料筒中的停留时间。

⑤ 为了避免流延现象，喷嘴温度可略低于料筒最高温度，但不能太低，否则会使熔体发生早凝，其结果不是堵塞喷嘴孔，便是将冷料带入型腔，最终导致成型缺陷。

⑥ 判断熔体温度是否合适，可采用对空注射法观察，或直接观察塑件质量的好坏。对空注射时，如果料流均匀、光滑、无泡、色泽均匀，则说明熔体温度合适；如果料流毛糙、有银丝或变色现象，则说明熔体温度不合适。

4.2.1.2 模具温度

模温主要影响充模和冷却定型。模具温度是指和塑件接触的型腔表壁温度。

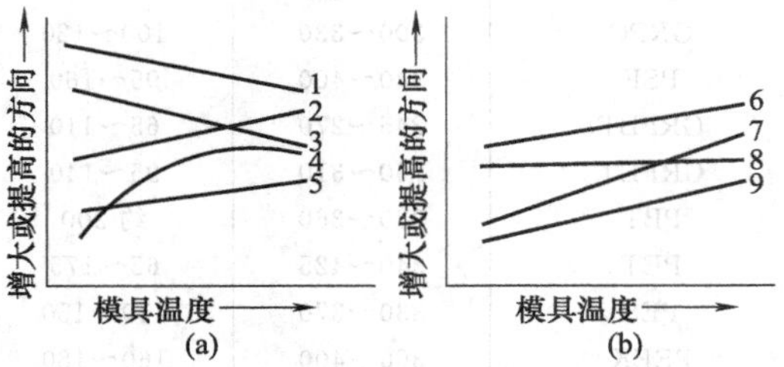

图 4-14 模具温度对注射成型的影响

1—制品的取向程度；2—结晶性塑料密度；3—料流方向的冲击韧度；4—制品表面光洁程度；5—与料流方向垂直的冲击韧度；6—料流方向的收缩率；7—需用的保压时间；8—充模压力；9—与料流方向垂直的收缩率

模温直接影响熔体的充模流动行为、塑件的冷却速度和成型后的塑件性能等。图 4-14 定性描述了模具温度对保压时间、充模压力和塑件部分性能质量的影响。模温选择与被注射的塑料品种有关。

① 模温选择得合理、分布均匀，可有效改善熔体的充模流动性能、塑件的外观质量及一些主要的物理和力学性能。

② 模温波动幅度较小，会促使塑件收缩趋于均匀，防止脱模后发生较大的翘曲变形。

提高模温可改善熔体在模内的流动性、增大塑件的密度和结晶度及减小充模压力和塑件中的压力；但塑件的冷却时间将延长、收缩率和脱模后的翘曲变形将增大，且生产效率也会因冷却时间延长而下降。适当提高模温，塑件的表面粗糙度值也会随之减小。

降低模温能缩短冷却时间和提高生产效率，但温度过低，熔体在模内的流动性能会变差，塑件产生较大的应力或明显的熔接痕等缺陷。

模温依靠通入其内部的冷却或加热介质控制（要求不严时，可采用空气冷却而不用通入任何介质），其具体数值是决定制品冷却速度的关键。

冷却速度分为缓冷（$\theta_M \approx \theta_{cmax}$）、中速冷却（$\theta_M \approx \theta_g$）和急冷（$\theta_M < \theta_g$）三种方式。采用何种方式与塑料品种和塑件的形状尺寸及使用要求有关，需要在生产中灵活掌握。对于结晶性塑料采取缓冷或中速冷却有利于结晶，可提高塑件的密度和结晶度，塑件的强度和刚度较大，耐磨性也会比较好，但韧度和伸长率却会下降，收缩率也会增大，而急冷时的情况则与此相反；对于非结晶性塑料，如果流动性能较好且容易充模，通常可采用急冷方式，这样做可缩短冷却时间，提高生产效率。

各种塑料适用的模温选择见表 4-3。

① 为了保证塑件具有较高的形状和尺寸精度，避免塑件脱模时被顶穿或脱模后发生较大的翘曲变形，模温必须低于塑料的热变形温度（表 4-3)。

② 为了改变聚碳酸酯、聚砜和聚苯醚等高黏度塑料的流动和充模性能，并力求使它们获得致密的组织结构，需要采用较高的模具温度。反之，对于黏度较小的聚乙烯、聚丙烯、聚氯乙烯、聚苯乙烯和聚酰胺等塑料，可采用较低的模温，这样可缩短冷却时间，提高生产效率。

表 4-3 各种塑料适用的模温选择

塑料	模温/℃		塑料	模温/℃	
	1.82MPa	0.45MPa		1.82MPa	0.45MPa
聚酰胺 66(PA66)	82～121	149～176	聚酰胺 6(PA6)	80～120	140～176
30%玻璃纤维增强 PA66	245～262	292～265	30%玻璃纤维增强 PA6	204～259	216～264
聚酰胺 610(PA610)	57～100	149～185	聚酰胺 1010(PA1010)	55	148
40%玻璃纤维增强 PA610	200～225	215～226	PMMA 和 PS 共聚物	85～99	
聚碳酸酯(PC)	130～135	132～141	聚甲基丙烯酸甲酯(PMMA)	68～99	74～109
20%～30%长玻璃纤维增强 PC	143～149	146～157	聚苯醚(PPO)	175～193	180～204
20%～30%短玻璃纤维强增 PC	140～145	146～149	聚氯乙烯(PVC)	54	67～82
聚苯乙烯 PS(一般型)	65～96		聚丙烯(PP)	56～67	102～115
聚苯乙烯 PS(抗冲型)	64～92.5		聚砜(PSU)	174	182
20%～30%玻璃纤维增强 PS	82～112		30%玻璃纤维增强 PSU	185	191
丙烯腈-氯化聚乙烯-苯乙烯共聚物(ACS)	85～100		聚四氟乙烯(PTFE)填充 PSU	100	160～165
丙烯腈-丁二烯-苯乙烯共聚物(ABS)	83～103	90～108	丙烯腈-丙烯酸酯-苯乙烯共聚物(AAS)	80～102	106～108
高密度聚乙烯(HDPE)	48	60～82	乙基纤维素(EC)	46～88	
聚甲醛(POM)	110～115	138～174	醋酸纤维素(CA)	44～88	49～76
氯化聚醚	100	141	聚对苯二甲酸丁二醇酯(PBT)	70～200	150

③ 对于厚塑件，因充模和冷却时间较长，若模温过低，易使塑件内部产生真空泡和较大的应力，不宜采用较低的模具温度。

④ 为了缩短成型周期，确定模具温度时可采用两种方法。

a. 把模温取得尽可能低，以加快冷却速度而缩短冷却时间。

b. 使模温保持在比热变形温度稍低的状态下，以求在较高的温度下将制品脱模，而后由其自然冷却，这样做也可以缩短制品在模内的冷却时间。具体采用何种方法，需要根据塑料品种和塑件的复杂程度确定。

4.2.2 注射压力

注射压力包括注射压力、塑化压力（即背压力）、保压压力。

注射压力是指螺杆（或柱塞）轴向移动时，其头部对塑料熔体施加的压力。注射压力过低，则熔体难以充满型腔，造成熔接痕、填充不满等缺陷；注射压力过大，又可能造成飞边、粘模、顶白等缺陷。当注射压力过大而浇口较小时，熔体在型腔内将会产生喷射现象，造成气泡和银丝等缺陷。

对注射压力的选取，应注意如下几点。

① 塑料制品的尺寸越大，形状越复杂，壁厚越薄，要求注射压力越大。

② 流动性好的塑料及形状简单的塑料制品，注射压力较小、玻璃化温度及黏度都较大的塑料，应用较高的注射压力。

③ 模具温度或熔体温度较低时，宜用较大的注射压力。

④ 对于同一副模具，注射压力越大，注射速度也越快。

注塑机的塑化压力（即背压力）是指螺杆在塑化成型时，其前端汇集的熔体，对它所产生的反压力，背压力对注射成型原料的塑化效果及塑化能力有重要的影响，它的大小和螺杆的转速有关。

保压压力和保压时间有关，它是在熔体充满型腔后，熔体在冷却收缩阶段，注塑机持续作用于熔体的力。它主要影响型腔压力及塑料制品最终的成型质量。塑料制品越大或壁厚越厚，要求保压压力越大和保压时间越长。保压压力和保压时间不够时，易造成制品表面产生收缩凹陷、内部组织不良、力学性能变差等缺陷。

注射压力，与注射速度相辅相成，对塑料熔体的流动和充模具有决定性作用；保压压力，和保压时间密切相关，主要影响型腔压力以及最终的成型质量；背压力，与螺杆转速有关，大小影响物料的塑化过程、塑化效果和塑化能力。

4.2.2.1　注射压力与注射速度

(1) 注射压力　注射压力是指螺杆（或柱塞）轴向移动时，其头部对塑料熔体施加的压力。

注射压力：在注射成型过程中主要用来克服熔体在整个注射成型系统中的流动阻力，对熔体起一定程度的压实作用。

注射压力损失包括动压损失和静压损失。

动压损失消耗在喷嘴、流道、浇口和型腔对熔体的流动阻力以及塑料熔体自身内部的黏性摩擦方面，与熔体温度及体积流量成正比，受各段料流通道的长度、截面尺寸及熔体的流变学性质影响。

静压损失消耗在注射和保压补缩流动方面，与熔体温度、模具温度和喷嘴压力有关。

注射压力选择得过低，在注射成型过程中因其压力损失过大而导致型腔压力不足，熔体将很难充满型腔；注射压力选择得过大，虽可使压力损失相对减小，但却可能出现胀模、溢料等不良现象，引起较大的压力波动，生产操作难以稳定控制，还容易使机器出现过载现象。

注射压力对熔体的流动、充模及塑件质量都有很大影响。

① 注射压力不太高且浇口尺寸又较大时，熔体充模流动比较平稳，这时因模温比熔体温度低，对熔体有冷却作用，容易使熔体在浇口附近的型腔处形成堆积，料流长度会因此而减短，导致型腔难以充满。

② 注射压力很大且浇口又较小时，熔体在型腔内会产生喷射流动，料流先冲击型腔表壁而后才扩散，很容易在塑件中形成气泡和银丝，严重时还会因摩擦热过大烧伤塑件。因此，注射压力选择要适中，在可能的情况下尽量把注射压力选择得大一些，这样有助于提高充模速度及料流长度，还可能使塑件的熔接痕强度提高、收缩率减小。

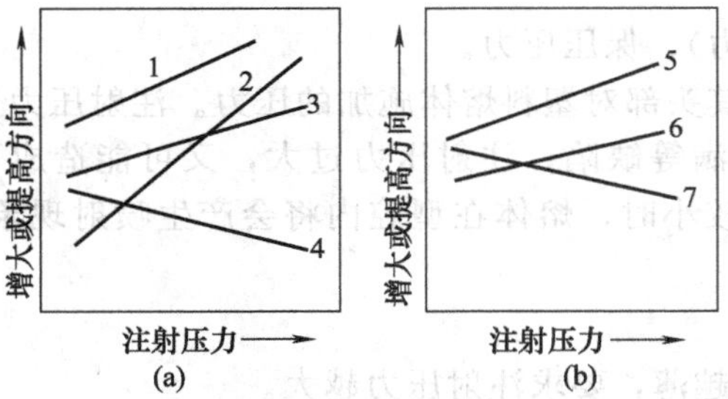

图 4-15　注射压力对注射成型的影响

1—制品的取向程度；2—料流长度（等效流动性能）；3—制品的体积质量；4—料流方向的收缩率；5—需用的冷却时间；6—熔接痕强度；7—热变形温度

应注意的是，注射压力增大之后，塑件中的应力也可能随之增大，这将影响塑件脱模后的形状与尺寸的稳定性。

图 4-15 为注射压力对注射成型的影响，可供选择或控制注射压力时参考。

选择注射压力大小时考虑的因素有塑料品种、塑件的复杂程度、塑件的壁厚、喷嘴的结构形式、模具浇口的尺寸以及注塑机类型等，常取 40～200MPa。

选择、控制注射压力的原则（部分塑料的注射压力参见表 4-4 和表 4-5）如下。

① 对于玻璃化温度和熔体黏度较高的塑料，宜用较大的注射压力。

② 对于尺寸较大、形状复杂的制品或薄壁塑件，因模具中的流动阻力较大，也需用较大的注射压力。

③ 熔体温度较低时，注射压力应适当增大一些。

④ 对于流动性好的塑料及形状简单的厚壁塑件，注射压力可小于 70MPa。对于黏度不

高的塑料（如聚苯乙烯等）且其制品形状不太复杂以及精度要求一般时，注射压力可取70～100MPa。对于高、中黏度的塑料（如改性聚苯乙烯、聚碳酸酯等）且对其塑件精度有一定要求，但制品形状不太复杂时，注射压力可取 100～140MPa。对于高黏度塑料（如聚甲基丙烯酸甲酯、聚苯醚、聚砜等）且其塑件壁厚小、流程长、形状复杂以及精度要求较高时，注射压力可取 140～180MPa。对于优质、精密、微型塑件，注射压力可取 180～250MPa，甚至更高。

表 4-4　常用塑料的注射压力　　单位：MPa

塑料	注射条件		
	易流动的厚壁制品	中等流动程度的一般制品	难流动的薄壁窄浇口制品
聚乙烯	70～100	100～120	120～150
聚氯乙烯	100～120	120～150	>150
聚苯乙烯	80～100	100～120	120～150
丙烯腈-丁二烯-苯乙烯共聚物	80～110	100～130	130～150
聚甲醛	85～100	100～120	120～150
聚酰胺	90～101	101～140	>140
聚碳酸酯	100～120	120～150	>150
聚甲基丙烯酸甲酯	100～120	210～150	>150

⑤ 注射压力还与塑件的流动比有关。流动比是指熔体自喷嘴出口处开始能够在模具中流至最远的距离与塑件厚度的比值。不同的塑料具有不同的流动比范围，并受注射压力大小的影响（表 4-5）。如实际设计的模具流动比大于表中数值，而注射压力又小于表中数值，制品难以成型。

表 4-5　常用塑料的注射压力与流动比

塑料	注射压力/MPa	流动比	塑料	注射压力/MPa	流动比
聚酰胺 6	88.2	200～320	聚碳酸酯	88.2 117.6 127.4	90～130 120～150 120～160
聚酰胺 66	88.2 127.4	90～130 130～160	聚苯乙烯	88.2	260～300
			聚甲醛	98	110～210
聚乙烯	49 68.6 147	100～140 200～240 250～280	软聚氯乙烯	88.2 68.6	200～280 160～240
聚丙烯	49 68.6 117.6	100～140 200～240 240～280	硬聚氯乙烯	68.6 88.2 117.6 127.4	70～110 100～140 120～160 130～170

(2) 注射速度　注射速度的表示方法是：注射时塑料熔体的体积流量 q_v；注射螺杆（或柱塞）的轴向位移速度 v_i。其数值可通过注塑机的控制系统进行调整，表达式如下：

$$q_v=\frac{2n}{2n+1}\left(\frac{p_i-p_M}{KL}\right)^{\frac{1}{n}}\left(WH^{\frac{2n+1}{n}}\right) \tag{4-8}$$

式中　q_v——体积流量，cm^3/s；

p_i——注射压力，Pa；

p_M——型腔压力，Pa；

W——流道截面的最大尺寸（宽度），cm；

H——流道截面的最小尺寸（高度），cm；

L——流道长度，cm；

K——熔体在工作温度和许用剪切速率下的稠度系数，Pa·s；

n——熔体的非牛顿指数。

$$v_i = \frac{4q_v}{\pi D^2} \approx \frac{q_v}{0.785D^2} \tag{4-9}$$

式中　D——螺杆的基本直径。

由式（4-8）和式（4-9）可知，注射速度与注射压力密切相关。其他工艺条件和塑料品种一定时，注射压力越大，注射速度也就越快。

注射速度较高的优点是：熔体流速较快，其温度维持在较高的水平，剪切速率具有较大值，熔体黏度较小，流动阻力相对降低，料流长度和型腔压力会因此增大，塑件将比较密实和均匀，熔接痕强度有所提高，用多腔模生产出的塑件尺寸误差也比较小。

注射速度过大的缺点是：与注射压力过大一样，在型腔内引起喷射流动，导致塑件质量变差。另外，高速注射时如排气不良，型腔内的空气将受到严重的压缩，不仅使高速流动的熔体流速减慢，还因压缩气体放热灼伤塑件或产生热降解。

图 4-16 为注射速度对注射成型的影响。

综上所述，注射速度选择不宜过高，也不宜过低（过低时塑件表层冷却快，对继续充模不利，容易造成制品缺料、分层和明显的熔接痕等缺陷）。v_i 常用 15～20cm/s。对于厚度和其他尺寸都很大的塑件，v_i 可用 8～12cm/s。

注射速度的确定，生产中的实际做法是：先采用慢速低压注射，然后根据注射出的塑件调整注射速度，使之达到合理的数值。如生产批量较大，需要缩短成型周期，在调整过程中可将注射速度尽量朝数值较高的方向调整，但须保证塑件质量不能因注射速度过快而变差。

应尽量采用高速注射的有：熔体黏度高、热敏性强的塑料，成型冷却速度快的塑料，大型薄壁、精密塑件，流程长的塑件，纤维增强塑料。其余不要采用过快的注射速度。

选择或控制注射速度时还应注意以下几点。

① 对于大、中型注塑机，可对注射速度采用分段控制，其控制规律可参考图 4-17。

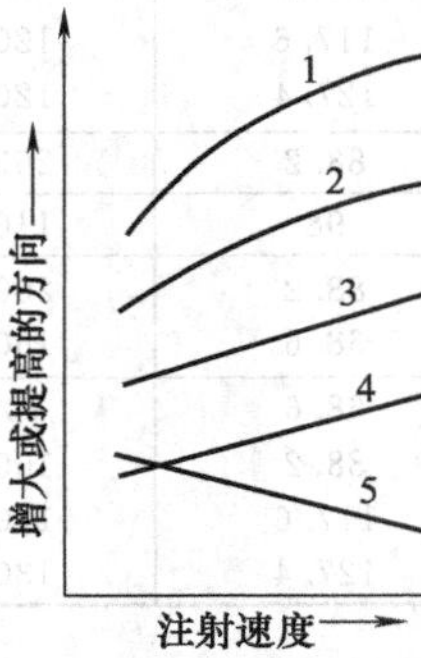

图 4-16　注射速度对注射成型的影响

1—料流长度（等效流动性能）；2—充模压力；3—熔接痕强度；4—制品应力；5—制品表面质量

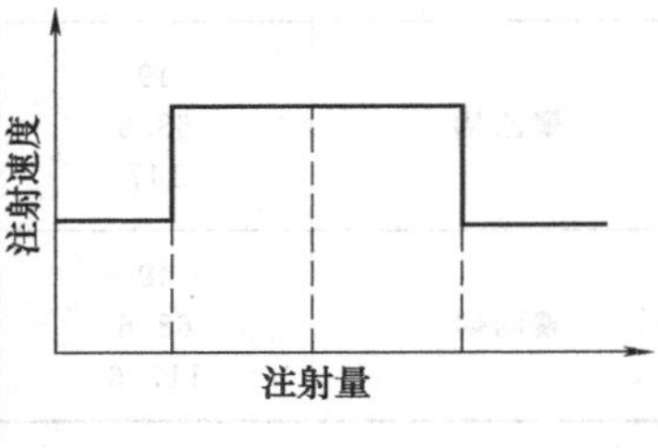

图 4-17　注射速度的分段控制

② 螺杆式注塑机比柱塞式注塑机可提供更大的注射速度，需要采用高速高压成型的情况下（如流道长、浇口小、塑件形状复杂和薄壁制品等），应尽量采用螺杆式注塑机，否则难以保证成型质量。

4.2.2.2　保压压力和保压时间

保压压力是在注射成型的保压补缩阶段，为了对型腔内的塑料熔体进行压实以及为了维持向型腔内进行补料流动所需要的注射压力。

保压时间是保压压力持续的时间长短。

(1) 保压压力和保压时间对型腔压力的影响　图 4-18 为采用不同的保压压力时，保压时间与型腔压力的关系。曲线 1 表示采用的保压压力和保压时间合理，型腔压力变化正常，能够取得良好的充模质量。曲线 2 表示注射压力和保压压力切换时，注塑机动作响应过慢，熔体过量填充型腔，分型面被胀开溢料，导致型腔压力产生不正常的快速下降，反而造成塑件密度减小、缺料、凹陷及力学性能变差等不良现象。曲线 3 与曲线 2 的情况相反，即注射时间过短，熔体不能充满型腔，保压时型腔压力曲线的水平部分较低。曲线 4 表示保压时间不足、保压压力撤除过早、浇口尚未冻结，于是熔体将会产生倒流，型腔压力也就猛然下降。无法实现正常补缩功能，塑件内部可能出现真空泡和凹陷等不良现象。曲线 5 表示保压时间足够，但采用的保压压力太低，因此保压压力不能充分传递给型腔中的熔体，故型腔压力也会出现不正常的迅速下降现象，使得保压流动不能有效地补缩，从而造成一些不正常的成型缺陷。

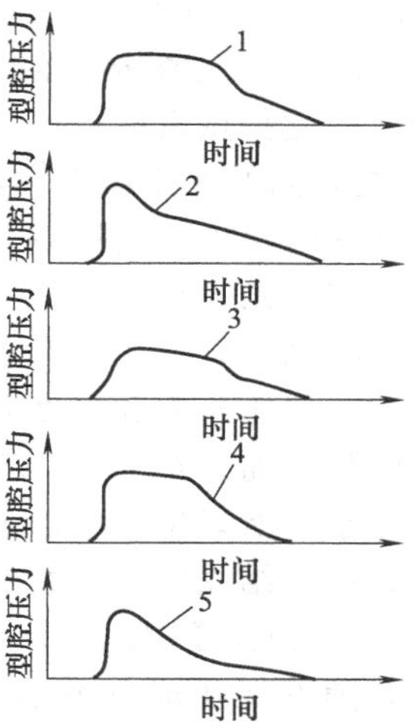

图 4-18　保压压力、保压时间对型腔压力的影响

1—保压压力、保压时间合理；2—熔体过量填充型腔；3—型腔填充不足（缺料）；4—保压时间太短；5—保压压力太低

(2) 保压压力、保压时间对塑件密度和收缩的影响　保压压力、保压时间对注射成型的影响是多方面的，如取向程度、补料流动长度及冷却时间等。这些影响的性质与注射压力的影响相似，但由于保压压力、保压时间分别是补缩的动力和补缩的持续过程，所以它们对塑件密度的影响特别重要，并且这些影响还往往与温度有关。

图 4-19 是非结晶性聚苯乙烯的比体积、温度与保压压力的关系曲线。从图中可以得出以下结论。

① 在较高的保压压力或较低的温度条件下，可以使塑件得到较小的比体积，即较大的密度，其中温度的影响可认为是塑料在低温下体积膨胀较小的结果。

② 图中 a、b 两条虚线分别反映型腔中靠近浇口和远离浇口位置的比体积变化情况。很明显，塑料在靠近浇口的位置温度高、比体积大、密度小，冷却后的收缩也大，而在远离浇口的位置，情况则正好相反。

图 4-20 为结晶性聚乙烯的比体积、温度与保压压力的关系曲线。各条曲线的变化总趋势，是在较高的保压压力与较低的温度条件下，可使塑件得到较小的比体积或较大的密度。

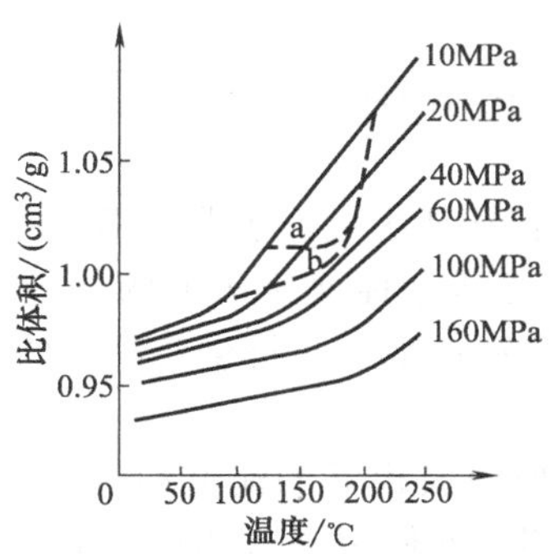

图 4-19　非结晶性聚苯乙烯的比体积-温度-保压压力曲线

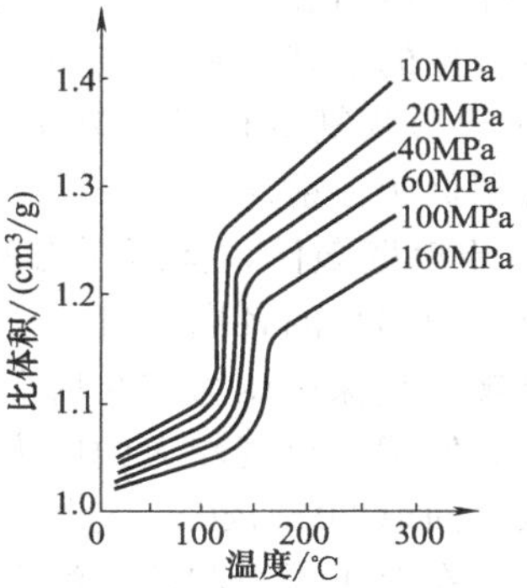

图 4-20　结晶性聚乙烯的比体积-温度-保压压力曲线

由图 4-20 与图 4-19 可得出它们的差别。

① 结晶性聚乙烯从高温到低温变化时比体积-温度曲线在 100～150℃之间具有一个明显的拐点，经此拐点之后，比体积在 100～150℃之间急剧减小（聚苯乙烯无此现象）。

② 在相同的保压压力和温度范围下，聚乙烯的比体积变化幅度要比聚苯乙烯大得多。例如，在 50～250℃范围内，若取保压压力为 10MPa，则聚乙烯比体积的变化幅度约为 30%，而聚苯乙烯只有 10%左右；若取保压压力为 160MPa，两者的比体积变化幅度又分别为 22%和 3%。

因此，保压压力和温度对结晶性聚合物的比体积或密度的影响比对非结晶性聚合物的影响来得强烈，而且在 100～150℃之间，无论保压压力大小如何，结晶性聚合物的比体积都会迅速减小。所以生产中对塑件密度要求较高时，同时需要选择合理的保压压力和合理的温度条件，并且结晶性聚合物的保压压力和温度条件的控制尤其要严格一些。

图 4-21 为保压时间与塑件质量的关系，反映了保压时间与塑件密度的关系。在保压阶段初期，随着保压时间延长，塑件的体积质量迅速增大，但是当保压时间达到一定数值（t_s）后，塑件的体积质量就会停止增长。这意味着为了提高塑件密度，必须有一段保压时间，但保压时间过长，除了浪费注塑机能量之外，对于提高塑件密度已无效用，所以生产中应能对保压时间恰当地控制在一个最佳值。

图 4-22 为保压时间对塑件成型收缩率的影响，保压时间长，收缩率小。结合聚合物状态方程可以认为保压压力大、保压时间充分时，浇口冻结温度低（即冷冻时间晚），补缩作用强，有助于减小塑件收缩。

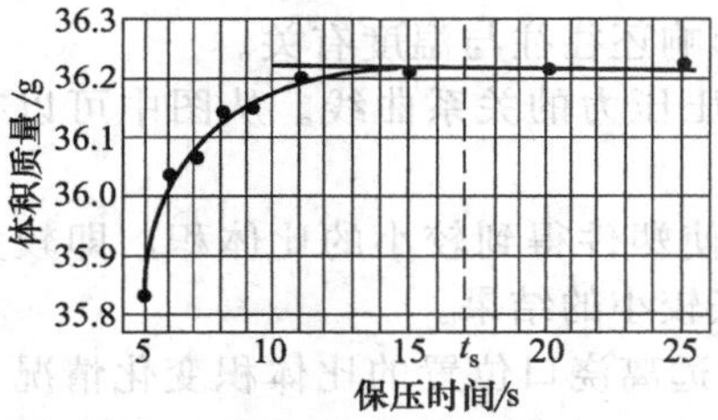

图 4-21　保压时间与塑件质量的关系

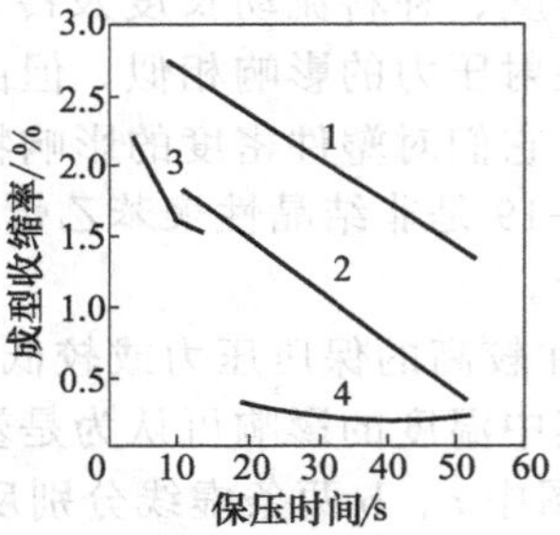

图 4-22　保压时间与成型收缩率的关系

1—聚丙烯（料流方向）；2—聚丙烯（与料流垂直的方向）；3—聚酰胺 66；4—聚甲基丙烯酸甲酯

（3）保压压力和保压时间的选择与控制　保压压力的大小取决于模具对熔体的静水压力，并与塑件的形状、壁厚有关。

① 对于形状复杂和薄壁塑件，为了保证成型质量，采用的注射压力往往比较大，故保压压力可稍低于注射压力。

② 对于厚壁塑件，保压压力的选择比较复杂，因为保压压力大，容易加强大分子取向，塑件出现较为明显的各向异性，只能根据塑件使用要求灵活处理保压压力的选择与控制问题，大致规律是保压压力与注射压力相等时，塑件的收缩率可减小，批量产品中的尺寸波动小，然而会使塑件出现较大的应力。

保压时间取 20～120s，与熔体温度、模温、塑件壁厚以及模具的流道和浇口大小有关。保压时间应在保压压力和注射温度条件确定以后，根据塑件的使用要求试验确定。具体方法是：先用较短的保压时间成型塑件，脱模后检测塑件的质量，然后逐次延长保压时间继续进行试验，直到发现塑件质量达到塑件的使用要求或不再随保压时间延长而比容增大（或增大幅度很小）时为止，然后就以此时的保压时间作为最佳值选取。

4.2.2.3 背压力与螺杆转速

（1）背压力（塑化压力） 背压力是指螺杆在预塑成型物料时，其前端汇集的熔体对它所产生的反压力，简称背压。背压对注射成型的影响主要体现在螺杆对物料的塑化效果及塑化能力方面，故有时也称塑化压力。

增大背压可驱除物料中的空气，提高熔体密实程度，增大熔体内的压力，螺杆后退速度减小，塑化时的剪切作用加强，摩擦热量增多，熔体温度上升，塑化效果提高。图 4-23 为背压对熔体温度的影响，工艺条件为：曲线 1 代表聚苯乙烯 168N，料筒温度 150～220℃，螺杆直径 60mm，塑化行程 85mm，螺杆转速 120r/min；曲线 2 代表聚苯乙烯 143E，料筒温度 150～220℃，螺杆直径 45mm，塑化行程 85mm，螺杆转速 310r/min。

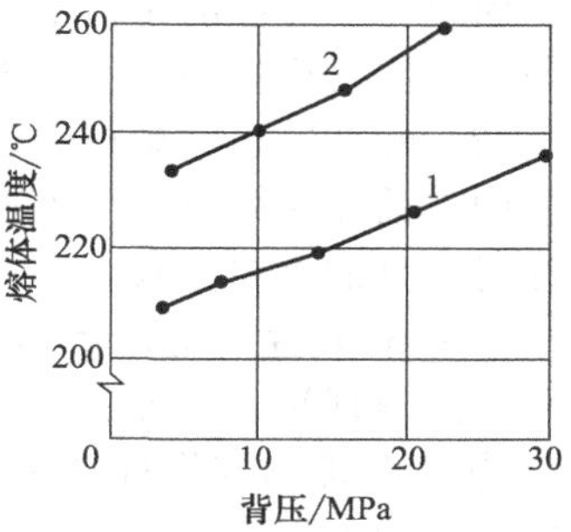

图 4-23 背压对熔体温度的影响

1—聚苯乙烯 168N；2—聚苯乙烯 143E

应注意的是，增大背压虽可提高塑化效果，但背压增大后如不相应提高螺杆转速，则熔体在螺杆计量段螺槽中将会产生较大的逆流和漏流，使塑化能力下降。背压与塑化能力的关系，可参考式（4-2）进行分析，实际中经常需把背压的大小与螺杆转速综合考虑。

背压大小与塑料品种、喷嘴种类和加料方式有关，并受螺杆转速影响；其数值的设定与控制需通过调节注射油缸上的背压表实现。表压与背压的关系为：

$$表压=\frac{背压\times 螺杆截面面积}{注射油缸的截面面积} \tag{4-10}$$

由经验可得，背压的使用范围为 3.4～27.5MPa，下限值适用于大多数塑料，尤其是热敏性塑料。表 4-6 列出了常用塑料的背压和螺杆转速。

表 4-6 常用塑料的背压和螺杆转速

塑料	背压/MPa	螺杆转速/(r/min)
硬聚氯乙烯	尽量小	15～25
聚苯乙烯	3.4～10.3	50～200
20%玻璃纤维填充聚苯乙烯	3.4	50
聚丙烯	3.4～6.9	50～150
30%玻璃纤维填充聚丙烯	3.4	50～75
高密度聚乙烯	3.4～10.3	40～120
30%玻璃纤维填充高密度聚乙烯	3.4	40～60
聚砜	0.34	30～50
聚碳酸酯	3.4	30～50
聚丙烯酸酯	10.3～20.6	60～100
聚酰胺 66	3.4	30～50
玻璃纤维增强聚酰胺 66	3.4	30～50
改性聚苯醚(PPO)	3.4	25～75
20%玻璃纤维填充聚苯醚	3.4	25～50
可注射氟塑料	3.4	50～80

选择或控制背压时应注意以下事项。

① 采用直通式喷嘴和后加料方式背压高时，容易发生流延现象，应使用较小的背压；采用阀式喷嘴和前加料方式时，背压可取大一些。

② 热敏性塑料（如硬聚氯乙烯、聚甲醛等），为防止塑化时剪切摩擦热过大引起热降

解，背压应尽量取小值；对于高黏度塑料（如聚碳酸酯、聚砜、聚苯醚等），若背压大时，为了保证塑化能力，常会使螺杆传动系统过载，也不宜使用较大的背压。

③ 增大背压虽可提高塑化效果，但因螺杆后退速度减慢，塑化时间或成型周期将会延长。因此，在可能的条件下，应尽量使用较小的背压。但是过小的背压有时会使空气进入螺杆前端，注射后的制品将会因此出现黑褐色云状条纹及细小的气泡，对此必须加以避免。

（2）螺杆转速　螺杆转速是指螺杆塑化成型物料时的旋转速度。它所产生的扭矩是塑化过程中向前输送物料发生剪切、混合与均化的原动力，是影响注塑机塑化能力、塑化效果以及注射成型的重要参数。

① 螺杆转速与背压密切相关，增大背压提高塑化效果时，如果塑化能力降低，则必须依靠提高螺杆转速的方法进行补偿。

② 塑化能力与螺杆转速的关系如图 4-24 所示。螺杆转速增大，注塑机对各种塑料的塑化能力均随着提高。

③ 塑化效果与螺杆转速的关系如图 4-25 所示。螺杆转速增大，熔体温度的均化程度提高，但曳流也随着增大，故螺杆转速达到一定数值后，综合塑化效果（即物料的综合塑化质量）下降。

④ 熔体温度、背压与螺杆转速的关系如图 4-26 所示。背压和螺杆转速增大，均能使熔体温度提高，这是两者加强物料内剪切作用的必然结果。

⑤ 图 4-27 说明背压增大、塑化能力下降时，螺杆转速对塑化能力具有补偿作用。

⑥ 螺杆转矩与螺杆转速的关系如图4-28 所示。塑化各种成型物料时，螺杆的扭矩均随螺杆转速的提高而增大。

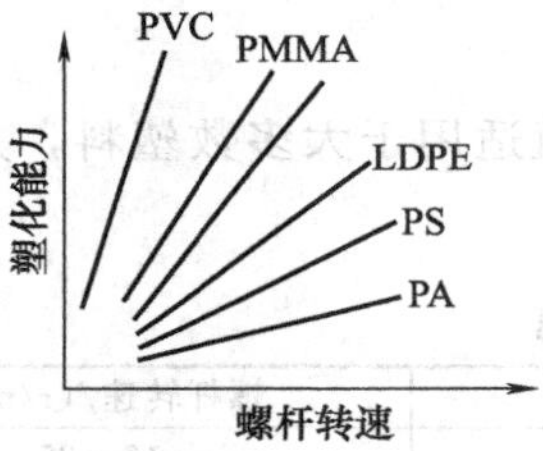

图 4-24　塑化能力与螺杆转速的关系

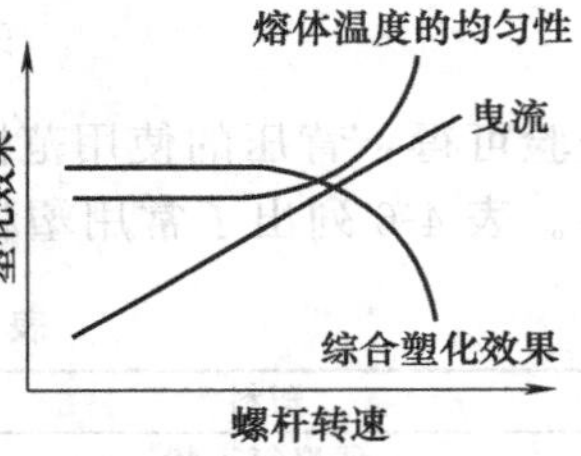

图 4-25　塑化效果与螺杆转速的关系

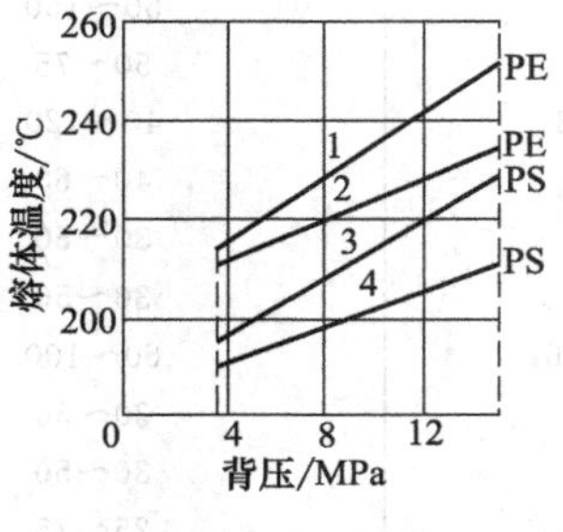

图 4-26　熔体温度、背压与螺杆转速的关系

1—螺杆转速 80r/min；2—螺杆转速 50r/min；
3—螺杆转速 80r/min；4—螺杆转速 50r/min

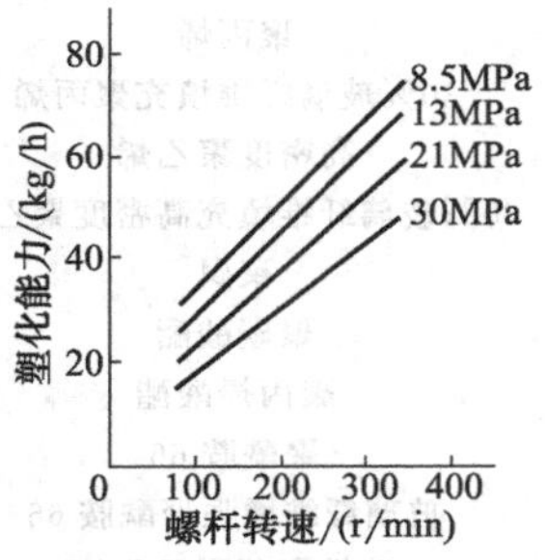

图 4-27　背压不同时的塑化能力与螺杆转速的关系（聚苯乙烯）

⑦ 注射时加热能量、物料黏性摩擦耗散量及熔体温度与螺杆转速的关系如图 4-29 所示。螺杆转速增大后，由于物料受剪切作用增大，注塑机耗散在黏性摩擦方面的能量也随着增大，剪切产生的摩擦热量会增多，于是所需的加热能量就可以减少，至于熔体温度曲线上

出现的上凹现象，是由于减少加热能量造成的结果。

由⑥、⑦可得出结论：欲增大塑化能力而提高螺杆转速时，消耗的注塑机机械功率较大，但可以适当地降低注塑机消耗在料筒上的加热功率。

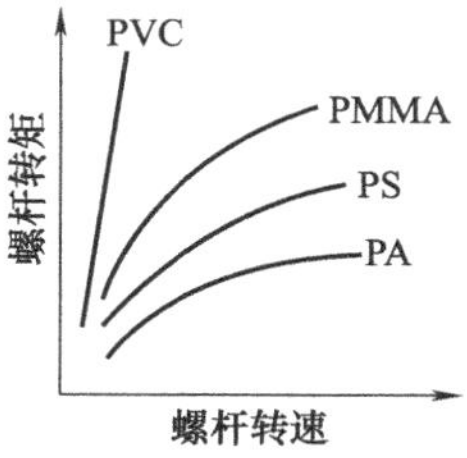

图 4-28 螺杆的转矩-转速曲线

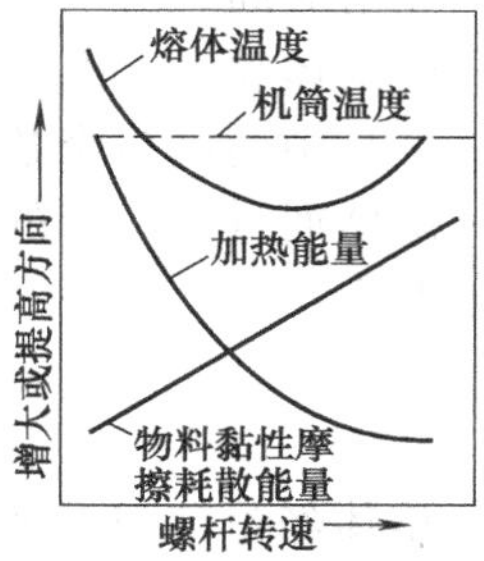

图 4-29 能量、熔体温度与螺杆转速的关系

螺杆转速的选择或控制（可参考表 4-6）方法如下。

① 对于高密度聚乙烯和聚丙烯，根据下列公式确定螺杆转速。

$$\text{螺杆转速}=\frac{\text{注塑机的定额螺杆转速}}{(0.5\sim0.6)\times\text{注塑机额定塑化能力(聚苯乙烯)}}\times\text{选定的塑化能力} \quad (4\text{-}11)$$

② 根据物料在料筒中允许的极限线速度 $v_{\rm lim}$ 确定螺杆转速。

$$\text{螺杆转速}=\frac{v_{\rm lim}}{\pi D} \quad (4\text{-}12)$$

式中 D——螺杆直径；

$v_{\rm lim}$——物料在料筒中允许的极限速度。

③ 根据物料在料筒中允许使用的极限剪切速率 $\dot{\gamma}_{\rm lim}$ 确定螺杆转速。

4.2.3 成型周期

成型周期决定模具的劳动生产率，因此在满足成型要求的前提下越短越好。

成型周期是指完成一次注射成型工艺全过程所用的时间，如图 4-30 所示。其中保压时间和冷却时间占的比例最大，有时可达 80%。而保压时间和冷却时间在很大的程度上取决于塑料制品的壁厚，因此可以根据塑料制品的壁厚来大致估算模具的成型周期，见表 4-7。

表 4-7 成型周期的经验估算法

塑料制品壁厚/mm	0.5	1.0	1.5	2	2.5	3.0	3.5	4.0
成型周期/s	10	15	22	28	35	45	65	85

注射成型周期
- 注射时间
  - 流动充模时间：柱塞或螺杆向前推挤塑料熔体的时间
  - 保压时间：柱塞或螺杆停留在前进位置上保持注射压力的时间
- 闭模冷却时间：模腔内制品的冷却时间（包括柱塞或螺杆后退的时间）
- 其他操作时间：包括开模、制品脱模、喷涂脱模剂、安放嵌件和闭模时间等

（保压时间与闭模冷却时间合为：总冷却时间）

图 4-30 注射成型周期的时间组成

4.2.3.1 注射时间

注射时间是指注射活塞在注射油缸内开始向前运动至保压补缩结束（活塞后退）为止所经历的全部时间（即包括流动充模时间和保压时间两部分）。

影响注射时间长短的因素有塑料的流动性能、制品的几何形状和尺寸大小、模具浇注系统的形式、成型所用的注射方式和其他一些工艺条件等。

普通塑件注射时间为 5～130s，特厚塑件可长达 10～15min，其中主要花费在保压方面，流动充模时间所占比例很小，如普通塑件的流动充模时间为 2～10s。

注射时间可用下式估算：

$$t_i=\frac{V}{nq_{GV}} \tag{4-13}$$

式中 t_i——注射时间，s；

V——塑件体积，cm^3；

n——模具中的浇口个数；

q_{GV}——熔体通过浇口时的体积流量，cm^3/s。

q_{GV}可用下式计算：

$$q_{GV}=\frac{1}{6}\dot{\gamma}bh^2 \tag{4-14}$$

式中 $\dot{\gamma}$——熔体经过浇口时的剪切速率，根据经验，为$10^3\sim10^4s^{-1}$；

b——浇口截面宽度；

h——浇口截面高度。

注射时间也可参考表4-8。

表4-8 常用塑料注射时间 单位：s

塑料	注射时间	塑料	注射时间	塑料	注射时间
低密度聚乙烯	15～60	玻璃纤维增强聚酰胺66	20～60	聚苯醚	30～90
聚丙烯	20～60	丙烯腈-丁二烯-苯乙烯共聚物	20～90	醋酸纤维素	15～45
聚苯乙烯	15～45	聚甲基丙烯酸甲酯	20～60	聚三氟氯乙烯	20～60
硬聚氯乙烯	15～60	聚碳酸酯	30～90	聚酰亚胺	30～60
聚酰胺1010	20～90	聚砜	30～90		

4.2.3.2 闭模冷却时间

闭模冷却时间是指注射结束到开启模具这一阶段所经历的时间。

闭模冷却时间长短的影响因素有注进型腔的熔体温度、模具温度、脱模温度和塑件厚度等，如图4-31所示。一般塑件取30～120s。

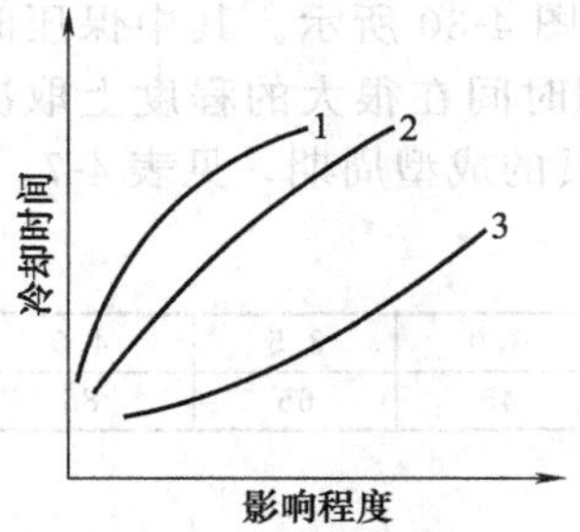

图4-31 影响冷却时间的因素
1—塑件壁厚；2—料温；3—模具温度

确定闭模冷却时间的原则是：塑件脱模时具有一定刚度，不得因温度过高而翘曲变形。在满足此原则的前提下，冷却时间应尽量取短一些，否则，会延长成型周期、降低生产效率，且对复杂塑件会造成脱模困难。

为了缩短冷却时间，生产中采用这样一种方法，即不待塑件全部冷却到脱模温度，而只要塑件从表层向内有一定厚度冷却到脱模温度，并同时具有一定刚度可以避免塑件翘曲变形时，便可开启模具取出塑件，使塑件在模外自动冷却，或浸浴在热水中逐渐冷却。

最短闭模冷却时间可按下式计算：

$$t_{c,min}=\frac{h_z^2}{2\pi\alpha}\ln\left[\frac{\pi}{4}\left(\frac{\theta_R-\theta_M}{\theta_H-\theta_M}\right)\right] \tag{4-15}$$

式中 $t_{c,min}$——最短冷却时间，s；

h_z——塑件的最大厚度，mm；

α——塑料的热扩散率，mm^2/s；

θ_R，θ_M，θ_H——熔体充模温度、模具温度和塑件的脱模温度，℃。

复习与思考

1. 注射成型工艺三要素包括哪些？如何合理选用和控制注射成型工艺？
2. 简述完整的注射过程包括哪几步？其中保压有什么作用？
3. 什么是背压？它有什么作用？
4. 如何提高模具的劳动生产率？

Chapter 05

第5章

注塑模具与注塑机

5.1 注塑模具概述

5.1.1 什么是注塑模具

注塑模具又称塑料注射模具，它是一种可以重复、大批量地生产塑料零件的生产工具。这种模具是靠成型零件在装配后形成的一个或多个型腔，来成型我们所需要的塑件形状。注塑模具是所有塑料模具中结构最复杂，设计、制造和加工精度最高，应用最普遍的一种模具。图 5-1 是常见的注塑模具。

(a) 定模　　(b) 动模

图 5-1　注塑模具

注塑模具工作时必须安装在注塑机上，由注塑机来实现模具动、定模的开合，并按下面的顺序成型所需的塑件：

合模→注射熔体进入型腔→保压并冷却→开模→推出塑件→再合模

5.1.2 注塑模具分类

注塑模具的分类方法有很多。按注塑模具浇注系统基本结构的不同可分为三类：第一类是二板模具，也称大水口模具；第二类是三板模具，也称细水口模具，第三类是热流道模具，又称无流道模具。其他模具如有侧向抽芯机构的模具、内螺纹机动脱模机构的模具、定模推出的模具和复合脱模的模具等，都是由这三类模具演变而得的。

5.1.2.1　二板模具

二板模具又称大水口模具或单分型面模具，典型结构如图 5-2 所示。二板模具是注塑模具中最简单、应用最普遍的一种模具，它以分型

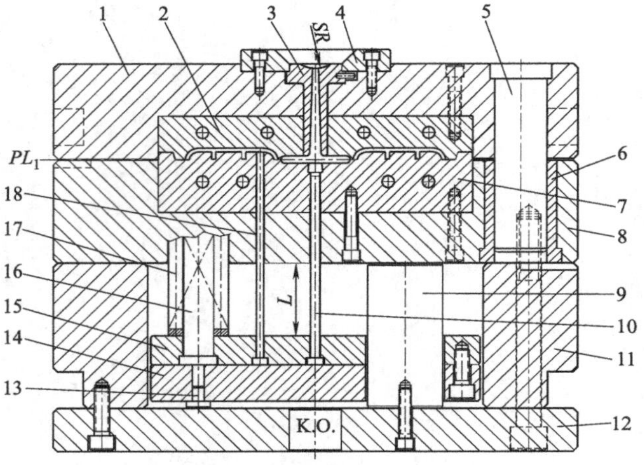

图 5-2　二板模具典型结构

1—定模 A 板；2—定模镶件；3—浇口套；4—定位圈；5—导柱；6—导套；7—动模镶件；8—动模 B 板；9—撑柱；10—流道推杆；11—方铁；12—动模底板；13—限位钉；14—推杆底板；15—推杆固定板；16—复位杆；17—复位弹簧；18—塑件推杆

面为界将整个模具分为动模和定模两部分。一部分型腔在动模，另一部分型腔在定模。主流道在定模，分流道开设在分型面上。开模后，塑件和浇注系统凝料留在动模，塑件和浇注系统凝料从同一分型面内取出，动模部分设计推出系统，开模后将塑件推离模具。其他模具都是二板模具的发展。

二板模具在设计时应注意以下事项。

① K.O. 孔不能小于注塑机的顶棍直径。

② 推出行程 L 要保证塑件能完全脱出。

③ 在要求自动注塑生产时，要保证塑件和浇注系统凝料能完全安全脱出模腔；在半自动或手动时，要保证塑件能轻易取出。

④ 浇口套球形半径 SR 必须大于注塑机的喷嘴半径。

5.1.2.2　三板模具

三板模具又称细水口模具或双分型面模具。三板模具开模后分成三部分，比二板模具增加了一块脱料板（俗称水口板），适用于塑件的四周不能有浇口痕迹或投影面积较大，需要多点进料的场合，这种模具采用点浇口，结构较复杂，需要设计定距分型机构。

三板模具又分为标准型三板模具和简化型三板模具。

（1）标准型三板模具　标准型三板模具典型结构如图 5-3 所示。模具设计时需注意以下几点。

① $B \geqslant S_1 + S_2 + 20 \sim 30\text{mm}$。

② $B \geqslant 100\text{mm}$。

③ $L \geqslant A + B$。

④ A 取 6～12mm。

⑤ 其他注意事项同二板模具。

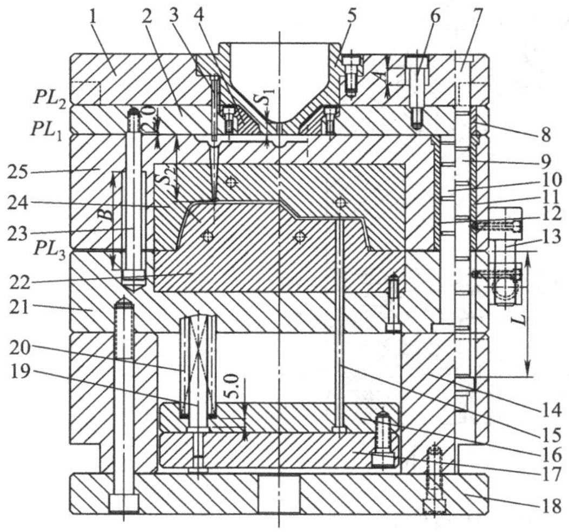

图 5-3　标准型三板模具

1—面板；2—脱料板；3—流道拉杆；4—衬套；5—浇口套；6—限位螺钉；7—定模导柱；8,11,12—导套；9—定模方铁；10—动模导柱；13—扣基；14—方铁；15—推杆；16—推杆固定板；17—推杆底板；18—动模底板；19—复位杆；20—复位弹簧；21—动模 B 板；22—动模镶件；23—小拉杆；24—定模镶件；25—定模 A 板

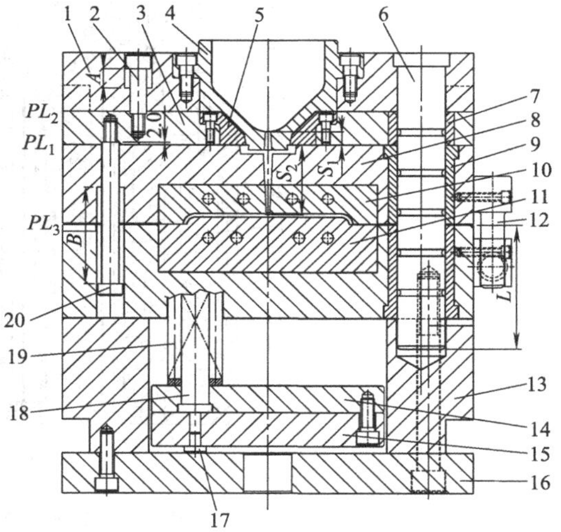

图 5-4　简化型三板模具

1—面板；2—限位螺钉；3—脱料板；4—浇口套；5—衬套；6—导柱；7，9—导套；8—定模 A 板；10—定模镶件；11—动模镶件；12—扣基；13—方铁；14—推杆固定板；15—推杆底板；16—动模底板；17—限位钉；18—复位杆；19—复位弹簧；20—小拉杆

其中，A 为分型面 2 开模距离；B 为分型面 1 开模距离；S_1 为主流道的长度；S_2 为分流道的长度。

(2) 简化型三板模具 简化型三板模具只是比标准型三板模具少四根动、定模板之间的导柱 10，典型结构如图 5-4 所示。

由于简化型三板模具比标准型三板模具减少了四根动模导柱，所以定模导柱必须同时对脱料板、定模 A 板和动模 B 板导向，$L \geqslant A+B+20\text{mm}$，其他注意事项同标准型三板模具。简化型三板模具的精度和刚度比标准型三板模具差，寿命也比不过标准型三板模具。

5.1.2.3 热流道模具

热流道模具又称无流道模具，包括绝热流道模具和加热流道模具。这种模具浇注系统内的塑料始终处于熔融状态，故在生产过程中不会（或者很少）产生二板模具和三板模具那样的浇注系统凝料。热流道模具既有二板模具动作简单的优点，又有三板模具熔体可以从型腔内任一点进入的优点。加之热流道模具无熔体在流道中的压力、温度和时间的损失，所以它既提高了模具的成型质量，又缩短了模具的成型周期，是注塑模具浇注系统技术的重大革新。在注塑模具技术高度发达的日本、美国和德国等国家，热流道注塑模具的使用非常普及，所占比例在 70%左右。由于经济和技术方面的原因，热流道模具在我国目前使用并不普及，但随着我国注塑模具技术的发展，热流道一定是我国注塑模具浇注系统未来发展的主要方向。图 5-5 是典型的热流道注塑模具。

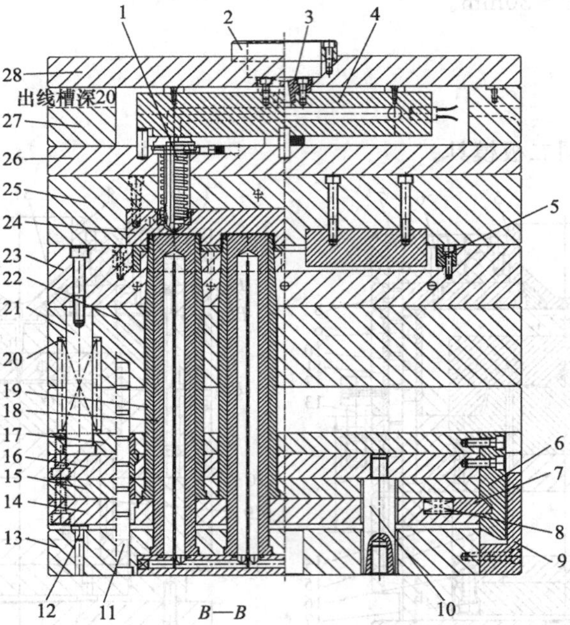

图 5-5 饮料瓶瓶盖热流道注塑模具

1—二级热射嘴；2—定位圈；3—一级热射嘴；4—热流道板；5—压块；6—拉钩；7—卡块；8—弹簧；9—推块；10—顶棍连接柱；11—推杆板导柱；12—限位钉；13—底板；14—活动型芯底板；15—活动型芯固定板；16—复位杆底板；17—复位杆固定板；18—固定型芯；19—活动型芯；20—弹簧；21—复位杆；22—托板；23—动模板；24—定模镶件；25—定模板；26—二级热射嘴固定板；27—支撑板；28—面板

5.1.3 注塑模具的基本组成

不管是二板模具、三板模具还是热流道模具，都由动模和定模两大部分组成。根据模具中各个部件的不同作用，注塑模具一般又可以分成八个主要部分：结构件、成型零件、排气系统、侧向抽芯机构、浇注系统、冷却系统、脱模系统和导向定位系统。

5.1.3.1　注塑模具结构件

结构件包括模架（坯）、模板、支承柱、限位零件、锁紧零件和弹簧等。模架（坯）分为定模和动模。其中，定模包括面板、流道推板、定模 A 板；动模包括推板、动模 B 板、托板、撑铁、底板、推件固定板和推件底板、撑柱等；限位件如定距分型机构、扣基、尼龙塞、限位螺钉、先复位机构、复位弹簧、复位杆等，如图 5-6 所示。

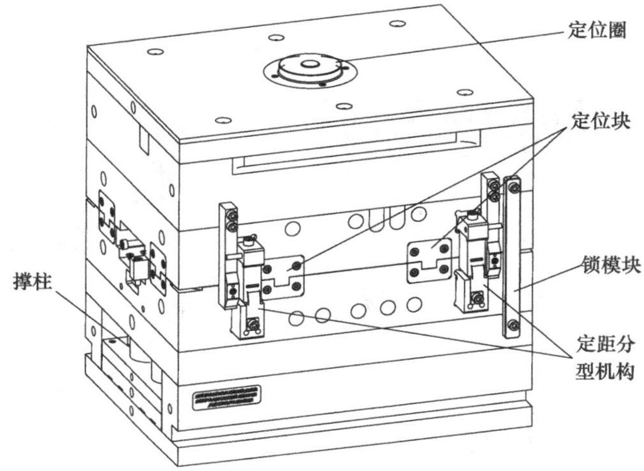

图 5-6　注塑模具结构件

5.1.3.2　注塑模具成型零件

成型零件是构成模具型腔部分的零件，包括内模镶件、型芯和侧向抽芯等，内模镶件包括凹模和凸模，它们是赋予成型塑件形状和尺寸的零件。图 5-7 是注塑模具动模部分和定模部分中主要的成型零件。

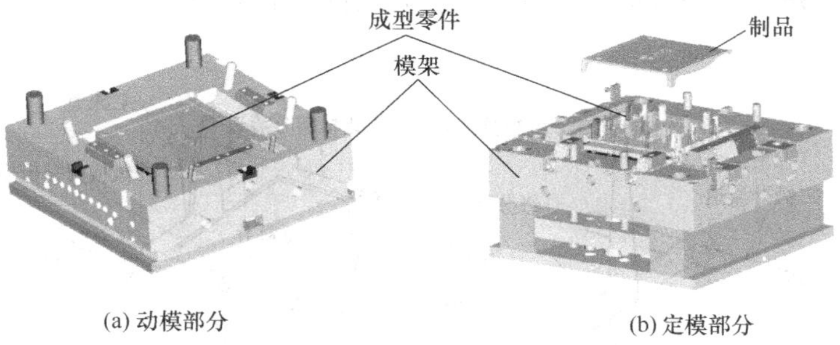

图 5-7　注塑模具中主要的成型零件

5.1.3.3　注塑模具排气系统

排气系统是熔体填充时将型腔内空气排出模具以及开模时让空气及时进入型腔，避免产生真空的模具结构，一般来说，能排气的结构也能进气。排气的方式包括分模面排气、排气槽排气、镶件排气、推杆排气、排气针排气、透气金属排气和排气栓排气等。在大多数情况下，排气系统的设计是很简单的，但对于那些薄壁塑件、精密塑件、有深骨位、深胶位、深柱位或深腔类塑件，设计时若没有考虑好排气，可能会导致模具设计的失败。图 5-8 是利用分型面排气的设计实例。

5.1.3.4　注塑模具侧向抽芯机构

当塑件的侧向有凹凸及孔等结构时，在塑件被推出之前，必须先抽拔侧向的型芯（或镶件），才能使塑件顺利脱模。侧向抽芯机构包括斜导柱、滑块、斜滑块、斜推杆、弯销、T形扣、液压缸及弹簧等定位零件。侧向的型芯本身可以看成是成型零件，但因为该部分结构相当复杂，且形式多样，所以把它作为模具的一个重要组成部分来单独研究，是很有必要的。

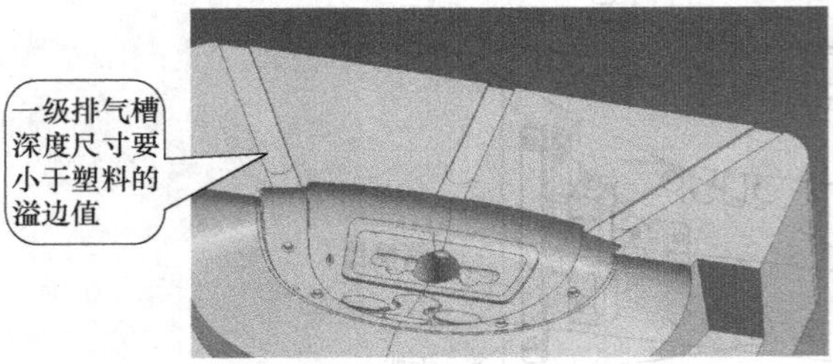

图 5-8　分型面排气实例

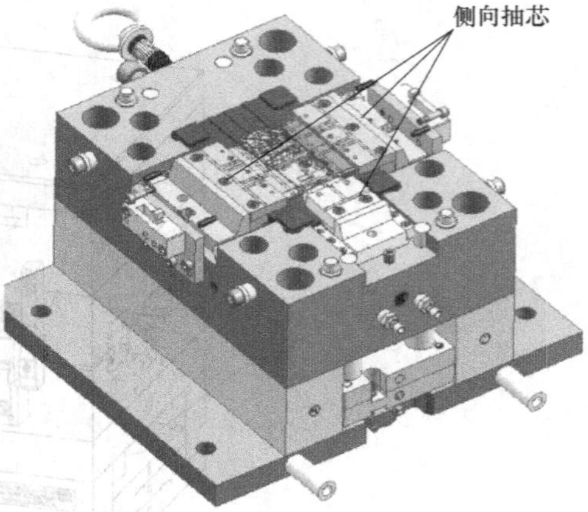

图 5-9　侧向抽芯机构

注塑模具最复杂的结构就是侧向抽芯机构，容易出安全事故的地方也是侧向抽芯机构。常规的侧向抽芯机构如图 5-9 所示。

5.1.3.5　注塑模具浇注系统

浇注系统是模具中熔体进入型腔之前的一条过渡通道，其作用是将熔融的塑料由注塑机喷嘴引向闭合的模腔。浇注系统的设计直接影响模具的劳动生产率和塑件的成型质量，浇口的形式、位置和数量将决定模架的形式。浇注系统包括普通浇注系统和热流道浇注系统，普通浇注系统包括主流道、分流道、浇口及冷料穴（图 5-10），热流道浇注系统包括热射嘴和热流道板。

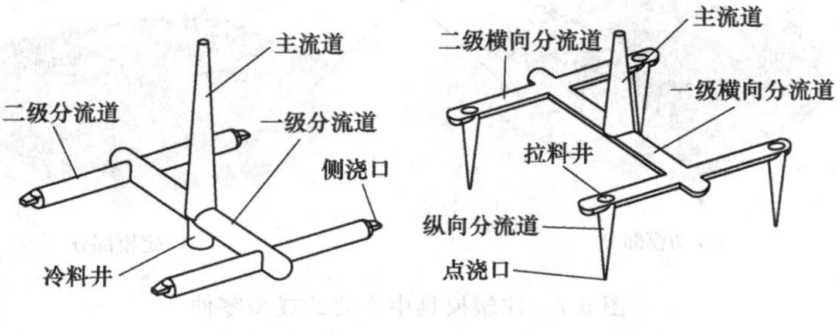

图 5-10　注塑模具普通浇注系统

5.1.3.6　注塑模具温度调节系统

注塑模具的温度控制系统包括冷却和加热两个方面，但绝大多数都是要冷却，因为熔体注入模具时的温度一般在 200～300℃之间，塑件从模具中推出时，温度一般在 60～80℃之间。熔体释放的热量都被模具吸收，模具吸收了熔体的热量则温度必然升高，为了缩短模具的注射成型周期，提高模具的劳动生产率，需要将模具中的热量源源不断地及时带走，以便对模具温度进行较为精确的控制。将模具温度控制在合理范围内的这部分结构就称为温度控制系统。注塑模具温度控制系统包括冷却水管、冷却水井、铍铜冷却等，温度控制的介质包括水、油、铍铜和空气等。

（1）注塑模具的冷却系统　模具的温度直接影响塑件的成型质量和生产效率，所以热塑性塑料在注射成型后，必须对模具进行有效的冷却，使熔融塑料的热量尽快传递给模具，以便使塑件可以冷却定型并可迅速脱模，提高塑件定型质量和生产效率。对于熔融黏度较低、流动性较好的塑料，如聚乙烯、尼龙、聚苯乙烯等，若塑件是薄壁而小型的，则模具可利用自然冷却；若塑件是厚壁而大型的，则需要设计冷却系统对模具进行人工冷却，以便塑件很快在模腔内冷凝定型，缩短成型周期，提高生产效率。图 5-11 是冷却系统设计较经典的注塑模具实例。

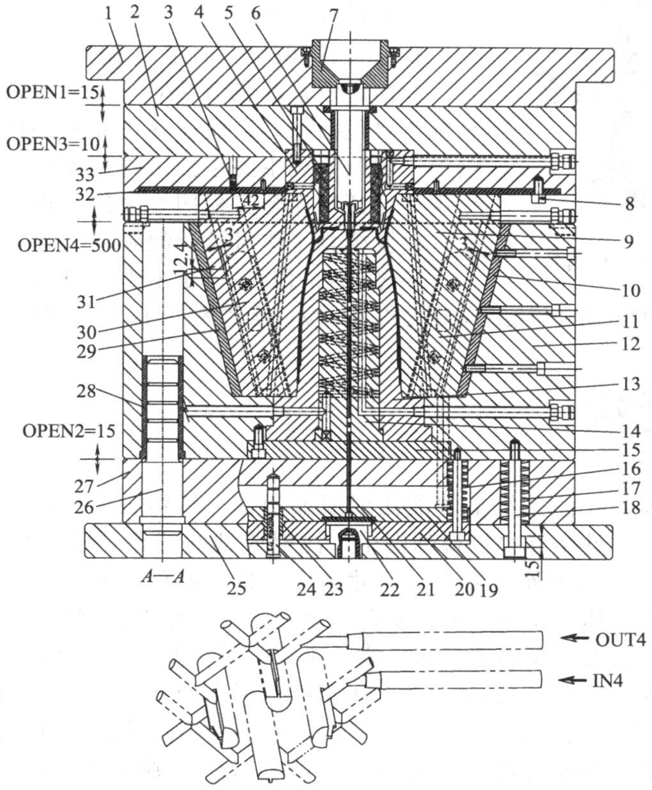

图 5-11　注塑模具冷却系统

1—面板；2—热嘴固定板；3—定位滚珠；4—定模型芯；5—冷却水隔片；6—热射嘴；7—定位圈；8,18—限位钉；9,31—斜滑块；10,29,32—耐磨块；11,30—导向块；12—动模板；13—动模型芯 1；14—动模型芯 2；15—压板；16,17—弹簧；19—推杆固定板；20—推杆底板；21—推杆；22—顶棍连接柱；23,28—导套；24,26—导柱；25—底板；27—方铁；33—定模板

（2）注塑模具加热系统　当塑料的注射成型工艺要求模具温度在 80℃ 以上时，模具中必须设置有加热功能的温度调节系统。另外，热塑性塑料的注塑在寒冷的冬天时，成型前常常需要对模具加热，如果天气太冷，熔化的塑料还没有注入模具，就已经凝固了，不能充满整个型腔。热固性塑料的模具在成型的过程中也需要加热、保热、保压，以使原料固化。加工胶木的模具和加工加布环氧树脂的压注模具就没有浇注系统凝料，但需要加热。

① 电加热　电加热为最常用的加热方式，其优点是设备简单、紧凑，投资少，便于安装、维修和使用，温度容易调节，易于自动控制。其缺点是升温缓慢，并有加热滞后现象，不能在模具中交替地加热和冷却。

② 热水、蒸汽或热油加热　利用热水、蒸汽或热油加热模具也是通过模具中的冷却水通道来加热模具的，模具结构与设计原则与冷却水道完全相同。利用热水、热油加热模具需要的配套设备是模温机。

③ 煤气和天然气加热　成本低，但温度不易控制，劳动条件差，而且污染严重。

5.1.3.7　注塑模具脱模系统

脱模系统又称推出系统或顶出系统，是实现塑件安全无损坏地脱离模具的机构，其结构较复杂，形式多样，最常用的有推杆推出、推管推出、推板推出、气动推出、螺纹自动脱模及复合推出等。图 5-12 是注塑模具脱模系统。

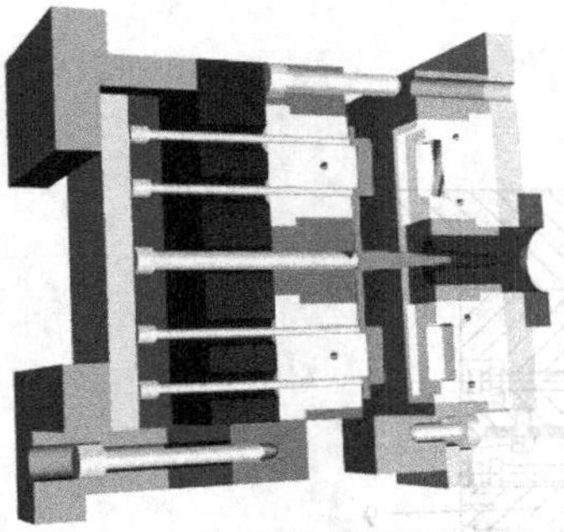

图 5-12　注塑模具脱模系统

5.1.3.8　注塑模具导向定位系统

导向定位系统包括导向系统和定位系统两部分。导向系统主要包括动、定模的导柱导套和侧向抽芯机构的导向槽等；定位系统主要包括边锁和锥面定位结构等。它们的作用是保证动模与定模闭合时能准确定位，脱模时运动可靠，以及模具工作时承受侧向力。

导向零件的作用是保证模具在进行装配和调模试机时，保证动、定模之间一定的方向和位置。导向零件应承受一定的侧向力，起到导向和定位双重的作用。

5.2　注塑机

注塑模具必须安装在注塑机上才能注射成型塑件。注塑机是生产热塑性塑件的主要设备，近年来在成型热固性塑件中也得到应用。注射成型的特点是成型速度快，成型周期短，尺寸容易控制，能一次成型外形复杂、尺寸精密、带有嵌件的塑件。对各种塑料的适应性强，生产效率高，产品质量稳定，易于实现自动化生产。注射成型是目前应用最普遍的塑料成型方法，但注塑设备及模具制造费用较高，不适合单件及批量较小的塑件的生产。

德国已研究出注射量只有 0.1g 的微型注塑机，可生产 0.05g 左右的微型注射成型塑件。我国已能生产 0.5g 的微型注塑机，可生产 0.1g 左右的微型塑件。法国已拥有注射量为 1.7×10^5g 的超大型注塑机，合模力达到 150MN。美国和日本分别制造出注射量为 1.0×10^5g 和 9.6×10^4g 的超大型注塑机。国产注塑机注射量也达到了 3.5×10^4g，合模力达到 80MN。

5.2.1　注塑机分类

(1) 按外形分类注塑机可分为卧式、立式和角式三种。

① 卧式注塑机　注射系统与合模系统的轴线重合，并与机器安装底面平行。它是目前应用最普遍、最主要的注塑机，如图 5-13 所示。

卧式注塑机在结构及操作方面有下列特点。

a. 适合于高速化生产，生产效率高。

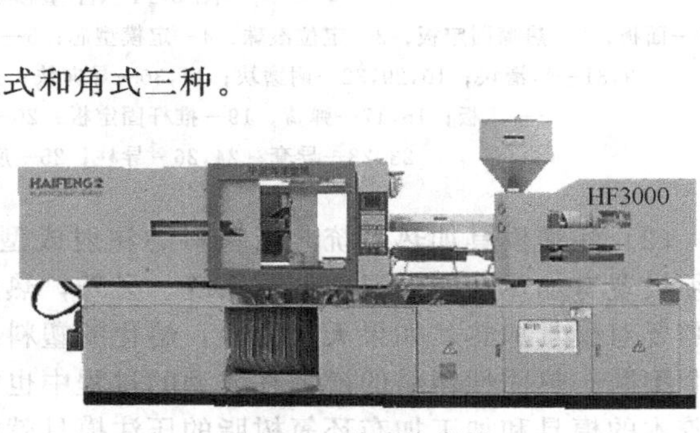

图 5-13　卧式注塑机

b. 模具装拆及调整容易。

c. 塑件推出后可自行下落，易于取出，适合自动化生产。

d. 机械重心低，稳定，原料供应及操作维修方便。

e. 缺点是占地面积大。

② 立式注塑机　注射系统与合模系统的轴线重合，并与机器安装底面垂直，如图 5-14 所示。其优点是占地面积小，模具装拆方便，安装嵌件和活动型芯简便可靠。其缺点是重心高，不稳定，加料较困难，推出的塑件要人工取出，不易实现自动化生产。

③ 角式注塑机　角式注塑机的注射系统与合模系统的轴线为相互垂直，如图 5-15 所示。角式注塑机结构简单，可利用开模时丝杠转动对有螺纹的塑件实行自动脱卸。其缺点是加料困难，嵌件、活动型芯安装不便。机械传动无法准确可靠地注射和保持压力及锁模力，模具受冲击和振动较大，适于生产形状不对称及使用侧浇口的模具。

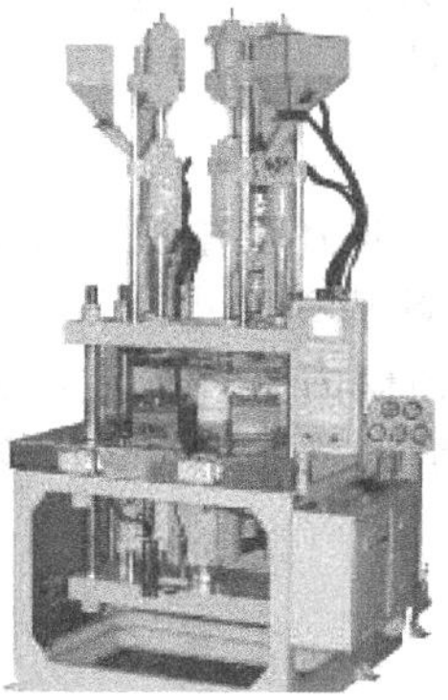

图 5-14　立式注塑机

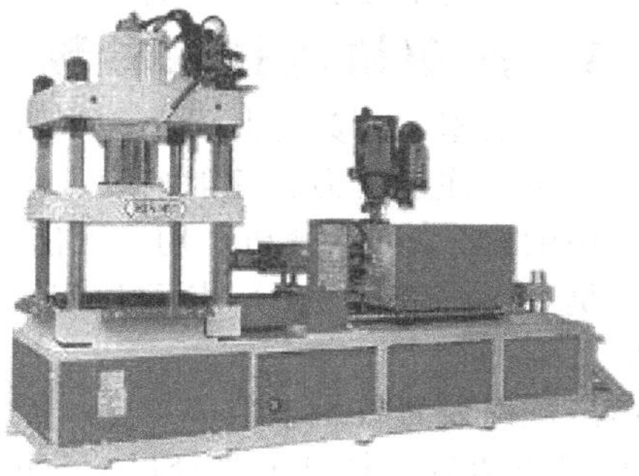

图 5-15　角式注塑机

(2) 按塑化方式分类　注塑机可分为柱塞式和螺杆式。

① 柱塞式注塑机　不宜用于加工流动性差、热敏性强的塑件。立式注塑机与角式注塑机结构为柱塞式。

② 螺杆式注塑机　螺杆可作旋转运动，亦可作往复运动。进入料筒的塑料，一方面在料筒的传热及螺杆与塑料之间的剪切摩擦发热的加热下逐步熔融塑化；另一方面被螺杆不断推向料筒前端，当靠近喷嘴处的熔体达到一次注射量时，螺杆停止转动，并在液压系统驱动下向前推动，将熔体注入模具型腔中去。卧式注塑机结构多为螺杆式。

(3) 按用途分类　注塑机可分为通用型和专用型。通用型注塑机适用于一般模具的注射成型，专用型注塑机适用于一些特殊结构模具的注射成型，如齿轮模具、双色模具、吹塑模具等。

(4) 按传动方式分类　注塑机可分为机械式、液压式和机械和液压联合式。

5.2.2　注塑机的基本结构

无论哪一种注塑机，都包括注射机构、锁模机构、液压传动系统和电气控制系统四大部分。注射机构由料斗、料筒、加热器、螺杆（柱塞式注塑机为柱塞和分流梭）、喷嘴及注射油缸等组成。其作用是使固态塑料均匀地塑化成熔融状态，并以足够的压力和速度将塑料熔体注入闭合的型腔中去。锁模机构包括定模板、动模板、拉杆、油缸和推出装置等。其作用一是锁紧模具，二是实现模具的开闭动作，三是开模时顶出模内塑件。锁模机构多采用机械和液压联合作用方式，有时也采用全液压式。推出机构有机械式和液压式两种。卧式注塑机的基本结构如图 5-16 所示。

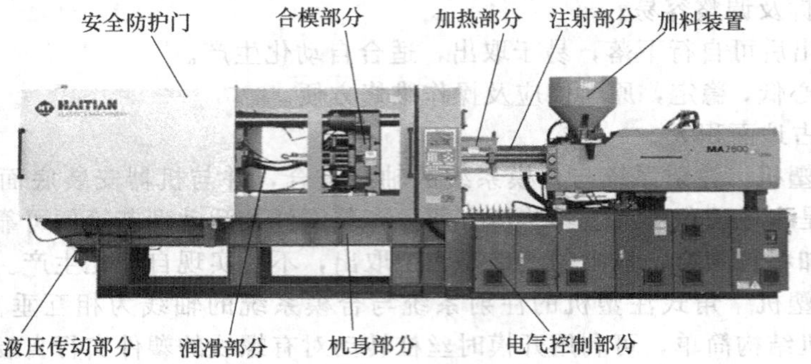

图 5-16　卧式注塑机基本结构

液压传动系统和电气控制系统是保证注射成型按照预定的工艺要求（压力、温度和时间）及动作程序准确进行而设置的。液压传动系统是注塑机的动力系统，而电气控制系统则是控制各个动力液压缸完成开启、闭合、注射和推出等动作的系统。

5.2.3　注塑机的技术参数

注塑机的基本参数是其设计、制造、选择与使用的基本依据。描述注塑机性能的基本参数有注射量、注射压力、注射速度、塑化能力、锁模力、合模装置基本尺寸等。

我国的 SZ 系列注塑机，用一次能注射出的理论注射容量和锁模力来表征注塑机的生产能力。例如 SZ-160/1000，表示该型号注塑机的理论注射容量约为 160cm^3，锁模力约为 1000kN。

(1) 注射装置技术参数

① 螺杆直径　螺杆的外径尺寸（mm），以 D 表示。

② 螺杆有效长度　螺杆上有螺纹部分的长度（mm），以 L 表示。

③ 螺杆压缩比　螺杆加料段第一个螺槽容积 V_2 与计量段最末一个螺槽容积 V_1 之比，即 V_2/V_1。

④ 理论注射容积　螺杆（或柱塞）头部截面面积与最大注射行程的乘积（cm^3）。

⑤ 注射量　螺杆（或柱塞）一次注射的最大容积（cm^3）或者一次注射 PS 物料的最大质量（g）。

⑥ 注射压力　注射时螺杆（或柱塞）头部施于预塑物料的最大压力（MPa）。

⑦ 注射速度　注射时螺杆（或柱塞）移动的最大速度（mm/s）。

⑧ 注射时间　注射时螺杆（或柱塞）完成注射行程的最短时间（s）。

⑨ 塑化能力　单位时间内可塑化 PS 物料的最大质量（g/s）。

⑩ 喷嘴接触力　喷嘴与模具的最大接触力，即注射座推力（kN）。

⑪ 喷嘴伸出量　喷嘴伸出模具安装面的长度（mm）。

此外，还有喷嘴结构、喷嘴孔径和球面半径等技术参数。

(2) 合模装置技术参数

① 锁模力　为克服塑料熔体胀开模具而施于模具的最大锁模力（kN）。

② 成型面积　在分型面上最大的型腔和浇注系统的投影面积（cm^2）。

③ 开模行程　模具的动模可移动的最大距离（mm）。

④ 模板尺寸　定模板和动模板的安装平面的外形尺寸（mm）。

⑤ 模具最大（最小）厚度　注塑机上能安装闭合模具的最大（最小）厚度（mm）。

⑥ 模板最大（最小）开距　定模板和动模板之间的最大（最小）间距（mm）。

⑦ 拉杆间距　注塑机拉杆的水平方向和垂直方向内侧的间距（mm）。

⑧ 推出行程　推出机构推出时的最大位移（mm）。

5.2.4　注塑机的选用

5.2.4.1　根据公称注射量选用

公称注射量是指机器对空注射条件下，注射螺杆作一次最大注射行程时，注射装置所能给出的最大注出量，是注塑机的主要参数之一，单位为 g 或 cm^3。注射量标志了注塑机的注射能力，反映了机器能生产塑件的最大质量或体积。

注射量有两种表示法：一种是以加工 PS 原料为标准（密度 1.05 g/cm^3），用注射出熔融物料的质量（g）表示，加工其他物料时，应进行密度换算；另一种是采用注射容量表示，即用一次注出熔融物料的容积（cm^3）表示。

基本参数中的公称注射量是取螺杆最大注射行程时所对应的容积或质量，条件是对空注射。实际中由于温度、压力、熔料逆流等，注射量达不到理论值。实际注射量为公称注射量的 0.7～0.9 倍。

生产实践表明，应使塑件用料量之和为机器公称注射量的 25%～75%为好，最低不低于 10%，超出此范围，则机器能力不能充分发挥，或是塑件质量降低。

我国注塑机标准系列规定注射量的规格为 $16cm^3$、$25cm^3$、$30cm^3$、$40cm^3$、$60cm^3$、$100cm^3$、$125cm^3$、$160cm^3$、$250cm^3$、$350cm^3$…$64000cm^3$ 等。

5.2.4.2　根据注射压力选用

注射压力是指注射过程中螺杆头部的最大压强。注射压力的作用是克服注射过程中熔体流经喷嘴、流道和模腔的阻力，同时对注入模腔的熔体产生一定的压力，以完成物料补充，使塑件密实。目前国产注塑机的注塑压力一般为 105～150MPa。设备选择时，应考虑所需的注射压力是否在机器的理论压力范围以内。

5.2.4.3　根据塑化能力选用

塑化能力是指塑化装置在单位时间内所能塑化的物料量，单位为 g/s。塑化能力决定螺杆转速、驱动功率、螺杆结构、物料性能等。塑化能力表征着机器生产能力。但塑化能力应与整个注塑机的成型周期、注射量相协调，才能保证在规定的时间内提供足够均匀塑化的熔料量。一般注塑机的理论塑化能力大于实际所需量的 20%左右。

5.2.4.4　根据锁模力选用

锁模力是指合模机构施于模具上的最大夹紧力，单位为 kN。锁模力的作用是平衡注射时熔体对模腔的胀型力，保证在注射及保压时模具不被撑开。选择设备时必须核算设备锁模力是否足够。锁模力的选取相当重要，锁模力不够会使塑件产生飞边，不能成型薄壁塑件；锁模力过大，又易损坏模具。

锁模力 $F \geqslant$ 胀型力÷80%。

胀型力与熔体流动性、塑件壁厚、料温有关。胀型力的计算公式如下：

$$胀型力 = 塑件投影面积\ A \times 型腔压力\ P$$

常用塑料注射成型时所选用的型腔压力值详见表 5-1，通常取 20～40MPa。

表 5-1　常用塑料的型腔压力和流长比

塑料代号	流长比(平均)	型腔压力/MPa	塑料代号	流长比(平均)	型腔压力/MPa
LDPE	270∶1(280∶1)	15～30	PA	170∶1(150∶1)	42
PP	250∶1	20	POM	150∶1(145∶1)	45
HDPE	230∶1	23～39	PMMA	130∶1	30
PS	210∶1(200∶1)	25	PC	90∶1	50
ABS	190∶1	40			

注：熔体流动长度与塑件壁厚的比值称为流长比，流长比和型腔压强这两个参数都很重要，前者可以考虑塑件最多能做多宽多薄，后者为锁模力计算提供了参考。

5.2.4.5　根据模具最大尺寸选用

合模装置的基本参数决定了模具的安装尺寸，因而也决定了所能加工制件的平面尺寸。合模装置的基本参数包括动定模固定板尺寸、拉杆间距、动定模固定板间最大开距、模具高度及动模固定板行程与移动速度等。

动定模固定板尺寸是指固定板上螺钉孔在长度和宽度方向的最大中心间距；拉杆间距是指固定板上拉杆孔在长度和宽度方向的最大中心间距。模具平面尺寸必须限制在固定板尺寸及拉杆间距规定的范围内，如图 5-17 所示。

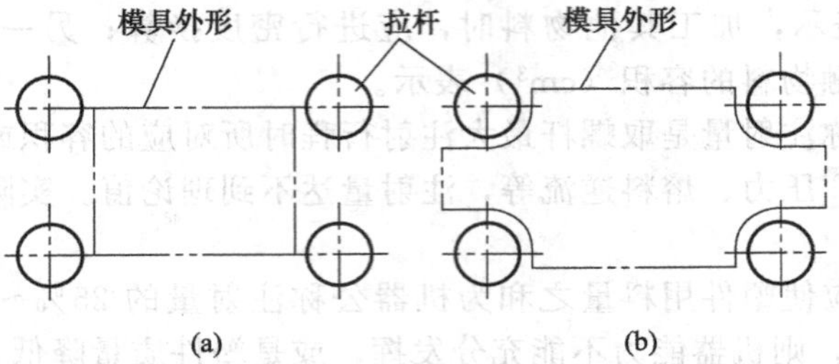

图 5-17　模具外形尺寸与拉杆位置

5.2.4.6　根据最大开模距离选用

（1）二板模具（包括热流道注塑模具）开模行程　二板模具开模行程如图 5-18 所示。

二板模具开模行程：

$$S \geqslant H_1 + H_2 + (5\sim10\text{mm})$$

（2）三板模具开模行程　三板模具开模行程如图 5-19 所示。

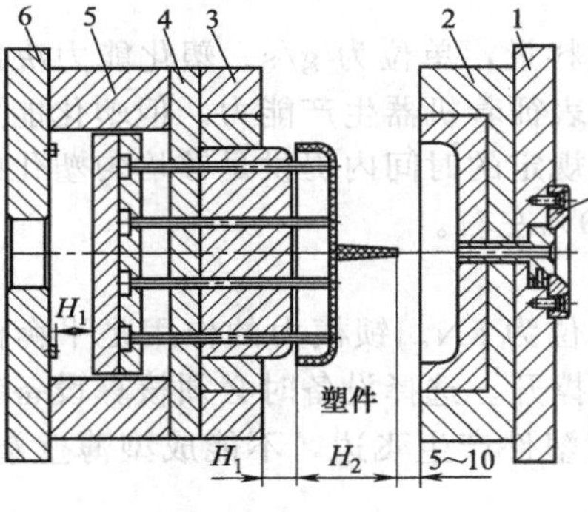

图 5-18　二板模具开模行程

1—面板；2—定模 A 板；3—动模 B 板；4—托板；5—方铁；6—底板；7—定位圈

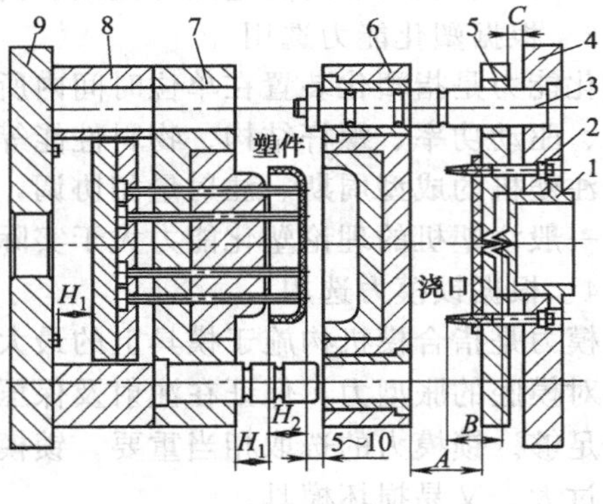

图 5-19　三板模具开模行程

1—浇口套；2—拉料杆；3—导柱；4—面板托板；5—脱料板；6—定模 A 板；7—动模 B 板；8—方铁；9—底板

三板模具开模行程：

$$S = H_1 + H_2 + A + C + (5\sim10\text{mm})$$

式中　H_1——塑件需要推出的最小距离；

H_2——塑件及浇注系统凝料的总高度；

A——三板模具浇注系统凝料高度 B+30mm，且 A 的距离需大于 100mm，以方便取出浇注系统凝料；

C——6～10mm；

5～10mm——安全距离。

（3）侧面分型抽芯机构的最大开模行程（S）　存在侧面分型抽芯机构的模具（图

5-20)，其最大开模距离除了要满足塑件安全顺畅脱落外，还要满足侧向抽芯距离达到既定要求，即 S 必须同时满足以下两个条件：

$$S \geqslant H_1 + H_2 + (5 \sim 10\text{mm})$$
$$S \geqslant H_c + (5 \sim 10\text{mm})$$

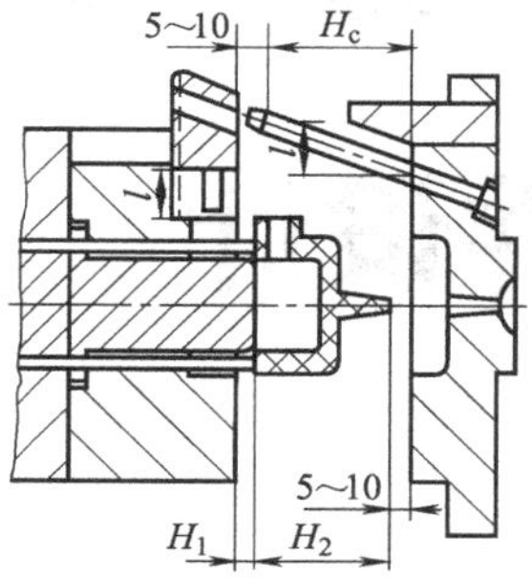

图 5-20　侧向抽芯机构模具的开模行程

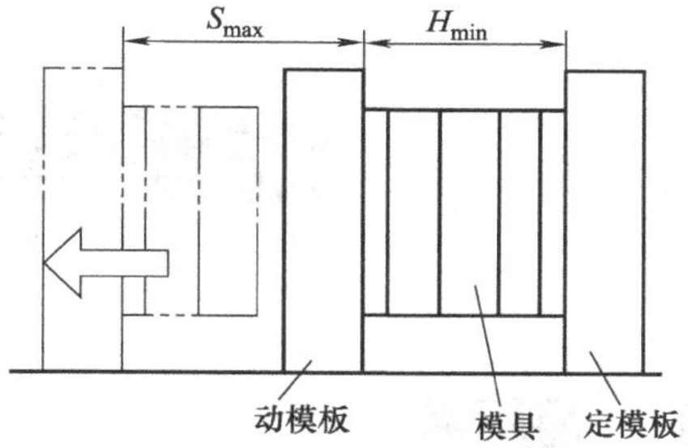

图 5-21　开模行程

（4）选用原则　所选注塑机的动模板最大行程 S_{max} 必须大于模具的最小开模行程，所选注塑机的动模板和定模板的最小间距 H_{min} 必须小于模具的最小厚度，如图 5-21 所示。

复习与思考

1. 什么是注塑模具？为什么说注塑模具经济价值高，是模具中结构最复杂、最有发展潜力的模具？
2. 简述注塑模具的分类及各类模具的结构特点。
3. 注塑模具主要由哪几部分组成？最重要的是哪几大系统？最复杂的是哪几大系统？
4. 简述卧式注塑机的优缺点及常用技术参数。
5. 模具安装时应注意哪些事项？
6. 生产如图 5-22 所示的塑件（材料：ABS 料），估计要用锁模力多大的注塑机？

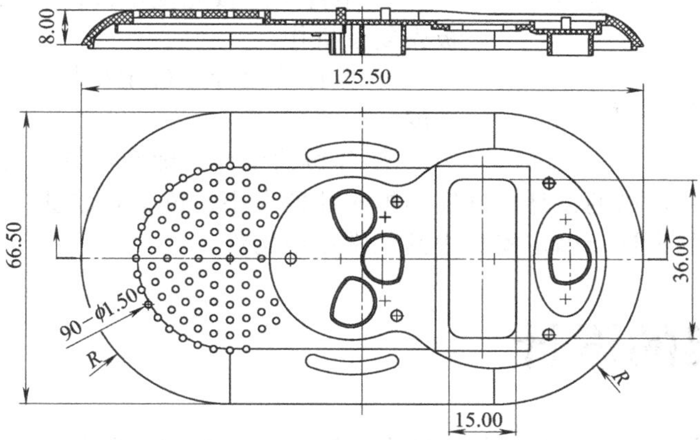

图 5-22　塑件

第6章

Chapter 06

注塑模具结构件设计

6.1 概述

结构零件是指模架和用于安装、定位、导向以及成型时完成各种动作的零件，如定位圈、浇口套、推件固定板复位弹簧、撑柱、挡销、拉料杆、密封圈、推件固定板先复位机构、三板模具定距分型机构和紧固螺钉等。注塑模具结构件如图 6-1 所示。

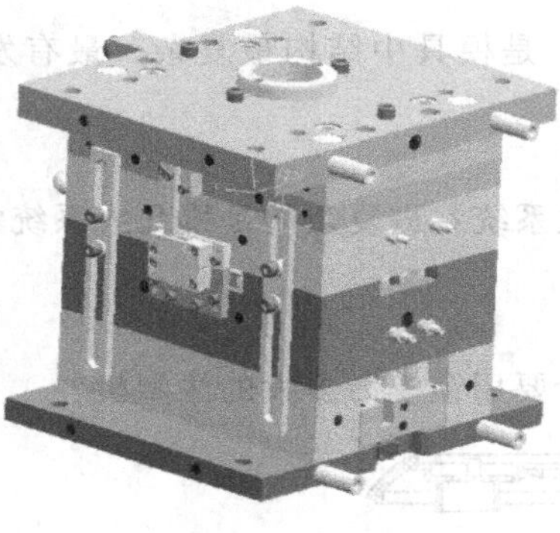

图 6-1　注塑模具结构件

注塑模具结构件的设计内容包括以下几个方面。

① 模架的设计　确定模架的型号和尺寸。

② 动模板和定模板的设计　确定动、定模板的长宽、厚度及开框尺寸。

③ 三板模具定距分型机构的设计　确定三板模具定距分型机构。

④ 推件固定板复位弹簧的设计　确定复位弹簧的大小、位置、数量和长度。

⑤ 推件固定板先复位机构的设计　确定推件固定板先复位机构。

⑥ 撑柱的设计　确定撑柱的大小、位置、数量和高度。

⑦ 弹簧的设计　确定弹簧的直径、长度和数量。

⑧ 锁模螺孔及锁模槽的设计　确定锁模螺孔的大小、位置和数量。

⑨ 其他结构件的设计　确定模具中其他常用结构件。

6.2 模架的设计

模架已经标准化，但型号和大小需要设计者确定。目前珠江三角洲一带所使用的标准模架包括二板模架，标准型三板模架、简化型三板模架三种。

6.2.1 模架分类

（1）二板模架　二板模架又称大水口模架，其优点是模具结构简单，成型塑件的适应性强。但塑件连同流道凝料在一起，从同一分型面中取出，需人工切除。二板模架应用广泛，约占总注塑模具的 70%。

二板模架由定模部分和动模部分组成，定模部分包括面板和定模板，动模部分包括推板、动模板、托板、方铁、底板及推件固定板和推件底板等，如图 6-2 所示。

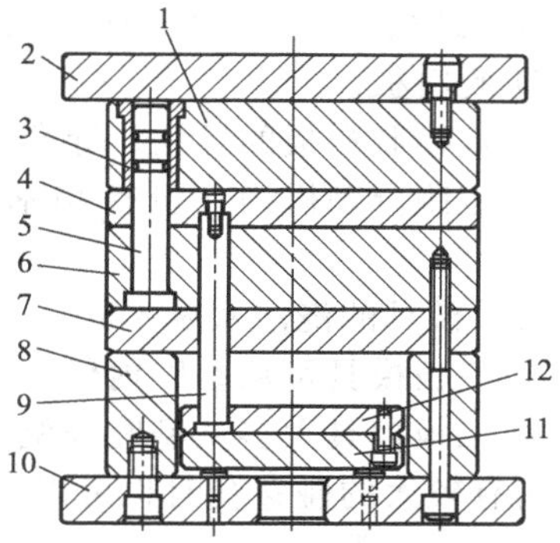

图 6-2 二板模架

1—定模 A 板；2—面板；3—导套；4—推板；5—导柱；6—动模 B 板；7—托板；8—方铁；9—复位杆；10—模具底板；11—推杆底板；12—推杆固定板

(2) 标准型三板模架 标准型三板模架又称细水口模架，需要采用点浇口进料的投影面积较大塑件，桶形、盒形、壳形塑件都采用三板模架。采用标准型三板模架时塑件可在任何位置进料，塑件成型质量较好，并且有利于自动化生产。但这种模架结构较复杂，成本较高，模具的重量增大，塑件和流道凝料从不同的分型面取出。因三板模具的浇注系统较长，故它很少用于大型塑件或流动性较差的塑料成型。

标准型三板模架也由动模部分和定模部分组成，定模部分包括面板、脱料板和定模 A 板，比二板模架多一块脱料板和四根长导柱，动模部分与二板模架的动模部分组成相同，如图 6-3 所示。

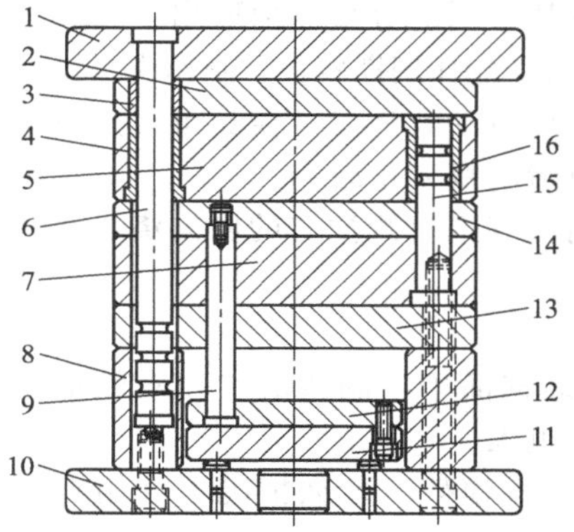

图 6-3 标准型三板模架

1—面板；2—脱料板；3—直身导套；4—带法兰导套；5—定模 A 板；6—拉杆；7—动模 B 板；8—方铁；9—复位杆；10—模具底板；11—推杆底板；12—推杆固定板推板；13—托板；14—推板；15—导柱；16—导套

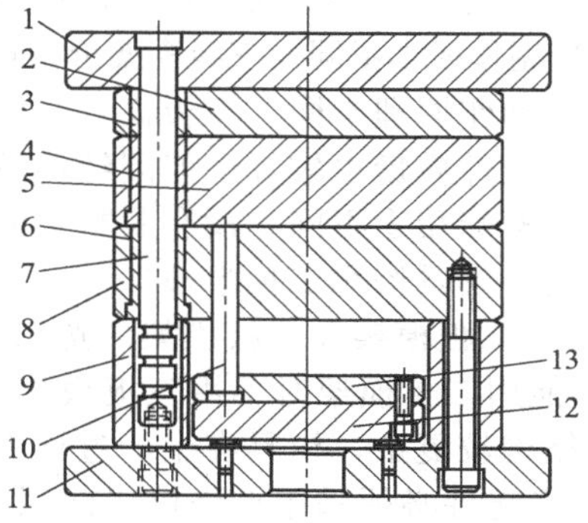

图 6-4 简化型三板模架

1—面板；2—脱料板；3—直身导套；4—带法兰导套；5—定模 A 板；6—带法兰导套；7—拉杆；8—动模 B 板；9—方铁；10—复位杆；11—模具底板；12—推杆底板；13—推杆固定板推板托板

(3) 简化型三板模架 简化型三板模架又称简化细水口模架，它由三板模架演变而来，比三板模架少四根 A、B 板之间的短导柱，如图 6-4 所示。

简化型三板模架的定模部分和标准型三板模架的定模部分相同，但因动模部分没有导柱，所以就不可能有推板，如果塑件必须由推板推出，而又必须采用简化型三板模架，则只能采用埋入式推板，这种结构详见注塑模具脱模机构设计。

(4) 非标模架 非标模架是指用户根据特殊需要而定制的特殊模架。因非标模架价格较贵，订货时间长，设计模具时尽量不要采用。

6.2.2 模架规格型号的选用

为缩短模具的制造周期，降低制造成本，模架应该优先选用标准模架。市场上的标准模架有龙记（LKM）、福得巴（FUTABA）、明利（MINGLEE）和天祥（SKYLUCKY）等常用品牌。在实际设计过程中常常根据客户的要求、模具的寿命、精度的等级、模具的结构以及模架的加工程度等因素来确定。

6.2.2.1　二板模具和三板模具主要区别

（1）结构不同　下列结构或零件三板模具有而二板模具无。

① 脱料板。

② 定模脱料板的导柱、导套。

③ 定距分型机构（包括扣基）。保证模具开模顺序及开模距离的机构称为定距分型机构。

（2）模具的浇注系统不同

① 三板模具可从型腔内任一点进料，常采用点浇口。

② 二板模具大多从型腔外侧面进料，常采用侧浇口。当塑件较大，一模出一腔，塑件的中间有较大的碰穿孔时也可以从内侧面进料。另外，潜伏式浇口也可以从型腔中进料，但进料位置受到限制，不如三板模具灵活。

③ 三板模具在生产过程中浇注系统凝料和塑件会自动切断分离，便于实现自动化生产；而二板模具的浇注系统凝料通常要人工切除（潜伏式浇口除外）。

（3）分型面不同　二板模具又称大水口模具或单分型面模具，生产时只有一个打开的分型面，塑件和浇注系统凝料从同一分型面内取出。而三板模具又称细水口模具或双分型面模具，生产时有三个分型面要打开，塑件和浇注系统凝料从不同的分型面内取出。

（4）制作成本不同　三板模架价格较贵，制作工作量大，制作周期较长，制作成本较高。

（5）动作原理不同　三板模具在生产过程中可以实现自动断浇口，模具可以进行全自动化生产，塑件质量也较好，但因结构较复杂，模具出故障的概率也较高。

（6）特殊用途不同　没有脱料板的三板模架，常用于有定模侧抽芯的侧向浇口浇注系统模具，这种模具俗称二板半模。

6.2.2.2　二板模架和三板模架的选用

① 能用二板模架时不用三板模架。因为二板模架结构简单，制造成本相对较低。而三板模架结构较复杂，模具在生产过程中发生障碍的概率也大。

② 当塑件必须采用点浇口浇注系统时，必须选用三板模架。什么情况下选用点浇口浇注系统参见第10章。

③ 热流道模具都用二板模架。

6.2.2.3　标准型三板模架和简化型三板模架的选用

① 龙记模架中三种标准模架的最小尺寸如下。

a. 标准型三板模架最小尺寸为2025mm。

b. 简化型三板模架最小尺寸为1520mm。

c. 二板模架最小尺寸为1515mm。

也就是说，如果模架小于2025mm就不能用标准型三板模架。

② 简化型三板模架无推板。若塑件需要用推板推出时，就不能用简化型三板模架。

③ 两侧有较大侧向抽芯滑块时，用标准型三板模架时模架很长，此时可考虑用简化型三板模架，因为少四根短导柱，可以使模架缩短。

④ 斜滑块模具，滑块弹出时易碰撞短导柱，此时用简化型三板模架可缩小模架宽度。

⑤ 标准型三板模架的精度和刚性都好过简化型三板模架，所以精度要求高、寿命要求高的模具，应采用标准型三板模架。

⑥ 对于定模有侧向抽芯机构的模具，定模侧必须至少有一个开模面，因此即使是侧浇口浇注系统，通常也采用简化型三板模架中的GAI型或GCI型。

6.2.3　定模A板和动模B板的设计

模架是标准件，模具设计时只要确定定模A板和动模B板的长、宽、高，其他模板大小，以及其他标准件（如螺钉和复位杆等）的大小和位置都随之确定。所以这里主要讨论定模 A 板和动模 B 板的长、宽、高尺寸如何确定。

定模 A 板和动模 B 板的尺寸取决于内模镶件的外形尺寸，而内模镶件的外形尺寸又取决于塑件的尺寸、结构特点和数量，内模镶件设计详见第 7 章。

从经济学的角度来看，在满足刚度和强度要求的前提下，模具的结构尺寸越小越好。

确定定模 A 板和动模 B 板的尺寸常用计算法和经验法两种，在实际工作过程中常用经验法。

6.2.3.1 计算法

大型模具及重要模具，为安全起见，需用计算法校核其强度和刚度。

（1）方形模板开通框壁厚尺寸计算（图 6-5）：

$$h=\sqrt[3]{\frac{12pl^4a}{384Eb\delta}}$$

$$h=\sqrt[3]{\frac{pl^4a}{67.2\times10^6b\delta}}$$

式中 h——侧壁厚，mm；

p——成型压力 kgf/cm^2；

l——内模镶件长度，mm；

a——型腔高度（即受力部分高度），mm；

E——弹性模量，kgf/cm^2[1]，钢取 $2.1\times10^6 kgf/cm^2$；

b——模板厚度，mm。

δ——容许变形量，mm。

（2）方形模板开不通框壁厚尺寸计算（图 6-6）：

$$h=\sqrt[3]{\frac{cpa^4}{2.1\times10^6\delta}}$$

式中 a——开框深度，mm；

c——常数，随 $1/a$ 而变，可按表 6-1 取。

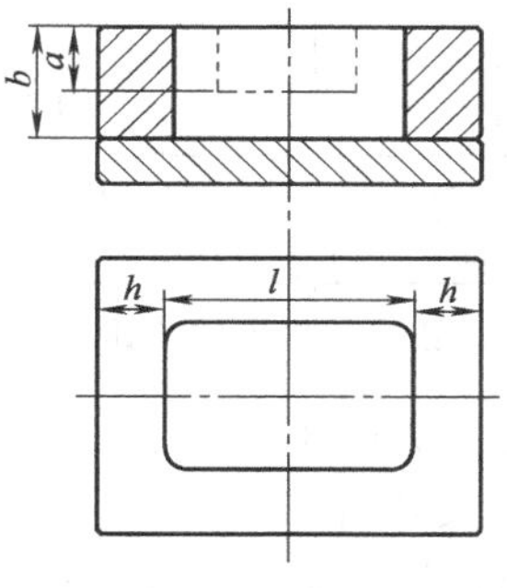

图 6-5 开通框时壁厚计算

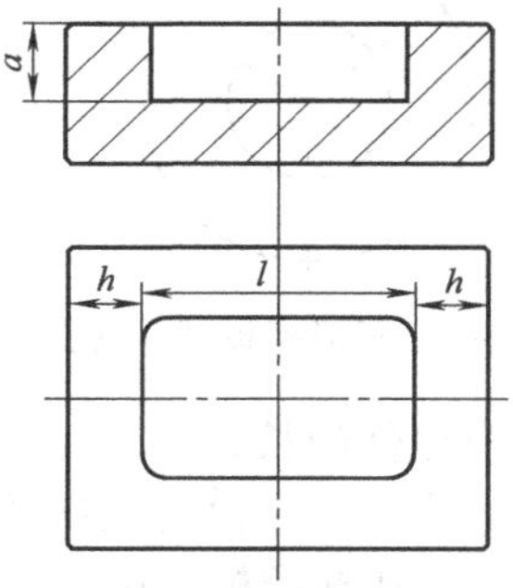

图 6-6 开不通框时壁厚计算

表 6-1 常数 c 值

$1/a$	c	$1/a$	c	$1/a$	c
1.0	0.044	1.5	0.084	2.0	0.011
1.1	0.053	1.6	0.090	3.0	0.134
1.2	0.062	1.7	0.096	4.0	0.140
1.3	0.070	1.8	0.102	5.0	0.142
1.4	0.078	1.9	0.106		

[1] $1kgf/cm^2=98.0665kPa$。

(3) 圆形模板开不通框壁厚尺寸计算（图 6-7）：

$$\delta=\frac{rp}{E}\left(\frac{R^2+r^2}{R^2-r^2}+m\right)$$

$$R=r\sqrt{\frac{E\delta+bp(1-m)b}{E\delta-b(1+m)b}}$$

$$R=r\sqrt{\frac{2.1\times10^6\delta+0.75rp}{2.1\times10^6\delta-1.25rp}}$$

式中 δ——内半径变形量，mm；

p——型腔压力，kgf/cm^2；

E——弹性模量，kgf/cm^2，钢取 $2.1\times10^6 kgf/cm^2$；

r——内半径，mm；

R——外半径，mm；

m——泊松比，钢取 0.25。

6.2.3.2 经验法

在模具设计实践过程中经常用经验法确定 A、B 板的长、宽、高尺寸。

(1) A、B 板的宽度尺寸确定　模架的长、宽尺寸根据内模镶件确定如图 6-8 所示。

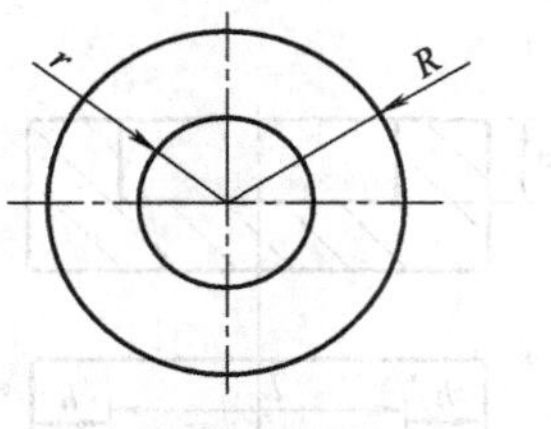

图 6-7　圆形模板开不通框

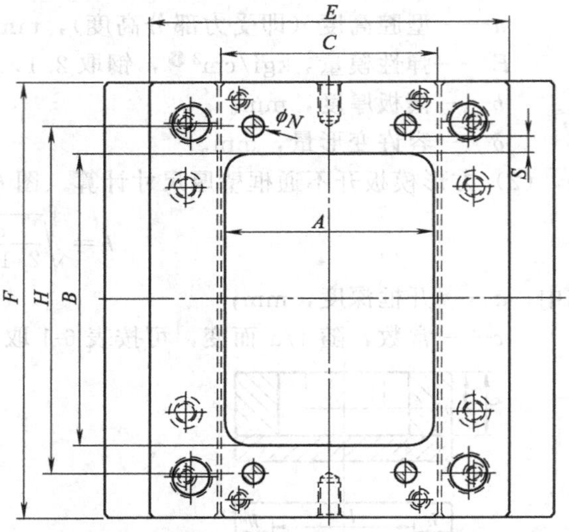

图 6-8　模架的长、宽尺寸根据内模镶件确定

内模镶件的长、宽尺寸 A 和 B 确定后，就可以确定模架长、宽尺寸 E 和 F。

一般来说，在没有侧向抽芯的模具中，模板开框尺寸 A 应大致等于模架推件固定板宽度尺寸 C，在标准模架中，尺寸 C 和 E 是一一对应的，所以知道尺寸 A 就可以在标准模架手册中找到模架宽度尺寸 E。

当模架宽度尺寸 E 确定后，复位杆的直径 N 也确定了。在没有上、下侧向抽芯的情况下，一般取 S 等于 10mm 左右，即：

$$H=B+N+20\text{mm}$$

在标准模架中，尺寸 H 和 F 也是一一对应的，所以知道尺寸 H 就可以在标准模架手册中找到模架长度尺寸 F。

当模具有侧向抽芯机构时，要视滑块大小相应加大模架。

① 小型滑块（滑块宽度≤80mm）　模具长宽尺寸在以上确定的基础上加大 50～100mm。

② 中型滑块（80mm＜滑块宽度≤200mm） 模具长、宽尺寸在以上确定的基础上加大100～150mm。

③ 大型滑块（滑块宽度＞200mm） 模具长、宽尺寸在以上确定的基础上加大150～200mm。

（2）A、B板的高度尺寸确定 A、B板高度尺寸的确定如图6-9所示。

① 有面板时，小型模具（模宽≤250mm） $H_a=a+15\sim20$mm。

② 中型模具（250mm＜模宽≤400mm） $H_a=a+20\sim30$mm。

③ 大型模具（模宽＞400mm）：$H_a=a+30\sim40$mm。

定模板的高度 H_a 尽量取小一些，原因有二：其一，减小主流道长度，减轻模具的排气负担，缩短成型周期；其二，定模安装在注塑机上生产时，紧贴注塑机定模板，无变形之后患。

动模B板高度 一般等于开框深度加30～60mm。动模板高度尽量取大一些，以增加模具的强度和刚度。具体可按表6-2选取。

表6-2 B板开框后钢厚 *T* 的经验确定法 单位：mm

A×B	钢厚 *T*					
	框深 a＜20	框深 a＝20～30	框深 a＝30～40	框深 a＝40～50	框深 a＝50～60	框深 a＞60
＜100×100	20～25	25～30	30～35	35～40	40～45	45～50
100×100～200×200	25～30	30～35	35～40	40～45	45～50	50～55
200×200～300×300	30～35	35～40	40～45	45～50	50～55	55～60
＞300×300	35～40	40～45	45～50	50～55	约55	约60

注：1. 表中的“$A\times B$”和“框深 a”均指动模板开框的长、宽和深度。
2. 动模B板高度 H_b 等于开框深度 a 加钢厚 T，向上取标准值（公制一般为10的倍数）。
3. 如果动模有侧向抽芯，有滑块槽，或因推杆太多而无法加撑柱时，须在表中数据的基础上再加5～10mm。

动、定模板的长、宽、高尺寸都已标准化，设计时尽量取标准值，避免采用非标模架。

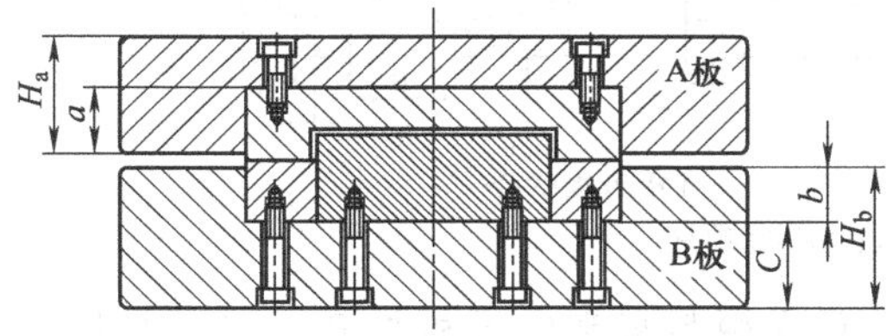

图6-9 A、B板高度尺寸的确定

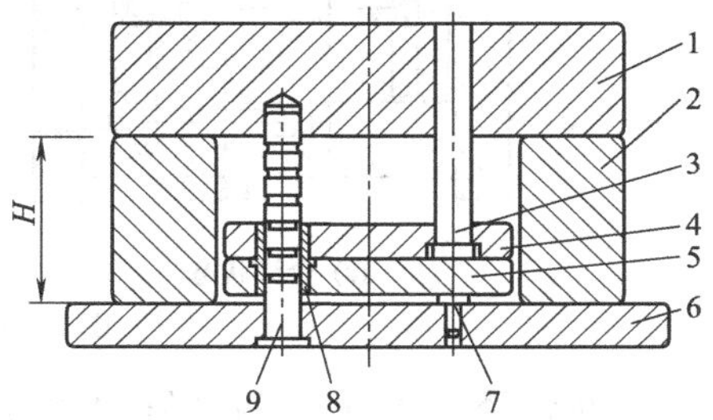

图6-10 方铁

1—B板；2—方铁；3—复位杆；4—推杆固定板；5—推杆底板；6—模具底板；7—垃圾钉；8—推杆板导套；9—推杆板导柱

6.2.4 方铁设计

方铁的高度 H 必须要使推杆板有足够的推出距离 S，以保证塑件安全脱离模具，如图6-10所示。

方铁的高度已标准化，在一般情况下，当定模A板和动模B板的长、宽、高确定后，方铁的高度也可以确定。但同一长、宽尺寸的模架，方铁的标准高度有三个，其中一个是非加高标准高度，另两个是加高后的标准高度，如果需要将方铁加高也尽量采用“加高方铁高度”，如果这三个高度都不能满足要求的话，才采用非标准高度的方铁。

在下列情况下，方铁需要加高。

① 塑件很深或很高，顶出距离大，标准方铁高度不够。

② 双推件固定板二次顶出，因方铁内有四块板，缩小了推件固定板的顶出距离，为将

塑件安全顶出，需要加高方铁。

③ 内螺纹推出模具中，因方铁内有齿轮传动，有时也要加高方铁。

④ 斜推杆抽芯的模具，斜推杆倾斜角度和顶出距离成反比，若抽芯距离较大，可采用加大顶出距离来减小斜推杆的倾斜角度，从而使斜推杆顶出平稳可靠，磨损小。

方铁加高的尺寸较大时，首先为了提高模具的强度和刚度，有时还要将方铁的宽度加大；其次为了提高塑件推出的稳定性和可靠性，推件固定板宜增加导柱导向，推件固定板导柱导套的设计详见第 14 章。

6.3 三板模具定距分型机构设计

保证模具的开模顺序和开模距离的结构，称为定距分型机构。定距分型机构有很多种，主要可分成内置式定距分型机构和外置式定距分型机构两种。

6.3.1 三板模具开模顺序

三板模具的开模顺序如图 6-11 所示。

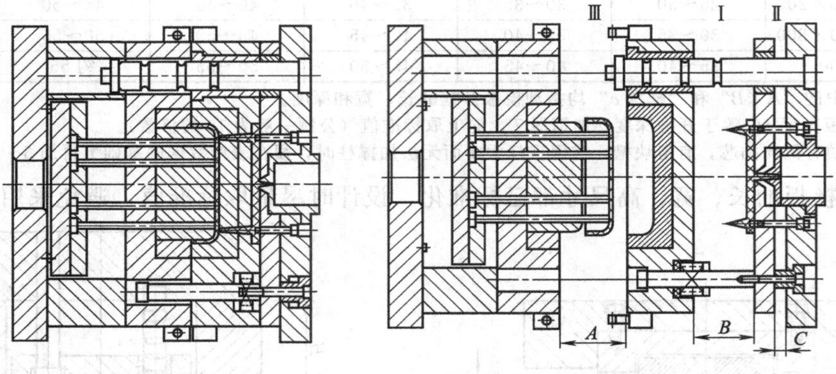

(a) 合模状态　　(b) 开模状态

图 6-11　三板模具的开模顺序

① 在弹簧、开闭器和拉料杆的综合影响下，首先脱料板和定模板打开，流道凝料和塑件分离。

② 其次是脱料板和面板打开，浇口拉料杆从流道凝料中强行脱出，流道凝料在重力和振动的作用下自动脱落。

③ 注塑机动模板继续后移，模具从定模板和动模板之间打开，最后推杆将塑件推离模具。这样的开模顺序，可以让塑件在模具内的冷却时间与脱料板和动模板打开时间及脱料板和面板打开时间重叠，从而缩短了模具的注射周期。

如果定模板和动模板之间不用弹簧开闭器，而是用拉条，则开模顺序通常是：脱料板和定模板还是先打开，其次是定模板和动模板之间打开，最后动模板通过拉条拉动定模板，定模板通过拉条拉动脱料板，使脱料板和面板打开。

6.3.2 三板模具开模距离

三板模具的开模距离通过定距分型机构来保证。

① 脱料板和定模板打开的距离 B＝流道凝料总高度＋(20～30)mm。

② 脱料板和面板打开的距离 C＝6～10mm。

③ 定距分型机构中小拉杆移动距离＝脱料板和定模板打开的距离。限位杆移动距离＝

脱料板和面板打开的距离。

定模 A 板和动模 B 板的开模距离 A 见第 5 章。

6.3.3 定距分型机构种类

（1）内置式定距分型机构　定距分型机构装于模具内部，如图 6-12 所示。

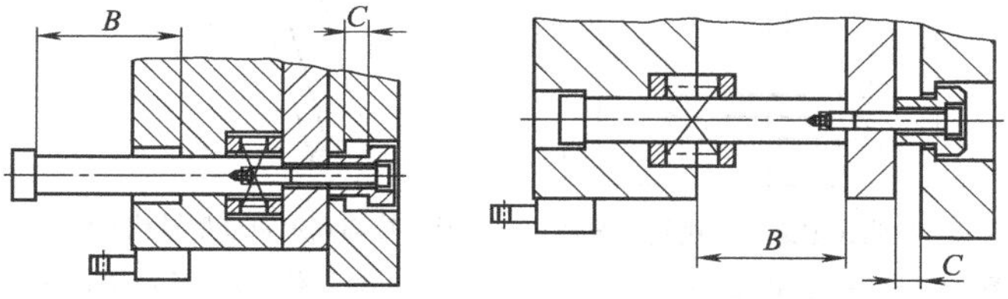

(a) 合模状态　　(b) 开模状态

图 6-12　内置式定距分型机构

定距分型机构设计要点如下。

① 小拉杆直径的确定。小拉杆是定距分型机构中限制脱料板和定模板之间开模距离的零件，它用螺钉紧固在脱料板上。其直径可按表 6-3 选取。

表 6-3　小拉杆直径设计　　单位：mm

模架宽度	300 以下	300～450	450～600	600 以上
小拉杆直径	$\phi16$	$\phi20$	$\phi25$	$\phi30$

② 小拉杆数量的确定。模宽小于等于 250mm 时取两支，模宽大于 250mm 时取四支，注意小拉杆的位置不要影响流道凝料取出。

③ 小拉杆行程 B=流通凝料总长+20～30mm。

④ T 形套行程 C=6～10mm。

⑤ 在脱料板与定模板定之间加弹簧，弹簧压缩量取 20mm 左右，以保证脱料板和定模板先开模。

⑥ 注意小拉杆上端 T 形套安装时需加装弹簧垫圈防松。

（2）外置式定距分型机构　外置式定距分型机构种类较多，这里介绍两种常见的结构。

① 双拉条式　拉条式外置定距分型机构如图 6-13 所示。

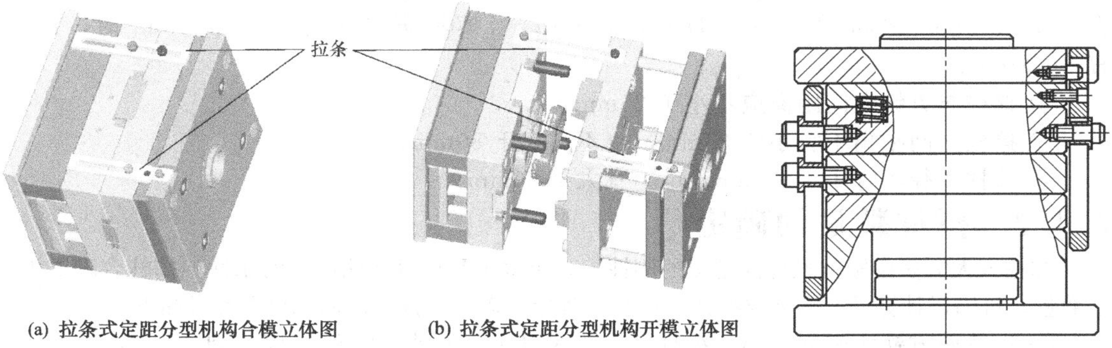

(a) 拉条式定距分型机构合模立体图　(b) 拉条式定距分型机构开模立体图　(c) 拉条式定距分型机构平面图

图 6-13　拉条式外置定距分型机构

② 拉钩式　在弹簧和短拉钩作用下，模具先从分型面Ⅰ处打开，打开距离为浇注系统凝料总高度+(20～30)mm，此时扣基还没有脱开，接着再从分型面Ⅱ处打开，当两个分型面的开模距离达到 L 后，长拉钩推动活动块，短拉钩和活动块脱开，模具再从Ⅲ处分开。这种扣基所用数量一般为两个，对称布置，如图 6-14 所示。

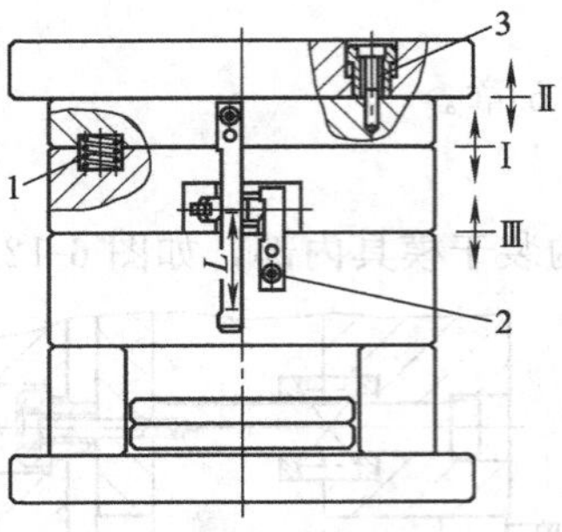

(a) 拉钩式定距分型机构装配图

1—弹簧；2—定距分型机构；3—限位钉

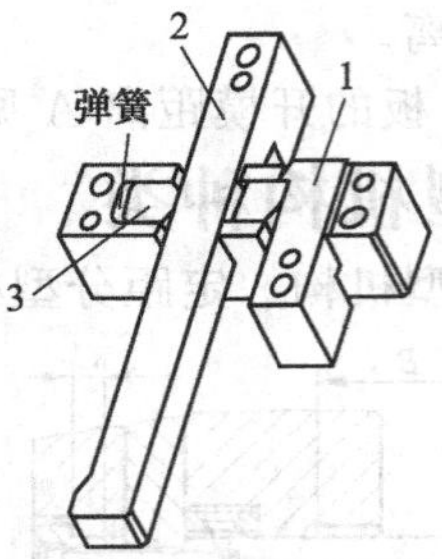

(b) 拉钩式定距分型机构立体图

1—短拉钩；2—长拉钩；3—活动块

图 6-14 拉钩式定距分型机构

6.4 撑柱设计

撑柱又名支撑柱，主要用于承受模具注射成型时熔体对动模板的胀型力，防止动模板在胀型力作用下变形，以提高模具的刚性。撑柱形状为圆柱形，材料为 45 钢或 S50C（黄牌）。

6.4.1 撑柱的装配

撑柱通过螺钉紧固在动模底板上，如图 6-15 所示。

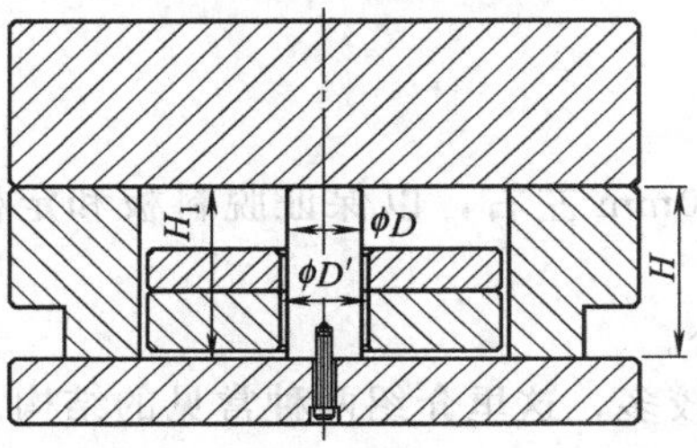

图 6-15 撑柱的装配图

撑柱设计要点如下。

① 撑柱的位置尽量靠近模具中间，在空间允许的情况下，直径尽量取大一些。

② 撑柱与推件固定板之间的间隙单边取 1.5～2.0mm，即 $D=d+3\sim4$mm。

③ 撑柱一定要比方铁高，关系如下：当模具宽度尺寸小于 300mm 时，$H_1=H+0.05$mm；当模具宽度尺寸在 400mm 以下时，$H_1=H+0.1$mm；当模具宽度尺寸在 400～700mm 之间时，$H_1=H+0.15$mm；当模具宽度尺寸大于 700mm 时，$H_1=H+0.2$mm。

④ 撑柱与方铁之间距离应不小于 25mm。

⑤ 撑柱之间距离不宜小于 35mm，也不宜大于 80mm。

⑥ 撑柱直径不宜小于 20mm，也不宜大于 60mm。

6.4.2 撑柱数量的确定

撑柱太大太多会影响推件固定板的刚性，太小太少又难以保证模具的刚性。撑柱合理的大小和数量，可通过计算模具需要支撑的总面积来确定，需要支撑的总面积可以参考如下计算方法。

① 计算两方铁之间面积 A：推件固定板长度 L，方铁之间距离 W，则 $A=LW$。

② 根据方铁之间面积 A 来确定系数 n_1，见表 6-4。

表 6-4 系数 n_1 选取

A/mm^2	$n_1/\%$	A/mm^2	$n_1/\%$
$A<30000$	15	$155000\leqslant A<225000$	30
$30000\leqslant A<65000$	18	$225000\leqslant A<322500$	35
$65000\leqslant A<103000$	22	$322500\leqslant A$	40
$103000\leqslant A<155000$	26		

③ 根据方铁之间距离 W 来确定某一系数 n_2，见表 6-5。

表 6-5 系数 n_2 选取

W/mm	n_2
$W<150$	1.00
$150\leqslant W<300$	1.10
$300\leqslant W<500$	1.15
$500\leqslant W<750$	1.20
$750\leqslant W$	1.25

④ 计算支撑总面积（即撑柱面积总和）：$S=An_1n_2$。

举例说明：龙记模架宽度 300mm，推件固定板长度 $L=300$mm，方铁之间距离 $W=184$mm。

a. 计算方铁之间面积：$A=300\times184=55200(\text{mm}^2)$。

b. 计算支撑面积：$S=55200\times18\%\times1.1=10929.6(\text{mm}^2)$。

c. 如果撑柱直径为 50mm，所需数量：$10929.6\div(3.14\times25^2)=5.57$（个）。

也就是说此模具如果采用 ϕ50mm 的撑柱，需要 5～6 个。

以上是计算所得的数量，但实际设计过程中由于要优先考虑推杆、斜推杆、推件固定板导柱和 K.O. 孔（撑柱不可以和这些结构发生干涉）的位置和数量，撑柱的大小和数量往往受到限制。如果撑柱的总面积远远达不到计算面积，解决的办法是将动模 B 板厚度加大 10mm 或 20mm 即可。

6.5 弹簧

模具中，弹簧主要用作推件固定板复位、侧向抽芯机构中滑块的定位以及活动模板的定距分型等活动组件的辅助动力，弹簧由于没有刚性推力，而且容易产生疲劳失效，所以不允许单独使用。模具中的弹簧有矩形蓝弹簧和圆线黑弹簧，由于矩形蓝弹簧比圆线黑弹簧弹性系数大，刚性较强，压缩比也较大，故模具上常用矩形蓝弹簧。矩形弹簧寿命与压缩比的关系见表 6-6。

表 6-6 矩形弹簧寿命与压缩比的关系　　单位：%

种类	轻小荷重	轻荷重	中荷重	重荷重	极重荷重
色别(记号)	黄色(TF)	蓝色(TL)	红色(TM)	绿色(TH)	咖啡色(TB)
100 万次(自由长)	40	32	25.6	19.2	16
50 万次(自由长)	45	36	28.8	21.6	18
30 万次(自由长)	50	40	32	24	20
最大压缩比	58	48	38	28	24

6.5.1 推件固定板复位弹簧设计

复位弹簧的作用是在注塑机的顶棍退回后，模具的动模 A 板和定模 B 板合模之前，就将推件固定板推回原位。复位弹簧常用矩形蓝弹簧，但如果模具较大，推件数量较多时，则必须考虑使用绿色或咖啡色的矩形弹簧。

复位弹簧装配的几种典型结构如图 6-16 所示。轻荷重弹簧选用时应注意以下几个方面。

（1）预压量和预压比　当推件固定板退回原位时，弹簧依然要保持对推件固定板有弹力的作用，这个力来源于弹簧的预压量，预压量一般要求为弹簧自由长度的 10%左右。

预压量除以自由长度就是预压比，直径较大的弹簧选用较小的预压比，直径较小的弹簧选用较大的预压比。

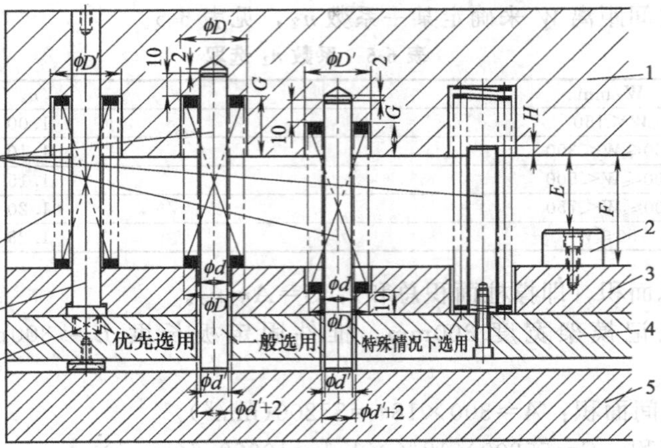

图 6-16 复位弹簧装配的几种典型结构

1—动模 B 板；2—限位柱；3—推杆固定板；4—推杆底板；5—动模固定板；
6—先复位弹簧；7—复位杆；8—复位弹簧；9—弹簧导杆

在选用模具推件固定板复位弹簧时，一般不采用预压比，而直接采用预压量，这样可以保证在弹簧直径尺寸一致的情况下，施加于推件固定板上的预压力不受弹簧自由长度的影响。预压量一般取 10.0～15.0mm。

(2) 压缩量和压缩比　模具中常用压缩弹簧，推件固定板推出塑件时弹簧受到压缩，压缩量等于塑件的推出距离。压缩比是压缩量和自由长度之比，一般根据寿命要求，矩形蓝弹簧的压缩比在 30%～40%之间，压缩比越小，使用寿命越长。

(3) 复位弹簧数量和直径　可按表 6-7 选取。

表 6-7　复位弹簧数量和直径　　单位：mm

模架宽度	≤200	200<L≤300	300<L≤400	400<L≤500	500<L
弹簧数量	2	2～4	4	4～6	4～6
弹簧直径	25	30	30～40	40～50	50

(4) 弹簧自由长度的确定

① 自由长度计算　弹簧自由长度应根据压缩比及所需压缩量而定。

$$L_{自由}=(E+P)/S$$

式中　E——推件固定板行程，E=塑件推出的最小距离+15～20mm；

P——预压量，一般取 10～15mm，根据复位时的阻力确定，阻力小则预压量小，在通常情况下也可以按模架大小来选取，模架宽度在 300mm 以下时，预压量为 5mm，模架宽度在 300mm 以上时，预压量为 10～15mm；

S——压缩比，一般取 30%～40%，根据模具寿命、模具大小及塑件距离等因素确定；

$L_{自由}$——自由长度须向上取规格长度。

② 推件固定板复位弹簧的最小长度 L_{min} 必须满足藏入动模 B 板或托板 L_2=15～20mm，若计算长度小于最小长度 L_{min}，则以最小长度为准；若计算长度大于最小长度 L_{min}，则以计算长度为准。

自由长度必须按标准长度，不准切断使用，优先用 10 的倍数。不够时可用两支接用。

(5) 复位弹簧的装配　复位弹簧常见的装配方式如图 6-16 所示。

① 一般中小型模架，定做模架可将弹簧套于复位杆上；未套于复位杆上的弹簧一般安装在复位杆旁边，并加导杆防止弹簧压缩时弹出。

② 当模具为窄长形状（长度为宽度的 2 倍左右）时，弹簧数量应增加两根，安装在模

具中间。

③ 弹簧位置要求对称布置。弹簧直径规格根据模具所能利用的空间及模具所需的弹力而定，尽量选用直径较大的规格。

④ 弹簧孔的直径应比弹簧外径大 2mm。

⑤ 装配图中弹簧处于预压状态，长度 L_1＝自由长度－预压量。

⑥ 限位柱必须保证弹簧的压缩比不超过 42%。

6.5.2 侧向抽芯机构中弹簧设计

侧向抽芯机构中的弹簧主要起定位作用，开模后当斜导柱和楔紧块离开滑块后弹簧推住滑块不要向回滑动。弹簧常用直径为 10mm、12mm、16mm、20mm 和 25mm 等，压缩比可取 1/4～1/3，数量通常为两根。

滑块弹簧自由长度计算公式如下：

$$L_{自由}=滑块行程(S)\times 3$$

式中 S——滑块抽芯距离；

$L_{自由}$——自由长度须向上取标准长度。

应注意的是，弹簧在滑块装配图中为压缩状态，如图 6-17 所示。

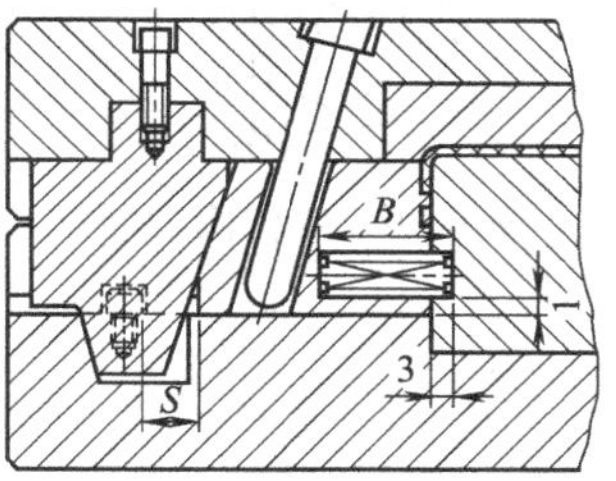

图 6-17 滑块定位弹簧

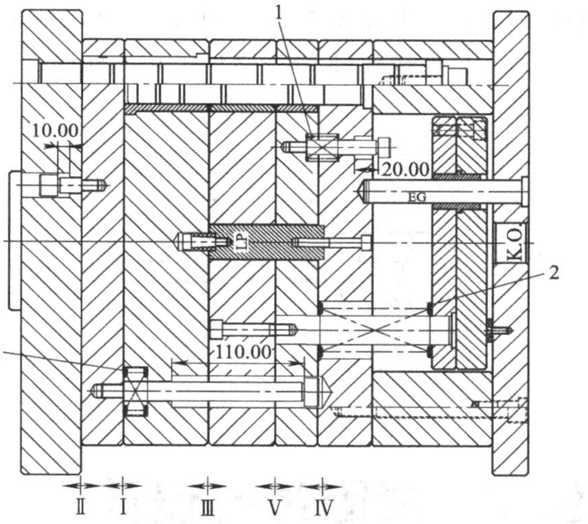

图 6-18 活动板之间的弹簧

Ⅰ～Ⅴ—分型面；1,3—活动板开模弹簧；2—复位弹簧

$$B=自由长度-抽芯距离-预压量$$

预压量可以通过计算确定：滑块预压量＝压力/弹性系数。向上抽芯的压力为滑块加上侧向抽芯的质量，向下或左右抽芯时预压量可取自由长度的 10%。

预压量也可以取下列经验数据。

① 一般情况弹开后预压量为 5mm。

② 若滑块为向上抽芯，且滑块质量超过 8～20kg，预压量需加大到 10mm；同时弹簧总长度＝滑块行程 (S)×3.5，再向上取整数。

③ 若滑块为向上抽芯，且滑块质量超过 20kg 时，预压量需加大到 15mm。

滑块中的弹簧应防止弹出，因此，弹簧装配孔不宜太大；滑块抽芯距离较大时，要加装导向销；滑块抽芯距离较大，又不便加装导向销，可用外置式弹簧定位。

滑块弹簧选用时因行程不同而有两种弹簧可供选用：矩形蓝弹簧和圆线黑弹簧。

注：滑块质量＝滑块的体积×钢材的密度（钢材的密度为 7.85g/cm³）。

6.5.3 模具活动板之间的弹簧

当模具存在两个或两个以上分型面时，模具需要增加定距分型机构，其中弹簧就是该机构重要的零件之一，其作用是让模具在开模时按照既定的顺序打开，如图 6-18 中的分型面 1 和分型面 3。这里的弹簧在开模后往往并不需要像复位弹簧那样自始至终处于压缩状态，弹簧只需要在该分型面打开的前 10～20mm 保持对模板的推力即可，只要这个面按时打开了，它的任务就完成了。通常采用点浇口浇注系统的三板模具，第一个分型面所采用的弹簧都是 ϕ40mm×30mm 的矩形黄弹簧，其他模板的开模弹簧可视具体情况选用。

6.6 定位圈设计

定位圈又称法兰，将模具安装在注塑机上时，它起初定位作用，保证注塑机料筒喷嘴与模具浇口套同心。同时定位圈还有压住浇口套的作用，如图 6-19 和图 6-20 所示。

定位圈的直径 D 一般为 100mm，另外，还有 120mm 和 150mm 两种规格。

定位圈采用自制或外购标准件，常用规格 ϕ35mm×ϕ100mm×15mm。当定模有 5mm 隔热板时，选用规格 ϕ35mm×ϕ100mm×25mm。定位圈可以装在模具面板表面，也可沉入面板 5mm。；连接螺钉 M6×20.0mm，数量 2～4 个。

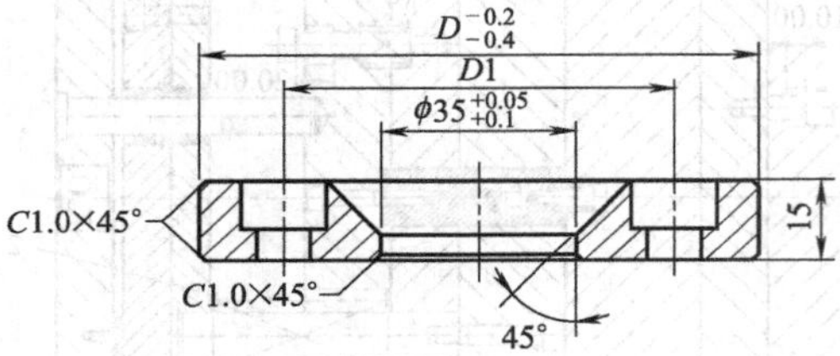

图 6-19　定位圈

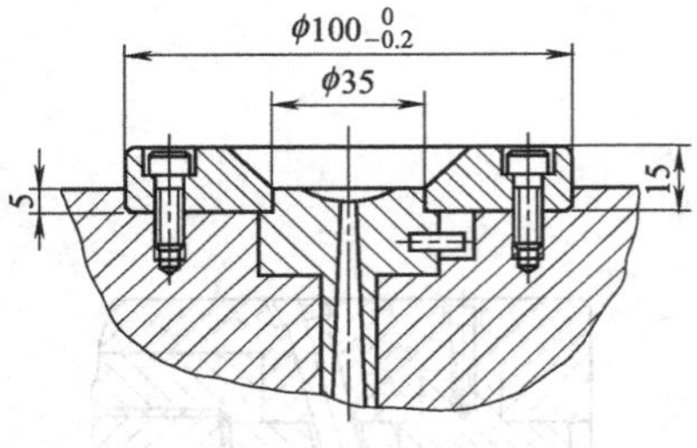

图 6-20　定位圈的装配

6.7 紧固螺钉设计

模具中的零件按其在工作过程中是否要分开，可分成相对活动零件和相对固定零件两大类。相对活动零件必须加导向件或导向槽，使其按既定的轨迹运动；相对固定零件通常都用螺钉来连接。

模具中常用的紧固螺钉主要分为内六角圆柱头螺钉（内六角螺钉）、无头螺钉、杯头螺钉及六角头螺钉，而以内六角圆柱头螺钉和无头螺钉用得最多。

螺钉只能用以紧固，不能用来定位。

在模具中，紧固螺钉应按不同需要选用不同类型的优先规格，同时保证紧固力均匀、足够。下面仅就内六角圆柱头螺钉和无头螺钉在使用中的情况加以说明。

6.7.1 内六角圆柱头螺钉（内六角螺钉）

内六角螺钉规格：公制中优先采用 M4、M6、M10、M12；英制中优先采用 M5/32″、M1/4″、M3/8″和 M1/2″。

内六角螺钉主要用于动、定模内模料、型芯、小镶件及其他一些结构组件的连接。除前述定位圈、浇口套所用的螺钉外，其他如镶件、型芯、固定板等所用螺钉以适用为主，并尽量满足优先规格，用于动、定模内模料紧固的螺钉，选用时应依照下述要求。

（1）螺孔位置　螺孔应布置在四个角上，而且对称布置，如图 6-21 所示。螺孔到镶件边的尺寸 W_1 可取螺孔直径的 1～1.5 倍，L_1 应参照加工夹具的尺寸，一般取 15 或 25 的倍数。

（2）螺钉大小和数量的确定　连接螺钉大小和数量的确定见表 6-8。

表 6-8　连接螺钉大小和数量的确定

镶件大小/mm	≤50×50	50×50～100×100	100×100～200×200	200×200～300×300	>300×300
螺钉大小	M6	M6	M8	M10	M12
螺钉数量	2	4	4	4～6	6～8

（3）螺钉长度及螺孔深度的确定　螺钉头至孔面 1～2mm，螺孔的深度 H 一般为螺孔直径的 2～2.5 倍，标准螺钉螺纹部分的长度 L_1 一般都是螺钉直径的 3 倍，所以在画模具图时，不可把螺钉的螺纹部分画得过长或过短，在画螺钉时必须按正确的装配关系画，而不能随便算数。螺钉长度 L 不包括螺钉的头部长度，如图 6-22 所示。

螺牙旋入螺孔的长度 $h=(1.5\sim2.5)d$，d 为螺钉的直径。

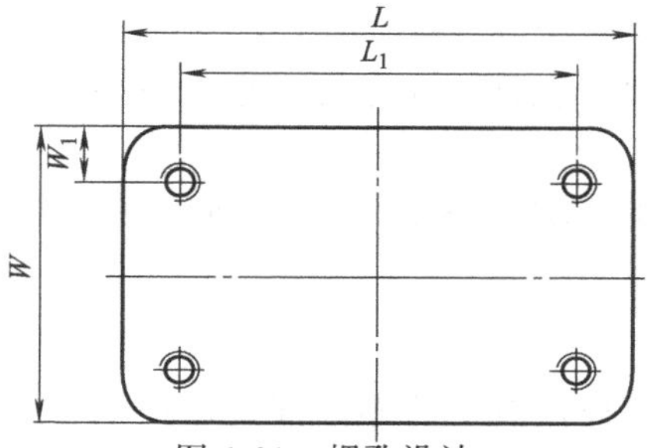

图 6-21　螺孔设计

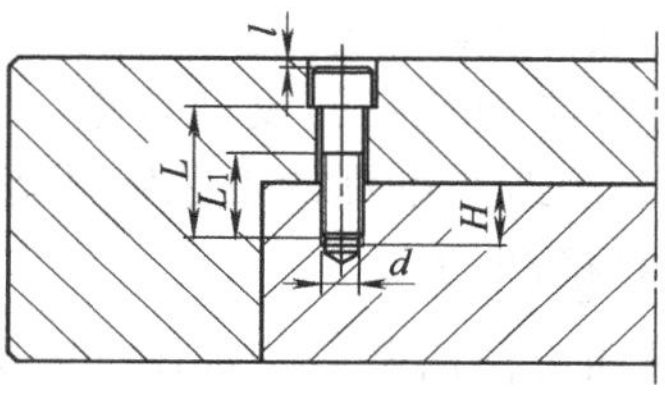

图 6-22　螺钉装配图

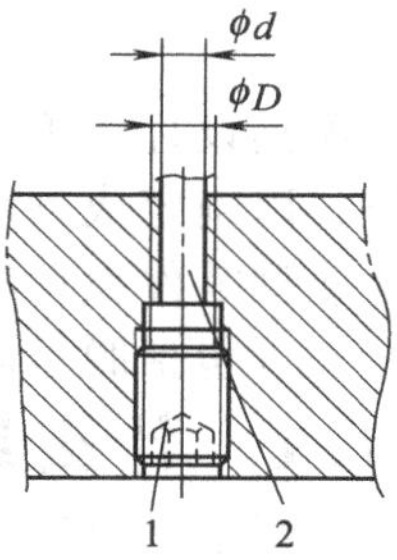

图 6-23　无头螺钉装配图

1—无头螺钉；2—推管型芯

6.7.2　无头螺钉

无头螺钉主要用于型芯、拉料杆、推管的紧固。如图 6-23 所示，在标准件中，ϕd 和 ϕD 相互关联，ϕd 是实际上所用尺寸，所以通常以 ϕd 作为选用的依据，并按下列范围选用。

① 当 $\phi d\leqslant3.0$mm 或 9/64in 时，无头螺钉选用 M8。

② 当 $\phi d\leqslant3.5$mm 或 5/32in 时，无头螺钉选用 M10。

③ 当 $\phi d\leqslant7.0$mm 或 3/16in 时，无头螺钉选用 M12。

④ 当 $\phi d\leqslant8.0$mm 或 5/16in 时，无头螺钉选用 M16。

⑤ 当 $\phi d\geqslant8.0$mm 或 5/16in 时，用压板固定。

复习与思考

1. 简述二板模架、标准型三板模架和简化型三板模架三者之间的区别。什么情况下用二板模架？什么情况下用标准型三板模架？什么情况下用简化型三板模架？

2. A、B 板的开框尺寸如何确定？

3. 如果定模镶件为 200mm×150mm×60mm，动模镶件为 200mm×150mm×50mm，请确定其模架的大小。

4. 如何确定推件固定板复位弹簧的自由长度？装配图上的弹簧长度和自由长度有什么关系？

5. 简述三板模具的开模顺序及开模距离。如何保证这种开模顺序及开模距离？

6. 注塑模具中方铁的高度如何确定？

7. 撑柱高度如何确定？

8. 模具中螺钉的作用是什么？螺钉能否用于定位？其大小、数量和位置如何确定？

第7章

Chapter 07

注塑模具成型零件设计

7.1 概述

模具设计的第一步就是设计成型零件，即根据塑件的结构形状和大小以及型腔数量进行排位，以确定成型零件的形状、大小和装配方法。

成型零件设计时，应充分考虑塑料的成型特性（包括收缩率、流动性、腐蚀性等）、脱模特性（包括脱模斜度等）、制造与维修的工艺特性等。

7.1.1 什么是成型零件?

注塑模具可以分成动模和定模两部分，如图 7-1 所示。而模具中的零件按其作用又可分为成型零件与结构零件，包括模架在内的结构零件通常采用普通钢材，成型零件则采用优质模具钢，这样做的目的一是为了加工和维修方便，二是在降低模具制造成本的同时又可以保证模具的强度、刚度和耐磨性，达到模具既定的生产寿命。

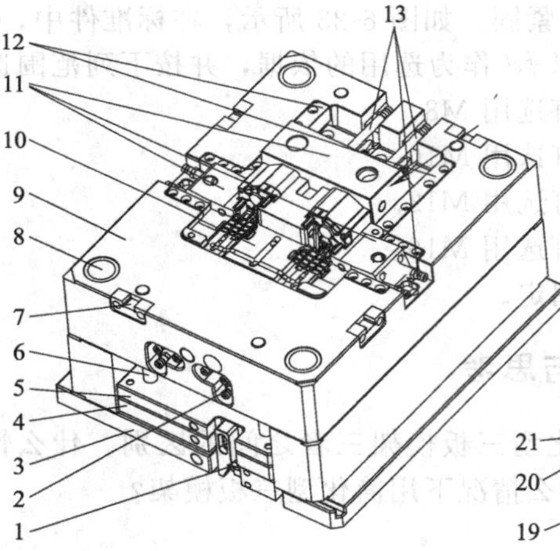

(a) 动模部分

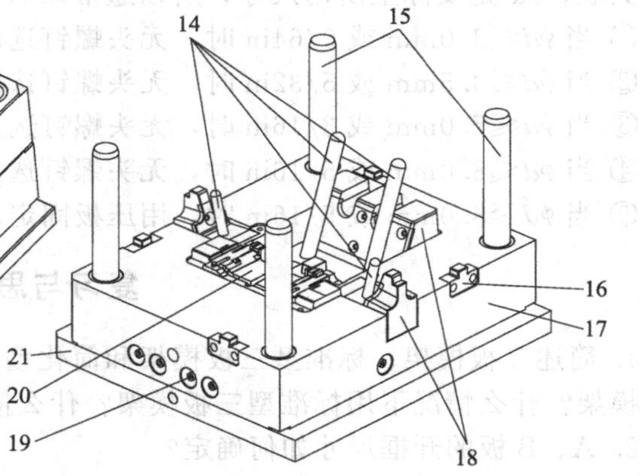

(b) 定模部分

图 7-1 注塑模具实例

1—行程开关；2—水管接头；3—动模底板；4—推件底板；5—推件固定板；6—复位杆；7—边锁（下）；8—导套；9—动模板；10—动模镶件；11—滑块；12—滑块压块；13—滑块冷却水接头；14—滑块斜导柱；15—模具导柱；16—边锁（上）；17—定模板；18—滑块楔紧块；19—定模板冷却水接头；20—定模镶件；21—定模面板

模具生产时用来填充塑料熔体、成型塑件的空间称为型腔，构成注塑模具型腔部分的模具零件统称为成型零件，又称内模镶件。内模镶件包括定模镶件、动模镶件和型芯等，除此之外，成型零件还包括侧向抽芯机构、斜推杆及推出零件等。图 7-1 中的动模镶件 10、定模镶件 20 和滑块 11 等都属于成型零件。本章主要叙述注塑模具内模镶件的设计、包括分型面设计、镶件大小设计、镶件的镶拼方式及固定方式的设计等。其他成型零件的设计内容，如侧向抽芯机构及推出零件的设计将在第 9 章和第 13 章讲述。

7.1.2 成型零件设计的基本要求

对模具成型零件的基本要求包括以下几个方面。

（1）具有足够的强度和刚度　在注射成型过程中，型腔要承受高温熔体的高压作用，因此模具型腔应该有足够的强度和刚度。型腔强度不足将发生塑性变形，甚至破裂；刚度不足将产生过大弹性变形，导致型腔向外变形，并引起塑件卡在定模或在分型面产生飞边。

（2）能获得符合要求的成型塑件　这些要求包括外观形状、尺寸精度、表面粗糙度、力学性能和化学性能等。

（3）成型塑件的后加工及二次加工减至最少，最好是所生产的塑件能直接用于装配　所有的孔槽、自攻螺柱、搭扣、嵌件等结构尽可能在型腔中一次成型。

（4）成型可靠，效率高　能有快速填充的浇注系统，成型塑件冷却快，推出机构快速可靠。流道、浇口去除容易。

（5）制造成本低　结构简单、可靠、实用，缩短制作时间，降低制作费用。

（6）材料方面

① 具有足够的硬度和耐磨性，以承受料流的摩擦。通常内模材料硬度应在 35HRC 以上，而对于注射玻璃纤维增强塑料的模具、大批量生产的模具，其内模镶件硬度常要求在 50HRC 以上。

② 材料抛光性能好，表面应光滑、美观，表面粗糙度要求在 $Ra0.4\mu m$ 以下。对于生产透明塑件的模具，型腔表面要进行镜面抛光，表面粗糙度要求在 $Ra0.2\mu m$ 以下。

③ 切削加工性能好，工艺性能好。重要的部位、精密配合的部位应采用磨削加工，一般部位尽量采用车削或铣削加工。

（7）便于维修和保养　易损坏及难加工处要考虑镶拼结构，以便于损坏后快速更换。模具是一种长寿命的生产工具，设计时就必须考虑日后的维修和保养。

7.1.3 成型零件设计内容和一般步骤

成型零件的设计一般可按以下步骤进行。

① 确定模具型腔数量。

② 确定塑件分型线和模具分型面。

③ 确定型腔的排位。

④ 要侧向抽芯时设计侧向抽芯机构。

⑤ 确定型芯和型腔的成型尺寸，确定脱模斜度。

⑥ 确定成型零件的组合方式和固定方式。

除了侧向抽芯机构的设计将在第 9 章详细讲解外，本章将详细讲解其他五个步骤。

7.2 型腔数量确定

7.2.1 确定型腔数量时必须考虑的因素

在确定模具型腔数量时，必须兼顾经济及技术各方面诸多因素，虽然有关文献也有详尽的计算公式，但计算结果必须依据设计师的经验和实际情况进行修正。通常，若塑件精度要求很高，每模型腔数量不宜超过4腔，且必须采用平衡布置分流道的方式。对一般要求的塑件，日本有人提出不宜超过16腔，依据经验，即使每腔塑件相同，尺寸较小，成型容易的话，每模如果超过24腔时是必须慎重考虑的。在确定模具型腔数量时，应该考虑以下因素。

(1) 塑件精度　由于分流道和浇口的制造误差，即使分流道采用平衡布置的方式，也很难将各型腔的注射工艺参数同时调整到最佳值，从而无法保证各型腔塑件的收缩率均匀一致，对精度要求很高的塑件，其互换性将受到严重影响。国外有试验表明，每增加一个型腔，其成型塑件的尺寸精度就下降5%。

(2) 经济性　型腔越多，模具外形尺寸相对越大，与之匹配的注塑机也必须增大。大型注塑机价格高，运转费用也高，且动作缓慢，用于多腔注塑模具未必有利。此外，模具中型腔数量越多，其制造费用越高，制造难度也越大，模具质量很难保证。

(3) 成型工艺　型腔数量的增多，必然使分流道增长，当熔体到达型腔前，注射压力及熔体的热量将会有较大的损失。若分流道及浇口尺寸设计稍不合理，就会发生一腔或数腔注不满的情况，或即使注满，却存在诸如熔接不良或内部组织疏松等缺陷，再调高注射压力，又容易使其他型腔产生飞边。

(4) 保养和维修　模具型腔数量越多，故障发生率也越高，而任何一腔出现问题，都必须立即修理，否则将会破坏模具原有的压力平衡和温度平衡，甚至会对注塑机和模具造成永久的损害。而经常性的停机修模，又必然影响模具生产率的提高。

7.2.2　确定型腔数量的方法

(1) 根据产品的批量、塑件的精度、塑件的大小、材料以及颜色确定型腔数量　如果产品批量小的话，应尽量减少模具数量，以降低成本。此时宜将塑料品种相同、颜色相同、体积不大的塑件安排在同一副模具中生产。如果产品批量大的话，应尽量将同一塑件安排在同一副模具内生产，即一模多腔，每腔相同。以一次性打火机为例，机壳塑件由一副模生产，每模12腔，按手塑件由一副模生产，每模24腔，密封面阀塑件由一副模生产，每模12腔等。塑件精度要求高的话，型腔数量越少越好，一般不宜超过4腔。塑件的大小也直接影响每模的型腔数量，较大型的塑件宜一模一腔；小型塑件宜一模多腔，但模具也不宜太大，长宽尺寸不宜大过300mm×400mm。

(2) 根据注塑机大小确定型腔数量的方法　如果与模具匹配的注塑机预先就确定了，那么计算型腔数量的方法有两种。

① 根据所用注塑机的注射量确定型腔数量　各腔塑件总重＋浇注系统凝料质量≤注塑机额定注射量×80%。

应注意的是，算出的数值不能四舍五入，只能向大取整数。

② 根据注塑机的额定（或公称）锁模力确定型腔数量　假定各腔塑件在分型面上的投影面积之和为$A_{分}$(mm^2)，注塑机的额定（或公称）锁模力为$F_{锁}$，塑料熔体对型腔的平均压力为$P_{型}$，则：

$$A_{分} \times P_{型} \leqslant F_{锁} \times 80\%$$

7.3　模具分型面设计

7.3.1　分型面设计主要内容

分型面设计的主要内容有以下三点。

（1）分型面的位置　哪一部分由动模成型，哪一部分由定模成型。

（2）分型面的形状　是平面、斜面、阶梯面还是弧面。

（3）分型面的定位　如何保证型芯和型腔的位置精度，最终保证塑件的尺寸精度。

7.3.2　塑件分型线和模具分型面的关系

根据零件形状确定分型线，分型线就是将塑件分为两部分的分界线，一部分在定模侧成型，另一部分在动模侧成型。将分型线向动、定模四周延拓或扫描就得到模具的分型面，如图 7-2 所示。

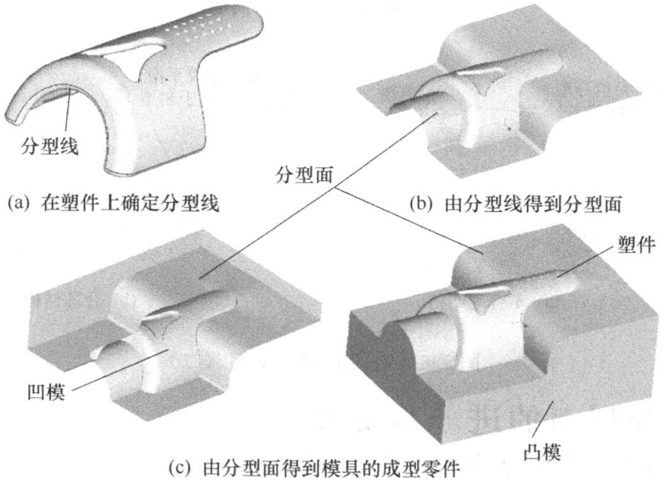

(a) 在塑件上确定分型线　(b) 由分型线得到分型面

(c) 由分型面得到模具的成型零件

图 7-2　分型面的形成

分型线和分型面的关系如下。

① 如果塑件分型线在同一平面内，则模具分型面也是平面，如图 7-3 所示。

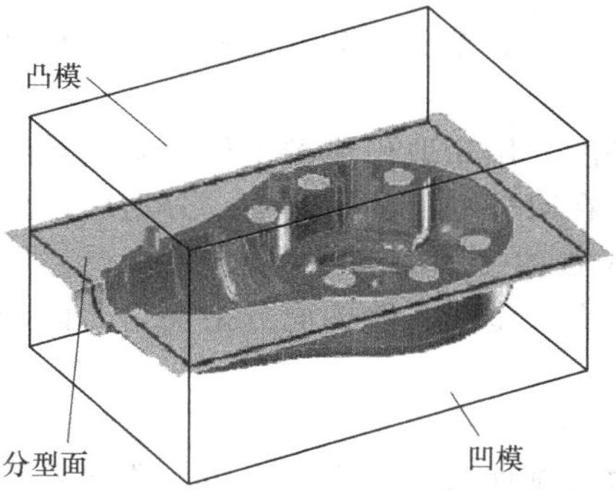

图 7-3　平面分型面

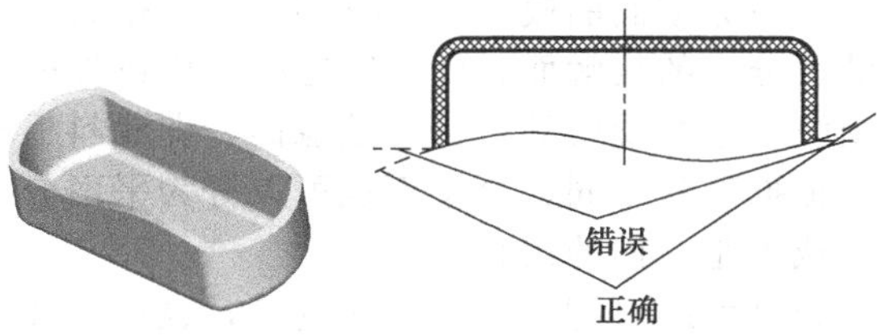

(a) 塑件　(b) 分型面的设计

图 7-4　曲面分型面

② 当塑件的分型线在具有单一曲面（如柱面）特性的曲面上时，如图 7-4（a）中的塑件，则要求按图 7-4（b）的形式即按曲面的曲率方向伸展一定距离（通常不小于 5mm）创建分型面。

③ 当塑件分型线为较复杂的空间曲线时，则无法按曲面的曲率方向伸展一定距离，此时不能将曲面直接延拓到某一平面，否则会产生如图 7-5（a）和图 7-6（a）所示的台阶及尖角密封面，而应该沿曲率方向构建一个较平滑的密封曲面。这种分型面易于加工、密封性好，且不易损坏，如图 7-5（b）和图 7-6（b）所示。由此可以看出，同一个塑件，即使分型线相同，但因延拓或扫描的方法不同，分型面未必相同。

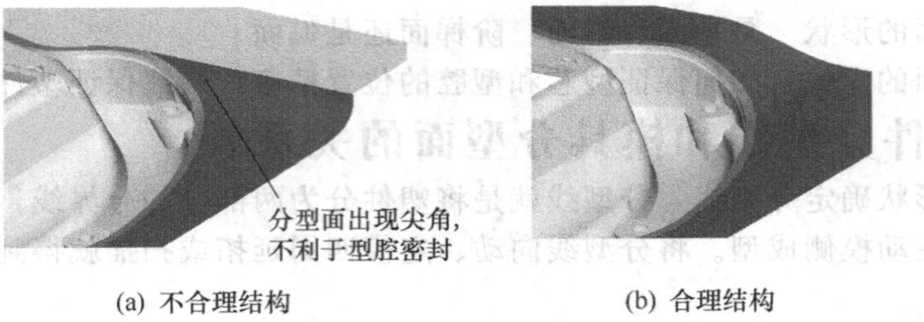

图 7-5　空间曲面分型面（一）

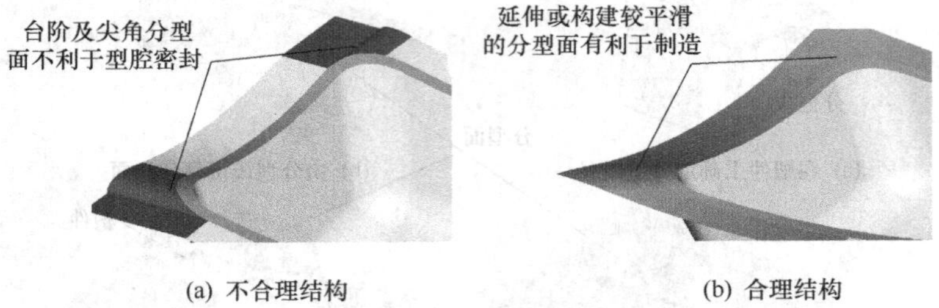

图 7-6　空间曲面分型面（二）

7.3.3　模具分型面的进一步定义

在模具中，能够取出塑件或浇注系统凝料的可分离的接触面，都称为分型面。因此以上所得到的分型面，对于单分型面的模具来说，就是模具的全部分型面，但对于具有双分型面或多分型面的三板模具或多层注塑模具，它仅仅是模具分型面的一部分。

根据开模情况不同，分型面分为两种：一种是模具分开时，分型面两边的模板都作移动，如三板模具；另一种是模具分开时，其中一边的模板不动，另一边模板作移动，如二板模具。

根据数目不同，分型面又分为单分型面、双分型面、多分型面。分型面的形状和数量取决于塑件的形状和每模型腔的数量。

在单分型面的模具中，分型面是指模具上可以打开的，用于取出成型塑件和浇注系统凝料的可分离的接触面，即动、定模内模镶件的接触面。在双分型面的模具中，分型面还包括取出浇注系统凝料的可分离接触面，即脱料板和定模 A 板的接触面。

根据形状不同，分型面也可以分为平面分型面、斜面分型面、阶梯面分型面、曲面分型面，或者是它们的组合。

分型面既可能与开模方向垂直，也可能和开模方向倾斜，但尽量避免和开模方向平行，因为这样会造成模具制造困难，也容易导致动、定模内模镶件磨损而产生飞边。曲面或倾斜的分型面两端要设计成平面，或加内模定位结构，以方便内模镶件的加工，以及保证内模镶件的定位和刚度。

7.3.4　分型面设计的一般原则

分型面的设计是否合理对模具制造、模具生产和塑件质量都有很大影响，是模具设计中非常重要的一步。分型面设计的一般原则如下。

（1）有利于脱模　有利于脱模包括以下三个方面。

① 成型塑件在开模后必须留在有推出机构的半模上，这是最基本的要求。有推出机构的半模通常是动模，在特殊情况下推出机构才做在定模上，如图 7-7（a）所示。

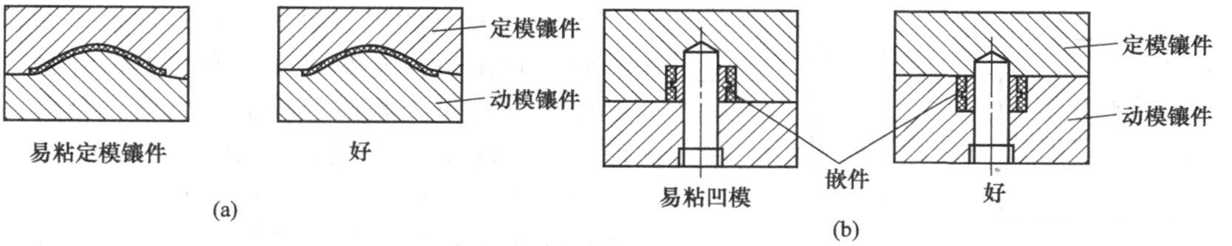

图 7-7 保证塑件留于动模

② 当塑件带有金属嵌件时，因为嵌件不会收缩，所以外形型腔应设计在动模侧，否则开模后塑件会留在定模，造成脱模困难，如图 7-7（b）所示。

③ 有利于塑件推出。当塑件的外形简单，但内形有较多的孔或复杂结构时，开模后塑件必须留在动模上。此时，选择分型面时，尽量做到定模镶件成型塑件外表面，动模镶件成型内部结构。这种模具俗称“天地模”，如图7-8所示。

④ 使侧向抽芯距离最短。图 7-9（a）为常见的笔筒，采用图 7-9（b）中纵向分型面虽然模具整体高度有所增加，但侧向抽芯距离较短，模具结构简练，较好；而图 7-9（c）中的分型面因侧向抽芯距离太长，会导致模具宽度太大，在生产过程中，滑块行程太大易出故障，不好。

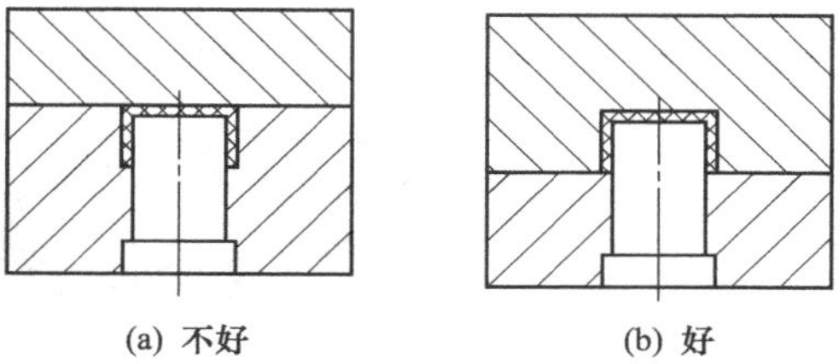

图 7-8 天地模有利于推出塑件

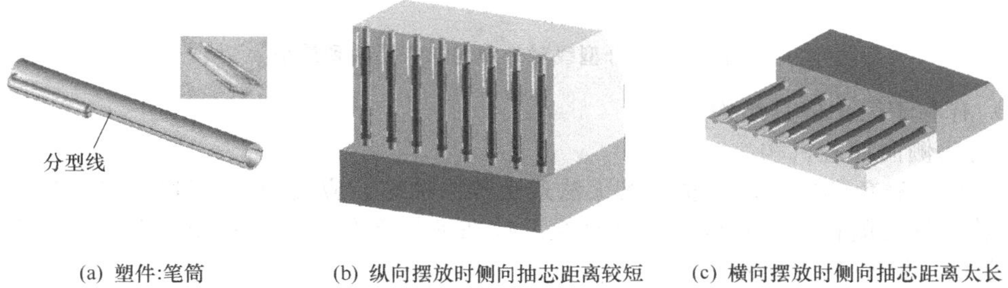

图 7-9 侧向抽芯距离越小模具越简单可靠

（2）必须确保塑件尺寸精度

① 有同轴度要求的结构应全部在动模内或定模内成型，若放在动、定模两侧成型，会因制造误差和装配误差而难以保证同轴度，如图 7-10 所示。

② 选择分型面时，应考虑减小由于脱模斜度造成塑件大小端尺寸差异，如图 7-11 所示的长筒塑件，若型腔全部设在定模，会因脱模斜度造成塑件大小端尺寸差异太大。如果采用较小的脱模斜度，又会使塑件易粘定模而造成脱模困难。若塑件外观无严格要求，不妨将分型面选在塑件中间，不但可以提高塑件精度，还可采用较大的脱模斜度有利于脱模。

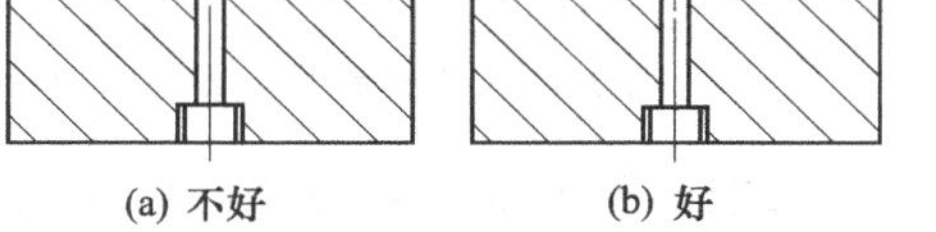

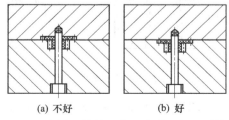

图 7-10 在同一镶件上成型有利于保证同轴度

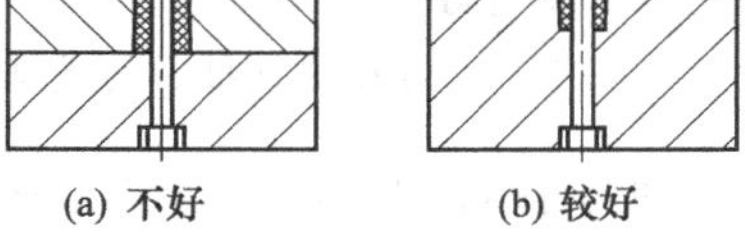

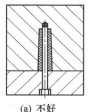

图 7-11 应考虑脱模斜度对塑件精度的影响

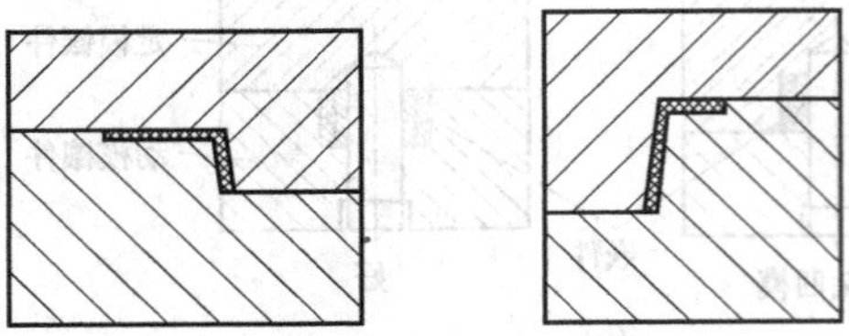

(a) 不好　　(b) 较好

图 7-12　锁模力最小

③ 满足模具的锁紧要求，将塑件投影面积大的方向，放在动、定模的合模方向上，而将投影面积小的方向作为侧向分模面，另外，分模面是曲面时，应设计定位结构，如图 7-12 所示。

(3) 必须保证塑件外观质量要求　分型面尽可能选择在不影响塑件外观的部位以及塑件表面棱线或切线处，如图 7-13 所示。

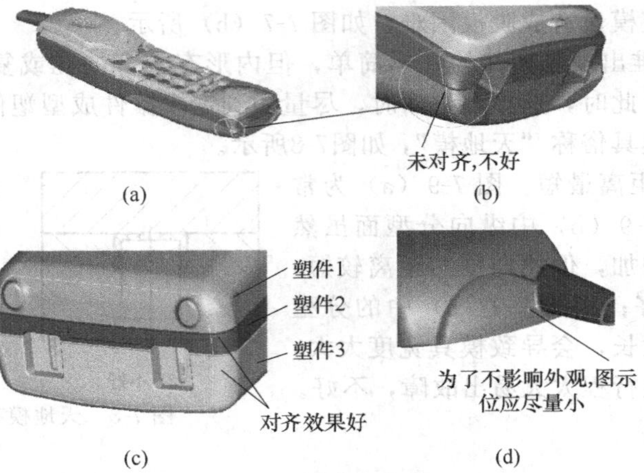

图 7-13　分型线对外观的影响要做到最小

(4) 有利于简化模具结构

① 简化侧向抽芯机构

a. 应尽量避免侧向抽芯机构，若无法避免侧向抽芯，应使抽芯尽量短，如图 7-9 所示。

b. 若塑件有侧孔时，应尽可能将滑块设计在动模部分，避免定模抽芯，否则会使模具结构复杂化，如图 7-14 所示。

c. 由于斜滑块合模时锁紧力较小，对于投影面积较大的大型塑件，可将塑件投影面积大的分模面作为动、定模的分型面，而将投影面积较小的分型面作为侧向分型面，否则斜滑块的锁紧机构必须做得很庞大，或由于锁不紧而出现飞边。

② 尽量方便浇注系统的布置　对于二板模具，分流道都是沿分型面走，要使熔体在分流道内的能量损失最小，布置分流道的分型面起伏不宜过大。

③ 便于排气　分型面是主要排气的地方，为了有利于气体的排出，分型面尽可能与料流的末端重合，如图 7-15 所示。

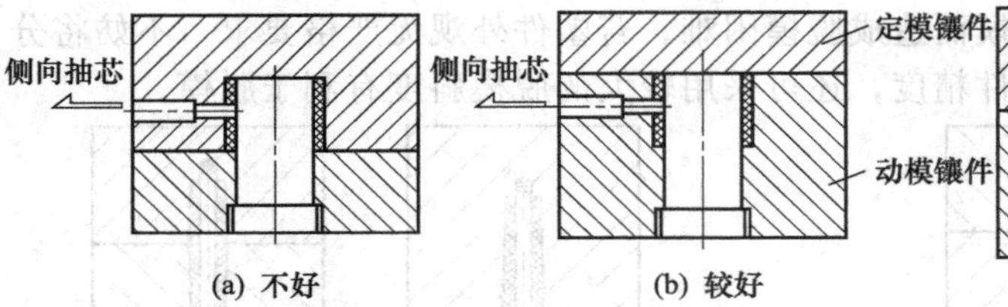

(a) 不好　　(b) 较好

图 7-14　动模侧向抽芯的模具结构较简单

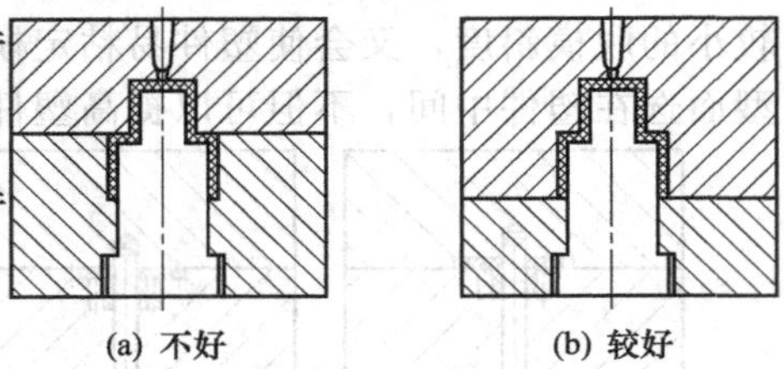

(a) 不好　　(b) 较好

图 7-15　分型面是主要排气处

④ 便于嵌件的安放　当分型面开启后，要有一定的空间安放嵌件，另外，嵌件应尽量靠近分型面，以方便安放。

⑤ 模具总体结构简化，尽量减少分型面的数目。

（5）方便模具制造　能确保模具机械加工容易，尽量采用平直分型面。在确定分型面时，要做到能用平面（与开模方向垂直）不用斜面，能用斜面不用曲面，如图 7-16 所示。

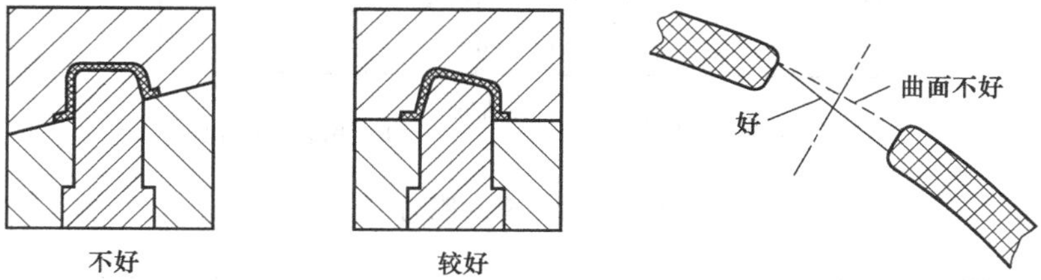

(a) 能平面分型不斜面分型　　(b) 能斜面分型不曲面分型

图 7-16　方便加工

（6）分型面上尽量避免尖角锐边　若分型面不合理，则模具上易出现尖角，尖角处不但加工复杂，密封性不好，而且会产生应力集中，应力集中会导致模具开裂，从而缩短模具的生产寿命。

（7）满足注塑机技术规格的要求

① 锁模力最小　尽可能减小塑件在分型面上的投影面积。当塑件在分型面上的投影面积接近于注塑机的最大注射面积时，就有产生溢料的可能，模具的分型面尺寸在保证不溢料的情况下，应尽可能减小分型面接触面积，以增加分型面的接触压力，防止溢料，并简化分型面的加工，如图 7-13 所示。

② 开模行程最短　当塑件很深，注塑机的开模行程无法满足要求时，分型面的确定要保证动、定模开模行程最短，如图 7-17 所示。开模行程最短后可以采用较小的注塑机，注塑机越小，运转费用越低，且动作较快。但采用液压抽芯将会使模具成本有所增加，这是必须考虑到的。

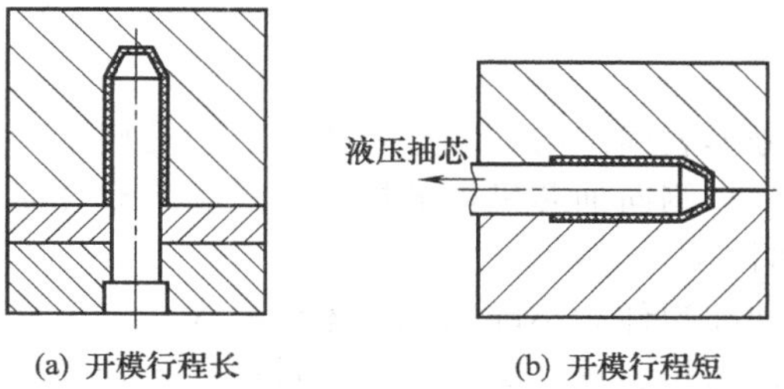

(a) 开模行程长　　(b) 开模行程短

图 7-17　缩短开模行程

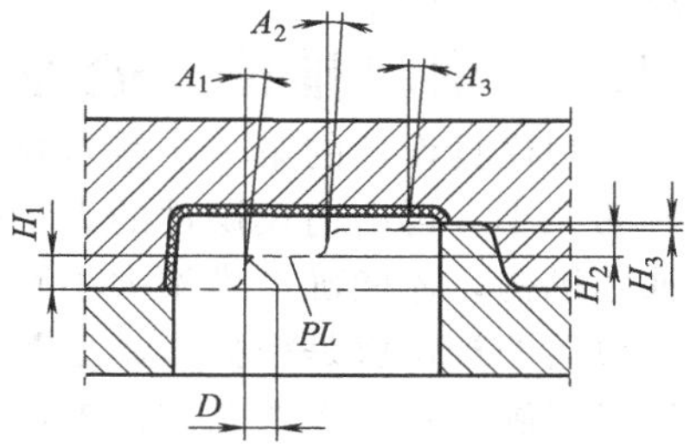

图 7-18　台阶分型面

7.3.5　分型面设计要点

（1）台阶分型面　一般要求台阶分型面的插穿面倾斜角度为 3°～5°，最少为 1.5°，太小则模具制造困难，如图 7-18 所示。当分型面中有几个台阶面，且 $H_1 \geqslant H_2 \geqslant H_3$ 时，角度“A”应满足 $A_1 \leqslant A_2 \leqslant A_3$，并尽量取同一角度方便加工。角度“A”尽量按下面要求选用：当 $H \leqslant 3$mm，斜度 $A \geqslant 5°$；3mm$\leqslant H \leqslant$10mm，斜度 $A \geqslant 3°$；$H > 10$mm，斜度 $A \geqslant 1.5°$。

当塑件斜度有特殊要求时，应按塑件要求选取。

（2）密封距离　模具分型面中，要注意保证同一曲面上有效的密封距离，以方便加工和保证注射时塑料熔体不泄漏。这个距离就称为密封距离或封料距离，如图 7-19 所示，一般情况要求密封距离 L≥5mm。

（3）基准平面　在创建分型面时，若含有斜面、台阶、曲面等有高度差异的一个或多个分型面时，必须设计一个基准平面，以方便加工和测量，如图 7-20 和图 7-21 所示。

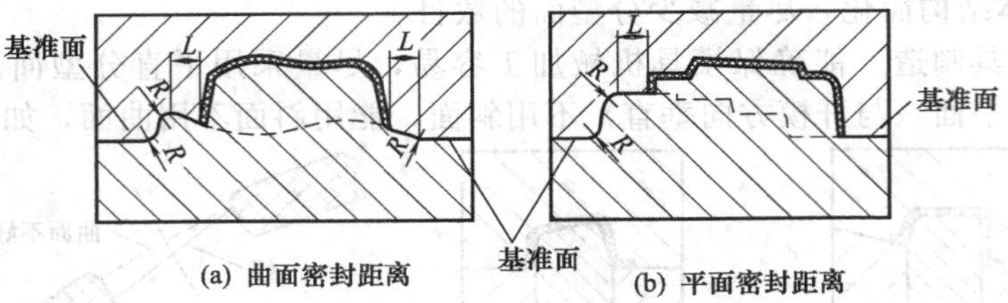

图 7-19　密封距离

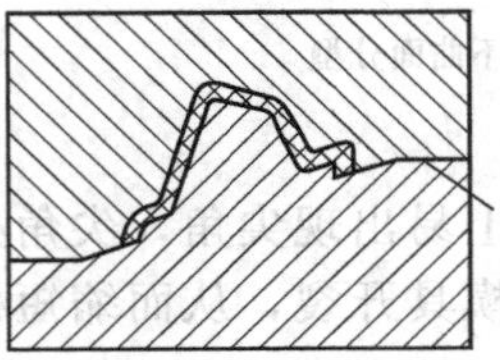

图 7-20　斜面分型面

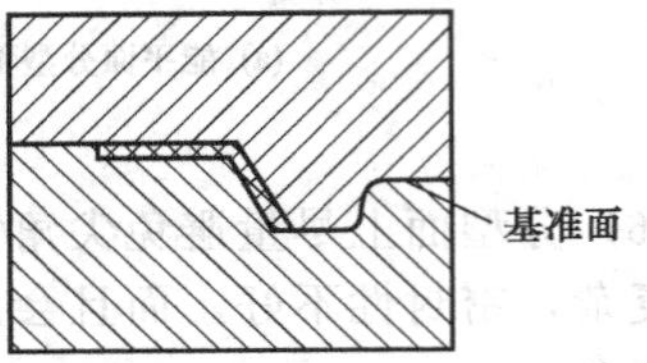

图 7-21　分型面加管位

（4）平衡侧向压力　由于型腔产生的侧向压力不能自身平衡，容易引起动、定模在受力方向上的错位，一般采用增加斜面锁紧，利用动、定模的刚性，平衡侧向压力。锁紧斜面在合模时要求完全贴合，锁紧斜面倾斜角度一般为 10°～15°，斜度越大，平衡效果越差。

7.4　型腔排位以及内模镶件外形尺寸设计

内模镶件由定模镶件和动模镶件组成。内模镶件的大小由成型塑件的大小及数量，通过合理的排位来决定。

7.4.1　型腔排位一般原则

注塑模具设计的第一步就是要根据塑件图和分模表确定的数量进行摆放，由此确定内模镶件的大小。再由内模镶件的大小确定模架大小（有侧向抽芯机构的模具，还须先设计完侧向抽芯机构，才能确定模架大小），这一过程俗称排位。

模具的排位就是根据模具型腔数量、塑料品种和塑件大小确定成型零件的大小。狭义的排位仅指确定各型腔的摆放位置，以确定内模镶件的长、宽、高；广义的排位还包括模具所有结构件的设计，即绘制模具的装配图。本节的排位仅指前者，广义的排位见第 15 章。

塑件的排位确定了模具结构，并直接影响后期的注射成型工艺。排位时必须考虑相应的模具结构，在满足模具结构的条件下调整排位。

要做到压力平衡和温度平衡，应尽量将塑件对称排位或对角排位。对称排位如图 7-22 所示。

一般来说，塑件的排位应遵循以下基本原则。

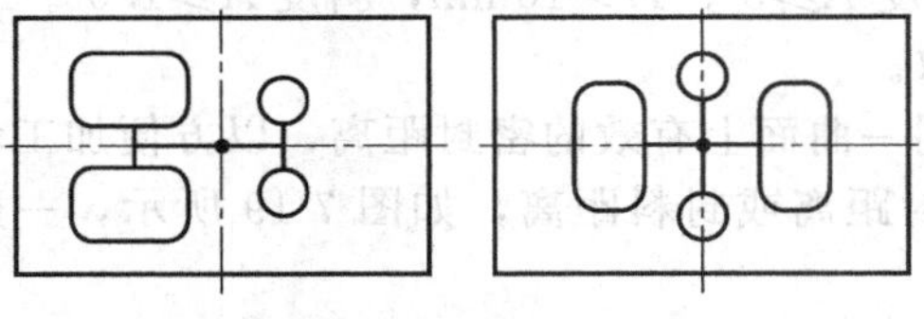

图 7-22　对称排位

（1）对称排位的原则　以下情况，塑件在模具里排位应遵循对称的原则，又称分中排位原则。

① 一模出一件，塑件形状完全对称，或近似对称。

② 一模出多件，塑件相同，腔数为双数。

③ 一模出多件，塑件不同，腔数均为双数。

以上几种情况如果不分中，在注射过程中很容易产生飞边以及塑件收缩率不一致，有时甚至在模具加工过程中就很容易出错。

（2）对角排位的原则　如果在多腔模具中，即使满足上面的情况，也很难做到对称排位时，应尽量做到对角排位。对角排位有下面几种情况。

① 一模出两件，塑件相同，但塑件不对称，俗称鸳鸯模，如图 7-23 所示。

② 一模出两件，塑件大小、形状不同。

③ 一模出多腔（两腔以上），各腔大小、形状不同，排位时尽量采用较大的和较大的对角摆放，较小的和较小的对角摆放的方法，如图 7-24 所示。

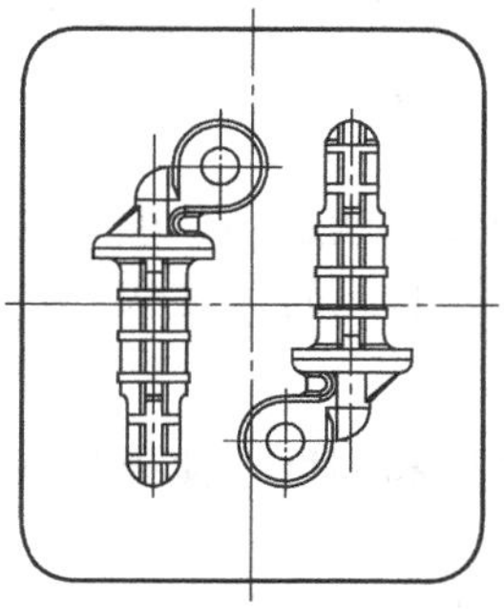

图 7-23　鸳鸯模

图 7-24　对角排位

对称排位原则和对角排位原则的目的都是为了保证模具的压力平衡和温度平衡。

如果模具的温度不平衡，模具各部位的温差过大，会导致各腔塑件收缩率不一致，最终损害塑件的尺寸精度，甚至导致塑件翘曲变形。

如果模具的压力不平衡，模具在注射时会因某一侧胀型力过大，而使塑件产生飞边。严重的压力不平衡，会对模具，甚至注塑机产生永久性损害，如使模具型芯和型腔错位、导柱变形以及注塑机拉杆变形等。

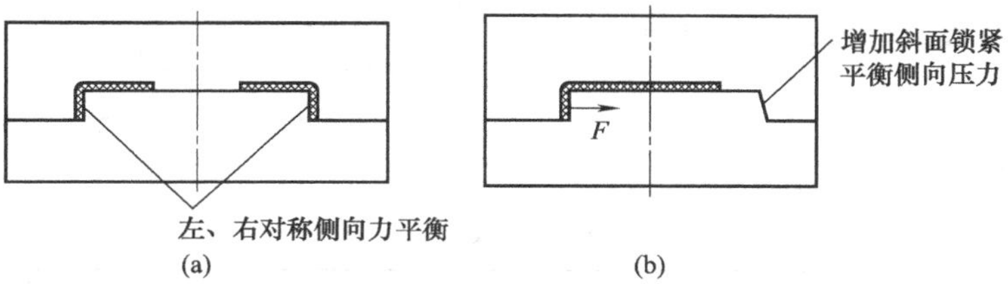

图 7-25　平衡侧向压力

型腔压力分为两个部分：一是指平行于开模方向的轴向压力；二是指垂直于开模方向的侧向压力。排位时除了应力求做到轴向压力相对于模具中心平衡外，还要力求做到侧向压力也能够相互平衡，如图 7-25 所示。

（3）浇口位置统一原则　在一模多腔的情况下，浇口位置应统一。浇口位置统一原则是指一模多腔中，相同塑件要从相同的位置进料。目的就是保证各塑件收缩率一致，使其具有互换性。当浇口位置影响塑件排位时，需先确定浇口位置，再排位。

（4）进料平衡原则　进料平衡原则是指熔体在基本相同的条件下，同时充满各型腔，以保证各腔塑件的精度。为满足进料平衡一般采用以下方法。

① 采用平衡式排位（图 7-26），主流道到各型腔的分流道长度相等。适用于各腔塑件相同或塑件体积大小基本一致的情况。

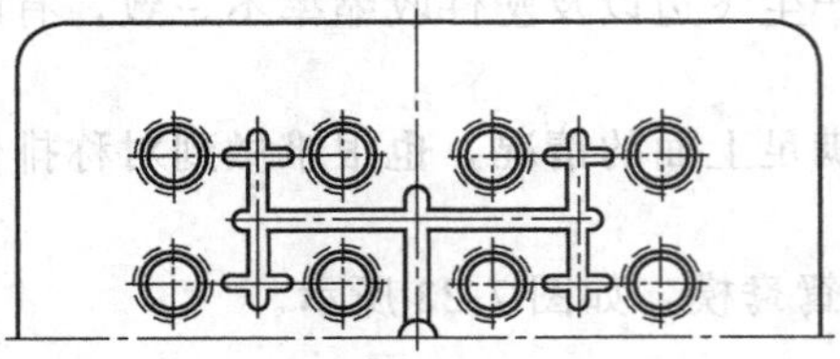

图 7-26　平衡布置

② 按大塑件靠近主流道、小塑件远离主流道的方式排位，再调整流道、浇口尺寸满足进料平衡。适用于各腔塑件不同、体积相差较大的情况。

应注意的是，当大小塑件质量之比大于 8 时，应同客户协商调整。在这种情况下，仅靠调整流道、浇口尺寸很难满足进料平衡要求。

（5）分流道最短原则　浇注系统的分流道越短，浇注系统凝料越少，模具排气负担越轻，熔体在分流道内的压力和温度损失越少，成型周期也越短。每种塑料的流动长度不同，如果流动长度超出注射工艺要求，型腔就难以充满。另外，在满足各型腔充满的前提下，流道长度和截面尺寸应尽量小，以保证浇注系统凝料最少。

（6）成型零件尺寸最小原则　成型零件的尺寸越小，模架的尺寸就越小，模具的制作成本就越低，与之匹配的注塑机就越小，小型的注塑机运转费用低，且运转速度快。

7.4.2　确定内模镶件外形尺寸

确定内模镶件尺寸总体原则是：必须保证模具具有足够的强度和刚度，使模具在使用寿命内不致变形。

确定内模镶件尺寸的方法有两种：经验法和计算法。在实际工作中常常采用经验法而不是计算法。但对于大型模具、重要模具，为安全起见，最好再用计算法校核其强度和刚度。

7.4.2.1　计算法

（1）一体式矩形型腔（图 7-27）壁厚计算

① 侧壁厚度计算

$$b_1=\sqrt[3]{\frac{cPh^4}{Ef_{\max}}}(\mathrm{mm})$$

$$f_{\max}=\frac{cPh^4}{Eb_1^3}\leqslant[f](\mathrm{mm})$$

式中，c 为系数。可按以下公式计算，也可由表 7-1 查得。

$$c=\frac{3l_1^4/h^4}{2(l_1^4/h^4+48)}$$

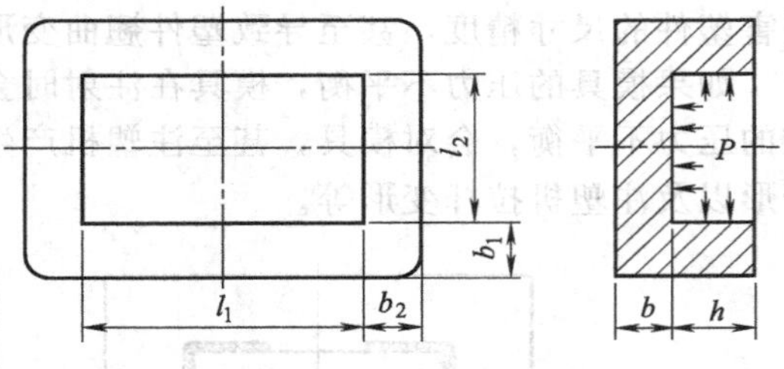

图 7-27　一体式矩形型腔

表 7-1　系数 c

h/l_1	0.3	0.4	0.5	0.6	0.7	0.8	0.9	1.0	1.2	1.5	2.0
w	0.108	0.130	0.148	0.163	0.176	0.187	0.197	0.205	0.219	0.235	0.254
c	0.930	0.570	0.330	0.188	0.117	0.073	0.045	0.031	0.015	0.006	0.002

② 底板厚度计算

$$b=\sqrt[3]{\frac{c'Pl_2^4}{Ef_{\max}}}(\mathrm{mm})$$

$$f_{\max}=c'\frac{Pl_2^4}{Eb^3}\leqslant[f](\mathrm{mm})$$

式中，c'为系数。按下式计算：

$$c'=\frac{(l_1/l_2)^4}{32[(l_1/l_2)^4+1]}$$

（2）分体式矩形型腔（图 7-28）托板厚度计算

① 根据最大变形量计算

$$b=\sqrt[3]{\frac{5Pl_1L^4}{32Elf_{max}}}(\text{mm})$$

$$f_{max}=\frac{5Pl_1L^4}{32Elb^3}\leqslant[f](\text{mm})$$

② 根据许用应力计算

$$b=\sqrt{\frac{3Pl_1L^2}{4l[\sigma]}}(\text{mm})$$

$$\sigma_{弯}=\frac{3}{4}\times\frac{Pl_1L}{lb^2}\leqslant[\sigma]$$

③ 如果托板下面有撑柱，托板厚度可以根据撑柱的数量（n）相应减小，其尺寸修正见表 7-2。

表 7-2　托板下面有撑柱时厚度尺寸修正

计算方法	$n=0$	$n=1$	$n=2$	$n=3$
按刚度计算厚度	b	$0.4b$	$0.23b$	$0.16b$
按强度计算厚度	b	$0.5b$	$0.33b$	$0.25b$

（3）分体式矩形型腔侧壁厚度计算

① 按最大变形量计算

$$b_1=\sqrt[3]{\frac{Pl_1^4h}{32EHf_{max}}}(\text{mm})$$

$$f_{max}=\frac{Pl_1^4h}{32Eb_2^3H}\leqslant[f](\text{mm})$$

② 按许用应力计算

$$\sigma_{拉}+\sigma_{弯}=\frac{Phl_2}{2Hb_2}+\frac{Phl_1^2}{2Hb_1^2}\leqslant[\sigma]$$

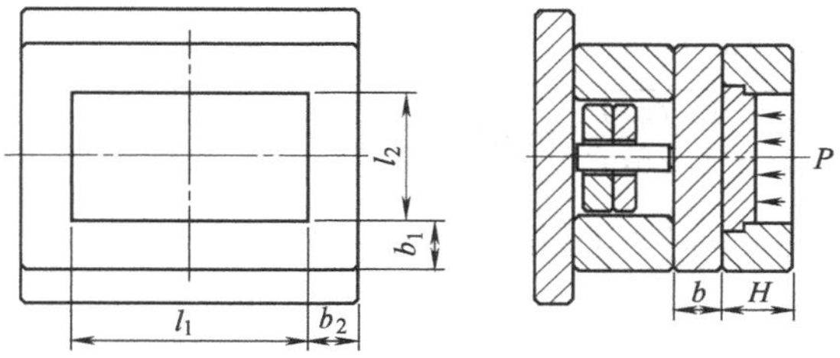

图 7-28　分体式矩形型腔

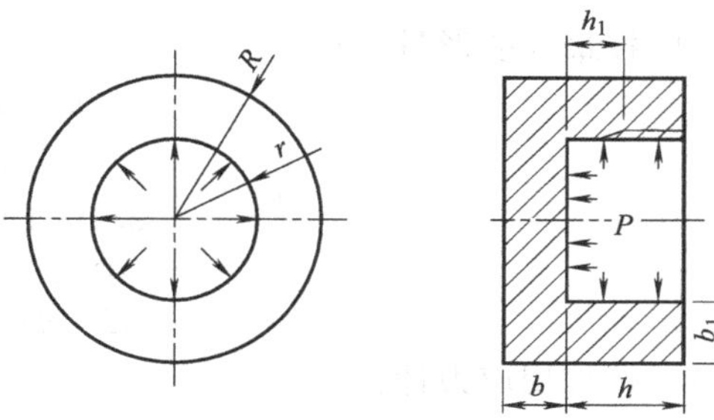

图 7-29　一体式圆形型腔

（4）一体式圆形型腔（图 7-29）侧壁厚度计算

① 按最大变形量计算　模具型腔高度在 h_1 范围内，其侧壁的变形为非自由变形，超过分界高度 h_1 的型腔侧壁变形为自由变形。自由变形与非自由变形的分界高度 h_1 由下式计算：

$$h_1=\sqrt[4]{2r(R-r)^3}(\text{mm})$$

a. 当型腔高度 $h>h_1$ 时，其侧壁变形量与壁厚按组合式圆柱形型腔进行计算。

b. 当型腔高度 $h<h_1$ 时，其侧壁变形量按下式计算：

$$f=f_{max}\frac{h^4}{h_1^4}\leqslant[f](\text{mm})$$

② 按许用应力计算

a. 当型腔高度 $h>h_1$ 时，其侧壁的强度按组合式圆柱形型腔进行计算。

b. 当型腔高度 $h<h_1$ 时，其强度按下式计算：

$$\sigma=\frac{3Ph^2}{b_1^2}\left(\frac{R^2+r^2}{R^2-r^2}+\mu\right)\leqslant[\sigma]$$

(5) 一体式圆形型腔底板厚度计算

① 按变形量计算

$$b=\sqrt[3]{0.175\frac{Pr^4}{Ef_{\max}}}(\mathrm{mm})$$

$$f_{\max}=0.175\frac{Pr^4}{Eb^3}\leqslant[f](\mathrm{mm})$$

② 按许用应力计算

$$b=\sqrt{0.75\frac{Pr^2}{[\sigma]}}(\mathrm{mm})$$

(6) 分体式圆形型腔（图 7-30）托板厚度计算

① 按变形量计算

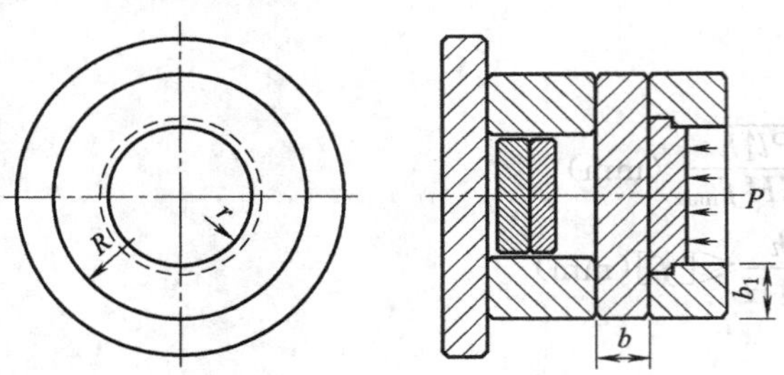

图 7-30 分体式圆形型腔

$$b=\sqrt[3]{0.74\frac{Pr^4}{Ef_{\max}}}(\mathrm{mm})$$

$$f_{\max}=0.74\frac{Pr^4}{Eb^3}\leqslant[f](\mathrm{mm})$$

② 按许用应力计算

$$b=\sqrt{\frac{3(3+\mu)Pr^2}{8[\sigma]}}=\sqrt{\frac{1.22Pr^2}{[\sigma]}}(\mathrm{mm})$$

$$\sigma_{\max}=\frac{3(3+\mu)Pr^2}{8b^2}\leqslant[\sigma]$$

(7) 分体式圆形型腔侧壁厚度计算

① 按最大变形量计算

$$b_1=R-r(\mathrm{mm})$$

$$R=r\sqrt{\frac{2.1\times10^{11}f_{\max}+0.75rP}{2.1\times10^{11}f_{\max}-1.25rP}}(\mathrm{mm})$$

$$f_{\max}=\frac{rP}{E}\left(\frac{R^2+r^2}{R^2-r^2}+\mu\right)\leqslant[f](\mathrm{mm})$$

② 按许用应力计算

$$b_1=r\left(\sqrt{\frac{[\sigma]}{[\sigma]-2P}}-1\right)(\mathrm{mm})$$

以上各式中的符号意义如下。

H——模板总高，mm；

h——型腔高度，mm；

h_1——自由变形与非自由变形的分界高度，mm；

l_1，l_2——矩形型腔侧壁长度，mm；

L——垫块跨度，mm；

b_1，b_2——型腔侧壁厚度，mm；

b——支承板或型腔底板厚度，mm；

R——圆形模具外径，mm；

r——圆形型腔内径，mm；

E——弹性模量，Pa，碳钢 $E=2.1\times10^{11}$ Pa；

P——型腔压力，Pa，一般为 24.5～49MPa；

μ——泊松比，碳钢 $\mu=0.25$；

$[\sigma]$——许用应力，Pa，45 钢 $[\sigma]=160$MPa，常用模具钢 $[\sigma]=200$MPa；

f_{max}——型腔侧壁、支承板或型腔底板的最大变形量，mm；

$[f]$——许用变形量，mm。

$$[f]=St$$

式中 S——塑料收缩率，%；

t——制品壁厚，mm。

当 $[f]$ 等于塑料不产生溢边时的最大允许间隙时，其值参考表 8-2。

7.4.2.2 经验法

（1）确定内模镶件的长、宽尺寸

① 第一步 按上面的排位原则，确定各型腔的摆放位置。

② 第二步 按下面的经验数据，确定各型腔的相互位置尺寸。

多型腔模具，各型腔之间的钢厚 B 可根据型腔深度取 12～25mm，型腔越深，型腔壁应越厚，如图 7-31 所示。在特殊情况下，型腔之间的钢厚可以取 30mm 左右。特殊情况包括以下几种。

a. 当采用潜伏式浇口时，应有足够的潜伏式浇口位置及布置推杆的位置。

b. 塑件尺寸较大，型腔较深（≥50mm）时。

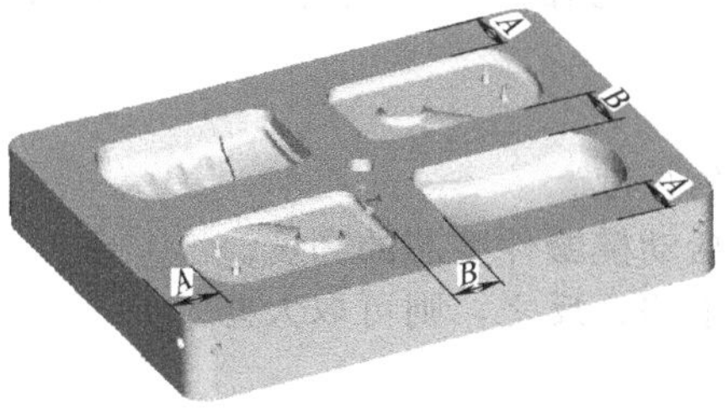

图 7-31 排位确定镶件大小

图 7-32 动模镶件做通孔

c. 塑件尺寸较大，内模镶件固定型芯的孔为通孔。此时的镶件呈框架结构，刚性不好，应加大钢厚以提高刚性，如图 7-32 所示。

d. 型腔之间要通冷却水时，型腔之间距离要大一些。

③ 第三步 确定内模镶件的长、宽尺寸。型腔至内模镶件边之间的钢厚 A 可取 15～50mm，如图 7-31 所示。塑件至内模镶件的边距也与型腔的深度有关，一般塑件可参考表 7-3中的经验数值选定。

表 7-3 型腔至内模镶件边经验数值 单位：mm

型腔深度	型腔至内模镶件边数值	型腔深度	型腔至内模镶件边数值
≤20	15～25	30～40	30～35
20～30	25～30	＞40	35～50

注：1. 动模镶件和定模镶件的长度和宽度尺寸通常是一样的。

2. 内模镶件的长、宽尺寸应取整数，宽度应尽量和标准模架的推件固定板宽度相等。

（2）内模镶件高度尺寸的确定 内模镶件包括定模镶件和动模镶件，厚度与塑件高度及塑件在分型面上的投影面积有关，一般塑件可参考以下经验数值选定。

定模镶件厚度 A，一般在型腔深度基础上加 $W_a=15$～20mm，当塑件在分型面上的投

影面积大于 $200cm^2$ 时，W_a 宜取 25～30mm，如图 7-33 所示。

动模镶件厚度 B，如图 7-34 所示，分以下两种情况。

一是动模镶件无型腔，型腔都在定模镶件内（即天地模），如图 7-33（a）所示，此时应保证动模镶件有足够的强度和刚度，动模镶件厚度取决于动模镶件的长、宽尺寸，见表 7-4。

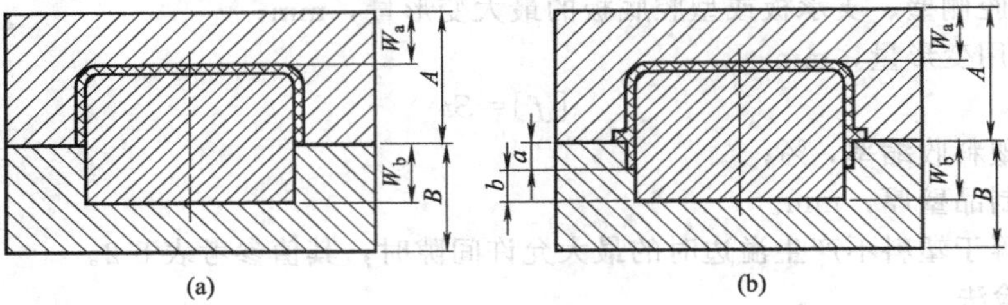

图 7-33　定、动模镶件厚度

表 7-4　天地模动模镶件厚度经验确定法　　单位：mm

内模镶件的长×宽	动模镶件厚度 B	内模镶件的长×宽	动模镶件厚度 B
≤50×50	15～20	150×150～200×200	30～40
50×50～100×100	20～25	≥200×200	40～60
100×100～150×150	25～30		

二是动模镶件有部分型腔，如图 7-33（b）所示，动模镶件的厚度 B＝型腔深度 a＋密封尺寸 b（最小 8mm）＋钢厚 14～20mm。

如果型芯镶通，则不用加 14mm；如果按上式计算得到的厚度小于表 7-4 中动模镶件厚度 B，则以表 7-4 中的厚度为准。

注意事项如下。

① 定模镶件厚度尽量取小一些，以减小主流道的长度。

② 动模镶件厚度是指分型面以下的厚度，不包括动模镶件型芯的高度。

③ 动模镶件型腔越深，密封尺寸的值就越要取小些；反之，则可取大些。

（3）其他设计要点

① 要满足分型面密封要求　排位应保证流道、浇口套距定模型腔边缘有一定的距离，以满足密封要求。一般要求 D_1≥6mm，D_2≥10mm，如图 7-34 所示。侧向抽芯滑块槽与型腔边缘的距离应大于 15mm。

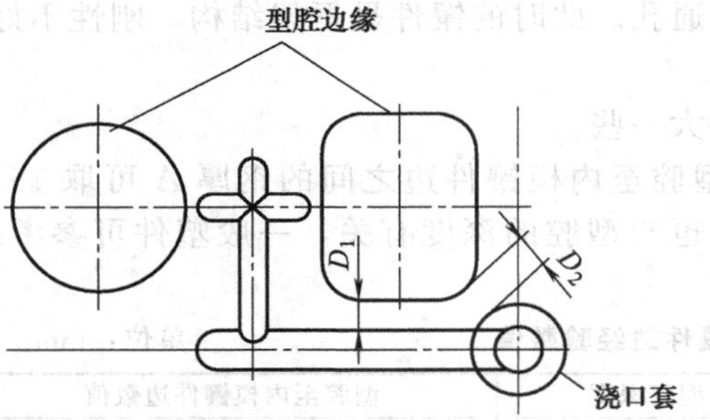

图 7-34　型腔至流道的距离

② 要满足模具结构空间要求　排位时应满足模具结构件，如滑块、锁紧块、斜推杆等的空间要求，同时应保证以下几点。

a. 模具结构件有足够强度。

b. 与其他模架结构件无干涉。

c. 有活动件时，行程须满足脱模要求。有多个活动件时，不能相互干涉，如图 7-35 所示。

d. 需要推管的位置要避开顶棍孔的位置。

③ 要充分考虑螺钉、冷却水孔及推出装置　为了模具能达到较好的冷却效果，排位时应注意螺钉、推杆对冷却水孔的影响，预留冷却水孔的位置。

④ 模具长宽比例要协调　排位时要尽可能紧凑，以减小模具外形尺寸，从选择注塑机方面考虑，模具宽度越小越好，但长宽比例要适当（在 1.2～1.5 之间较合理），长度不宜超过宽度的 2 倍。

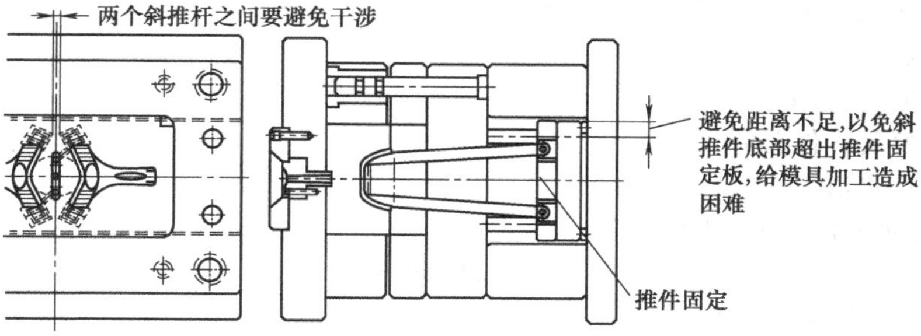

图 7-35　活动件不能干涉

7.4.3　内模镶件配合尺寸与公差

内模镶件与模板的配合为过渡配合，公差为 H7/m6，内模镶件之间的配合公差为 H7/h6。

模具动、定模板在 *X*、*Y* 平面即主视图内通常有两个设计基准：模具基准和塑件基准。所有型芯和型腔部分的尺寸由塑件设计基准标出，保证两位有效小数，一般无须标注公差（除非有特殊要求），尺寸加方框，*Z* 方向一律由塑件基准为设计基准，没有明确塑件基准的以分型面为设计基准。

螺钉、冷却水道等与模架装配有关系的尺寸由模具装配基准（通常为中心线）标出。标注尺寸时应考虑加工的方便。

公差的规定是：未注公差为自由公差，按国家标准 IT12 查表。

7.4.4　内模镶件成型尺寸计算法

内模镶件的成型尺寸是由塑件的零件图增加收缩值（俗称放缩水）、脱模斜度并镜射而得，如图 7-36 所示。

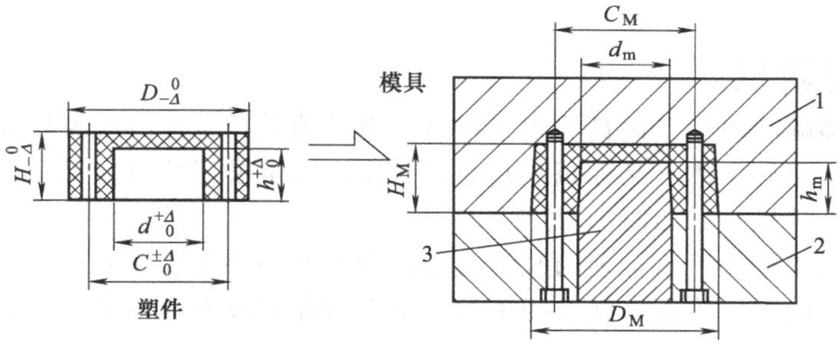

图 7-36　成型尺寸计算

1—定模镶件；2—动模镶件；3—型芯

塑料的成型收缩受多方面的影响，如塑料品种、塑件几何形状及大小、模具温度、注射压力、充模时间、保压时间等，其中影响最显著的是塑料品种、塑件几何形状及壁厚。

值得注意的是，对同一塑件增加收缩值时，3D 设计和 2D 设计所选用的参考点应相同，否则将会使 3D 设计和 2D 设计不统一。

内模镶件成型尺寸的计算方法目前有以下两种。

(1) 国家标准计算法

① 型腔内形尺寸：$D_M=[D(1+S)-3/4\times\Delta]^{+\&}$

② 型腔深度尺寸：$H_M=[H(1+S)-2/3\times\Delta]^{+\&}$

③ 型芯外形尺寸：$d_M=[d(1+S)+3/4\times\Delta]_{-\&}$

④ 型芯高度尺寸：$h_M=[h(1+S)+2/3\times\Delta]_{-\&}$

⑤ 中心距尺寸：$C_M=[C(1+S)]\pm\&$

式中　S——收缩率；

Δ——塑件公差；

$\&$ ——模具零件公差。

（2）简化计算法

① 塑件尺寸为自由公差时：

$$D_M=D(1+S)$$

式中　D_M——模具型腔尺寸；

D——塑件的基本（或公称）尺寸。

型腔尺寸公差通常取 IT5～IT8 级。

②塑件尺寸为非自由公差时，型腔的基本尺寸有两种计算方法。

第一种方法是：

$$D_M=D(1+S)$$

型腔的尺寸公差取塑件尺寸公差的一半。

第二种方法是：

$$D_M=[(D_{max}+D_{min})/2](1+S)$$

式中　D_{max}——最大极限尺寸；

D_{min}——最小极限尺寸。

型腔的尺寸公差仍取塑件尺寸公差的一半。

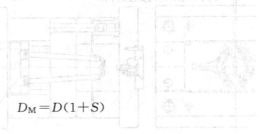

这里应该注意的是，保证塑件的尺寸精度是我们的终极目标，但影响塑件尺寸精度的因素除型腔的制造精度外，还包括塑料的收缩率波动性、型芯的装配误差以及型腔的磨损。其中塑料的收缩率波动性不仅与塑料品种有关，还会随着塑件的结构和尺寸、注射成型工艺参数的变化而变化。单纯从提高型腔的制造精度去提高塑件的尺寸精度是很困难的，也是很不经济的。

7.4.5　脱模斜度

为了塑件能够顺利脱模，模具的型芯和型腔都必须设计合理的脱模斜度。一般来说，脱模斜度都是按减小塑件实体（又称减胶）的方向取，即定模型腔所标尺寸为大端尺寸，动模型芯所标尺寸为小端尺寸，如图 7-36 所示。

如果模具选用或形成了不合理的脱模斜度，会影响塑件的表面质量，所以在模具设计时应对塑件的脱模斜度进行检查，并与相关的负责人协商解决不合理的地方。以下是对脱模斜度的一般要求。

① 塑料品种不同，塑件表面粗糙度要求不同，则其脱模斜度也不同。详见第 3 章中表 3-5。

② 不论塑件内表面的加强筋、柱子是否设计有脱模斜度，在进行模具设计时，都应增加或修改脱模斜度，而且在不影响塑件内部结构的情况下，应选取较大的脱模斜度。

7.4.6　内模镶件的成型表面粗糙度

成型表面粗糙度取决于塑件的表面粗糙度。塑件表面的粗糙度多种多样，所以模具成型表面的粗糙度也多种多样，其中包括以下种类。

（1）镀铬　常用于成型透明塑件的模具型腔、成型有腐蚀性塑料（如 PVC 和 POM 等）的模具型腔以及成型流动性差的塑料（如 PC 等）的模具型腔（减轻磨损）的表面加硬处理。

（2）蚀纹　型腔抛光后，再用化学药水腐蚀，可以得到各种不同粗糙度的表面，以成型各种不同要求的塑件表面。型腔要蚀纹的模具，应注意以下几点。

① 在所有情况下，型腔需蚀纹的位置不能有电极加工留下的火花纹或机械加工的刀纹。

② 加工件需做另外的表面处理（如电镀或氮化），应先做蚀纹工序。

③ 一般深度的蚀纹，需先用 320 号砂纸抛光后，才可蚀纹。

④ 若要蚀细纹或深度浅过 0.025mm 的皮纹，需用 400/600 号砂纸抛光后，才可蚀纹。

⑤ 蚀纹的型腔脱模角度应尽量取大一些，视蚀纹的粗细脱模角度取 3°～9°不等。

(3) 火花纹　电极加工后不进行抛光，直接成型塑件。常用于两种情况：一是外观效果的需要，这种表面亚色，稳重大方；二是装配在看不见的地方，没有外观要求。

(4) 喷砂　塑件表面有特殊要求或特殊功能要求，需要在模具型腔表面喷砂，以达到塑件表面的这种特殊效果。

(5) 抛光　抛光俗称省模，抛光包括一般抛光和镜面抛光。一般抛光的粗糙度为 0.2～0.4μm，镜面抛光的粗糙度要达到 0.1～0.2μm。镜面抛光常用于成型透明塑件的模具型腔加工。

抛光作业程序如下：

车削加工、铣床加工、电加工→砥石研磨（粗→细 46 号→80 号→120 号→150 号→220 号→320 号→400 号）→砂纸研磨（220 号→280 号→320 号→400 号→600 号→800 号→1000 号→1200 号→1500 号）→钻石膏精加工（15μm—9μm—3μm—1μm）。

7.5 定模镶件设计

7.5.1 定模镶件基本结构

定模镶件又称凹模、母模仁，英文为 cavity。它是装在定模 A 板开框里的镶件，通常用以成型塑件的外表面。其结构特点随塑件的结构和模具的加工方法而变化。

定模镶件有整体式和组合式两种。组合式镶件的刚性不及整体式镶件，且易在塑件表面留下痕迹，影响外观，模具结构也比较复杂。但组合式镶件排气性能良好，制造方便。对于镶件中易磨损的部位采用组合式镶件，可以方便模具的维修，避免镶件的整体报废。

图 7-37 是定模和动模都采用整体式镶件的实例。

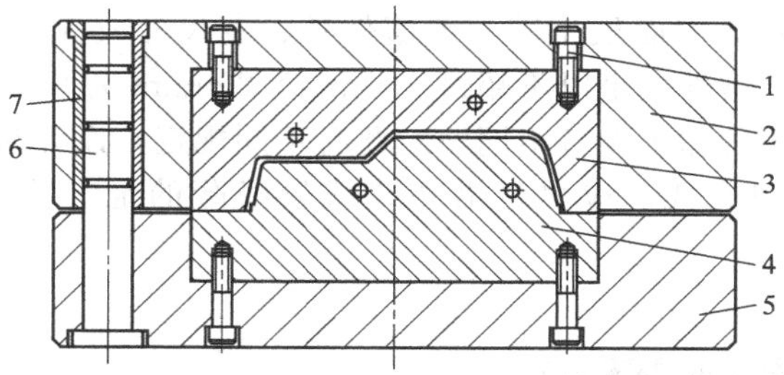

图 7-37　整体式定模镶件和动模镶件

1—连接螺钉；2—定模 A 板；3—定模镶件；4—动模镶件；5—动模 B 板；6—导柱；7—导套

7.5.2 组合式镶件使用场合

为保证塑件的外观质量，定模镶件尽量不用组合式镶件，但以下情况适宜用组合式结构。

(1) 镶件型腔结构复杂，采用整体式难以加工　定模镶件局部结构复杂如图 7-38 所示。

(2) 内模镶件高出分模面　分模面即使为平面，当定模镶件内部结构高出分模面较多时，为方便加工及省料，也适宜镶拼，如图 7-39 所示。

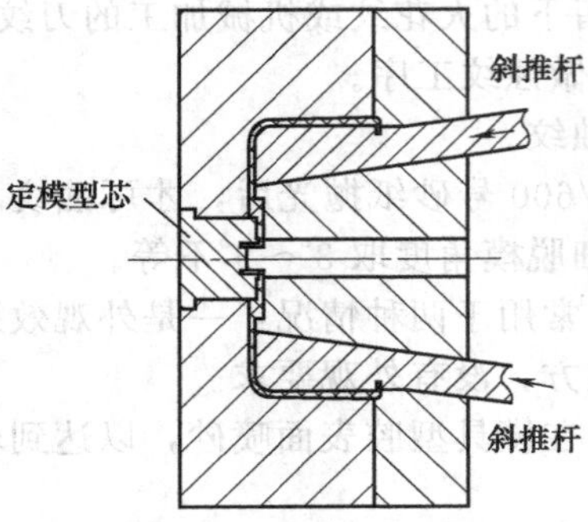

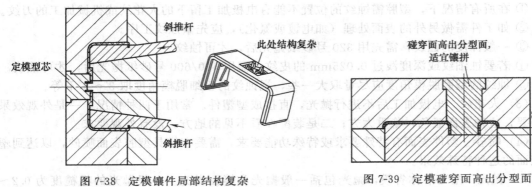

图 7-38　定模镶件局部结构复杂

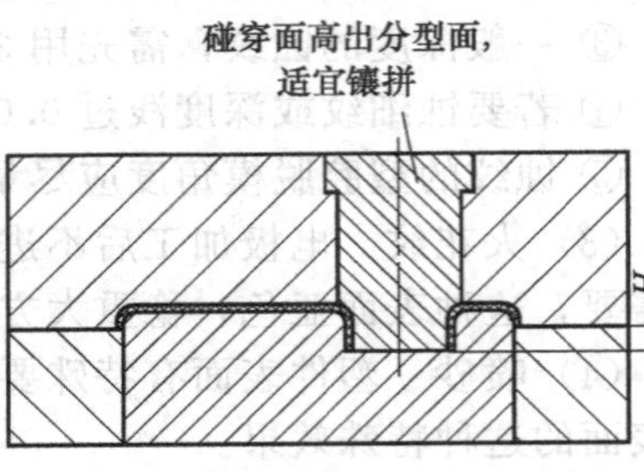

图 7-39　定模碰穿面高出分型面

(3) 一模多腔，各腔分型面不同　图 7-40 是电话机听筒底面盖模具的内模镶件组合结构。

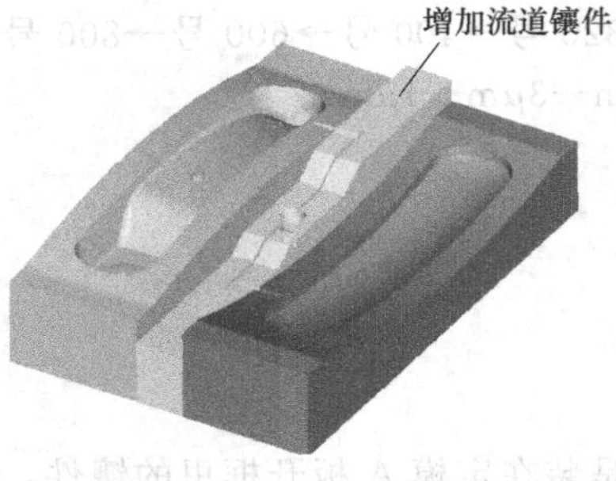

图 7-40　各腔分型面不同

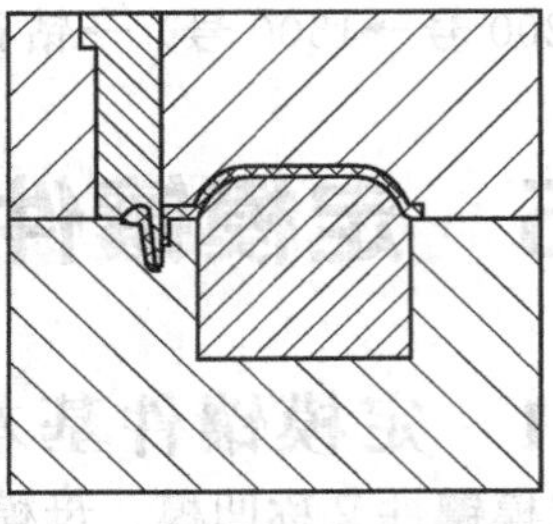

图 7-41　易损零件镶拼

(4) 易损坏的零件应镶拼　产品批量大，对易损零件采用镶拼，方便维修，如图 7-41 所示。

(5) 字唛　产品销往不同国家，塑件上的文字要用不同的语言，成型文字的字唛要镶拼，以便更换。

(6) 一模多腔，各腔分模面虽相同，但镶件长、宽尺寸较大，采用整体镶件时加工不便　对于多腔模具，内模镶件大小以不超过 200mm×200mm 为宜，如果超过此数应采用镶拼结构。不同公司因公司的加工设备不同，对此有不同规定，设计时必须留意。

定模镶件如果采用组合式，应尽量沿切线或较隐蔽的地方镶拼，以最小限度地影响外观。

7.6 动模镶件设计

7.6.1 动模镶件基本结构

动模镶件又称凸模、公模仁，英文为 core。它是装配在动模 B 板开框里的镶件，用以成型塑件的内部结构。动模镶件也有整体式和组合式两种。

整体式动模镶件形状简单时，模具刚性好，如图 7-37 所示。组合式镶件节约材料，加工方便，排气性好，维修方便。在组合式动模镶件中，中间高出来的小镶件通常称为型芯。镶拼可以镶通（图 7-42），也可以不镶通（图 7-43）。不镶通时强度和刚度较好，但如果镶件和型芯的配合孔需要线切割加工时，必须镶通。动模镶件常采用组合式，这样不仅方便模具加工、模具排气和模具维修，而且节省材料。组合式动模镶件应注意以下几点。

(1) 小型芯尽量镶拼　小型芯容易损坏，为方便加工及方便损坏后更换，常采用镶拼结构。小型芯单独加工后再嵌入动模镶件中，公差配合取 H7/h6，如图 7-42 所示。小型芯尽量采用标准件和通用件。

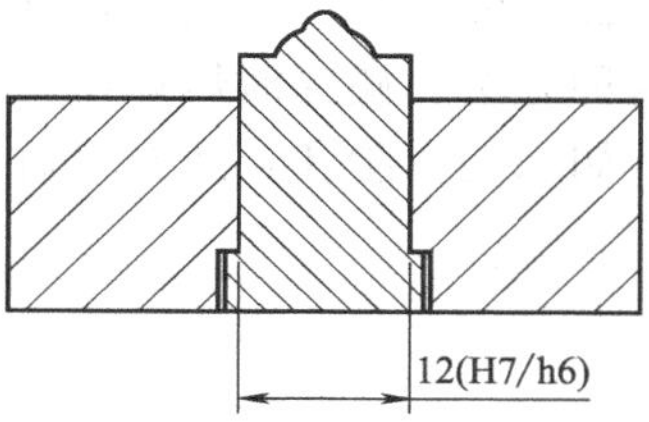

图 7-42　镶件的组合

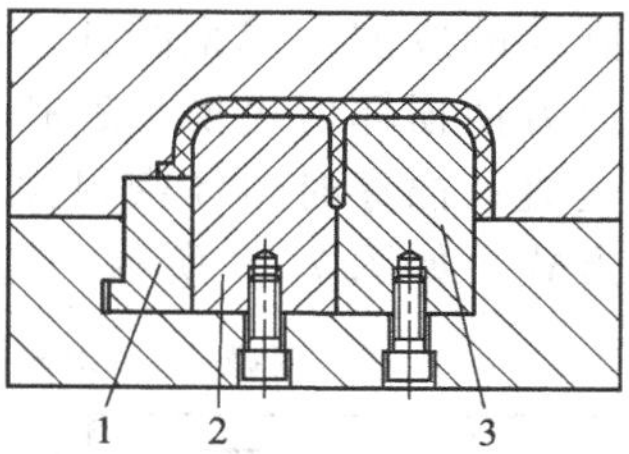

图 7-43　型芯镶拼

1—型芯 1；2—型芯 2；3—型芯 3

(2) 复杂型芯可将动模镶件做成数件再拼合，组成一个完整的型腔　型芯镶拼如图7-43所示。

(3) 非圆小型芯，装配部位宜做成圆形　这样易于加工，而成型部分做成异形，注意这种型芯要加防转销，如图 7-44 所示。

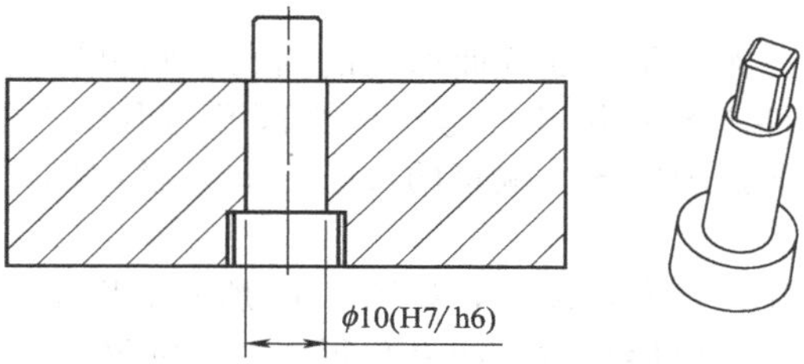

图 7-44　非圆小型芯结构

7.6.2　动模镶件几种典型结构镶拼方式

成型零件是否镶拼及如何镶拼，是模具设计的难点之一，好的镶拼方式可以降低加工成本，使模具制作、生产和维修都变得容易。这一点往往取决于设计师的经验。

7.6.2.1　孔的成型

孔有圆孔和异形孔。

在讲述孔的成型之前，我们先引入两个概念：碰穿和擦（插）穿，又称靠破和擦破。两者都用在塑件中通孔的成型。碰穿是指塑件内部的熔体密封面（即动、定模内模镶件的接触面）和开模方向垂直（如平面）或相当于垂直（如弧面或曲面）；擦穿则指熔体密封面与开模方向不垂直。

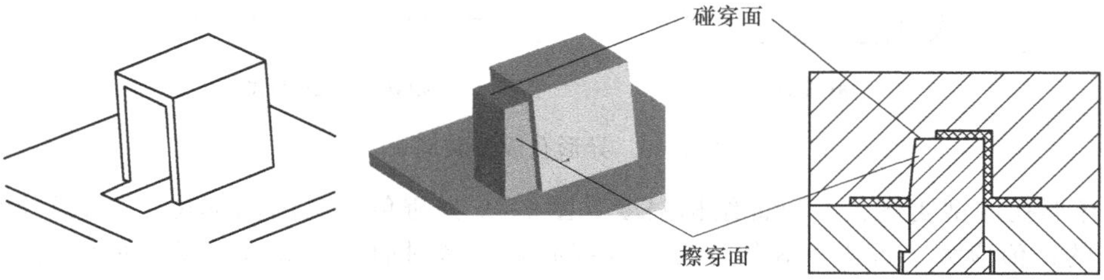

(a) 塑件　(b) 3D拆模

图 7-45　碰穿面与擦穿面

模具上碰穿面与擦穿面如图 7-45 所示。其中擦穿面应有斜度，这个斜度有以下两个功用。

① 方便模具制造（即 Fit 模容易）。

② 防止溢料产生飞边，因为平行于开模方向的贴合面承受不到锁模力。

③ 减少定模镶件和动模镶件之间的磨损。

（1）圆孔的成型　成型圆孔一般采用镶圆形镶件，俗称镶针，镶针一般选用标准件，如推杆等，以方便损坏后更换。通孔的成型有碰穿和插穿两种方法。碰穿时熔体密封面和开模方向大致垂直；插穿时熔体密封面和开模方向大致平行。如果是台阶孔，还有对碰、对插和插穿三种方式，如图 7-46 所示。

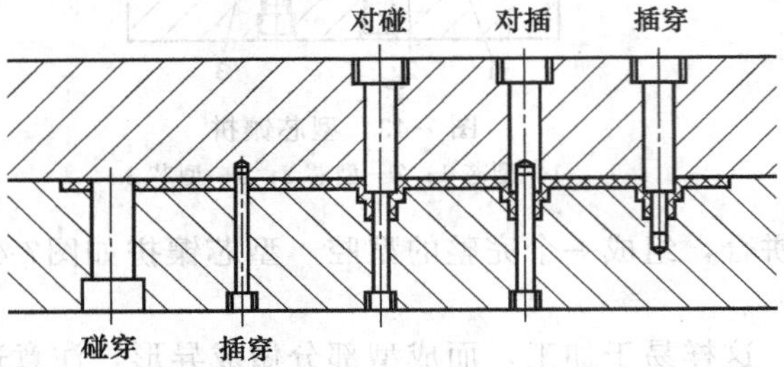

图 7-46　孔的成型

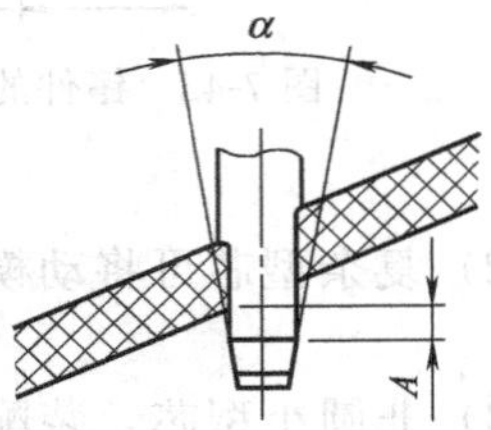

图 7-47　斜面或曲面上圆孔应插穿

成型圆孔宜采用插穿，尤其是斜面或曲面上的圆孔。原因是：①圆孔加工容易；②圆轴插穿磨损小；③插穿时镶件不易被熔体冲弯。但当圆孔直径≥5 倍的孔深时，可以采用碰穿。另外，插穿的飞边方向是轴向的，碰穿的飞边方向是径向的，哪一种飞边会影响装配，也是设计时必须考虑的。

斜面上的圆孔必须插穿，以方便加工，如图 7-47 所示。图中 α 取 10°～15°，A 取 2mm。

（2）异形孔的成型　成型异形孔时，如果孔很深，尺寸又较小，生产时易损坏时，应采用镶件，否则可不镶拼。较浅的异形孔、斜面上的异形孔及斜孔时，宜采用碰穿。成型深且小的异形孔时，为防止镶件被熔体冲弯，应该采用插穿，插穿时斜度最小应保证 3°～5°，这种结构加工难度较大。

① 异形孔成型实例一：简化模具结构　原则上异形孔成型能做碰穿（靠破）不做擦穿（擦破），能做擦穿不做侧向抽芯，能大角度擦穿不小角度擦穿，如图 7-48 所示。

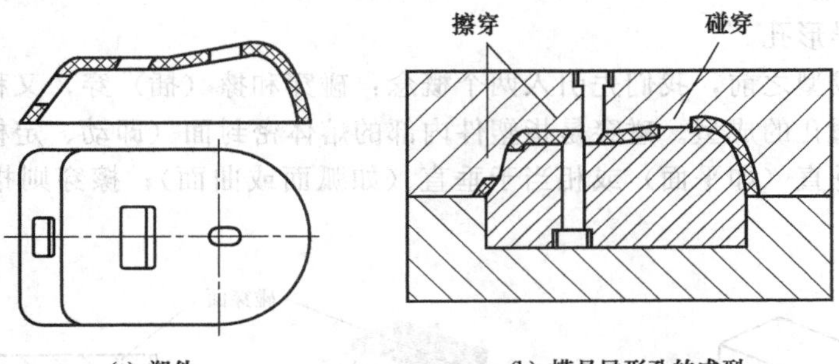

(a) 塑件　　(b) 模具异形孔的成型

图 7-48　异形孔成型实例一

② 异形孔成型实例二：保证结构强度　图 7-49 为避免模具凸出部位变形或折断，设计上 B/H 的比值应大于等于 1/3 较合理。碰穿面最小密封面 E≥2mm。擦穿面倾斜角度取决于擦穿面高度，H≤3mm 时，斜度 α≥5°；H>3mm 时，斜度 α≥3°。某些塑件对斜度有特定要求时，擦穿面高度 H≥10mm，允许斜度 α≥2°。

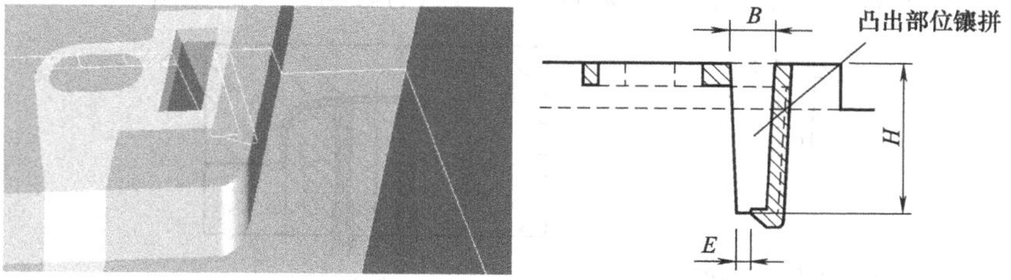

图 7-49　异形孔成型实例二

(3) 异形孔成型实例三：侧孔做枕位　如图 7-50 所示，枕位密封尺寸应大于 5mm，枕位侧面两擦穿面斜度 3°～5°。

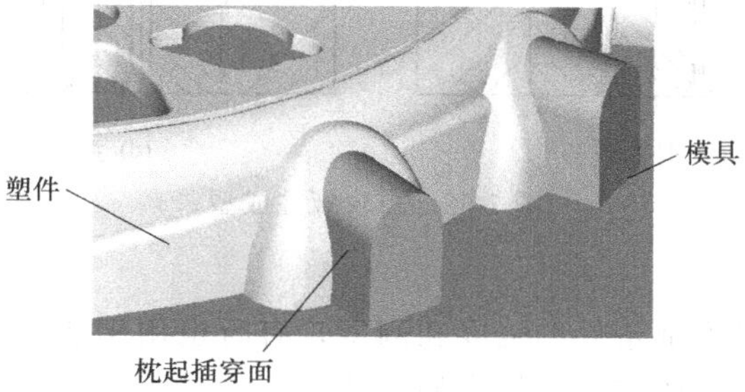

图 7-50　异形孔成型实例三

7.6.2.2　止口镶拼方法

止口分为凸止口和凹止口，常用于塑料零件的装配，防止零件错位，它常常和自攻螺柱或搭扣联合使用，前者限制零件之间 X 和 Y 方向的自由度，后者限制 Z 方向的自由度。止口的成型通常都要镶拼，镶拼的方法是：凹止口镶中间，凸止口镶里面，如图 7-51 所示。

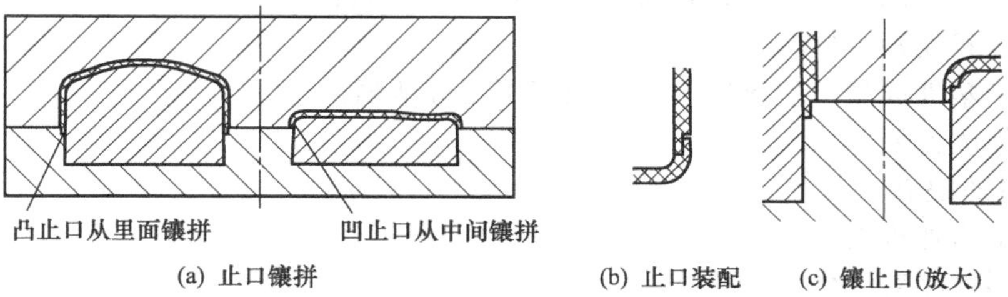

图 7-51　止口镶拼法

7.6.2.3　自攻螺柱的成型

自攻螺柱是一种装配结构，常见自攻螺柱的结构如图 7-52 (a) 所示。自攻螺柱中心孔并无螺纹，而是一段光孔，其直径尺寸取决于自攻螺钉的大小（详见第 3 章表 3-7)，根据其精度要求有如下规定。

① 非重要孔（螺柱外径）以小端尺寸向外倾斜 1°或 3°。

② 重要孔（螺柱内径）按最大尺寸做，并做适当斜度。

自攻螺柱的成型方法取决于其推出方式，其推出方式又取决于自攻螺柱的高度，若自攻螺柱较高（高度大于 15mm)，或自攻螺柱旁边没有位置加推杆，应优先采用推管推出；若自攻螺柱较低（高度小于 15mm)，应优先考虑用双推杆推出。采用推管推出时，自攻螺柱由镶件和推管共同成型，内孔由推管针成型，如图 7-52 (b) 所示；采用双推杆推出时，自攻螺柱直接在模具上成型，内孔由镶针成型，此时有两种成型方法，如图 7-52 (c) 和 (d)

所示。其中图 7-52（c）中的自攻螺柱高度不受型芯的影响，因此比图 7-52（d）好。

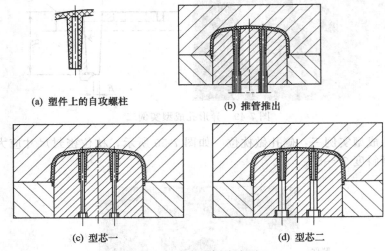

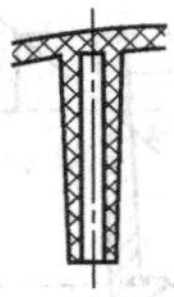

(a) 塑件上的自攻螺柱

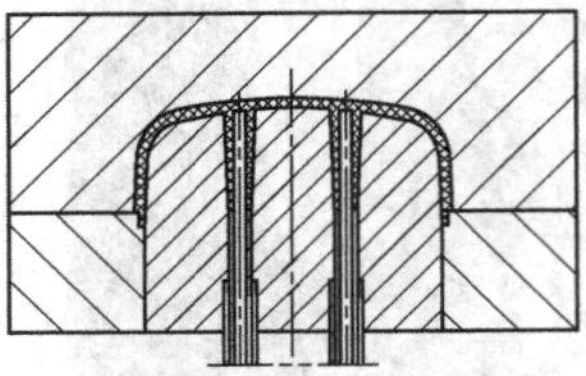

(b) 推管推出

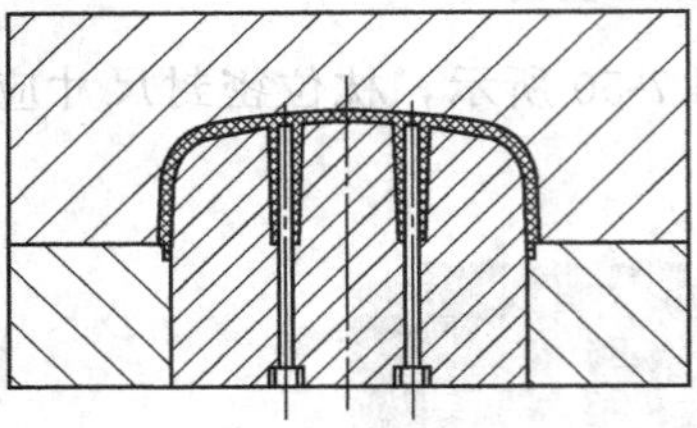

(c) 型芯一

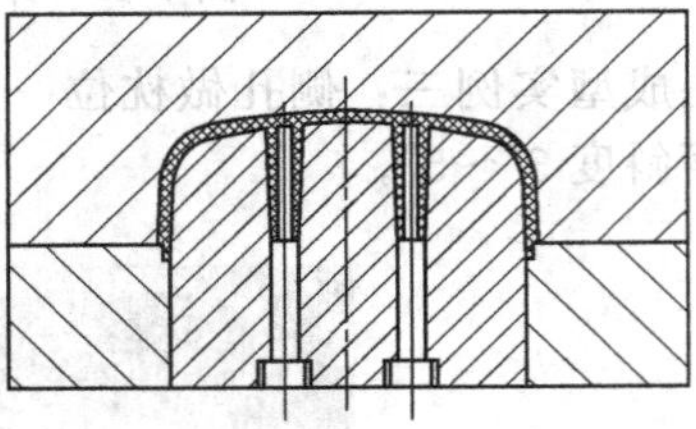

(d) 型芯二

图 7-52　自攻螺柱成型

7.6.2.4　加强筋的成型

加强筋的作用主要是增加塑件的强度和刚度，有时也用于装配和改善熔体填充等场合。其形状详见第 3 章。加强筋的成型应注意如下几点。

（1）何时镶拼　加强筋高度≤5mm（浅筋）时，可以不采用镶拼零件成型。加强筋高度≥10mm（深筋）时，为加工和排气方便，必须采用镶拼零件成型。在 5～10mm 之间，则视具体情况，若加工（包括抛光）容易，不会导致困气，可以不镶拼，否则要镶拼。

（2）镶拼的优点

① 方便加工，工序可以错开，便于安排，缩短制造时间。

② 避免电极（EDN）加工。电极加工精度差，时间长。

③ 抛光（省模）方便。

④ 有利于塑件成型。能解决困气、填充不足等缺陷。

⑤ 模具修改方便。

（3）镶拼的缺点

① 装配上增加难度。

② 模具强度相对降低。

③ 溢料可能性增大，容易出现飞边。

（4）如何镶拼　加强筋要做脱模斜度的，大端尺寸不得大于壁厚的 0.7 倍。底部（小端）形状通常有以下三种。

① 底部有 FULL *R* 角。底部整个倒 *R* 角，一般如图 7-53（b）所示。

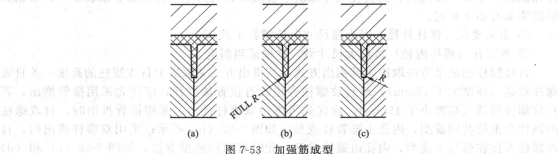

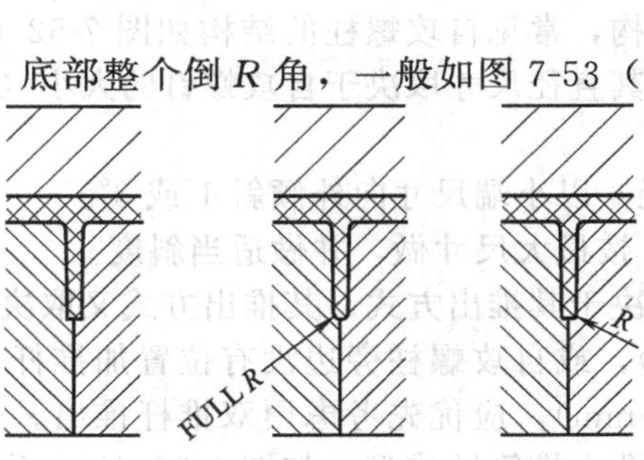

(a)　　(b)　　(c)

图 7-53　加强筋成型

② 底部两边倒 R 角，中间有一段直边，约 0.5mm，如图 7-53（c）所示。

③ 底部是直面，不倒 R 角，如图 7-53（a）所示。

不管是哪一种情况，加强筋都宜从中间镶拼，以便于省模及加工筋两边的脱模斜度，如图 7-53 所示。

7.6.2.5　冬菇形镶件

冬菇形镶件是指固定部分较小而成型部分较大的镶件，这种镶件形似冬菇，故俗称镶冬菇，它是一种很巧妙的镶拼方法，有时能得到很好的效果。图 7-54 是电池箱成型常采用的三种方法，图 7-54（a）的镶拼方法最差，不符合安全规则，图 7-54（b）包 R 后符合安全规则，但表面会留下镶拼痕迹，而且装上电池门后会出现较明显的间隙，影响外观。最好的镶拼方法是图 7-54（c），它不会影响外观。

图 7-55～图 7-57 都是采用冬菇形镶件的例子。

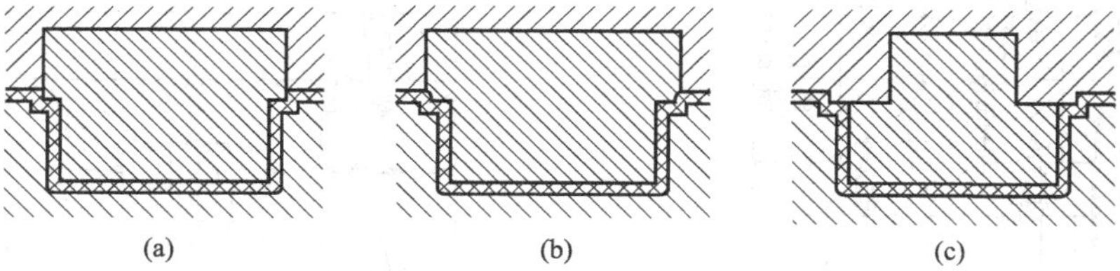

图 7-54　镶冬菇实例一

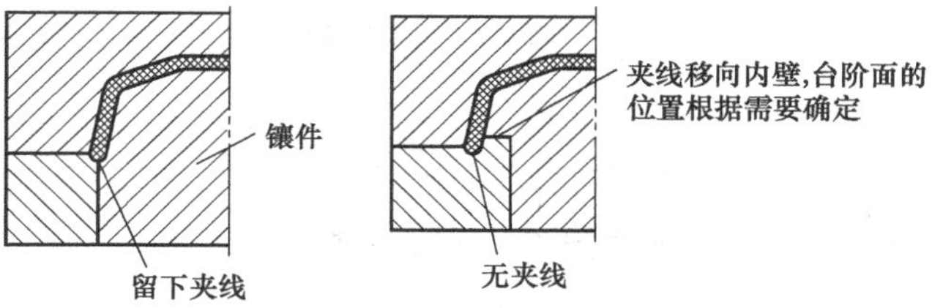

图 7-55　镶冬菇实例二

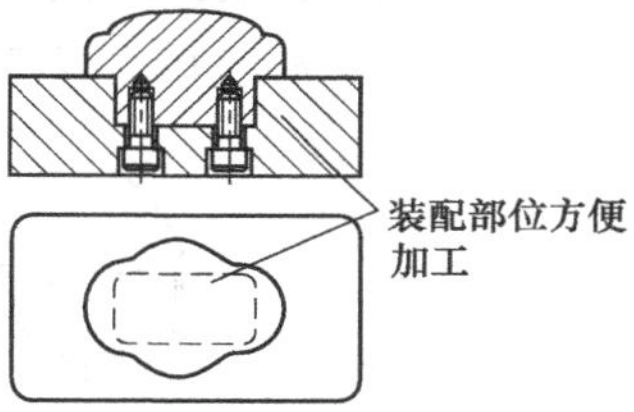

图 7-56　镶冬菇实例三

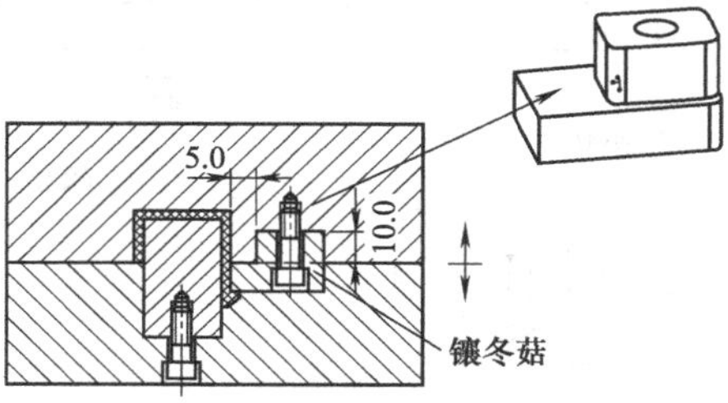

图 7-57　镶冬菇实例四

7.7　镶件的紧固和防转

7.7.1　镶件的紧固

内模镶件一般采用以下几种形式与模架板固定连接。

（1）A 型　A、B 板上用于固定内模镶件的孔不通，内模镶件通过螺钉紧固在动、定模板上，如图 7-58 所示。这种形式最常用。

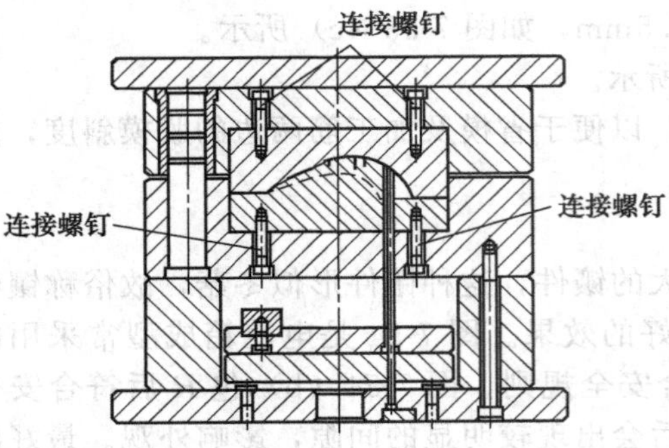

图 7-58　A 型装配法

(2) B 型　当内模镶件为圆形镶件，或内模镶件较厚时，动、定模板上用于固定内模镶件的孔通常采用通孔，内模镶件的固定方法如图 7-59 所示。

(3) C 型　采用台阶（又称介子脚）固定，常用于圆形镶件或尺寸较小的方形镶件。圆形镶件开通框便于加工和防转，如图 7-60 所示。

台阶固定应考虑加工性和可靠性，如图 7-61所示。

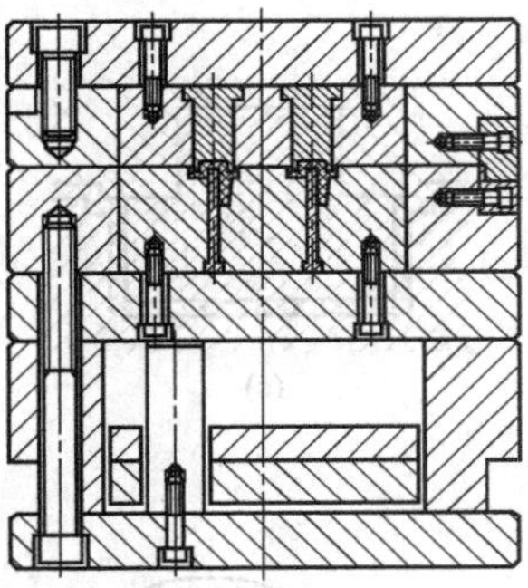
图 7-59　B 型装配法

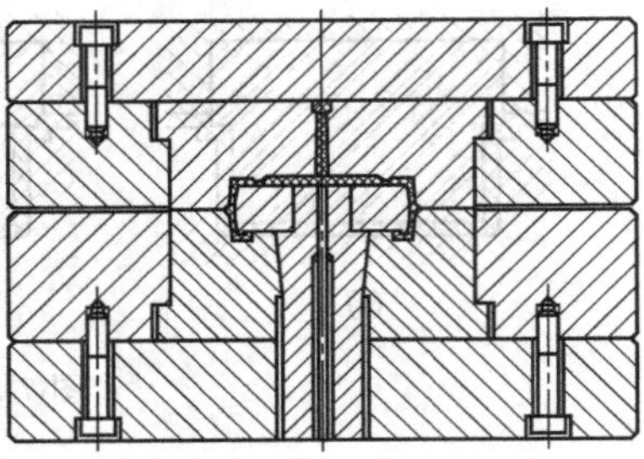
图 7-60　C 型装配法

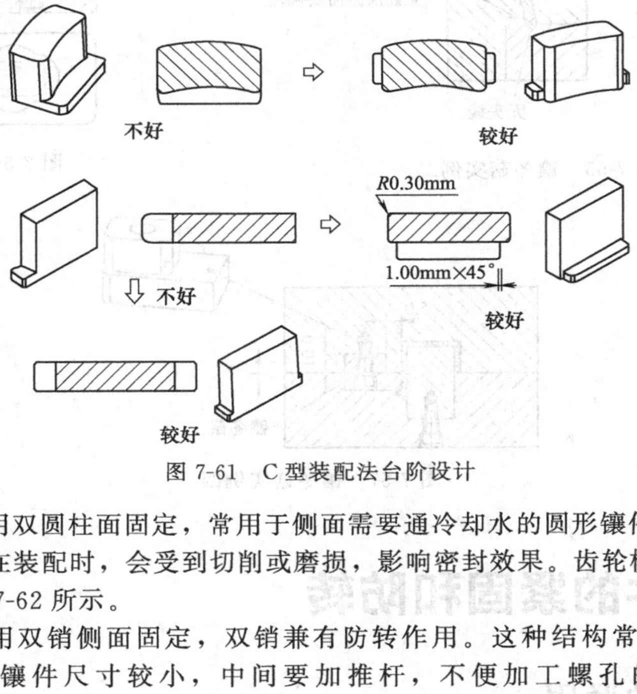

图 7-61　C 型装配法台阶设计

(4) D 型　采用双圆柱面固定，常用于侧面需要通冷却水的圆形镶件，此时若采用直身圆柱面时，密封圈在装配时，会受到切削或磨损，影响密封效果。齿轮模内模镶件就常用这种方法安装，如图 7-62 所示。

(5) E 型　采用双销侧面固定，双销兼有防转作用。这种结构常用于镶件和镶件孔都用线切割加工，镶件尺寸较小，中间要加推杆，不便加工螺孔的场合，如图 7-63 所示。

(6) G 型　内模镶件采用楔紧块固定，常用于内模镶件比较大、比较重的模具，以方便装拆，如图 7-64 所示。

内模镶件楔紧块的设计要点如下。

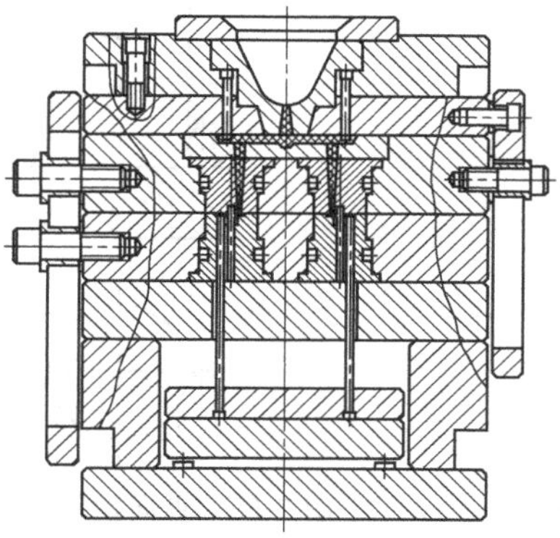

图 7-62　D 型装配法

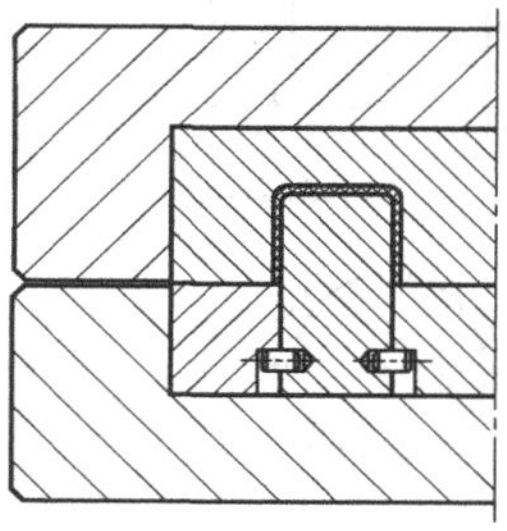

图 7-63　E 型装配法

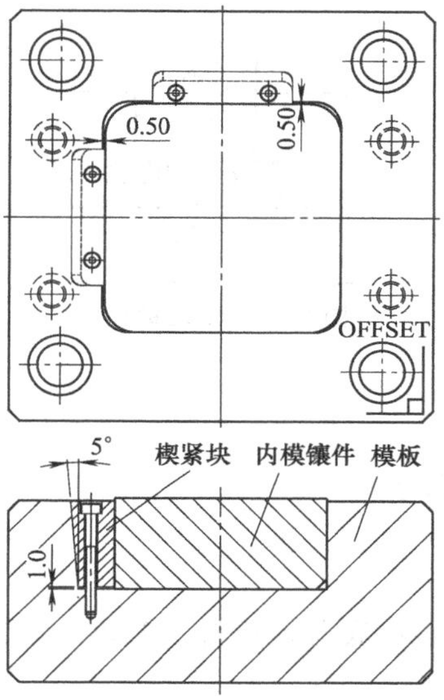

图 7-64　G 型装配法

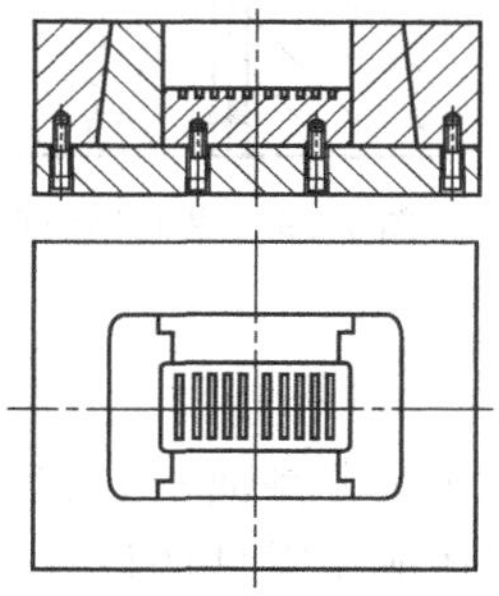

图 7-65　H 型装配法

① 动、定模都要设置楔紧块。
② 模板与楔紧块之间不能留有间隙。
③ 在楔紧块和模板的相应位置上打上记号，防止装错。
④ 内模镶件楔紧块一侧为 3°斜度，如图 7-64 所示。
⑤ 楔紧块底下不能有间隙。
⑥ 固定楔紧块的螺钉从分模面装拆。
⑦ 在楔紧块的正面要有螺孔，以便于楔紧块的取出。
⑧ 在基准面的两个对面设置。

(7) H 型　四面镶拼，互相压住固定，用于尺寸较大，热处理后易变形的模具，如图 7-65 所示。

7.7.2　镶件的防转

圆形镶件必须防转，防转的常用方式有如下几种。

(1) 台阶原身防转　如图 7-66 所示，效果较好，但加工麻烦。

(2) 无头螺钉防转　如图 7-67 所示，装拆方便，要攻牙，加工较麻烦。

(3) 销钉防转　如图 7-68～图 7-70 所示，加工方便，但装拆较麻烦。

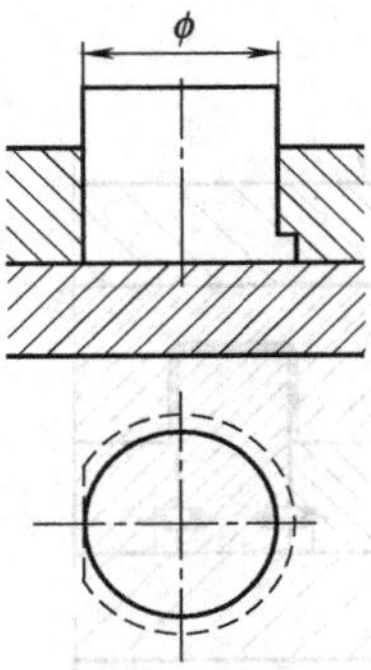

图 7-66　原身防转

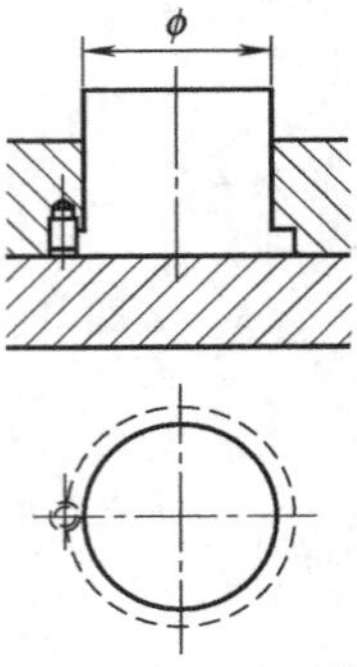

图 7-67　螺钉防转

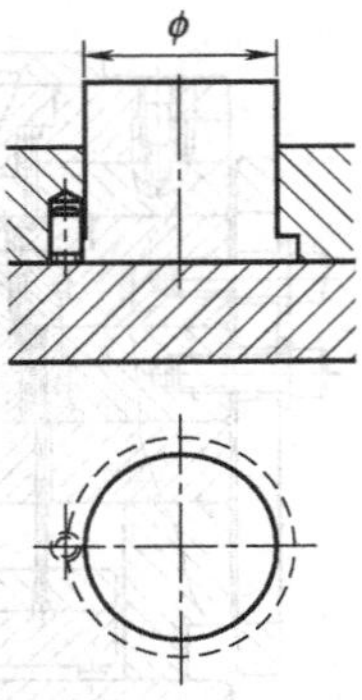

图 7-68　纵向销钉防转（一）

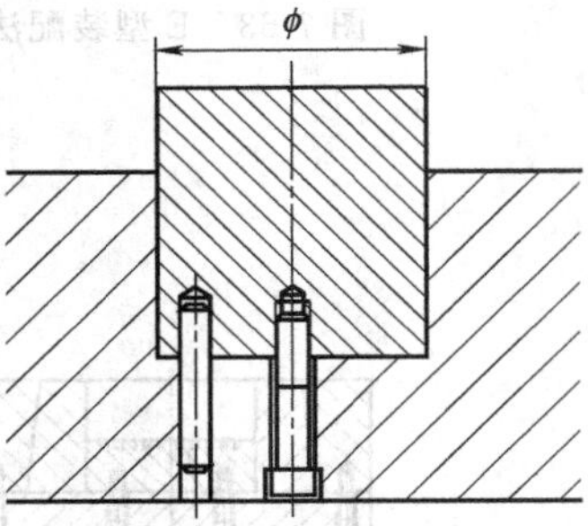

图 7-69　纵向销钉防转（二）

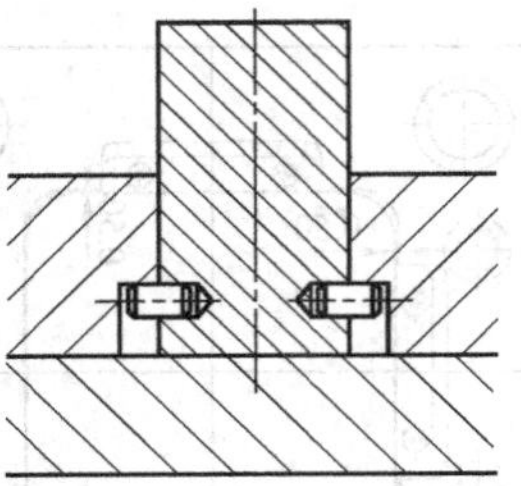

图 7-70　横向销钉防转

复习与思考

1. 什么是分型面？它和塑件上的分型线有什么关系？

2. 简述成型零件的设计步骤。

3. 确定分型面的一般原则是什么？

4. 排位练习：图 7-71 所示两塑件是某雾化器的面盖和底盖。塑料：ABS；侧浇口入水；塑件颜色：红色。

(1) 请将图中外形尺寸换算成对应的型腔尺寸。

(2) 排位确定内模镶件大小和模架的型号及大小：此模共两腔，面盖和底盖各出一件。

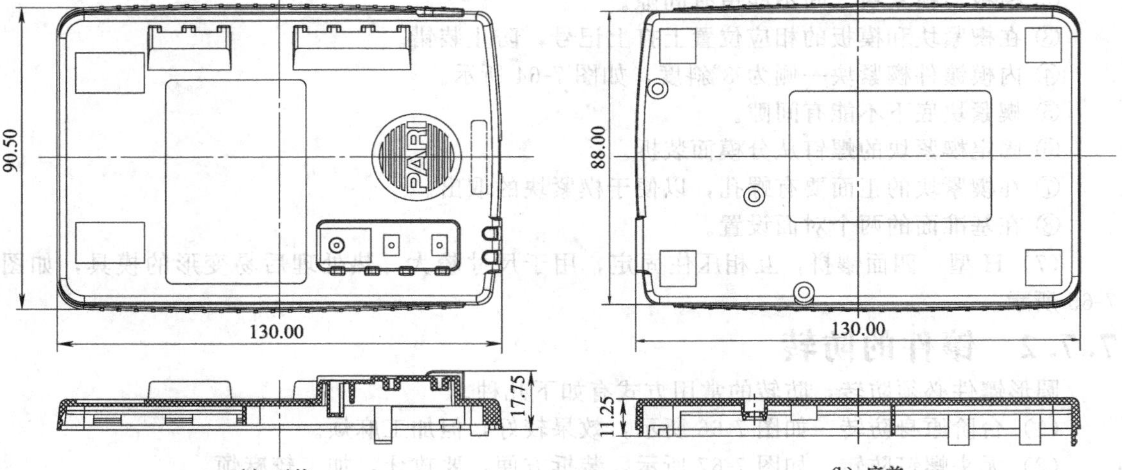

图 7-71　雾化器的面盖和底盖

第8章

Chapter 08

注塑模具排气系统设计

8.1 概述

8.1.1 什么是排气系统？

注塑模具在注射成型过程中将型腔和浇注系统内的气体及时排出，在开模和塑件脱模过程中将气体及时引入，防止塑件和型腔壁之间产生真空的结构称为排气系统。

在注塑模具的设计阶段，排气系统的设计就应该引起足够的重视。对于轻度排气不良的模具，往往可以在试模后进行补救，如在填充不良的区域或塑件灼伤的部位开设排气槽。但对于严重排气不良的模具，试模后即使再增加排气结构，有时也无济于事。

大型塑件的排气系统，如果在设计阶段被忽视，在试模后将很难进行补救。

对于透明塑件或表面要求严格的塑件，也要特别注意模具排气系统的设计。

越是薄壁塑件，越是远离浇口的部位，排气槽的开设就越显得重要。另外，对于小型塑件或精密塑件也要重视排气槽的开设，因为它除了能避免塑件表面灼伤和填充不足外，还可以消除塑件的各种缺陷、减少模具污染等。

适当地开设排气槽，不但可以大大降低注射压力、减少注射时间以及保压时间，而且可以减小锁模压力，从而提高模具的使用寿命和生产效率，降低机器的能量消耗。

8.1.2 模具中气体来源

注射成型时，模具内的气体主要来自以下三个方面。

① 模具浇注系统及型腔内的空气，这是气体的主要来源。

② 塑料中的水分因高温而变成的气体。

③ 塑料及塑料添加剂在高温下分解的气体。

8.1.3 模具中容易困气的位置

① 薄壁结构型腔，熔体流动的末端。

② 厚壁结构的型腔空气容易卷入熔体，形成气泡，是排气系统设计的难点。

③ 两股或两股以上熔体汇合处常因排气不良而产生熔接痕或填充不足等缺陷。

④ 在型腔中，熔体流动的末端。

⑤ 模具型腔盲孔的底部，在塑件中则多为实心柱位的端部。

⑥ 成型塑件加强筋和空心螺柱的底部。

⑦ 模具的分型面上。

8.1.4 型腔气体不能及时排出的后果

型腔的排气怎样才算及时呢？一般来说，若以最高的注射速度注射熔体，在塑件上未留下焦斑，就可以认为模腔内的排气是及时的。

模具型腔内的气体如果不能及时排出，就会影响塑件的成型质量和注射周期，具体如下。

① 在塑件表面形成流痕、气纹、接缝，使表面轮廓不清。

② 填充困难或局部飞边。气体不能及时排出，必然加大注射压力，导致型腔被撑开而形成飞边。

③ 熔体填充时气体被压缩而产生高温，造成塑件困气处局部炭化烧焦。

任何气体都遵循下面的规律：

压强×体积＝常数

如果型腔内的气体无处逃逸，当体积被压缩得越来越小时，压强和熔体前进的阻力就越来越大。空气被压缩，它的热焓就被集中在很小的体积里，导致温度骤然升高，有时温度可以达到数百摄氏度，使最前面的熔体被烧焦。

④ 气体被熔体卷入形成气泡（尤其在壁厚处），致使塑件组织疏松，强度下降。模具浇注系统及型腔内的空气若不能及时排出，则常在流道或厚壁部位产生气泡；分解气产生的气泡常沿塑件的壁厚分布，而水分变成的气体则无规则地分布在塑件上。

⑤ 使塑件内部残留很高的内应力，表面流痕和塑件局部熔接不良，产生熔接痕，这样既会影响外观，又影响熔接处的强度。型腔气体不能及时排出，将导致注射速度下降，熔体温度很快降低，注射压力必须提高，残余应力随之提高，翘曲的可能性增加。如果想借助提高料温，以降低注射压力，料温必须升得很高，这样又会引起塑料降解。

⑥ 气体无法及时排出，必然降低熔体填充速度，使成型周期加长。严重时还会造成填充不足等缺陷。有了适当的排气，注射速度可以提高，填充和保压可达良好状态，不须过度提高料筒和喷嘴的温度。注射速度提高后，塑件的质量又会有更大的改善。

模具出现以上问题，若不能通过调整注塑工艺参数来解决，那么就是模具的排气系统设计不合理了。

8.2 排气系统设计原则

① 排气槽只能让气体排出，而不能让塑料熔体流出。

② 不同的塑料，因其黏度不同，排气槽的深度也不同。

③ 型腔要设计排气槽，流道和冷料穴也要设计排气槽，使浇注系统内的气体尽量少地进入模具型腔。

④ 排气槽一定要通到模架外，尤其是通过镶件、排气针或排气镶件排气时，一定要注意这一点。

⑤ 排气槽尽量用铣床加工，加工后用 320 号砂纸抛光，去除刀纹。排气槽避免使用磨床加工，磨床加工的平面过于平整光滑，排气效果往往不好。

⑥ 分型面上的排气槽应该设置在型腔一侧，一般在定模镶件上。

⑦ 排气槽两侧宜加工 45°倒角。

8.3 注塑模具排气系统设计

本章所指的排气是型腔和浇注系统的排气，导套的排气见第 14 章。

8.3.1 注塑模具的排气方式

注塑模具中的排气方式包括以下几种。

① 分型面（包括在分型面上开排气槽）排气。

② 镶件配合面排气。

③ 推杆或推管与内模镶件的配合面排气。

④ 侧向抽芯机构排气。

⑤ 在困气处加排气针或镶件排气。

⑥ 透气钢排气。

⑦ 排气栓排气。

⑧ 气阀排气。

8.3.2 分型面排气

分型面排气可用排气槽，如图 8-1 所示。

(1) 一级排气槽　排气槽中只允许气体排出，不允许熔体泄漏，靠近型腔的那部分。一级排气槽深度 C 小于塑料溢边值，长度通常在 5mm 左右。

(2) 二级排气槽　为了气体排出通畅，在一级排气槽之后，将排气槽加深至 0.5mm。加深的部分称为二级排气槽。

排气槽一定要和模具外面的大气相通，当排气槽很长时，有时还要设计三级排气槽，三级排气槽的深度应比二级排气槽更深，可达 1～3mm。

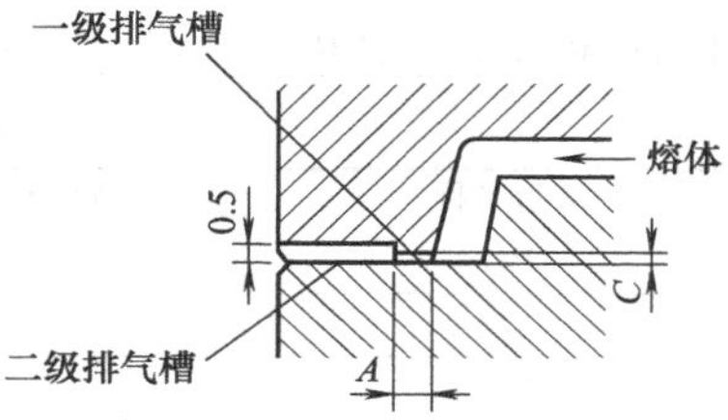

图 8-1　排气槽

8.3.2.1　浇注系统在分型面上的排气

浇注系统中主流道和分流道内都有大量气体，在注塑过程中，这些气体一部分通过拉料杆或推杆排出，一部分由分型面上的排气槽排出，剩下部分随熔体进入型腔，原则上进入型腔的气体应越少越好，以减少型腔的排气负担。

浇注系统内的气体应主要通过分型面排出。浇注系统的排气槽主要开设在分流道的末端，如图 8-2 所示。排气槽宽度等于分流道直径或宽度，深度见表 8-1，长度 3.00～4.00mm，二级排气槽直通模具边沿。

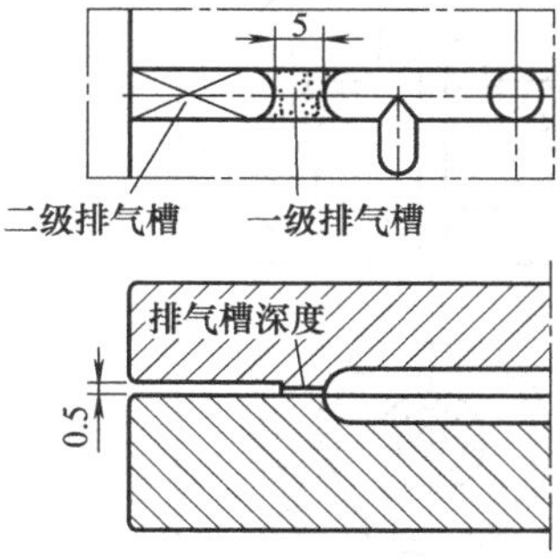

图 8-2　分流道排气槽

表 8-1　分流道一级排气槽深度　　单位：mm

塑料品种	流道排气槽深度 A
PE	0.06
POM、AC、CAB、EVA、PA、PS、PP、SAN、PVC(软、硬)、PU	0.07
PMMA、ABS、PC	0.08
发泡 PE、PS	0.20

8.3.2.2　型腔在分型面上的排气

分型面是型腔内气体主要排出的地方。若分型面为平面，则用磨削加工，磨削加工后的分型面贴合得非常好，型腔内的气体不易排出，必须在型腔一侧开设排气槽排气；若分型面为曲面或斜面，则多用铣削加工、电极加工或线切割加工，加工后的分型面可以直接排气，

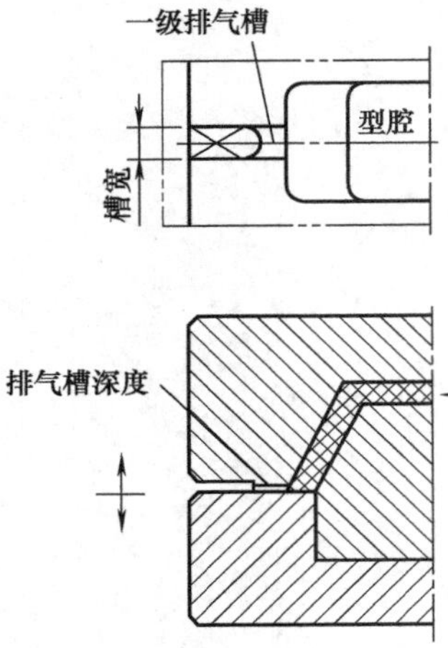

图 8-3　分型面排气

无须在分型面上再加工排气槽。分型面上排气槽的设计，如图 8-3 所示。

一级排气槽深度，根据塑料品种确定，应小于塑料的溢边值。常用塑料的排气槽深度见表 8-2。

一级排气槽长度为 3～5mm（A1 抛光）。

一级排气槽宽度为全圆周长 5～10mm。

二级排气槽深度为 0.5mm。在一般情况下，二级排气槽宽度等于一级排气槽宽度。

若需要开多个排气槽，则两排气槽之间的距离为：30～50mm。

8.3.3　镶件配合面上的排气

为保证成型塑件外观质量，定模的内模镶件一般采用整体式，避免镶拼结构。但为了方便加工、维修以及节省材料，动模的内模镶件常采用镶拼结构。镶拼结构的镶件或型芯还是模具排气至关重要的一部分。镶件有以下几种排气方法。

表 8-2　常用塑料的排气槽深度

树脂名称	排气槽深度/mm	树脂名称	排气槽深度/mm
PE	0.02	PA(含玻璃纤维)	0.03～0.04
PP	0.02～0.03	PA	0.02
PS	0.02	PC(含玻璃纤维)	0.05～0.06
ABS	0.03	PC	0.04～0.05
SAN	0.03	PC(含玻璃纤维)	0.03～0.04
ASA	0.03	PBT	0.02
POM	0.02	PMMA	0.04
EVA	0.02～0.04	CAB	0.02～0.04

① 利用侧面的镶件接缝排气。有时局部可制成螺旋形状，避免塑件出飞边，如图 8-4 所示。

② 利用型腔的槽或型芯的碰穿部位排气，如图 8-5 所示。

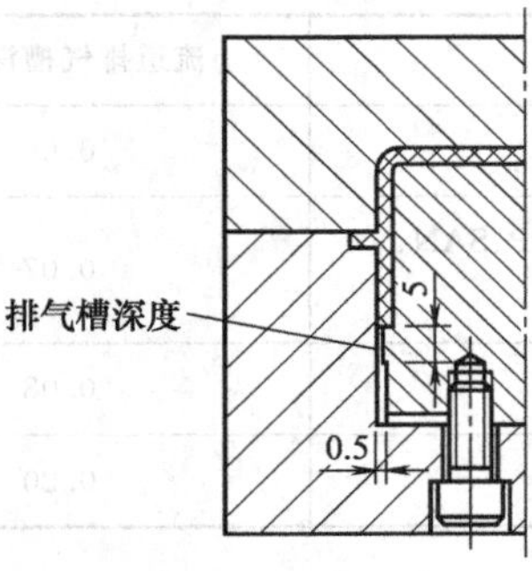

图 8-4　镶件侧面排气

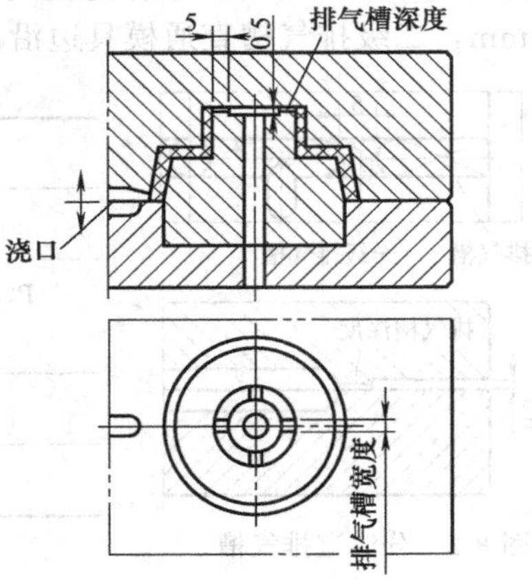

图 8-5　碰穿面排气

③ 在纵向位置上装上带槽的板条开工艺槽，如图 8-6 所示。

④ 当型腔排气极其困难时，还可以设计排气镶件。如果有些模具的死角气体无法排出，则应在不影响塑件外观及精度的情况下采用镶拼结构，这样不仅有利于气体排出，有时还可

以改善原有的加工难度和便于维修。如图 8-7 所示采用的镶拼结构不但解决了排气问题，而且可以用铣床加工取代电极加工，型腔抛光也变得更加简单。

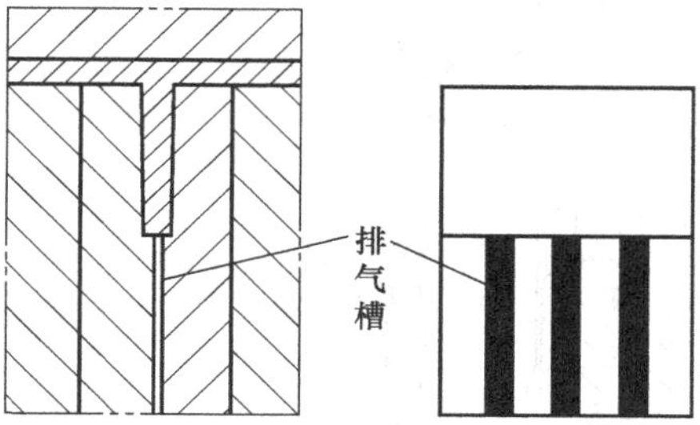

图 8-6　加强筋排气

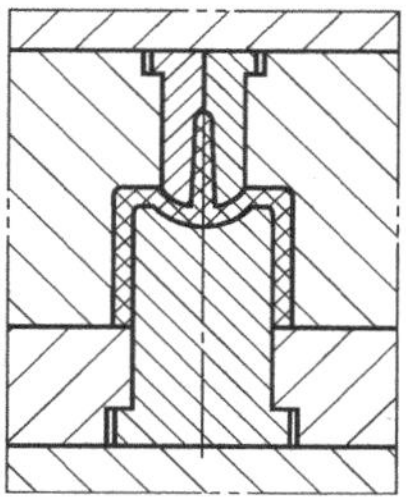

图 8-7　镶拼排气

图 8-8 是塑料变压器主体注塑模具，它是利用镶拼零件排气的典型实例。

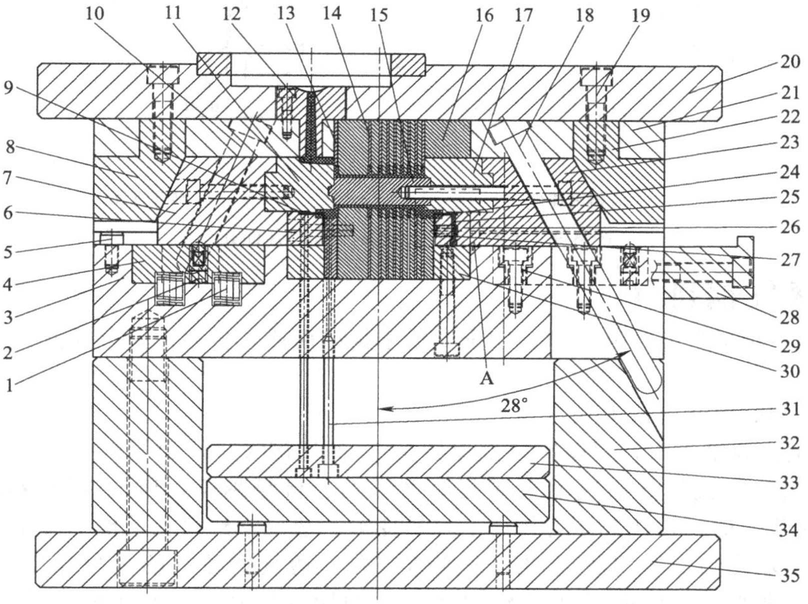

图 8-8　利用成型零件排气的注塑模具设计实例

1—弹簧 1；2—定位珠；3—动模板；4—浮动板；5—限位螺钉；6—导向销；7—滑块 1；8—楔紧块；9—五金端子 1；10—斜导柱 1；11—侧向抽芯 1；12—浇口套；13—定模小镶件 1；14—定模小镶件 2；15—侧向抽芯；16—定模镶件；17—侧向抽芯 3；18—斜导柱 2；19—螺钉；20—面板；21—定模板；22—锁紧块；23—滑块 2；24—五金端子 2；25—端子定位镶件；26—活动镶件；27—弹簧 2；28—挡块；29—限位螺钉；30—动模镶件；31—推杆；32—方铁；33—推杆固定板；34—推杆底板；35—动模座板

8.3.4　推杆、推管与镶件的配合面排气

推杆、推管和动模镶件的配合是间隙配合，公差配合 H7/f7，其间隙可用来排气。如果型腔困气现象严重，可将推杆和推管按图 8-9 加工。

图 8-9 中，*A* 为一级排气槽深度，根据塑料品种确定，但由于它是圆柱面上的最大尺寸，所以可以在表 8-2 的基础上增加 0.01～0.02mm。一级排气槽的长度 *C* 取 3～5mm。

B 为二级排气槽深度，可取 0.3～0.5mm，二级排气槽的长度 *D* 可取 5～8mm。

推杆和推管与镶件的配合长度 *L* 取推杆直径的 3 倍左右，但最小不能小于 10mm，最大不宜大于 20mm，非配合长度上单边避空 0.5mm。

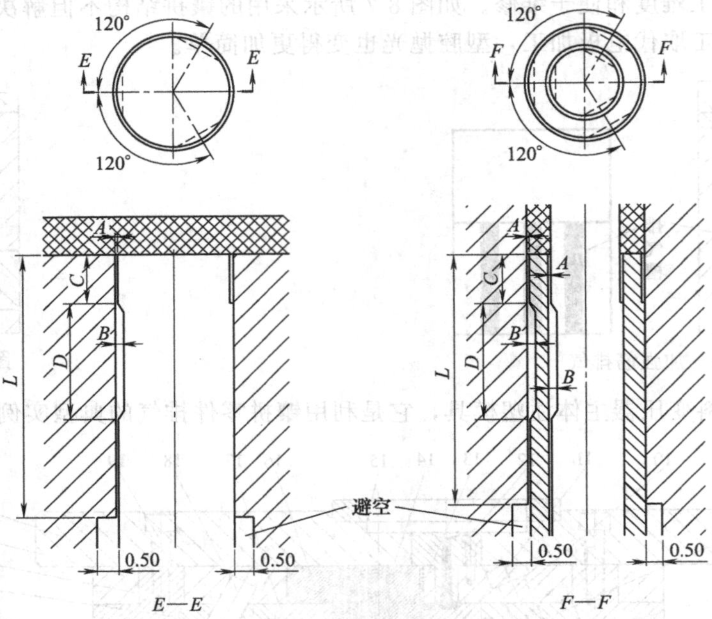

(a) 推杆排气　　(b) 推管排气

图 8-9　推杆、推管与镶件的配合面排气

8.3.5　透气钢排气

透气钢是一种透气性金属材料，由金属粉末烧结而成，价格比黄金还贵，因此实际设计时很少使用。

使用透气钢时要注意以下几点。

① 透气钢作为镶件时，尽量跟模架保持 1/10 的比例大小。透气钢镶件的厚度应保持在 30～50mm。透气钢镶件的透气度会受其厚度影响，材料越厚，透气性则越低，但必须注意，如镶件太薄的话，在注射压力作用下容易变形。透气钢建议在动模上使用。

② 加工面及成型面要用放电加工来疏通气孔。透气钢疏气的部分在精加工时（侧壁及底部）除电蚀外，不可做任何机械加工（如磨床或铣床）；但粗加工时可做任何机械加工。

③ 研磨抛光后冷却时禁用乙醇及水。

④ 镶件底部要做疏气通道接大气。

⑤ 透气钢可直接用螺钉连接。

⑥ 透气钢如要设计冷却水道，冷却水孔要经电镀处理。

⑦ 透气钢出厂硬度为 35～38HRC，但可淬硬至 55HRC，测试硬度需用特别的仪器。

⑧ 检查透气的方法，可涂少量液体如脱模剂在透气钢工件表面上，再向型腔吹入高压气体，检查泡沫鼓起的情况便可知道透气性能。

⑨ 清洁阻塞透气孔的方法

a. 加热工件至 500℉，保持时间最少 1h。

b. 冷却至室温后，浸入丙酮，保持时间最少 15min。

c. 取出工件，用高压风从工件底部吹出阻塞物。

d. 重复以上程序，直至没有阻塞物（污垢）被吹出。

⑩ 透气钢镶件的装配方法可参考图 8-10。

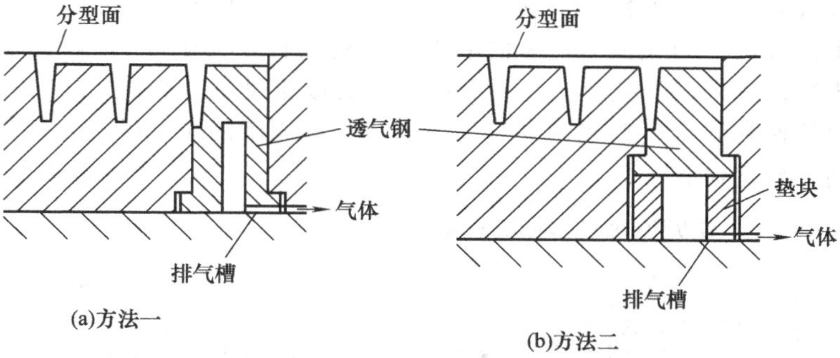

图 8-10　透气钢的装配方法

8.3.6　排气栓排气

排气栓是用于模具内部将空气及其他杂气排出从而改善塑件质量的一种模具配件。排气栓材料有以下两种。

① 铜（中空模具专用），硬度 20RV，孔径 0.05mm。

② 不锈钢（注塑模具专用），硬度 50RV，孔径 0.03mm。

常用的排气栓如图 8-11 所示。

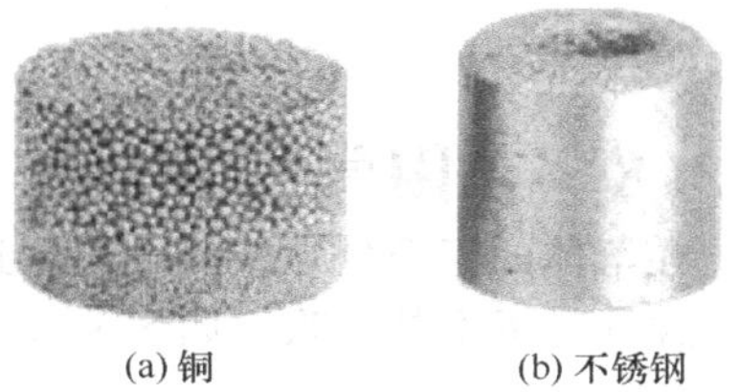

图 8-11　排气栓

(1) 排气栓性能　细小的排气孔，能将模具内的空气或其他气体立即排出模具外，简单而有效，可提高模具的排气效率，能有效解决以下问题。

① 烧焦　塑料熔体的填充比排气快时，空气受压热压缩，前端热焓积聚产生高温，使前锋塑料熔体变色、烧焦。

② 溢料　在结合部前端的树脂温度上升，黏度下降，而易发生溢料，另外，空气造成填充障碍，则注射压力上升，结果模具微胀，而发生溢料。

③ 填充不足　虽然没有烧焦、溢料发生，但因空气造成的阻力，减缓了填充速度，造成填充不足的现象。

④ 气泡、银线　空气与树脂凝缩造成气泡、银线、污点等外观不良问题。

⑤ 注射周期延长　气体不能及时排出，必然降低了熔体的流动速度，进而延长了注射时间。

使用方法是：排气栓与模具镶件采用 H7/s6 的公差配合。

(2) 排气栓规格　常用排气栓规格见表 8-3。

表 8-3　常用排气栓规格　　单位：mm

直径	4	5	6	8	10	12
长度	4.5	10	10	10	10	12

8.3.7　气阀排（进）气

(1) 设计排气阀的注意事项

① 要在塑件的非外观面上。

② 设置在塑件结合线的末端。

③ 应用于塑件质量要求比较高的模具中。

④ 由于会增加模具成本，如果不是客户要求一般不用排气阀。

(2) 弹力胶气阀结构　如图 8-12 所示，该结构既可以排气，又可以进气。气阀与定模镶件之间有一个排气槽，间隙为 A，A 值取决于塑料品种，见表 8-2。熔体填充时，气体通过气阀周围的排气槽进入出气孔排出，开模时，弹力胶推动气阀前进 0.50～1.00mm，气阀推动塑件，避免塑件黏附定模型腔，同时气体通过气阀周围的排气槽进入塑件与定模镶件之间，使塑件顺利脱离定模。

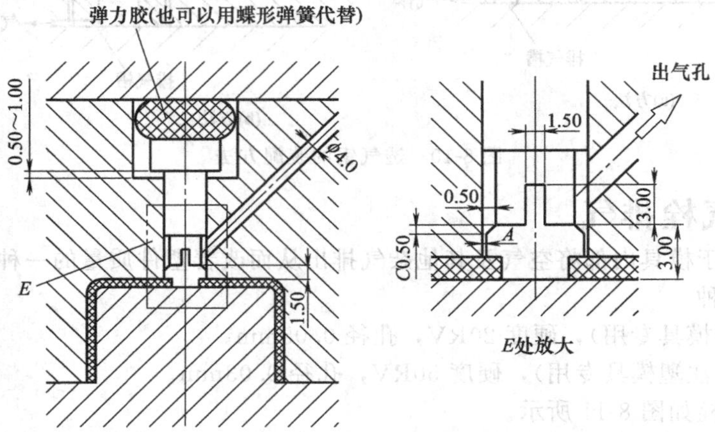

图 8-12　弹力胶气阀排气

8.3.8　在困气处加胶

在熔体的汇合处，或熔体最后到达的地方，增加冷料井，将困气所形成的熔接线引入冷料井，成型后再将其切除，如图 8-13 所示。如果切除后会留下明显痕迹的话，须征得客户同意。

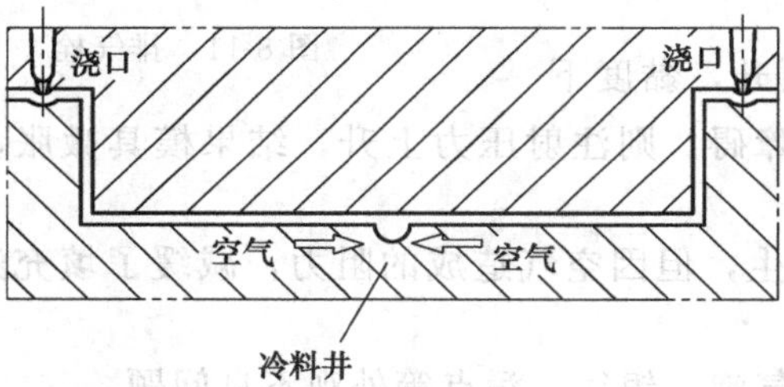

图 8-13　加冷料井

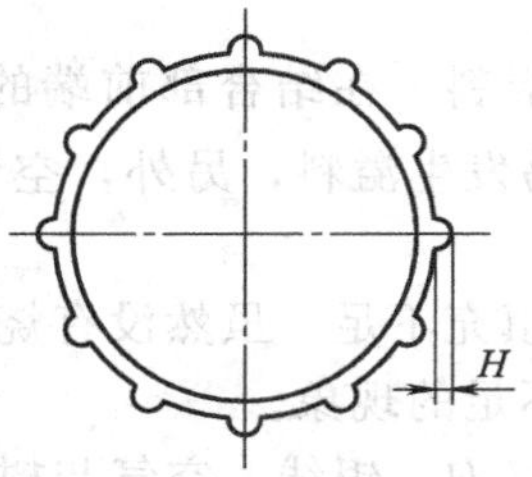

图 8-14　增加凸起

对于装扬声器用的封闭加强筋，为了消除困气对熔体流动的影响，可在圆周外侧均匀增加圆形凸起，凸起高出 H 值可取 0.50mm 左右，如图 8-14 所示。

8.4　型腔排气系统设计要点

8.4.1　排气槽的位置和方向

① 排气槽尽量开设在分型面上，并尽量开设在型腔一侧。分型面面积大，且易清理，不易堵塞，排气效果最好。若在无型腔的一侧开排气槽，会多出塑料，造成分型面起级，可能影响装配，如图 8-15 所示。

② 排气槽尽量开设在料流末端，熔体最后汇合处或塑件厚壁处，如图 8-16 所示。

③ 对大型模具排气槽方向最好是朝上或朝下，尽量避开操作工人。若无法避开，可采用弧形或拐弯排气槽，如图 8-17 所示。

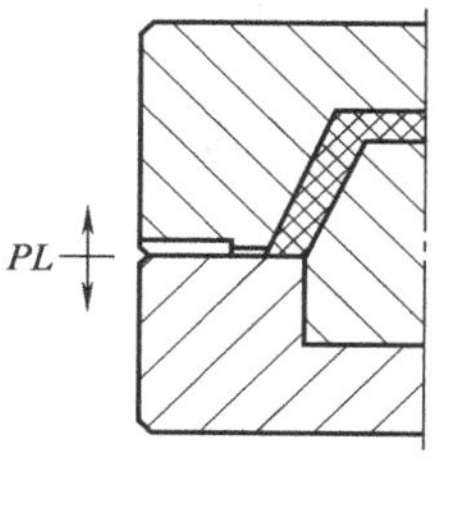

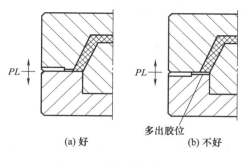

图 8-15　排气槽位置（一）

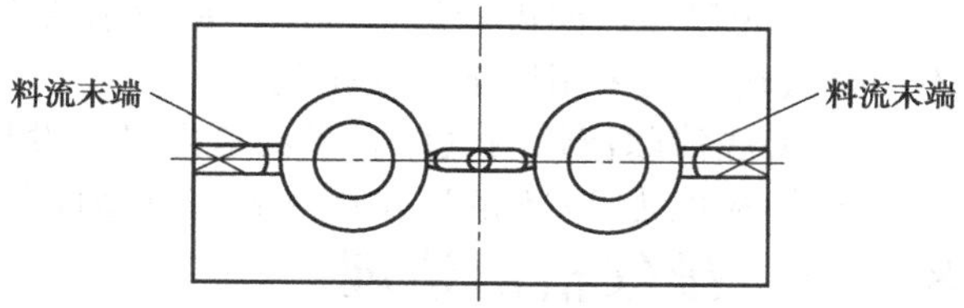

图 8-16　排气槽位置（二）

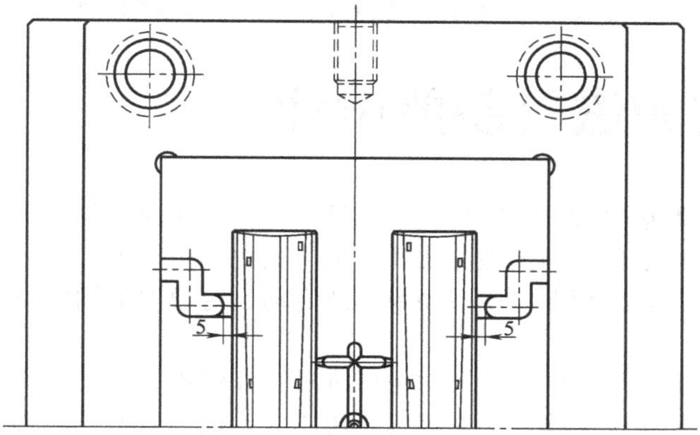

图 8-17　拐弯排气槽

8.4.2　排气槽深度设计

排气槽尺寸如图 8-18 所示，其深度应视塑料品种不同而不同，排气槽深度如果不适当，将在塑件上产生飞边或毛刺，影响塑件的美观和精度，还会引起排气槽堵塞。排气槽深度应小于塑料溢边值。塑料溢边值如下。

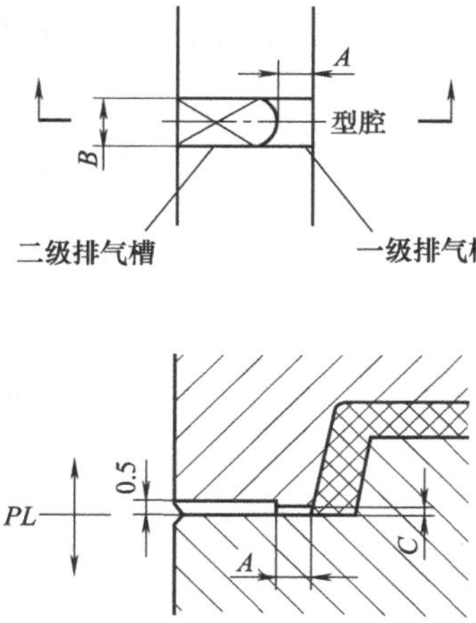

图 8-18　排气槽尺寸

① 流动性好的塑料，如 PS、PE、PA、PP 等，其溢边值为 0.025～0.04mm。

② 流动性中等的塑料，如 HIPS、ABS 等，其溢边值为 0.04～0.06mm。

③ 流动性差的塑料，如 PVC、PC、HPVC 等，其溢边值为 0.06～0.08mm。

根据以上溢边值，常用塑料的排气槽深度可参考表8-2选取。

8.4.3　排气槽长度和宽度设计

一级排气槽长度 *A* 取 5mm 左右，太长影响排气效果，二级排气槽深度要放大至 0.3～0.5mm。槽宽 *B* 因型腔大小而异，一般为 5～12mm。在浇注系统分流道末端开设排气槽，其宽度应等于分流道的宽度。

8.4.4　排气槽数量设计

排气槽数量不宜太多，因为排气槽数量太多会减小分型面的接触面积，在锁模压力作用下，容易引起型腔变形甚至开裂。排气槽数量取决于型腔的大小，一般来说，两排气槽之间的距离不能小于 30mm。

对有些塑件，如齿轮等，可能连最微小的飞边也是不允许存在的。这一类模具型腔尽量不用排气槽，而采用以下方式排气。

① 彻底清除流道内气体，于流道内多开设排气槽，不要将浇注系统内的空气带入型腔。

② 用粒度为 200# 的碳化硅磨料在分型面配合表面进行喷丸处理。

8.4.5 排气槽的清理

很多塑料都会在排气槽表面留下少量的残余物，类似粉末的东西。时间长了，这些残余物就会堵住排气槽，导致气体排出困难。因此排气槽的清理是很重要的。分型面上的排气槽，清理比较容易，推杆表面的粉末，由于自动的运动，可以自动清理，即使人工清理，也非常方便。而镶件之间的排气槽，则必须定期拆模清理，比较麻烦。

8.5 型腔的进气装置设计

在成型大型深腔类塑件时，塑料熔体充满整个型腔，模腔内的气体被全部排除，此时塑件和定模型腔之间以及塑件和动模型芯之间形成了真空，由于大气压力，将造成开模或脱模困难。为解决这一问题，必须在定模或动模，或者动、定模两侧同时设计进气装置，避免产生真空。

在模具中，很多能排气的结构，同时也能进气，如镶件、推杆、侧向抽芯结构、排气杆等。但分型面是主要的排气结构，却对进气作用不大，因为真空一般都出现在型腔或型芯的中间。

进气装置和排气装置如图 8-19 所示。此模的塑件是工厂常用的塑料盆，尺寸较大，开模时，定模镶件与塑件之间会产生真空，易使塑件粘定模。因此在定模部分增加进气装置，保证开模后塑件留在动模型芯上。塑件推出时，塑件与型芯之间也易产生真空，因此采用气动推出，既可以消除真空，又使推出平稳可靠。

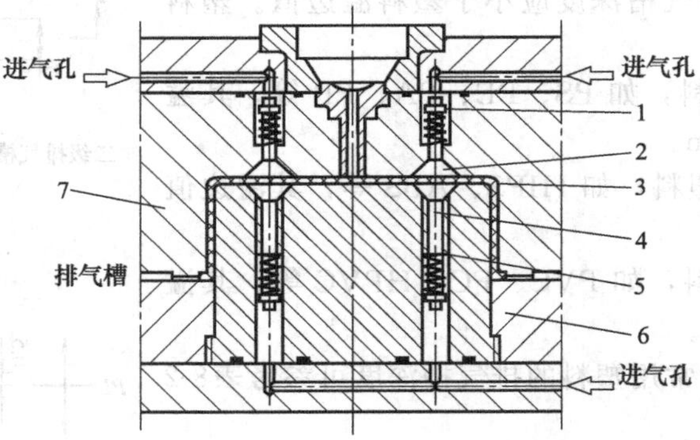

图 8-19 进气装置和排气装置

1,5—弹簧；2—定模进气阀；3—塑料盆；4—动模进气阀；6—动模 B 板；7—定模 A 板

复习与思考

1. 注塑模具中为什么要设计排气和进气系统？型腔中气体来源于何处？

2. 熔体填充时，型腔内的气体必须及时排出；开模和塑件推出时，气体必须及时进入，以防止型腔出现真空。如何理解“及时”两字？

3. 简述困气对注射周期和成型质量的影响。

4. 注塑模具的排气方式有哪些？其中哪一种排气效果最好？哪一种进气效果最好？

5. 一级排气槽的深度、宽度和长度如何确定？二级排气槽的深度、宽度和长度如何确定？

6. 什么情况下必须增加进气机构？

第9章

Chapter 09

注塑模具侧向分型与抽芯机构设计

9.1 概述

9.1.1 什么是侧向抽芯机构

注塑机上只有一个开模方向，因此注塑模具也只有一个开模方向。但很多模塑件因为侧壁带有通孔、凹槽或凸台，模具上需要有多个抽芯方向，这些侧面抽芯必须在塑件脱模之前完成抽芯。注塑模具中这种与开模方向不一致的抽芯机构称为侧向分型与抽芯机构。

侧向分型与抽芯机构的基本原理是将模具开、合的垂直运动，转变为侧向运动，从而将塑件的侧向凹凸结构中的模具成型零件，在塑件被推出之前脱离开，让塑件能够顺利脱模。实现将垂直运动转变为侧向运动的机构主要有斜导柱、弯销、斜向 T 形槽、T 形块和液压油缸等。

侧向分型与抽芯机构使模具结构变得更为复杂，增加了模具的制作成本。一般来说，模具每增加一个侧向抽芯机构，其成本约增加 30%。同时，有侧向抽芯机构的模具，在生产过程中发生故障的概率也越高。因此，塑件在设计时应尽量避免侧向凹凸结构。

(a) 塑件

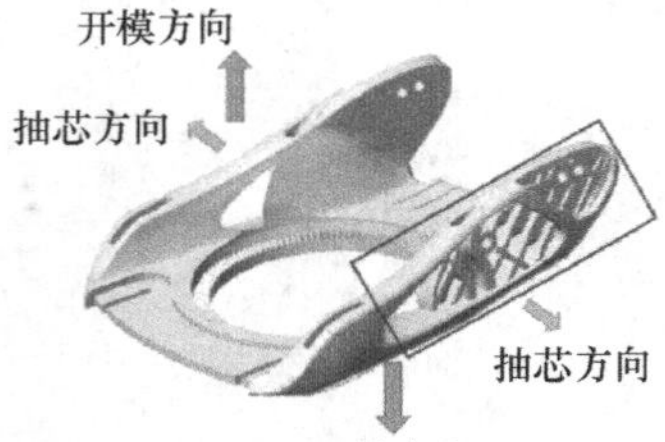

(b) 出模分析

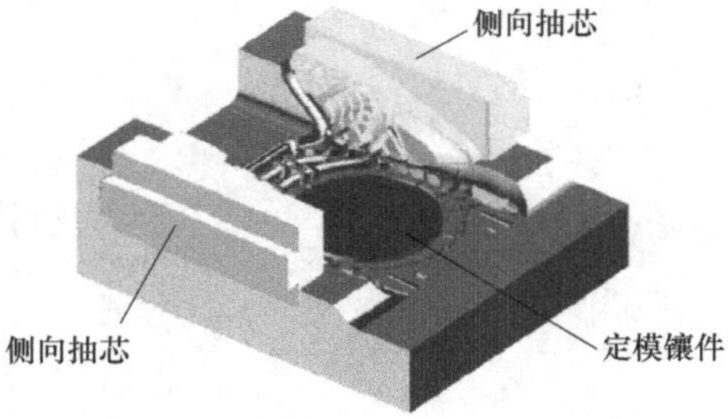

(c) 成型模具

图 9-1　侧向抽芯的形成

9.1.2 什么情况下要用侧向分型与抽芯机构

成型下列形状塑件的模具需要采用侧向分型与抽芯机构。

（1）塑件上存在与开模方向不一致的凹凸结构　图 9-1（a）为某运动服上的锁扣，两侧存在与塑件脱模方向垂直的倒扣，成型塑件两侧面的型芯称为侧向抽芯，如见图 9-1（b）所示，为了保证塑件安全顺利脱离模具，在开模过程中侧向抽芯必须首先脱离塑件。

除了如图 9-1（a）所示塑件的侧面凹孔外，还有侧面花纹、字体、标记符号、凸起的胶柱和耳状结构等，一般情况下也要采用侧向分型与抽芯机构。

（2）塑件存在不能有脱模斜度的外侧面　如下列三种情况塑件局部就不能有脱模斜度。

① 装配后该侧面与其他零件的侧面贴合，若有脱模斜度会导致装配后出现间隙，而影响外观。

② 塑件很高，外表面为配合面，精度要求较高，若有脱模斜度会导致大小端尺寸相差较大而影响装配。

③ 摆放时，接触平面的公仔或马等动物模型的脚底面，通常不允许有脱模斜度，要采用侧向抽芯机构。

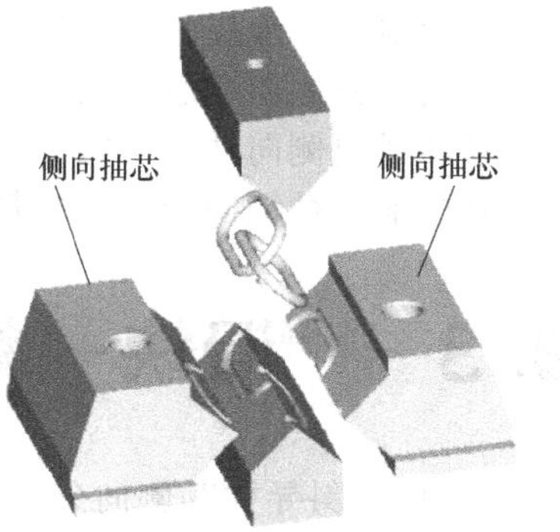

图 9-2　塑料链条注塑模具侧向抽芯

（3）环环相扣的塑料链条注塑模具，须采用侧向抽芯机构。如图 9-2 所示，图中的链条只画了两个环，实物一般做 20 个环，一模出两件，需要四个侧向抽芯。

9.2 侧向分型机构与抽芯机构的分类

由于塑件结构的复杂性，其侧向凹凸结构也千变万化，有外侧凹凸结构，也有内侧凹凸结构，从而导致模具侧向抽芯机构复杂多变，其分类方法也不同。

根据模具侧向分型机构动力来源不同，可分为机动抽芯、液压抽芯和手动抽芯。其中，机动抽芯是在开模时，依靠注塑模具的开模动作，通过抽芯机构带动活动侧向抽芯，把型芯抽出。机动抽芯具有脱模力大、劳动强度小、生产率高和操作方便等优点，在生产中广泛采用。液压抽芯是通过液压缸拉动侧向滑块实现侧向抽芯，成本较高。手动抽芯是将侧向凹凸结构的成型零件做成嵌件形式，开模时，依靠人力直接或通过传递零件的作用抽出活动型芯。其缺点是劳动强度大，而且由于受到限制，故难以得到大的抽芯力。其优点是模具结构简单，制造方便，制造模具周期短，适用于塑件试制和小批量生产。有时因塑件特点的限制，在无法采用机动抽芯时，就必须采用手动抽芯。手动抽芯按其传动机构又可分为以下几种：螺纹机构抽芯，齿轮齿条抽芯，活动镶块抽芯，其他抽芯等。这种结构在实际生产中很少采用。

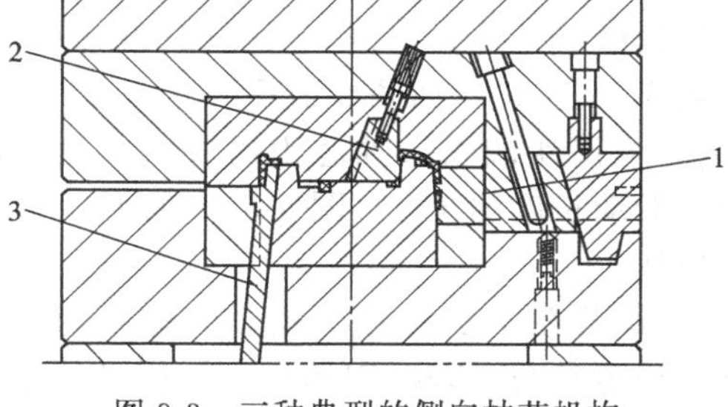

图 9-3　三种典型的侧向抽芯机构
1—滑块＋斜导柱的侧向抽芯机构；2—斜滑块侧向抽芯机构；3—斜推杆侧向抽芯机构

根据模具侧向抽芯机构所处位置不同，可分为定模外侧抽芯机构、定模内侧抽芯机构、动模外侧抽芯机构、动模内侧抽芯机构。其中，动模外侧抽芯机构，模具结构相对较简单，为常用的侧向抽芯机构。而定模侧向抽芯机构，因滑块（侧向抽芯）在定模 A 板内滑动，结构较复杂，不常用。定模侧向抽芯也常用斜滑块形式，这种结构较为简单。当不能采用斜滑块时，必须设计特殊结构的模架，即面板与A板之间在A、B板开模前应有一次分型。

在本书中，我们根据侧向抽芯机构的结构特点，将侧向抽芯机构分成以下六大类。

①“滑块＋斜导柱”的侧向抽芯机构。

②“滑块＋弯销”的侧向抽芯机构。

③“滑块＋T形扣”的侧向抽芯机构。

④“滑块＋液压缸”的侧向抽芯机构。

⑤斜推杆侧向抽芯机构。

⑥斜滑块侧向抽芯机构。

其中前三种侧向抽芯机构最常见，如图9-3所示。

9.3 “滑块+斜导柱”侧向抽芯机构

“滑块＋斜导柱”侧向分型与抽芯机构是利用成型后的开模动作，使斜导柱与滑块产生相对运动，滑块在斜导柱的作用下一边沿开模方向运动，一边沿侧向运动，其中，沿侧向的运动使模具的侧向成型零件脱离倒扣。

“滑块＋斜导柱”侧向分型与抽芯机构通常用在动模外侧抽芯机构和动模内侧抽芯机构中。其中，动模外侧抽芯机构最常用。

9.3.1 “滑块＋斜导柱”外侧抽芯机构

“滑块＋斜导柱”侧向抽芯机构如图9-4所示，它一般由以下五个部分组成。

① 动力部分，如斜导柱等。

② 锁紧部分，如楔紧块等。

③ 定位部分，如滚珠＋弹簧，挡块＋弹簧等。

④ 导滑部分，如模板上的导向槽、压块等。

⑤ 成型部分，如侧向抽芯、滑块等。

9.3.1.1 “滑块＋斜导柱”外侧抽芯机构设计原则

① 侧向抽芯一般比较小，应牢固安装在滑块上，防止在抽芯时松动滑脱。型芯与滑块连接应有一定的强度和刚度。如果加工方便，侧向抽芯可以和滑块做成一体。

② 滑块在导滑槽中滑动要平稳，不要发生卡滞、跳动等现象，滑块与导滑槽的配合为H7/f7。

③ 滑块限位装置要可靠，保证滑块在斜导柱离开后不会任意滑动。

④ 楔紧块要能承受注射时的胀型力，选用可靠的连接方式与模板连接。当滑块埋入另一模板的厚度大于总高度的1/2时，楔紧块可以和模板做成一体。当滑块承受较大的侧向胀型力的作用时，楔紧块要插入导向槽内，反铲面角度为5°～10°，如图9-4所示。

⑤ 滑块完成抽芯运动后，仍应停留在导滑槽内，当滑块较长或抽芯距离较大，允许滑块抽芯后露出模板，但露出模板的高度不得超过滑块滑动长度的1/4（图9-5），否则，滑块在开始复位时因受扭力作用较大容易导致模具变形损坏。

⑥ 滑块若在动模B板内滑动，称为动模抽芯；滑块若在定模A板内滑动，称为定模抽芯。模具要尽量避免定模抽芯，因为这样会使模具结构更复杂。若确因塑件的结构必须将滑块做在定模上时，A、B板开模前必须先抽出侧向型芯，此时必须采取定距分型装置。定模抽芯一般不用斜导柱作为动力零件，而改用弯销或T形块，见本章9.4和9.5两节。

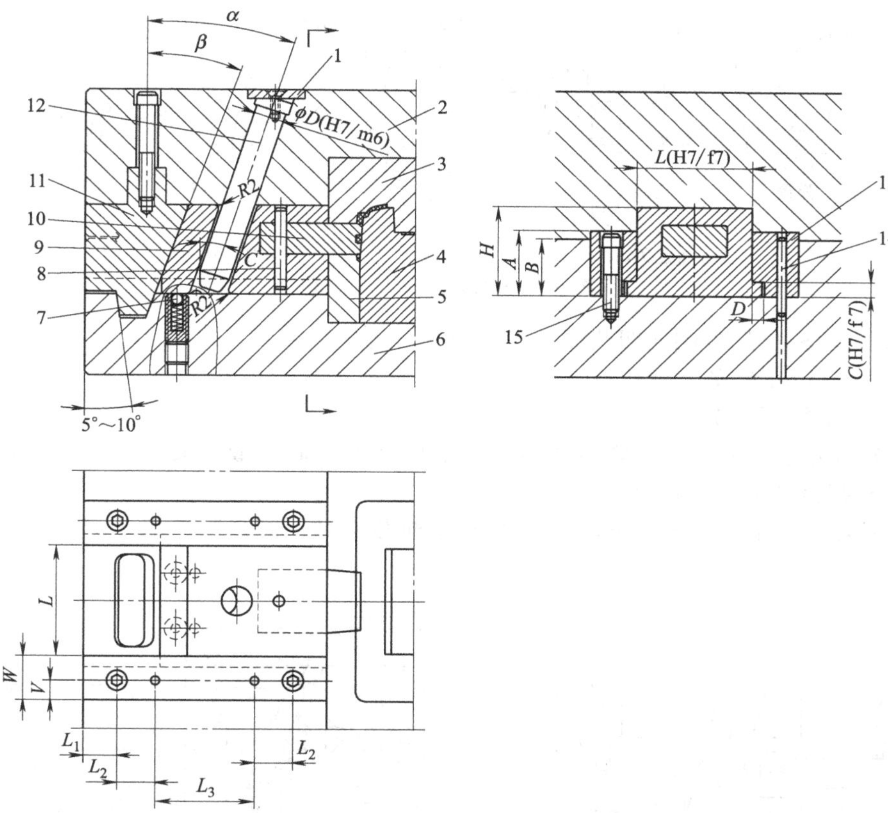

图 9-4 “滑块＋斜导柱”侧向抽芯机构

1—斜导柱压块；2—定模 A 板；3—定模镶件；4—动模型芯；5—动模镶件；6—动模 B 板；7—定位珠；8—定位销；9—滑块；10—侧向抽芯；11—楔紧块；12—斜导柱；13—滑块压块；14—定位销；15—螺钉

9.3.1.2 斜导柱的设计

（1）斜导柱倾角 α 斜导柱倾斜角度（简称倾角）如图 9-4 所示。斜导柱倾角 α 与脱模力及抽芯距离有关。角度 α 大则斜导柱所受弯曲力要增大，所需开模力也增大，因此希望角度小一些为好。但是当抽芯距离一定时，角度 α 小则使斜导柱加长。斜导柱倾角 α 一般在 15°～25°之间选取，最常用的是 18°和 20°。特殊情况下也不可超过 30°。角度太小斜导柱易磨损，甚至烧坏；角度太大则滑块滑动时摩擦力增大，易卡死，导致无法抽芯。

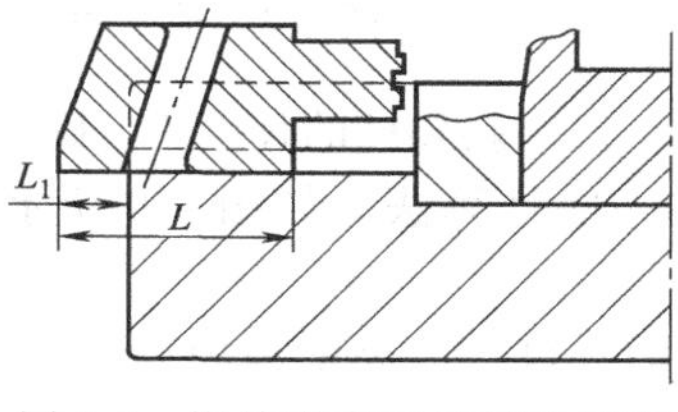

图 9-5 滑块滑离导滑槽的距离

当抽芯距离较大时，可以加大斜导柱的长度，也可适当增加 α 值以满足抽芯距离的要求，这时斜导柱的直径和固定部分长度需相应增加，以承受较大的扭矩。在确定斜导柱的倾斜角度时，还要考虑滑块的高度，要使斜导柱开始拨动滑块时接触滑块的长度大于滑块斜孔长度的 3/4，让滑块受力的中心尽量靠近导滑槽，使滑动平稳可靠。

滑块斜面的锁紧角度 β 应比斜导柱倾斜角度 α 大 2°～3°，原因有以下两个。

① 开模时，滑块和楔紧块必须先分开，之后斜导柱才能拨动滑块实现侧向抽芯。

② 合模时，如果 $\beta \leqslant \alpha$，楔紧块和滑块就很可能发生干涉，俗称撞模，这是非常危险的，如图 9-6 所示。

（2）抽芯距离 S_1

抽芯距离 S_1 为侧向活动型芯需要抽出的最小安全距离，如图 9-7 所示。

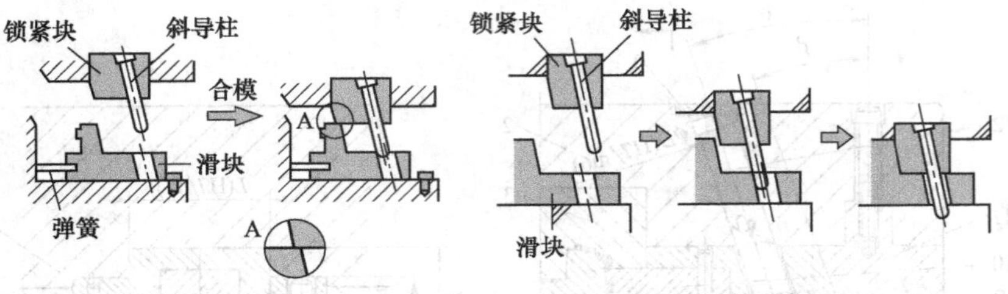

(a) 如果 $\beta<\alpha$　　(b) 如果 $\beta>\alpha$

图 9-6　β 必须比 α 大 2°～3°

一般规定：S_1＝塑件侧向凹凸深度 S＋2～5mm。

式中，2～5mm 为安全距离。

但也有以下特别情况。

① 当侧向分型面积较大，侧向抽芯会影响塑件取出时，最小安全距离应该取大一些，取 5～10mm 甚至更大一些都可以。

② 当侧向抽芯在型芯内孔滑动（俗称隧道抽芯）时，安全距离取 1mm 都可以，如图 9-8所示。

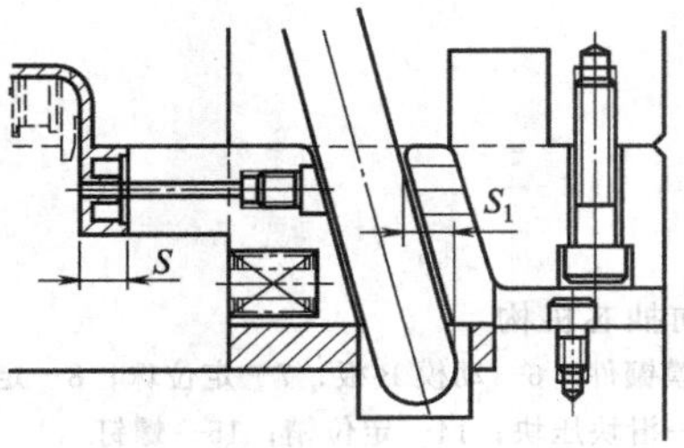

图 9-7　抽芯距离

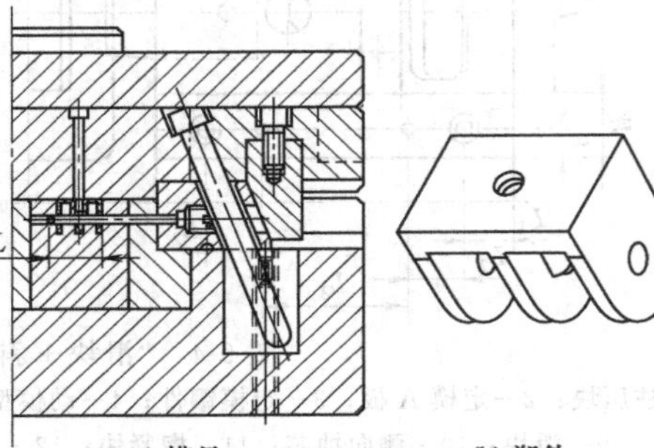

(a) 模具　(b) 塑件

图 9-8　隧道抽芯

(3) 斜导柱的长度 L　确定斜导柱长度有计算法和作图法两种，实际工作中，常用作图法。

① 计算法　如图 9-9 所示，斜导柱的长度 L 可按下面公式计算：

$$L=L_1+L_2=S/\sin\alpha+H/\cos\alpha$$

式中　H——固定板厚度；

S——抽芯距离；

α——斜导柱倾角。

② 作图法　如图 9-10 所示，步骤如下。

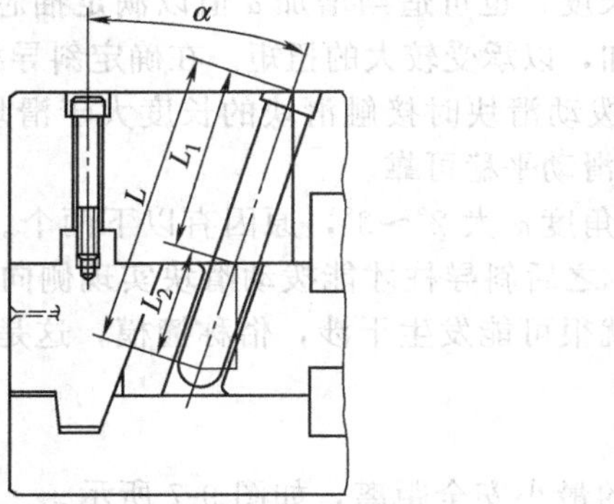

图 9-9　计算法求斜导柱长度计算

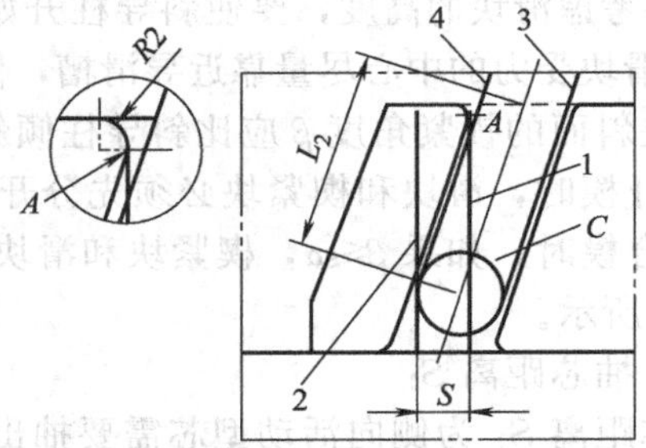

图 9-10　作图法求斜导柱长度计算

斜导柱的直径确定后，就可以画出滑块斜导柱孔，将孔口倒角 R_2，由圆角象限点 A 向下作直线 1，将直线 1 向滑块滑行方向平移一个抽芯距离 S 得到直线 2，作圆 C，该圆同时和直线 2 以及斜导柱的两根素线 3 和 4 相切，再将圆 C 在素线 3 和 4 中间的部分切除，即得到斜导柱下端面。

当 A、B 板的厚度及斜导柱倾斜角度确定后，斜导柱固定部分的长度 L_1 就可以量出。因此只要 L_2 求出，总长度就知道了。

（4）斜导柱大小和数量，滑块肩部尺寸的经验确定法　理论上，当滑块宽度大于 60mm 时需要考虑两根斜导柱。但实际上我们设计的时候都是当滑块长度大于 100 mm 才考虑设计两根斜导柱。表 9-1 所列是斜导柱大小和数量的经验确定法，供参考。

表 9-1　斜导柱大小和数量

滑块宽度/mm	20～30	30～50	50～100	100～150	＞150
斜导柱直径/mm	6.50～10.00	10.00～13.00	13.00～20.00	13.00～16.00	16.00～25.00
斜导柱数量	1	1	1	2	2

（5）斜导柱的装配及使用场合　斜导柱的固定方式见表 9-2。

表 9-2　斜导柱的固定方式

简　　图	说　　明	简　　图	说　　明
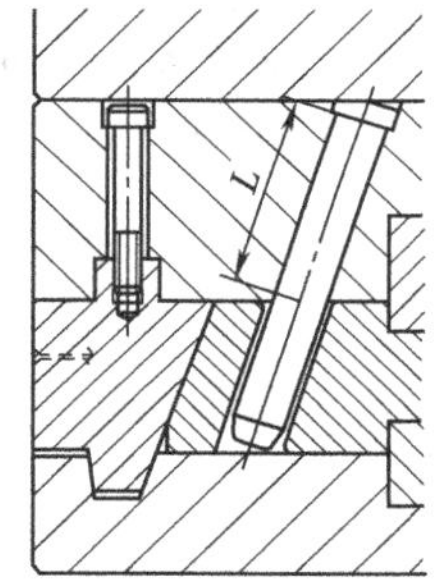	常用的固定方法。适宜用在模板较薄且面板与 A 模板不分开的情况下，配合面较长，稳定性较好。斜导柱和固定板的配合公差为 H7/m6	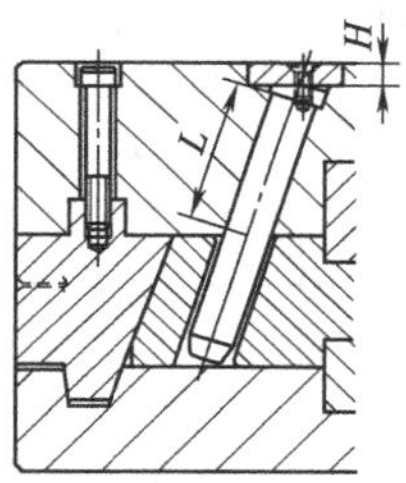	适宜用在模板较薄且面板与 A 模板可分开的情况下，配合面较长，稳定性较好
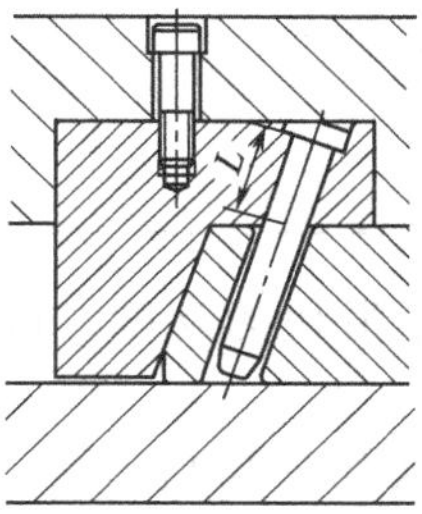	适宜用在模板厚、模具空间大的情况下，二板模具、三板模具均可使用，配合长度 $L \geqslant (1.5 \sim 5)D$（$D$ 为斜导柱直径）。这种装配稳定性较好	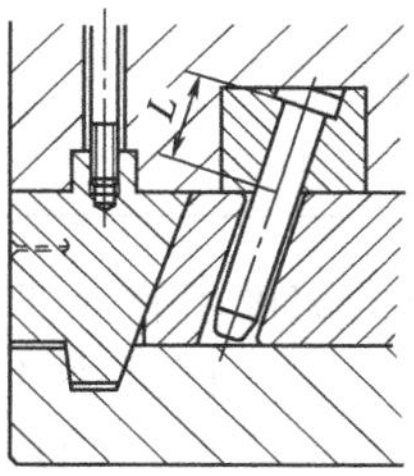	适宜用在模板较厚的情况下，二板模具、三板模具均可使用，配合面 $L \geqslant (1.5 \sim 5)D$（$D$ 为斜导柱直径）。这种装配稳定性不好，加工困难
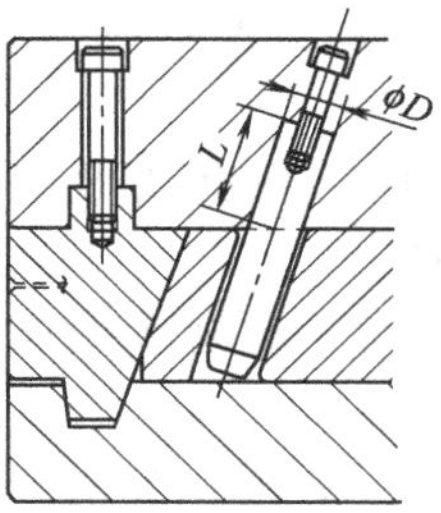	适宜用在模板较厚的情况下，二板模具、三板模具均可使用，配合面 $L \geqslant (1.5 \sim 5)D$（$D$ 为斜导柱直径）。这种装配稳定性不好，加工困难		

9.3.1.3　滑块的设计

（1）滑块的导滑形式　滑块在导滑槽中滑动必须顺利、平稳，才能保证滑块在模具生产中不发生卡滞或跳动现象，否则会影响成品质量、模具寿命等。滑块的导滑形式见表 9-3。

表 9-3　滑块的导滑形式

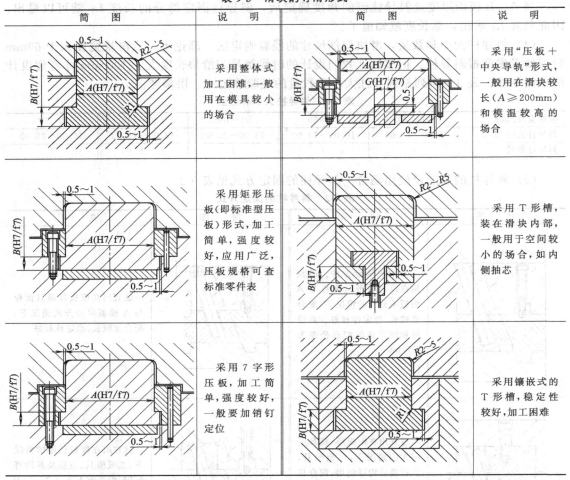

简　图	说　明	简　图	说　明
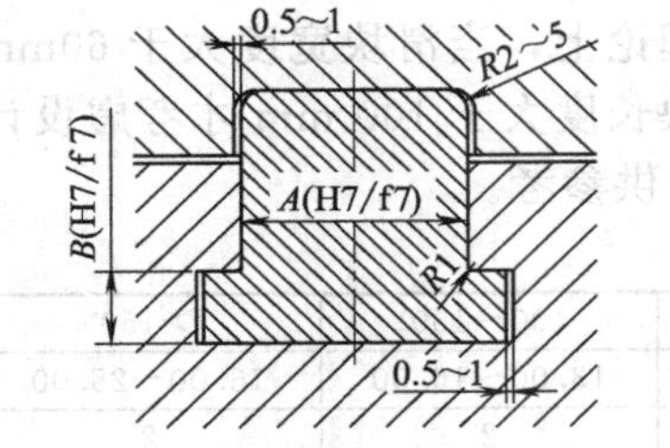	采用整体式加工困难，一般用在模具较小的场合	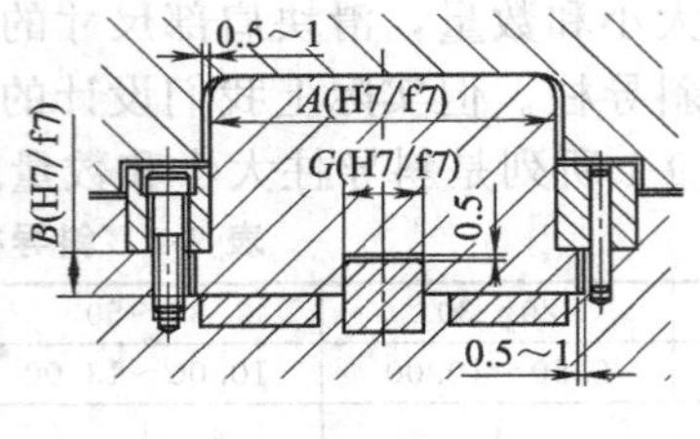	采用"压板＋中央导轨"形式，一般用在滑块较长（$A\geqslant200$mm）和模温较高的场合
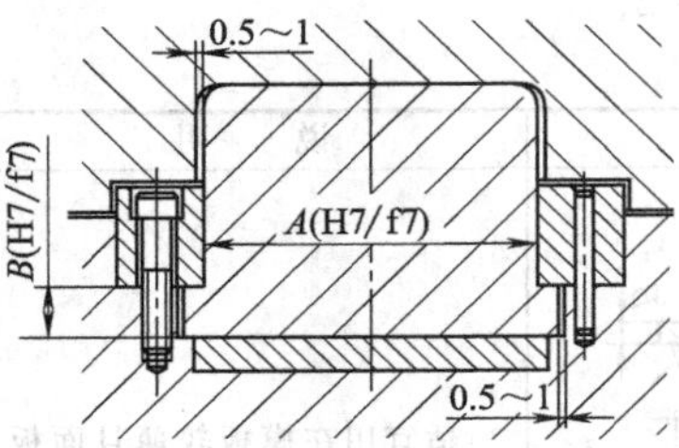	采用矩形压板（即标准型压板）形式，加工简单，强度较好，应用广泛，压板规格可查标准零件表	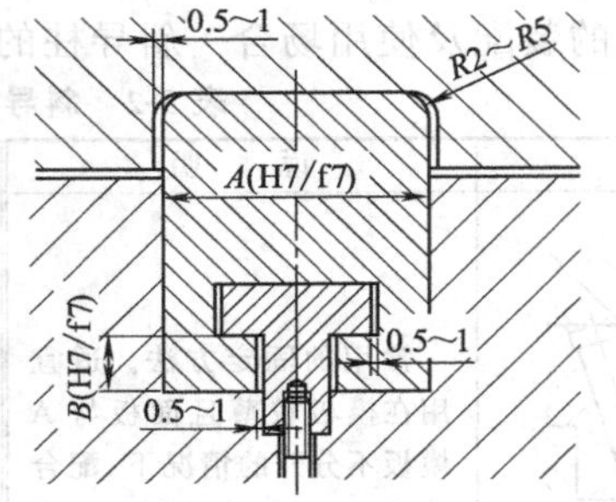	采用 T 形槽，装在滑块内部，一般用于空间较小的场合，如内侧抽芯
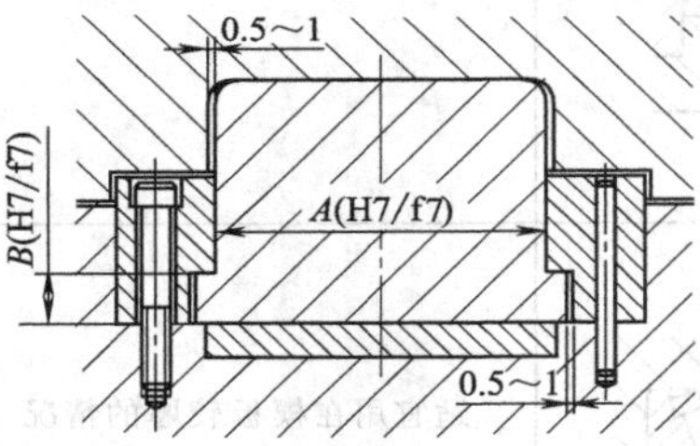	采用 7 字形压板，加工简单，强度较好，一般要加销钉定位	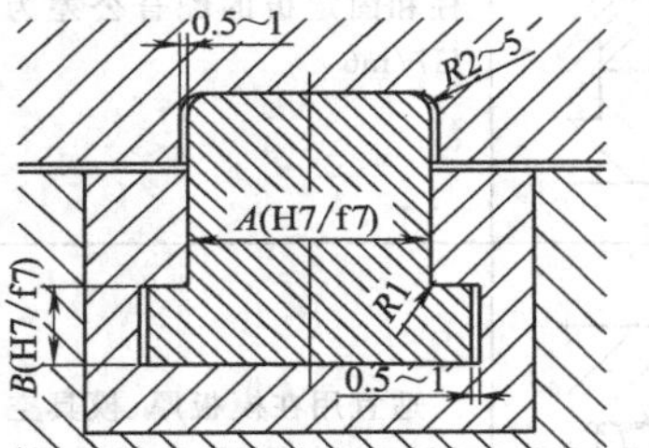	采用镶嵌式的 T 形槽，稳定性较好，加工困难

（2）滑块的尺寸　滑块的宽度不宜小于 30mm，滑块的长度不宜小于滑块的高度，以保证滑块开合模时滑动得稳定、顺畅。

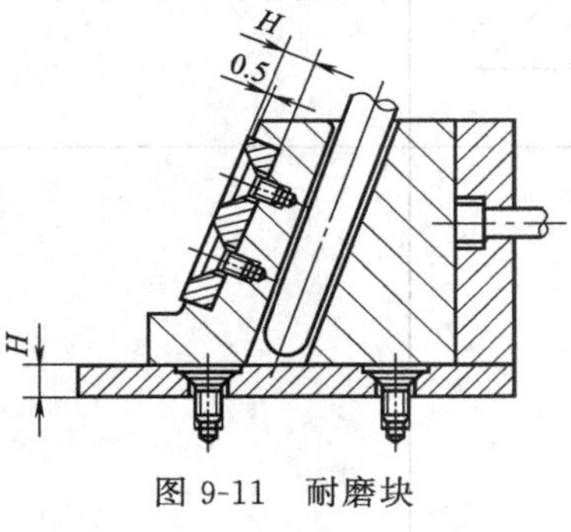

图 9-11　耐磨块

（3）滑块斜面上的耐磨块　耐磨块如图 9-11 所示。

① 使用场合　滑块宽度 L 在 50mm 以上，滑块的底面、斜面和斜推杆底面等摩擦面尽量使用耐磨块。

② 耐磨块的作用　减少磨损及磨损后方便更换。

③ 滑块耐磨块厚度

a. 当滑块宽度 L 为 50～100mm 时，耐磨块做成一件，厚度 T 为 8mm，使用杯头螺钉 M5。

b. 当滑块宽度 L 为 100～200mm 时，耐磨块做成两件，厚度 T 为 8mm，使用杯头螺钉 M5。

c. 当滑块宽度 L 在 200mm 以上时，耐磨块做成三件，厚度 T 为 12mm，使用杯头螺钉 M6。

耐磨块要高于滑块斜面 0.5mm。

④ 耐磨块材料

a. AISI 01 油钢（淬火至 54～56HRC）。

b. P20（表面渗氮）或 2510（淬火至 52～56HRC）。

(4) 滑块的冷却　尺寸较大的滑块，会使该区域的热传导变差，因为滑块与模板之间会有间隙，而间隙内的空气是热的不良导体，会使成型时的热量无法顺利地传出模具。因此，在尺寸允许的情况下，滑块内部尽量要设计冷却系统。冷却水的出入口尽量靠近滑块的底面（离底面约 15mm），楔紧块上要做避空槽，防止铲断水管接头，如图 9-12 所示。

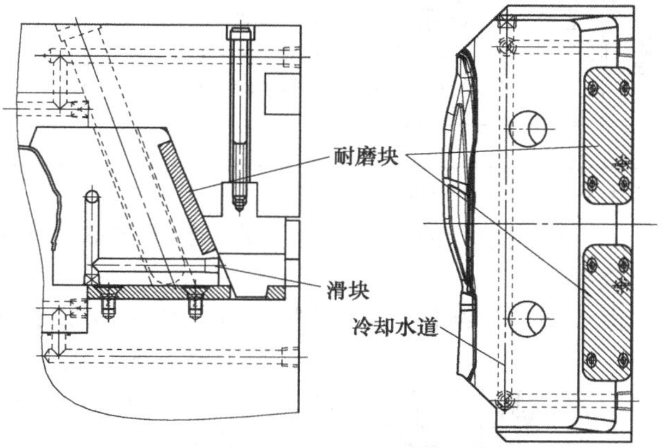

图 9-12　滑块上的冷却水道和耐磨块

(5) 滑块的定位　在开模过程中，滑块在斜导柱的带动下要运动一定距离，当斜导柱离开滑块后，滑块必须保持原位，不能移动，停留在刚刚终止运动的位置，以保证合模时斜导柱的伸出端可靠地进入滑块的斜孔，在斜导柱或楔紧块的作用下使滑块能够安全回位。为此滑块必须安装定位装置，且定位装置必须稳定可靠。

滑块的定位方式主要有“滚珠＋弹簧”和“挡块＋弹簧”两大类，其中“挡块＋弹簧”又可变化出很多结构，见表 9-4。

表 9-4　滑块的定位

图　示	说　明	图　示	说　明
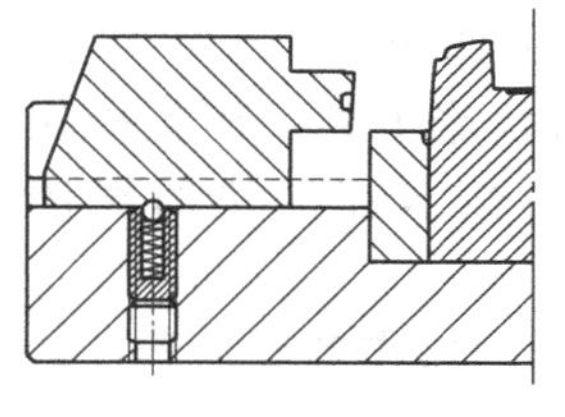	利用“弹簧＋滚珠”定位，一般用于滑块较小或抽芯距离较长的场合，多用于两侧向抽芯	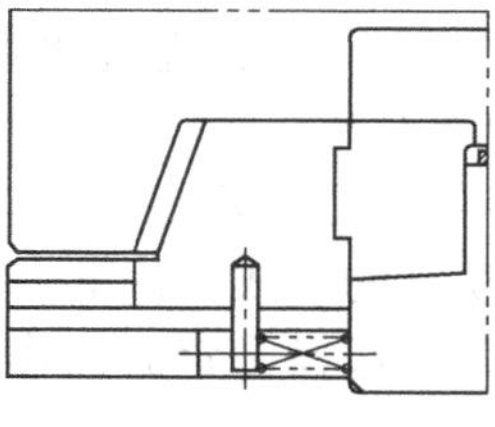	利用“弹簧＋销钉（螺钉）”定位，弹簧强度为滑块重量的 1.5～2 倍，常用于向下抽芯和侧向抽芯
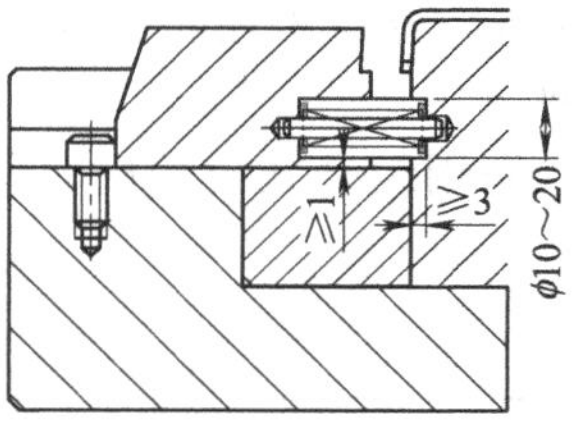	利用“弹簧＋螺钉”定位，弹簧强度为滑块重量的 1.5～2 倍，常用于向下抽芯和侧向抽芯	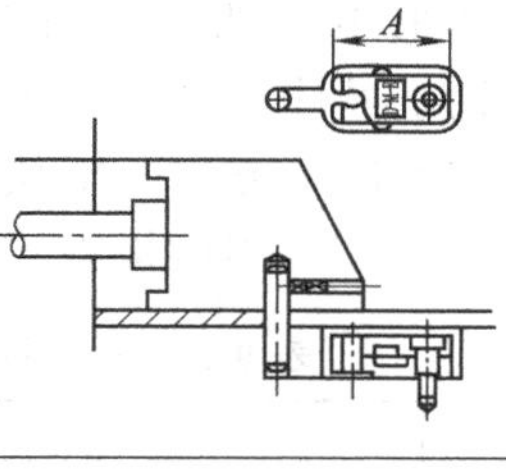	侧向抽芯定位夹只适用于侧向抽芯和向下抽芯。根据侧向抽芯重量选择侧向抽芯夹
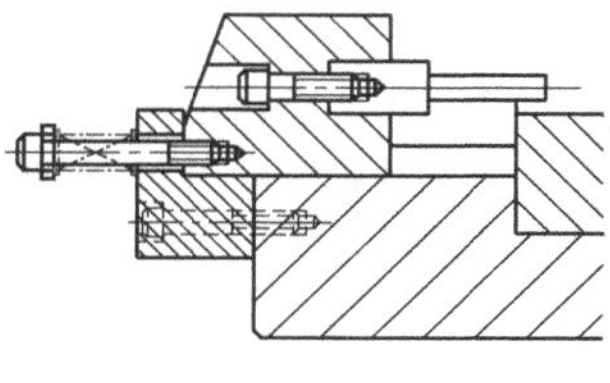	利用“弹簧＋螺钉＋挡块”定位，弹簧强度为滑块重量的 1.5～2 倍，适用于向上抽芯	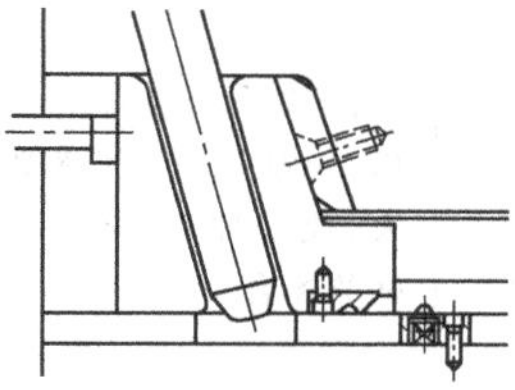	SUPERIOR 侧向抽芯锁只适用于侧向抽芯和向下抽芯。SLK-8A 适合 8lb 或 3～6kg 以下滑块。SLK-25K 适合 25lb 或 11kg 以下滑块

续表

图　示	说　明	图　示	说　明
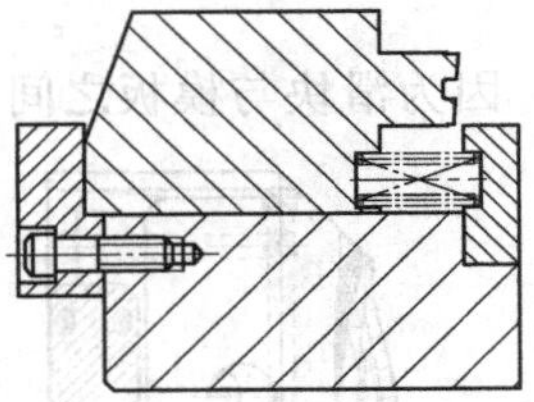	利用"弹簧＋挡块"定位，弹簧的强度为滑块重量的1.5～2倍，适用于滑块较大，向下抽芯和侧向抽芯		

注：1lb＝0.45359237kg。

（6）滑块滑行的方向　滑块的滑行方向取决于两个因素：塑件的结构和塑件在模具中的摆放位置。

由于塑件的结构千差万别，滑块滑行的方向也千差万别，为讨论方便，将它划分为四个主要方向：朝天（即朝上行），朝地（即朝下行），朝人（朝向操作者），背人（背向操作者），如图9-13所示。从滑块定位的角度去看，抽芯方向应优先选朝两侧向抽芯（而背向操作者滑行更是最好的选择），其次朝下抽芯，不得已时，滑块才朝上抽芯。所以有以下说法：宁左右，不上下；宁下不上；宁右不左。

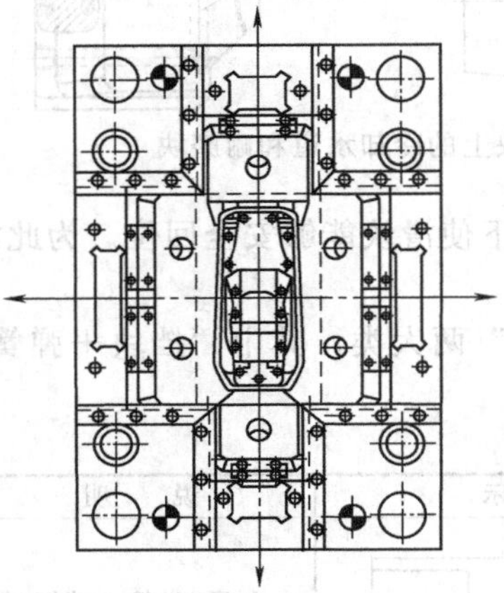

图9-13　滑块的滑行方向

理由如下。

① 滑块向上滑行时，必须靠弹簧定位，但弹簧很容易疲劳失效，尤其是在弹簧压缩比选取不当的时候，弹簧的使用寿命会更短。而一旦弹簧失效，滑块在重力作用下，会在斜导柱离开后向下滑动，从而发生斜导柱撞滑块这样的恶性事件。因此向上抽芯是最差的选择。

②模具维修时，向下滑行的滑块难拆装，而且操作危险。另外，当塑件、塑料或碎料不慎卡在滑块的滑槽上时，就很容易发生损坏模具的事故。因此向下滑行也应尽量避免。

③滑块滑行方向的最佳选择是背向操作者的那一侧，这样不会影响操作者取出塑件或喷射脱模剂等行为。

当然，以上是一般情形下的选择，如果碰到抽芯距离大于60mm，需要采用液压抽芯时，则让滑块向上滑行就是最佳选择了，理由很简单：模具安装方便。

（7）滑块和侧向抽芯的连接方式　滑块有整体式与组合式两种。采用组合式滑块时，需要将侧向抽芯紧固在滑块上。具体连接方式见表9-5。

表9-5　滑块和侧向抽芯的连接方式

简　图	说　明	简　图	说　明
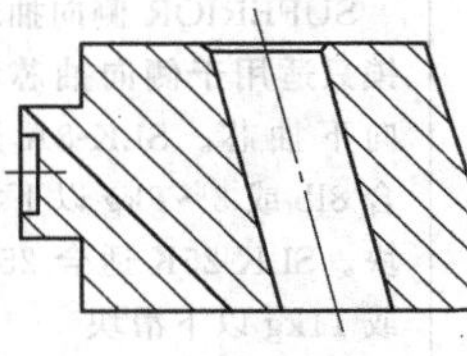	滑块采用整体式结构，一般适用于型芯较大、较好加工、强度较好的场合	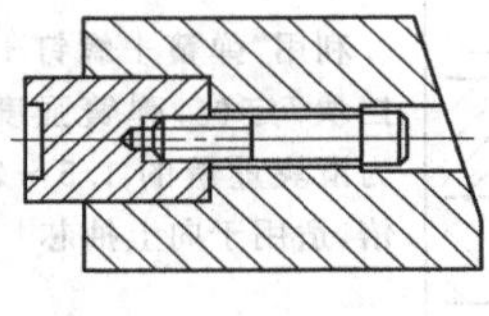	嵌入式镶拼方式，侧向抽芯较大、较复杂，分体加工较容易制作

续表

简 图	说 明	简 图	说 明
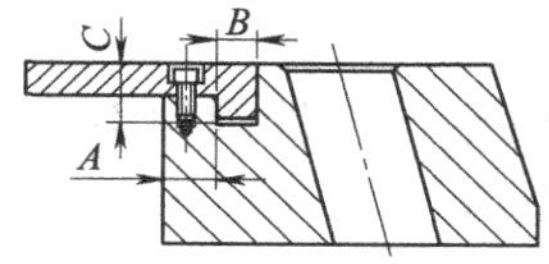	标准的镶拼方式，采用螺钉的固定形式，一般适用于型芯呈方形或扁平结构、型芯不大的场合。$A>B$，$B=5\sim8$mm，$C=3\sim5$mm	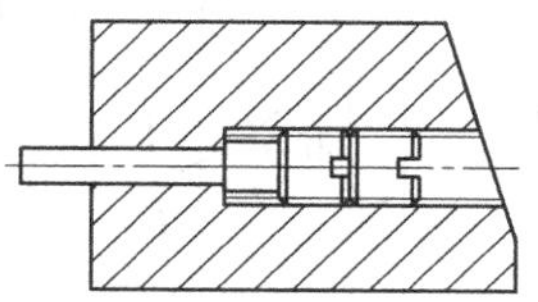	采用螺钉固定，一般适用于型芯呈圆形、型芯较小的场合
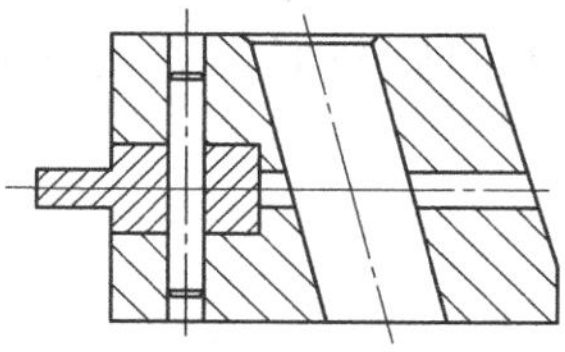	采用销钉固定，适用于侧向抽芯不大、非圆形的场合	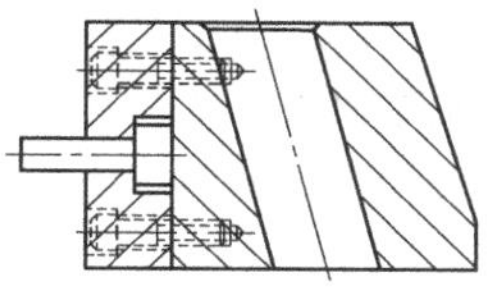	压板式镶拼方式，采用压板固定，适用于固定多个型芯

组合式滑块设计注意事项如下。

① 使用场合

a. 侧向抽芯强度薄弱，容易损坏。

b. 精度要求高，难以一次性加工。

c. 形状复杂，整体加工困难。

d. 圆形的侧向抽芯。

② 标准的镶拼方式，适用于小型的侧向抽芯，要注意侧向抽芯的定位，除了表 9-5 中的上下定位外，还可以左右定位，如图 9-14 所示。

③嵌入式镶拼方式，适用于较大型的侧向抽芯，H 一般取 10～15mm，如图 9-15 所示。

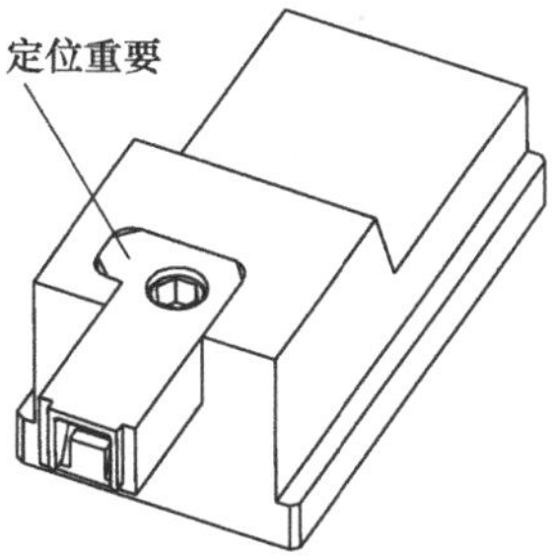

图 9-14 侧向抽芯定位很重要

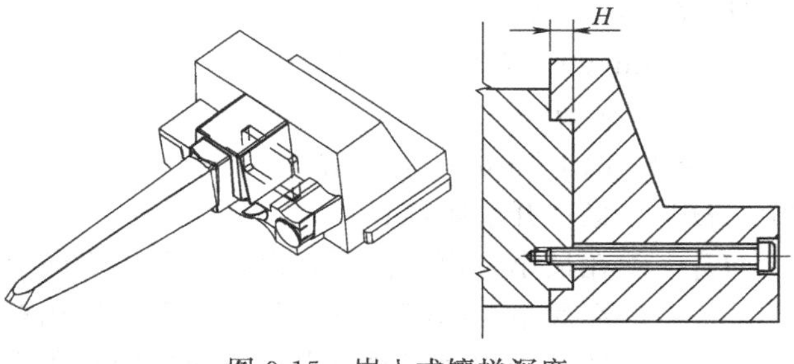

图 9-15 嵌入式镶拼深度

④ 压板式镶拼方式，适用于圆形的镶件，或者是多个镶件的侧向抽芯，压板可以采取嵌入式或者是定位销定位，如果是圆形侧向抽芯要设计防转结构，如图 9-16 所示。

⑤ 要保证侧向抽芯镶件和滑块主体有足够的强度。

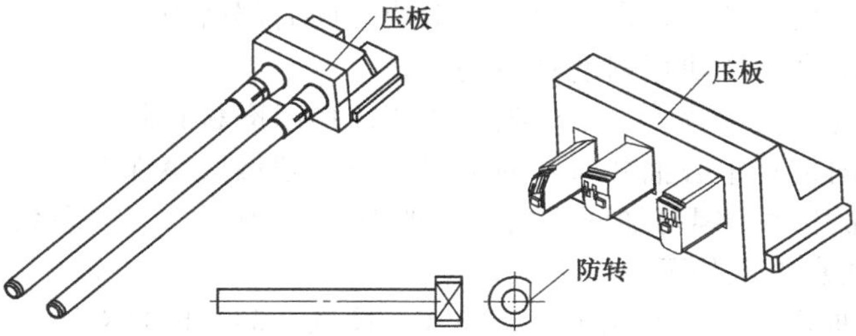

图 9-16 压板式镶拼方式

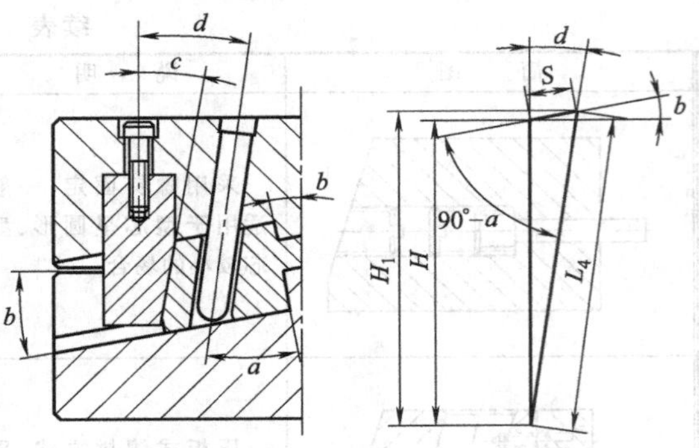

图 9-17　向下滑行

$a=d+b$

$15°\leqslant d+b\leqslant 25°$

$c=d+(2°\sim 3°)$

$H=S\cos a/\sin d$

$L_4=S\sin(90°+a-d)/\sin d$

$H_1=L_4\cos d$

$\quad =S\sin(90°+a-d)/\sin d$

② 当滑块抽芯方向与分型面成夹角的关系为滑块向定模方向倾斜时。如图 9-18 所示。

$a=d-b$

$d-b\leqslant 25°$

$c=d+(2°+3°)$

$H=S\cos(a-b)/\sin a$

$L_4=S\sin(90°+b-d)/\sin d$

$H_1=L_4\cos d$

$\quad =S\sin(90°+b-d)/\sin d$

⑥ 注意固定侧向抽芯镶件的螺钉、定位销不要与斜导柱孔、冷却水孔等干涉。

(8) 倾斜滑块参数计算　由于塑件的倒勾面是倾斜方向，与开模方向不成 90°，因此滑块的运动方向要与塑件倒勾斜面方向一致，否侧会拉伤塑件，此时滑块滑行的方向与开模方向不垂直。

① 当滑块抽芯方向与分型面成夹角的关系为滑块向动模方向倾斜时，如图 9-17 所示。

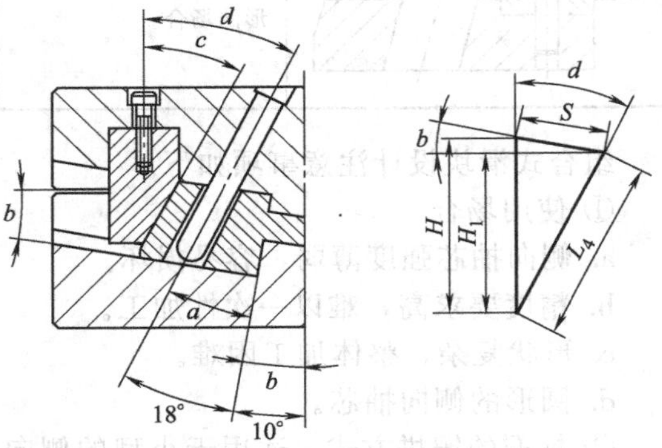

图 9-18　向上滑行

式中　H——最小开模距离；

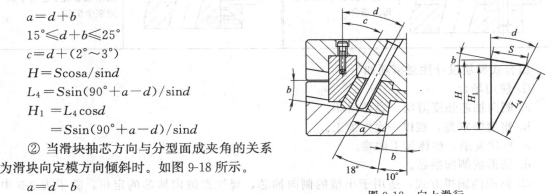

H_1——在最小开模距离下，滑块在开模方向上实际后退的距离；

L_4——在最小开模距离下，斜导柱和滑块相对滑动的距离；

a——斜导柱相对于滑块滑动方向的倾斜角度，一般取 15°～25°；

b——滑块的倾斜角度。

9.3.1.4　压块的设计

压块的作用是压住滑块的肩部，使滑块在给定的轨道内滑动。压块常常和模架做成一体，但下列情况下压块必须做成镶件。

① 产品批量大，模具使用寿命要求长，滑块导向肩部磨损后更换方便。

② 塑件精度要求高，压块用耐磨材料制作。

③ 滑块又宽又高，尺寸较大，易磨损，压块须用耐磨材料制作。

④ 当滑块必须向模具中心抽芯时，内侧滑块压块须做成镶件以便于安装滑块。

压块的固定通常用两个螺钉加两个销钉，如图 9-19 所示。有关参数见表 9-6。

滑块压板设计注意事项如下。

① 压板材料：油钢 AISI 01 或 DIN1-2510；硬度：54～56HRC（油淬，二次回火）。

② 表面渗氮处理。

③ 棱边倒角 C1。

④ 滑动配合面加工油槽。

⑤ 压板的选用

a. 压板优先选用标准规格，其次考虑 7 字形。

b. 压板的上端面应尽量与模板面平齐，保证模具的美观。

c. 压板应尽量避免同时压在内模镶件和模板上。

d. 为了防止变形，压板长度应尽量控制在 200mm 以下。

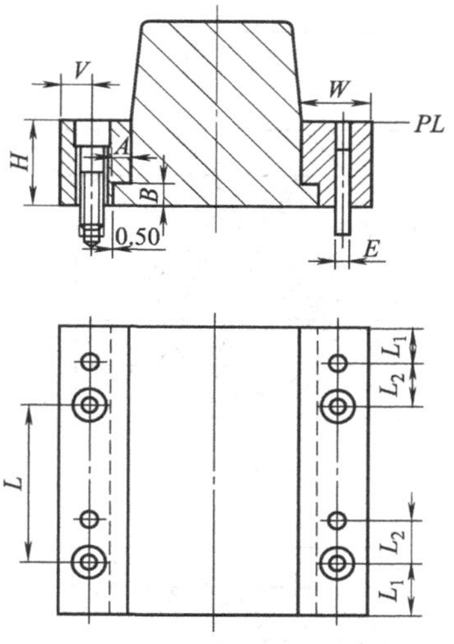

图 9-19　压块设计

9.3.1.5　楔紧块的设计

楔紧块又称锁紧块，其作用是模具注塑时锁紧滑块，阻止滑块在胀型力的作用下后退。在很多情况下，它还起到合模时将滑块推回原位，恢复型腔原状的作用。因为它要承受注射压力，所以应选用可靠的固定方式。

楔紧块的锁紧角 β 等于滑块斜面倾斜角度，比导柱倾斜角度 α 大 2°～3°，当滑块很高时大 1°也可以。原因见斜导柱倾斜角度的设计。

表 9-6　压块有关尺寸确定　　单位：mm

H	A	B	W	V	L	L_1	L_2	E	M、BSW
18,20,22	5	6	20	9	＜80	15	12	6	M8、5/16BSW
25,30,35	6	8	22.5	10					
40,45,50	8	10	25	10	＜100	18	15	8	M10、3/8BSW

楔紧块较常见的固定方式有以下几种。

① 动模外侧抽芯楔紧块固定在定模板上。

② 动模内侧抽芯楔紧块固定在动模托板上（此时的模架为假三板模架）或定模板上。

③ 定模内、外侧抽芯楔紧块都固定在定模面板上。

楔紧块装配部位宽 16～30mm，一般取楔紧块厚度的一半左右。深度小于等于宽度。

当滑块较高，藏入定模 A 板的深度大于等于滑块总高度的 2/3 时，可以用 A 板原身做楔紧块。

常见的楔紧块的装配方式可归纳为表 9-7 中的几种形式。

9.3.1.6　如何实行延时抽芯

在斜导柱侧向抽芯机构中要实行延时抽芯，可以将滑块上的斜导柱孔加大，开模时，让斜导柱有一段空行程，从而实行延时。加大的方法是可以将斜孔直径加大，也可以将圆孔改为腰形孔，如图 9-20 所示。

表 9-7　楔紧块的形式

简　图	说　明	简　图	说　明
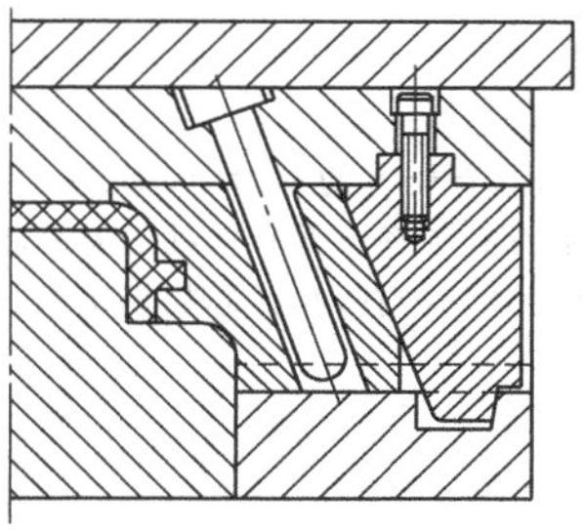	常规结构，采用嵌入式锁紧方式，刚性好，适用于锁紧力较大的场合	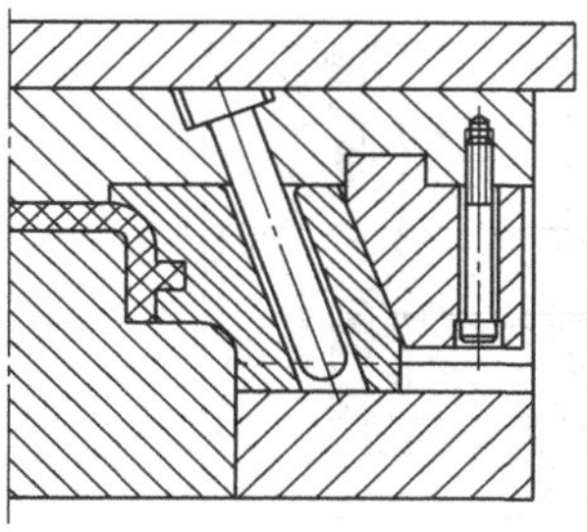	滑块采用镶拼式锁紧方式，通常可用标准件，可查标准零件表，结构强度好，适用于较宽的滑块

续表

简图	说明	简图	说明
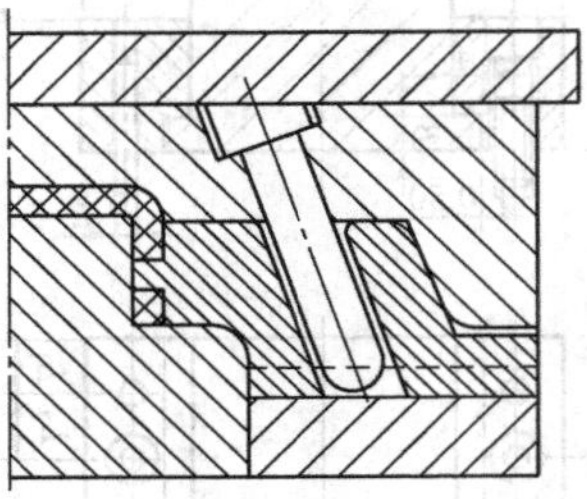	滑块采用整体式锁紧方式，结构刚性好，但加工困难，适用于小型模具，或滑块埋入定模深度大于 2/3 滑块高度	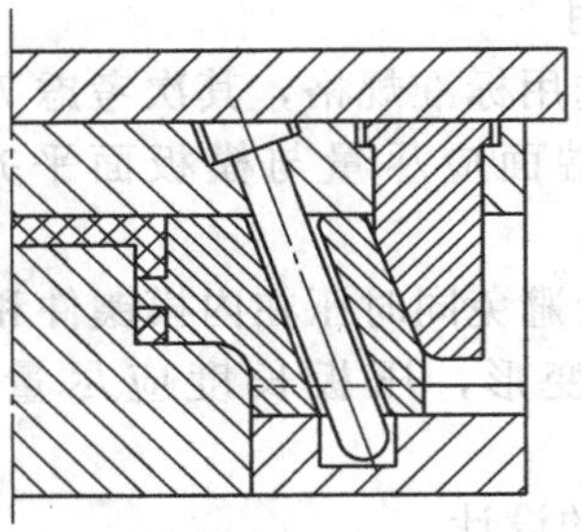	采用嵌入式锁紧方式，适用于较宽的滑块
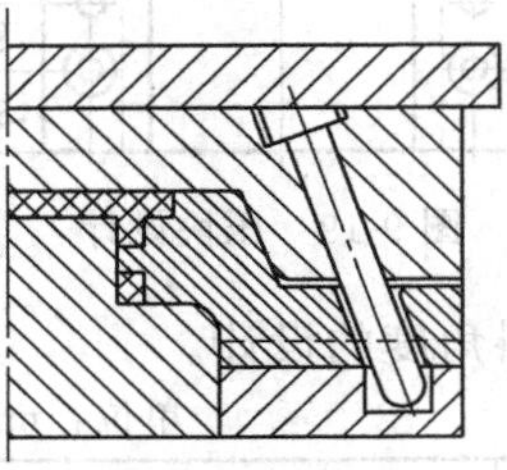	滑块采用整体式锁紧方式，结构刚性更好，但加工困难，抽芯距离小，适用于小型模具	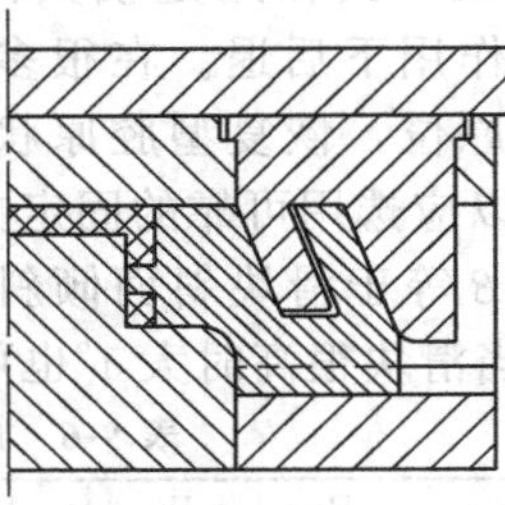	采用拨动兼止动，稳定性较差，一般用在滑块空间较小的情况下
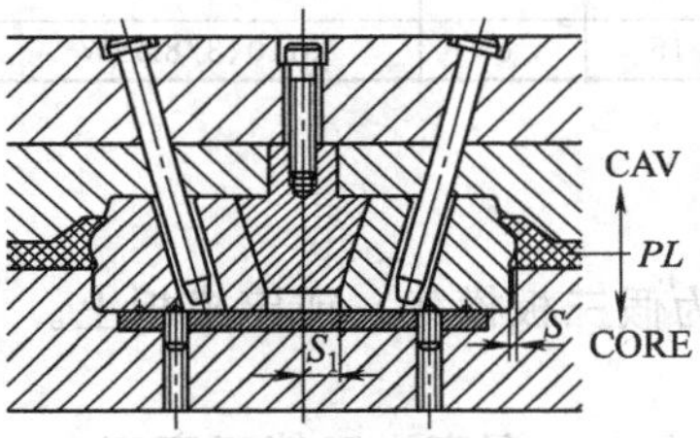	一个楔紧块同时锁紧两个滑块，锁紧力较大，适用于滑块向模具中心滑动的场合。注意：$S_1 \geqslant S$	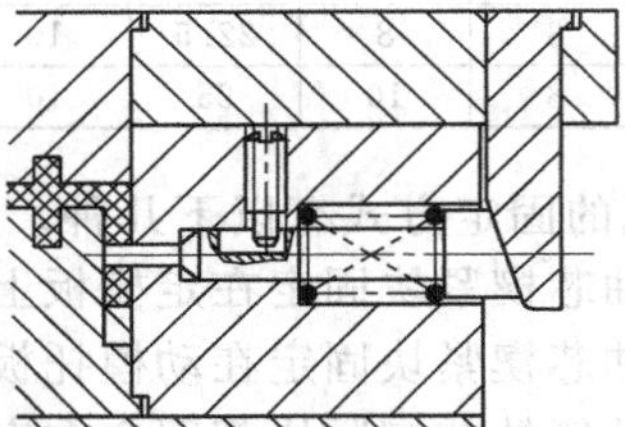	侧向抽芯对模具长宽尺寸影响较小，适用于抽芯距离不大、包紧力较小、滑块宽度不大的小型模具
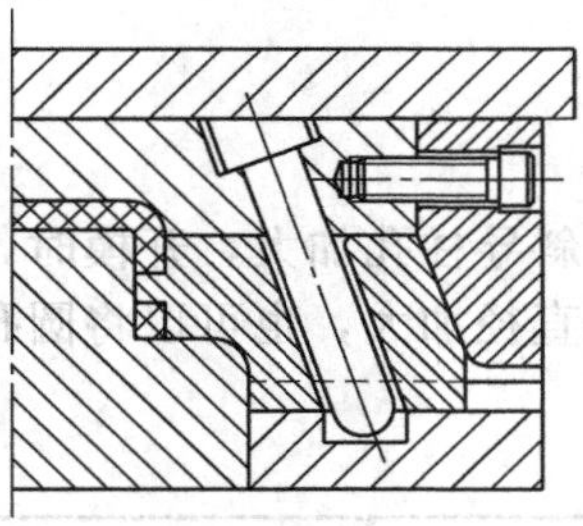	侧向抽芯对模具长、宽尺寸影响较小，但锁紧力较小，适用于抽芯距离不大、滑块宽度不大的小型模具	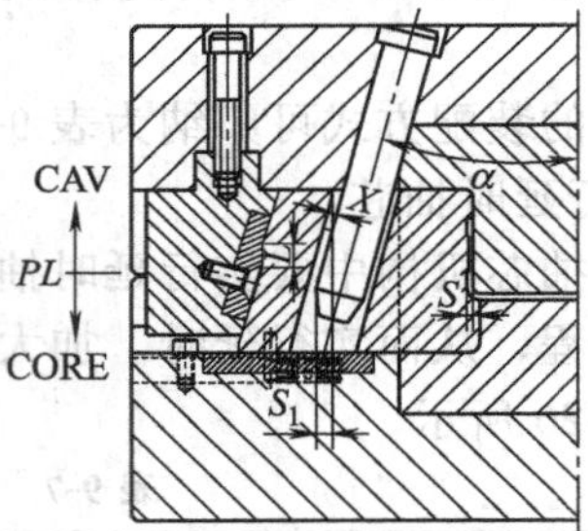	楔紧块的斜面上有一段与开模方向一致的平面 L，适用于滑块需要延时抽芯的场合。注意：$L = X/\sin\alpha - 1 \sim 2\text{mm}$
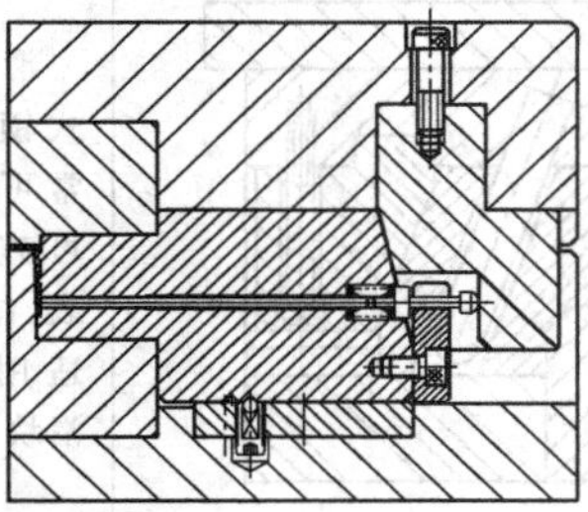		当塑件对滑块或侧向抽芯有较大的黏附力（如接触面积较大）或包紧力（如侧面有深孔或深槽等）时，抽芯时易将塑件拉变形，此时要在滑块中增加推杆，在抽芯初期由推杆推住塑件，使塑件不致变形	

图 9-21 是延时抽芯设计实例，如果侧孔的内外同时抽芯，则容易将孔壁拉断，于是采取先抽内部型芯，再抽外侧型芯。

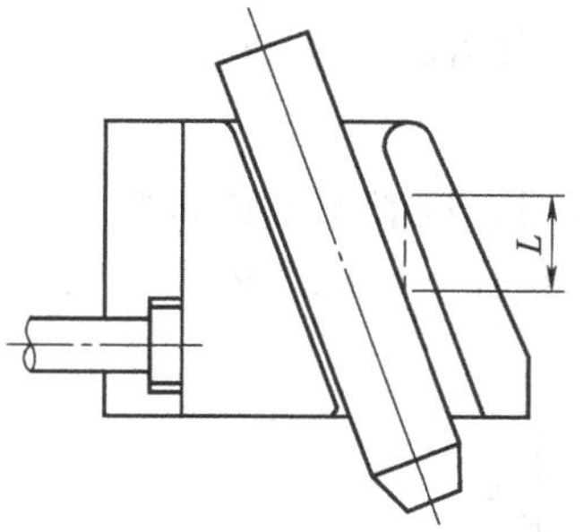

图 9-20　延时抽芯

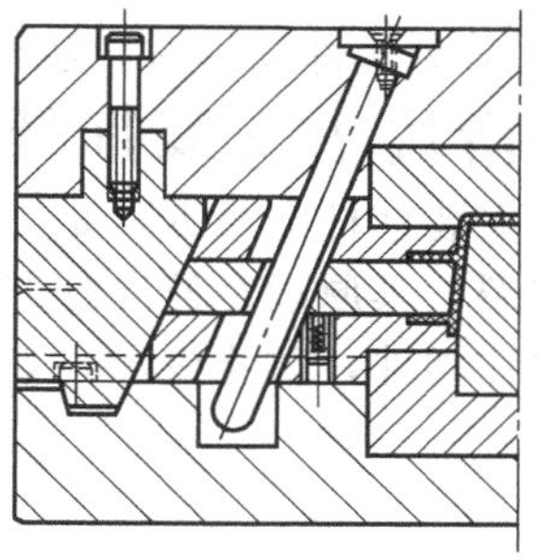

图 9-21　延时抽芯设计实例

9.3.1.7　斜导柱侧向抽芯机构设计其他注意事项

① 抽芯可以成型圆孔、异形孔、柱子，也可以成型塑件某个面或面组。成型塑件某个面或面组时，要注意分模线尽量不影响外观。成型圆孔时，应采用插穿的形式，防止镶件被熔体冲弯。

② 型芯的圆孔直径较小，且圆心正好在分型面上时，必须在动模镶件上做一个侧向抽芯导向镶件或压块（俗称虎口），以保证侧向抽芯稳定可靠，如图 9-22 所示。

③ 除非客户要求，否则滑块槽后面必须开通，以方便加工。

④ 滑块宽度大于 150mm 时，应在滑块中间加导向块，提高导向精度及稳定性。

⑤ 侧向抽芯下有推杆时，要求使用推件固定板先复位机构或在推件固定板下面加安全行程开关。

9.3.2　“滑块＋斜导柱”内侧抽芯机构

内侧抽芯机构主要用于成型塑件内壁侧凹或凸起，开模时滑块向塑件“中心”方向运动。其基本结构如图 9-23 所示。

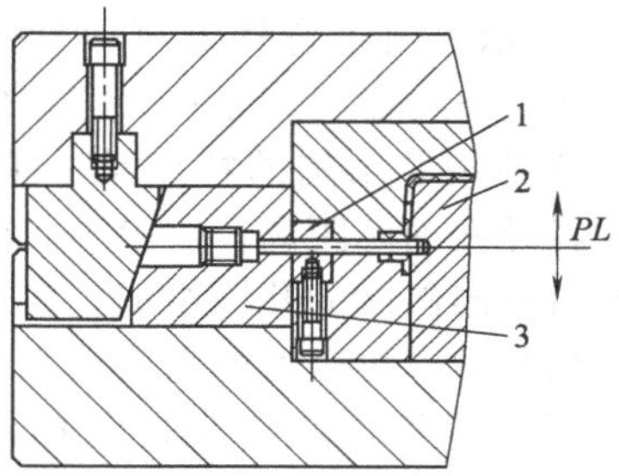

图 9-22　镶虎口

1—导向块（虎口镶件）；2—型芯；3—滑块

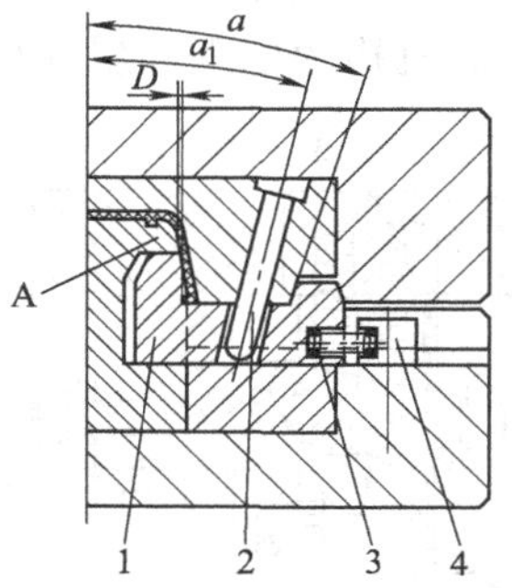

图 9-23　斜导柱内侧抽芯机构

1—内滑块；2—斜导柱；3—弹簧；4—挡块

开模时，内滑块 1 在斜导柱 2 的作用下向塑件“中心”方向移动，完成对塑件内壁侧凹的分型，斜导柱 2 与内滑块 1 脱离后，内滑块 1 在弹簧 3 的作用下使之定位。因须在内滑块 1 上加工斜孔，内滑块模具的宽度较大。

设计要点如下。

① 注意 A 处必须有足够的强度，钢厚至少 5mm。

② 内侧抽芯转角处必须增加圆角，以消除应力集中现象；

③ 压块厚度 H 控制在 8.0～10.0mm。

④ 斜导柱倾斜角度为 15°～25°，锁紧角度 α_1 为 $\alpha + 2° \sim 3°$。

⑤ 为了避免塑件顶出时，塑件和镶件干涉，一般要求图示尺寸 $D \geqslant 1$mm。

9.3.3 滑块上安装推杆的结构

滑块上安装推杆的目的，是防止侧向抽芯脱离塑件时，因黏附力或包紧力过大而导致塑件变形或拉裂。其原理是侧向抽芯进行侧向抽芯时，推杆在一段距离内不作侧向运动，推杆的作用是顶住塑件，防止变形，如图 9-24 所示。

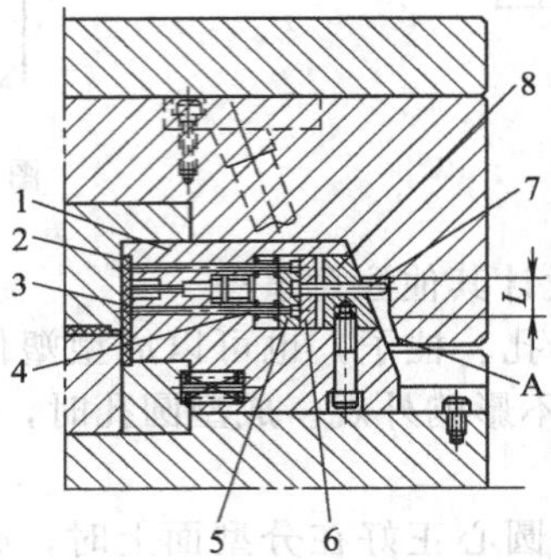

图 9-24 滑块上加推杆

1—滑块；2,3—推杆；4—弹簧；5—推件固定板；6—推杆底板；7—复位杆；8—挡块

9.4 “滑块+弯销”侧向抽芯机构

9.4.1 基本结构

弯销抽芯机构的原理和斜导柱抽芯机构的原理基本相同，只是在结构上用弯销代替斜导柱，如图 9-25 所示。由于弯销既可以抽芯，又可以压紧滑块，因此它不再需要楔紧块。弯销倾斜角度设计同斜导柱。这种抽芯结构的特点是：倾斜角度大，抽芯距离大于斜导柱抽芯距离，脱模力也较大，必要时，弯销还可由不同斜度的几段组成，先以小的斜度段获得较大的抽芯力，再以大的斜度段来获得较大的抽芯距离，从而可以根据需要来控制抽芯力和抽芯距离。

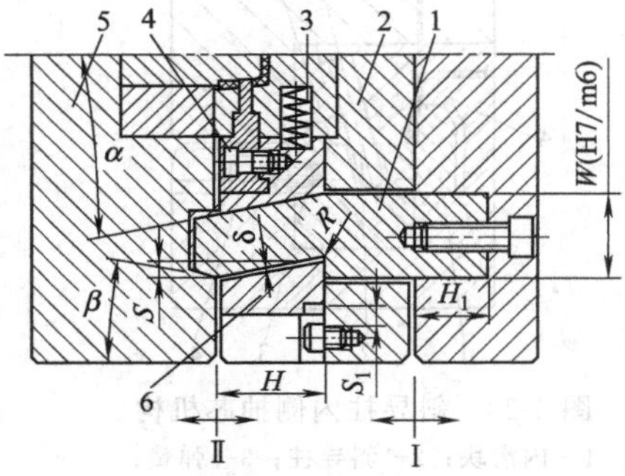

图 9-25 弯销抽芯机构

1—弯销；2—A 板；3—弹簧；4—定模侧向抽芯；5—B 板；6—定模滑块

9.4.2 设计要点

在设计弯销抽芯结构时，应使弯销和滑块孔之间的间隙 δ 稍大一些，避免锁模时碰撞。一般间隙为 0.5～0.8mm。弯销和支承板的强度，应根据脱模力的大小，或作用在型芯上的熔体压力来确定。在图 9-25 的弯销抽芯结构中，各设计尺寸如下：

$\alpha = 15° \sim 25°$ （α 为弯销倾斜角度）

$\beta=5°\sim10°$ （β 为反锁角度）

$H_1\geqslant1.5W$ （H_1 为配合长度）

$S=T+2\sim3\text{mm}$ （S 为滑块需要水平运动距离；T 为成品倒勾深度）

$S=H\sin\alpha-\delta/\cos\alpha$ （δ 为斜导柱与滑块之间的间隙，一般为 0.5～0.8mm；H 为弯销在滑块内的垂直距离）

“滑块＋弯销”抽芯机构中的滑块设计同“滑块＋斜导柱”抽芯机构，此处不再赘述。

9.4.3 使用场合

该机构常用于定模抽芯、动模内抽芯、延时抽芯、抽芯距离较长和斜抽芯等场合，此时滑块宽度不宜大于 100mm。

图 9-25 是侧浇口浇注系统定模外侧弯销抽芯机构。合模时，弯销 1 压住定模滑块 6，开模时，模具先从Ⅰ处打开，弯销拨动滑块 6，滑块 6 在定模 A 板内滑动，抽芯完成后，模具再从Ⅱ处打开，最后推出塑件。该模具要加定距分型机构。

图 9-26 中的塑件侧向抽芯部分有一处加强筋，如果上下同时抽芯，容易将它拉断，于是采用弯销延时抽芯。开模时，滑块 1 在斜导柱 4 的拨动下先行抽芯，此时滑块 3 由于弯销有一段直身位保持不动，实现延时抽芯。

图 9-27 是弯销内侧抽芯，开模时，内滑块 1 在弯销 3 的作用下向塑件“中心”方向移动，完成对塑件内壁侧凹的分型，弯销 3 与内滑块 1 脱离后，内滑块 1 在弹簧 4 的作用下定位。因为要在内滑块 1 上加工斜孔，内滑块模具的宽度较大。

该图中 A 处的钢厚应大于 5mm，压块 2 的厚度 H 应大于 8mm。

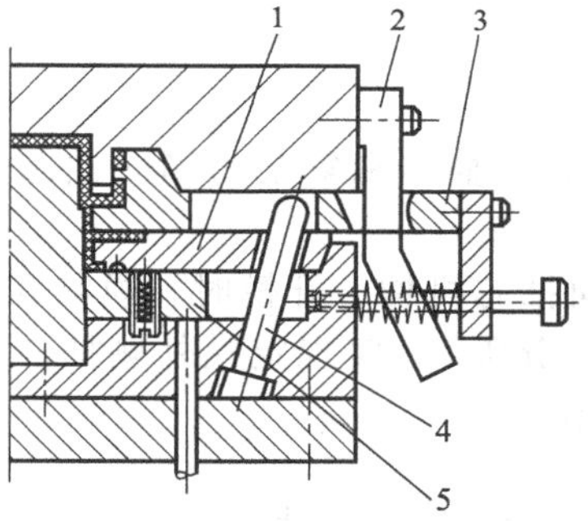

图 9-26 弯销延时抽芯

1,3—滑块；2—弯销；4—斜导柱；5—镶件

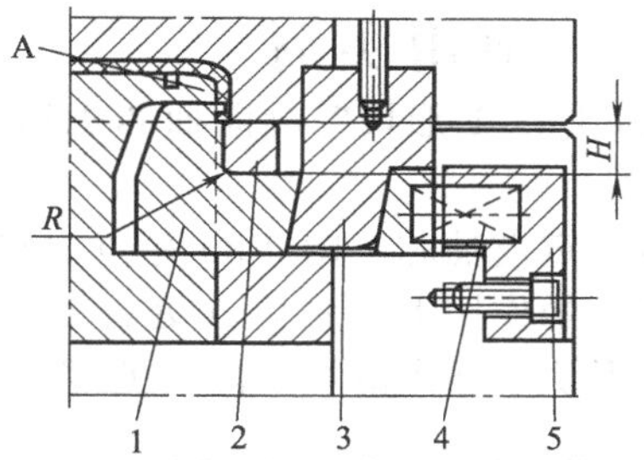

图 9-27 弯销内侧抽芯

1—内滑块；2—压块；3—弯销；4—弹簧；5—挡块

9.5 “滑块＋T 形块”侧向抽芯机构

9.5.1 基本结构

“滑块＋T 形块”侧向抽芯机构和“滑块＋弯销”的抽芯机构大致相同，其原理也和“滑块＋斜导柱”的抽芯机构原理基本相同，只是在结构上用 T 形块代替斜导柱，如图 9-28 所示。T 形块既可以抽芯，又可以压紧滑块，因此它也不再需要另加楔紧块。T 形块倾斜角度设计同斜导柱。这种抽芯结构的特点是：倾斜角度大，抽芯距离大于斜导柱抽芯距离，脱模力也较大。

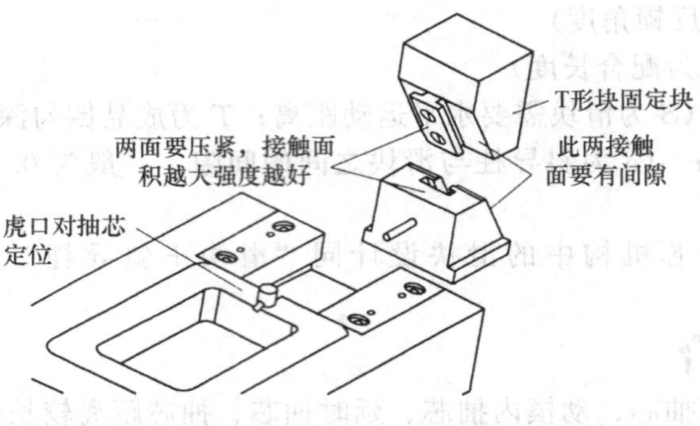

图 9-28 “滑块＋T形块”侧向抽芯机构

9.5.2 工作原理

图 9-29 是 T 形块定模抽芯。开模时，面板 1 和定模 A 板 2 先从 Ⅰ 处打开，定模滑块 4 在 T 形块 3 的拨动下向右抽芯。当定模滑块 4 完成抽芯后，模具再从 Ⅱ 处打开，取出塑件。该模具要设计定距分型机构。

合模时，T 形块 3 插入定模滑块 4 的 T 形槽内，将滑块推向型腔，完成滑块复位。

9.5.3 设计要点

侧浇口浇注系统定模侧向抽芯机构，采用没有流道推板的简化三板模架，即俗称的二板半模。

① δ 取 0.5mm，以保证锁紧面分离后，T 形块再拨动滑块，以及在合模过程中，T 形块能顺利地进入滑块内。

② $S_1=S+2\sim5$mm；$\alpha=15°\sim25°$；$\beta=5°\sim10°$。

9.5.4 应用实例

“滑块＋T形块”侧向抽芯机构常用于定模抽芯、斜向抽芯和复杂的侧向抽芯机构等场合。

(1) 定模抽芯　图 9-30 是点浇口浇注系统定模侧向抽芯机构。开模时，模具在弹簧 3 和扣基 4 的作用下，先从 A 处打开，此时 T 形块 9 拨动滑块 8，实现定模外侧抽芯。合模时，T 形块 9 插入滑块 8 的 T 形槽内，将滑块 8 推回复位。

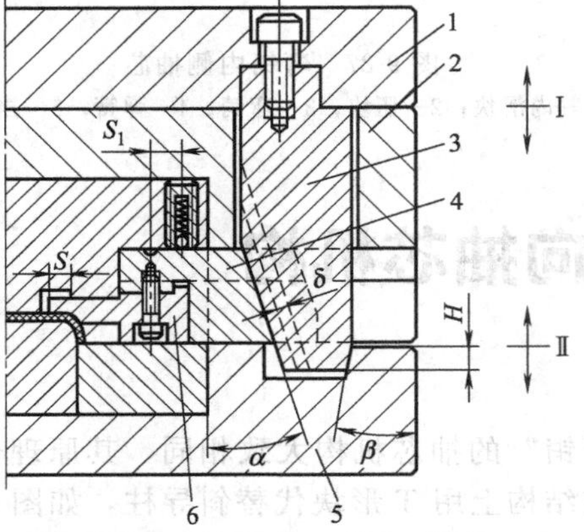

图 9-29 T 形块定模抽芯

1—面板；2—定模 A 板；3—T 形块；4—定模滑块；5—动模 B 板；6—定模抽芯

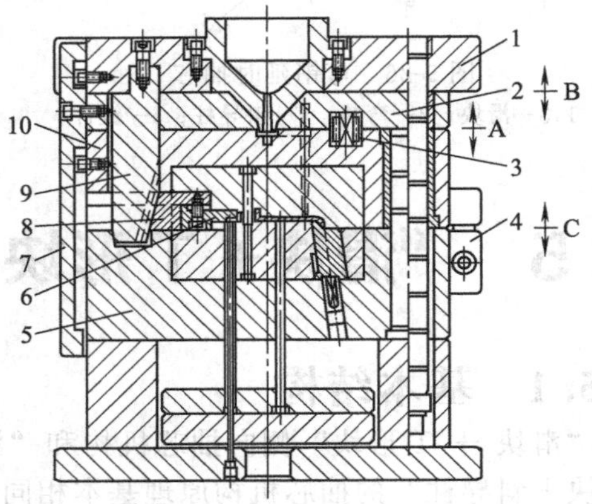

图 9-30 点浇口浇注系统定模侧向抽芯机构

1—面板；2—流道推板；3—弹簧；4—扣基；5—B 板；6—侧向抽芯；7—定距分型拉板；8—滑块（带 T 形槽）；9—T 形块；10—A 板

（2）斜向抽芯　图 9-31 是斜向抽芯模具结构实例。开模时，模具先从Ⅰ处打开，在塑件推出之前再从Ⅱ处打开，此时做有 T 形槽的导滑块 2 拉动斜抽芯 1 做斜向运动，完成斜向抽芯。在这种结构中，导滑块 2 和斜抽芯 1 不能脱离开，否则斜抽芯 1 不好定位。合模时，导滑块 2 推动斜抽芯 1 斜向复位。

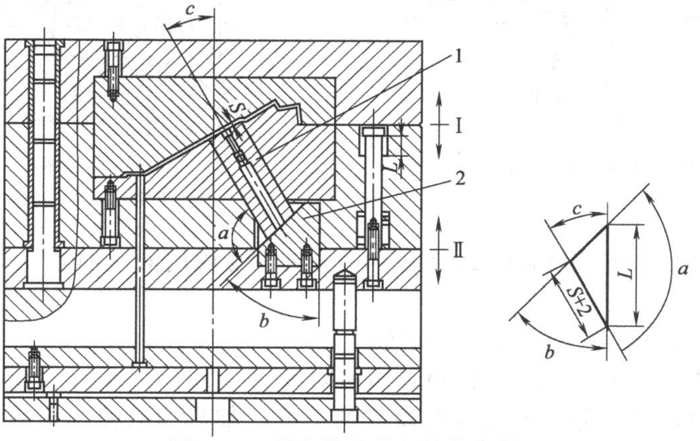

图 9-31　斜向抽芯模具结构实例

1—斜抽芯（有 T 形块）；2—导滑块（设 T 形槽）

图 9-31 中，c 为斜抽芯角度，S 为斜抽芯的距离，L 为Ⅱ处打开的距离。

$a=90°+(15°\sim25°)$

$b=180°-a-c=180°-[90°+(15°\sim25°)]-c$

$=90°-(15°\sim25°)-c$

根据正弦定理，得：

$(S+2)/\sin b=L/\sin a$

即：

$(S+2)/\sin[90°-(15°\sim25°)-c]=L/\sin[90°+(15°\sim25°)]$

所以：

$L=(S+2)\times\sin[90°+(15°\sim25°)]/\sin[90°-(15°\sim25°)-c]$

9.6　“滑块+液压缸”侧向抽芯机构

9.6.1　基本结构

这种抽芯机构是利用液体的压力，通过油缸活塞及控制系统，实现侧向分型或抽芯，如图 9-32 所示。其优点是根据脱模力的大小和抽芯距离的长短来选取液压装置，因此能得到较大的脱模力和较长的抽芯距离。由于使用高压液体为动力，传递平稳。另外，它的分型、抽芯不受开模时间和顶出时间的限制。其缺点是增加了操作工序，同时还要有整套的抽芯液压装置，增加了成本。液压抽芯机构的特点是抽芯行程长，抽芯力量大，运动平稳灵活。典型结构形式如图 9-33 所示。

9.6.2　设计要点

①液压缸通过固定板固定于 B 板，油缸的活塞杆与侧向抽芯相连接。开模时，油缸通过活塞杆的往复运动实现抽芯和复位。

② 使用场合

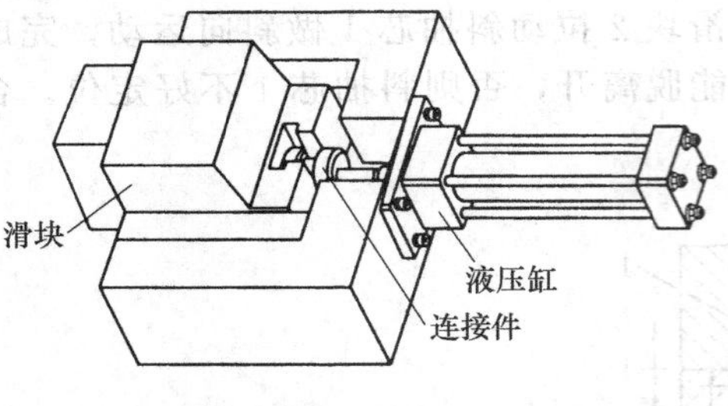

图 9-32 “滑块＋液压油缸”抽芯机构

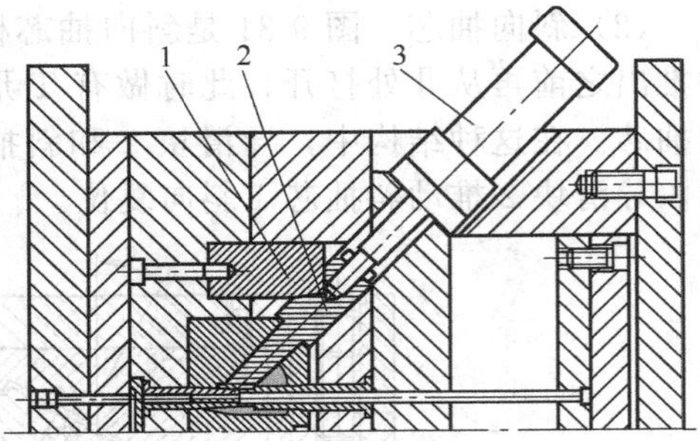

图 9-33 液压抽芯实例

1—楔紧块；2—斜抽芯；3—液压缸

a. 抽芯距离较大（通常抽芯距离大于 50mm 时才考虑用液压抽芯）。

b. 斜抽芯。

c. 定模顶出模中用油缸推动推件固定板。

③ 液压抽芯的抽拔力＝(1.3～1.5)×抽芯阻力。

④ 液压抽芯的抽拔方向尽量设计在模具的上方，如果模具侧面需要液压缸抽芯，模具在注塑机上装配时也要将有液压缸模具侧面装在上方。

⑤ 液压缸活塞杆的行程至少大于塑件应抽芯的长度加 5～10mm。

⑥ 这种结构不能加斜导柱，但必须加楔紧块锁紧。

9.7 斜推杆抽芯机构

9.7.1 概念

斜推杆又称斜顶，是常见的侧向抽芯机构之一，如图 9-34 所示。它常用于塑件内侧面

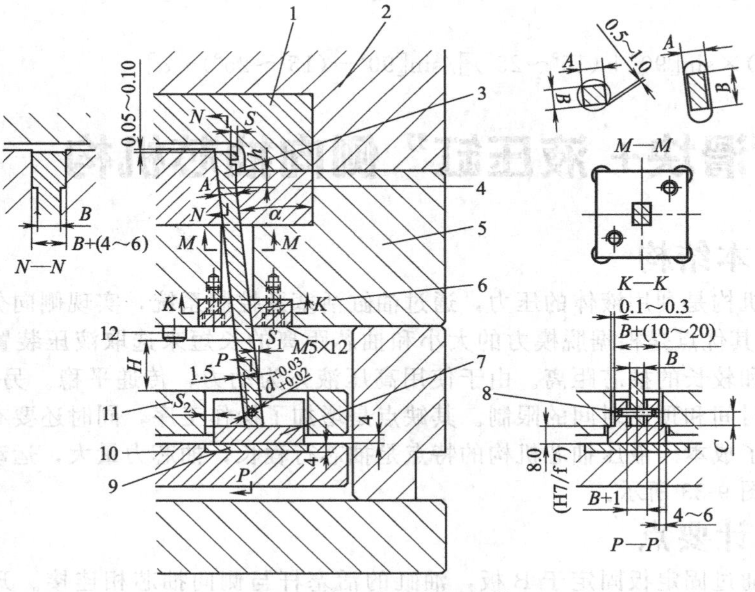

图 9-34 斜顶侧向抽芯机构

1—定模镶件；2—定模 A 板；3—斜顶；4—动模镶件；5—动模 B 板；6—导向块；7—滑块；8—圆轴；9—垫块；10—推杆底板；11—推件固定板；12—限位柱

存在凹槽或凸起结构，强行推出会损坏塑件的场合。它是将侧向凹凸部位的成型镶件固定在推件固定板上，在推出的过程中，此镶件作斜向运动，斜向运动分解成一个垂直运动和一个侧向运动，其中的侧向运动即实现侧向抽芯。

相对内侧滑块抽芯，斜推杆结构较简单，且有推出塑件的作用。

有时外侧倒扣也用斜推杆，但一般来说，因斜推杆侧向抽芯机构模具加工复杂，工作量较大，模具生产时易磨损烧死，维修麻烦，外侧倒扣应尽量避免使用斜推杆抽芯。在通常情况下，能用外滑块时不用斜推杆，能用斜推杆时不用内滑块。

另外，透明塑件尽量不用斜推杆，避免产生划痕。

9.7.2 斜推杆分类

斜推杆有整体式和二段式，二段式主要用于长而细的斜推杆，此时采用整体式的斜推杆易弯曲变形。整体式斜推杆的典型结构如图 9-35 所示，二段式斜推杆的典型结构如图 9-36 所示。

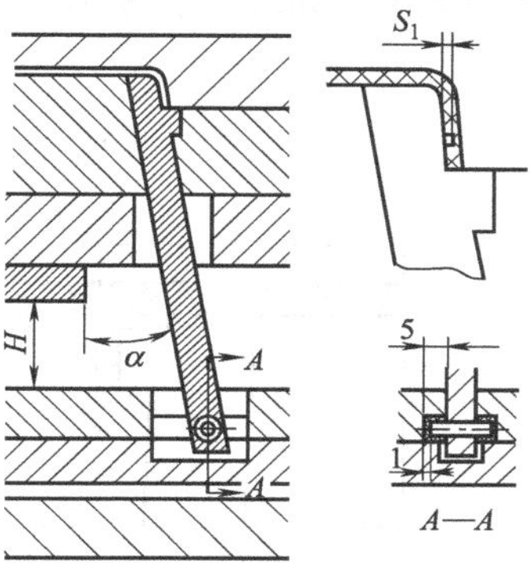

图 9-35　整体式斜推杆

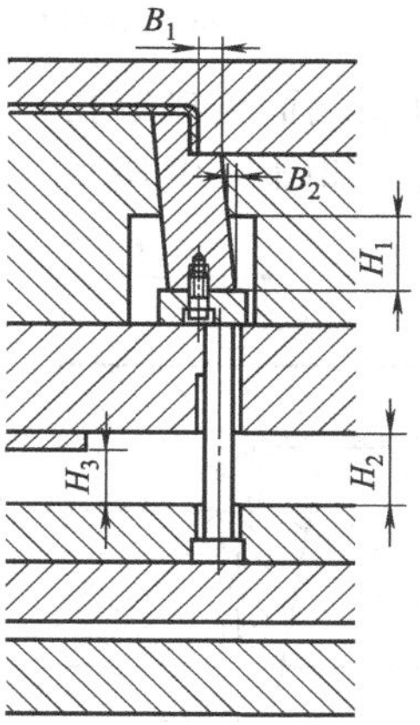

图 9-36　二段式斜推杆

整体式和二段式工作原理相同，但二段式斜推杆设计时要注意以下几点。

① 在斜推杆较长，且单薄，或倾斜角度较大的情况下，通常采用二段式斜推杆，以提高使用寿命。

② 在斜推杆可向塑件外侧加厚的情况下，向外加厚，以增加强度，并使 B_1 有足够的位置，作为复位结构。

③ 采用二段式斜推杆时应设计限位块，保证 $H_3=H_1+0.5\text{mm}$。

9.7.3 斜推杆倾斜角度设计

斜推杆的倾斜角度取决于侧向抽芯距离和推件推出的距离 H。它们的关系如图 9-37 所示，计算公式如下：

$$\tan\alpha=S/H$$

式中　S＝侧向凹凸深度＋2～3mm

斜推杆的倾斜角度不能太大，否则，在推出过程中斜推杆会受到很大的扭矩作用，从而导致斜推杆变形，加剧斜推杆和镶件之间的磨损，严重时会导致斜导柱卡死或断裂。α 一般取 3°～15°，常用角度 5°～10°，在设计过程中，这一角度越小越好。

9.7.4 斜推杆的设计要点

① 要保证复位可靠。斜推杆的复位有下列方法。

a. 在组合式斜推杆中，可在斜推杆的另一边加复位杆，合模时利用复位杆将斜推杆推回复位，如图 9-38 所示。图中，A＝8～10mm，B＝6～8mm。

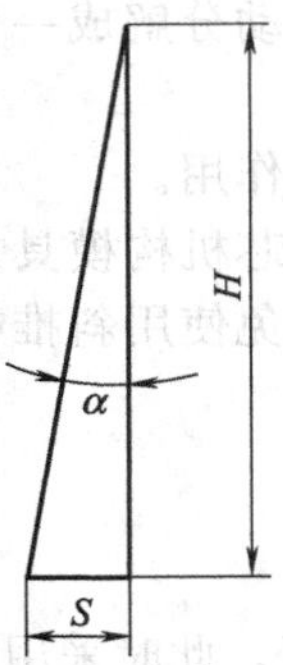

图 9-37　斜推杆倾斜角度

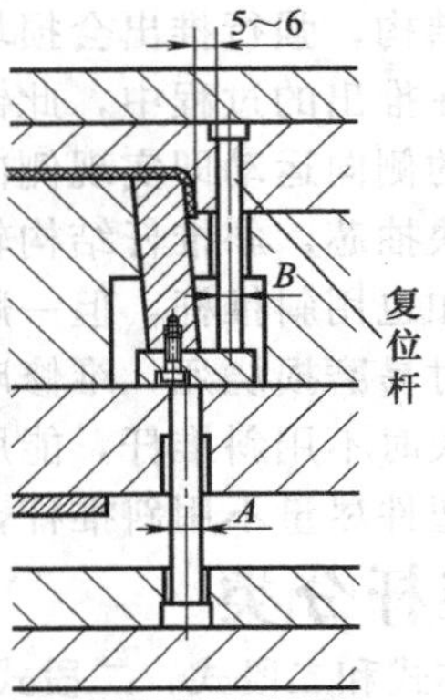

图 9-38　组合式斜推杆

b. 斜推杆上端面无碰穿孔，可以将斜推杆向外做大 5～8mm，合模时由另一边的内模镶件推回复位，如图 9-39 所示。

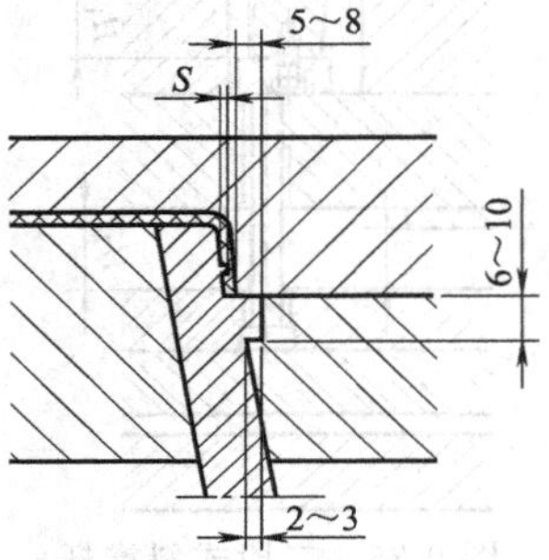

图 9-39　斜推杆定位

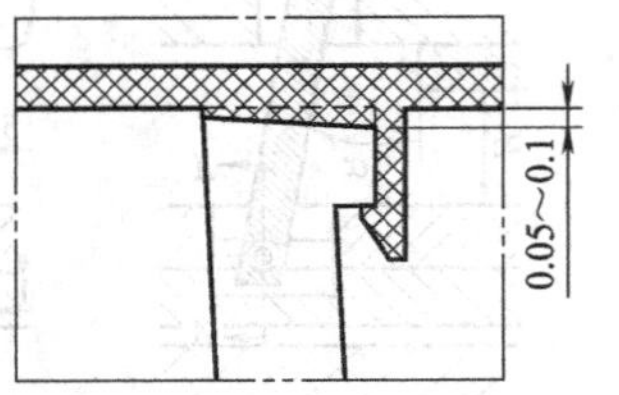

图 9-40　斜推杆上端面尺寸

c. 若上述方法无法做到，也可单纯利用推件固定板将斜推杆拉回复位，但这种复位精度较差。

d. 斜推杆上端面有碰穿孔，碰穿孔由非安装斜推杆的那一半模成型。合模时由成型碰穿孔的内模镶件推动斜推杆复位，如图 9-39 所示。

② 在斜推杆靠近型腔一端，须设计 6～10mm 的直边，并做一个 2～3mm 的挂台起定位作用，以避免注塑时斜推杆受压而移动，如图 9-39 所示。设计挂台亦方便加工、装配及保证内侧凹凸结构的精度。

③ 斜推杆上端面应比动模镶件低 0.05～0.1mm，以保证推出时不损坏塑件，如图 9-40 所示。

④ 斜推杆上端面侧向移动时，不能与塑件内的其他结构（如柱子、加强筋或型芯等）发生干涉，如图 9-41～图 9-43 所示。

在图 9-44 和图 9-45 中，W 必须大于等于 $S+2$mm。

⑤ 沿抽芯方向塑件内表面有下降弧度时，斜推杆侧移时会损坏塑件，解决方案有以下几种。

a. 塑件减胶做平，但须征得客户同意，如图 9-44 所示。

b. 斜推杆座底部导轨做斜度 β，使斜推杆延时推出，如图 9-45 所示。

⑥ 当斜推杆上端面的一部分为碰穿位时，推出时不应碰到另一侧塑件，如图 9-46 所示。

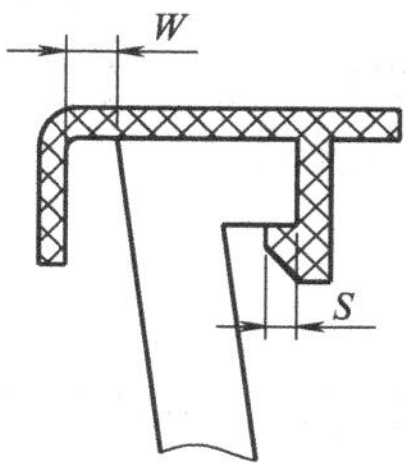

图 9-41 防止撞边

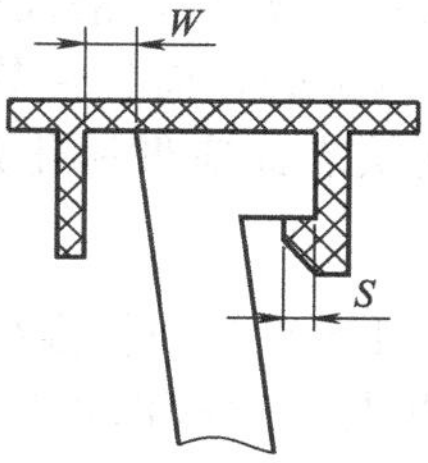

图 9-42 防止撞筋

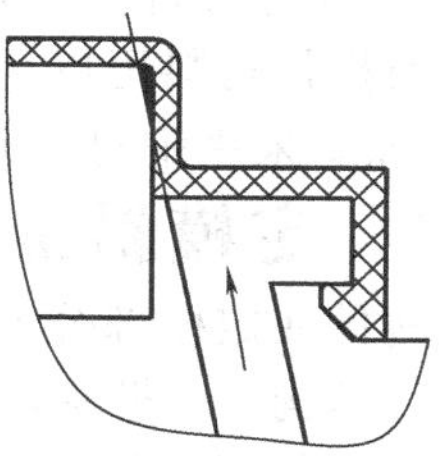

图 9-43 防止撞型芯

⑦ 斜推杆在推件固定板上的固定方式如图 9-34 所示。

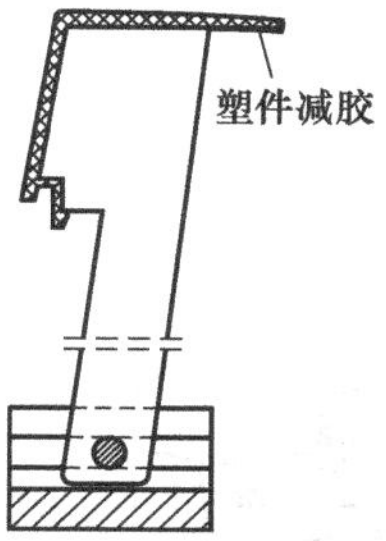

图 9-44 塑件减胶

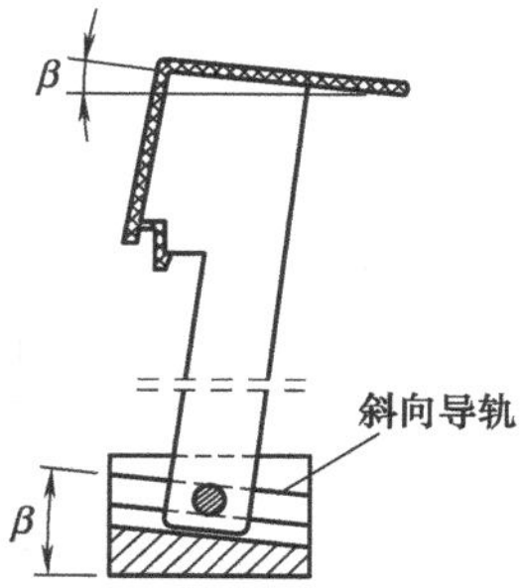

图 9-45 斜向导轨

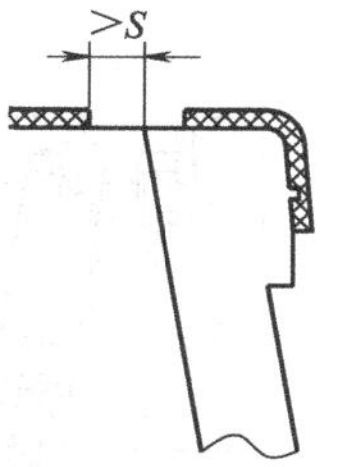

图 9-46 防止撞另一侧胶位

⑧ 当斜推杆较长或较细时，在动模 B 板上应加导向块，增加斜推杆顶出及回位时的稳定性。加装导向块时其动模必须和内模镶件组合在一起用线切割加工，如图 9-47 所示。

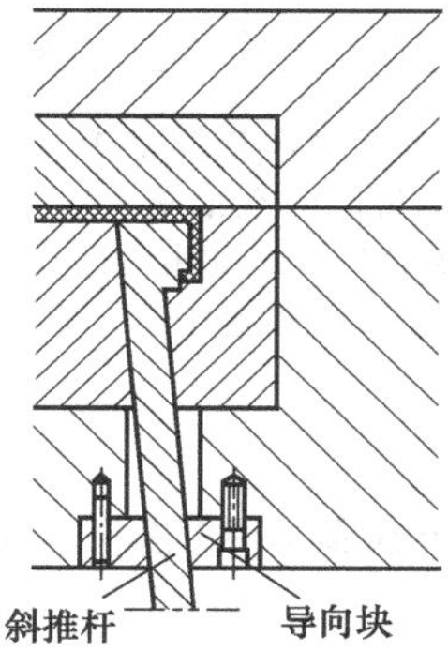

图 9-47 加导向块

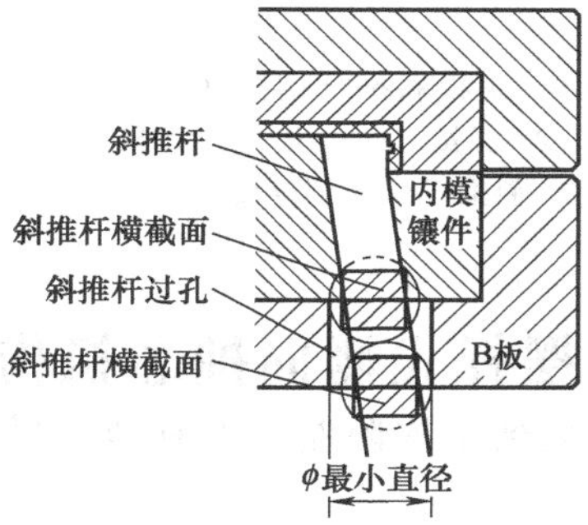

图 9-48 检查斜推杆过孔的大小和位置

⑨ 斜推杆与内模的配合 H7/f6，斜推杆与模架接触处避空。

避空孔设计要点如下。

a. 优先钻圆孔，其次为腰形孔，最后是方孔。

b. 斜推杆过孔大小与位置用双截面法检查（图 9-48），尺寸往大取整数。

c. 过孔在平面装配图上必须画出，以检查与密封圈、冷却水管、推杆、螺钉等是否干涉。

⑩ 增强斜推杆强度和刚度的方法

a. 在结构允许的情况下，尽量加大斜推杆横截面尺寸。

b. 在可以满足侧向抽芯的情况下，斜推杆的倾斜角度 α 尽量选用较小角度，倾斜角度 α 一般不大于 15°，并且将斜推杆的侧向受力点下移，如增加图 9-47 中的导向块，导向块可以具有较高的硬度，以提高使用寿命。

⑪ 斜推杆材料应不同于与之摩擦的镶件材料，洛氏硬度相差 2HRC 左右，否则易磨损烧死。斜推杆材料可以用铍铜，铍铜不但耐磨，而且传热性能好，摩擦热量容易传出。

⑫ 如果采用钢材，斜推杆及其导向块表面应做氮化处理，以增强耐磨性。

9.7.5 定模斜推杆结构

当塑件在定模部分有侧凹时，可采用下面两种斜推杆结构。

（1）结构 1　塑件有碰穿孔时，斜推杆在合模时可以通过动模镶件复位。开模时斜推杆在弹簧弹力作用下斜向运动，实现侧向抽芯，如图 9-49 所示。

（2）结构 2　当塑件没有碰穿孔时，模具结构如图 9-50 所示，它可以看成是将动模斜推杆倒过来装。此时 A 板要加工一个方孔，来安装斜推杆导向板和底板。抽芯时靠弹力推动斜推杆，复位由复位杆完成。

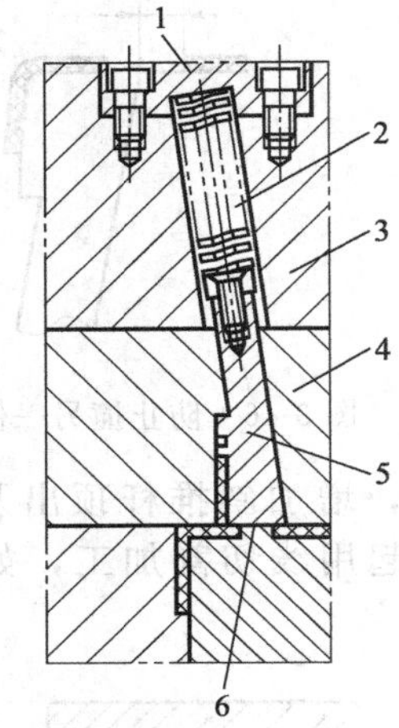

图 9-49　定模斜推杆结构（一）

1—压板；2—弹簧；3—面板；4—凹模；5—斜推杆；6—碰穿面

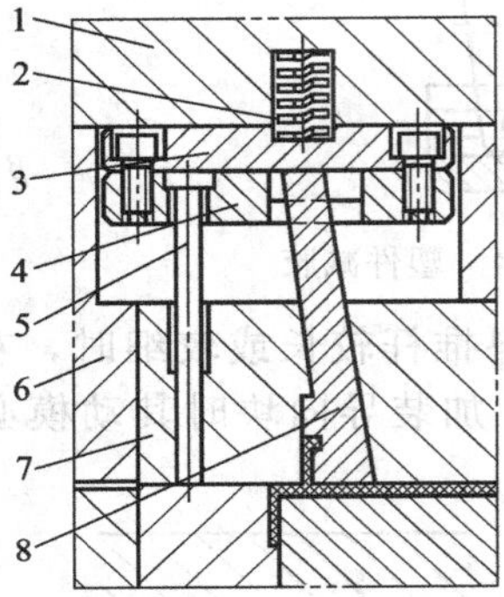

图 9-50　定模斜推杆结构（二）

1—面板；2—弹簧；3—斜推杆底板；4—斜推杆导向板；5—复位杆；6—定模 A 板；7—凹模；8—斜推杆

9.7.6 摆杆式侧向抽芯机构

当模具受到结构限制，没有地方做斜推杆时，可用摆杆式侧向抽芯机构，如图 9-51 所示。

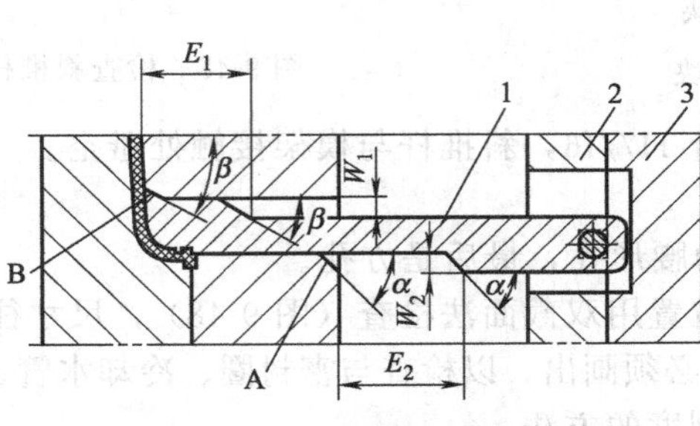

图 9-51　摆杆式侧向抽芯结构

1—斜推杆；2—推件固定板；3—推杆底板

在推出过程中，当摆杆 1 的头部（E_1 所示范围）超出动模型芯时，摆杆 1 在斜面 A 的作用下向上摆动，完成内侧抽芯。

设计摆杆机构时，应保证：$E_2>E_1$；$W_1>W_2$；$\alpha=30°\sim45°$；$\beta=10°\sim15°$。

图示“B”处做直身易磨损，做斜面是为防止磨损。

这种结构类似圆弧抽芯，因此若塑件侧凹是直身的话，其深度不能太大，否则塑件侧凹处易拉伤、变形。

9.7.7 斜推杆上加推杆的结构

（1）使用场合　为了防止斜推杆在侧向抽芯时塑件变形、拉伤，可以在斜推杆内设置推杆。

（2）工作原理　斜推杆上设计推杆的结构及其工作原理如图 9-52 所示。

① 图 9-52（a）为合模状态。

② 图 9-52（b）为斜推杆推出时，斜推杆与塑件分开，但在 L 距离内推杆始终顶住塑件。

③ 图 9-52（c）为斜推杆推出 L 距离后，推杆、斜推杆与塑件已经完成分开。

图 9-52 中，L 尺寸的取值原则是：当斜推杆推出 L 行程时，塑件必须与斜推杆完成分开。A 处形状为斜面，保证斜推杆复位时不会和镶件摩擦，因为摩擦会导致磨损，磨损后塑件会产生飞边。

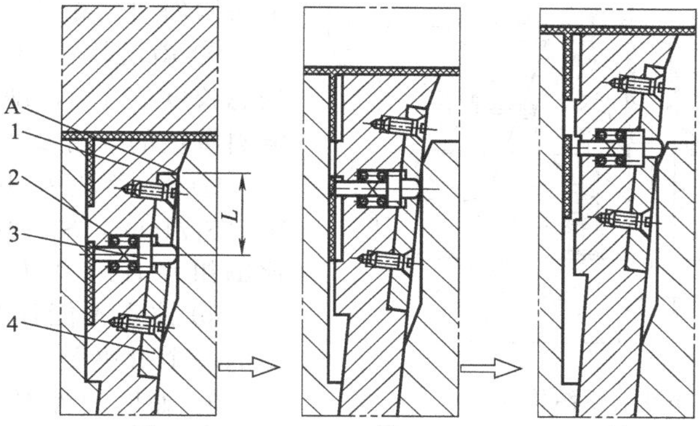

图 9-52　斜推杆上设计推杆的结构及其工作原理

1—斜推杆；2—弹簧；3—斜推杆上的推杆；4—压块

9.8 斜滑块抽芯机构

9.8.1 斜滑块抽芯机构概念

当塑件的侧凹较浅，所需的抽芯距离不大，但所需抽芯力较大时，可采用斜滑块机构进行侧向分型与抽芯。斜滑块抽芯机构的模具俗称胶杯模，其特点是利用拉钩的拉力和弹簧的推力驱动斜滑块作斜向运动，在塑件被推出脱模的同时由斜滑块完成侧向分型与抽芯动作。

斜滑块抽芯机构通常用于外侧抽芯，根据抽芯位置，斜滑块抽芯机构分为定模斜滑块抽芯机构和动模斜滑块抽芯机构，两者原理和结构基本相同，但定模斜滑块抽芯机构应用更为广泛。

与滑块抽芯相比较，斜滑块抽芯结构简单，制造比较方便，因此，在注塑模具中应用广泛。但滑块抽芯比斜滑块抽芯更安全可靠，因此动模部位的侧向抽芯常用滑块抽芯，而定模部位的侧向抽芯，当侧凹的成型面积较大时，则多采用斜滑块侧向抽芯机构。

斜滑块抽芯机构一般由导滑件、弹簧、限位件、斜滑块、拉钩和耐磨块等组成。开模时，在拉钩和弹簧的作用下，使斜滑块沿导滑件的 T 形槽作斜向滑动，斜向滑动分解为垂直运动和侧向运动，其中，侧向运动使斜滑块完成侧向抽芯。

9.8.2 斜滑块常规结构

图 9-53 是常规的定模斜滑块结构简图，由于塑件的外表面由两个斜滑块各成型一半，所以这种模具又称哈夫模。

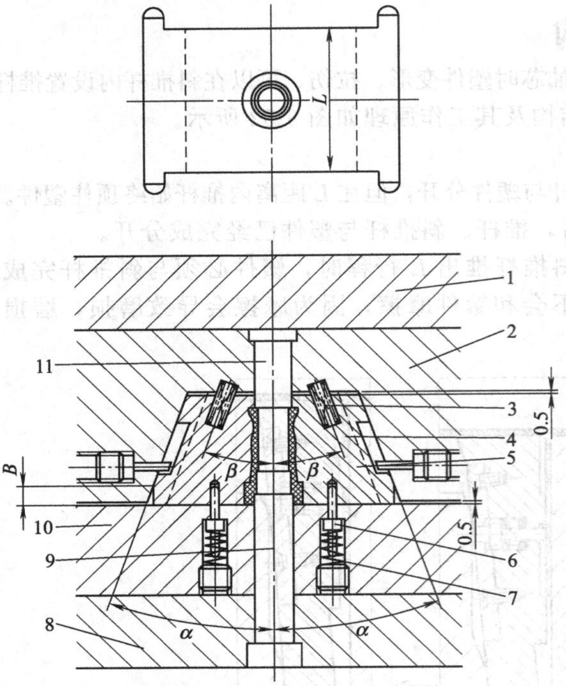

图 9-53 斜滑块常规结构（一）

1—面板；2—A 板；3，7—弹簧；4—斜滑块；5—限位销；6—延时销；8—B 板；9—动模型芯；10—推板；11—定模型芯

① 斜滑块斜面倾斜角度 α 一般在 15°～25°之间。常用角度为 15°、18°、20°、22°、25°、因斜滑块刚性好，能承受较大的脱模力，因此，斜滑块的倾斜角度在上述范围内可尽量取大一些（与斜导柱相反），但最大不能大于 30°，否则复位易发生故障。

② 斜滑块弹簧 3 一般用矩形蓝弹簧 ϕ16～20mm，弹簧斜向放置，角度和斜滑块倾斜角度相等，即 $\beta=\alpha$。

③ 斜滑块推出长度一般不超过导滑槽总长度的 1/3，即 $W\leqslant L/3$，否则会影响斜滑块的导滑及复位的安全。

④ 斜滑块在开模方向上的行程：$W=S_1/\tan\alpha$，S_1 为抽芯距离，抽芯距离比倒扣大 1mm 以上。

⑤ 注意不能让塑件在脱模时留在其中的一个滑块上。

⑥ 如果塑件对定模包紧力较大，开模时塑件有可能留在定模型芯上，可以设置斜滑块延时销 6。

⑦ 斜滑块宽度 $L\geqslant$90mm 时，要通冷却水冷却（特殊情况除外）。

⑧ 斜滑块顶部非密封面必须做直身 B。当 $L<$50mm 时，$L_1=$3～5mm；当 50mm$\leqslant L<$100mm 时，$L_1=$5～15mm；当 $L\geqslant$100 时，$L_1\geqslant$15～20mm。

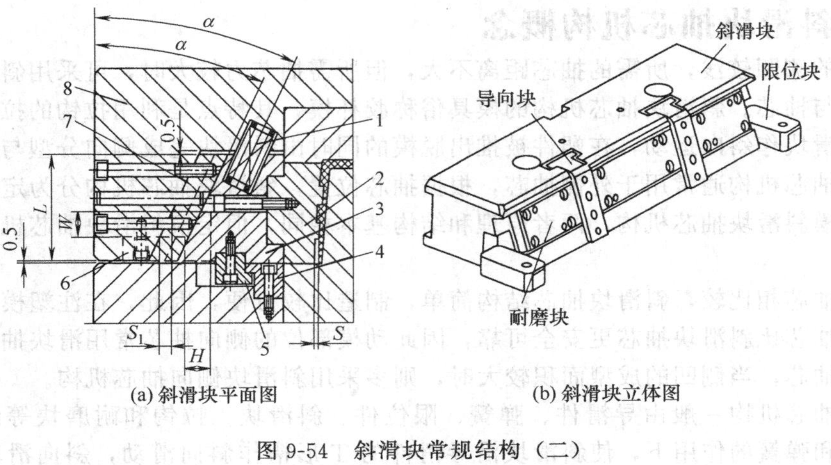

(a) 斜滑块平面图　　(b) 斜滑块立体图

图 9-54 斜滑块常规结构（二）

1—弹簧；2—侧向抽芯；3—斜滑块；4—下拉钩；5—上拉钩；6—定位块；7—导向块；8—A 板

⑨ 由于弹簧没有冲击力，当斜滑块宽度尺寸≥60mm 时，模具打开时斜滑块往往不能弹出进行侧向抽芯，这时必须设计拉钩机构，如图 9-54 所示。在开模初时由拉钩拨动斜滑块，之后再由弹簧推出。

拉钩材料用油钢，淬火至 54～58HRC，未注内转角处需倒角 0.5，以免淬火后裂开。图 9-55 中，$W_1<S_1$，$b=10°\sim15°$。拉钩的另一种结构如图 9-56 所示，它是在其中一个拉钩后加弹簧，由于拉钩在强大的拉力作用下能够后退，因此不易拉断。

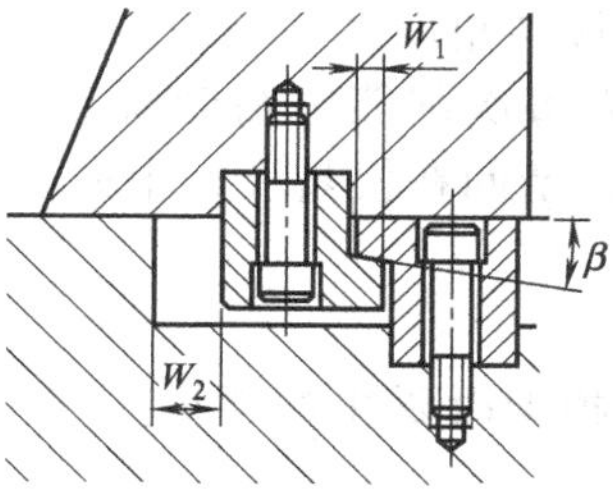

图 9-55　拉钩结构（一）

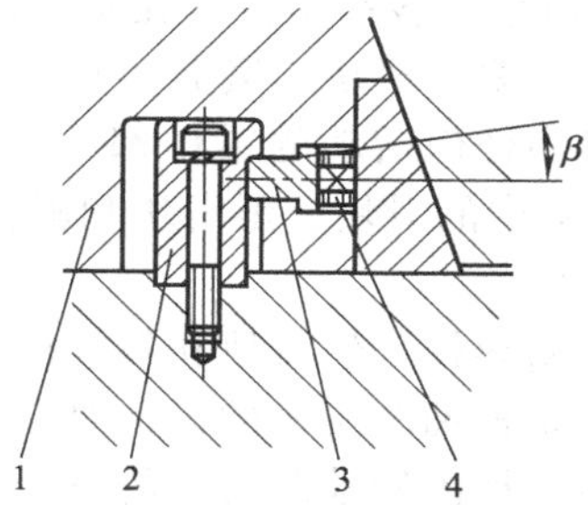

图 9-56　拉钩结构（二）
1—斜滑块；2—拉钩；3—活动销；4—弹簧

9.8.3　斜滑块的导向

斜滑块的导滑形式按导滑部分形状可分为矩形、半圆形和燕尾形，如图 9-57 所示。当斜滑块宽度小于 60mm 时，应做成图 9-57（e）、（f）和（g）所示的矩形扣、半圆形扣和燕尾形扣；当斜滑块宽度大于 60mm 时，应做成图 9-57（a）、（b）、和（c）所示的矩形槽、半圆形槽和燕尾形槽；当斜滑块宽度大于 120mm 时，为增加滑动的稳定性，应设置两个导向槽。

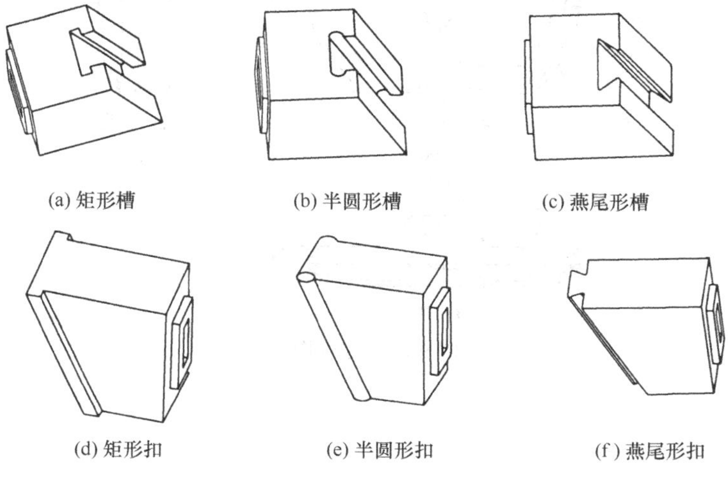

图 9-57　斜滑块的导向形式

9.8.4　斜滑块的组合形式

斜滑块的组合应考虑抽芯方向，并尽量保持塑件的外观优美，不使塑件表面留有明显的痕迹，同时还要考虑滑块的组合部分有足够的强度。一般来说，斜滑块的镶拼线应与塑件的棱线或切线重合。

复习与思考

1. 什么是侧向抽芯机构？在注塑模具中是如何实现侧向抽芯的？

2. 侧向抽芯机构一般用于何种场合？是不是所有的侧向凹凸结构都要采用侧向抽芯机构？哪些结构经改良后可以避免采用侧向抽芯机构？

3. 要实现侧向抽芯，关键是一个“斜”字。国家标准规定斜导柱、斜滑块和斜推杆倾斜角度的取值范围各是多少？在实际设计工作中，这三个倾斜角度是如何确定的？

4. 为什么要求滑块锁紧面的倾斜角度要比斜导柱的倾斜角度大 2°～3°？

5. 模具中任何活动的零件都要有导向机构，使它们每次都能够沿着既定的轨迹运动。侧向抽芯机构中的滑块、斜滑块和斜推杆都是活动零件，请问在模具设计中如何保证它们的导向和定位？

6. 简述斜导柱、斜滑块和斜推杆的设计要点。

7. 简述定模抽芯机构的设计要点。这种结构在选用模架时要注意哪些？

8. 简述动模内侧抽芯机构的设计要点。

9. 在侧向抽芯机构中如何实现延时抽芯？

10. 在侧向抽芯机构中，什么情况下要设计推件固定板先复位机构？

11. 分析如图 9-58 所示的塑件结构，确定需要采用何种形式的侧向抽芯机构，并绘制模具结构简图。

要求：一模生产一件。塑料：ABS。颜色：红色。壁厚：1.6mm。

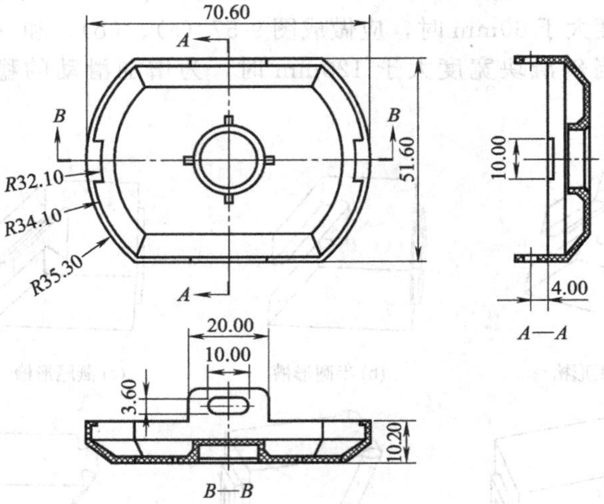

图 9-58　零件图

Chapter 10

第 10 章

注塑模具浇注系统设计

10.1 概述

10.1.1 什么是浇注系统

模具的浇注系统是指模具中从注塑模具主流道始端到浇口末端（即型腔入口）的塑料熔体流动通道，其作用是让高温熔体在高压下高速进入模具型腔，实现型腔填充和塑料成型。

浇注系统可分为普通流道浇注系统和热流道浇注系统两大类型。热流道浇注系统将在第 11 章详细探讨，本章只探讨普通流道浇注系统。

模具的进料方式，浇口的形式和数量，往往决定了模架的规格型号。浇注系统的设计是否合理，将直接影响成型塑件的外观、内部质量、尺寸精度和成型周期，故其重要性不言而喻。

10.1.2 浇注系统的设计原则

浇注系统设计应遵循以下原则。

(1) 质量第一原则　浇注系统的设计对塑件质量的影响极大，首先浇口应设置在塑件上最易清除的部位，同时尽可能不影响塑件的外观。其次浇口位置和形式会直接影响塑件的成型质量，不合理的浇注系统会导致塑件产生熔接痕、填充不良、流痕等缺陷。

(2) 进料平衡原则　在单型腔注塑模具中，浇口位置距型腔各个部位的距离应尽量相等，使熔体同时充满型腔的各个角落；在多型腔注塑模具中，到各型腔的分流道应尽量相等，使熔体能够同时填满各型腔。另外，相同的塑件应保证从相同的位置进料，以保证塑件的互换性。

(3) 体积最小原则　型腔的排列尽可能紧凑，浇注系统的流程应尽可能短，流道截面形状和尺寸大小要合理，浇注系统体积越小会有以下好处。

① 熔体在浇注系统中热量和压力的损失越少。

② 模具的排气负担越轻。

③ 模具吸收浇注系统的热量越少，模具温度控制越容易。

④ 熔体在浇注系统内流动的时间越短，注射周期也越短。

⑤ 浇注系统凝料越少，浪费的塑料越少。

⑥ 模具的外形尺寸越小。

(4) 周期最短原则　一模一腔时，应尽量保证熔体在差不多相同的时间内充满型腔的各个角落；一模多腔时，应保证各型腔在差不多相同的时间内填满。这样既可以保证塑件的成型质量，又可以使注射周期最短。设计浇注系统时还必须设法减小熔体的阻力，提高熔体的填充速度，分流道要减少弯曲，需要拐弯时尽量采用圆弧过渡。但为了减小熔体阻力而将流道表面抛光至粗糙度很低的做法往往是不可取的，原因是适当的粗糙度可以将熔体前端的冷料留在流道壁上（流道壁相当于无数个微型冷料穴）。在一般情况下，流道表面粗糙度可取 $Ra0.8\sim1.6\mu m$。

10.1.3 浇注系统设计的内容和步骤

浇注系统设计步骤和设计内容如下。

（1）选择浇注系统的类型 根据塑件的结构、大小、形状以及塑件批量大小，分析其填充过程，确定是采用侧浇口浇注系统、点浇口浇注系统，还是热流道浇注系统。进而确定模架的规格型号。

（2）浇口的设计 根据塑件的结构、大小和外观要求，确定浇口的形式、位置、数量和大小；

（3）分流道的设计 根据塑件的结构、形状、大小以及塑料品种，确定分流道的形状、截面尺寸和长短。

（4）辅助流道的设计 根据后续工序或塑件结构，确定是否要设置辅助流道，以及辅助流道的形状和大小的设计。

（5）主流道的设计 确定主流道的尺寸和位置。

（6）拉料杆和冷料穴的设计 根据分流道的长短及塑件的结构、形状，确定冷料穴的位置和尺寸。

10.2 选择浇注系统类型

10.2.1 侧浇口浇注系统和点浇口浇注系统的区别

普通流道浇注系统分为侧浇口浇注系统和点浇口浇注系统，它们的典型结构如图 10-1 和图 10-2 所示。

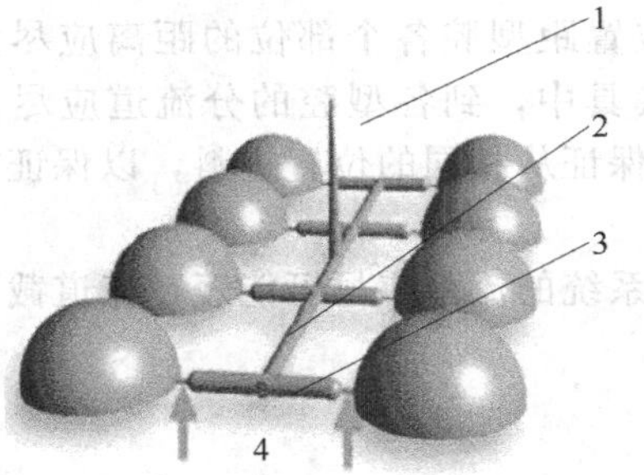

图 10-1 侧浇口浇注系统组成
1—主流道；2—一级分流道；
3—二级分流道；4—浇口

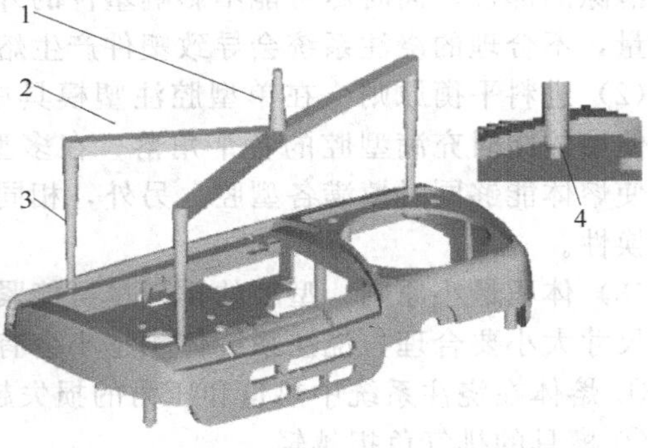

图 10-2 点浇口浇注系统组成
1—主流道；2—横向分流道；
3—纵向分流道；4—浇口

侧浇口浇注系统和点浇口浇注系统都由主流道、分流道、冷料穴和浇口组成，两者的不同之处包括以下几点。

（1）进料地方不同 侧浇口浇注系统中熔体一般由分型面通过型腔侧面进入模具型腔，点浇口浇注系统中熔体则由定模板、定模镶件从型腔上面进入模具型腔。

（2）浇口形状不同　侧浇口有很多种，包括潜伏式浇口、扇形浇口、薄片浇口、塔接式浇口、护耳浇口，除潜伏式浇口外，浇口截面一般是方形的，而点浇口的截面形状都是圆形的。

（3）浇注系统的结构不同　侧浇口浇注系统的分流道在定模镶件和动模镶件之间的分型面上，而点浇口浇注系统的分流道则在定模 A 板和脱料板之间的分型面上。另外，点浇口浇注系统有一段纵向分流道，而侧浇口浇注系统没有。

10.2.2　侧浇口浇注系统和点浇口浇注系统的选用

① 在一般情况下，能用侧浇口浇注系统时不用点浇口浇注系统。因为点浇口浇注系统必须采用三板模架，而三板模架结构较复杂，制造成本较高，而且模具在生产过程中发生障碍的概率也大。

② 当塑件必须采用点浇口从型腔中间一点或多点进料时，则必须采用点浇口浇注系统。以下情况宜选用点浇口浇注系统。

a. 成型塑件在分模面上的投影面积较大，单型腔，要求多点进料。

b. 一模多腔，其中有下列情况之一的宜用点浇口。

（a）某些塑件必须从型腔内多点进料，否则可能会引起塑件变形或填充不足。

（b）塑件要求中心进料，否则可能困气或填充不足会影响外观。

（c）各腔大小悬殊，用侧浇口模架时浇口套要大尺寸偏离中心，模具生产时容易产生飞边或变形。

c. 塑料齿轮，大多采用点浇口浇注系统，而且为了提高齿轮的尺寸精度，常采用三个点浇口进料。多型腔的玩具轮胎常采用气动强行脱模，浇注系统都是点浇口转环形浇口。

d. 塑料链条，每一个环都要一个浇口，必须采用点浇口浇注系统。

e. 壁厚小、结构复杂的塑件，熔体在型腔内流动阻力大，采用侧浇口浇注系统难以填满或难以保证成型质量，此时必须采用点浇口浇注系统。

f. 高度太高的桶形、盒形或壳形塑件，采用点浇口有利于排气，可以提高成型质量，缩短成型周期。

10.3　浇口的设计

浇口是连接分流道与型腔之间的一段细短通道，其作用是使塑料能够以较快速度进入并充满型腔。它能很快冷却封闭，防止型腔内还未冷却的熔体倒流。设计时须考虑塑件尺寸、截面尺寸、模具结构、成型条件及塑料性能。

浇口应尽量短小，与塑件分离容易，不造成明显痕迹，其类型多种多样。

10.3.1　浇口的作用

① 调节及控制料流速度，防止倒流。当注射压力消失后，封锁型腔，使尚未冷却固化的塑料不会倒流回分流道。

② 熔体经过浇口时，会因剪切及挤压而升温，有利于熔体的填充型腔。

③ 在多腔注塑模具中，当分流道采用非平衡布置时，可以通过改变浇口的大小来控制进料量，使各腔能在差不多相同的时间内同时充满，这称为人工平衡进料。

④ 浇口设计不合理时，易产生填充不良、收缩凹陷、蛇纹、震纹、熔接痕及翘曲变形等缺陷。

10.3.2 常用浇口及其结构尺寸

浇口形式很多，常用浇口有点浇口、侧浇口、潜伏式浇口、直接浇口，侧浇口又包括矩形浇口、扇形浇口、薄片浇口、爪形浇口、环形浇口、伞形浇口及二次浇口等。

10.3.2.1 点浇口

点浇口又称细水口，常用于三板模具即细水口模具的浇注系统，熔体可由型腔任何位置一点或多点地进入型腔，适合 PE、PP、PC、PS、PA、POM、AS、ABS 等多种塑料。

（1）点浇口基本结构及尺寸　点浇口如图 10-3 所示。图 10-3 中 $\alpha=20°\sim30°$，其他参数见表 10-1。

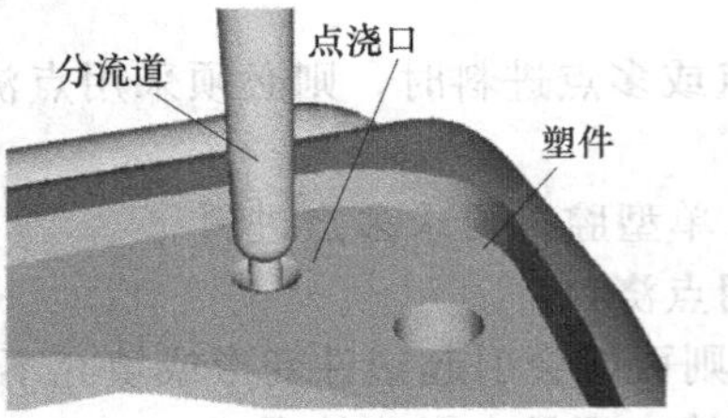

(a) 点浇口立体图

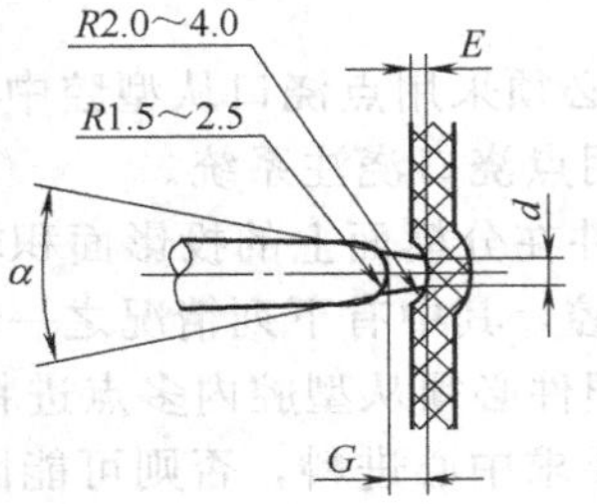

(b) 点浇口平面图

图 10-3　点浇口

表 10-1　点浇口参数　　单位：mm

序号	d	E	G	序号	d	E	G
1	0.5	0.5	1.5	5	1.2	1.0	2.0
2	0.6	0.8	1.5	6	1.4	1.0	2.0
3	0.8	0.8	1.5	7	1.6	1.5	2.5
4	1.0	0.8	1.5				

（2）点浇口优点

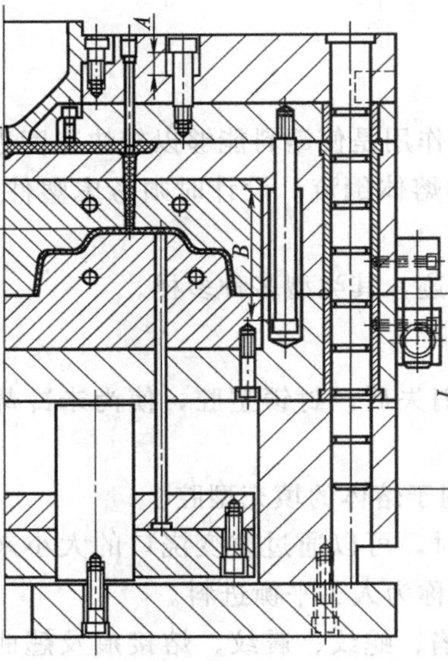

图 10-4　点浇口实例

① 位置有较大的自由度，方便多点进料。分流道在流道推板和 A 板之间，不受型腔和型芯的阻碍。对于大型塑件多点进料和为避免塑件成型时变形而采用的多点进料，以及一模多腔且分型面处不允许有浇口痕迹（不允许采用侧浇口）的塑件非常适合。

② 浇口可自行脱落，留痕小。在成型塑件上几乎看不出浇口痕迹，开模时在定距分型机构的作用下，浇口会被自动切断，不必后加工，模具在注射成型时可以采用全自动化生产。

③ 浇口附近残余应力小。

④ 点浇口非常适用于桶形、壳形、盒形塑件及面积较大的平板类塑件。

（3）点浇口缺点

① 注射压力损失较大，浇注系统凝料多。

② 相对于侧浇口模具，点浇口模具结构较复杂，制作成本较高。

(4) 点浇口设计要点　图 10-4 为点浇口实例，设计时要注意以下几点。

① 在塑件表面允许的条件下，点浇口尽量设置在塑件表面较高处，使浇注系统凝料尺寸 C 最短。图 10-4 中，$L \geqslant B+A$，$B=C+30\text{mm}$，$A=6 \sim 10\text{mm}$。

② 为了不影响外观，可将点浇口设置于较隐蔽处。如设置于有纹理的亚光的表面内；或设置于字母的封闭图形中，如 D、O 和 P 等；或设置于雕刻的装饰图案中，或设置于一张脸的嘴或眼中；或设置于某些装配后被遮住的部位。

③ 点浇口直径太大，开模时浇口难以拉断；其锥度开得太小，开模时浇口塑料被切断点不确定，易使塑件表面（浇口处）留下一个细小的尖点。

④ 为了改善塑料熔体流动状况及安全起见，点浇口处要做凹坑，俗称“肚脐眼”。

10.3.2.2　侧浇口

(1) 梯形侧浇口　梯形侧浇口又称普通浇口，熔体从侧面进入模具型腔，是浇口中最简单而又最常用的浇口，如图 10-5 所示。梯形侧浇口适用于众多塑件及众多塑料（如硬 PVC、PE、PP、PC、PS、PA、POM、AS、ABS、PMMA 等）的成型，尤其对一模多腔的模具，更为方便。需引起重视的是，侧浇口深度尺寸的微小变化可使塑料熔体的流量发生较大改变。所以，梯形侧浇口的尺寸精度，对成型塑件的质量及生产效率有很大影响。

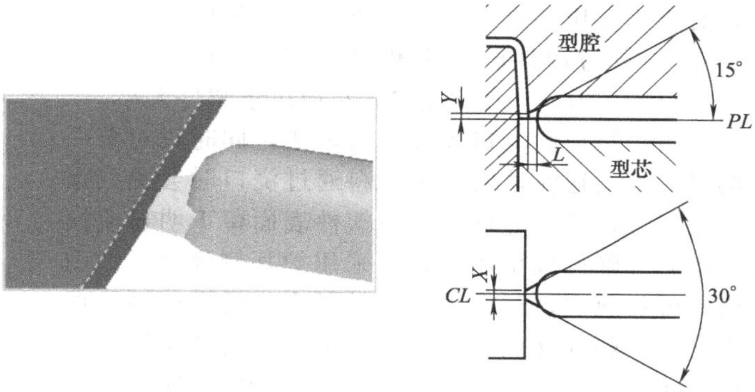

(a) 侧浇口立体图　　(b) 侧浇口平面图

图 10-5　侧浇口

① 梯形侧浇口优点

a. 浇口与成型塑件分离容易。

b. 分流道较短。

c. 加工易，修正易。

② 梯形侧浇口缺点

a. 位置受到一定的限制，浇口到型腔局部距离有时较长，压力损失较大。

b. 流动性不佳的塑料（如 PC）容易造成填充不足或半途固化。

c. 平板状或面积大的成型塑件，由于浇口狭小易造成气泡或流痕等不良现象。

d. 去除浇口麻烦，且易留下明显痕迹。

③ 梯形侧浇口设计参数　梯形侧浇口有关参数的经验值见表 10-2。

表 10-2　梯形侧浇口有关参数的经验值

塑件大小	塑件质量/g	浇口最小高度 Y/mm	浇口最小宽度 X/mm	浇口最小长度 L/mm
很小	0～5	0.25～0.5	0.75～1.5	0.5～0.8
小	5～40	0.5～0.75	1.5～2	0.5～0.8
中	40～200	0.75～1	2～3	0.8～1
大	＞200	1～1.2	3～4	1～2

（2）扇形侧浇口　浇口形状是从分流道到模腔方向逐渐放大呈扇形，如图 10-6 所示。扇形侧浇口适用于平板类、壳形或盒形塑件。可减少流纹和定向应力，扇形角度由塑件形状决定，浇口截面面积不可大于流道截面面积。对 PP、POM、ABS 等较多塑料都可使用这种浇口。

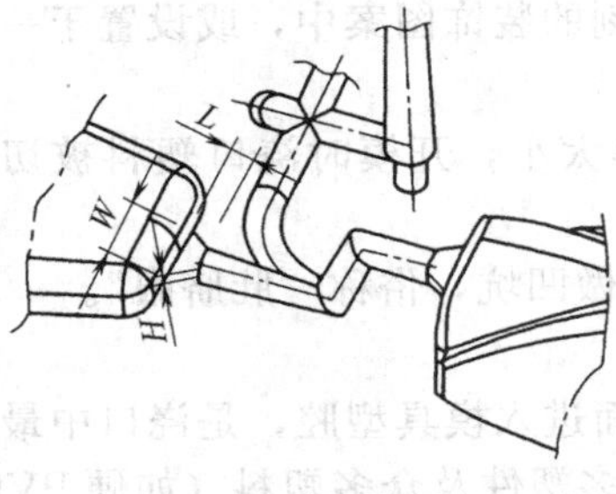

图 10-6　扇形侧浇口

① 优点

a. 可均匀填充，防止塑件翘曲变形。

b. 降低内应力，减小变形。

c. 可得良好外观的成型品，几乎无不良现象发生。

② 缺点　去除浇口麻烦。

③ 设计参数

a. 浇口厚度 $H=0.25\sim1.5$mm。

b. 浇口宽度 $W=2.5L$，其中，L 为浇口处型腔宽度，W 应大于 8mm。

（3）薄片侧浇口　薄片侧浇口如图 10-7 所示。适用于大型平板类塑件。熔体经过薄片浇口，以较低的速度均匀平稳地进入型腔，可以避免平板类塑件的变形。但由于去除浇口必须用专用夹具，从而增加了生产成本。

薄片侧浇口的设计参数与塑件的大小和壁厚有关。图 10-7 中，$W=0.8\sim1.2$mm；$H=B/4\sim B/3$，B 为壁厚；L 取决于塑件大小。

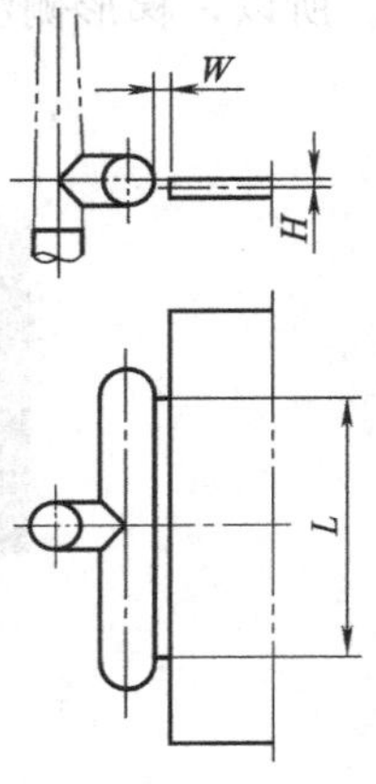

图 10-7　薄片侧浇口

（4）护耳侧浇口　由于矩形侧浇口尺寸一般较小，同时正对着一个宽度与厚度较大的型腔，高速流动的熔融塑料通过浇口时会受到很高的剪切应力，产生喷射和蛇形流等现象，在塑件表面留下明显流痕和气纹。为消除这一缺陷并降低成型难度，可采用护耳侧浇口，如图 10-8 所示。护耳侧浇口可将流痕、气纹控制在护耳上，需要的话，可用后加工手段去除护耳，使塑件外观保持完好。常用于高透明度平板类塑件以及要求变形很小的塑件。它适合硬 PVC、POM、AS、ABS、PMMA 等塑料。

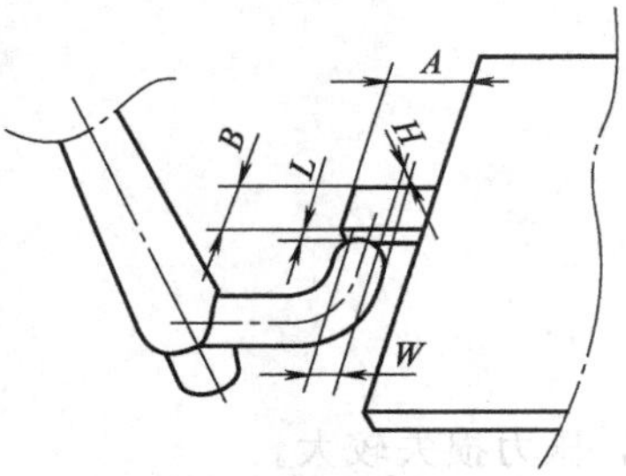

图 10-8　护耳侧浇口

① 护耳侧浇口优点

a. 浇口附近的收缩下陷可消除。

b. 可排除过剩填充所致的应变，及流痕的发生。

c. 可缓和浇口附近的应力集中。

d. 浇口部产生摩擦热可再次提升塑料温度。

② 护耳侧浇口缺点

a. 压力损失大。

b. 浇口切除稍困难。

③ 护耳侧浇口设计参数　$A=10\sim13$mm，$B=6\sim8$mm，$L=0.8\sim1.5$mm，$H=0.6\sim1.2$mm，$W=2\sim3$mm。

（5）搭接式侧浇口　搭接式侧浇口如图 10-9 所示。图 10-9 中 W 等于分流道直径，$L=1\sim2$mm。

① 优点

a. 它是梯形侧浇口的演变形式，具有梯形侧浇口的各种优点。

b. 是典型的缓冲击型浇口，可有效地防止塑料熔体的喷射流动，如图 10-10 所示。对于平板类塑件，采用图 10-10（a）的浇口表面易产生气纹、震纹、蛇纹等流痕；而采用图 10-10（b）的搭接式浇口，因熔融塑料喷到型腔面上受阻，从而改变方向，降低了速度，使熔体能均匀地填充型腔。

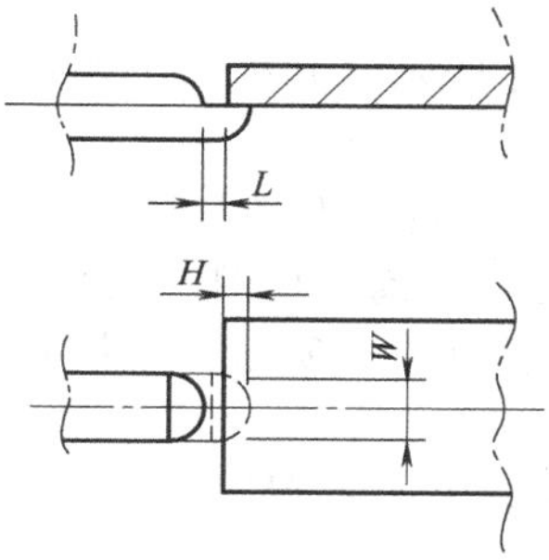

图 10-9　搭接式侧浇口

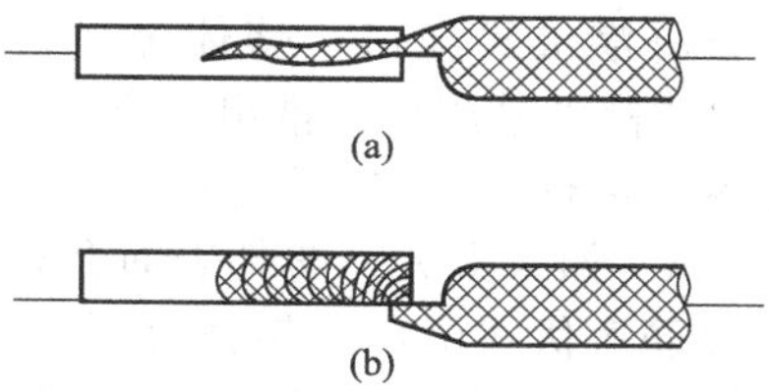

图 10-10　搭接式侧浇口可防止熔体喷射

② 缺点

a. 不能实现浇口和塑件的自行分离。

b. 容易留下明显的浇口疤痕。

搭接式侧浇口设计参数可参照矩形侧浇口的参数来选用。

③ 应用　适用于有表面质量要求的平板形塑件。

(6) 环形侧浇口　环形侧浇口是沿塑件整个外圆周或内圆周进料，如图 10-11 所示。它能使塑料绕型芯均匀充模，排气良好，熔接痕少，但浇口切除困难。它适用于薄壁、长管状塑件，适合 POM、ABS 等塑料，及较长的圆筒状结构的塑件。

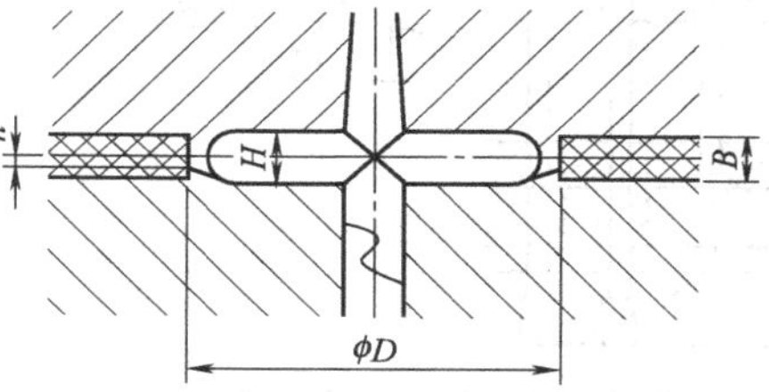

图 10-11　环形侧浇口

① 优点

a. 可防止流痕发生。

b. 成型容易，无应力。

② 缺点　浇口切离稍困难，常需专用夹具切除。

③设计参数　$H=1.5B$，B 为壁厚；$h=(1/2\sim2/3)B$，或取 0.8～1.2mm。

10.3.2.3　潜伏式浇口

潜伏式浇口俗称隧道浇口，形状为圆锥形，是介于点浇口和侧浇口之间的一种浇口。

(1) 潜伏式浇口的形式　潜伏式浇口种类很多，结构和位置灵活多变，主要有以下几种。

① 定模潜伏式浇口　熔体由定模镶件进入型腔，如图 10-12 所示。模具打开时，在拉料杆和动模包紧力的作用下，浇口和塑件被定模镶件切断，实现浇口和塑件的自动分离。

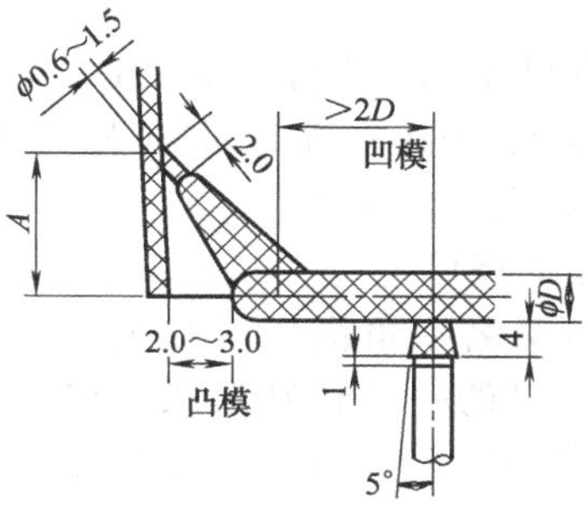

图 10-12　定模潜伏式浇口

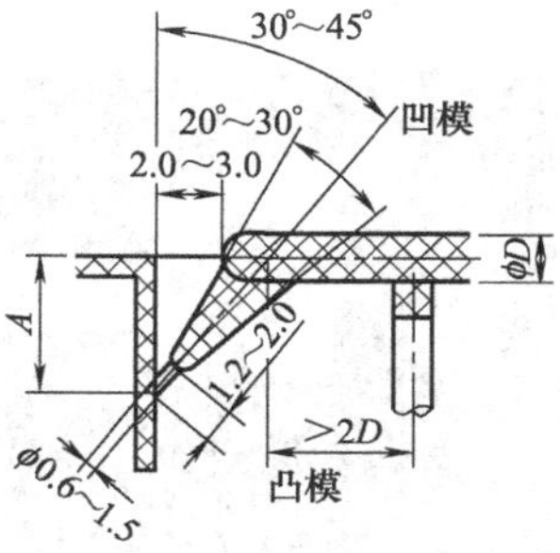

图 10-13　动模潜伏式浇口

a. 优点　能改善熔体流动，适用于高度不大的盒形、壳形、桶形等塑件。

b. 缺点　在塑件表面会留下痕迹。

② 动模潜伏式浇口　熔体由动模进入型腔，如图 10-13 所示。开模后，塑件和浇口分别由推杆推出，实现自动分离。

③ 大推杆潜伏式浇口　熔体经过推杆的磨削部位进入型腔。大推杆的直径不宜小于 5mm。这种结构可采用延时推出的方法实现浇口和塑件的自动分离，如图 10-14 所示。

④ 小推杆潜伏式浇口　熔体经过推杆孔进入型腔，如图 10-15 所示。小推杆直径通常取 2.5～3mm。如果太大，塑件表面会有收缩凹痕。

⑤ 加强筋潜伏式浇口　熔体经过塑件的筋骨进入型腔，这个筋骨可以是塑件原有的，也可以是为进料而加设的，成型后再切除，如图 10-16 所示。

在图 10-16 中，$\alpha=30°\sim45°$，$\beta=20°\sim30°$，$A=2\sim3$mm，$d=\phi0.6\sim1.5$mm，$\delta=1.0\sim1.5$mm，H 应尽量短。

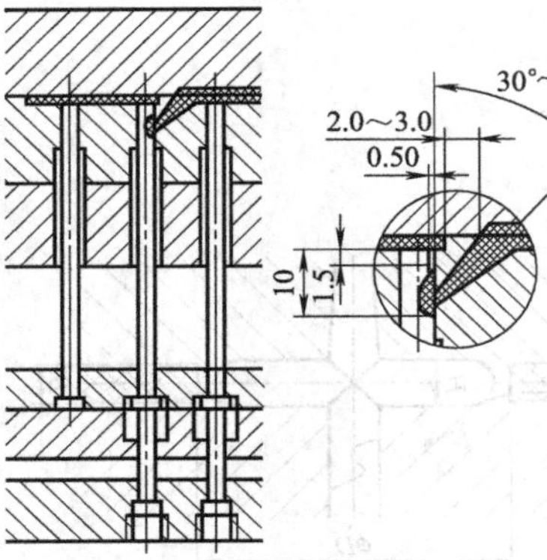

图 10-14　大推杆潜伏式浇口

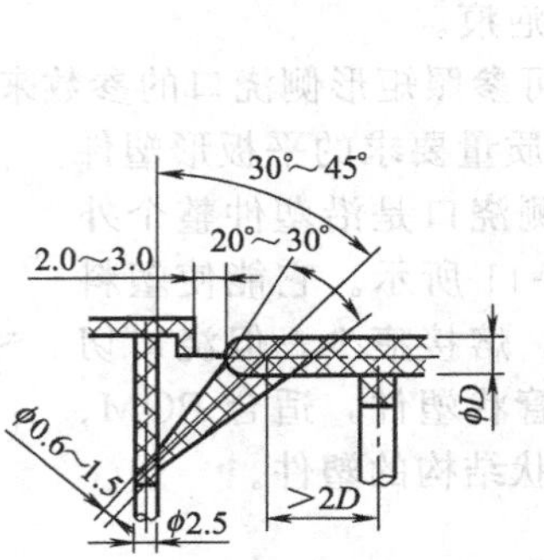

图 10-15　小推杆潜伏式浇口

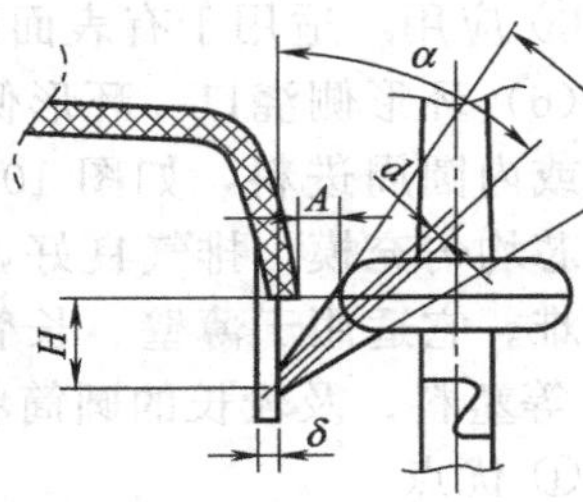

图 10-16　加强筋潜伏式浇口

（2）潜伏式浇口优点

① 进料位置较灵活，且塑件分型面处不会留有进料口痕迹。

② 塑件经冷却固化后，从模具中被推顶出来时，浇口会被自动切断，无须后处理。

③ 由于潜伏式浇口可开设在塑件表面见不到的筋骨、柱位上，所以在成型时，不会在塑件表面留有由于喷射带来的喷痕和气纹等问题。

④ 有点浇口的优点，又有大水口的简单（模架采用的是二板模架）。

⑤ 既可以潜定模，又可以潜动模；既可以潜塑件的外侧，又可以潜内侧；既可以潜推杆，又可以潜加强筋；浇口位置自由度较大。

（3）潜伏式浇口缺点

① 压力损失大。

② 适合弹性好的塑料，如 PE、PP、PVC、ABS、PA、POM、HIPS 等，对质脆的塑料，如 PS、PMMA 等，则不宜选用。

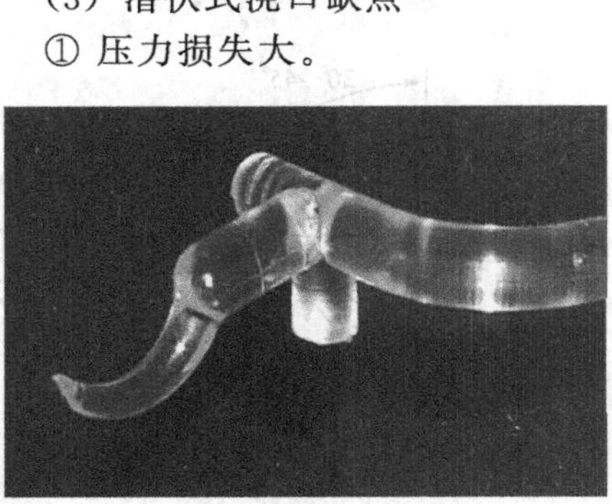
图 10-17　圆弧形浇口

10.3.2.4　圆弧形浇口

圆弧形浇口又名牛角浇口或香蕉形浇口，它实际上是潜伏式浇口的一种特殊形式，这种浇口是直接从塑件的内表面进料，而不经过推杆或其他辅助结构，如图 10-17 所示。这种形式浇口进料口设置于塑件内表面，注射时产生的喷射会在塑件外表面

（进料点正上方）产生斑痕。由于此形式浇口加工较复杂，所以除非塑件有特殊要求（如外表面不允许有进浇口，而内表面又无筋、柱，且无顶针），否则尽量避免。制作时，圆弧形浇口处需设计成两部分拼镶，用螺钉紧固或者镶块通底加管位压紧，如图 10-18 所示。

圆弧形浇口如图 10-18 所示，其各参数推荐值见表 10-3。

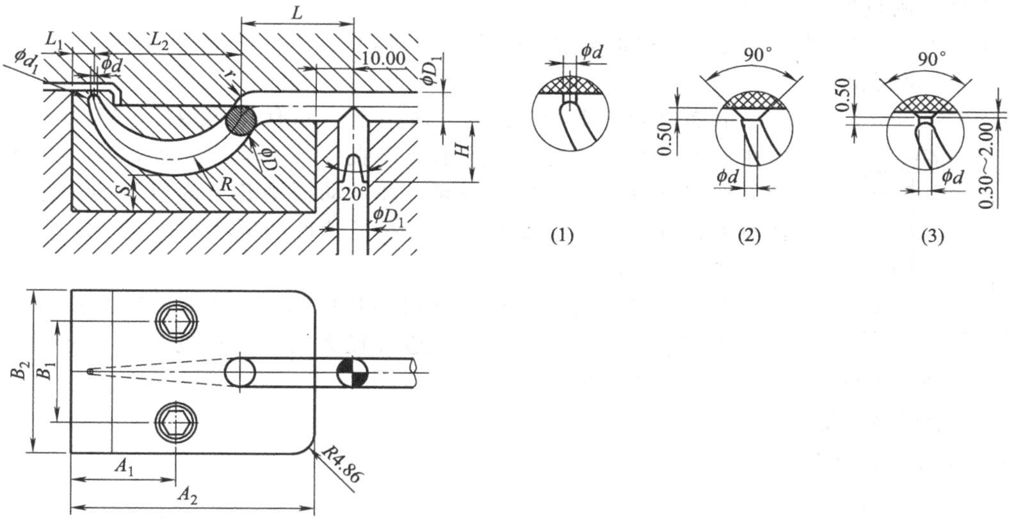

图 10-18　圆弧形浇口

[$D=0.8D_1$；$D_1=5\sim10$mm；$D_1\geqslant2.5$mm；$R=10\sim25$mm，或者 $R=3D$；
从 D 到 d_1 要逐渐过渡，锥度角 3°～5°；(1)、(2) 和 (3) 是三种常用的浇口形式]

表 10-3　圆弧形浇口各参数推荐值　　单位：mm

类型	L	L_1	L_2	d	d_1	D	D_1	R	r	S	H
A 型	$\geqslant2.5D_1$	10	40	0.8～2	3	6～8	8～10	21	6	≥10	浇口弧长+10
B 型	$\geqslant2.5D_1$	10	25	0.5～2	2.5	5	6	13	5	≥8	浇口弧长+10

10.3.2.5　直接浇口

直接浇口直接由主流道进入模具型腔，如图 10-19 所示。它只有主流道而无分流道及浇口，或者说主流道就是浇口。直接浇口适用于单型腔，塑件形状为壳形、桶形及盒形。适用于硬 PVC、PE、PP、PC、PS、PA、POM、AS、ABS、PMMA 等多种塑料。

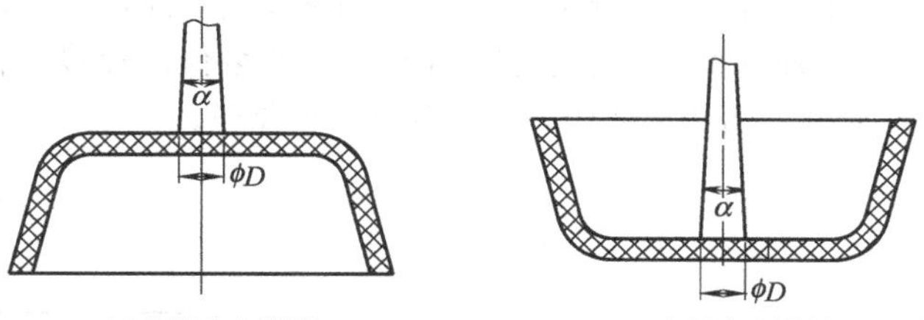

(a) 外侧中心进料　　(b) 内侧中心进料

图 10-19　直接浇口

设计参数为：$\alpha=2°\sim5°$（对流动性差的塑料 $\alpha=3°\sim6°$）；$\phi D=5\sim8$mm。

（1）直接浇口优点

① 无分流道及浇口，节省流道加工。

② 无分流道，流道流程短，压力及热量损失少，有利于排气，成型容易。

③ 可成型大或深度较深的塑件，对大型桶形、盒形及壳形塑件（如盆、桶、电视机后

壳、复印机前后盖等）成型效果非常好。

（2）直接浇口缺点

① 去除浇口困难，去除浇口后会在塑件上留有较大痕迹。

② 平而浅的塑件容易产生翘曲、扭曲。

③ 浇口附近残余应力大。

④ 一次只可成型一个塑件，除非使用多喷嘴注塑机。

10.3.2.6 爪形浇口

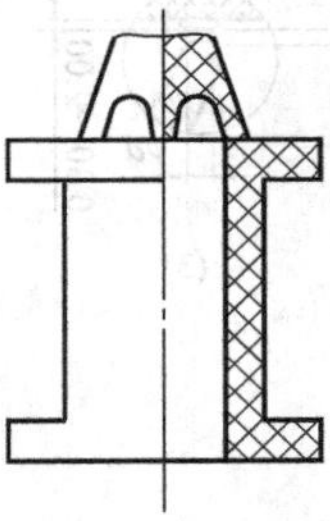

图 10-20 爪形浇口

爪形浇口如图 10-20 所示。适用于中间有孔的塑件。它的主要特点是：在一模一腔的情况下，爪形浇口直接与主流道相连，在一模多腔的情况下，与垂直分流道连在一起，并且动模型芯与浇口套的主流道锥度或者与垂直分流道的锥度相配，提高了塑件的形状和位置精度。

10.3.2.7 伞形浇口

伞形浇口可以看成是环形浇口的特殊形式，如图 10-21 所示。伞形浇口主要用于塑件中央有较主流道直径大的碰穿孔的场合。适用于 PS、PA、AS、ABS 等塑料。

（1）伞形浇口优点

① 可防止流痕发生。

② 节省流道加工。

③ 具有直接浇口的功用，压力损失少。

（2）伞形浇口缺点

① 浇口切离稍困难。

② 一次只能成型一个塑件。

③ 塑件的孔中心必须与主流道对应。

（3）设计参数 $\alpha=90°$，$\beta=75°$。

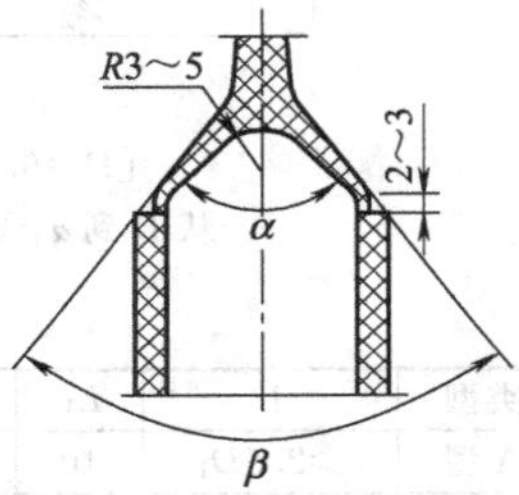

图 10-21 伞形浇口

10.3.3 浇口的设计要点

① 浇口位置尽量选择在分型面上，以便于清除及模具加工，因此能用侧浇口时不用点浇口。

② 浇口位置距型腔各部位距离尽量相等，并使流程最短，使熔体能在最短的时间内同时填满型腔的各部位。

③ 浇口位置应选择对着塑件的厚壁部位，便于补缩，不致形成气泡和收缩凹陷等缺陷。熔体由薄壁型腔进入厚壁型腔时，会出现再喷射现象，使熔体的速度和温度突然下降，而不利于填充，如图 10-22 所示。图 10-22 中，b 不合理，a 合理。

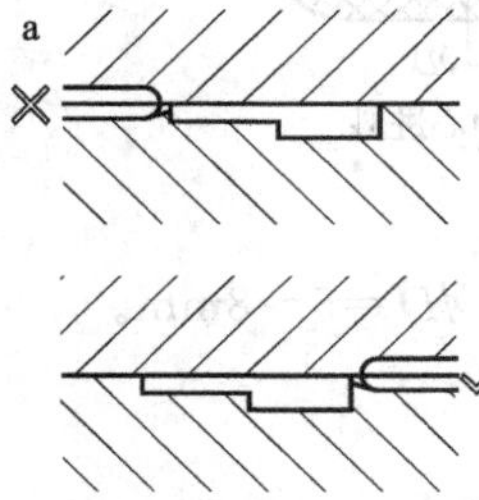

图 10-22 宜从厚壁处进料

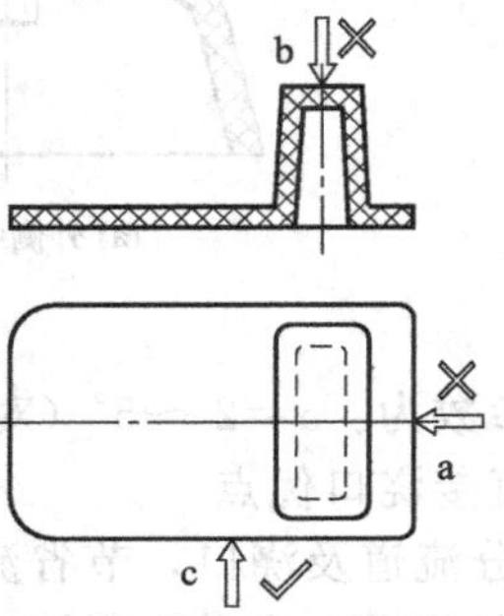

图 10-23 浇口不宜对着薄弱型芯

④ 在细长型芯附近避免开设浇口以免料流直接冲击型芯产生变形错位或弯曲。熔体的

温度高，压力大，对镶件冲击的频率大，若镶件薄弱，必然被冲弯，甚至被冲断，如图 10-23 所示。图 10-23 中，a、b 不合理，c 较合理。

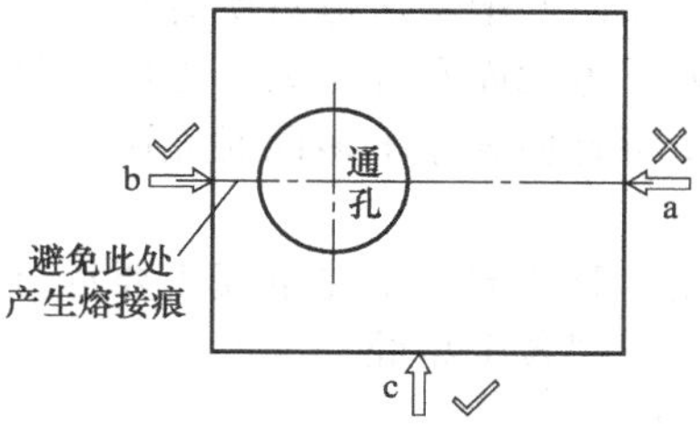

图 10-24　避免产生熔接痕

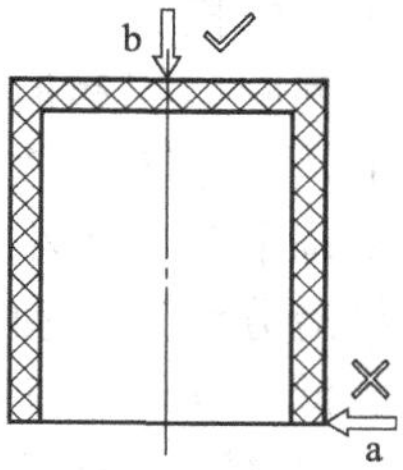

图 10-25　避免困气

⑤ 在满足注射要求的情况下，浇口的数量越少越好，以减少熔接痕，若熔接痕无法避免，则应使熔接痕产生于塑件的不重要表面及非薄弱部位。但对于大型或扁平塑件建议采用多点进料，以防止塑件翘曲变形和填充不足，如图 10-24 所示。图 10-24 中，b 和 c 是可以考虑的浇口位置，而 a 则是不合理的。

⑥ 浇口位置应有利于模具排气。熔体进入型腔后，不能先将排气槽（如分型面）堵住，否则型腔内的气体无法排出，会影响熔体流动，使塑件产生气泡、熔接痕或填充不足等缺陷，如图 10-25 所示。如果从 a 处进料，熔体先将分型面堵住，会造成 b 处困气。

⑦ 浇口位置不能影响塑件外观和功能。前面说过，任何浇口都会在塑件表面留下痕迹，为了不影响塑件外观，应将浇口设置于塑件的隐蔽部位。但有时由于塑件的形状或排位的原因，浇口的位置必须外露，对此，一要将浇口做得漂亮些，二要将情况预先告诉客户。模具生产的塑件有一定的局限性，只能做到尽善，做不到尽美。

⑧ 浇口不能太大也不能太小。太大，则熔体经过浇口时，不会产生升温的效应，也很难有防倒流的作用；太小，则阻力大，且会产生蛇纹、气纹和填充不足等缺陷。浇口尺寸由塑件大小、几何形状、结构和塑料种类决定，在设计过程中，可先取小尺寸，再根据试模状况进行修正。

⑨ 在非平衡布置的模具中，可以通过调整浇口宽度尺寸（而不是深度）来达到进料平衡。

⑩ 一般浇口的截面面积为分流道截面的 3%～9%，浇口的截面形状为圆形（点浇口）或矩形（侧浇口），浇口长度为 0.5～2.0mm，表面粗糙度 Ra 不低于 0.4μm。

⑪ 在侧浇口模具中，应避免从枕位处进料，因为熔体急剧拐弯会造成能量（温度和压力）的损失。无法避开时要在枕位进料处做斜面，减小熔体流动阻力。

⑫ 浇口数量的确定方法是：浇口数量取决于熔体流程 L 与塑件壁厚 T 的比值，一般每个进料点应控制在 $L/T=50\sim80$。在任何情况下，一个进料点的 L/T 值不得大于 100。在实际设计工作中，浇口数量还要根据塑件结构形状、塑料熔融后的黏滞度等因素加以调整。

⑬ 可通过经验或模流分析，来判断塑件因浇口位置而产生的熔接痕是否会影响塑件的外观和强度，如会，可加设冷料穴加以解决。

⑭ 在浇口（尤其是潜伏式浇口）附近应设置冷料穴，并设置拉料杆，以利于流道脱模。

⑮ 若模具要采用自动化生产，则浇口应保证能够自动脱落。

10.4 分流道设计

连接主流道与浇口的熔体通道称为分流道，分流道起分流和转向作用。侧浇口浇注系统的分流道在定模镶件和动模镶件之间的分型面上，点浇口浇注系统的分流道在推料板和定模A板之间以及定模B板内的竖直部分。

在一模多腔的模具中，分流道的设计必须解决如何使塑料熔体对所有型腔同时填充的问题。如果所有型腔体积和形状相同，分流道最好采用等截面和等距离。否则，就必须在流速相等的条件下，采用不等截面来达到流量不等，使所有型腔差不多同时充满。有时还可以改变流道长度来调节阻力大小，保证型腔同时充满。

熔融塑料沿分流道流动时，要求它尽快地充满型腔，流动中热量损失要尽可能小，流动阻力要尽可能低。同时，应能将塑料熔体均衡地分配到各个型腔。

10.4.1 设计分流道必须考虑的因素

（1）塑料的流动性及塑件的形状　对于流动性差的塑料，如PC、HPVC、PPO和PSF等，分流道应尽量短，分流道拐弯时尽量采用圆弧过渡，横截面积宜取较大值，横截面形状应采用圆形（侧浇口分流道）或U形（点浇口分流道）。分流道的走向和截面形状取决于浇口的位置和数量，而浇口的位置和数量又取决于塑件形状。

（2）型腔的数量　它决定分流道的走向、长短和大小。

（3）壁厚及内在和外观质量要求　这些因素决定了浇口的位置和形式，最终决定了分流道的走向和大小。

（4）注塑机的压力及注射速度。

（5）主流道及分流道的拉料和脱模方式　如果要采用自动化注塑生产，则分流道必须确保在开模后留在有脱模机构的一侧，且容易脱落。

（6）合理的表面粗糙度　有人认为流道表面粗糙度越低越好，其实不然。适当粗糙的表面可以储存与流道开始接触的、热量被模具吸收的那部分熔体，相当于上面有很多微型冷料穴。一般来说，铣床加工得到的流道表面粗糙度往往不用再做抛光处理。

10.4.2 分流道的布置

在确定分流道的布置时，应尽量使流道长度最短。但是，塑料以低温成型时，为提高成型空间的压力来减少成型塑件收缩凹陷时，或欲得壁厚较厚的成型塑件而延长保压时间，减短流道长度并非绝对可行。因为流道过短，则成型塑件的残留应力增大，且易产生飞边，塑料熔体的流动不均匀，所以流道长度应以适合成型塑件的重量和结构为宜。

（1）按特性分类　分流道的布置按其特性可分为平衡布置和非平衡布置。

① 平衡布置　平衡布置是指熔体进入各型腔的距离相等，因为这种布置各型腔可以在相同的注射工艺条件下同时充满、同时冷却、同时固化，收缩率相同，有利于保证塑件的尺寸精度，所以精度要求较高，塑件有互换性要求的多腔注塑模具，一般都要求采用平衡布置，如图10-26所示。

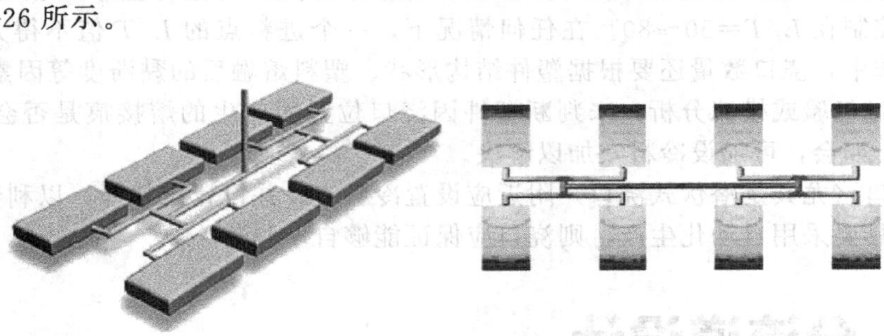

图10-26　分流道平衡布置

② 非平衡布置　在这种布置中熔体进入各型腔的距离不相等，优点是分流道整体布置

较简洁，缺点是各型腔难以做到同时充满，收缩率难以达到一致，因此它常用于精度要求一般，没有互换性要求的多腔注塑模具，如图 10-27 所示。

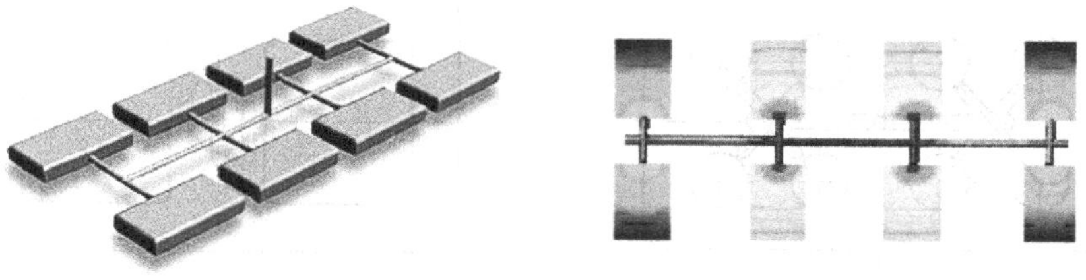

图 10-27　非平衡布置及其进料

在非平衡布置中，如果能够合理地改变分流道的截面大小或浇口宽度，也可以保证各腔同时进料或差不多同时充满。具体做法是：靠近主流道的分流道，直径适当取小一些，如图 10-28 所示；或者靠近主流道的型腔，其浇口宽度（而不是深度）适当取宽一点。但这种人工平衡进料很难完全做到平衡进料。

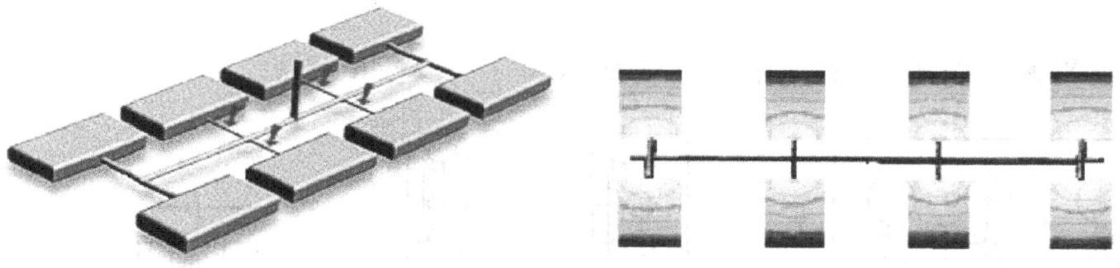

图 10-28　人工平衡进料

(2) 按排位的形状分类　分流道的布置按排位的形状分为 O 形、H 形、X 形和 S 形。

① O 形　每腔均匀分布在同一圆周上，属于平衡布置，有利于保证塑件的尺寸精度。缺点是不能充分利用模具的有效面积及不便于模具冷却系统的设计，如图 10-29 所示。

② H 形　有平衡布置和非平衡布置两种，如图 10-30 所示。

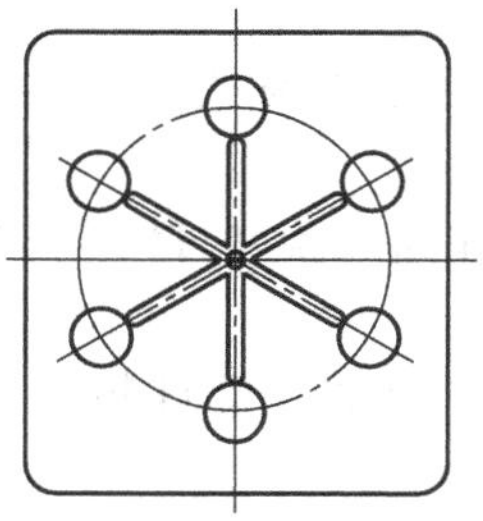

图 10-29　O 形分布

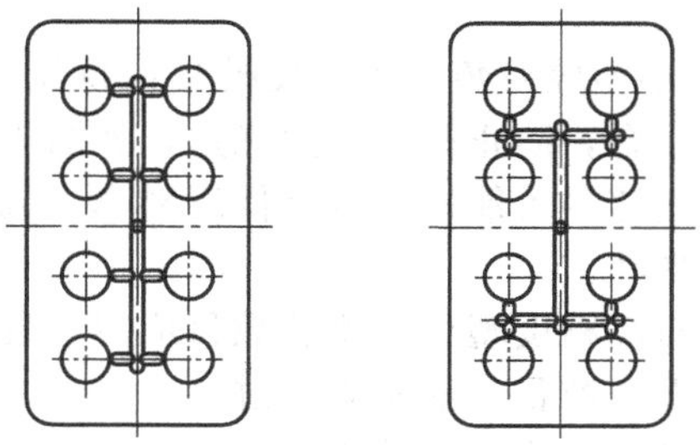

图 10-30　H 形分布

a. 平衡布置　各型腔同时进料，有利于保证塑件的尺寸精度。缺点是分流道转折多，流程较长，导致压力损失和热损失大。适用于 PP、PE 和 PA 等塑料。

b. 非平衡布置　型腔排列紧凑，分流道设计简单，便于冷却系统的设计。缺点是浇口必须适当，以保证各型腔差不多同时充满。

③ X 形　优点是流道转折较少，热损失和压力损失较少。缺点是有时对模具的利用面积不如 H 形，如图 10-31 所示。

④ S 形　S 形流道的优点是可满足模具的热及压力的平衡。缺点是流道较长。适用于滑

块对开式多腔模具的分流道排列。如图 10-32 所示的平板类塑件，如果熔体直冲型腔，易产生蛇纹等流痕，而采用 S 形流道时，则不会出现任何问题。

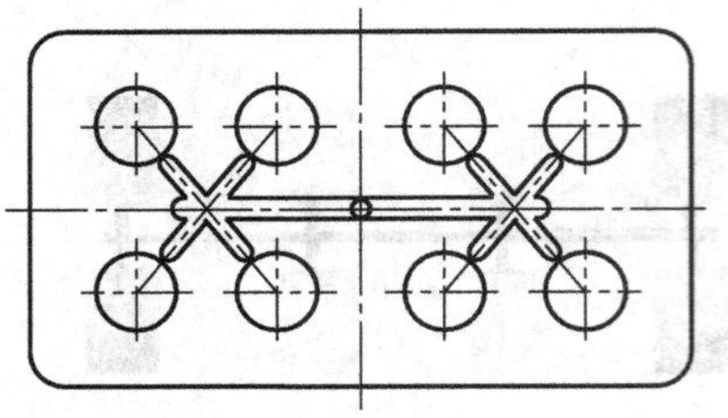
图 10-31　X 形流道

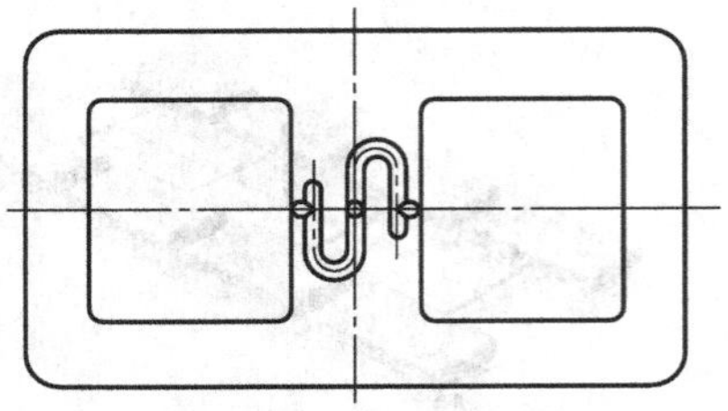
图 10-32　S 形流道

10.4.3　型腔的排列方式及分流道布置

多腔注塑模具的排位和分流道布置，往往有很多选择，在实际工作中应遵循以下设计原则。

(1) 力求平衡、对称

① 一模多腔的模具，尽量采用平衡布局，使各型腔在相同温度下同时充模，如图 10-33 所示。

② 流道平衡，如图 10-34 和图 10-35 所示。

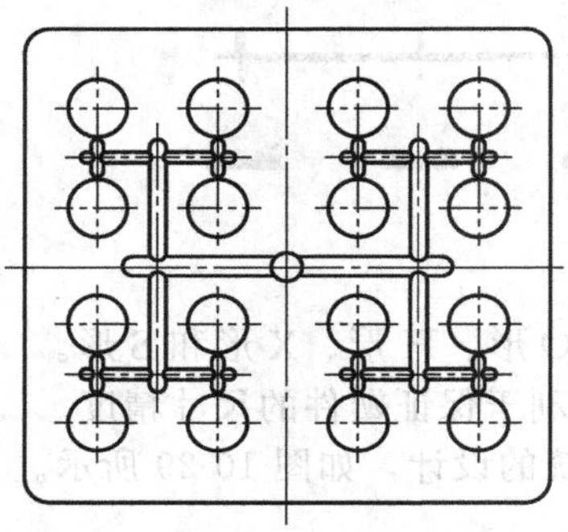
图 10-33　型腔平衡布置

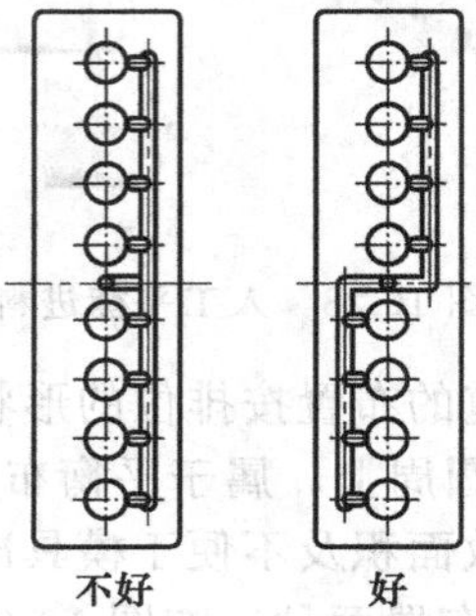

图 10-34　流道平衡（一）

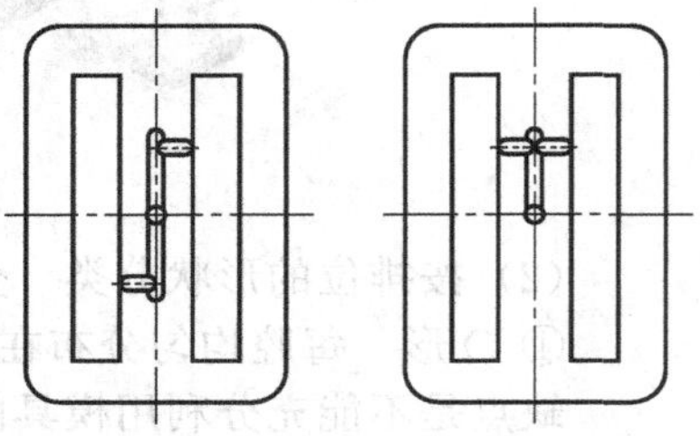

图 10-35　流道平衡（二）

③ 大小型腔对角布置，使模具保持压力平衡，即注射压力中心与锁模压力中心（主流道中心）重合，防止塑件产生飞边，如图 10-36 所示。

(2) 流道尽可能短　以降低废料率、成型周期和热损失。在这一点上 H 形排位优于环形和对称形状。

(3) 对高精度塑件，型腔数目应尽可能少　因为每增加一个型腔，塑件精度下降 5%。精密模具型腔数目一般不宜超过 4 个。

(4) 结构紧凑，节约钢材　结构紧凑，如图 10-37 所示。

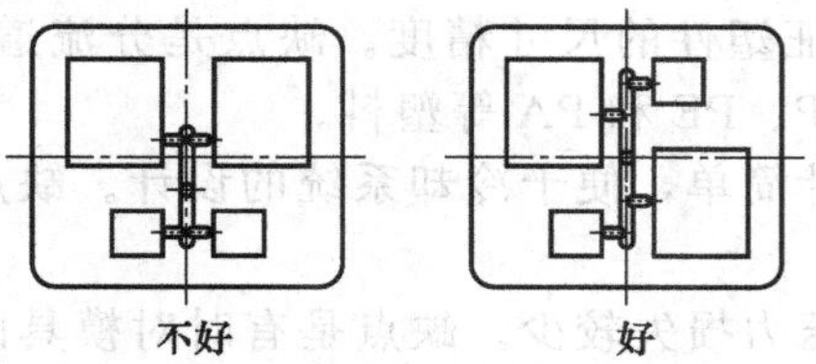

图 10-36　大小型腔对角布置

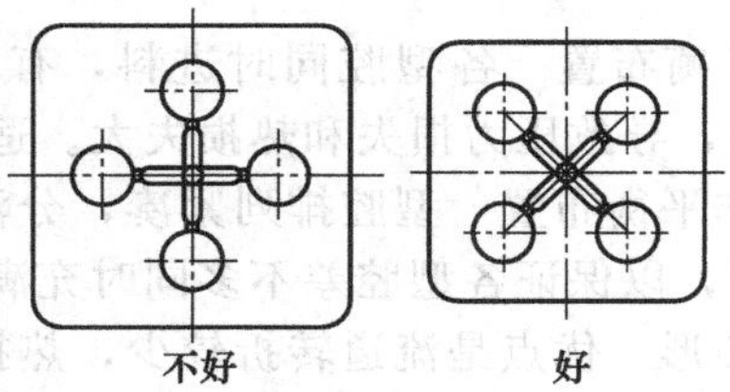

图 10-37　结构紧凑

(5) 大近小远　大近小远，如图 10-38 所示。

（6）高度相近　高度相差悬殊的塑件不宜排在一起，如图 10-39 所示。

（7）先大后小，见缝插针　一模多腔时，相同的塑件采用对称进浇方式；对于不同塑件，在同一模具中成型时，优先将最大塑件放在靠近主流道的位置，如图 10-40 所示。

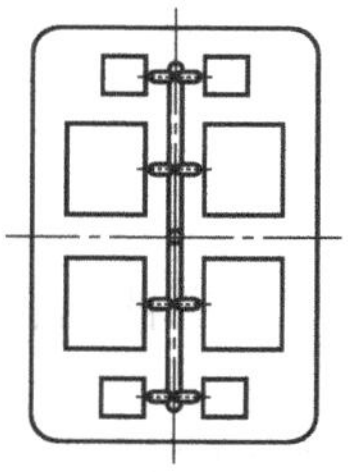

图 10-38　大近小远

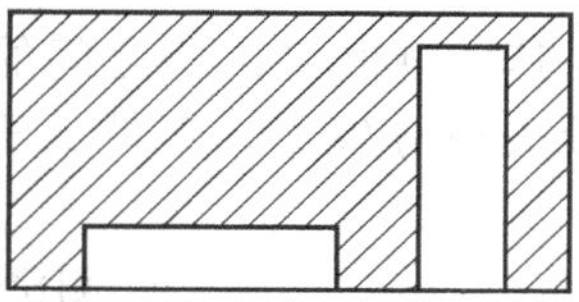

图 10-39　型腔深度不宜相差太大

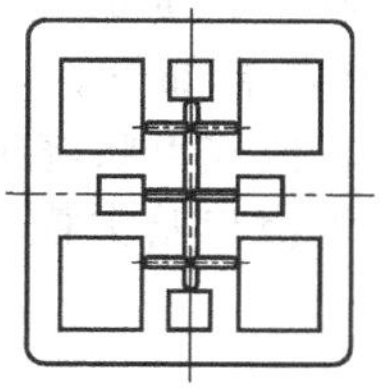

图 10-40　先大后小，见缝插针

（8）同一塑件，大近小远　塑件大头应靠近模具中心，如图 10-41 所示。

（9）工艺性好　排位时必须考虑模具注射的工艺性要好，并保证模具型腔的压力和温度平衡，如图 10-42 所示。

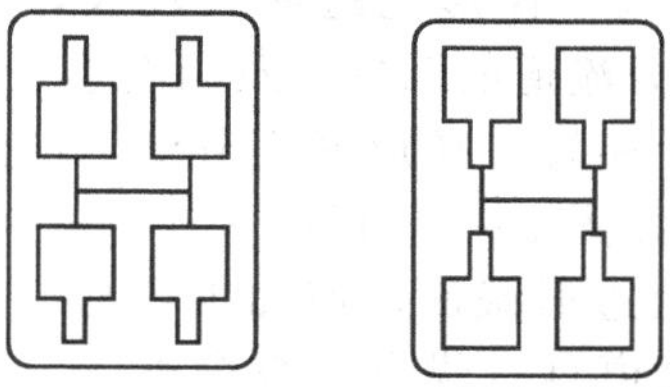

好　　不好

图 10-41　同一塑件，大近小远

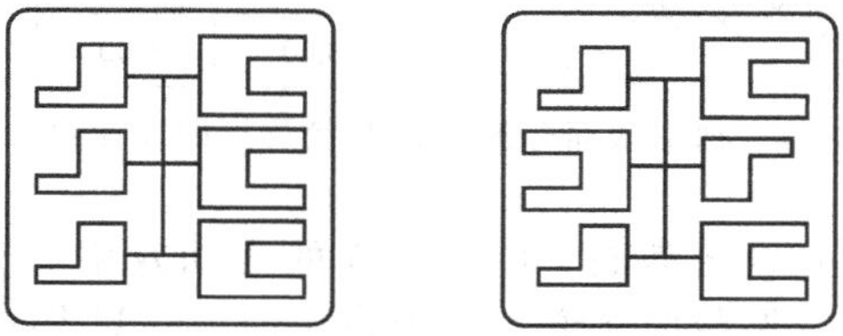

不好　　好

图 10-42　保证压力和温度平衡

10.4.4　分流道的截面形状

分流道截面形状有很多种，它因塑料和模具结构不同而异，如圆形、半圆形、梯形、U 形、矩形和正六角形。常用的形式有圆形、梯形和 U 形。

在选取分流道截面形状时，必须确保在压力损失最小的情况下，将熔融塑料以较快速度送到浇口处充模。可以证明，在截面面积相等的条件下，正方形的周长最长，圆形最短。周长越短，则阻力越小，散热越少，因此效率越高。流道效率从高到低的排列顺序依次是：圆形—U 形—正六角形—梯形—矩形—半圆形。

但流道加工难度从易到难的排列顺序却依次是：矩形—梯形—半圆形—U 形—正六角形—圆形。这是因为圆形、正六角形两种流道都要在分型面的两边加工。

综合考虑各分流道截面形状的流动效率及散热性，我们通常采用以下三种分流道的截面形状。

（1）圆形截面

① 圆形截面的优点　比表面积最小，体积最大，而与模具的接触面积最小，阻力也小，有助于熔体的流动和减少其温度传到模具中，广泛应用于侧浇口模具中（有推板的侧浇口模具除外）。

② 圆形截面的缺点　需同时开设在凹、凸模上，而且要互相吻合，故制造较困难，较费时。

③ 设计参数　圆形截面分流道的形状及其设计参数如图 10-43 所示。孔口设计 15°斜面是防止

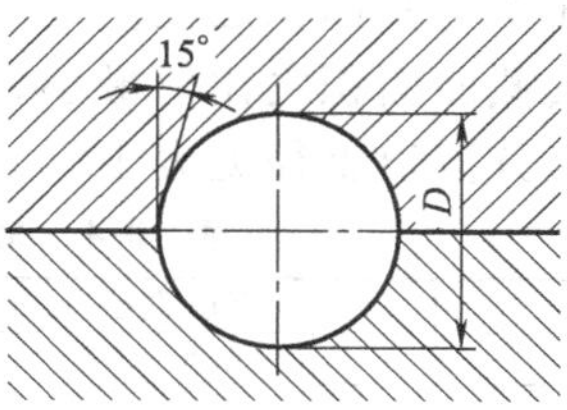

序号	D
1	ϕ3.00
2	ϕ4.00
3	ϕ5.00
4	ϕ6.00
5	ϕ8.00
6	ϕ10.00

图 10-43　圆形截面分流道的形状及其设计参数

流道口出现倒刺而影响流道凝料脱模。

周长与截面面积的比值为比表面积（即流道表面积与其体积的比值），用它来衡量流道的流动效率。即比表面积越小，流动效率越高。

（2）梯形截面

① 梯形截面的优点　优点是在模具的单侧加工，较省时。

应用场合如下。

a. 三板式点状浇道口的模具，其推料板和 A 板之间的分流道。

b. 侧浇口哈夫模，分流道在哈夫块分模面，塑件从侧面进料时，分流道截面都无法做到圆形。

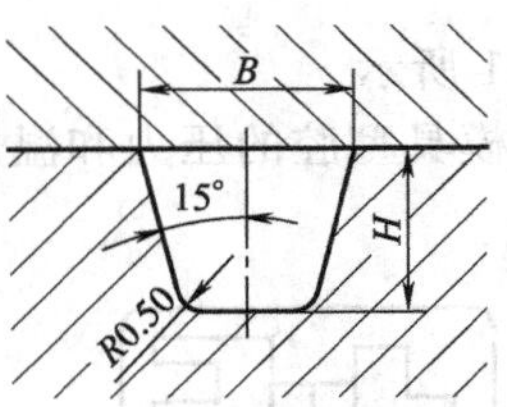

序号	B	H
1	3.00	2.50
2	4.00	3.00
3	5.00	4.00
4	6.00	5.00
5	8.00	6.00

图 10-44　梯形截面分流道的形状及其设计参数

c. 侧浇口模具中有推板的模具，分流道只能做在凹模上而不能开在推板上。

以上情况多用梯形流道，而避免采用半圆形流道。

② 梯形流道的缺点　与相同截面面积的圆形流道比较，梯形流道周长较长，从而加大了熔体与分流道的摩擦力及温度损失。

③ 设计参数　梯形截面分流道的形状及其设计参数如图 10-44 所示。

（3）U 形截面　U 形截面的流动效率低于圆形与正六边形截面，但加工容易，又比圆形和正方形截面流道容易脱模，所以，U 形截面截面分流道具有优良的综合性能。U 形截面的分流道熔体与分流道的摩擦力及温度损失较梯形截面的分流道要小，是梯形截面的改良。能用梯形截面流道的场合都可以用 U 形截面分流道。

U 形截面分流道的形状如图 10-45 所示。H 大小可与圆形截面的 D 相等。

10.4.5　分流道的截面大小

较大的截面面积，有利于减少流道的流动阻力。但分流道的截面尺寸过大时，一是浪费材料，二是增加了模具的排气负担，三是冷却时间增长，成型周期亦随之增长，降低了劳动生产率，导致成本增加。

较小的截面周长，有利于减少熔融塑料的热量散失。但截面尺寸过小时，熔体的流动阻力会加大，延长了充模时间，易造成填充不足、烧焦、银纹、缩痕等缺陷，故分流道截面大小应根据熔体的流动性、成型塑件的重量及投影面积来确定。

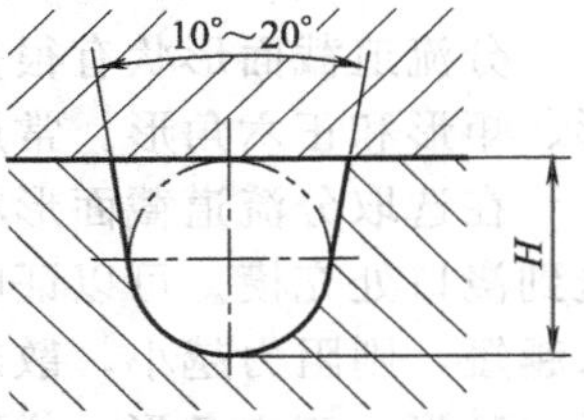

图 10-45　U 形截面分流道的形状

塑件大小不同，塑料品种不同，分流道截面也会有所不同。但有一个设计原则是：必须保证分流道的表面积与其体积之比值最小，即在分流道长度一定的情况下，要求分流道的表面积或侧面积与其截面面积之比值最小。

常用塑料及其分流道直径见表 10-4。

表 10-4　常用塑料及其分流道直径

树脂	分流道直径/mm	树脂	分流道直径/mm
ABS、AS	4.8～9.5	PB	4.8～9.5
POM	3.2～9.5	PE	1.6～9.5
PMMA	8.0～9.5	PPO	6.4～9.5
PMMA	8.0～12.7	PS	3.2～9.5
醋酸纤维素(赛璐珞)	4.8～11.1	PVC	3.2～9.5
IONOMER	2.3～9.5	PC	4.8～9.5
PA	1.6～9.5		

在设计分流道大小时，应考虑以下因素。

（1）塑件的大小、壁厚、形状　塑件的重量及投影面积越大，壁厚越厚时，分流道截面面积应设计得大一些，否则，应设计得小一些。

（2）塑料的注射成型性能　流动性好的塑料，如 PS、HIPS、PP、PE、ABS、PA、POM、AS 和 CPE 等，分流道截面面积可适当取小一些；而对于流动性差的塑料，如 PC、硬 PVC、PPO 和 PSF 等，分流道应设计得短一些，截面面积应设计得大一些，而且尽量采用圆形分流道，以减小熔体在分流道内的能量损失。对于常见的 1.5～2.0mm 壁厚，采用的圆形分流道的直径一般在 3.5～7.0mm 之间；对于流动性好的塑料，当分流道很短时，可小到 ϕ2.5mm；对于流动性差的塑料，分流道较长时，最大直径可取 ϕ8～10mm。试验证明，对于多数塑料，分流道直径在 6mm 以下时，对流动影响最大；但当分流道直径超过 ϕ8.0mm 时，再增大其直径，对改善流动性的作用将越来越小。而且，当分流道直径超过 10mm 时，流道熔体将很难冷却，大大加长了注射成型周期。

（3）分流道的长度　分流道越长，一级分流道的截面面积应差不多等于二级分流道截面面积之和。二级、三级以此类推。

一般来说，为了减少流道的阻力以及实现正常的保压，要求以下条件。

① 在流道不分支时，截面面积不应有很大的突变。

② 流道中的最小横截面面积必须大于浇口处的最小截面面积。

（4）流道的尺寸　流道设计时，应先取较小尺寸，以便于试模后进行修正。

10.4.6　分流道的设计要点

（1）尽量减少熔体的热量损失　为此应尽量缩短分流道的长度和减小截面面积，转角处应圆弧过渡，分流道截面形状尽量采用圆形，流道长度和截面面积应适合塑件的重量，做到：

$$
\begin{aligned}
Q_1 : Q_2 : \cdots : Q_n &= S_1 : S_2 \cdots : S_n \\
&= L_1 : L_2 \cdots : L_n \\
&= W_1 : W_2 \cdots W_n
\end{aligned}
$$

式中　Q——分流道内所需的体积流量；

S——分流道的横截面面积；

L——分流道的长度；

n——模具中型腔的数量；

W——型腔成型塑件的重量。

（2）分流道末端应设计冷料穴　冷料穴可以容纳熔体前端冷料和防止空气进入，而冷料穴上一般会设置拉料杆，以便于流道凝料脱模。

（3）分流道应采用平衡布置　一模多腔时，若各腔相同或大致相同，应尽量采用平衡进料，各腔的分流道流程应尽量相等，同时进料，以保证各腔在相同时间充满；如果分流道采用非平衡布置，或因配套等原因各模腔的体积不相同时，一般可通过改变分流道粗细来调节，以保证各腔同时充满。

（4）薄片塑件避免熔体直冲型腔　透明塑件（K 料、亚克力、PC 等）在生产时应注意，分流道应设计冷料穴，分流道熔体不能直冲型腔，一般做成 S 形缓冲进料（图 10-46），或做扇形浇口（图 10-47），使塑件表面避免产生蛇纹、震纹等缺陷。

10.4.7　辅助流道的设计

（1）辅助流道的作用及应用场合

① 将一模多腔中各塑件在出模后依然连在一起，以方便包装、运输、装配和后续加工

（如电镀等），如图 10-48 所示。

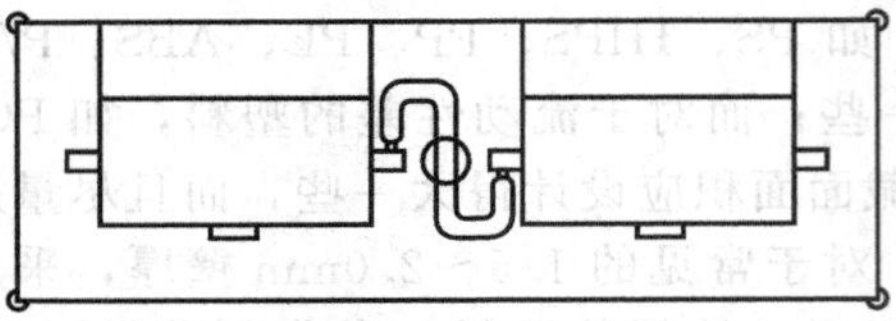

图 10-46　S 形流道

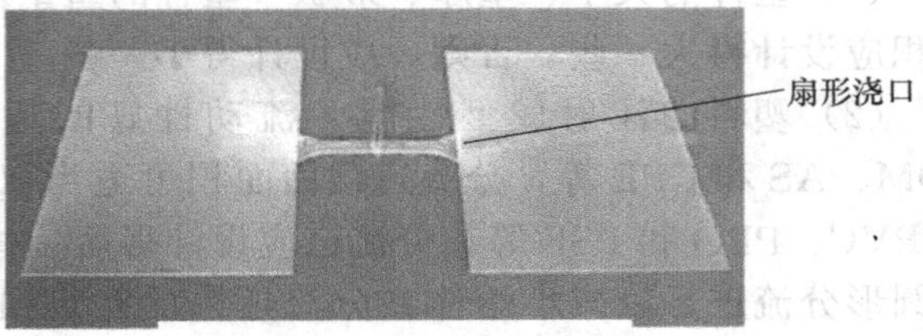

图 10-47　扇形浇口

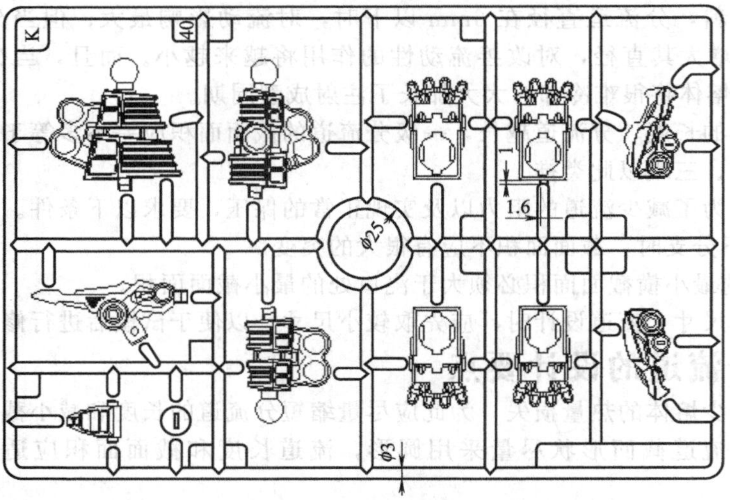

图 10-48　辅助流道方便包装、运输、装配和后续加工

② 在塑件碰穿位处加设辅助流道以改善熔体流动，如图 10-49 所示。

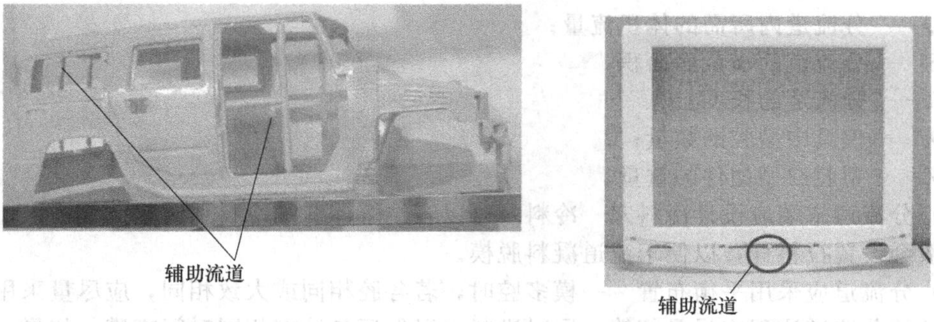

图 10-49　辅助流道改善熔体流动

③ 提高塑件的强度和刚性，如图 10-50 所示的小风扇叶。

④ 保证塑件在开模后留在有推出结构的一侧，如图 10-51 所示。

（2）辅助流道设计

辅助流道的设计应注意如下几点。

① 直径一般为 $\phi 3 \sim 4$mm，如果是为了改善熔体流动而增加辅助流道，辅助流道直径可根据塑件大小确定。

② 浇口大小为 2mm×1mm，每个塑件一般要有三个浇口连接。

③ 辅助流道应通过流道和主流道连接，以方便熔体流动。

④ 辅助流道上要设计推杆，推杆直径为 ϕ3～4mm。

⑤ 要保证塑件在开模后留在有推出结构的一侧，流道截面形状应做成梯形或 U 形，在其余情况下，辅助流道的截面形状应做成圆形。

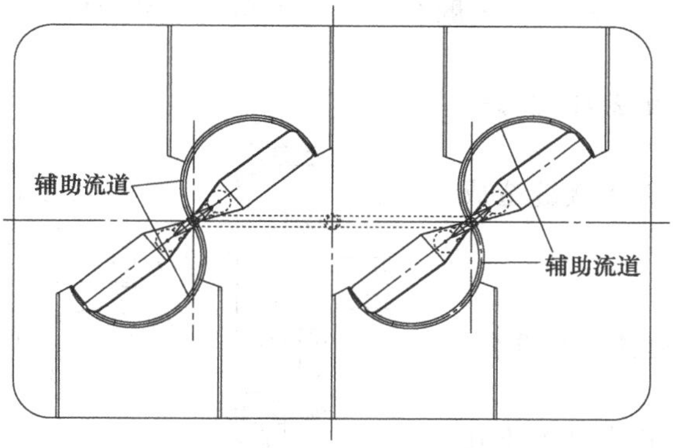

图 10-50 辅助流道提高塑件刚性

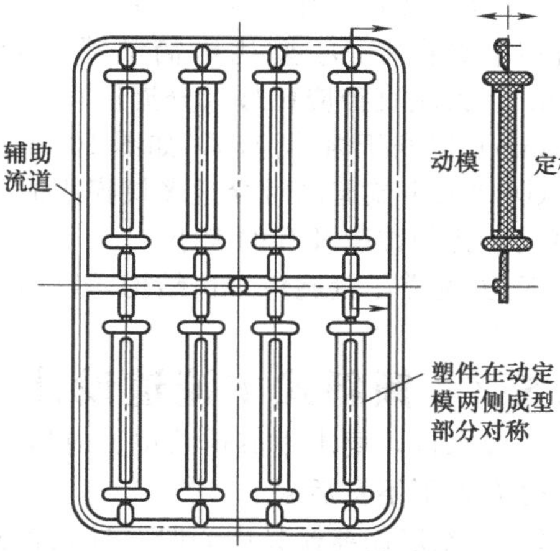

图 10-51 辅助流道确保塑件留在动模

10.5 主流道设计

10.5.1 主流道的概念

主流道是指紧接注塑机喷嘴到分流道为止的那一段锥形流道，熔融塑料进入模具时首先经过它。其直径的大小，与塑料流速及充模时间的长短有密切关系。直径太大时，则造成回收冷料过多，冷却时间增长，而包藏空气增多也易造成气泡和组织松散，极易产生涡流和冷却不足。另外，直径太大时，熔体的热量损失会增大，流动性降低，注射压力损失增大，造成成型困难；直径太小时，则增加熔体的流动阻力，同样不利于成型。

侧浇口浇注系统和点浇口浇注系统中的主流道形状大致相同，但尺寸有所不同，如图 10-52 所示。图 10-52 中，D_1 = 3.2～3.5mm，E_1 = 3.5～4.5mm，R = 1～3mm，α = 2°～4°，β = 6°～15°。

热塑性塑料的主流道，一般在浇口套内，浇口套做成单独镶件，镶在定模板上，但一些小型模具也可直接在定模板上开设主流道，而不使用浇口套。浇口套可分为两大类：二板模具浇口套和三板模具浇口套。

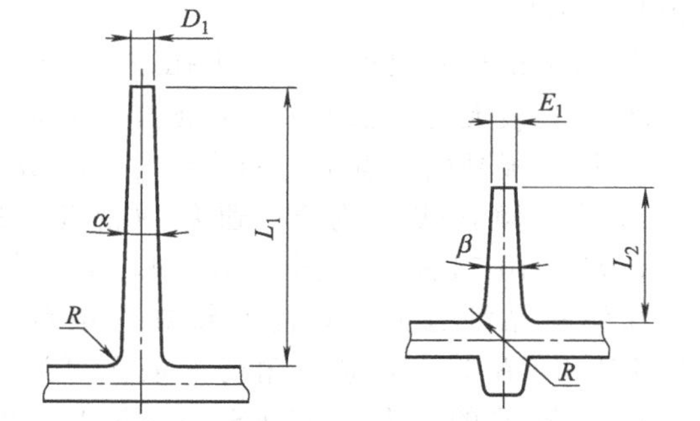

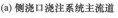

图 10-52 浇注系统主流道

10.5.2 主流道的设计原则

主流道设计原则如下。

① 主流道的长度 L 越短越好，尤其是点浇口浇注系统主流道，或流动性差的塑料，主流道更应尽可能短。主流道越短，模具排气负担越轻，流道料越少，缩短了成型周期，减少了熔体的能量（温度和压力）损失。

② 为了便于脱模，主流道在设计上大多采用圆锥形。二板模具主流道锥度取 2°～4°，三板模具主流道锥度可取 5°～10°。粗糙度 Ra 为 0.8～1.6μm，锥度须适当，太大造成速度减小，产生紊流，易混进空气，产生气孔；锥度过小，会使流速增大，造成注射困难，同时还会使主流道脱模困难。

③ 为了保证注射成型时，主流道与注塑机喷嘴之间不溢料而影响脱模，设计时要注意：主流道小端直径 D_2 要比料筒喷嘴直径 D_1 大 0.5～1mm，在一般情况下，D_2 = 3.2～4.5mm；大端直径应比最大分流道直径大 10%～20%。一般在浇口套大端设置倒圆角（R=1～3mm）以利于熔体流动，如图 10-53 所示。

④ 如果主流道同时穿过多块模板时，一定要注意每一块模板上孔的锥度及孔的大小。

⑤ 主流道尽量避免拼块结构，以防塑料进入接缝造成脱模困难。

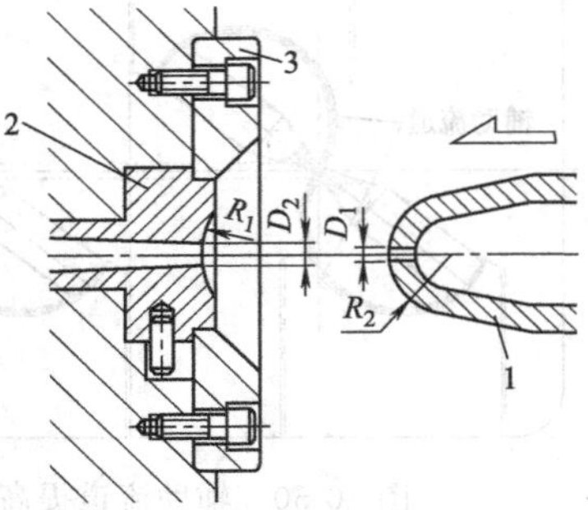

图 10-53 料筒喷嘴与浇口套
1—料筒喷嘴；2—浇口套；3—定位圈

10.5.3 倾斜式主流道设计

一般来说，要求主流道的位置应尽量与模具中心重合，否则会有如下不良后果。

① 主流道偏离模具中心时，导致锁模力和胀型力不在一条线上，使模具在生产时受到扭矩的作用，这个扭矩会使模具一侧张开产生飞边，或者使型芯错位变形，最终还会导致模具导柱，甚至注塑机拉杆变形等严重后果。

② 主流道偏离模具中心时，顶棍孔也要偏离模具中心，塑件推出时，推杆板也会受到一个扭力的作用，这个扭力传递给推杆后，会导致推杆磨损，甚至断裂。

因此，设计时应尽量避免主流道偏离模具中心，但在侧浇口浇注系统中，常常由于以下原因，主流道位置必须偏离模具中心。

① 一模多腔中的塑件大小悬殊。

② 单型腔，塑件较大，中间有较大的碰穿孔，可以从内侧进料。但中间碰穿孔偏离模具中心。

如果主流道偏离模具中心不可避免，那么，可以采取三种措施，来避免或减轻不良后果对模具的影响。

① 增加推杆固定板导柱（中托边）来承受顶棍偏心产生的扭力。

② 模具较大时，也可采用双顶棍孔或多顶棍孔。

③ 固定板受到多点推力的作用时，较易平衡推出。

④ 采用倾斜式主流道，避免顶棍孔（K.O. 孔）偏心，如图 10-54 所示。图 10-54 中，浇口套的倾斜角度 α 和塑料品种有关。对韧性较好的塑料，如 PVC、PE、PP 和 PA 等，其倾斜角度 α 最大可达 30°；对韧性一般或较差的塑料，如 PS、PMMA、PC、POM、ABS 和 SAN 等，其倾斜角度 α 最大可达 20°。

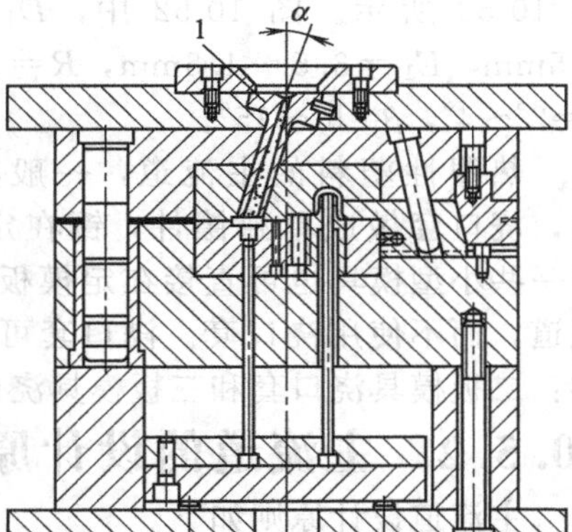

图 10-54 倾斜式主流道
1—斜浇口套；2—顶棍孔

10.5.4 浇口套的设计

由于主流道要与高温塑料及喷嘴接触和碰撞，所以模具的主流道部分通常设计成可拆卸更换的衬套，简称浇口套。

（1）浇口套的作用

① 使模具安装时进入定位孔方便而在注塑机上很好地定位与注塑机喷嘴孔吻合，并能经受塑料熔体的反压力，不致被推出模具。

② 作为浇注系统的主流道，将料筒内的塑料熔体导流到模具型腔内，在注射过程中保证熔体不会溢出，同时保证主流道凝料脱模顺畅、方便。

(2) 浇口套分类　浇口套的形式有多种，可视不同模具结构来选择。按浇注系统不同，浇口套通常被分为二板模具浇口套及三板模具浇口套两大类。

① 二板模具浇口套　二板模具浇口套是标准件，通常根据模具所成型塑件所需塑料重量的多少、所需浇口套的长度来选用。所需塑料较多时，选用较大的浇口套；反之，则选用较小的类型。根据浇口套的长度选取不同的主流道锥度，以便浇口套尾端的孔径能与主流道的直径相匹配。在一般情况下，浇口套的直径 ϕD 根据模架大小选取，模架宽度在 400mm 以下，选用 $D=\phi12$（或 $\phi1/2$in）的类型，模架宽度在 400mm 以上，选用 $D=\phi16.0$（$\phi5/8$in）的类型，浇口套长度根据模架大小确定。

二板模具浇口套装配图如图 10-55 所示。

② 三板模具浇口套　三板模具浇口套较大，主流道较短，模具不再需要定位圈。三板模具浇口套装配图如图 10-56 所示。三板模具浇口套在开模时要脱离流道推板，因此它们采用 90°锥面配合，以减少开合模时的摩擦，直径 D 和二板模具浇口套相同。

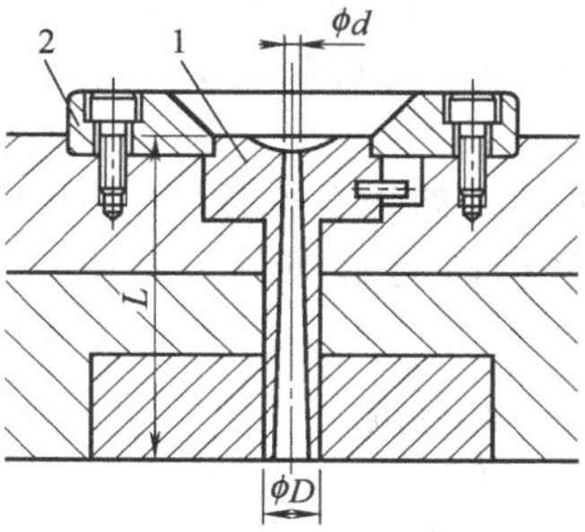

图 10-55　二板模具浇口套装配图

1—浇口套；2—定位圈

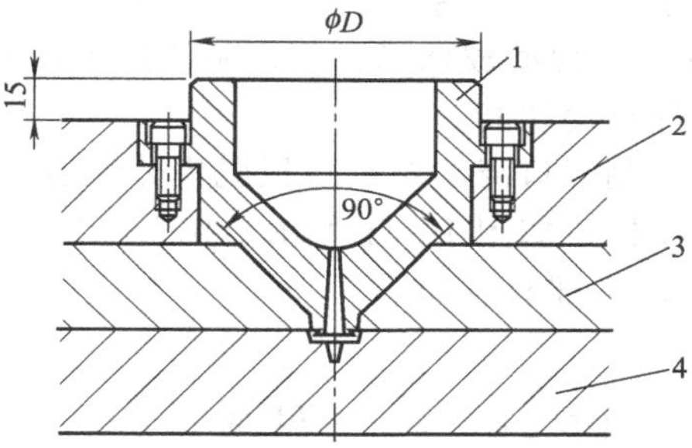

图 10-56　三板模具浇口套装配图

1—浇口套；2—面板；3—流道推板；4—定模 A 板

10.6　拉料杆与冷料穴

10.6.1　拉料杆的设计

拉料杆按其结构分为直身拉料杆、钩形拉料杆、圆头形拉料杆、圆锥拉料杆和塔形拉料杆，如图 10-57～图 10-59 所示。拉料杆按其装配位置又分为主流道拉料杆和分流道拉料杆。

(1) 主流道拉料杆的设计　一般来说，只有侧浇口浇注系统的主流道才用拉料杆，其作用是将主流道内的凝料拉出主流道，以防主流道内的凝料粘定模，确保将流道、塑件留在动模一侧，如图 10-57 所示。

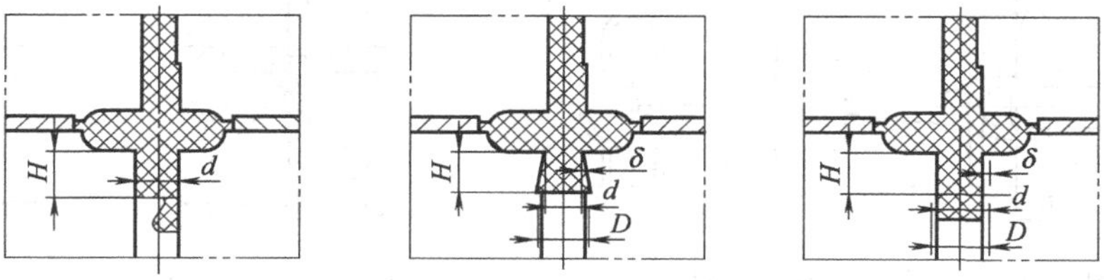

图 10-57　主流道拉料杆和冷料穴

有推板和没有推板的主流道拉料杆是不同的，如图 10-58 所示。

锥形头拉料杆靠塑料的包紧力将主流道拉住，不如球形头拉料杆和菌形头拉料杆可靠。为增加锥面的摩擦力，可采用小锥度，或加大锥面粗糙度，或用复式拉料杆来替代。后两种由于尖锥的分流作用较好，常用于单腔成型带中心孔的塑件上，如齿轮注塑模具，如图 10-59所示。

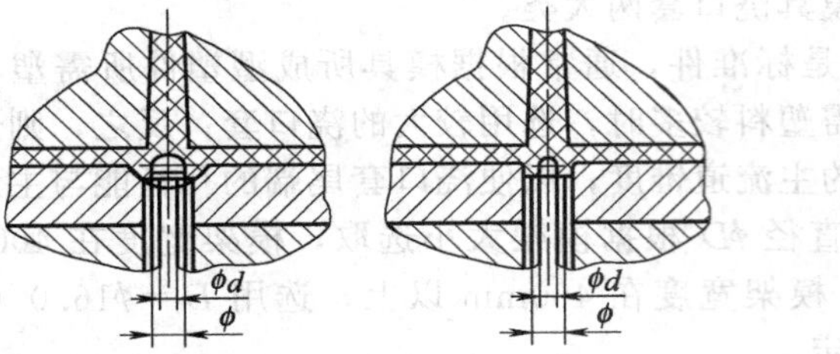

图 10-58　有推板模具的主流道拉料杆和冷料穴

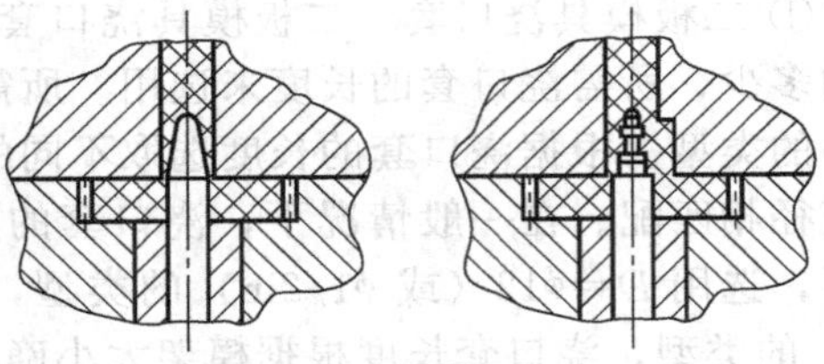
图 10-59　中心浇口主流道拉料杆

(2) 分流道拉料杆的设计

① 侧浇口浇注系统分流道拉料杆就是推杆，直身，头部只磨短（1～1.5）D（D 为分流道直径），不再磨出其他形状。拉料杆直径等于分流道直径 D，装在推杆固定板上。

② 点浇口浇注系统分流道拉料杆如图 10-60 所示。用无头螺钉固定在定模面板上，直径 5mm，头部磨成球形，作用是流道推板和 A 板打开时，将浇口凝料拉出 A 板，使浇口凝料和塑件自动切断。

(3) 侧浇口浇注系统推板脱模分流道　侧浇口浇注系统模具如果有推板时，则分流道必须设于凹模，如图 10-61 所示。拉料杆固定在动模 B 板或 B 板内的镶件上，直径 5mm（或 3/16in），头部磨成球形。

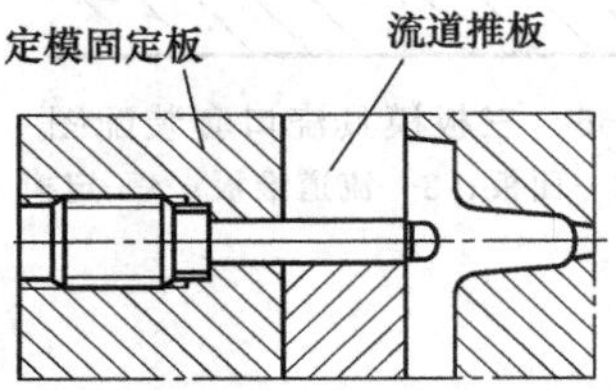

图 10-60　点浇口浇注系统分流道拉料杆

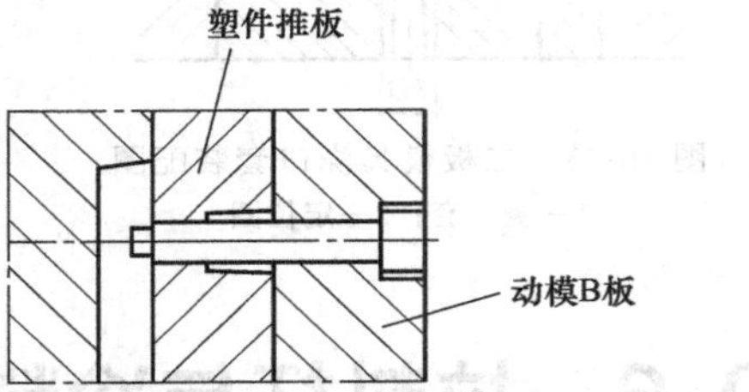

图 10-61　侧浇口浇注系统推板脱模分流道拉料杆

拉料杆在使用中应注意以下几点。

① 一套模具中若使用多个钩形拉料杆，拉料杆的钩形方向要一致。对于在脱模时无法作横向移动的塑件，应避免使用钩形拉料杆。

② 流道处的钩形拉料杆，必须预留一定的空间作为冷料穴。

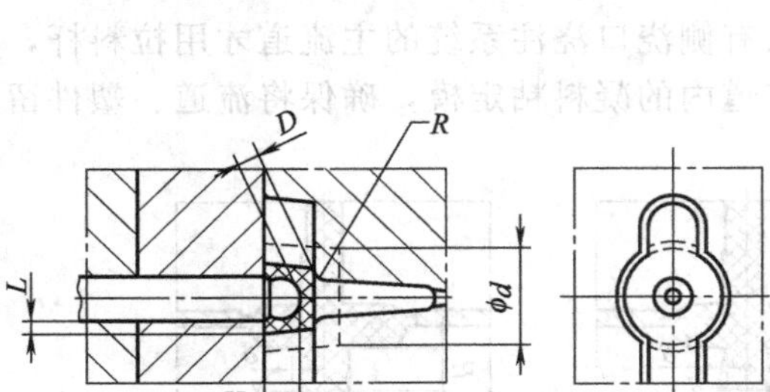

图 10-62　圆头形拉料杆尺寸

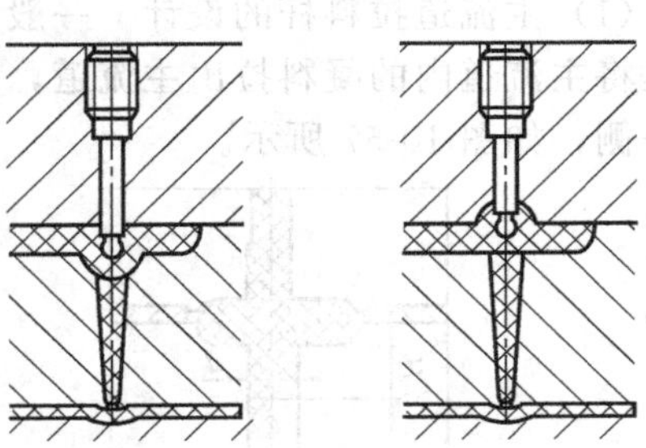
图 10-63　分流道局部加大改善熔体流动

③ 使用圆头形拉料杆时，应注意图 10-62 中所示尺寸“D”、“L”。若尺寸“D”较小，拉料杆的头部将会阻滞熔体的流动；若尺寸“L”较小，流道脱离拉料杆时易拉裂。

增大尺寸“D”的方法：一是采用直径较小的拉料杆，但拉料杆直径不宜小于 ϕ4.0mm；二是减小“H”，一般要求 H 大于 3.0mm；三是增大“R”的尺寸；四是在分流道上加胶，如图 10-63 所示。

10.6.2　冷料穴的设计

冷料穴是为了防止料流前锋产生的冷料进入型腔而设置。它一般设置在主流道和分流道的末端。

（1）冷料穴设计原则　在一般情况下，主流道冷料穴圆柱体的直径为 5～6mm，其深度为 5～6mm。对于大型塑件，冷料穴的尺寸可适当加大。对于分流道冷料穴，其长度为1～1.5 倍的流道直径。

（2）冷料穴的分类　冷料穴可以分为主流道冷料穴和分流道冷料穴。主流道冷料穴一般是纵向的，即与开模方向一致，分流道冷料穴则有纵向和横向两种。横向冷料穴下不一定有推杆，纵向冷料穴下一般有推杆（其中主流道冷料穴下的推杆又称拉料杆），但也有例外。例如，具有垂直分型面的侧向抽芯注塑模具，主流道下是一段倒锥形的冷料穴，该冷料穴下就不用设计拉料杆，开模时由冷料穴将主流道拉出，开模后主流道、冷料穴和塑件一同脱模，如图 10-64 所示。这种结构称为无拉料杆冷料穴。

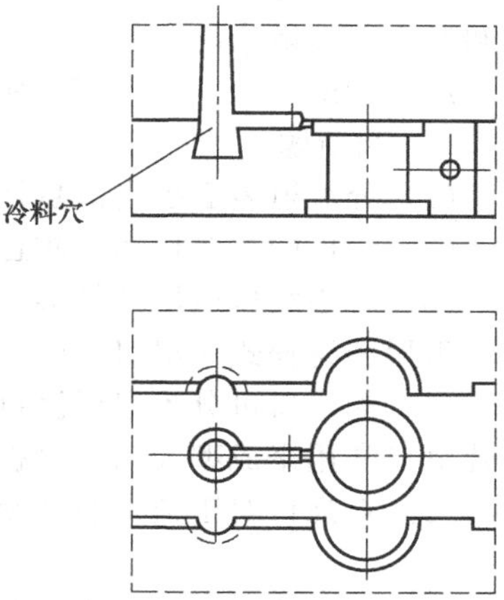

图 10-64　无推杆冷料穴

（3）冷料穴尺寸　冷料穴有关尺寸可参考图 10-65。

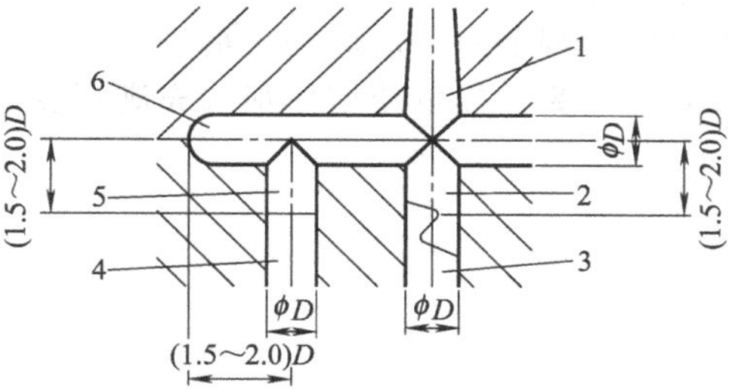

图 10-65　分流道冷料穴

1—主流道；2—主流道纵向冷料穴；3—主流道拉料杆；4—分流道冷料穴推杆；5—分流道纵向冷料穴；6—分流道横向冷料穴

复习与思考

1. 简述浇注系统的分类和基本组成。
2. 比较点浇口浇注系统和侧浇口浇注系统的异同点。
3. 在注塑模具中，主流道是一段圆锥通道，简述这段圆锥通道的锥角和小端直径如何确定。
4. 分流道常用的截面形状有哪些？如何选用？
5. 简述辅助流道的作用和设计要点。
6. 简述冷料穴的作用和设计要点。
7. 简述浇口的作用、种类及设计要点。

8. 侧浇口和点浇口各有什么优缺点？什么情况下用点浇口？

9. “主流道和分流道应尽量短，截面面积要尽量小。”如何理解这句话？

10. 简述分流道的平衡布置和非平衡布置的优缺点。

11. 选择题

(1) 采用直接浇口的单型腔模具，适用于成型______塑件，不宜用来成型____塑件。

A. 平薄易变形　　B. 壳形　　C. 箱形　　D. 盒形

(2) 直接浇口适用于各种塑料的注射成型，尤其对______有利。

A. 结晶性或易产生内应力的塑料　　B. 热敏性塑料　　C. 流动性差的塑料

(3) 护耳浇口专门用于透明度高和要求无内应力的塑件，它主要用于______等流动性差和对应力较敏感的塑件。

A. ABS　　B. 有机玻璃　　C. 尼龙　　D. 聚碳酸酯和硬聚氯乙烯

12. 判断题

(1) 分流道表面越光滑越好。(　　)

(2) 浇口的主要作用是防止熔体倒流，便于浇注系统凝料与塑件分离。(　　)

(3) 中心浇口适用圆筒形、圆环形或中心带孔的塑件成型。属于这类浇口的有盘形、环形、爪形和轮辐式等浇口。(　　)

(4) 侧浇口可分为扇形浇口和薄片浇口，扇形浇口常用来成型宽度较大的薄片状塑件，薄片浇口常用来成型大面积薄板塑件。(　　)

(5) 点浇口对于流动性差和热敏性塑料及平薄易变形和形状复杂的塑件是很有利的。(　　)

(6) 潜伏式浇口是点浇口变化而来的，浇口常设在塑件侧面的较隐蔽部位，而不影响塑件外观。(　　)

(7) 浇口的截面尺寸越小越好。(　　)

(8) 浇口的位置应使熔体的流程最短，流向变化最少。(　　)

(9) 浇口的数量越多越好，因为这样可使熔体很快充满型腔。(　　)

Chapter 11

第 11 章 热流道模具的设计

热流道模具是在传统的二板模具或三板模具的主流道与分流道内设计加热装置，在注射过程中不断加热，使流道内的塑料始终处于高温熔融状态，塑料不会冷却凝固，也不会形成流道凝料与塑件一起脱模，从而达到无流道凝料或少流道凝料的目的。它通过热流道板、热射嘴及其温度控制系统，来有效控制从注塑机的喷嘴到模具型腔之间的塑料流动，使模具在成型时能够加快生产速度，降低生产成本，制造出尺寸更大、结构更复杂、精度更高的塑件，热流道技术是注射成型技术中具有革新意义的一项技术，在塑料模具工业中扮演越来越重要的角色，普及率也越来越高。

11.1 热流道模具的分类和组成

热流道模具分为加热流道模具和绝热流道模具。绝热流道浇注系统是在流道的外层包上绝热层，防止热量散发出去，它本身并不加热。生产时，熔体从注塑机喷嘴进入绝热流道套或绝热流道板，再进入型腔。

这种系统优点是结构简单，制造成本低，但有以下缺点。

① 浇口会很快凝结，为了维持塑料熔融状态，注射周期必须很短。

② 为了达到稳定的熔体温度，需要很长的准备时间。

③ 很难取得模塑件质量的一致性，或者说无法保证模塑件质量的一致性。

④ 系统内无加热装置，因此需要较高的注射压力，时间一长就会造成内模镶件和模板的变形或弯曲。

⑤ 绝热流道使用的塑料品种受到一定的限制，仅适用于热稳定性好且固化速度慢的塑料，如 PE 及 PP。

⑥ 在中止成型时，流道部分会固化，在每次开机前，都要清理注射时流道内留下的凝料，很麻烦。

因此绝热流道模具目前很少采用，本章不做介绍。

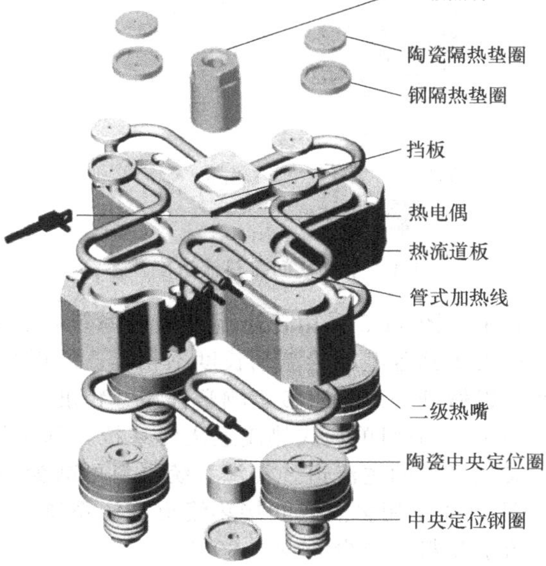

图 11-1 热流道浇注系统的组成

加热流道浇注系统是在注射过程中对

浇注系统局部或全部进行加热，使模具浇注系统内的部分或全部塑料，在生产期间始终保持熔融的状态，从而开模时只须取出塑件，不必取出流道凝料，或者只有少部分流道凝料。加热流道模具停机后，下次开机前采用加热方法，将流道凝料熔化，即可开始生产。它相当于将注塑机的喷嘴一直延长到模具内甚至直至型腔。

目前我们所说的热流道注塑模具，主要就是指加热流道注塑模具，它也是本章探讨的重点。为叙述方便，以下将加热流道注塑模具简称为热流道注塑模具。

热流道浇注系统，主要由热射嘴、热流道板、隔热元件、加热元件和温控电箱组成，加热元件主要有电加热圈、电加热棒以及热管等。

热射嘴又称热喷嘴或热唧嘴。热流道浇注系统的组成如图 11-1 所示。

热流道模架结构与二板模具大致相同，但型腔进料的方式又和三板模具相同，所以同时兼具两者的优点。

11.2 热流道系统的优缺点

假设要设计一副有 8 个型腔的注塑模具，其浇注系统可以有图 11-2、图 11-3、图 11-4 和图 11-5 四种形式。

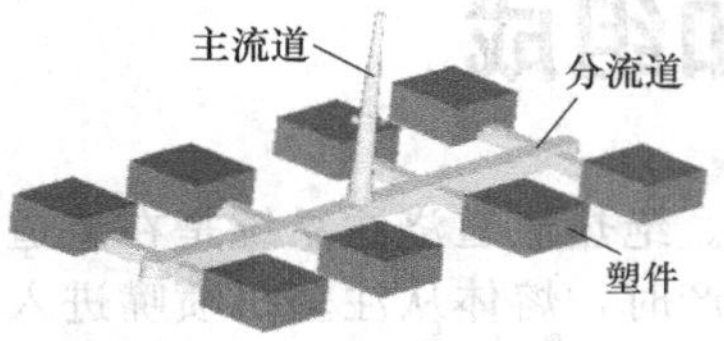

图 11-2　普通流道浇注系统

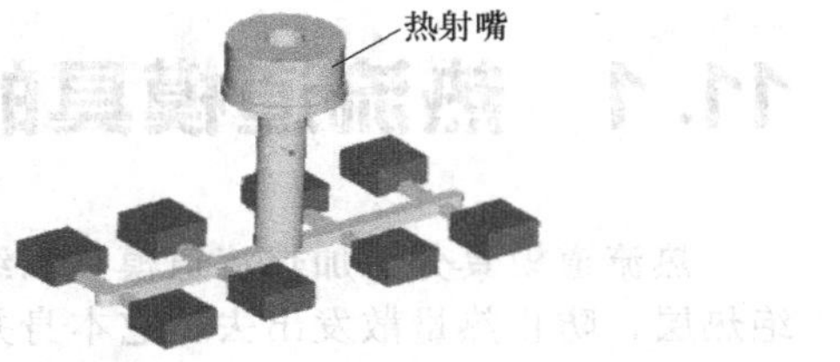

图 11-3　单点式热流道浇注系统

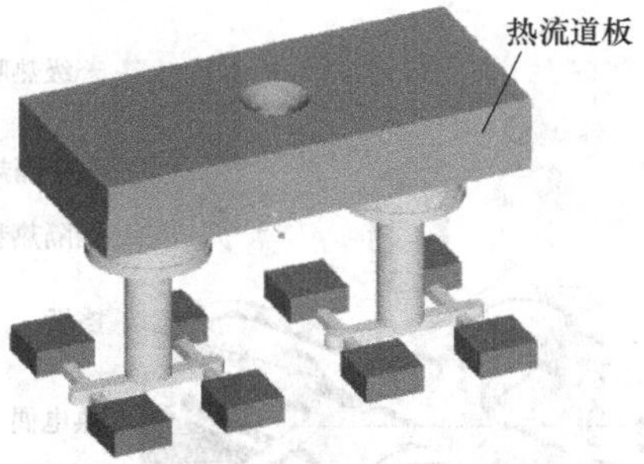

图 11-4　多点式间接热流道浇注系统

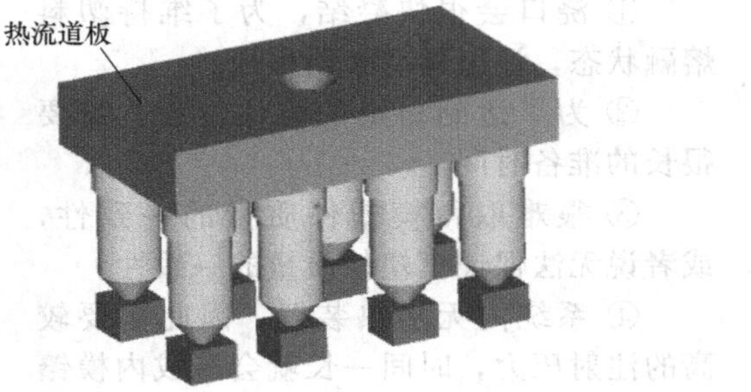

图 11-5　多点式直接热流道浇注系统

其中，图 11-2 采用普通流道浇注系统，主流道的最大长度一般为 75mm。因为熔体从注塑机喷嘴到各型腔的流动长度不相等，所以每个型腔不能达到相同的填充状态，各型腔收缩率难以做到一致，直接影响塑件尺寸精度。

图 11-3 采用单点式热流道浇注系统，即采用普通流道与热流道相结合的方法，此时没有了又粗又长的主流道。浇注系统凝料可减少 30%～50%。

图 11-4 采用多点式间接热流道浇注系统，有两个热射嘴，没有主流道，分流道也缩短了，流道凝料可减少 50%～80%。

而如果采用如图 11-5 所示的多点式直接热流道浇注系统，模具也是热流道模具，但普通浇注系统被完全取代，注射过程中无任何浇注系统凝料。

以下来分析它们的优缺点。

11.2.1 热流道系统的优点

（1）缩短了成型周期 减少了注射时间和冷却时间，提高了模具的劳动生产率。在很多情况下，冷却时间并不是取决于型腔，而是取决于流道最粗大的部分。由于最难冷却的部分被除去，冷却时间自然就减少了。

（2）减少了流道凝料，节约了注塑成本 浇注系统凝料虽然很多情况下可以回用，但回用料的物理性能会下降，如流动性变差，力学性能下降，塑件表面粗糙度变差，塑料容易发生降解，加工性能也会受到影响。通常浇注系统凝料的使用比例都有严格的控制，一般要求的浇注系统凝料使用比例应控制在30%之内，透明塑件生产时应控制在20%之内，而对那些精度或强度要求高的塑件，则不得使用回用料。

（3）减轻了模具的排气负担 流道长度大幅度缩短后，减轻了模具浇注系统的排气负担。

（4）减小了熔体的能量损失，提高了成型质量 流道长度缩短了，就会减少熔体在流道内的热量损失，有利于提高注射成型质量。

（5）易于实现自动化生产 不会因流道凝料可能粘定模，而影响自动化生产。

（6）模具动作简化，使用寿命提高 可以用二板模具结构，而得到比三板模具更好的成型质量。由于不用推出浇注系统凝料，缩短了模具推出距离和开模行程，提高了注塑设备对大型塑件的适应能力，可以延长模具的使用寿命。因无主流道凝料，可缩短开模行程，可以选择较小的注塑机。

而如果采用多点式直接热流道浇注系统（图11-5），即一个热嘴对应一个型腔，这在技术上是最理想的方式。它还有以下优点。

（1）保证最佳成型质量 每个型腔可以通过控制不同热射嘴的温度，来准确地控制每一个型腔的填充。使每个型腔都能够在最佳的注射工艺下成型，从而得到最佳成型质量。使用热流道系统，在型腔中温度及压力均匀、塑件应力小、密度均匀、较小的注射压力、较短的成型时间的条件下，注塑出比一般的注塑系统更好的产品质量。对于透明件、薄件、大型塑件或高要求塑件更能显示其优势，而且能用较小机型生产出较大塑件。熔融塑料在流道里的压力损耗小，易于充满型腔及补缩，可避免产生塑件凹陷、缩孔和变形等缺陷。

（2）生产过程高质高效 完全没有普通流道，就不必考虑流道的冷却固化时间，所以模具的冷却时间短。对大型塑件、壁厚薄的塑件、流道特别粗或长的模具，其效果更好。完全没有普通流道，没有流道凝料下落及取出所需时间，还省去剪除浇口、修整产品及粉碎流道凝料等工序，使整个成型过程完全自动化，节约人力、物力，大大提高了劳动生产效率。

（3）使能量损耗减到最小 热流道温度与注塑机喷嘴温度相等，避免了原料在流道内的表面冷凝现象。另外，由于熔体无须经过主流道和分流道，故熔体的温度和压力等注射能量损耗小。与普通流道方式相比，可以在低压力、低模温下进行生产。

（4）自动化生产安全无忧 没有普通流道，完全无流道粘定模的后顾之忧，可以实现全自动化生产。

（5）热射嘴使用寿命高、互换性好 热射嘴采用标准化、系列化设计，配有各种可供选择的喷嘴头，互换性好。独特设计加工的电加热圈，可达到加热温度均匀，使用寿命长。热流道系统配备热流道板、温控器等，设计精巧，种类多样，使用方便，质量稳定可靠。

11.2.2 热流道系统的缺点

热流道模具在节约材料、缩短成型周期、改善成型质量、实现成型自动化等方面效果显著，但热流道模具配件结构较复杂，温度控制要求严格，需要精密的温控系统，制造成本高，不适合小批量生产。归纳起来有以下缺点。

(1) 整体模具闭合高度加大　因加装热流道板等，模具整体高度有所增加。

(2) 热辐射难以控制　热流道最大的问题就是热射嘴和热流道板的热量损耗，是一个需要解决的重大课题。

(3) 存在热膨胀　热胀冷缩是我们设计时必须考虑的问题，尤其是热射嘴与镶件的配合尺寸公差，必须考虑热胀冷缩的影响。

(4) 模具制造成本增加　热流道系统标准件价格较高，这种模具适用于生产附加值高或批量大的塑件。这是影响热流道模具普及的主要原因。

(5) 更换塑料颜色或更换塑料品种需要较长时间　尤其是黑白颜色的塑料互换或收缩率悬殊的塑料互换时，必须用后面的塑料将前面的塑料完全清洗干净，过程需要很长的时间，所以不适合需要时常更换塑料颜色或塑料品种的模具。

(6) 热流道内的塑料易变质　热射嘴中滞留的熔融塑料，有降解、劣化、变色等危险。

(7) 型腔排位受到限制　由于热流道板已标准化，热流道模具的浇口设计没有普通流道方式那样大的自由度。

(8) 技术要求高　对于多型腔模具，采用多点式直接热流道成型时，技术难度很高。这些技术包括流道切断时拉丝、流道堵塞、流延、热片间平衡等问题，需要对这些问题进行综合考虑来选定热流道的类型。

(9) 对塑料要求较高　使用热流道模具注射的塑料熔体必须做到以下几点。

① 黏度随温度改变时变化较小，在较低的温度下具有较好的流动性，在较高的温度下具有优良的稳定性。

② 对压力较敏感。施以较低的压力熔体即可流动，而注射压力一旦消失熔体应立即停止流动。

③ 对温度不敏感。热变形温度高，成型塑件在较高的温度下可快速固化，以缩短成型周期。

④ 比热容小，易熔化，又易冷却。

⑤ 导热性好，以便在模具中很快冷却。

适合用热流道的塑料有 PE、ABS、POM、PC、HIPS、PS、PP 等。

(10) 模具的设计和维护较复杂　需要有高水平的模具设计和专业维修人员，否则模具在生产中易产生各种故障。

11.2.3　热流道模具与三板模具结构的比较

热流道模具使用的模架与一般形式的二板模具相同，因此动作简单，只需选用合理的板厚即可。当热流道模具需要设计热流道板时，定模 A 板与面板之间需增加支撑板，并需预留足够的空间以保证热流道板的安装要求，如图 11-7 所示。

相对而言，三板模具结构较复杂，在生产过程中，模具有三个面要打开，需要设计定距分型机构，见第 6 章。

热流道模具与三板模具结构比较见表 11-1。

表 11-1　热流道模具与三板模具结构比较

项目	热流道模具	三板模具
流道凝料	无(或少)	多
应力	低	高
保压	可	无
注射时间	短	长

续表

项目	热流道模具	三板模具
冷却时间	短	长
流道平衡	容易	不易
多点式进料	容易	容易
温度控制	容易	不易
熔接痕	可以控制	无法控制
质量稳定性	容易控制	不易控制
熔体压力损失	小	大
熔体温度损失	小	大
补缩效果	好	较差
模具寿命	长	短
模具价格	较高	较低

通过表 11-1 的分析可知，如果从提高劳动生产率、成型质量、重视环保及节省人力资源的角度去看，三板模具不论在经济上还是技术上，都越来越没有竞争力。如果热流道浇注系统再搭配模流分析，将使得塑件生产能有效地提高效率及改善质量，在产品设计初期如果充分利用模流分析，将有助于切入问题的核心，缩短产品的开发周期，避免因不必要的错误而造成更多资源的浪费。

11.3 热流道模具的基本形式

我们常见的热流道系统有单点式热流道和多点式热流道两种形式。

11.3.1 单点式热流道模具

单点式热流道是用单一热射嘴，直接把熔融塑料注入型腔，或熔体由热射嘴先进入普通流道，再进入型腔。其基本结构如图 11-6 所示。单点式热流道模具中没有热流道板，它适用单一型腔单一流道的注塑模具，或者主流道特别长的定模推出模、定模机动螺纹脱模和定模有斜推杆的模具。

11.3.2 多点式热流道模具

多点式热流道是通过热流道板把熔融塑料分流到各热射嘴中，再注入型腔或普通流道，

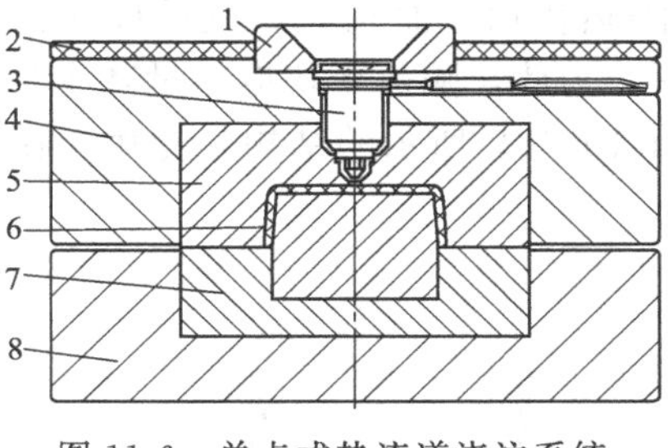

图 11-6 单点式热流道浇注系统

1—定位圈；2—隔热板；3—热射嘴；4—定模 A 板；5—凹模；6—塑件；7—凸模；8—动模 B 板

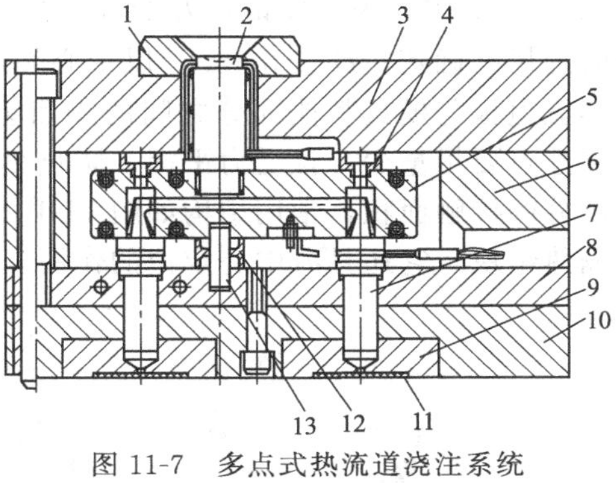

图 11-7 多点式热流道浇注系统

1—定位圈；2—一级热射嘴；3—面板；4—隔热垫片；5—热流道板；6—撑板；7—二级热射嘴；8—垫板；9—凹模；10—定模 A 板；11—塑件；12—中心隔热垫片；13—中心定位销

它适用于单腔多点进料或多腔注塑模具，其基本结构如图 11-7 所示。这种模具由一级热射嘴、热流道板、二级热射嘴等组成。

11.4 热流道浇注系统的设计要点

11.4.1 热流道浇注系统的隔热结构设计

热射嘴、热流道板应与模具面板、定模 A 板等其他部分有较好的隔热，隔热方式可视情况选用空气隔热和绝热材料隔热，亦可两者兼用。

隔热介质可用陶瓷、石棉板、空气等。除定位、支撑、型腔密封等需要接触的部位外，热射嘴的隔热空气间隙 D 厚度通常在 3mm 左右；热流道板的隔热空气间隙 D_4 厚度应不小于 8mm，如图 11-8、图 11-9 所示。

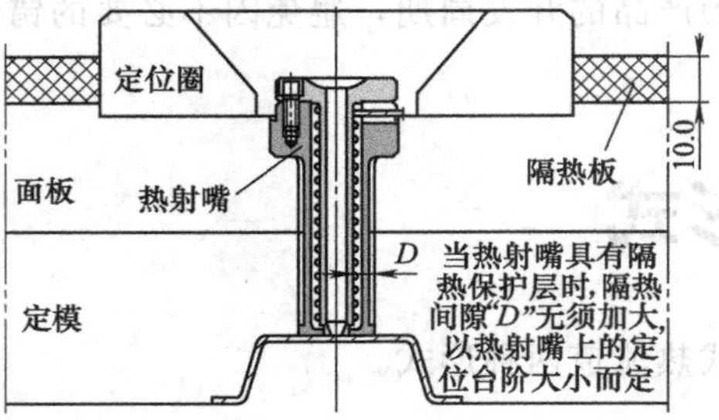

图 11-8 单点式热流道模具隔热结构

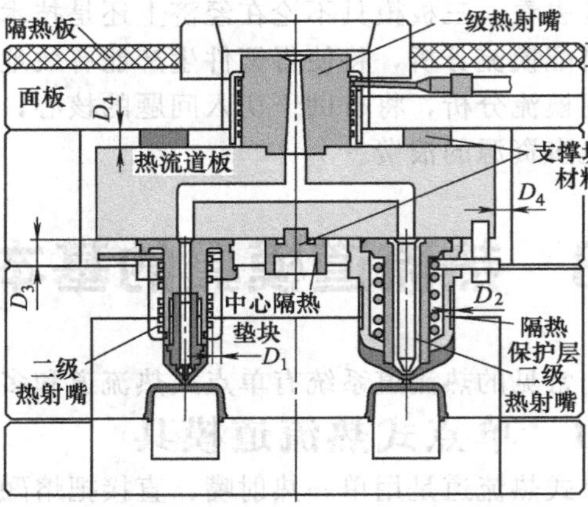

图 11-9 多点式热流道模具隔热结构

热流道板与模具面板、定模 A 板之间的支撑采用具有隔热性质的隔热垫块，隔热垫块由热导率较低的材料制作。

热射嘴、热流道板模具的面板上一般应垫以 6～10mm 的石棉板或电木板作为隔热之用。隔热板的厚度一般取 10mm。

在图 11-9 中，为了保证良好的隔热效果，应满足下列要求：$D_1 \geqslant 3$mm；D_2 根据热射嘴台阶的尺寸确定；$D_3 \geqslant 8$mm，以中心隔热垫块的厚度而定；$D_4 \geqslant 8$mm。

热流道板与模具其他部分之间的隔热垫块不仅起隔热作用，而且对热流道板起支撑作用，支撑点要尽量少，且受力平衡，防止热流道板变形。为此，隔热垫块应尽量减少与模具其他部分的接触面积，常用结构如图 11-10 所示。图 11-10（c）所示的结构是专用于模具中心的隔热垫块，它还具有中心定位的作用。

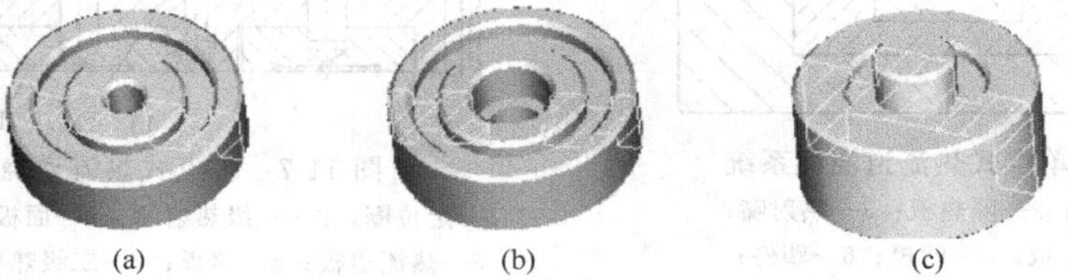

(a) (b) (c)

图 11-10 隔热垫块的结构

隔热垫块使用热导率低的材料制作，常用的有钢和陶瓷两种。隔热钢常用不锈钢、高铬钢等，形状如图 11-10 所示。隔热陶瓷形状如图 11-11 所示，传热量是钢的 7%，承受力为 2100MPa，可承受温度 1400℃。

图 11-11　陶瓷隔热垫块

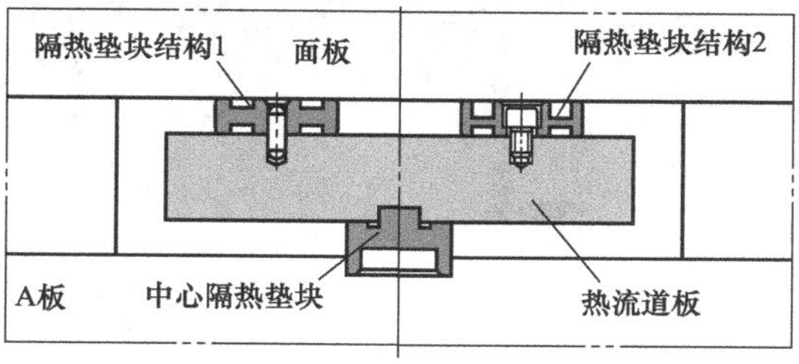

图 11-12　隔热垫块装配图

不同供应商提供的隔热垫块的具体结构可能有差异，但其基本装配关系相同，如图 11-12 所示。隔热垫块的尺寸图可向供应商索取。

11.4.2　热射嘴设计

11.4.2.1　热射嘴的装配

图 11-13 是单点式热射嘴实物装配图，图 11-14 是单点式热射嘴平面装配图。热射嘴装配时径向只有 ϕD_1 和 ϕD_3 两处与模具配合，配合公差为 H7/h6，其他地方避空，以减少热量传给模具。图中 H 因热射嘴型号不同而不同，可查阅有关说明书。

图 11-15 为多点式热射嘴实物装配图，图 11-16 是多点式热射嘴平面装配图，它比单点式热射嘴多一块热流道板。热射嘴装配方法与单点式热流道相同，热流道板上下要加隔热垫块 2 和 7，以及定位销 12。其中增加撑板 6 是方便装拆。

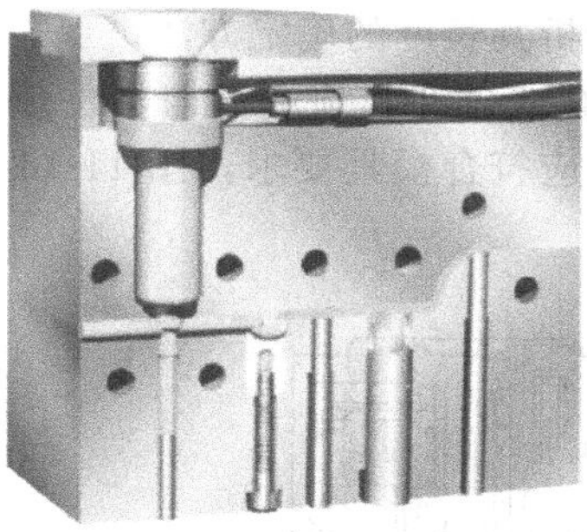

图 11-13　单点式热射嘴实物装配图

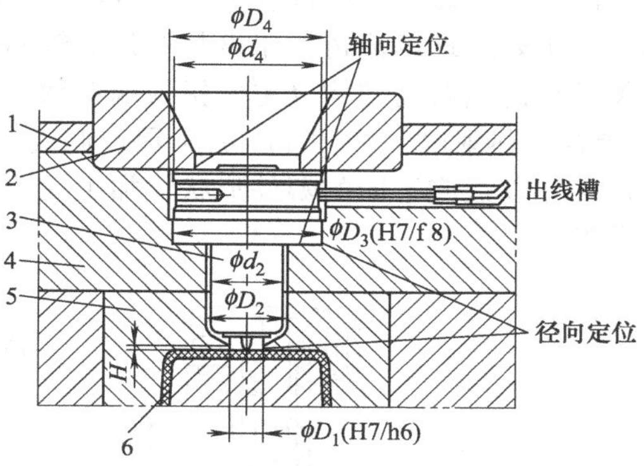

图 11-14　单点式热射嘴平面装配图

1—隔热板；2—定位圈；3—热射嘴；4—凹模；5—A 板；6—塑件

11.4.2.2　热射嘴的选用

使用于热流道模具中的一级热射嘴、二级热射嘴，虽然其结构形式略有不同，但其作用及选用方法相同，为了叙述方便，将一级热射嘴、二级热射嘴统称为热射嘴。

由于热射嘴的结构及制造较为复杂，模具设计、制作时通常选用专业供应商提供的不同规格的系列产品。各个供应商具有各不相同的系列标准，其热射嘴结构、规格标识均不相同。因此，在选用热射嘴时一定要明确供应商的规格型号，然后根据下面三个方面确定合适的规格。

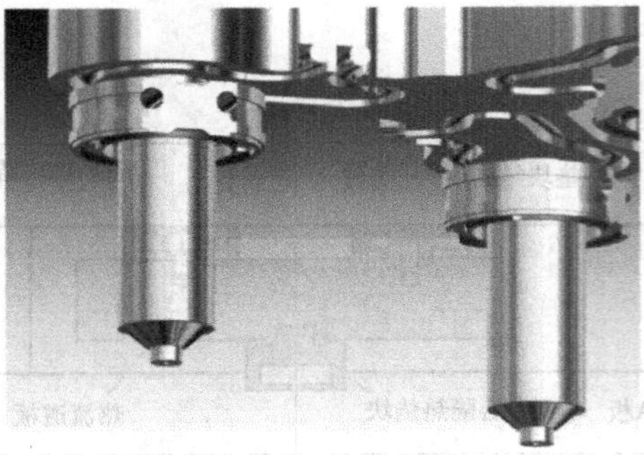

图 11-15　多点式热射嘴实物装配图

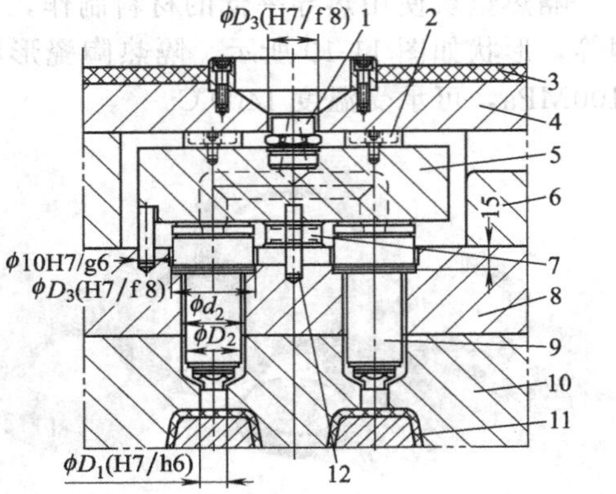

图 11-16　多点式热射嘴平面装配图

1——一级热射嘴；2—隔热垫板；3—隔热板；4—面板；5—热流道板；6—支撑板；7—中心隔热垫板；8—A 板；9—二级热射嘴；10—凹模；11—塑件；12—定位销

(1) 热射嘴的注射量　不同规格的热射嘴具有不同的最大注射量，这就务必要求模具设计者根据所要成型的塑件大小、所需流道大小、塑料种类选择合适的规格，并取一定的保险系数。保险系数一般取 1.25 左右，即若模具所需塑料为 W 时，热射嘴最大注射量应取 1.25W。

(2) 塑件允许的流道形式　塑件是否允许热射嘴顶端参与成型、热射嘴顶端结构形状等都会影响其规格选择，流道形式将影响热射嘴的长度选择，详见下述热射嘴长度确定。

(3) 流道与热射嘴轴向固定位的距离　热射嘴轴向固定位是指模具上安装、限制热射嘴轴向移动的平面。此平面的位置直接影响热射嘴的长度尺寸。

为了能更好地理解流道、流道与热射嘴轴向固定位的距离对热射嘴长度尺寸的影响，下面以几类常见的热射嘴结构（主要指顶端形状）为例来分析其长度的确定方法。

① 圆柱式热射嘴　如图 11-17 所示，此类结构的热射嘴允许其顶端参与塑件成型，顶端允许加工，以适应不同的塑件形状。加工后流道的大小应符合模具要求，图 11-18 为可加工的几种形式。

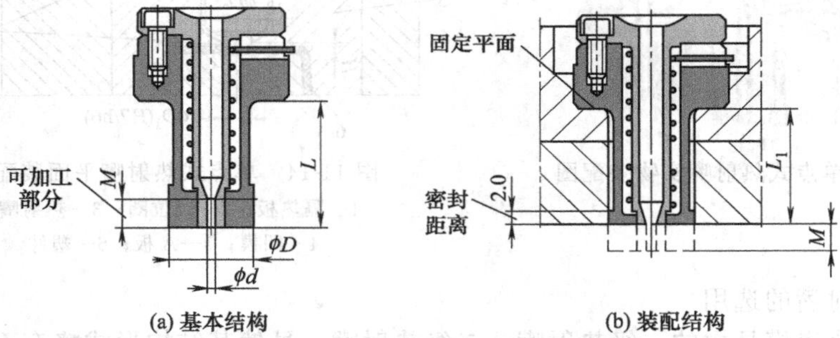

图 11-17　圆柱式热射嘴结构

热射嘴长度　　　　$L=L_1-Z$

式中，Z 为热膨胀量。

热膨胀量　　$Z=L\times13.2\times10^{-6}\times$[热射嘴(热流道板)温度－室温]

② 针点式热射嘴　如图 11-19 所示，这是较常用的结构形式，它既可满足塑件的表面

要求，又可防止进料口处产生拉丝。

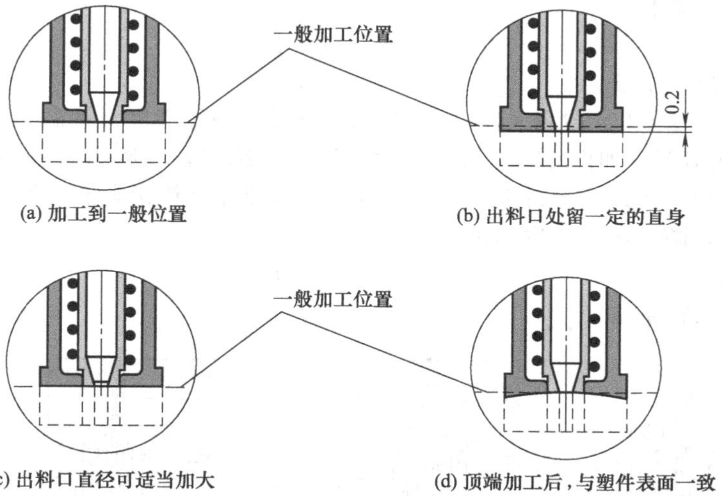

图 11-18　圆柱式热射嘴端面加工形式

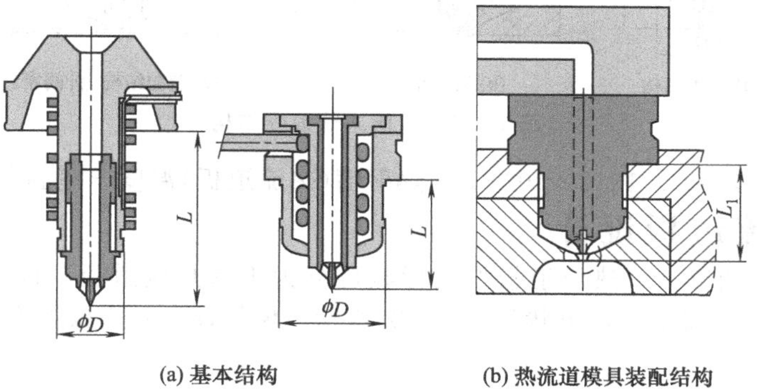

图 11-19　针点式热射嘴结构

热射嘴长度“L”因流道结构不同，计算方法也不同，结构如图 11-19 所示。

射嘴“A”：　$L=L_1-Z$

射嘴“B”：　$L=L_1-Z-0.2\text{mm}$

射嘴“C”：　$L=L_1-Z-J-0.2\text{mm}$

式中，Z 为热膨胀量。

热膨胀量　$Z=L\times13.2\times10^{-6}\times$[热射嘴(热流道板)温度－室温]

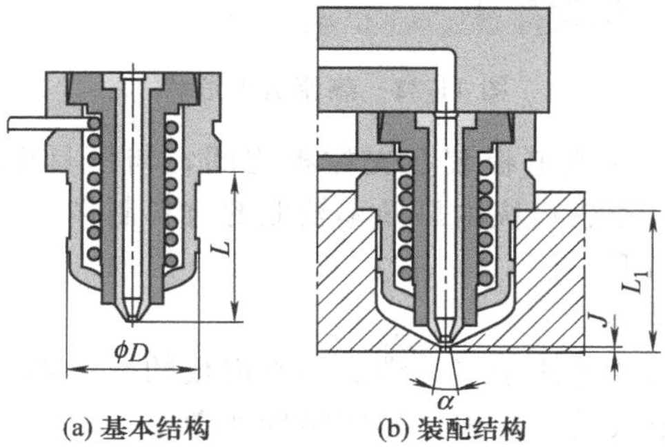

图 11-20　圆锥式热射嘴结构

③ 圆锥式热射嘴　如图 11-20 所示，应用于对流道位质量要求不高的塑件，因为流道处会有一小点残余塑料。

热射嘴长度　　$L=L_1-Z-J$

式中，Z 为热膨胀量。

热膨胀量　　$Z=L\times 13.2\times 10^{-6}\times$[热射嘴(热流道板)温度－室温]

④ 针阀式热射嘴　如图 11-21 所示，此为针阀式结构，针阀由另外的机构控制，针阀一般穿过热流道板，所以热流道板上的过孔位置应合理计算热膨胀量。此类结构主要应用于流动性好的塑料，防止流道产生流延。

热射嘴长度　　$L=L_1-Z-J$

式中，Z 为热膨胀量。

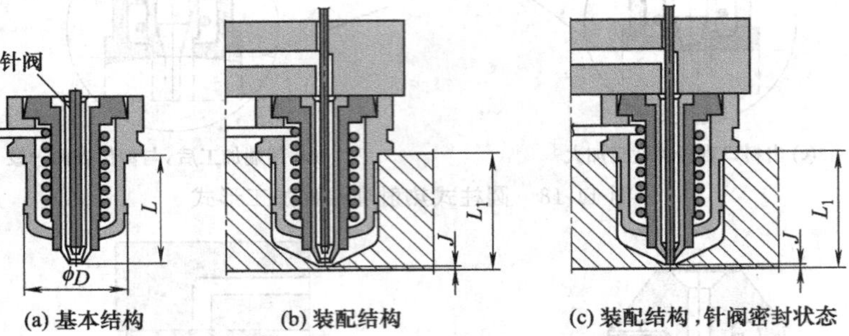

图 11-21　针阀式热射嘴结构

热膨胀量　　$Z=L\times 13.2\times 10^{-6}\times$[热射嘴(热流道板)温度－室温]

11.4.3　热流道板设计

(1) 热流道板的分类　热流道板按其形状可分为 I 形热流道板、H 形热流道板、X 形热流道板和 X-X 形热流道板，形状如图 11-22 所示。模具设计时应根据型腔数量和排位情况选用。

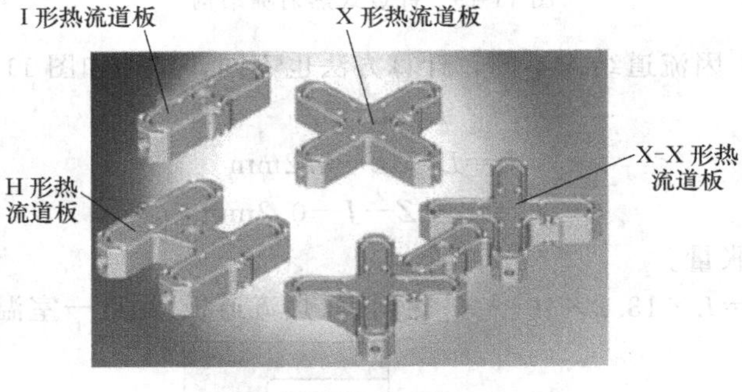

图 11-22　热流道板形状

(2) 热流道板的装配　热流道板装在支撑板之间，与模具面板、A 板之间的支撑采用具有隔热性质的隔热垫块，隔热垫块由热导率较低的材料制作。

热流道板设计的要点如下。

① 热流道板必须定位可靠。

为防止热流道板的转动及整体偏移，满足热流道板的受热膨胀，通常采用中心定位和槽型定位的联合方式对热流道板进行定位。具体结构如图 11-23 所示。

受热膨胀的影响，起定位作用的长形槽的中心线必须通过热流道板的中心，如图 11-24 所示。

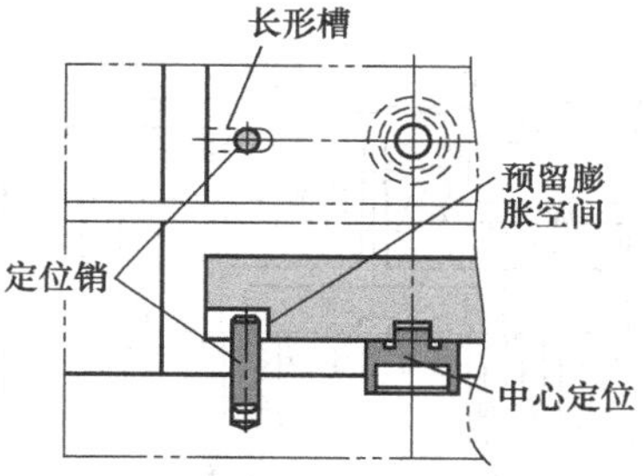

图 11-23　热流道板的定位

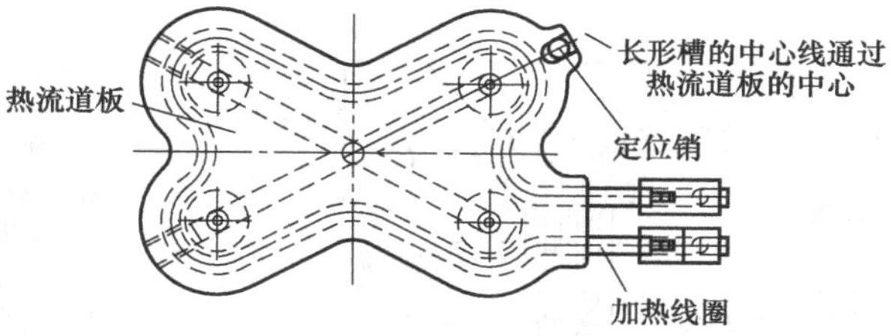

图 11-24　长形槽中心必须经过热流道板中心

② 热流道板和热流道套要选用热稳定性好、膨胀系数小的材料。

③ 合理选用加热组件，热流道板加热功率要足够。

④ 在需要部位配备温度控制系统。以便根据工艺要求，监测与调节工作状况，保证热流道板工作在理想状态。

⑤ 装拆方便。热流道模具除了热流道板，还有热射嘴、热组件和温控装置，模具结构复杂，因此发生故障的概率也相应增大，设计时要考虑装拆和检修方便。图 11-16 中将件 6 和件 8 做成两件就是为了防止装拆时损坏加热线圈。

11.5　热流道模具结构分析

11.5.1　单点式热流道模具结构实例

（1）点浇口形式进料的热射嘴模具结构　此结构仅适用于单腔模具，且受流道位置的限制，如图 11-25 所示。

（2）热射嘴端面参与成型的热射嘴模具结构　适用于单腔模具，塑件表面有热射嘴痕迹。热射嘴端面可加工，如图 11-26 所示。

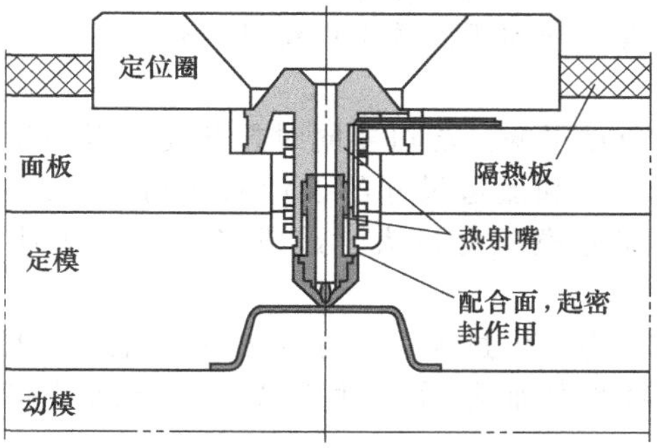

图 11-25　点浇口形式进料的热射嘴模具结构

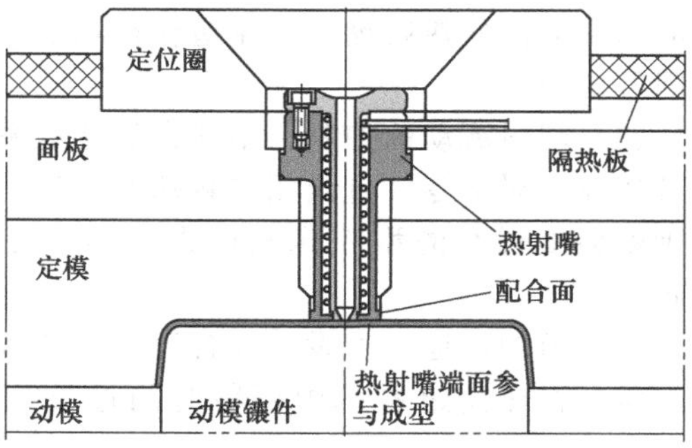

图 11-26　热射嘴端面参与成型的热射嘴模具结构

（3）具有少许常规流道形式的热射嘴模具结构　这种结构的模具可同时成型多个塑件，缺点是会产生部分流道冷料，如图 11-27 所示。

11.5.2　多点式热流道模具结构实例

（1）二级热射嘴端部参与成型的热流道模具结构　多点式热射嘴平面装配图如图 11-16 所示。

（2）二级热射嘴针点式进料的热流道模具结构　二级热射嘴针点式进料的热流道模具结

构如图 11-28 所示。

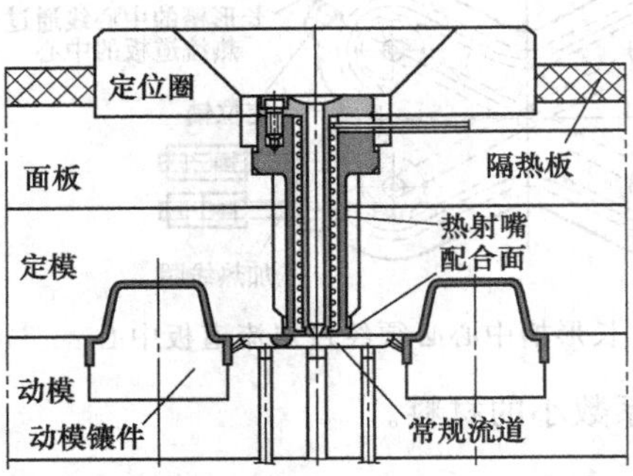

图 11-27　具有少许常规流道形式的热射嘴模具结构

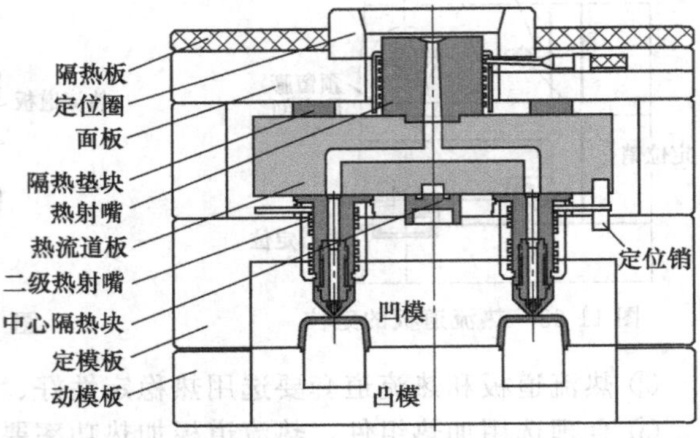

图 11-28　二级热射嘴针点式进料的热流道模具结构

另外，根据二级热射嘴的结构及进料方式可产生多种不同的模具结构，但其基本要求相同。

11.5.3　热流道模具设计中的关键技术

(1) 注射量　应根据塑件体积大小及不同的塑料选用适合的热射嘴。供应商一般会给出每种热射嘴相对于不同流动性塑料时的最大注射量。因为塑料不同，其流动性就不尽相同。另外，应注意热射嘴的喷射口大小，它不仅影响注射量，还会产生其他影响。如果喷射口太小，会延长成型周期；如果喷射口太大，喷射口不易封闭，易于流延或拉丝。

(2) 温度控制　热射嘴和热流道板的温度控制极为重要，它直接关系到模具能否正常运转。许多生产过程中出现的加工及塑件质量问题直接来源于热流道系统温度控制得不好，例如，使用针点式浇口方法注射成型时产品浇口质量差问题，针阀式浇口方法成型时针阀关闭困难问题，多型腔模具中的零件填充时间及质量不一致问题等。如果可能的话，应尽量选择具备多区域分别控温的热流道系统，以增加使用的灵活性及应变能力。不论采用内加热还是外加热方式，热射嘴、热流道板中温度应保持均匀，防止出现局部过冷、过热。另外，加热器的功率应能使热射嘴、热流道板在 0.5～1h 内从常温升到所需的工作温度，热射嘴的升温时间可更短。

(3) 塑料流动的控制　塑料在热流道系统中要流动平衡。浇口要同时打开使塑料同步填充各型腔。对于零件重量相差悬殊的模具，要通过浇口和流道尺寸的设计来达到平衡进料。否则就会出现有的型腔充模压力不够，有的型腔却充模压力过大，造成飞边过大等质量问题。

热流道的流道尺寸设计要合理，尺寸太小充模压力损失过大；尺寸太大则热流道体积过大，塑料在热流道系统中停留时间过长，损坏材料性能而导致零件成型后不能满足使用要求。

(4) 热膨胀　由于热射嘴、热流道板受热膨胀，所以模具设计时应预算膨胀量，修正设计尺寸，使膨胀后的热射嘴、热流道符合设计要求。另外，模具中应预留一定的间隙，不应存在限制膨胀的结构。如图 11-29、图 11-30 所示，热射嘴主要考虑轴向热膨胀量，径向热膨胀量通过配合部位的间隙来补正；热流道板主要考虑长、宽方向，厚度方向由隔热垫块与模板之间的间隙调节。

热膨胀量按下式计算：

$$D=D_1+\text{膨胀量}\quad \text{膨胀量}=D_1TZ$$

式中　D——受热膨胀后的尺寸，此尺寸应满足模具的工作要求，mm；

D_1——非受热状态时的设计尺寸，mm；

T——热射嘴（热流道板）温度－室温，℃；

Z——线膨胀系数，$℃^{-1}$，一般中碳钢 $Z=11.2\times10^{-6}℃^{-1}$，H13 类钢 $Z=13.2\times10^{-6}℃^{-1}$。

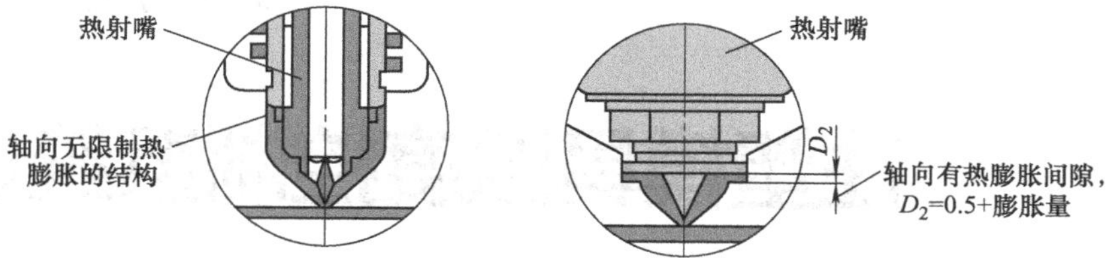

图 11-29　热射嘴的轴向热膨胀量间隙

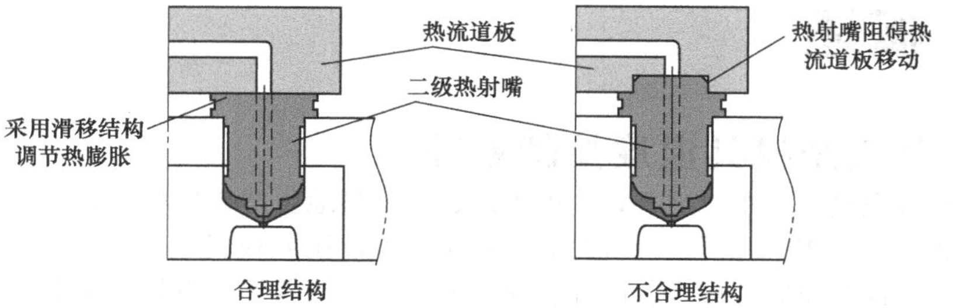

图 11-30　采用滑移结构调节热膨胀

复习与思考

1. 热流道与普通流道相比，有哪些优点？为什么说它是模具浇注系统技术未来发展的方向？但它的哪些缺点目前又影响它的普及？

2. 与三板模具（普通流道的点浇口系统）相比，热流道模具有哪些明显优点？

3. 热流道模具难以解决的技术问题之一是热辐射问题。请问热流道模具是如何减少热射嘴和热流道板向其他零件进行热传递的？

4. 热射嘴有哪些形式？它在模具装配中是如何定位的？

5. 什么情况下要用热流道板？热流道板的形式有哪些？热流道板在模具装配中是如何定位的？

6. 采用热流道模具生产，对所用塑料有何要求？

7. 热流道注塑模具为何要进行隔热？热射嘴和热流道板各采用哪些隔热方式？

8. 热流道系统的加热方式有哪些？热流道系统常用的加热元件有哪些？

Chapter 12

第12章 注塑模具温度控制系统设计

12.1 概述

12.1.1 什么是模具温度控制系统

注塑模具首先是一种生产工具，它能重复、大批量地生产结构相同、尺寸精度相同的塑件；其次它还是一个热交换器，在注射成型过程中，注入模具型腔中的熔体温度一般为200～300℃，熔体在模腔中成型、冷却、固化成塑件，当塑件从模具中取出时，温度一般为60～80℃，熔体释放出的热量都传递给了模具。为保证正常生产，模具必须将这部分热量及时传递出去，使模具的温度始终控制在合理的范围内。

模具中将熔体的热量源源不断地传递出去，或者将模具加热到模具正常的注射温度，将模具温度控制在合理范围内的那部分结构就称为温度控制系统。

模具的温度控制系统包括对模具的冷却系统和模具的加热系统。但如上所述，对于大多数注塑模具来说都需要冷却，这也是本章学习的重点。

注塑模具需要加热的场合主要有：对于黏度高、流动性差的塑料，如PC、硬PVC、PPO、PSF等，提高模温可以较好地改善其流动性，其模温应控制在80～120℃。对于这些模具，如果表面散热快，仅靠熔体的热量不足以维持模具高温度的要求，因此模具还需要设置加热系统，以便在注射之前或注射时对模具进行加热，以保证模具正常的生产。

有的模具既要加热，又要冷却。第一种情况是在寒冷地区或是大型模具，模具生产前必须进行预热，当模具的温度达到塑料的成型工艺要求时，即可关闭加热系统，如果在注射一段时间后，模具的温度高于塑料的成型工艺要求时，再打开模具的冷却系统，将模具的温度控制在合理的范围内。第二种情况是塑件较大，且壁厚不均匀，则在壁厚尺寸较大处要冷却，在过窄的型腔处要加热，以改善熔体填充。

对于小型薄壁塑件，且成型工艺要求模温不太高时，可以不设置加热装置，也不设置冷却装置，模具靠自然冷却。

12.1.2 注塑模具温度控制的重要性

模具温度是指和成型塑件接触的模具型腔表面温度，它直接影响熔体的流动、塑件的冷却和塑件的质量。模具的劳动生产率取决于模具热交换的速度，模具热交换的速度又取决于模具温度、熔体的温度、塑件脱模温度及塑料的热焓。

对高精度及长寿命的模具，温度控制系统的设计非常严格，有时还必须设计专门的温度调节器，严格控制模具各部分的温度。这类注塑模具的温度控制系统是模具设计的难点之一。

(1) 不同的塑料对模具温度要求不同　对 PE、PP、HIPS、ABS 等流动性好的塑料，降低模温可减小应力开裂，模温应控制在 60℃左右。

对 PC、硬 PVC、PPO、PSF 等流动性较差的塑料，提高模温有利于减小塑件的内应力，模温应控制在 80～120℃。

另外，结晶性塑料（如 PE、PP、POM、PA、PET 等）和非结晶性塑料（如 PS、HIPS、PVC、PMMA、PC、ABS、聚砜等）的冷却过程不同。对于结晶性塑料，冷却经过塑料的结晶区时，热量释放，但塑料的温度保持不变，只有过了结晶区，塑料才能进一步冷却，因此结晶性塑料冷却时需要带走的热量比非结晶性塑料要多。

表 12-1 为塑件表面质量无特殊要求（即一般光面）时常用的料筒温度、模具温度，模具温度是指型芯和型腔表面的温度。

表 12-1　常用塑料的料筒温度和模具温度

塑料名称	ABS	AS	HIPS	PC	PE	PP
料筒温度/℃	210～230	210～230	200～210	280～310	200～210	200～210
模具温度/℃	40～90	45～75	40～60	80～120	50～95	40～80
塑料名称	PVC	POM	PMMA	PA6	PS	TPU
料筒温度/℃	160～180	180～200	190～230	200～210	200～210	210～220
模具温度/℃	30～45	80～100	40～70	40～90	40～60	50～70

(2) 模具温度直接影响塑件的外观和尺寸精度　模具温度过高，成型收缩不均匀，脱模后塑件变形大，还容易造成溢料和粘模。

模具温度过低，则熔体流动性差，塑件轮廓不清晰，表面会产生明显的银丝或流纹等缺陷。

当模具温度不均匀时，成型塑件在模具型腔内固化后的温度也不均匀，从而导致塑件收缩不均匀，产生内应力，最终造成塑件脱模后变形、开裂、塑件翘曲变形。因此塑件的各部分冷却必须均衡。

模具温度的波动对塑件的收缩率、尺寸稳定性、变形、应力开裂、表面质量等都有很大的影响。

(3) 模具温度对成型周期的影响很大　在整个成型周期中，冷却时间约占 80%。其余时间中，熔体填充时间占 5%左右，脱模及模具的开合时间占 15%左右。因此对于生产率要求较高的模具，减少冷却时间是绝对必要的，是缩短生产周期的最佳途径。

12.1.3　模具温度控制系统设计原则

(1) 模温均衡原则

① 由于塑件和模具结构的复杂性，我们很难使模具各处的温度完全一致，但应努力使模具温度尽量均衡，不能有局部过热、过冷现象。

② 模具中温度较高的地方有浇口套附近，浇口附近、塑件厚壁附近，这些地方要加强冷却。

③ 要控制进出口处冷却水的温差，精密注射成型时，温差≤2℃，一般情况时，温差≤5℃。冷却水路总长（串联长度）不可过长，最好小于 1.5m，而且死水区的长度要尽可能短。

④ 对于三板模具中的脱料板，必须设计冷却水道，这样可以在生产过程中稳定模温，缩短成型周期。

(2) 区别对待原则

① 模具温度应根据所使用塑料的不同而不同，当塑料要求模具成型温度≥80℃时，必

须对模具进行加热。

② 模具在冷却过程中，由于热胀冷缩现象，塑件在固态收缩时对定模型腔会有轻微的脱离，而对动模型芯的包紧力却越来越大，塑件在脱模之前主要的热量都传给了动模型芯，因此动模型芯必须重点冷却。

③ 蚀纹的型腔、表面留火花纹的型腔，其定模温度应比一般抛光面要求的定模温度高。当定模须通热水或热油时，一般温差在40℃左右。

④ 对于有密集网孔的塑件，如喇叭面罩，网孔区域料流阻力比较大，比较难填充。提高该区域的模温可以改善填充条件。要求网孔区域的冷却水路与其他区域的冷却水路分开，可以灵活地调整模具温度。

⑤ 模具温度还取决于塑件的表面质量、模具的结构，在设计温控系统时应具有针对性。从塑件的壁厚角度考虑，厚壁要加强冷却，防止后收缩变形；从塑件的复杂程度考虑，型腔高低起伏较大处应加强冷却；浇口附件的热量大，应加强冷却；冷却水路应尽可能避免经过熔接痕产生的位置、壁薄的位置，以防止缺陷加重。

（3）方便加工原则

① 冷却水道的截面面积不可大幅度变化，切忌忽大忽小。

② 直通式水道长度不可太长，应考虑标准钻头的长度是否能够满足加工要求。

③ 尽可能使用直通水道来实现冷却循环，在特殊情况下才用隔片水道、喷流水道或螺旋水道。

12.1.4 模具温度控制系统设计必须考虑的因素

模具温度控制系统设计必须考虑的因素如下。

（1）成型塑件的壁厚、投影面积、结构形状。

（2）塑件的生产批量。

（3）成型塑料的特性。

（4）模具的大小及结构，成型零件的镶拼方式。

（5）浇口的形式，流道的布置。

12.2 如何提高注塑模具温度控制能力

12.2.1 影响模具冷却的因素

影响模具冷却的因素有很多，主要包括以下几个方面。

（1）“出口”和“入口”的冷却介质的温差　热量传递的计算公式如下。

$$Q_1 = C_S m(T_2 - T_1)$$

式中　Q_1——冷却介质带走的热量；

T_2——“出口”冷却介质的温度；

T_1——“入口”冷却介质的温度。

m——质量；

C_S——冷却介质的比热容。

冷却水出入口处温差一般应小于5℃，精密模具则应控制在2℃以下。为缩小冷却水出入口的温差，可以提高冷却水的速度，也采用5℃左右的低温水。

（2）注入模腔的熔体温度和塑件推出模具时的温度之差　熔体从进入型腔到塑件脱模，传给模具的热量的计算公式如下，T_2-T_1 为注入模腔的熔体温度和塑件推出模具时的温度之差。不同的塑料 T_1 和 T_2 都是不同的，因此其温差也是不同的。

$$Q=G[C_p(T_2-T_1)+L_e]$$

式中　Q——熔体传给模具的热量，kJ；

G——每次注射塑料的质量，kg；

C_p——塑料的比热容，[kJ/(kg·℃)]；

T_2——塑件脱模温度，℃；

T_1——熔体进入型腔的温度，℃；

L_e——结晶性塑料熔化潜热，kJ/kg。

(3) 冷却介质的品种及流量　冷却介质一般采用水，既经济，冷却效果又好。但冷却水容易使水道生锈，冷却水中的污染物（如碳酸钙等）容易在冷却管道上产生沉淀，它们都会降低热传导的能力，严重时甚至会阻塞管道，减小流量。

流体在平直圆管内的流动形式有层流和湍流两种，如图 12-1 所示。层流是彼此相邻且平行的薄层流体沿外力方向进行相对滑移时，各层之间无相互影响；湍流时，流体各点速度的大小和方向都随时间而变化，且流体内相互干扰严重。冷却介质的流速以尽可能高为好，其流动状态以湍流为佳。为了使冷却水处于湍流状态，水的雷诺数 Re（动量与黏度的比值）必须达到 6000 以上。因此，提高冷却介质的速度有利于模具冷却。

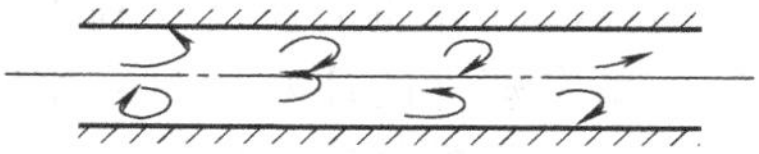

(a) 湍流

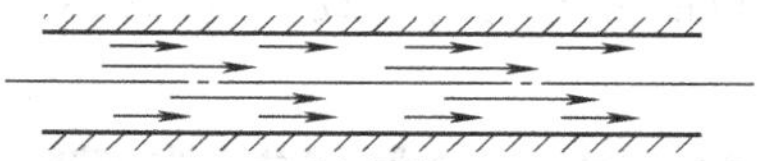

(b) 层流

图 12-1　湍流和层流

(4) 模具材料的热导率　从模具冷却的角度去看，用铍铜和铝合金做内模镶件都大大优于钢材，因此很多公仔模或壁厚尺寸很大而结构简单的内模镶件都用铍铜或铝合金。铍铜的热导率是钢的 4 倍，但它的弹性模量 E 只是钢的 1/2，它的抗冲强度也比工具钢低。铝合金的强度比铍铜还要差，因此在实际工作中很少采用。

(5) 冷却系统的设计　包括管道的尺寸、布局、位置和冷却的形式，冷却的形式有一般管道冷却、喷流冷却、水胆冷却和铍铜冷却。

12.2.2　注塑模具冷却时间的确定

在成型周期中，塑件的冷却时间，是指从熔体充满型腔到模具打开，塑件可以推出为止所用的时间。“可以推出”是指熔体已充分固化，且具有一定的强度和刚度，推出时不会造成顶白和变形等缺陷。充分固化有三条准则。

① 塑件最大壁厚中心部分的温度已冷却到该种塑料的热变形温度以下。

② 塑件截面内的平均温度已达到所规定的塑件的出模温度。

③ 对于结晶性塑料，最大壁厚的中心温度达到固溶点，或者结晶度达到某一百分比。

塑件的冷却时间，与塑件的尺寸、形状有关，也和塑件所用塑料品种以及模具材料有关，但主要还取决于模具冷却系统的设计。

用理论公式计算出来的冷却时间是不可靠的，也没有任何意义。在实际工作中，常常是试模时调机工程师根据第 4 章表 4-7 确定一个大致的冷却时间，然后根据模塑件的成型质量来进行调整，逼近一个合理的数值。

12.2.3　提高模温调节能力的途径

我们可以从以下几个方面来设法提高模具的冷却效果。

(1) 适当的冷却管道尺寸　从理论上看，冷却管道尺寸应尽可能大，数量应尽可能多，以增大传热面积、缩短冷却时间，达到提高生产效率的目的。但冷却通道尺寸太大，数量太多，又会导致模具的尺寸增大、流道增长，从而使浇注系统凝料增加，模具排气负担加重等副作用。冷却通道尺寸太大，通道内的水流将变为层流，影响冷却效果。因此，冷却管道大小应根据模具大小和塑件大小合理选用。

（2）采用热导率高的模具材料　模具材料通常选钢料，但在某些难以散热的位置，可选铍铜或铝合金。合金作为镶件使用，当然其前提是在保证模具刚度和强度的条件下。

（3）塑件壁厚设计要合理　塑件壁厚越薄，所需冷却时间越少；反之，壁厚越厚，所需冷却时间越长。因此塑件设计时不可有过大壁厚，且尽量做到壁厚均匀。

（4）正确的冷却回路　冷却回路尽量采用串联，若采用并联水路，则易产生死水，而影响冷却效果。另外，冷却回路距型腔距离以及各冷却通道之间的间隔应能保证模腔表面的温度均匀。

（5）加强对塑件厚壁部位的冷却　塑件厚壁部位附近温度最高，因此附近必须设计冷却水道。

（6）快冷和缓冷的设计原则　快冷和缓冷是指冷却介质的流动速度的快慢。前面已经说过，提高冷却介质的速度有利于模具冷却，因此对于生产批量大的普通模具可以采用快冷。但对于精密塑件的注塑模具采用缓冷的方法有利于塑件尺寸精度的提高。

（7）加强模具中心的冷却　模具在生产过程中，模具中心的温度最高，为了确保模具各部位的温度均匀一致，应加强对模具中心部位的冷却。

12.3　注塑模具冷却系统设计

热传递的方式有热传导、对流和辐射，模具中热量的95%是通过热传导传递出去的。模具中热传导的介质主要是冷却水（包括25℃左右的常温水和4℃左右的低温水），有时也用油和铍铜。模具中对流传热主要是用风扇等工具，利用流动的空气对模具进行自然冷却。

注塑模具冷却系统的典型结构有冷却水管、冷却水井和传热棒（片），冷却水井又包括隔片式冷却水井、喷流式冷却水井和螺旋式冷却水井。

12.3.1　注塑模具冷却水管设计

冷却水管冷却就是在模具中钻削圆孔，模具生产时，向圆孔内通冷却水或冷却油，由水或油源源不断地将热量带走。这种冷却方式最常用，冷却效果也最好。其典型结构如图12-2所示。

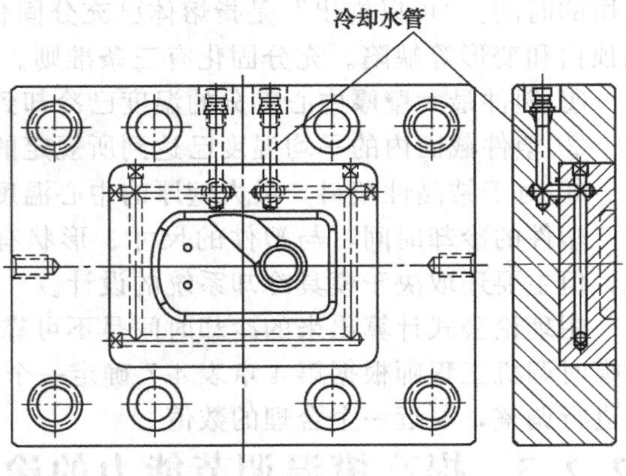

图 12-2　冷却水管

（1）冷却水管直径的设计　可以根据牛顿冷却定律设计。

牛顿冷却定律为：

$$Q=\alpha A\Delta T\theta'$$

式中　Q——冷却介质从模具带走的热量；

α——冷却管道与冷却介质之间的传热系数，$W/(m^2 \cdot K)$；

A——冷却管道的传热面积，m^2，$A=\pi d^2/4$，d 为冷却水管直径；

ΔT——模具温度与冷却介质的温差，K；

θ'——冷却时间，s。

根据牛顿冷却定律，冷却水管的直径越大越好，但如上节所述，冷却水管直径太大会导致冷却水的流动出现层流，降低冷却效果。冷却水管直径太大还影响模具的强度。因此冷却水管直径既不能太小也不能太大。模具设计实践中通常根据模具大小或者塑件壁厚来确定冷却水管的直径，见表 12-2 和表 12-3。

表 12-2　根据模具大小确定冷却管道直径

模具宽度/mm	冷却管道直径/mm	模具宽度/mm	冷却管道直径/mm
200 以下	5	400～500	8～10
200～300	6	大于 500	10～13
300～400	6～8		

表 12-3　根据塑件壁厚确定冷却管道直径

平均壁厚/mm	冷却管道直径/mm	平均壁厚/mm	冷却管道直径/mm
1.5	5～8	4	10～12
2	6～10	6	10～13

（2）冷却水管的位置设计

① 冷却水管的布置要根据塑件形状而定。当塑件壁厚基本均匀时，冷却水管离型腔表面距离最好相等，分布与轮廓相吻合，如图 12-3 所示；当塑件壁厚不均匀时，则在厚壁的地方加强冷却，如图 12-4 所示。

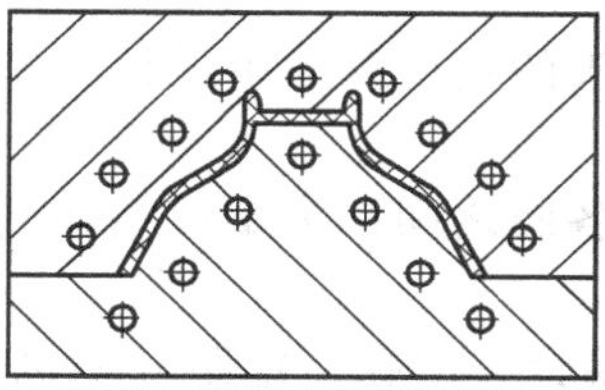
图 12-3　冷却水管至型腔表面距离应尽量相等

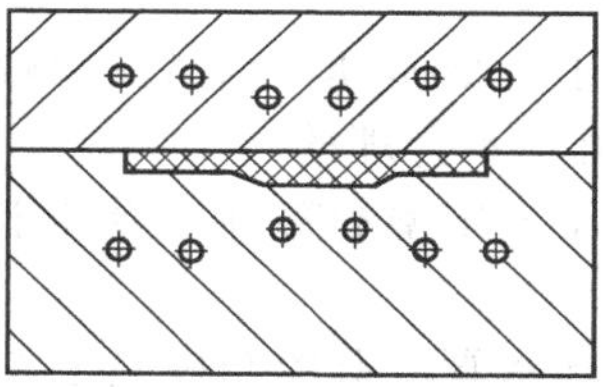
图 12-4　对厚壁处要加强冷却

塑料熔体在填充时，一般浇口附近温度最高，因而要加强浇口附近的冷却，且冷却水应从浇口附近开始向其他地方流，如图 12-5 所示。

当塑件的长与宽之比值较大时，如果塑件比较平整，壁厚均匀，则水管应沿塑件长度的方向布置，如图 12-6 所示。

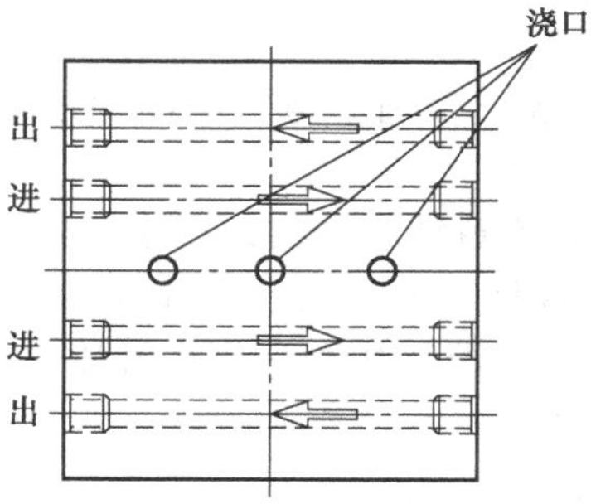

图 12-5　浇口附近要加强冷却

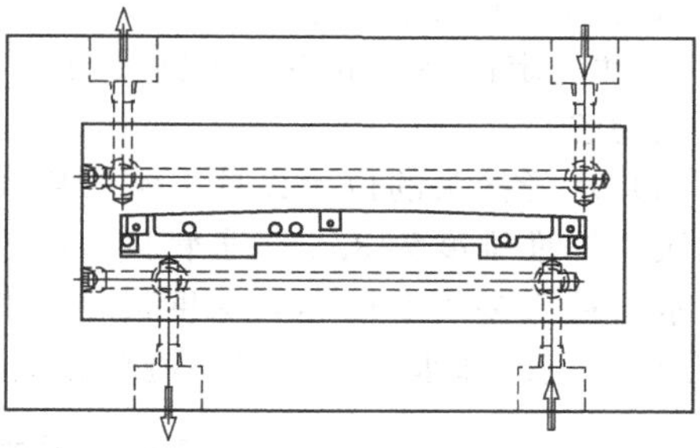
图 12-6　冷却水管应沿型腔长度方向布置

对于扁平、薄壁的塑件，在使用侧浇口的情况下，常采用动、定模两侧与型腔等距离钻孔的形式设置冷却水道，如图 12-7 所示。

② 冷却水的作用是将熔体传给内模镶件的热量带走。布置冷却水管时要注意是否能让型腔的每一部分都有均衡的冷却，即冷却水管至型腔表面的距离尽可能相等。冷却水管到型

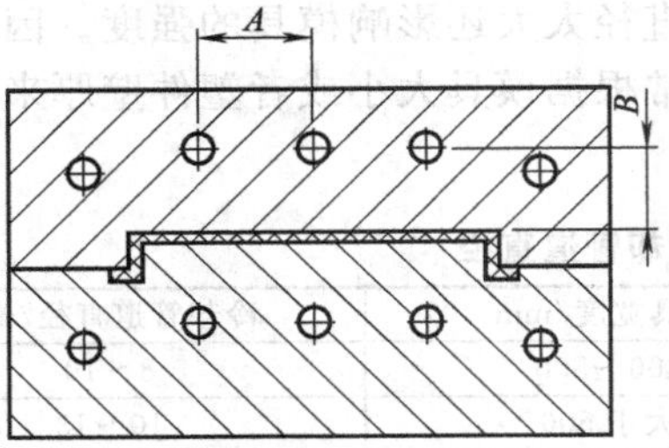

图 12-7 扁平、薄壁的塑件的冷却

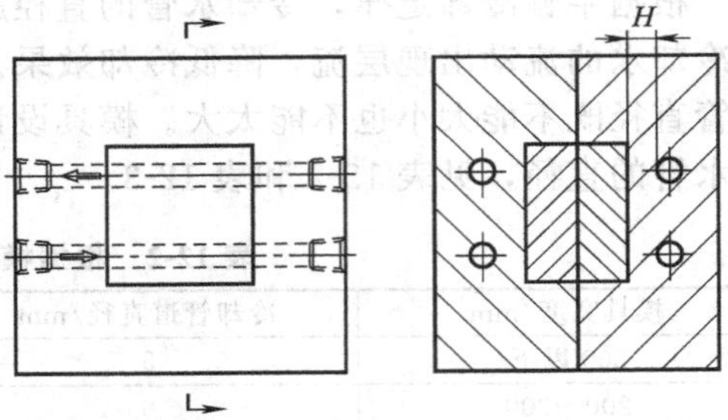

图 12-8 冷却水管只经过模板

腔的距离 B 以 10～15mm 较为合宜，如果冷却水管的直径为 D，则冷却水管的中心距离 A 取 $5D$～$8D$，如图 12-7 所示。当塑件材料为 PE 时，冷却水不宜顺着收缩方向布置，以防塑件变形。

③ 冷却水道的布置应避开塑件易产生熔接痕的部位，以消除熔接痕的形成。

④ 为了提高冷却效果，冷却水必须流经内模镶件，必要时要在冷却水出入口处分别打上 IN 和 OUT 字样。但如果内模镶件尺寸比较小，或者内模镶件为铍铜或铝合金，水路可以不经内模镶件，只经过模板就可以达到冷却效果，如图 12-8 所示。图 12-8 中，H 取5～10mm。

⑤ 定模镶件冷却水尽量靠近型腔，动模镶件冷却水尽量布置于外圈，内模型芯较大时，必须通冷却水。

⑥ 对于大型模具，水路往往较长，设计时要了解钻头的长度。如果设计出来的图纸无法加工，就是不合理的。

⑦ 对于未定型的塑件，冷却水管尽量布置在四周或各腔之间，为塑件结构的局部改动留下余地。

⑧ 冷却水管应避免与模具上的其他机构（如推杆、镶针、型孔、定距分型机构、螺钉、滑块等）发生干涉，设计冷却水路时，必须通盘考虑。冷却管道通常采用钻孔或镗孔的方法加工。钻孔越长，钻孔偏斜度就越大。因此在设计冷却水路时，冷却水管和其他结构孔之间的钢厚至少要 3mm，而对于细长冷却水管（长径比大于 20），建议冷却水管和其他孔之间的钢厚至少要 5mm。

（3）冷却水路的长度设计

① 流道越长，阻力越大，流道拐弯处的阻力更大。一般来说，要提高冷却效果的话，冷却水管不宜太长，拐弯不宜超过 5 处。

② 动、定模镶件的冷却水路要分开，不能串联在一起。否则不但影响冷却效果，而且有安全隐患。

（4）水管接头的位置设计　水管接头又称喉嘴，材料为黄铜或结构钢，连接处为英制锥管螺纹，标准锥度为 3.5°。水管接头缠密封胶纸封水，规格有 PT1/8、PT1/4 和 PT3/8 三种。水管接头多用 PT1/4，深度最小为 20mm。常用水管直径及其塞头与水管接头见表 12-4。合理确定冷却水接头位置，避免影响模具的安装、固定。

表 12-4　常用水管直径及其塞头与水管接头

水管直径/mm	$\phi 6$	$\phi 8$	$\phi 10$	$\phi 12$
水管接头	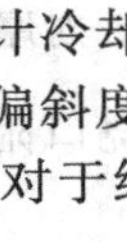 PT1/8	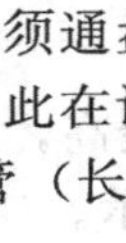 PT1/8	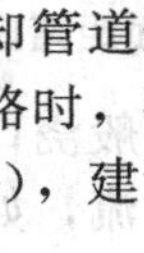 PT1/4	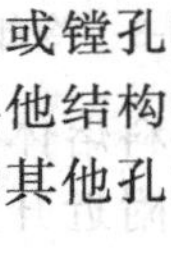 PT1/4

续表

水管直径/mm	$\phi 6$	$\phi 8$	$\phi 10$	$\phi 12$
水管塞	 PT1/8	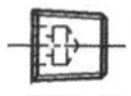 PT1/8	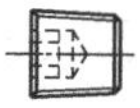 PT1/4	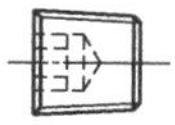 PT1/4
水管接头螺纹	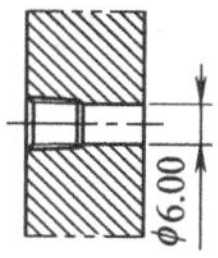 PT1/8	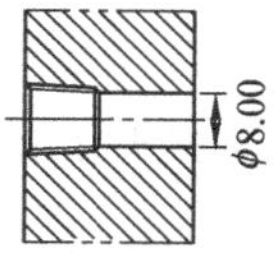 PT1/8	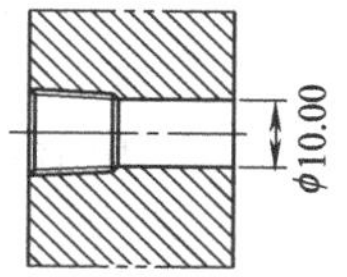 PT1/4	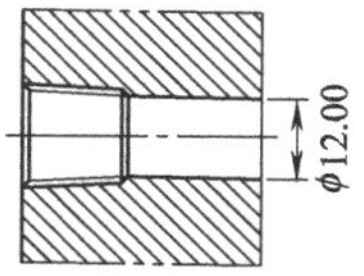 PT1/4

① 水管接头最好安装在模架上，冷却水通过模架进入内模镶件，中间加密封圈，如果直接将水管接头安装在内模镶件上，则水喉太长，在反复的振动下易漏水，每次维修内模都要将其拆下，增加麻烦，并且会影响水管接头原有的配合精度，如图 12-9（a）所示。

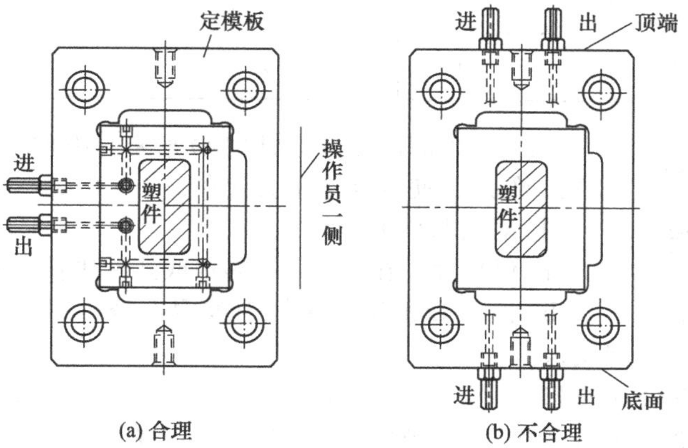

图 12-9　水管接头宜安装在两侧面

② 水管接头尽量不要设置在模架上端面，因为水管接头要经常拆卸，装拆冷却水胶管时冷却水容易流进型腔，导致型腔生锈。水管接头也尽量不要设置在模架下端面，因为这样装拆冷却水胶管时会非常不方便。水管接头最好设置在模架两侧，而最好是在不影响操作的一侧，即背向操作工人的那一侧，如图 12-9（b）所示。

③ 两水喉之间的距离不宜小于 30mm，以方便冷却水胶管的装拆，如图 12-10 所示。

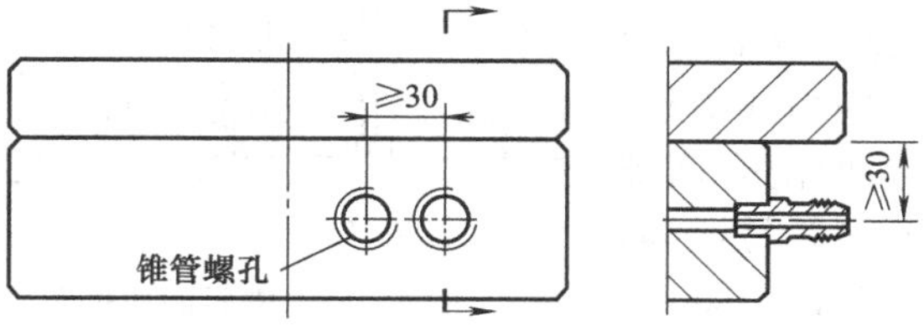

图 12-10　水喉间距

④ 冷却水管接头宜藏入模架，如图 12-11 所示。水管接头凸出模具表面时，在运输与维修时易发生损坏。对于直身模架，当水管接头凸出模具表面时，需在模具外表面安装撑柱，以保护其不致损坏。表 12-5 为欧洲标准，有英制（BSP）及公制（mm）两种。

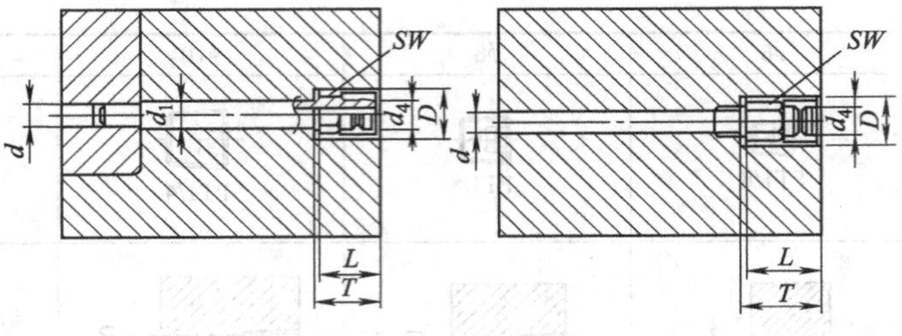

图 12-11　水管接头宜藏入模架

表 12-5　冷却水管接头设计参数

英制(BSP)/in	公制/mm	d_4/mm	d_1/mm	加长喉嘴/mm				标准喉嘴/mm			
				D	T	SW	L1	D	T	SW	L
1/8BSP 1/4BSP	M8 M14	9	10	19	23	11	21	25	35	17	32.5
1/4BSP 3/8BSP	M4 M16	13	14	24	25	15	23	34	35	22	32.5
1/2BSP 3/4BSP	M24 M24	19	21	34	35	22	33	—	—	—	—

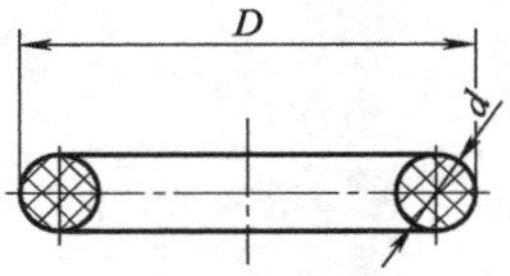

图 12-12　O 形密封圈

(5) 密封圈的设计　常用 O 形密封圈如图 12-12 所示。材料为橡胶，作用是使冷却水不会泄漏。

① 对密封圈要求

a. 耐热性。在 120℃的热水或热油中使用不失效。

b. 由于 O 形密封圈处于被钢件挤压状态下，对其硬度有一定要求。

② 胶圈规格（按公制标准）　$\phi19\times2.5$，$\phi25\times2.5$，$\phi15\times2.5$，$\phi16\times2.5$，$\phi20\times2.5$，$\phi19\times3$，$\phi25\times3$，$\phi15\times3$，$\phi16\times3$，$\phi20\times3$，$\phi40\times3$，$\phi35.5\times3$，$\phi30\times3$，$\phi50\times3$，$\phi45.5\times3$，$\phi32\times3$，$\phi50\times4$，$\phi40\times4$。

常用密封圈外径有 13mm、16mm 和 19mm 三种。

如果模具要用热油加热，应采用耐高温的密封圈。

③ 密封圈设计要点

a. 水路经过两个镶件时，中间必须加密封圈。

b. 对于圆形冷却水道的密封，尽量避免装配时对密封圈的磨损或剪切。圆形型芯和内模镶件之间的配合间隙要适当。过大，则压力不足，易泄漏；过小，密封圈易被镶件切断，如图 12-13 所示。

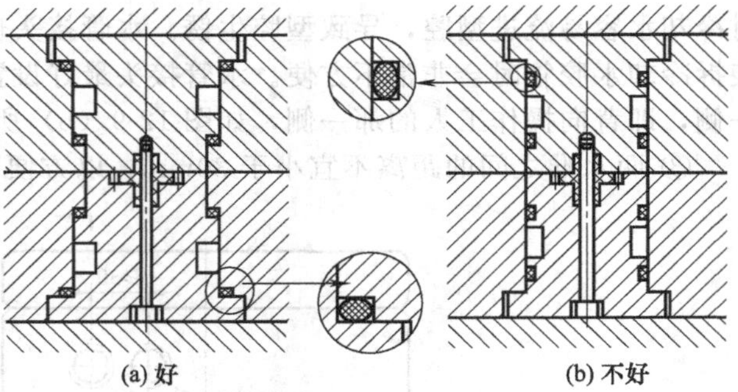

(a) 好　(b) 不好

图 12-13　密封圈应避免装配时受摩擦或剪切

c. 密封圈孔加工。密封圈的装配以及常用密封圈固定槽的尺寸如图 12-14 所示。

12.3.2　注塑模具冷却水井设计

深腔类模具，大塑件的型芯，用冷却水井冷却效果很好，但型芯加工冷却水井后强度会受到影响，故水井的直径和深度要适当，水井直径一般在 12～25mm 之间。

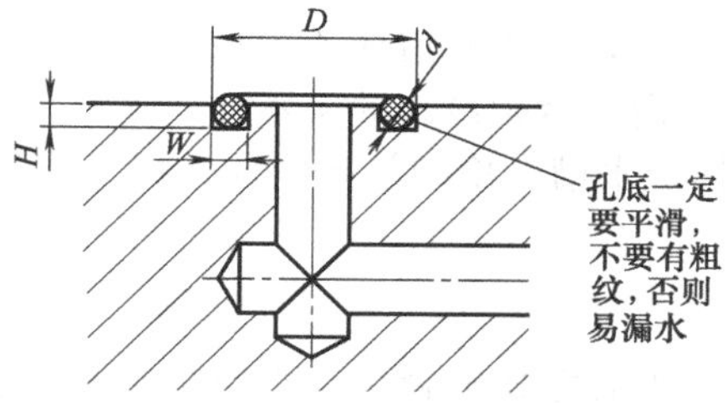

密封圈规格/mm		装配技术要求/mm		
ϕD	ϕd	ϕD_1	H	W
13.0	2.5	8.0	1.8	3.2
16.0		11.0		
19.0		14.0		
16.0	3.5	9.0	2.7	4.7
19.0		12.0		
25.0		18.0		

图 12-14 密封圈的装配尺寸

任何冷却水井都是由冷却水管输入和输出冷却介质。

(1) 隔片式冷却水井 典型结构如图 12-15 所示，隔片为不锈钢，厚度 0.5～1mm。水井至型腔面的距离必须大于 10mm。

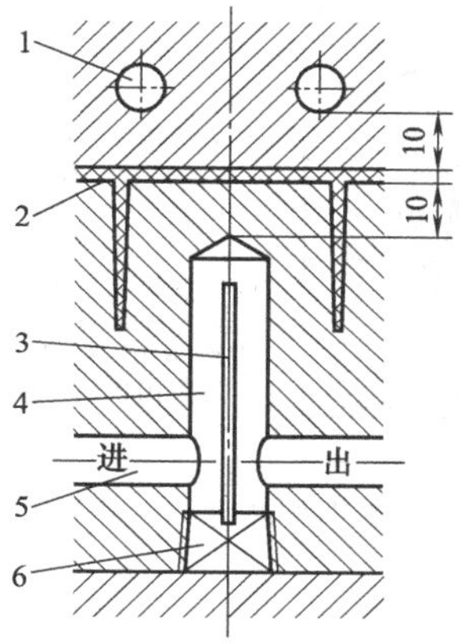

图 12-15 隔片式冷却水井

1,5—水管；2—塑件；3—隔片；4—水井；6—螺塞

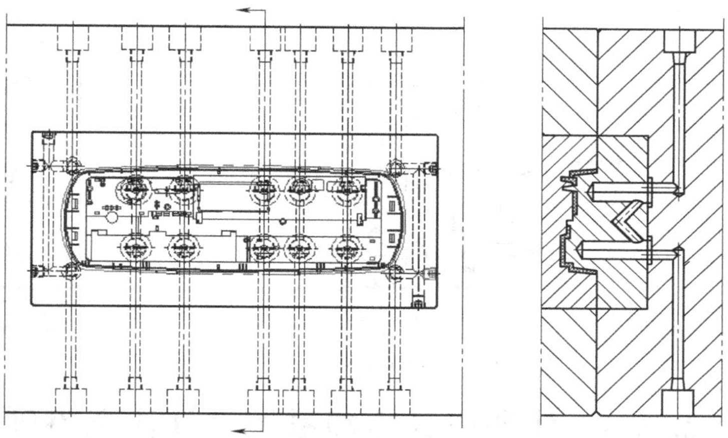

图 12-16 隔片式冷却水井实例

图 12-16 是利用隔片式冷却水井冷却的实例。塑件呈拱形，且较高，采用冷却水管效果较差，用隔片式冷却水井效果就很好。

(2) 喷流式冷却水井 对于较长的型芯，不能进行常规冷却时，可在型芯中间装设一个喷水管。冷却水从喷水管中喷出，分别流向周围的冷却型芯壁，如图 12-17 所示。这种冷却效果很好，但需注意以下两点。

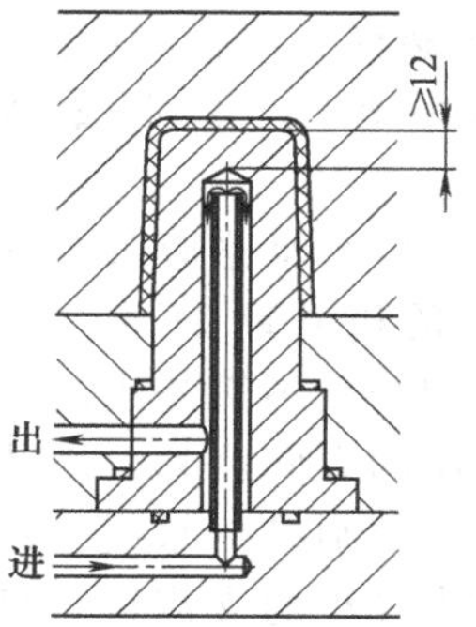

图 12-17 喷流式冷却水井

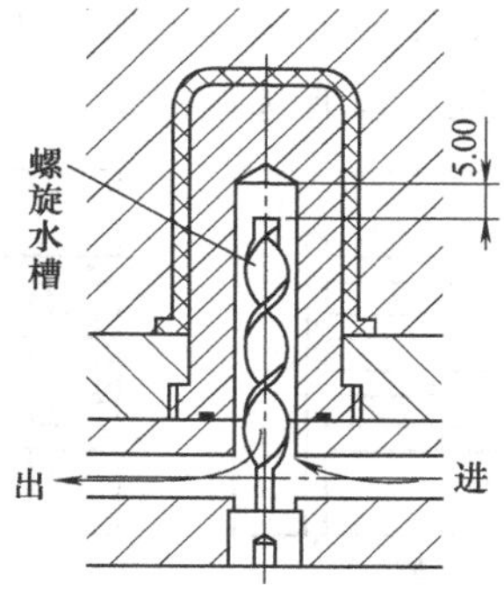

图 12-18 螺旋式冷却水井

① 水井顶部不能离型腔太近，以免影响模具强度，过冷对熔体流动也不利。

② 冷却水的进出有方向性，只能按图中箭头方向，否则冷却效果不佳。

(3) 螺旋式冷却水井　螺旋式冷却水井形成螺旋水槽，冷却效果绝佳。用于细长型芯的冷却，如图 12-18 所示。

12.3.3 传热棒（片）冷却

对于细长的型芯，如果不能加工冷却水管，或加工冷却水管后会严重减弱型芯强度时，可以用传热棒或传热片冷却。具体做法是：在细长的型芯内，镶上铍铜等热导率高的细长棒（片），一端连接冷却水，通过冷却传热棒（片）来将型芯热量带走。

图 12-19 为传热棒冷却。传热棒底部应有足够的储水空间，以提高冷却效果。

有时可以将整个型芯都用铍铜或铝合金制作，如图 12-20 所示。对于玩具公仔或壁厚特别大的塑件，为了提高冷却效果，缩短注射周期，整个内模镶件都用铍铜或铝合金制作。

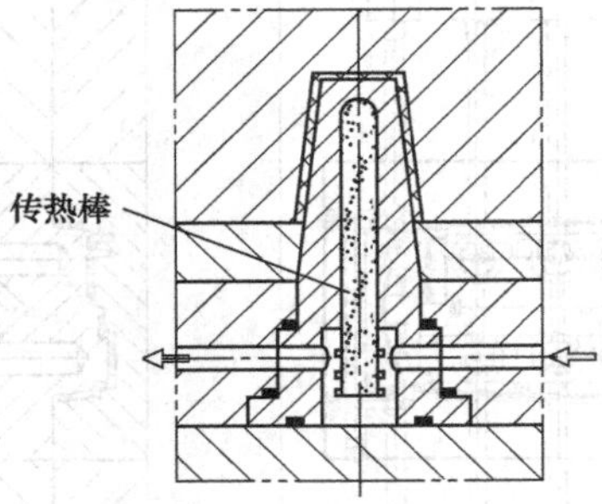

图 12-19　传热棒冷却

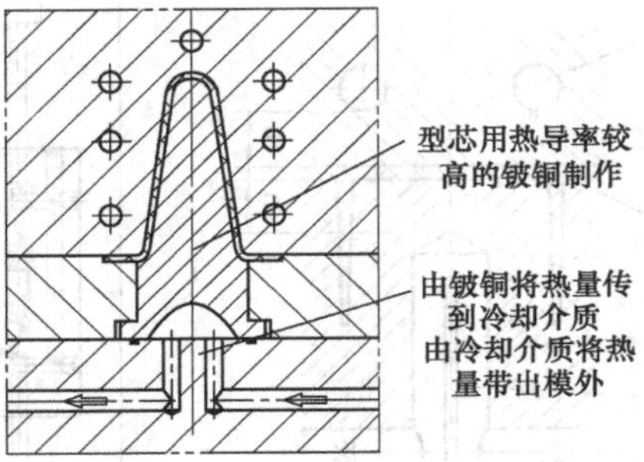

图 12-20　铍铜型芯冷却

12.3.4 注塑模具冷却系统设计注意事项

(1) 是优先考虑模具的冷却系统还是模具的脱模系统　衡量一副模具的设计水平可以看以下四个方面。

① 模具必须做得出来，这是最基本要求。

② 模具必须以最低的成本做出来，这是最高要求。

③ 模具必须生产出合格的塑件来，这也是最基本要求。

④ 模具必须用最短的时间生产出合格的塑件来，这是最高要求。

根据上述四点的要求，当注塑模具中脱模零件和冷却水管（或水井）位置发生干涉时，在保证塑件能够顺利脱模的情况下，应优先考虑冷却系统，尤其是对于塑件批量大、精度要求高的模具，模具的冷却往往是重中之重。

当然，对于存在很高的加强筋、很高的实心柱、很高的螺柱、深槽和深孔的塑件来说，推杆的位置往往没有选择的余地，此时就必须优先考虑脱模系统了，否则塑件就无法安全顺利推出。

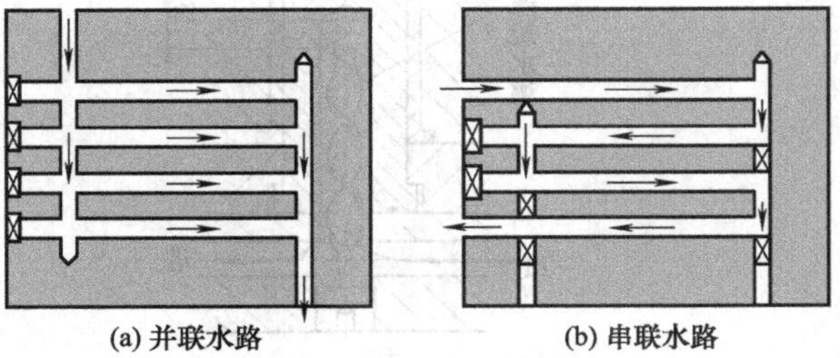

图 12-21　并联水路会出现死水

(2) 冷却水路应避免并联　冷却水路有串联和并联两种，如图 12-21 所示。冷却介质不管是水还是油，总是沿阻力最小的方向流动，因此冷却水路不应并联，否则冷却水就会抄捷径，从最近的阻力最小的支流道直接流走，导致流道内出现死水，使模具的其他部分得不到冷却。若因模具排位的要求，冷却水路必须并联时，则进、出水的主流道的横截面面积，要比并联支流道的横截面面积的总和还要大。也就是说，同一个串联回路的水道截面面积应相等，同一个并联回路的水道截面面积不能相等。并联回路的水道截面面积如果相等，则需在各支路口加水量调节泵及流量计。

要善于利用隔片和中途塞来控制水流方向，避免产生死水，这是设计冷却系统的技巧所在。中途塞常用有胶圈的喉塞，如图 12-22 所示。也可以用铜制堵头。

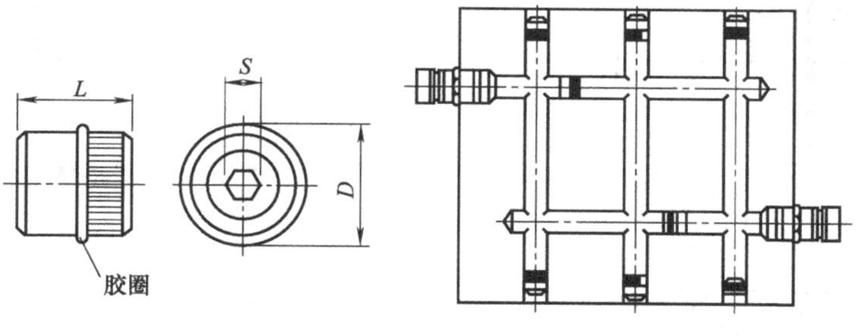

图 12-22　利用中途塞来改变水流方向

（3）要充分利用模流分析软件　冷却系统设计原则是快速冷却，均匀冷却，加工简单，并尽量保证模具的温度平衡，使塑件收缩均匀。

从理论上来说，我们要求模具各部位的温度均匀一致，使塑件各部位的收缩率都一样。但在实际工作中这是做不到的，由于塑件结构通常较为复杂，导致型腔各部位的温度往往相差较大，对于多腔注塑模具，模具型腔中各部位的温度通常必须借助模流分析软件来确定。设计冷却系统时，必须对模温高的地方重点冷却，使模具温度尽量均衡，同时在一模多腔的模具排位中，应将大塑件对角排位，以满足模具的热平衡和压力平衡要求。

（4）镶件之间的冷却水过渡　两块拼接在一起的镶件，冷却水必须通过模架过渡，而不应由一块镶件直接进入另一块镶件，如图 12-23 所示。

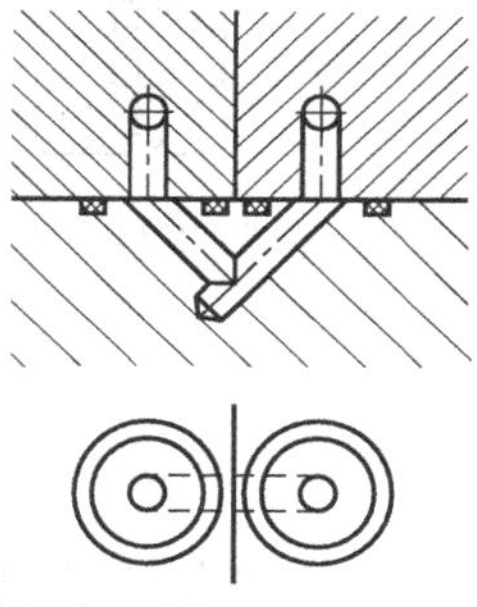

图 12-23　镶件之间的冷却水过渡

（5）温度最高部位的冷却　模具主流道部位常与注塑机喷嘴接触，是模具上温度最高的部位，应加强冷却，在必要时应单独冷却。

12.3.5　冷却系统设计实例

（1）型芯的冷却　熔体冷却包紧在型芯上，熔体固化时大部分热量都传递给了型芯。型芯体积小，冷却水路设计困难，但大量的热量必须传递出去，这是模具设计的难点之一。如果型芯的温度太高，轻则使注射成型周期延长，重则导致型芯变形甚至开裂。

型芯的冷却方式取决于型芯的大小，具体可参考以下方法。

① 型芯直径小于 20mm　采用空气冷却，即自然冷却，当塑件批量大，或者局部热量集中难以传出时，也可采用整个型芯都用铍铜制作。

② 型芯直径 20～40mm　可以采用水井冷却，如图 12-24 所示。

③ 型芯直径 40～60mm　可以采用外圈冷却，加隔片，如图 12-25 所示。

④ 型芯直径大于 60mm，高度小于 60mm，中间不便上冷却水　可在下端面加工圆形水道冷却，如图 12-26 所示。也可以在型芯内钻削水管，如图 12-27 所示。

（2）浅型腔模具的冷却　浅型腔模具冷却实例如图 12-28 所示。

（3）深型腔模具冷却　深型腔模具冷却实例如图 12-29 所示。

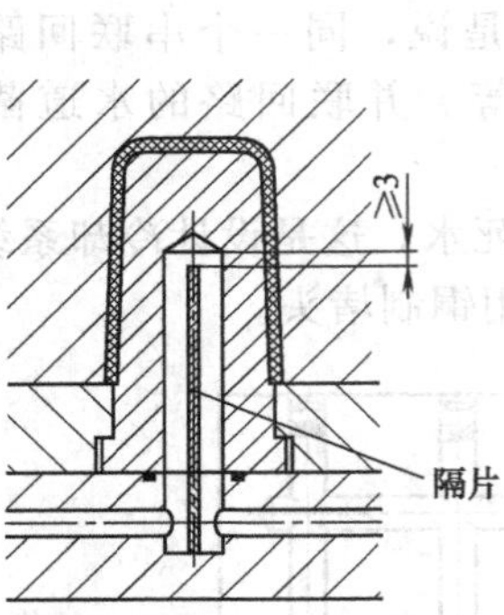

图 12-24　隔片式水井冷却

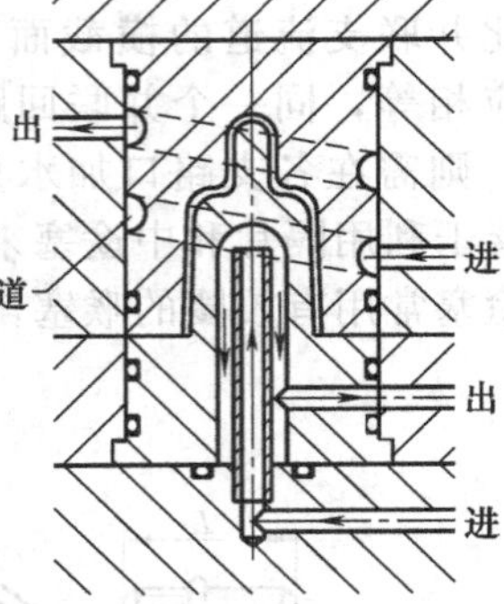

图 12-25　外圈螺旋水道冷却

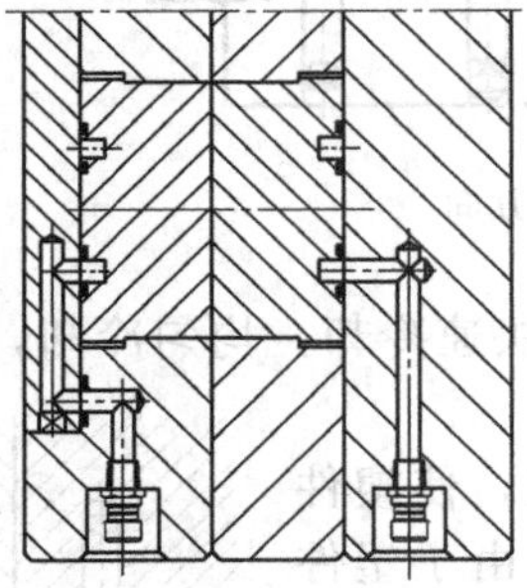

图 12-26　端面圆形水道冷却

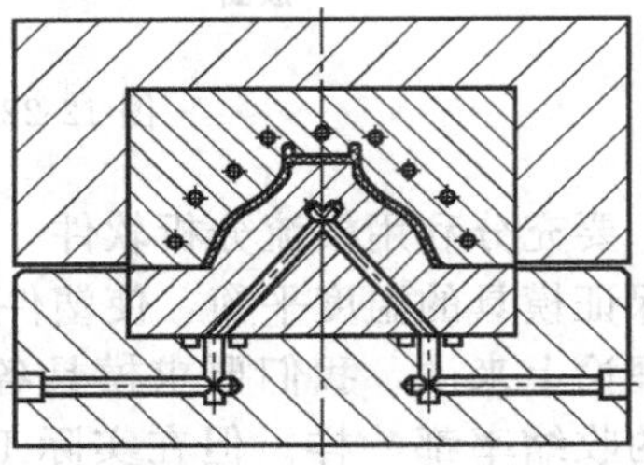

图 12-27　型芯内斜水道冷却

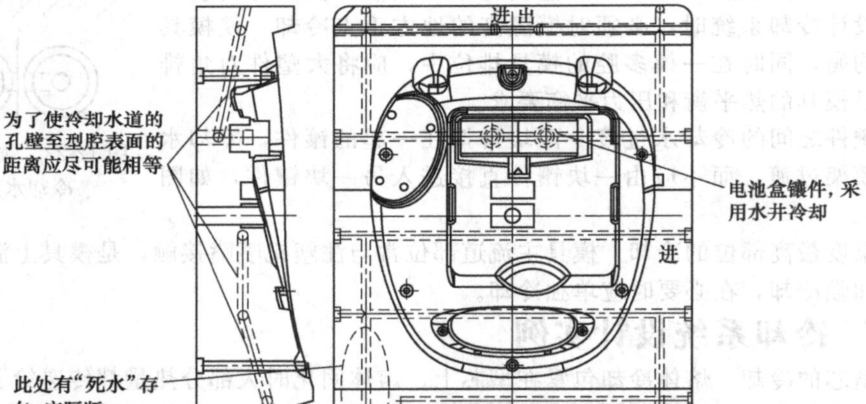

图 12-28　浅型腔模具冷却实例

(4) 侧向抽芯机构的冷却

① 滑块的冷却　当侧向抽芯和熔体接触面积较大时，滑块和侧向抽芯因吸收熔体热量温度会不断升高，此时滑块也需通冷却水冷却，如图 12-30 所示。

② 斜推杆的冷却　斜推杆较长，且斜推杆上型腔面较大，需要设计冷却水道，如图 12-31所示。

(5) 热射嘴的冷却　在热流道注塑模具中，热流道板和热射嘴都要加热，而在热射嘴的附近需要冷却，如图 12-32 所示。

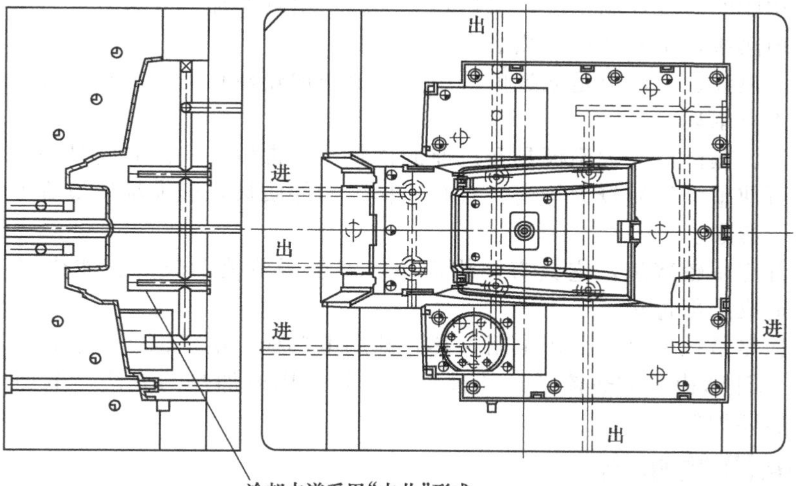

图 12-29　深型腔模具冷却实例

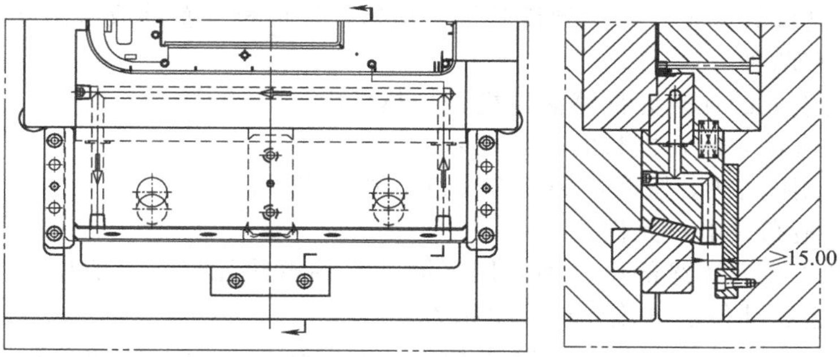

图 12-30　滑块冷却

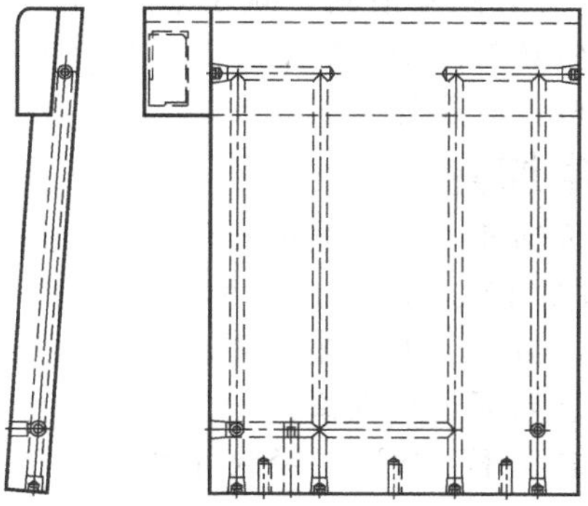

图 12-31　斜推杆冷却

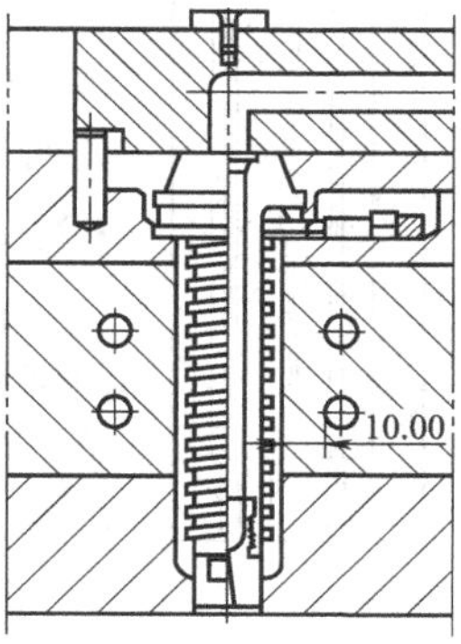

图 12-32　热射嘴冷却

12.4 注塑模具加热系统设计

12.4.1 概述

对于流动性较差的塑料，如 PC，注射成型时要求模具温度在 80℃ 以上，此时模具中必须设置有加热功能的温度控制系统，根据热能来源，模具的加热方法有：热水、热油、蒸汽加热法，电阻加热法，工频感应加热法等。

其中热水、热油、蒸汽也是通过模具中的水道来加热模具的，结构与设计原则与冷却系统相同。本节不再阐述。

热水、热油、蒸汽对于大型模具开机前的预热，正常生产一段时间又须冷却的注塑模具而言很方便。可使整个模温较为均衡，有利于提高塑件质量，但模温调节难度大，延滞期较长，设计时应予考虑。

电加热装置应用较普遍，它具有结构简单、温度调节范围较大、加热清洁无污染等优点，缺点是会造成局部过热。

最常用的加热是在模具外部用电阻加热，即用电热板、电热框或电热棒加热。对于模温要求高于80℃的注塑模具或热流道注塑模具，一般采用电加热的方法。电加热又可分为电阻丝加热和电热棒加热。

12.4.2 电阻丝加热

采用电阻丝加热时要合理布设电热元件，保证电热元件的功率。如电热元件的功率不足，就不能达到模具的温度；如电热元件功率过大，会使模具加热过快，从而出现局部过热现象，就难以控制模具温度。要达到模具加热均匀，保证符合塑件成型温度的条件。

电阻丝加热有两种方式。

① 把电阻丝组成的加热元件镶嵌到模具加热板内。

② 把电阻丝直接布设在模具的加热板内。

在设计模具电阻加热装置时，必须考虑以下基本要求。

① 正确合理地布设电热元件。

② 电热板的中央和边缘部位分别采用不同功率的电热元件，一般模具中央部位的电热元件功率稍小，边缘部位的电热元件功率稍大。

③ 大型模具的电热板，应安装两套控制温度仪表，分别控制与调节电热板中央和边缘部位的温度。

④ 要考虑加热模具的保温措施，减小热量的传导和热辐射的损失。一般在模具与注塑机的上、下压板之间以及模具四周设置石棉隔热板，厚度为4～6mm。

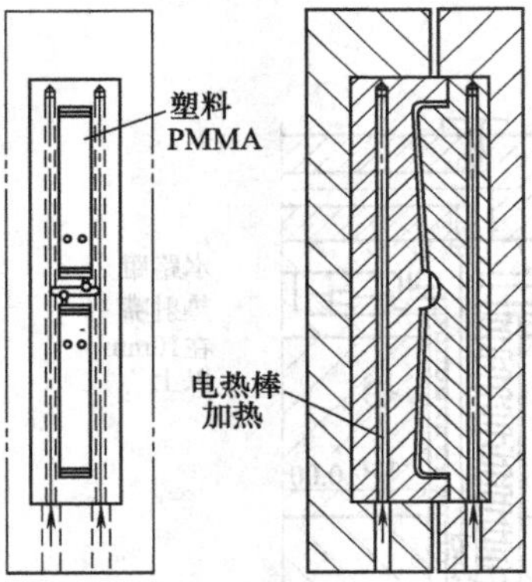

图12-33　电热棒

12.4.3 电热棒加热

在模具的适当部位钻孔，插入电热棒，并接入温度自动控制调节器即可，如图12-33所示。这种加热形式结构简单，使用、安装方便，清洁卫生，热损失比电热圈小，应用广泛。但使用时须注意局部过热现象。

电加热模具所需总功率（W）的经验计算公式为：

$$P=Gq$$

式中　q——加热单位质量模具至所需模温的电功率，W/kg，其值可由表12-6选取。

表12-6　单位质量模具所需的加热功率

模具类型	q/(W/kg)	
	采用加热棒时	采用加热圈时
大	35	60
中	30	50
小	25	40

根据模具大小及发热棒功率确定发热棒数量。计算公式如下：

$$n=P/P_e$$

式中　n——电热棒根数，根；

P——加热模具所需总功率，W；

P_e——电热棒额定功率，W。

电热棒的额定功率及其名义尺寸，可根据模具结构及其所允许的钻孔位置，由表 12-7 选取。

表 12-7　电热棒外形尺寸与功率

公称直径/mm	13	16	18	20	25	32	40	50
允许误差/mm	±0.1		±0.12			±0.2		±0.3
盖板/mm	8	11.5	13.5	14.5	18	26	34	44
槽深/mm	1.5		2		3		5	
长度 L/mm	功率/W							
60	60	80	90	100	120			
80	80	100	110	125	160			
100	100	125	140	160	200	250		
125	125	160	175	200	250	320		
160	160	200	225	250	320	400	500	
200	200	2850	280	320	400	500	600	800
250	250	320	350	400	500	600	800	1000
300	300	375	420	480	600	750	1000	1250
400		500	550	630	800	1000	1250	1600
500			700	800	1000	1250	1600	2000
650				900	1250	1600	2000	2500
800					1600	2000	2500	3200
1000					2000	2500	3200	4000
1200						3000	3800	4750

12.4.4　模具加热实例

模具加热元件设计时要注意以下两点。

① 一些电气元件尽量设计在冷却水接口的上方，以防漏水滴在电气元件上。

② 系统要能准确控制与调节加热功率及加热温度。防止因功率不够达不到模温要求，或因功率过大超过模温要求。

图 12-34 为模具加热实例。图 12-34 中，发热棒一般用 1/2in，感温线一般用 6mm，最好装配在内模件中。

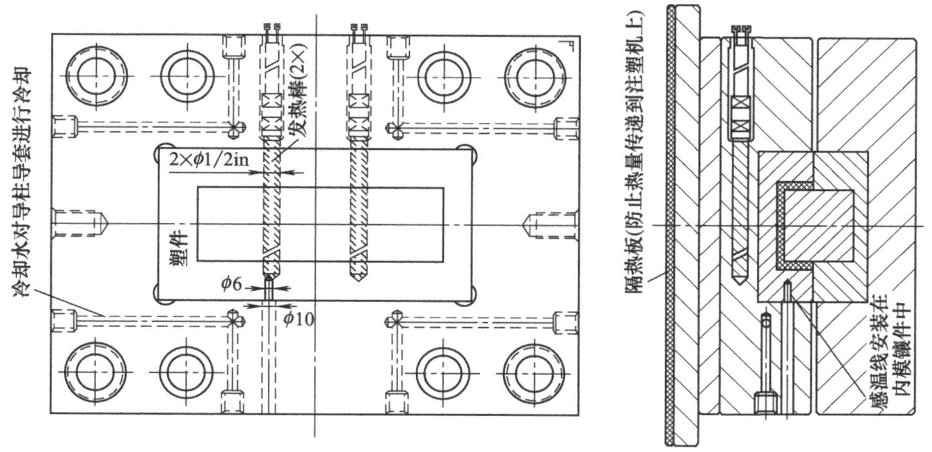

图 12-34　模具加热实例

复习与思考

1. 注射成型中需要控制的温度有料筒温度、喷嘴温度和模具温度。请简述如何将模具温度控制在一个合理的范围内？

2. 简述模具温度的控制对熔体的流动性、收缩率及成型周期的影响。

3. 请说出 ABS、HIPS、PP、PA、PE、PC 和 PMMA 等常用塑料在注射成型时对模具温度的要求。

4. “为了提高生产率，模具冷却水的流速要高，且呈湍流状态，因此，进水口的温度越低越好。”这种说法对不对？

5. 简述控制模具温度的途径或方法。

6. “冷却水管的直径越大，冷却效果越好，因此冷却水管的直径越大越好。”这种说法对不对？在设计过程中如何确定冷却水管的直径？

7. 模具在成型过程中，熔体的热量主要传给了型芯部分，而型芯因为体积较小，且有推杆等零件通过，而难以设置冷却水路，这是模具设计的难点之一。请说出型芯冷却的五种方法。

8. 冷却水路不宜采用并联，否则容易产生死水。图 12-35 就是采用并联水管冷却的实例，请在原来的基础上用中途塞将它改为串联。

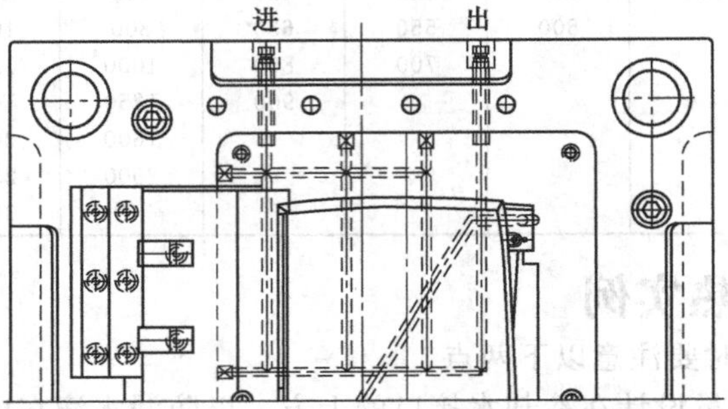

图 12-35　将并联水路改为串联水路

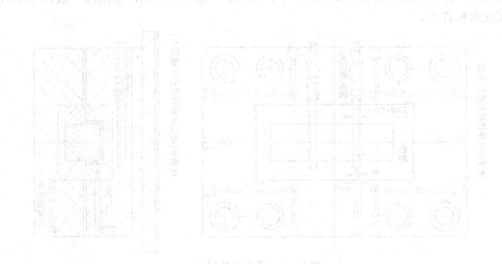

第 13 章

Chapter 13

注塑模具脱模系统设计

13.1 概述

13.1.1 什么是注塑模具脱模系统

在注射动作结束后，塑料熔体在模具型腔内冷却成型，由于体积收缩，对型芯产生包紧力，当其从模具中推出时，就必须克服因包紧力而产生的摩擦力。对于不带通孔的筒类、壳类塑件，脱模时还需克服大气压力。

在注塑模具中，将成型塑件及浇注系统凝料从模具中安全无损坏地推离模具的机构称为脱模系统，也称推出系统或顶出系统。安全无损坏是指塑件被推出时不变形，无刮花，不粘模，无顶白，推杆痕迹不影响塑件美观，塑件被推出时不会发生安全事故。

脱模系统的动作方向与模具的开模方向是一致的。

注塑模具的脱模系统包括以下几个部分。

① 推出零件　包括推杆、推管、推板、推块等零件。

② 复位零件　包括复位杆、复位弹簧及推件固定板先复位机构等零件。

③ 固定零件　包括推件固定板和推件底板等零件。

④ 配件　包括高压气体推出的气阀等配件，以及内螺纹脱模系统中的齿轮、齿条、电机、油缸等配件。

13.1.2 脱模系统分类

塑件推出方法受塑件材料及形状等影响，由于塑件复杂多变，要求不一，导致塑件的脱模系统也多种多样。

(1) 按动力来源分类　脱模系统可分为三类。

① 手动脱模系统　是指当模具分开后，用人工操纵脱模系统使塑件脱出，它可分为模内手工推出和模外手工推出两种。这类结构多用于形状复杂不能设置脱模系统的模具或塑件结构简单、产量小的情况，目前很少采用。

② 机动脱模系统　依靠注塑机的开模动作驱动模具上的脱模系统，实现塑件脱离模具。这类模具结构复杂，多用于生产批量大的情况，是目前应用最广泛的一种脱模系统，也是本章的重点。它包括推杆类脱模系统、推管类脱模系统、推板类脱模系统、气动脱模系统、内螺纹机动脱模系统及复合脱模系统。

③ 液压和气动脱模系统　一般是指在注塑机或模具上设有专用液压或气动装置，将塑件通过模具上的脱模系统推出模外或将塑件吹出模外。

（2）按照模具的结构特征分类　脱模系统可分为一次脱模系统、二次或多次脱模系统、定模脱模系统、高压气体脱模系统、塑件螺纹自动脱模系统等。

13.2 脱模系统设计的一般原则

（1）推出平稳原则

① 为了使塑件或推件在脱模时不致因受力不均匀而变形，推件要均衡布置，尽量靠近塑件收缩包紧的型芯，或者难以脱模的部位。如塑件为细长管状结构，尽量采用推管脱模；深腔类的塑件，有时既要用推杆又要用推板，俗称“又推又拉”。

② 除了包紧力，塑件对模具的真空吸附力有时也很大，在较大的平面上，即使没有包紧力也要加推杆，或采用复合脱模或用透气钢排气，大型塑件还可设置进气阀，以避免因真空吸附而使塑件产生顶白、变形。

（2）推件给力原则

① 推力点不但应作用在包紧力大的地方，还应作用在塑件刚性和强度大的地方，避免作用在薄壁部位。

② 作用面应尽可能大一些，在合理的范围内，推杆“能大不小”、“能多不少”。

（3）塑件美观原则

① 避免推件痕迹影响塑件外观，推件位置应设置在塑件隐蔽面或非外观面。

② 对于透明塑件，推件即使在内表面其痕迹也“一览无遗”，因此选择推件位置须十分小心，有时必须和客户一起商量确定。

（4）安全可靠原则

① 脱模机构的动作应安全、可靠、灵活，且具有足够的强度和耐磨性。采用摆杆、斜顶脱模时，应提高摩擦面的硬度和耐磨性，如淬火或表面渗氮。摩擦面还要开设润滑槽，减小摩擦阻力。

② 推出行程应保证塑件完全脱离模具。脱模系统必须将塑件完全推出，完全推出是指塑件在重力作用下可自由落下。推出行程取决于塑件的形状。对于锥度很小或没有锥度的塑件，推出行程等于后模型芯的最大高度加 5～10mm 的安全距离，如图 13-1（a）所示。对于锥度很大的塑件，推出行程可以小一些，一般取后模型芯高度的 1/2～2/3 即可，如图 13-1（b）所示。

推出行程受到模架方铁高度的限制，方铁高度已随模架标准化。如果推出行程很大，方铁不够高时，应在订购模架时加高方铁高度，并在技术要求中写明。

③ 螺纹自动脱模时塑件必须有可靠的防转措施。

④ 模具复位杆的长度应保证在合模后与定模板有 0.05～0.10mm 的间隙，以免合模时复位杆阻碍分型面贴合，如图 13-2 所示。

⑤ 复位杆和动模板至少应有 30mm 的导向配合长度。复位弹簧是帮助推件固定板在合模之前退回复位，但复位弹簧容易失效，且没有冲击力，如果模具的推件固定板必须在合模之前退回原位（否则会发生撞模等安全事故）的话，则应该再加机械先复位机构。

（5）加工方便原则

① 圆推杆和圆孔加工简单快捷，而扁推杆和方孔加工难度大，应避免采用。

② 在不影响塑件脱模和位置足够时，应尽量采用大小相同的推杆，以方便加工。

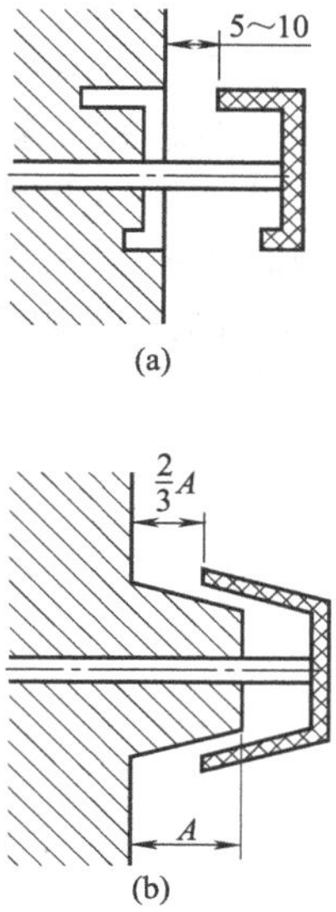

图 13-1 塑件必须安全脱离模具

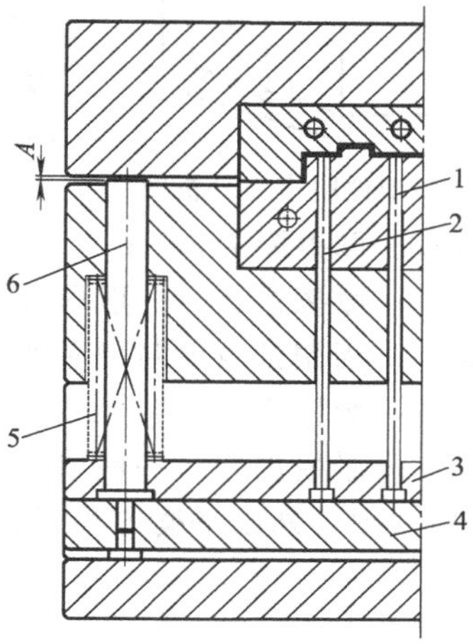

图 13-2 复位杆的长度（A＝0.05～0.10mm）
1，2—推杆；3—推件固定板；4—推件底板；
5—复位弹簧；6—复位杆

13.3 脱模力的计算

脱模力包括以下四点。

① 塑件在模具中冷却定型时，由于体积收缩，产生包紧力。

② 不带通孔壳体类塑件，推出时要克服大气压力 。

③ 脱模系统（如推杆、推管和推板等）本身运动的摩擦阻力。

④ 塑件与模具之间的黏附力。

13.3.1 脱模力的分类

脱模力分为初始脱模力和相继脱模力。

① 初始脱模力是指开始推出瞬间需要克服的脱模阻力。

② 相继脱模力是指后面所需的脱模力，比初始脱模力小很多，计算脱模力时，一般计算初始脱模力。

13.3.2 脱模力的定性分析

脱模力的定性分析包括以下几个方面。

① 塑件壁厚越厚，型芯长度越长，垂直于推出方向塑件的投影面积越大，则脱模力越大。

② 塑件收缩率越大，弹性模量 E 越大，则脱模力越大。

③ 塑件与型芯摩擦力越大，则脱模力越大。

④ 推出斜度越小的塑件，则脱模力越大。

⑤ 透明塑件对型芯的包紧力较大，脱模力也较大。

13.3.3 脱模力计算公式

脱模力是指将塑件从型芯上脱出时所需克服的阻力。它是设计脱模机构的重要依据

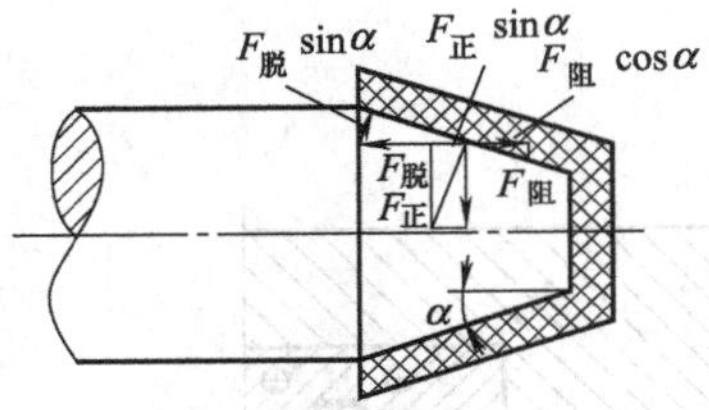

图 13-3　塑件脱模力分析图

之一。

当塑件收缩包紧型芯时，其受力情况如图 13-3 所示。未脱模时，正压力（$F_{正}$）就是对型芯的包紧力，此时的摩擦阻力即为 $F_{阻}=fF_{正}$。然而，由于型芯有锥度，故在脱模力（$F_{脱}$）的作用下，塑件对型芯的正压力降低了 $F_{脱}\sin\alpha$，即变成了 $F_{正}-F_{脱}\sin\alpha$，所以此时的摩擦阻力为：

$$F_{阻}=f(F_{正}-F_{脱}\sin\alpha)=fF_{正}-fF_{脱}\sin\alpha \tag{13-1}$$

式中　$F_{阻}$——摩擦阻力，N；

f——摩擦系数，一般取 0.15～1.0；

$F_{正}$——因塑件收缩对型芯产生的正压力（即包紧力）N；

$F_{脱}$——脱模力，N；

α——脱模斜率，一般取 1°～2°。

根据受力图可列出平衡方程式：

$$\sum F_x=0$$

即为：

$$F_{脱}+F_{正}\sin\alpha=F_{阻}\cos\alpha \tag{13-2}$$

由于 α 一般很小，式（13-1）中 $fF_{脱}\sin\alpha$ 项之值可以忽略。当该项忽略时，式（13-2）即为：

$$F_{脱}=fF_{正}\cos\alpha-F_{正}\sin\alpha=F_{正}(f\cos\alpha-\sin\alpha) \tag{13-3}$$

当 $fF_{脱}\cdot\sin\alpha$ 项不忽略时，即为：

$$F_{脱}+F_{正}\sin\alpha=(fF_{正}-fF_{脱}\sin\alpha)\cos\alpha$$

$$F_{脱}=\frac{F_{正}(f\cos\alpha-\sin\alpha)}{1+f\sin\alpha\cos\alpha}=\frac{F_{正}\cos\alpha(f-\tan\alpha)}{1+f\sin\alpha\cos\alpha} \tag{13-4}$$

$$F_{正}=pA \tag{13-5}$$

式中　p——塑件对型芯产生的单位正压力（包紧力），一般取 8～12MPa；薄件取小值，厚件取大值；

A——塑件包紧型芯的侧面积，mm^2。

对于不通孔的壳形塑件脱模时，还需要克服大气压力造成的阻力 $F_{阻}$，其值为：

$$F_{阻}=0.1A \tag{13-6}$$

式中　A——型芯端面面积，mm^2。

故总的脱模力应为：

$$F_{总脱}=F_{脱}+F_{阻}\ 或\ F_{总脱}=F_{脱}+0.1A \tag{13-7}$$

对于一般模具，采用式（13-3）即可，对要求严格的模具，可以采用式（13-4）。

13.4　推杆类脱模机构设计

推杆包括圆推杆、扁推杆及异形推杆。其中，圆推杆推出时运动阻力小，推出动作灵活可靠，损坏后也便于更换，因此在生产中广泛应用。圆推杆脱模系统是整个脱模系统中最简单、最常见的一种形式。扁推杆截面是长方形，加工成本高，易磨损，维修不方便。异形推杆是根据塑件推出位置的形状而设计的，如三角形、弧形、半圆形等，因加工复杂，很少采用，此处不做探讨。

13.4.1 圆推杆

圆推杆俗称顶针，它是最简单、应用最普遍的推出装置。圆推杆与推杆孔都易于加工，因此已被作为标准件广泛使用。圆推杆有直身推杆和有托推杆两种。推杆直径在 ϕ2.5mm 以下，而且位置足够时要做有托推杆，大于 ϕ2.5mm 都做直身推杆，直身推杆简称推杆，如图 13-4 所示。

13.4.1.1 圆推杆推出基本结构

推杆固定在推件固定板上，动、定模打开后，注塑机顶棍推动推件固定板，由推杆推动塑件，实现脱模。如果被顶塑件的表面是斜面的话，固定部位要设计防转结构。常用的防转结构如图 13-4 所示。

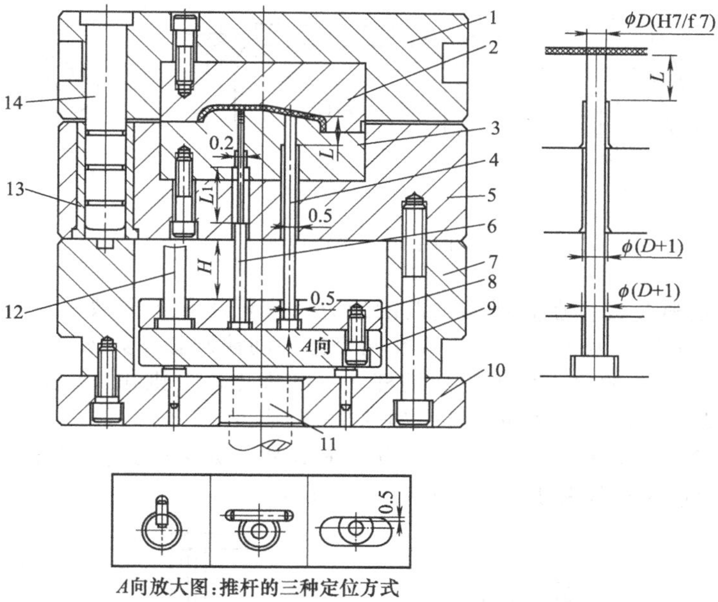

图 13-4 推杆推出机构

1—A 板；2—定模镶件；3—动模镶件；4—直身圆推杆；5—B 板；6—有托推杆；7—方铁；8—推件固定板；9—推件底板；10—模具底板；11—注塑机顶棍；12—复位杆；13—导套；14—导柱

推杆推出机构设计要点如下。

① 推杆上端面应高出镶件表面 0.03～0.05mm，特别注明除外。

② 为减小推杆与模具的接触面积，避免发生磨损烧死（咬蚀）现象，推杆与型芯的有效配合长度 L 应取推杆直径的 3 倍左右，但最小不能小于 10mm，最大不宜大于 20mm，非配合长度上单边避空 0.5mm。

③ 推杆与镶件的配合公差为 H7/f7。

13.4.1.2 圆推杆推出的优缺点

（1）圆推杆优点

① 制造和加工方便，成本低。圆孔钻削加工，比起其他形状的线切割或电火花加工，要快捷方便得多。另外，圆推杆是标准件，购买很方便，相对于其他推杆，它的价格最便宜。

② 阻力小。可以证明，面积相同的截面，以圆形截面的周长最短，因此摩擦阻力最小，磨损也最小。

③ 维修方便。圆推杆尺寸规格多，有备件，更换方便。当推杆处因磨损出现飞边时，

可以将推杆孔扩大一些，再换上相应大小的推杆。

(2) 圆推杆缺点　推出位置有一定的局限性。对于加强筋、塑件边缘及狭小的槽，布置圆推杆有时较困难，若用小推杆，几乎没有作用。

13.4.1.3　圆推杆设计要点

(1) 圆推杆位置设计

① 推杆应布置在塑件包紧力大的地方，布置顺序：角、四周、加强筋、空心螺柱（用推管或两支推杆）。推杆不能太靠边，要保持 1～2mm 的钢厚，如图 13-5 (a) 所示。

② 对于表面不能有推杆痕迹或细小塑件的，可在塑件周边适当位置加辅助溢料槽推出，如图 13-5 (b) 所示。

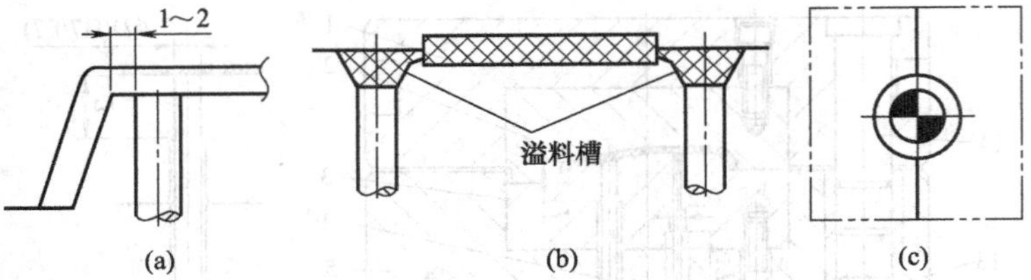

图 13-5　推杆位置

③ 推杆尽可能避免设置在高低面过渡的地方。推杆尽量不要放在镶件拼接处，若无法避免，可将推杆对半做于两个镶件上，或在两个镶件间镶圆套，如图 13-5 (c) 所示。

④ 长度大于 10mm 的实心柱下应加推杆，一则推出，二则排气。如果在旁边用双推杆时，实心柱下也应加推杆，以方便排气，如图 13-6 所示。

⑤ 推杆可以顶空心螺柱。低于 15mm 以下的螺柱，如果旁边能够设置推杆的话可以不用推管，而在其附近对称加两支推杆，如图 13-7 所示。

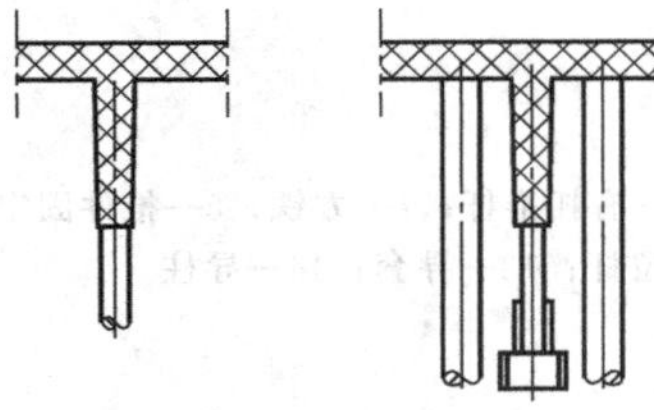
图 13-6　实心柱顶出

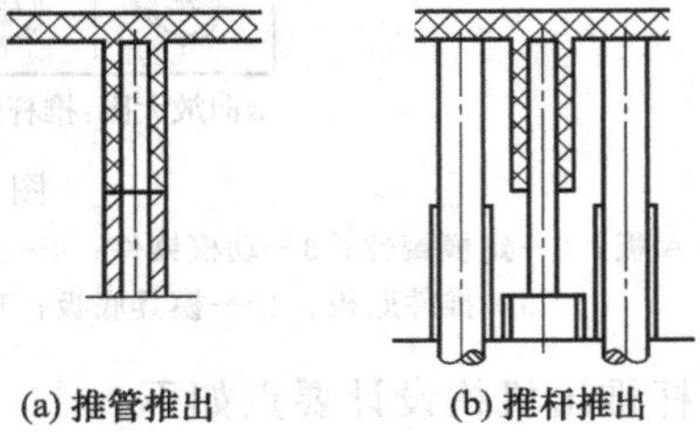

图 13-7　空心螺柱顶出

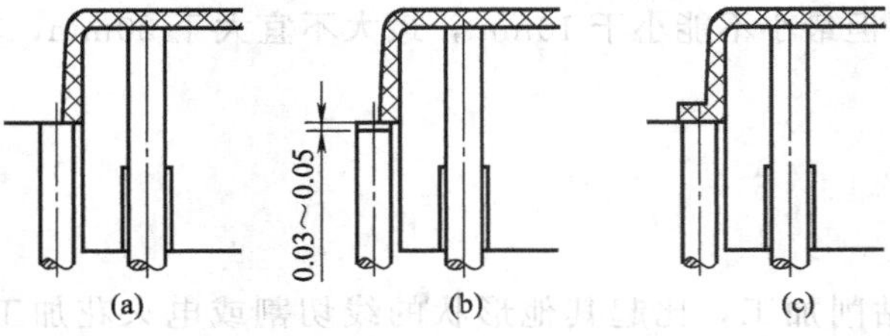

图 13-8　推杆顶边

⑥ 推杆可以顶边。顶边有两种方法：一是外部加一边缘，推杆顶边缘，如图 13-8 (c) 所示，由于要多出一边缘，须征得客户同意；二是推杆推部分边，如图 13-8 (a) 所示，因为有一部分要顶定模内模，易将定模内模推出凹陷而产生飞边，所以应将推杆顶部磨低 0.03～0.05mm，或在复位杆下做推件固定板先复位机构。

⑦ 推杆可以推加强筋。推加强筋有六种方法，如图 13-9 所示。图 13-9 (a) 中的推杆一般用直径 2.5～3.0mm，但这样的话，加强筋两边会增加筋厚，须征得客户同意，且要保

证：不影响产品的装配和使用功能；不能导致塑件表面产生收缩凹陷。

在图 13-9 所示的六种方法中，(a) 最好，(f) 最差。

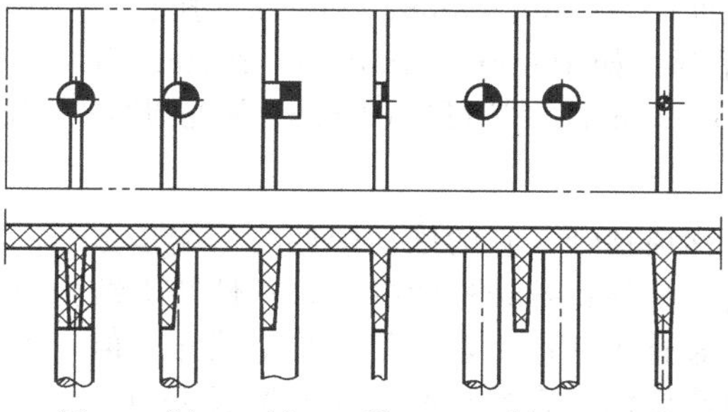

图 13-9　加强筋顶出

⑧ 尽量避免在斜面上布置推杆，若必须在斜面上布置推杆时，为防止塑件在推出时推杆滑行，推杆的上端面要设计台阶（图 13-10），底部须加防转销（俗称管位）防转，防转结构通常有三种（图 13-11）。

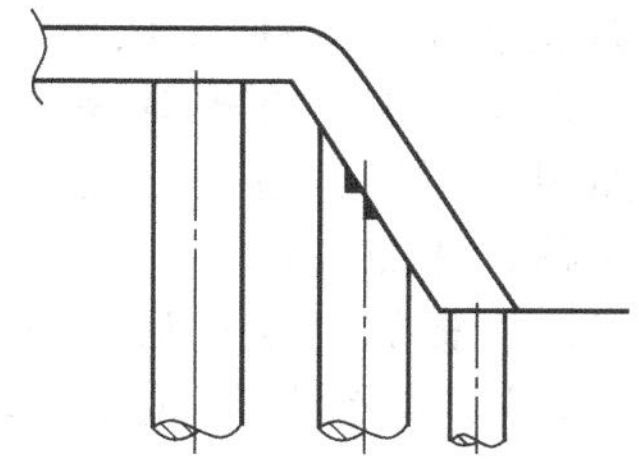

图 13-10　推杆斜面上要设计台阶

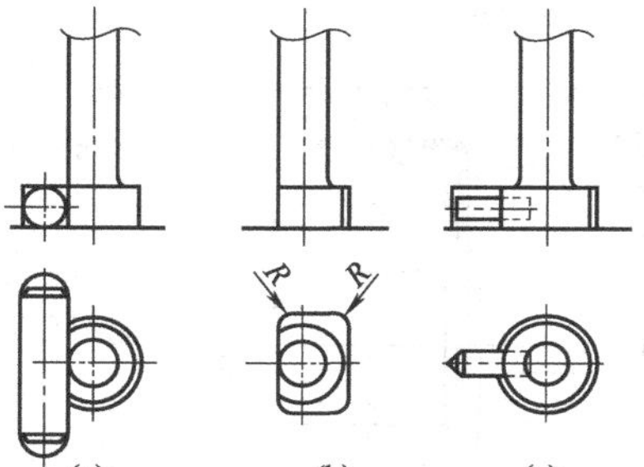

图 13-11　推杆防转结构

⑨ 圆推杆如何实现延时推出？图 13-12 是一种常见的推杆延时推出结构，此种形式延时推出装置适用于电视机等大型模具，它先利用推块将产品推出一定距离 S 后，推杆和推块再一起作用将塑件推出。

图 13-12 中，d=6mm，8mm，10mm 时，D = 16mm；d = 12mm，16mm，20mm 时，D=26mm。

在采用潜伏式浇口进料时，为了达到自动切断浇口的目的，推流道和浇口的推杆也常采用延时推出，见第 10 章。

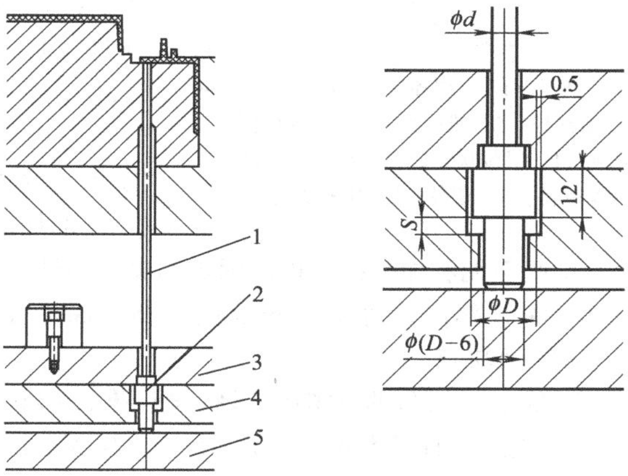

图 13-12　推杆延时推出结构
1—推杆；2—延时销；3—推件固定板；
4—推件底板；5—模具底板

(2) 圆推杆大小及规格

① 圆推杆直径应尽量取大一些，这样脱模力大而平稳。除非特殊情况，模具应避免使用 1.5mm 以下的推杆，因细长推杆易弯易断。细推杆要经淬火加硬，使其具有足够的强度与耐磨性。直径 4～6mm 的推杆用得较多。塑件特别大时可用 ϕ12mm，或视需要加更大的推杆。

② 直身推杆规格：推杆直径×推杆长度，如 ϕ5mm×120mm。

③ 推杆过长或推杆细小时，要用有托推杆（见图 13-4 中的件 6）。使用有托推杆开料时，应注明托长。如有托推杆 1.5mm×3mm×90mm（托长）×200mm（总长）。

④ 推杆标准件长度系列：如 100mm、150mm、200mm 等。

⑤ 直身圆推杆：直径 1～25mm，长度可达 630mm；加托圆推杆最长 315mm，托长13～50mm。

13.4.2 扁推杆

扁推杆又称扁销，俗称扁顶针，它的推动塑件的一端是方形，而且长宽之比较大，但固定端还是圆形。它一般用于塑件特殊结构的推出。塑件特殊结构包括塑件内部的特殊筋、深加强筋、槽位等。扁推杆兼有排气作用，可帮助成型填充，但扁推杆顶端方孔加工困难，要线切割加工，强度也较圆推杆低。扁推杆配合长度见表 13-1。

表 13-1 扁推杆配合长度　　单位：mm

扁推杆宽度	配合长度 B	扁推杆宽度	配合长度 B
<0.8	10	1.5～1.8	18
0.8～1.2	12	1.8～2.0	20
1.2～1.5	15		

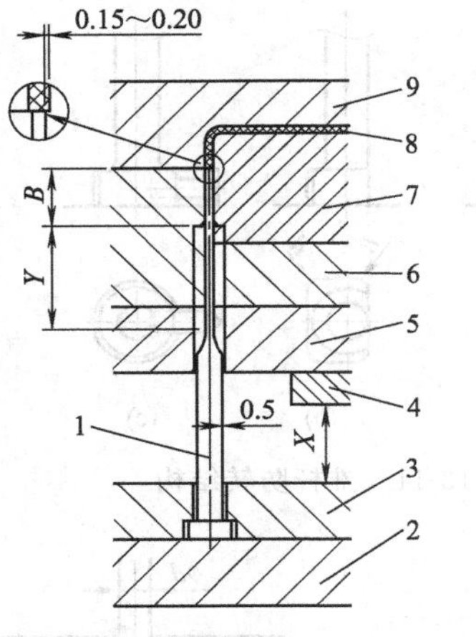

图 13-13 扁推杆装配图

1—扁推杆；2—推件底板；3—推件固定板；4—限位块；5—B 板；6,7—动模镶件；8—塑件；9—定模镶件

（1）基本结构　图 13-13 是扁推杆装配图。图 13-13 中，扁推杆 1 和动模镶件 7 按 H7/f7 配合，配合处起密封、导向和排气的作用。配合长度 B 按表 13-1 中所示数字。

扁推杆头部易磨损，受力易变形，在模具装配时，扁推杆只能用手轻轻按进去，如用手不能按进去，此扁推杆中心就有问题，必须立即找出问题，并加以解决。

在模具装配时，必须将推杆板放上推杆后，测试推杆板是否可顺畅地缓缓滑落。另外，必须加限位块 4，保证 $X<Y$。

扁推杆是标准件，可以外购，其扁形部分越短强度越好，加工也容易，设计规格中要注明圆柱部分长度。扁推杆规格也要注明托长，如扁推杆 2.5mm×10mm×ϕ12mm（托直径）×90mm（托长）×200mm（总长）。

（2）使用场合

① 不允许在底部加推杆的透明塑件，用扁推杆推边。

② 底部加推杆仍难以推出的深腔塑件，增加扁推杆推边。

③ 底部无法加推杆，推出困难的深腔塑件，用扁推杆推边。

④ 深骨部位。对于 20mm 以上高的深加强筋，建议用扁推杆推出。

（3）优缺点

① 优点　可以根据塑件形状设计推杆形状，脱模力较大，推出平稳。

② 缺点　加工困难，易磨损，成本高，在设计模具时尽量不用扁推杆。

13.5 推管类脱模机构设计

13.5.1 推管推出基本结构

推管俗称司筒，其推出方式和推杆大致相同。推管的推管件包括推管 2 和推管型芯 1，推管型芯俗称司筒针，如图 13-14 所示。推管的装配方法和推杆一样，而推管型芯 1 用于成型圆柱孔，装在模架底板上，用无头螺钉压住。推管型芯数量多，或者要做防转时，也可做一块或多块压板分别固定。

图 13-14 中推管型芯压板 5 也可以用无头螺钉。

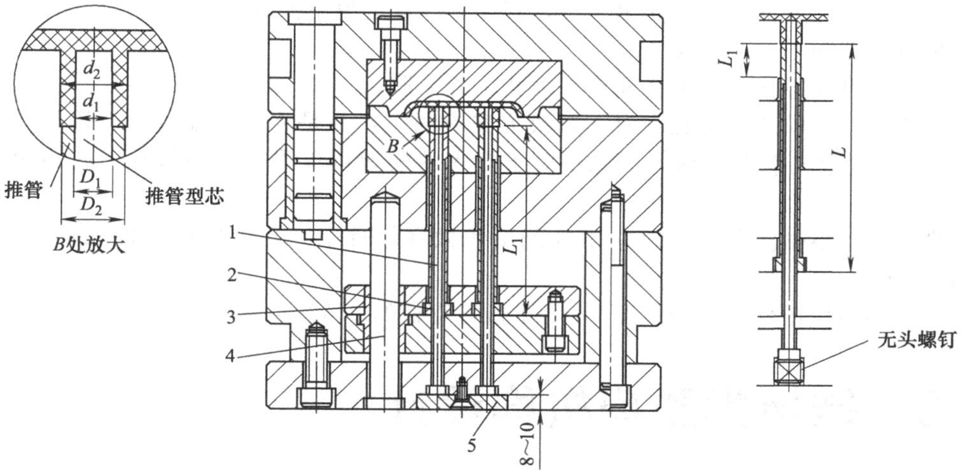

图 13-14 推管脱模机构

1—推管型芯；2—推管；3—推杆板导套；4—推杆板导柱；5—推管型芯压板

13.5.2 推管的设计

(1) 推管直径尺寸确认 推管型芯直径要大于等于螺柱位内孔直径，推管外径要小于等于螺柱的外径，并取标准值。即 $D_1 \geqslant d_1$，$D_2 \leqslant d_2$，见图 13-14 中 B 处放大图。

(2) 推管长度 L 推管长度取决于模具大小和塑件的结构尺寸，外购时在装配图的基础上加 5mm 左右，取整数。

(3) 何时加托 推管壁在 1mm 以下或推管壁径比≤0.1 的要做有托推管，托长尽量取大值。

(4) 推管规格型号

① 写法 1 推管型芯直径×推管直径×推管长度，并注明推管型芯长度，如推管 ϕ3mm×ϕ6mm×150mm。

② 写法 2 推管直径×推管长度；推管型芯直径×推管型芯长度，如推管 ϕ6mm×150mm，推管型芯 ϕ3mm×200mm。

13.5.3 推管的优缺点

由于推管是一种空心推杆，故整个周边接触塑件，推出塑件的力量较大且均匀，塑件不易变形，也不会留下明显的推出痕迹，如图 13-15 所示。

但是推管制造和装配麻烦，成本高。推出塑件时，内外圆柱面同时摩擦，易磨损出飞边。

13.5.4 推管的使用场合

推管推出常用于三种情况下：空心细长螺柱、圆筒形塑件和环形塑件。而用于细长螺柱处的推出最多，如图 13-15 所示。但对于柱高小于 15mm 或壁厚小于 0.8mm 的螺柱，则不宜用推管，前者尽量用双推杆，后者用推管推出易产生轴向变形。

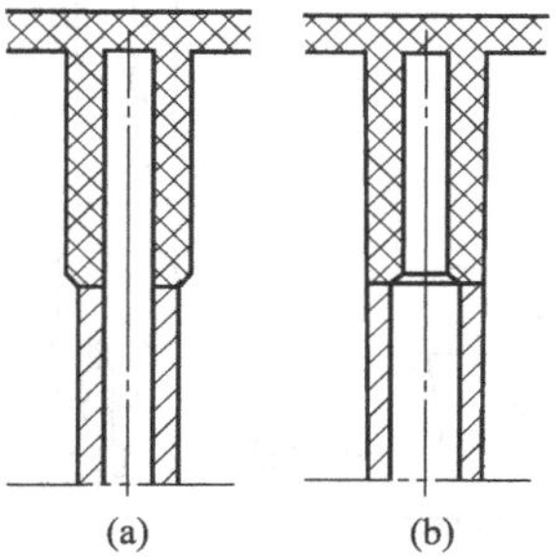

图 13-15 空心螺柱倒角

13.5.5 推管设计注意事项

① 推出速度快或者柱子较长时，柱子易被挤缩，高度尺寸难以保证，要加推杆辅助推出，但在推管旁边太近处加推杆易顶白，推杆宜设置在 15mm 以外。

② 推管推出时，推件固定板应设计导柱导向，以减少推管与镶件和推管型芯的磨损。

③ 对于流动性好的塑料，易出飞边，其模具尽量避免用推管。

④ 推管硬度为 50～55HRC。

⑤ 推管不可与撑柱、顶棍孔和冷却水孔位置干涉。

⑥ 当推管位于模架顶棍孔内时，解决方案有两个：一是将塑件偏离，使顶棍孔与推管错开，但这常常造成推出不均匀；二是对于较大的模架可以采用双顶棍孔，而不用中间顶棍孔。

⑦ 推管外侧不做倒角，一般柱子外侧倒角做在镶件上，孔内侧倒角做在推管型芯上，如图 13-15 所示。

⑧ 推管和内模镶件的配合长度 L_1 等于推管直径的 2.5～3 倍。

13.6 推板类脱模机构设计

推板类推出是在型芯根部（塑件的侧壁）安装一件与型芯密切配合的推板或推块，推板或推块通过复位杆或推杆固定在推件固定板上，以与开模相同的方向将塑件推离型芯。

推板类推出的优点是推出力量大且均匀，推出运动平衡稳定，塑件不易变形，塑件表面无推杆痕迹。缺点是模具结构较复杂，制造成本较高，对于型芯周边外形为非圆形的复杂型芯，其配合部分加工比较困难。

13.6.1 推板类脱模机构使用场合

推板类脱模机构使用场合如下。

① 大型筒形塑件的推出。

② 薄壁、深腔塑件及各种罩壳形塑件的推出。

③ 表面不允许有推杆痕迹塑件的推出。有两种情况表面有推杆痕迹时会影响外观：一是透明塑件；二是动模成型的表面在装配后露在外面。

13.6.2 推板类脱模机构分类

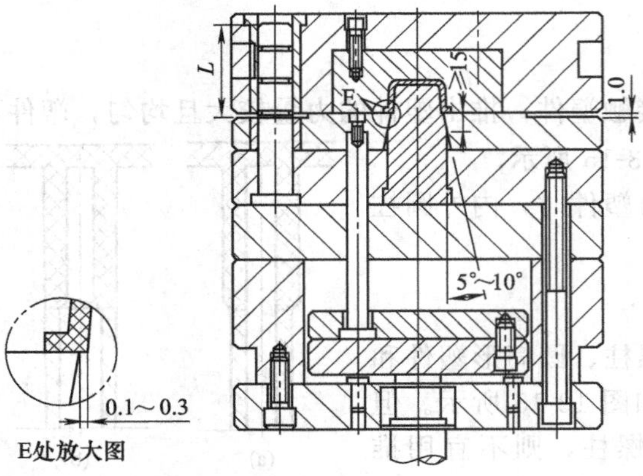

图 13-16 一体式推板脱模机构

(1) 一体式推板脱模机构 推件板为模架上既有的模板，典型结构如图 13-16 所示。模板脱模系统结构较简单，模架为外购标准件，减少了加工工作量，制造方便，最为常用。

(2) 埋入式推板脱模机构 推板为镶入 B 板的板类零件，加工工作量大，制造成本较高，典型结构如图 13-17 所示。

(3) 推块脱模机构 推件板为镶入内模的块状镶件，只推塑件边的一部分，推出位置有较大的灵活性，但脱模力不如前两种推板推出，典型结构如图 13-19

所示。

13.6.3 一体式推板脱模机构

一体式推板脱模机构简称推板脱模结构，如图 13-16 所示，推板通过螺钉和复位杆与推件固定板连接在一起，A、B 板打开后，注塑机顶棍推动推件固定板，推件固定板通过复位杆推动推板，推板将塑件推离模具。

推板脱模机构设计要点如下。

① 推板孔应与型芯按锥面配合，推板与型芯配合面用 5°～10°锥面配合。推板内孔应比型芯成型部分大 0.2～0.3mm（见图 13-16 中的 E 处放大图），防止发生两者之间擦伤、磨花和卡死等现象。这一点对透明塑件尤其重要。

② 为了提高模具寿命，型芯应氮化或淬火处理。复杂推板要设计成能线切割加工。

③ 对于底部无通孔的大型壳体、深腔、薄壁等塑件，当用推板推出时，须在型芯顶端增加一个进气装置。以免塑件内形成真空，导致推出困难或损坏。

④ 推板推出时必须有导柱导向，因此有推板的模架，一定不可以将导柱安装在定模 A 板上，而必须将导套安装在动模 B 板上。而且导柱高出推板分型面的高度 L，应大于推板推出距离，使推板自始至终不脱离导柱，以保证推板复位可靠。

⑤ 推板材料应和内模镶件材料相同，当塑料为热敏性的塑料时，尤其要注意。当型芯为圆形镶件时，推板上可以采用镶圆套的方法，以方便加工，如图 13-18 所示。

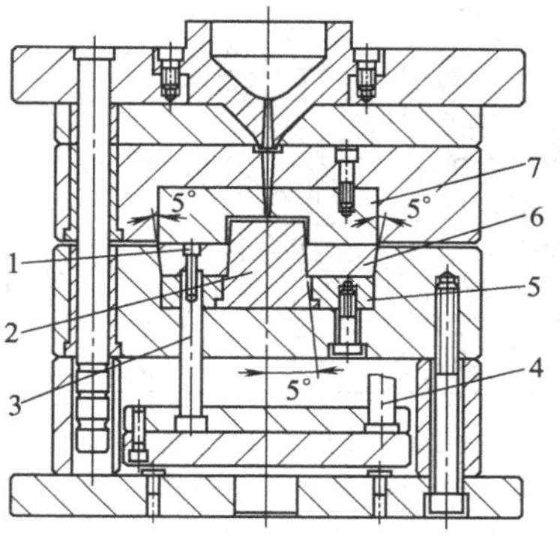

图 13-17 埋入式推板脱模机构

1—螺钉；2—型芯；3—推板复位杆；4—复位杆；5—动模镶件；6—埋入式推板；7—定模镶件

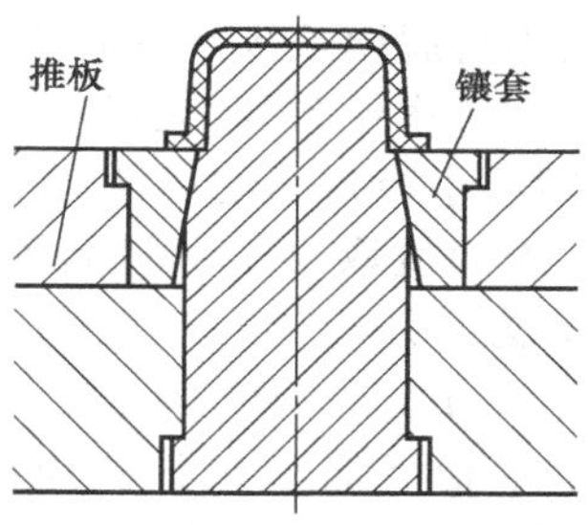

图 13-18 推板上的镶套结构

13.6.4 埋入式推板脱模机构

因为简化型三板模架的动、定模板之间无导柱导套，因此这种模架没有推板，如果此时塑件需要用推板推出时，可考虑用埋入式推板，其典型结构如图 13-18 所示。

动、定模打开后，顶棍推动推件固定板，推件固定板通过推板复位杆 3 推动埋入式推板 6，从而将塑件推出。为减少摩擦以及复位可靠，埋入式推板四周要做 5°锥面，型芯和埋入式推板之间也要以锥面配合。

13.6.5 推块脱模机构

平板状或盒形带凸缘的塑件，需要推边时，如用推板推出，推板难以加工，或塑件会黏附模具时，则应使用推块脱模系统，因推块可以只推塑件或其边的局部。此时推块也是型腔的组成部分，所以它应具有较高的硬度和较低的表面粗糙度，如图 13-19 所示。

推块的复位形式有两种：一种是依靠塑料压力和定模镶件压力；另一种是采用复位杆。但多数情况是两者联合使用。

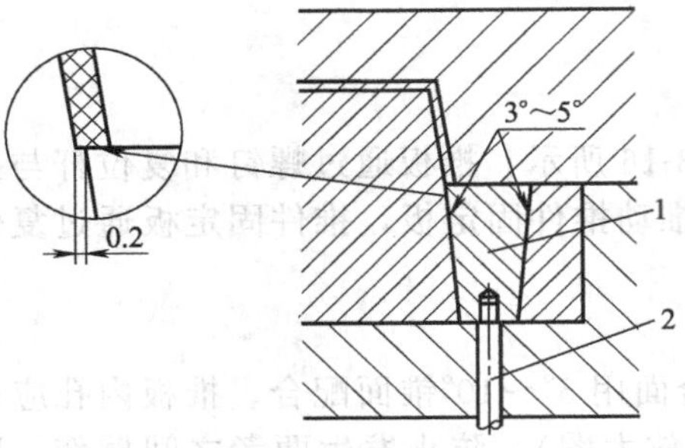

图 13-19　推块脱模机构

1—推块；2—推杆

推块设计要点如下。

① 推块周边必须做 3°～5°斜度。

② 推块用 H13 材料，淬火至 52～54HRC。

③ 推块离型腔内边必须有 0.1～0.3mm 以上距离（一般为 0.2mm），以避免顶出时推块与型芯摩擦。

④ 推块底部推杆必须防转，以保证推块复位可靠。

⑤ 推块与推杆采用螺纹连接，也可采用圆柱紧配合，另加横向固定销连接。

13.7　塑件螺纹自动脱模机构

塑件的螺纹分为外螺纹和内螺纹两种，精度不高的外螺纹一般用哈夫块成型，采用侧向抽芯机构，如图 13-20 所示。

而内螺纹则由螺纹型芯成型，其脱模系统可根据塑件中螺纹的牙形、直径大小和塑料品种等因素采用螺纹型芯不旋转的强行脱模和螺纹型芯旋转的自动脱模机构。

内螺纹强行脱模须满足下面公式：

伸长率＝(螺纹大径－螺纹小径)/螺纹小径≤A

式中，A 的值取决于塑料品种，ABS 为 8%，POM 为 5%，PA 为 9%，LDPE 为 21%，HDPE 为 6%，PP 为 5%。螺纹强行脱模机构见本章后面的强行脱模机构设计，本节重点介绍螺纹自动脱模机构。

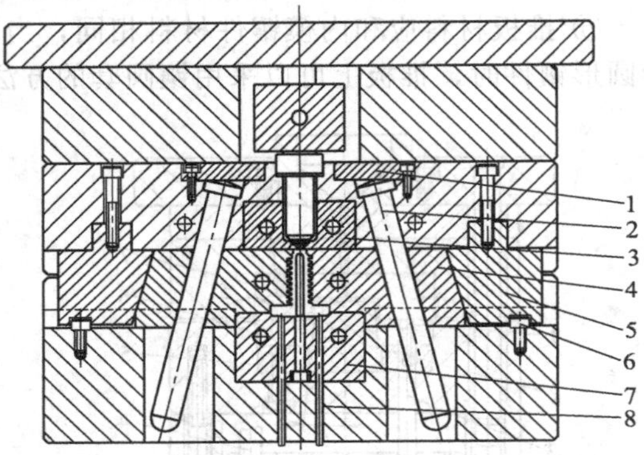

图 13-20　外螺纹侧向抽芯机构

1—压块；2—斜导柱；3—定模镶件；4—滑块；5—楔紧块；6—挡销；7—动模镶件；8—推杆

13.7.1　塑件螺纹自动脱模机构的分类

（1）按动作方式分类

① 螺纹型芯转动，推板推动塑件脱离，如图 13-21 所示。齿条 8 带动传动齿轮 6，传动齿轮 5 再带动传动齿轮 10，传动齿轮 10 带动螺纹型芯 4 实现内螺纹脱模。螺纹型芯 4 在转动的同时，推板 13 在弹簧 12 的作用下推动塑件脱离模具。

特别应注意的是，当塑件的型腔与螺纹型芯同时设计在动模上时，型腔就可以保证不使塑件转动。但当型腔不可能与螺纹型芯同时设计在动模上时，模具开模后，塑件就离开定模型腔，此时即使塑件外形有防转的花纹，也不起作用，塑件会留在螺纹型芯上与之一起运动，便不能推出。因此，在设计模具时要考虑止转机构的合理设置，如采用端面止转等方法。见图 13-21 中的镶套 3。

② 螺纹型芯转动的同时后退，塑件自然脱离，如图 13-22 所示。

齿条 10 带动齿轮轴 14，齿轮轴 14 带动传动齿轮 15，传动齿轮 15 带动螺纹型芯 9，螺纹型芯 9 一边转动，一边在螺纹导管 11 的螺纹导向下向下作轴向运动，实现内螺纹脱模。

（2）按动力来源不同分类

①“油缸＋齿条”螺纹自动脱模机构　动力来源于液压。依靠油缸给齿条以往复运动，

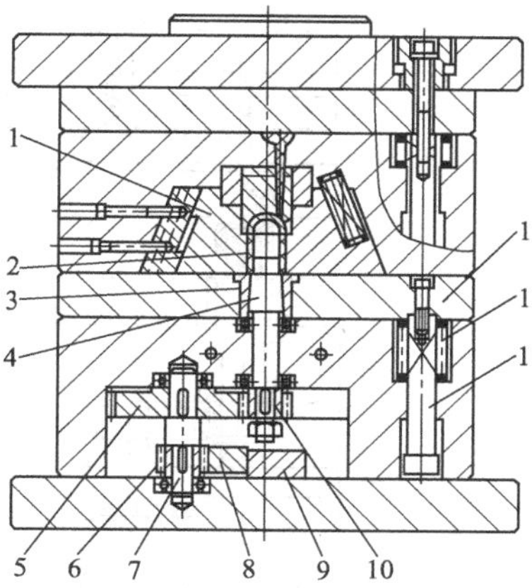

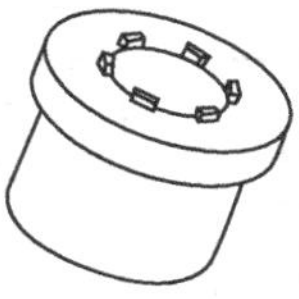

零件3 立体图

图 13-21 螺纹型芯旋转推板推动塑件脱模

1—斜滑块；2—塑件；3—镶套；4—螺纹型芯；5,6,10—传动齿轮；7—齿轮轴；8—齿条；9—挡块；11—拉杆；12—弹簧；13—推板

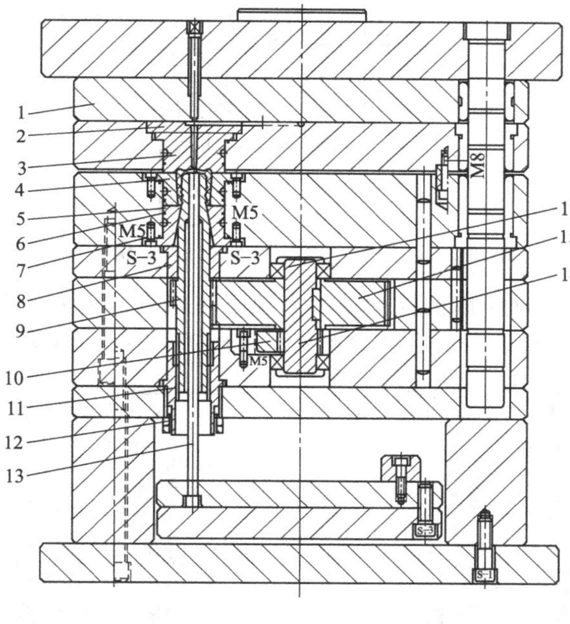

图 13-22 螺纹型芯一边旋转一边后退

1—脱料板；2—压板；3—定模镶件；4—动模镶件 1；5—动模镶件 2；6,7—密封圈；8—镶套；9—螺纹型芯；10—齿条；11—螺纹导管；12—螺母；13—推杆；14—齿轮轴；15—传动齿轮；16—轴承

通过齿轮使螺纹型芯旋转，实现内螺纹推出，如图 13-23 所示。

②“电机＋链条”螺纹自动脱模机构　动力来源于电机。用变速电机带动齿轮，齿轮再带动螺纹型芯，实现内螺纹推出。一般电机驱动多用于螺纹扣数多的情况，如图 13-24 所示。

③“齿条＋伞齿”螺纹自动脱模机构　动力来源于齿条，或者来源于注塑机的开模力。这种结构是利用开模时的直线运动，通过齿条轮或丝杠的传动，使螺纹型芯作回转运动而脱离塑件，螺纹型芯可以一边回转一边移动脱离塑件，也可以只作回转运动脱离塑件，还可以通过大升角的丝杠螺母使螺纹型芯回转而脱离塑件，如图 13-25 所示。

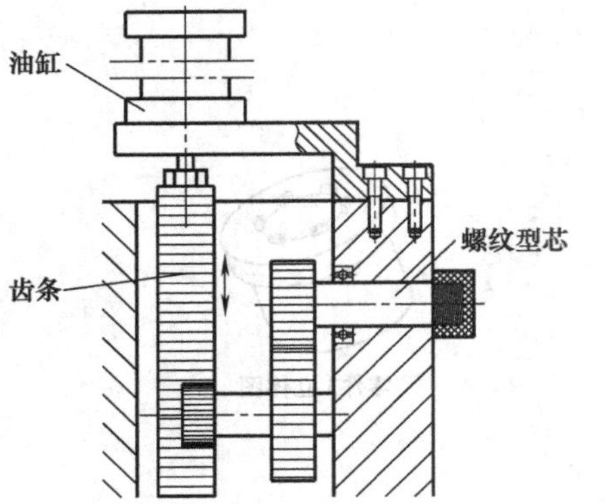

图 13-23 “油缸＋齿条”螺纹自动脱模机构

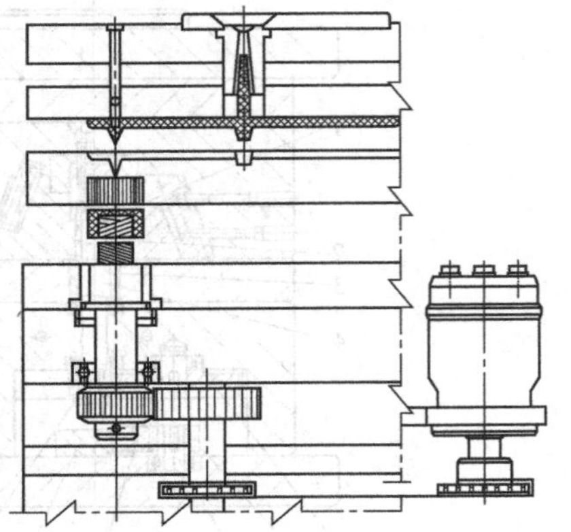

图 13-24 “电机＋链条”螺纹自动脱模机构

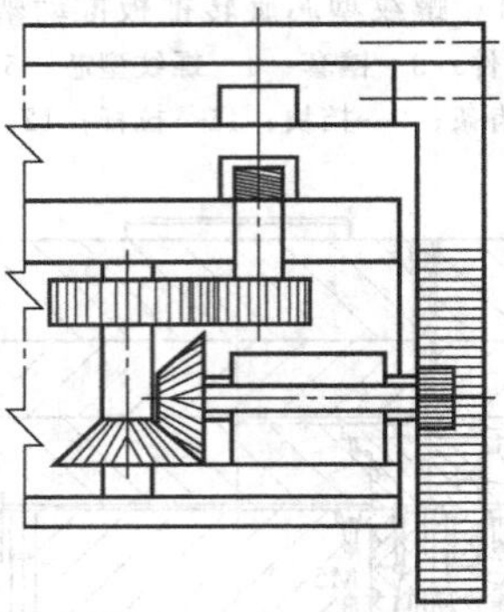

图 13-25 “齿条＋伞齿”螺纹自动脱模机构

④ 来福线丝杠螺纹自动脱模机构　动力来源于注塑机开模力。开模时丝杠带动来复线螺母转动，进而带动齿轮转动，最后带动螺纹型芯转动，实现自动脱模，如图 13-26 所示。

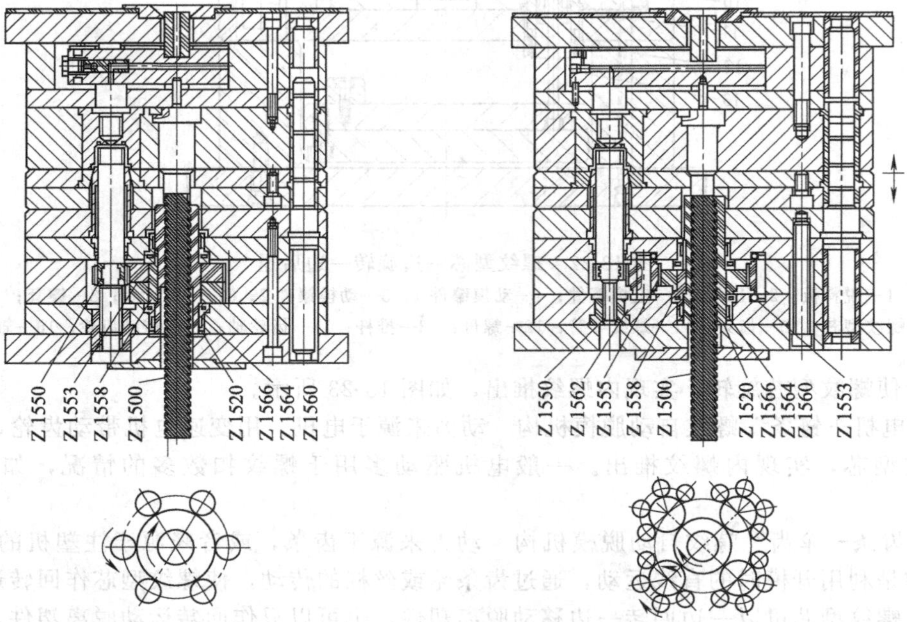

图 13-26 来福线丝杠螺纹自动脱模机构

13.7.2 螺纹自动脱模机构设计要点

13.7.2.1 确定螺纹型芯转动圈数

计算公式如下：

$$U=L/P+U_s$$

式中 U——螺纹型芯转动圈数；

U_s——安全系数，为保证完全旋出螺纹所加余量，一般取 0.25～1；

L——螺纹牙长；

P——螺纹牙距。

13.7.2.2 确定齿轮模数

模数取决于齿轮的齿厚。

工业用齿轮模数一般取 $m\geqslant 2$mm。在塑件螺纹自动脱模机构中，传动齿轮的模数通常取 1.5mm 或 2mm。

模数和其他参数的关系如下。

① 分度圆直径：$d=mz$。

② 齿顶圆直径：$d_a=m(z+2)$。

③ 齿轮啮合条件：模数和压力角相同，同时分度圆相切。

13.7.2.3 确定齿轮齿数

齿数取决于齿轮的外径。

当传动中心距一定时，齿数越多，传动越平稳，噪声越低。但齿数多，模数就小，齿厚也小，致使其弯曲强度降低，因此在满足齿轮弯曲强度条件下，尽量取较多的齿数和较小的模数。为避免干涉，齿数一般取 $z\geqslant 17$，螺纹型芯的齿数尽可能少，但最少不少于 14 齿，且最好取偶数。

13.7.2.4 确定齿轮传动比

传动比取决于啮合齿轮的转速。

传动比在高速重载或开式传动情况下选择质数，目的是为避免失效集中在几个齿上。传动比还与选择哪种驱动方式有关系。例如用齿条＋锥度齿或来福线螺母这两种驱动时，因传动受行程限制，须大一些，一般取 $1\leqslant i\leqslant 4$；当选择用油缸或电机时，因传动无限制，既可以结构紧凑一些节省空间，又有利于降低电机瞬间启动力，还可以减慢螺纹型芯旋转速度，一般取 $0.25\leqslant i\leqslant 1$。

13.8 气动脱模系统设计

气动推出常用于大型、深腔、薄壁或软质塑件的推出，这种模具必须在后模设置气路和气阀等结构。开模后，压缩空气（通常为 0.5～0.6MPa）通过气路和气阀进入型腔，将塑件推离模具。这里以玩具车的轮胎注塑模具为例，介绍两种气动推出模的典型结构。

图 13-27 是某款玩具车的轮胎，材料为 PVC60°，轮胎外圆周表面有规律地布置着多个胶柱，方向呈辐射状，胶柱分两段，根部大一级，这种结构在强行推出时不会在根部断裂。塑件表面无法加顶针，而且内部存在较大侧凹，外部存在多个凸起胶柱，因此不能采用一般的顶出方式推出。由于 PVC60°为软质塑料，故采用气动强行推出。

13.8.1 锥面阀门式气吹模

这种结构采用的气阀结构为 90°～120°的锥面阀门，如图 13-28 所示。模具推出过程是：

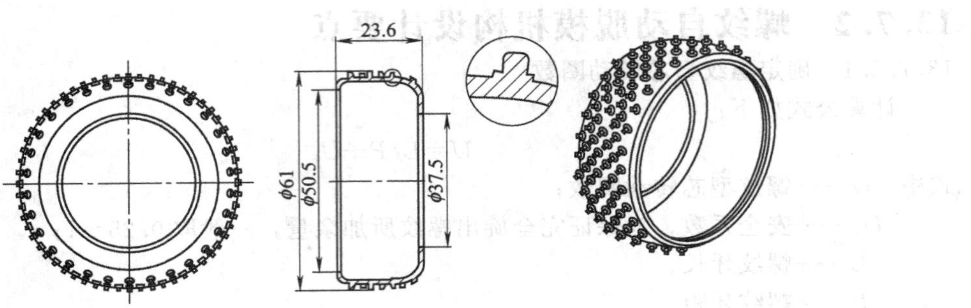

图 13-27　玩具车轮胎零件图

开模后，打开气阀，压缩空气推开阀门 1，与此同时弹簧 3 被压缩，高压空气进入型芯和塑件之间，将轮胎塑件强行推出。压缩空气关闭后，阀门在弹簧的作用下复位闭合。这种结构的缺点是装拆麻烦，制造成本较高，由于气阀完全依靠弹簧复位，在生产过程中弹簧经常疲劳失效，需要更换，影响模具的劳动生产率。

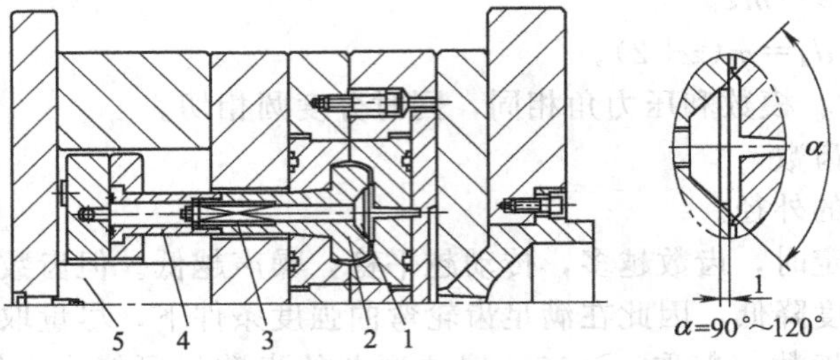

图 13-28　锥面阀门气动脱模机构

1—阀门；2—活动型芯；3—弹簧；4—推杆；5—撑柱

13.8.2　推杆阀门式气吹模

这种气动推出注塑模具，气阀不用弹簧复位，简单实用，很少出故障。详细结构如图 13-29 所示。

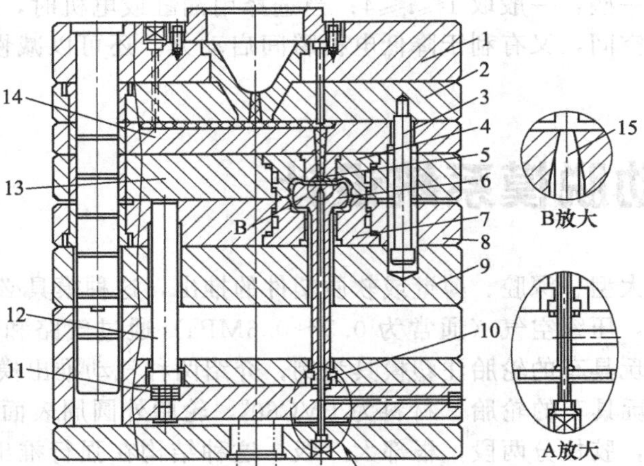

图 13-29　推杆阀门气动脱模机构

1—面板；2—脱料板；3—定距分型机构；4—定模镶件；5—镶件；6—活动型芯；7—动模镶件；8—动模 B 板；9—托板；10—卡环；11—先复位弹簧；12—复位杆；13—定模 A 板；14—定模压板；15—堵气杆

模具的工作过程如下。

① 熔体充满型腔，经保压和固化后，注塑机动模板带动动模后退，模具在开闭器的作用下，先从脱料板 2 和定模压板 14 之间打开，浇注系统凝料被拉断。

② 在拉杆 3 作用下，脱料板 2 和面板 1 再打开，浇注系统凝料前半部分自动脱落。

③ 在开闭器的作用下，A、B 板打开，塑件从定模镶件 4 中强行脱出。

④ 模具完全打开后，注塑机顶棍推动模具推件固定板，并通过推件固定板推动活动型芯 6，塑件从动模镶件 7 中被强行推出。在这个过程中，堵气杆 15 相对活动型芯 6 后退。当塑件被完全推出后，堵气杆 15 脱离活动型芯 6 的堵气孔，堵气孔变成了通孔。

⑤ 打开安全门，操作工人手动打开气阀（模具的压缩气体开关通常挂在安全门上），压缩气体由推件底板进入推杆，再进入活动型芯 6 和塑件之间，将塑件强行推离活动型芯 6。

⑥ 塑件推出后，注塑机合模，开始下一次注射成型。

13.9 二次脱模

13.9.1 二次脱模使用场合

① 塑件对模具包紧力太大，若一次推出，容易变形。大型薄壁塑件若单独承受推杆施加的力的作用，很容易变形，常常要分几次推出。

② 第一次推出后，再强行推出。塑件有倒扣，可以采用强行脱模，但强行脱模必须有塑件弹性变形的空间，若塑件倒扣和其背面都在动模侧或定模侧成型时，则必须采用二次脱模，倒扣的背面先脱离模具，再将塑件倒扣强行推离模具。

③ 自动化生产时，为保证塑件安全脱落，有时也采用二次脱模。

13.9.2 二次脱模系统的分类

二次脱模系统有很多种，单组推件固定板和双组推件固定板二次脱模系统是常用的二次脱模系统。单组推件固定板二次脱模系统是指在脱模系统中只设置了一组推板和推件固定板，而另一次推出则是靠一些特殊零件的运动来实现。双组推件固定板二次脱模系统是在模具中设置两组推板，它们分别带动一组推出零件实现塑件二次推出的推出动作。

13.9.3 因包紧力太大而采用二次脱模

（1）单组推件固定板二次脱模　图 13-30 是单组推件固定板二次脱模结构实例。开模时，模具先从分型面 1 处打开，塑件脱离定模型芯 1 和定模型腔。打开距离 T 后，定距分型机构中的拉钩 12 拉动挡销固定块 13，进而拉动动模推板 10，模具再从分型面 2 处打开，打开距离 L，由限位钉 9 控制，在这一过程中，塑件脱离动模型芯 3。完成开模行程后，注塑机顶棍 4 通过模具的 K.O. 孔推动推件底板 5 和推件固定板 6，进而推动推杆 7，将塑件推离动模推板 10。

（2）双组推件固定板二次脱模　图 13-31 是双组推件固定板二次脱模结构实例。开模时，模具先从分型面 1 处打开，塑件脱离定模型腔。完成开模行程后，注塑机顶棍 11 通过模具的 K.O. 孔推动推件底板 8，进而推动推杆 5 直接推动塑件。由于弹簧 12 的作用，复位杆固定板 9 和复位杆底板 10 及复位杆 6 同步推出，使塑件首先脱离动模型芯 15。双组推件固定板推出距离 L 后，在行程挡块 13 的作用下，复位杆固定板 9、复位杆底板 10 停止运动，但第一组推件固定板继续前进，将塑件推离推板 2。

13.9.4 因塑件存在倒扣而采用二次脱模

塑件存在侧向凹凸结构（包括螺纹），但不采用侧向抽芯结构，而是依靠推杆或推板，

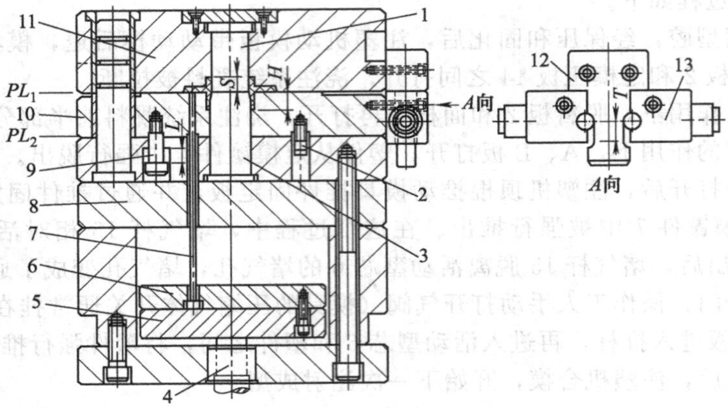

图 13-30　因包紧力大而采用单组推件固定板二次脱模

1—定模型芯；2—尼龙塞；3—动模型芯；4—注塑机顶棍；5—推件底板；6—推件固定板；7—推杆；8—托板；9—限位钉；10—动模推板；11—定模 A 板；12—拉钩；13—挡销固定块

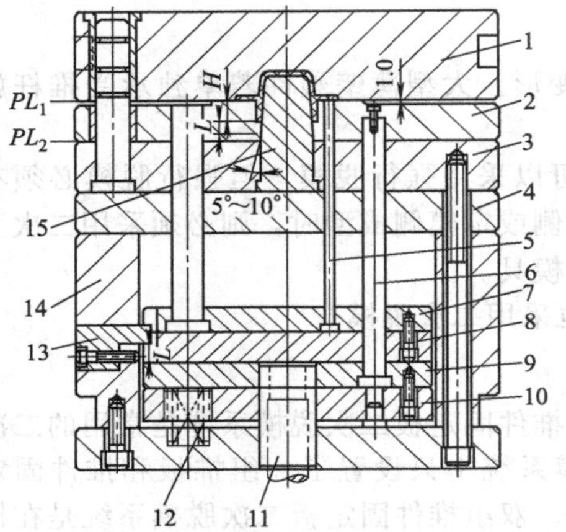

图 13-31　因包紧力大而采用双组推件固定板二次脱模

1—定模 A 板定模型芯；2—推板；3—动模 B 板；4—托板；5—推杆；6—复位杆；7—推件固定板；8—推件底板；9—复位杆固定板；10—复位杆底板；11—注塑机顶棍；12—弹簧；13—行程挡块；14—撑铁；15—动模型芯

使塑件产生弹性变形，将塑件强行推离模具，这种推出方式就称为强行脱模。强行推出的模具相对于侧向抽芯的模具来说，结构相对简单，用于侧凹尺寸不大、侧凹结构是圆弧或较大角度斜面且精度要求不高的塑件。

强行脱模还有一种结构是利用硅橡胶型芯强制推出。利用具有弹性的硅橡胶来制造型芯，开模时，首先退出硅橡胶型芯中的芯杆，使得硅橡胶型芯有收缩空间，再将塑件强行推出。此种模具结构更简单，但硅橡胶型芯寿命低，适用于小批量生产的塑件。本书对这种结构不做讨论。

（1）强行推出必须具备的条件　强行推出必须具备四个条件。

① 塑料为软质塑料，如 PE、PP、POM 和 PVC 等。

② 侧向凹凸允许有圆角或较大角度斜面。

③ 倒扣尺寸较小，侧向凹凸百分率满足下面的条件：通常含玻璃纤维（GF）的工程塑料凹凸百分率在 3% 以下；不含玻璃纤维（GF）者凹凸百分率可以在 5% 以下。侧向凹凸百分率计算如图 13-32 所示。

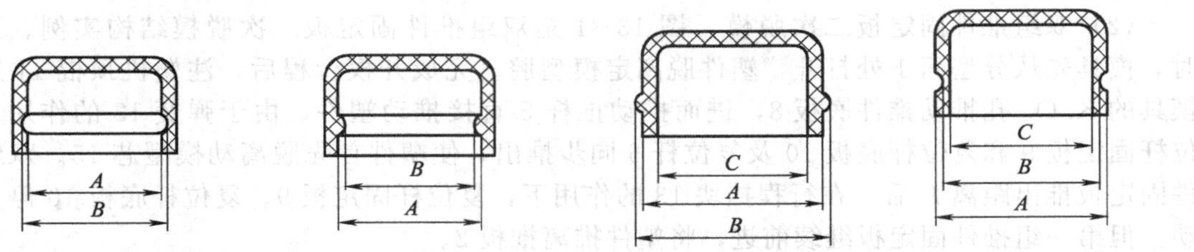

(a) 凹凸百分率=$\frac{B-A}{A}\times100\%$　(b) 凹凸百分率=$\frac{A-B}{A}\times100\%$　(c) 凹凸百分率=$\frac{B-A}{C}\times100\%$　(d) 凹凸百分率=$\frac{A-B}{C}\times100\%$

图 13-32　侧向凹凸百分率计算

④ 需要强行推出的部位，在强行推出时必须有弹性变形的空间。如果强行推出部位全部在动模上成型，则成型侧凹（凸）部位的型芯必须做成活动型芯，在塑件推出时，这部分型芯先和塑件一起被推出，当需要强行推出的部位全部脱离模具后，顶杆再强行将塑件推离模具，即二次脱模。

（2）强行脱模的二次脱模典型结构设计　常用的强行脱模二次脱模结构有以下几种。

① 弹簧二次脱模机构　如图 13-33 所示，塑件结构较简单，但有一处存在倒钩，无法采用内侧抽芯，需要采取强行脱模。

模具工作过程是：动、定模打开后，注塑机顶棍通过模具 K. O. 孔推动推件固定板，在弹簧 5、顶杆 6 和推杆 7 的作用下，活动型芯推杆 8 和活动型芯 9 随塑件一起被推出。当推出 L 距离后活动型芯推杆 8 和活动型芯 9 停止运动，塑件在推杆 7 的作用下被强行推出。图 13-33 中，$H>L>S$。

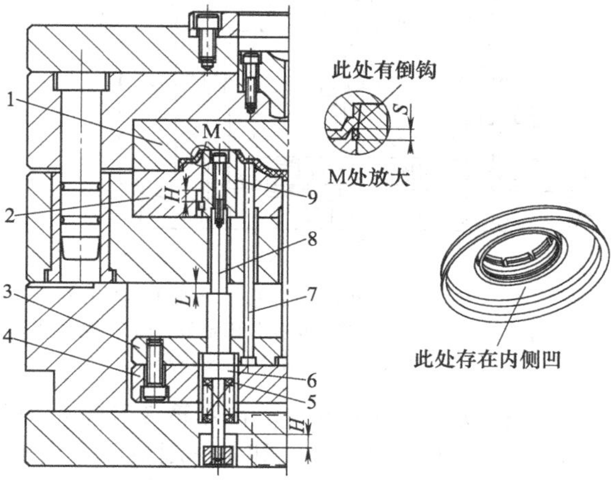

图 13-33　弹簧二次脱模结构

1—定模镶件；2—动模镶件；3—推件固定板；4—推件底板；5—弹簧；6—顶杆；7—推杆；8—活动型芯推杆；9—活动型芯

② 活动型芯二次脱模机构　如图 13-34 所示，塑件中心存在倒钩，需要强行脱模，强行脱模之前，必须抽出活动型芯 6。模具在定距分型机构的作用下，先从“2”处打开距离

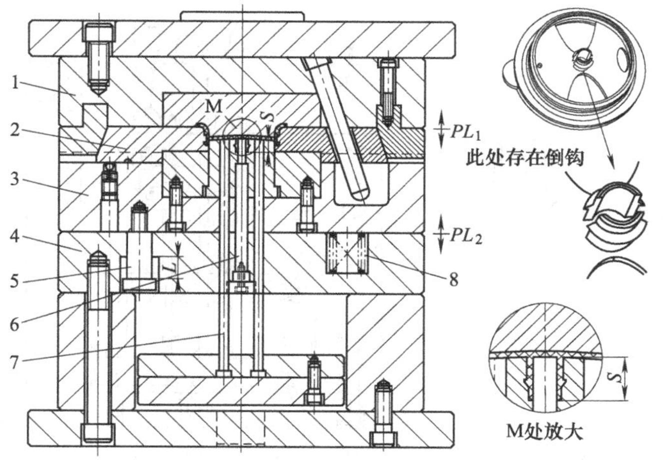

图 13-34　活动型芯二次脱模结构

1—A 板；2—滑块；3—B 板；4—托板；5—限位螺钉；6—活动型芯；7—推杆；8—弹簧

L，活动型芯 6 脱离塑件后，再从“1”处打开，最后注塑机顶棍推动推杆将塑件强行推出。

③ 双（组）推件固定板二次脱模机构　双（组）推件固定板二次脱模的典型结构如图 13-35 和图 13-36 所示。

图 13-35 的工作原理是：倒钩活动型芯 1 固定在推件固定板 5 和 6 中，推杆固定在推件固定板 3 和 4 中，L 必须大于 S。

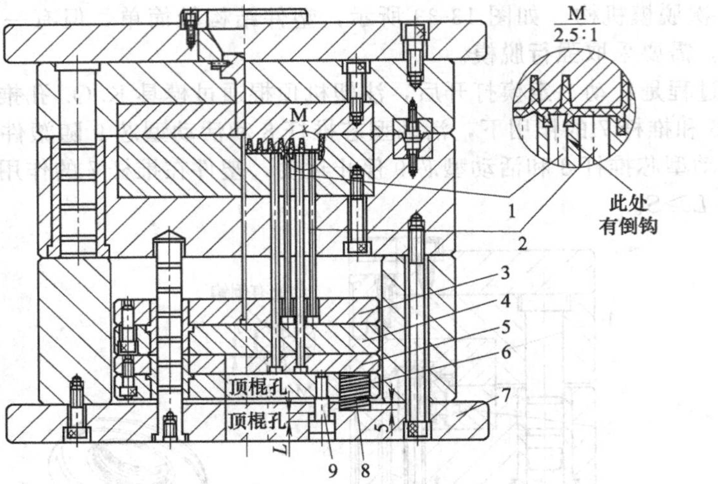

图 13-35　双（组）推件固定板二次脱模结构（一）

1—倒钩活动型芯；2—推杆；3,4—第一组推件固定板；5,6—第二组推件固定板；7—底板；8—弹簧；9—限位杆

模具打开后，注塑机顶棍推动推件固定板 4，在弹簧 8 及塑件对倒钩活动型芯 1 包紧力的作用下，推件固定板 5 和 6 跟着推件固定板 3 和 4 一起运动，当推件固定板 5 和 6 完成行程 L 后，被方铁挡住，由于 L 大于 S，此时有倒钩的塑件结构已经脱离模具，强行脱模时塑件有变形的空间。推杆 2 继续前进，强行将塑件推离模具。

图 13-36 的工作原理和图 13-35 的相似。模具打开后，注塑机顶棍推动第二组推件固定板 8 和 9，在弹簧 7 及塑件对倒钩活动型芯 14 包紧力的作用下，第一组推件固定板 5 和 6 跟着第二组推杆固定板 8 和 9 一起运动，当第一组推件固定板 5 和 6 被限位块 13 挡住后，必须做到有倒钩的塑件结构已经脱离模具，强行脱模时塑件有变形的空间，这时顶棍继续推动

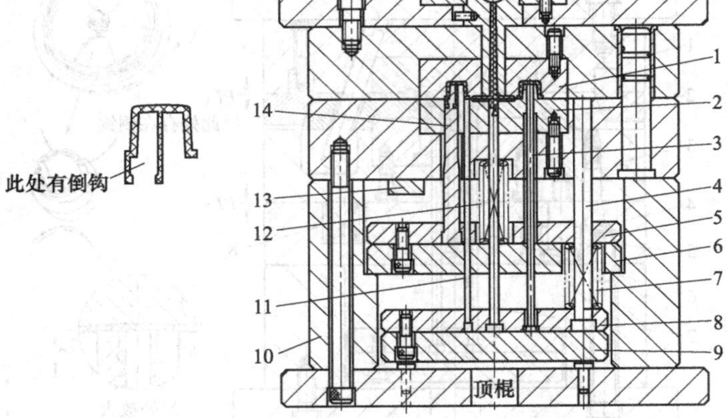

图 13-36　双（组）推件固定板二次脱模结构（二）

1—定模镶件；2—动模镶件；3,11—推杆；4—复位杆；5,6—第一组推件固定杆；7,12—弹簧；8,9—第二组推件固定杆；10—方铁；13—限位块；14—倒钩活动型芯

8 和 9，弹簧 7 压缩，推杆 11 强行将塑件推离模具。

13.10 定模脱模机构设计

13.10.1 定模脱模机构应用场合

模具打开时，塑件必须留在有脱模机构的半模上，这是模具设计的最基本的要求。

由于注塑机的推出机构都在安装动模的一侧，所以注塑模具的脱模机构通常都设计在动模内，开模后塑件必须留在动模。这种模具结构简单，动作稳定可靠。

但经常会碰到下面两种情况。

① 塑件外表面不允许有任何进料口的痕迹，浇注系统与顶出系统必须设计在同一侧，由动模成型外表面，定模成型内表面。此类塑件包括托盘、茶杯、DVD、电脑或收音机的面盖等。

② 动模成型内表面，定模成型外表面，但外表面结构比内表面结构复杂，模具的大部分型芯在进料的定模一侧。开模后，塑件因对定模的包紧力大于对动模的包紧力而留在定模一侧。

以上两种情况，推出机构都需设置在定模一侧，这种模具俗称倒推模。倒推模的脱模机构都设计在定模内。

定模脱模机构也是由推杆、复位杆、推件固定板、推件底板、导向装置等组成的。

13.10.2 定模脱模机构的动力来源

定模脱模系统不能依靠注塑机的顶棍来推动，其动力来源通常有以下三种。

(1) 机械　开模时，通过拉钩、拉杆或链条，由动模拉动定模中的推件固定板或推板，将塑件安全无损坏地推离定模型芯。

(2) 液压　在定模上安装液压缸，由液压来控制脱模机构，实现塑件的推出。

(3) 气压　在定模侧设计高压气阀，由压缩气体将塑件推离模具。

13.10.3 定模脱模机构设计实例

(1) 拉钩式定模脱模机构　如图 13-37 所示，塑件为平板类零件，表面质量要求很高，

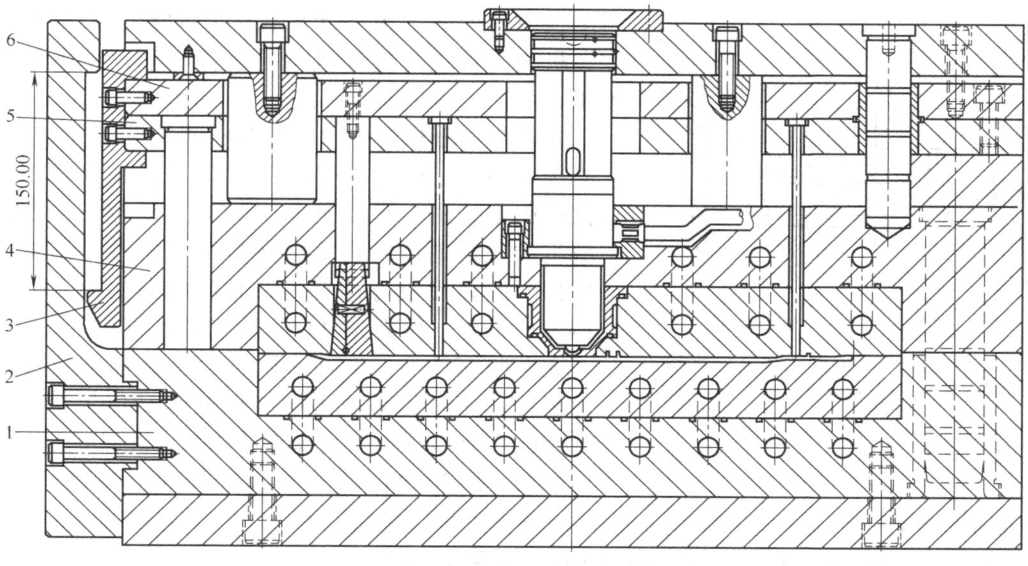

图 13-37　拉钩式定模脱模机构

1—动模 B 板；2—外拉钩；3—内拉钩；4—定模 A 板；5—推件固定板；6—推件底板

推杆和浇口必须在同一侧，模具采用定模脱模机构。开模时动模 B 板 1 和定模 A 板 4 打开，当开模距离达到 150mm 时，安装于动模板上的外拉板 2 勾住了安装于定模板上的内拉钩 3，进而拉动定模内的推件固定板 5 和推件底板 6，由定模推杆将塑件推离定模镶件。

（2）液压油缸定模脱模机构　如图 13-38 所示，塑件对定模镶件的包紧力大于对动模镶件的包紧力，开模时塑件留在定模镶件上。开模后由液压缸 5 拉动定模侧的推件固定板 3，进而由推杆 4 将塑件推离定模型芯 7。

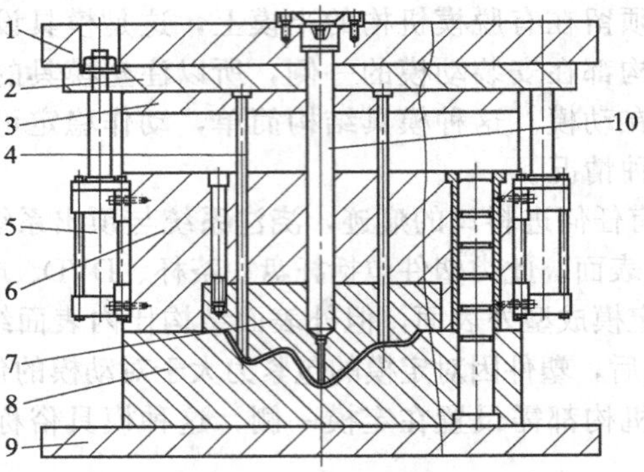

图 13-38　液压油缸定模脱模机构

1—面板；2—推件底板；3—推件固定板；4—推杆；5—液压缸；；6—定模 A 板；7—定模型芯；8—动模 B 板；9—底板；10—热射嘴

13.11　推件固定板先复位机构设计

13.11.1　什么是推件固定板先复位机构

推件固定板是指固定推出零件的模板。塑件推出后，模具推件必须退回原位，以便恢复完整的型腔，推件安装在推件固定板上，推件复位装置是通过推动推件固定板来带动推杆复位的。将推件固定板推回原位的机构称为推件固定板复位机构。常规的复位机构是复位杆和复位弹簧联合使用，如图 13-39 所示。

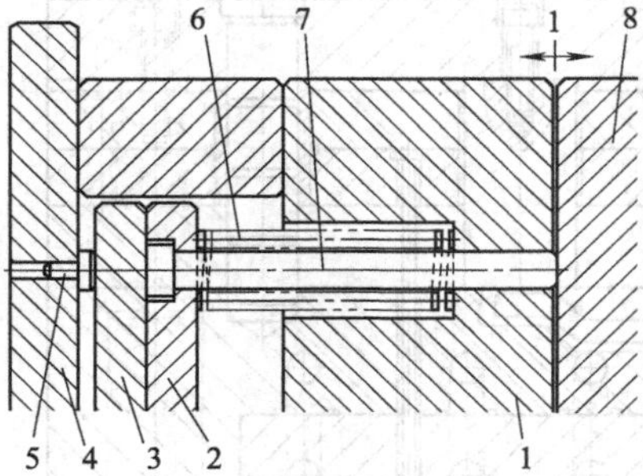

图 13-39　推件固定板常规复位机构

1—动模 B 板；2—推件固定板；3—推件底板；4—动模固定板；5—限位钉；6—复位弹簧；7—复位杆；8—定模 A 板

在常规的复位机构中，复位杆没有先复位的功能，它必须在动、定模合模时，由定模 A 板推动复位杆完成推件固定板的复位。复位弹簧有先复位的功能，当注塑机的顶棍退回时，复位弹簧即可将推件固定板推回原位。但弹簧没有冲击力，容易疲劳失效，而且复位精度也不高，作为先复位机构它是不可靠的。

在有些模具中，推杆必须在合模之前就要准确可靠地复位，此时就必须再增加机械先复位机构，或将模具装配在有顶棍拉回功能的注塑机上生产。

在动、定模合模之前就将推件固定板推回原位，进而将推出零件推回原位的机构称为推件固定板先复位机构。

13.11.2　推件固定板先复位机构的作用

（1）避免推出零件和侧向抽芯机构发生干涉。如果这种情况发生，将给模具带来灾难性的后果，损坏模具或注塑机的机械部件。因此要尽量将推件布置于侧向抽芯或斜滑块在分模面上的投影范围之外，若无法做到，则必须加先复位机构。

（2）避免在合模过程中，因推件固定板没有完全复位，而导致斜推杆或推块等零件先于推杆和定模接触。这种情况不会造成模具的即时损坏，但久而久之，定模镶件会压出凹坑，使塑件产生飞边。在模具制造过程中，复位杆的高度常常取负公差（图 13-39），以保证合模后分型面的密合。因此，在有斜推杆（靠塑件中间的碰穿孔来复位时）及推块的模具中，经常会发生合模时定模先推动斜推杆和推块，使斜推杆和推块受到扭矩和摩擦力的作用，造成型腔磨损并损害精度。

加装模具的先复位机构是基于墨菲（Murphy）定理：“如果可能发生，就会发生”。模具必须保证 100%安全可靠。

13.11.3 推件固定板先复位机构的使用场合

以下模具需加推件固定板先复位机构。

（1）侧向抽芯底部有推杆或推管　在这种情况下，如果推杆或推管不能在侧向抽芯推入型腔之前回位的话，两者就会发生碰撞，导致模具严重损坏，如图 13-40 所示。

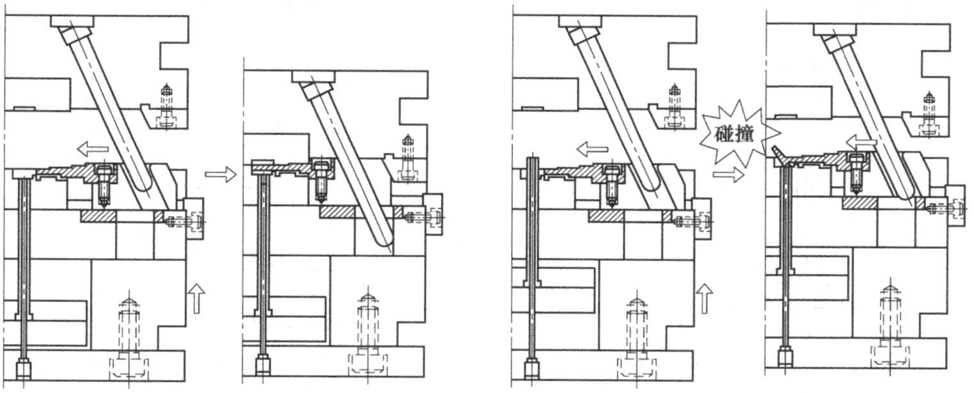

(a) 推件固定板正常复位时　　(b) 推件固定板没有复位时

图 13-40　侧向抽芯机构下有推杆或推管

需要注意的是，在一定条件下，即使侧向抽芯底部有推杆或推管，也可以不使用推件固定板先复位机构，其条件是：推杆端面至侧向抽芯的最近距离 H 要大于侧向抽芯与推杆（或推管）在水平方向的重合距离 S 和 $\cot\alpha$ 的乘积，即 $H>S\cot\alpha$，也可以写成 $H\tan\alpha>S$（一般大于 0.5mm 左右），这时就不会产生推杆与活动滑块之间的干涉。如果 S 略大于 $H\tan\alpha$ 时，可以加大 α 值，使其达到 $H\tan\alpha>S$，即可满足避免干涉的条件，如图 13-41 所示。

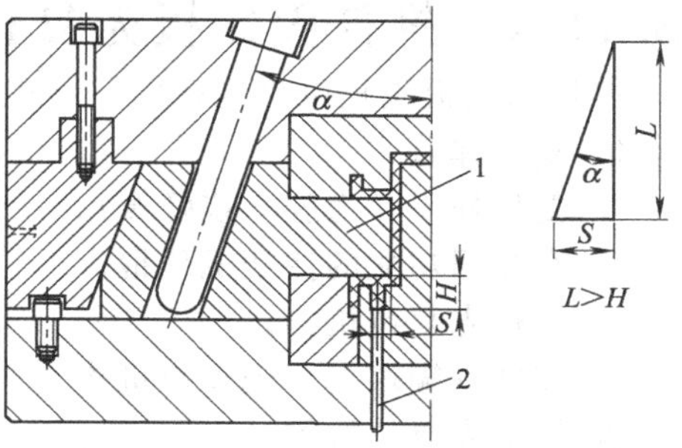

图 13-41　推杆和侧向抽芯避免干涉的条件
1—侧向抽芯；2—推杆

（2）定模斜滑块下有推杆或推管　此时，如果推杆或推管不能顺利退回就合模的话，定模斜滑块和推杆或推管也可能相撞，从而损坏型腔。由于定模斜滑块和推杆在不同的排位图上表示，因此这一点在模具设计时很容易被忽视，设计者必须注意，如图 13-42 所示。

（3）塑件用推块推出　由于推块上端面与定模镶件 1 相碰，如果推块 2 不能在合模之前复位，每次都要由定模镶件 1 推回的话，由于推块 2 硬度远大于定模镶件 1 硬度，定模镶件 1 很快就会被撞出凹痕，如图 13-43 所示。

（4）斜推杆的位置塑件有碰穿孔 如图 13-44 所示，在这种情况下，如果斜推杆 2 不能随推件固定板在合模之前复位的话，那么合模时，定模镶件就会和斜推杆撞击，使定模镶件出现凹痕，使塑件产生飞边。

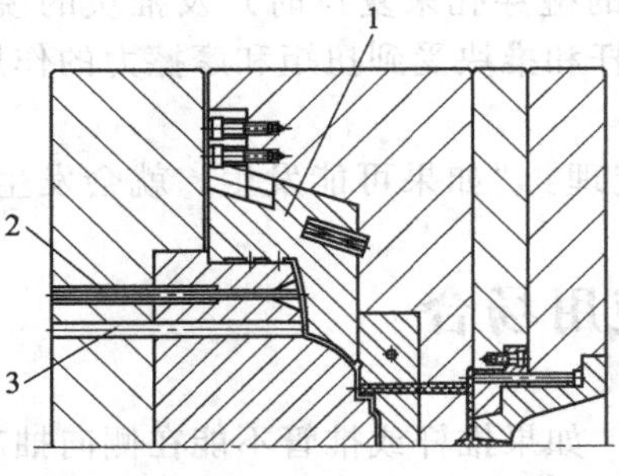

图 13-42 斜滑块底部有推件

1—斜滑块；2—推管；3—推杆

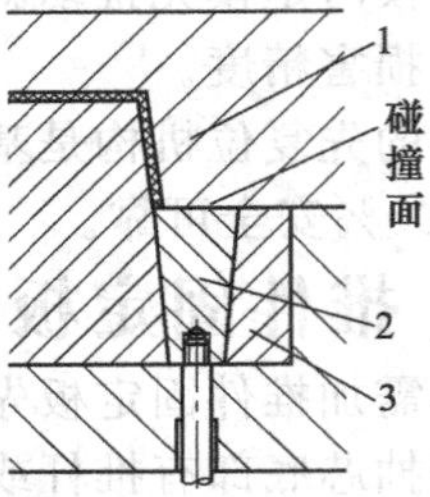

图 13-43 推块脱模

1—定模镶件；2—推块；3—动模镶件

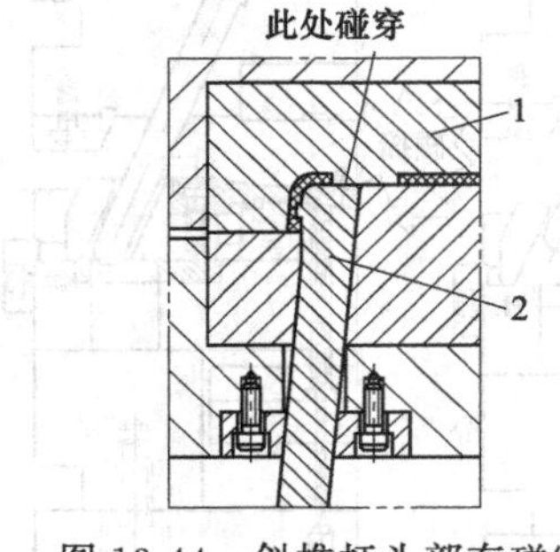

图 13-44 斜推杆头部有碰穿孔

1—定模镶件；2—斜推杆

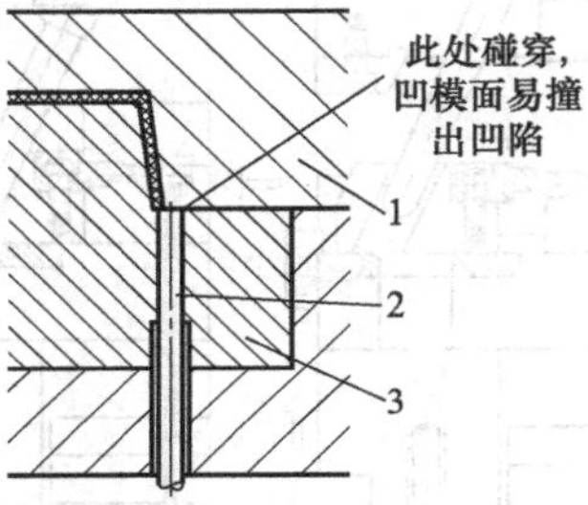

图 13-45 推杆头有“顶空”

1—定模镶件；2—推杆；3—动模镶件

（5）用圆形推杆顶边，推杆的一部分“顶空”，如图 13-45 所示。

在上述五种情况中，侧向抽芯或定模斜滑块下有推杆或推管是最危险的，一旦撞模，后果不堪设想，必须加推件固定板先复位机构，以防万一。

13.11.4 推件固定板先复位机构的分类

推件固定板先复位机构有以下形式。

① 复位弹簧。

② 复位杆+弹力胶（或弹簧）。

③ 有拉回功能的注塑机顶棍。

④ 摆杆先复位机构。

⑤ 连杆（蝴蝶夹）先复位机构。

⑥ 铰链先复位机构。

⑦ 液压先复位机构。

13.11.5 推件固定板先复位机构设计

（1）复位弹簧 复位弹簧的作用是在注塑机的顶棍退回后，模具的 A、B 板合模之前，就将推件固定板推回原位，如图 13-46 所示。

有些塑件必须推数次才能安全脱落，或者在全自动化注射成型时，为安全起见，将程序设计为多次推出，如果注塑机的顶棍没有拉回功能，这两种情况中都是靠弹簧来复位。复位弹簧宜采用矩形蓝弹簧。

复位弹簧有先复位的功能，但复位弹簧容易失效，尤其是在弹簧的预压比及压缩比的选取不合理时，复位弹簧会很快疲劳失效。即使选择合理，复位弹簧也有一定的使用寿命。一旦失效，则会失去先复位的功能，因此复位弹簧不能单独使用。

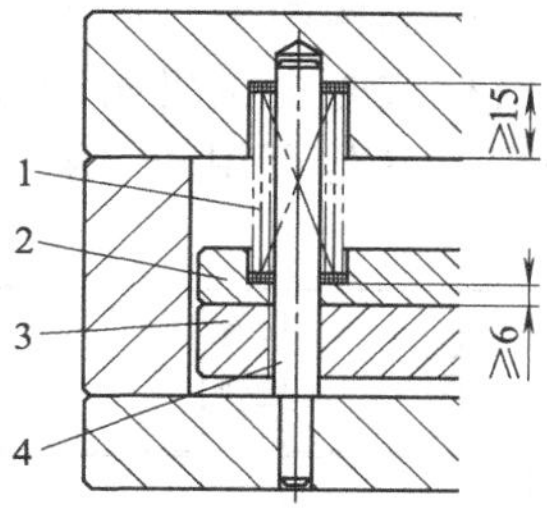

图 13-46 复位弹簧
1—复位弹簧；2—推件固定板；3—推件底板；4—导杆

复位弹簧的长度、直径、数量及位置的设计，详见第 6 章。

(2) 复位杆＋弹力胶（或弹簧） 一般的复位杆需要靠定模推动，才能将推件推回，没有先复位功能，如图 13-47 (a) 所示。如果要使推件固定板先于合模之前退回的话，可以在复位杆下加弹力胶或弹簧，如图 13-47 (b) 所示。开模后，在弹力的作用下，复位杆向上推出 1.5～2mm，合模时，复位杆先于动模板接触定模板，做到推件固定板先复位，从而保护推杆、斜推杆或推块。

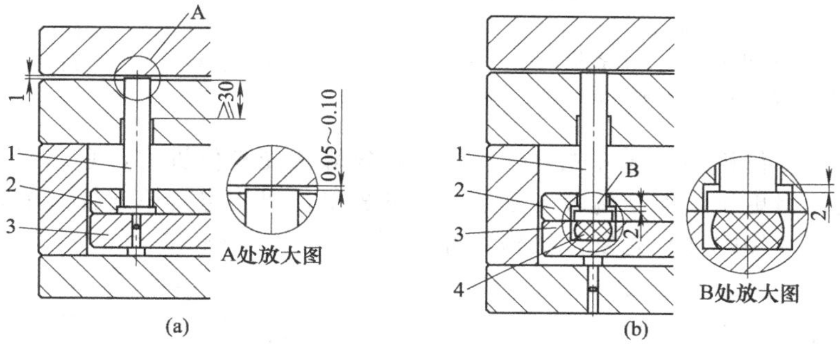

(a) 1—复位杆；2—推件固定板；3—推件底板

(b) 1—复位杆；2—推件固定板；3—推件底板；4—弹力胶(或弹簧)

图 13-47 "复位杆＋弹力胶"先复位机构

但这种结构只能提前 2mm 复位，而且依靠弹簧或弹力胶，有时不可靠，常用于以下三种场合。

① 动模有推块。

② 斜推杆顶面与定模镶件接触。

③ 用圆形推杆顶边，推杆的一部分"顶空"，与定模镶件接触。

在这种结构中，合模后弹簧或弹力胶处于压缩状态，对定模 A 板有一个推力作用。如果模具有定距分型的要求，A、B 板之间不能先开，则阻碍 A、B 板打开的力，必须大于受压弹簧的推力，这是必须注意的。

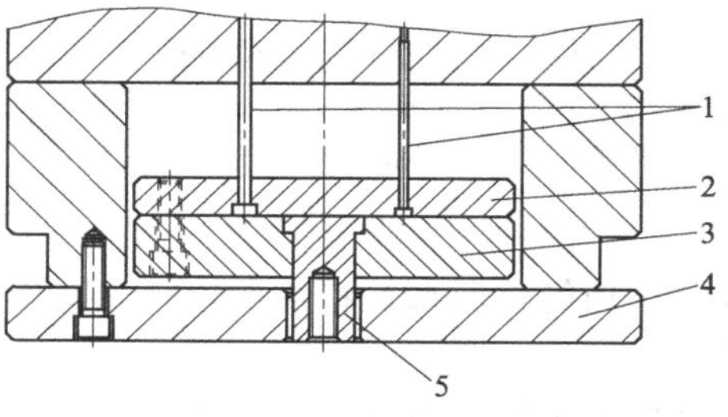

图 13-48 具有拉回功能的注塑机顶棍
1—推杆；2—推件固定板；3—推件底板；4—动模底板；5—顶棍连接柱

(3) 注塑机顶棍 推件固定板通过螺纹连接在注塑机的顶棍上，塑件推出后，推件固定板由注塑机顶棍拉回，如图 13-48 所示。但一般的注塑机都没有这种功能。

(4) 摆杆式先复位机构 摆杆式先复位机构是最常用的先复位机构，效果好，安全可靠。摆杆式先复位机构有单摆杆式先复位机构和双摆杆式先复位机构两种，如图 13-49 和图 13-50 所示。

摆杆式先复位机构设置在模具的上下两侧，对称布置。挡块材料采用油钢，并经淬火热处理，其他可用 45 钢（或黄牌钢 S45C 和 S50C）。

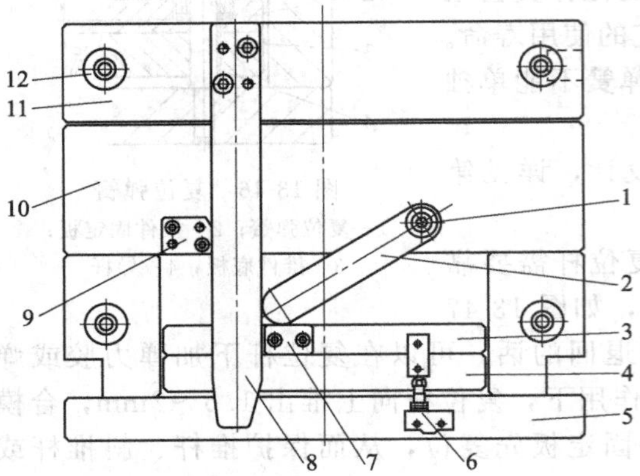

图 13-49　单摆杆式先复位机构

1—转轴；2—摆杆；3—推件固定板；4—推件底板；5—模具底板；6—行程开关；7—摆杆挡块；8—推块；9—推杆挡块；10—动模板；11—定模板；12—支撑柱

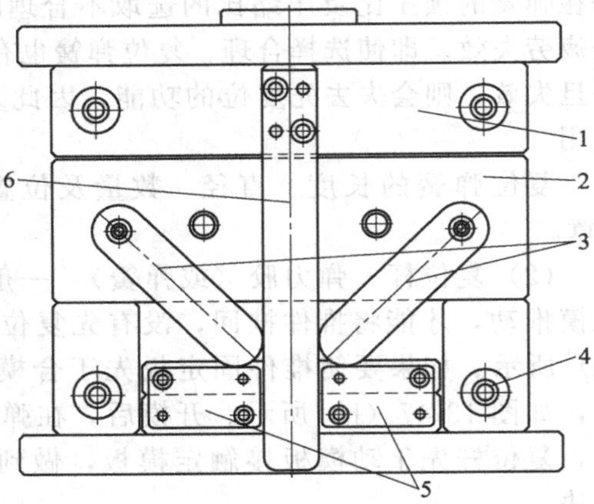

图 13-50　双摆杆式先复位机构

1—定模板；2—动模板；3—摆杆；4—支撑柱；5—摆杆挡块；6—推块

（5）连杆先复位机构　连杆先复位机构俗称蝴蝶夹先复位机构，它比摆杆式先复位机构效果更好，复位得更快，但结构较为复杂。连杆先复位机构也有单连杆（单蝴蝶夹）先复位机构和双连杆（双蝴蝶夹）先复位机构两种，如图 13-51 和图 13-52 所示。

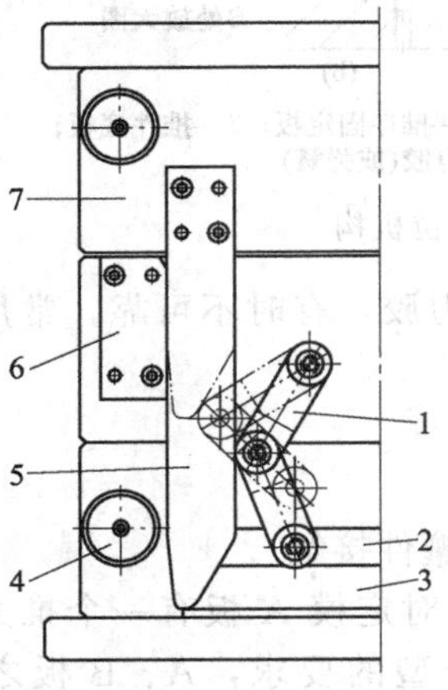

图 13-51　单连杆先复位机构

1—蝴蝶夹；2—推件固定板；3—推件底板；4—支撑柱；5—推块；6—推杆挡块；7—定模板

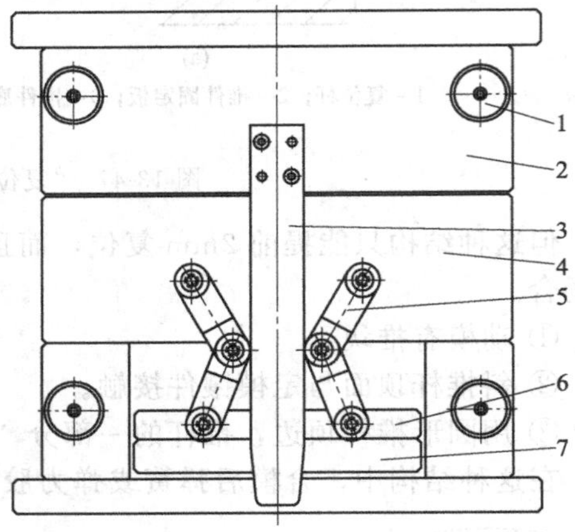

图 13-52　双连杆先复位机构

1—支撑柱；2—定模板；3—推块；4—动模板；5—蝴蝶夹；6—推件固定板；7—推件底板

（6）铰链先复位机构　该先复位机构由连杆先复位机构简化而来，特点同连杆先复位机构，如图 13-53 所示。

摆杆先复位机构、连杆先复位机构和铰链先复位机构都装配在模具的上下侧，在模板外面，需要加支撑柱保护。

（7）液压先复位机构　液压先复位机构是利用油缸活塞来推动推件固定板在合模之前复

位，多用于定模推出机构中。图 13-54 是设计实例，油缸固定在推件底板上，活塞固定在模具面板上，在注射过程中，面板固定在注塑机定模板上，静止不动，液压推动活塞时，活塞不动，油缸带动推件固定板来回运动。

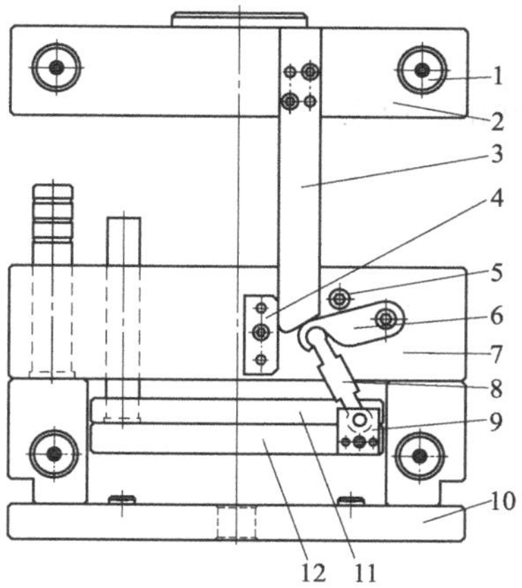

图 13-53 铰链先复位机构

1—支撑柱；2—模具面板；3—长推块；4—挡块；5—挡销；6—铰链臂 1；7—动模板；8—铰链臂 2；9—铰链臂固定板；10—模具底板；11—推杆面板；12—推件底板

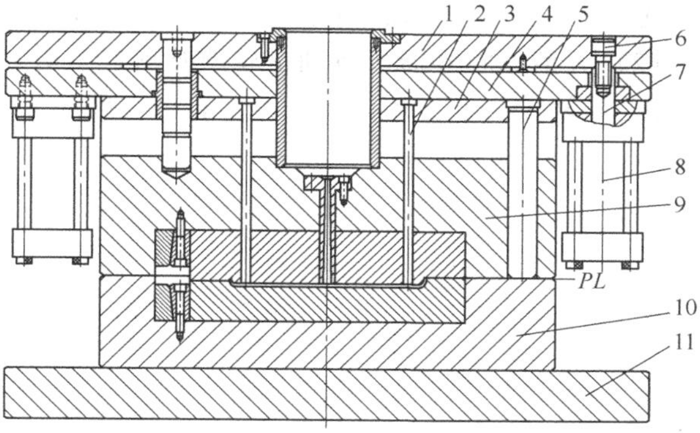

图 13-54 液压先复位机构

1—模具面板；2—推杆；3—推件固定板；4—推件底板；5—复位杆；6—连接螺钉；7—活塞；8—油缸；9—定模板；10—动模板；11—模具底板

复习与思考

1. 注塑模具的脱模机构有哪几类？

2. 如何用圆推杆推加强筋、推边和推空心螺柱？

3. 推管（司筒）推出因成本较高，制作复杂，故尽量避免使用。但什么情况下必须用推管推出？

4. 何时用推板脱模？推板推出模的设计要点有哪些？

5. 内螺纹自动脱模机构动力来源有哪些？简述内螺纹自动脱模机构的工作原理。

6. 塑件在推出时容易出现哪些问题？如何解决？

7. 什么情况下需要延时推出？如何实现延时推出？

8. 填空题

(1) 为了便于塑件的脱模，在一般情况下，使塑件在开模时留在（　　）或（　　）上。

(2) 推杆、推管脱模系统有时和侧型芯发生干涉，当加大斜导柱倾斜角度还不能避免干涉时，就要增设（　　）机构，它有（　　）、（　　）、（　　）等几种结构形式。

(3) 设计注塑模具时，要求塑件留在动模上，但由于塑件结构形状的关系，塑件留在定模或留在动定模上均有可能时，就须设计（　　　　　　）机构。

(4) 硬质塑料比软质塑料的脱模斜度（　　）(大或者小)，收缩率大的塑料比收缩率小的脱模斜度（　　）(大或者小)，定模脱模斜度（　　）(大于或者小于) 动模脱模斜度；精度要求越高，脱模斜度要越（　　）(大或者小)。

9. 判断题

(1) 脱模斜度小，脱模阻力大的管形和箱形塑件，应尽量选用推杆推出。（　　）

(2) 推板推出时，由于推板与塑件接触的部位，需要有一定的硬度和表面粗糙度要求，

为防止整体淬火引起变形，常用镶嵌的组合结构。（ ）

10. 选择题

（1）推管脱模系统对软质塑料如聚乙烯、软聚乙烯等不宜用单一的推管脱模，特别是对薄壁深筒形塑件，需采用（ ）脱模系统。

A. 推板　　B. 顺序　　C. 联合　　D. 二级

（2）大型深腔容器，特别是软质塑料成型时，用推板推出，应设计（ ）装置。

A. 先复位　　B. 引气　　C. 排气

Chapter 14

第 14 章

注塑模具导向定位系统设计

14.1 概述

14.1.1 什么是注塑模具导向定位系统

注塑模具上的零件按其活动形式可分为两大类：相对固定的零件和相对活动的零件。相对固定的零件一般通过螺钉连接，通过销钉或本身的形状定位；相对活动的零件则必须有精确的导向机构，使其能够按照设计师给定的轨迹运动。让活动零件按照既定的轨迹运动的结构，称为模具的导向系统。

模具在生产过程中相对活动的零件有侧向抽芯机构、二板模架中的动模部分、推件固定板，三板模架中除定模的面板以及固定于面板上的浇口套、导柱和拉料杆以外，全部都是活动零件。

另外，模具在高温高压下成型，当塑件严重不对称时，成型零件还会受到很大的侧向压力的作用，使其有错位的倾向，为提高模具的刚度和强度，还必须有定位结构。注塑模具中承受侧向力，保证动、定模之间及各活动零件之间相对位置精度，防止模具在生产过程中错位变形的结构，称为模具的定位系统。这种机构包括锥面定位块、锥面定位柱、直方块边锁、内模管位等。

导向系统也能起到定位的作用，但对于精密模具、偏向压力较大的模具以及大型的模具，仅靠导向系统是很危险的，因为它会使导柱导套之间产生很大的摩擦力，这种摩擦，轻则导致磨损，损害模具既有的精度，重则局部产生高温，将导柱导套接触表面熔化而“烧死”。

注塑模具中用于保证各活动零件在开、合模时运动顺畅、准确复位，以及在注塑机锁模力和熔体胀型力作用下不会错位变形的那部分机构，统称为模具的导向定位系统。

14.1.2 导向定位系统的必要性

在注塑模具上，所有运动的零件都必须得到准确的导向和定位，原因如下。

（1）模具要反复开、合　注塑模具在生产过程中，活动零件较多，每次开、合模时都要有精确的导向和定位，以保证成型零件每次合模后的配合精度，最终保证塑件尺寸精度的稳定性和延续性。注塑机的拉杆也能起导向作用，但其精确度不够。不精确的导向定位，将引起模具动、定模的成型零件的错位，使塑件壁厚变化，达不到产品的设计要求。

（2）模具要承受高压　模具在生产过程中，受到强大的锁模力和熔体胀型力的作用，没有良好的导向定位机构则无法保证其强度和刚度。

（3）模具要承受高温　在生产过程中，模具的温度会有较大的升高，温度升高后自然会有热胀冷缩带来的变形，需要导向定位机构保证成型零件在模具温度升高后仍能保证其相对位置的精度。

(4) 模具是一种高精度的生产工具　为保证模具的装配精度，必须有良好的导向定位机构。在一般的机械结构中，不允许重复定位，但在注塑模具中，经常用重复定位来提高模具的刚性和强度。

(5) 模具寿命要求高　模具是一种大批量生产的工具，其寿命通常为数十万、数百万甚至数千万，为保证模具的长寿命要求，必须有良好的导向定位机构。

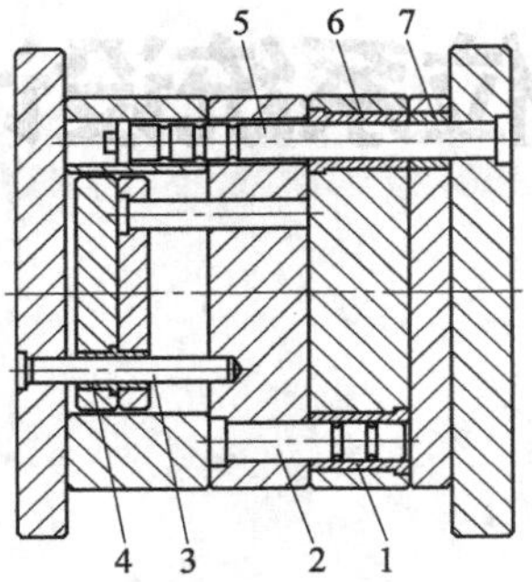

图 14-1　导向系统

1—A、B 板导套；2—A、B 板导柱；3—推件固定板导柱；4—推件固定板导套；5—脱料板导柱；6—B 板导套；7—脱料板导套

14.1.3　注塑模具导向定位机构的分类

注塑模具中导向定位系统可分为导向和定位两类。

(1) 导向系统　导向系统如图 14-1 所示。

① 导柱导套类导向机构　它又包括以下几个部分。

a. A、B 板的导柱导套，对动、定模起导向作用。

b. 脱料板及 A 板的导柱导套，在三板模架中，对定模中的脱料板及 A 板等起导向作用，在简化型三板模架中，它还对 B 板也起导向作用。

c. 推件固定板的导柱导套，对推件固定板及推件底板起导向作用。

② 侧向抽芯机构中的导向槽　如滑块的 T 形槽、斜推杆的方孔和斜滑块的 T 形扣等。

(2) 定位系统　定位系统如图 14-2 所示。

① A、B 板之间的定位机构　保证定模 A 板和动模 B 板之间的相互位置精度。常用的结构有边锁、锥面定位销和锥面定位块。

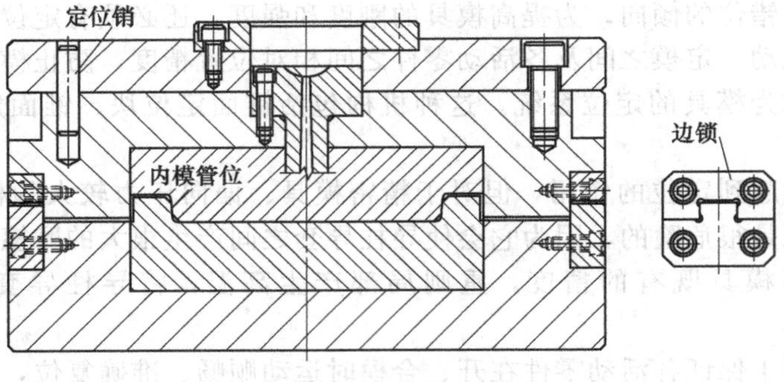

图 14-2　定位系统

② 内模镶件之间的定位机构　保证内模镶件在合模后的相互位置精度，俗称内模管位。

③ 侧向抽芯机构的定位机构

a. 弹簧＋滚珠。

b. 弹簧＋挡销（块）。

c. 斜顶的定位。

由于侧向抽芯机构的导向定位机构在第 9 章中已有详细讲述，故本章不再赘述。

14.1.4　注塑模具导向定位机构的作用

导向定位机构的作用有以下四点。

(1) 定位作用　模具闭合后，保证动、定模位置正确，保证型腔的形状和尺寸精度。导向机构在模具装配过程中也会起到定位作用，即方便于模具的装配和调整。

（2）导向作用　合模时，首先是导向零件接触，引导动、定模准确闭合，避免型芯先进入型腔造成成型零件的损坏。

（3）承受一定的侧向压力　塑料熔体在充模过程中可能产生侧向压力，另外，受成型设备精度的影响，动、定模之间经常会产生错位的切向力，这些应力必须由导向定位系统来承担，以保证模具的精度和使用寿命。

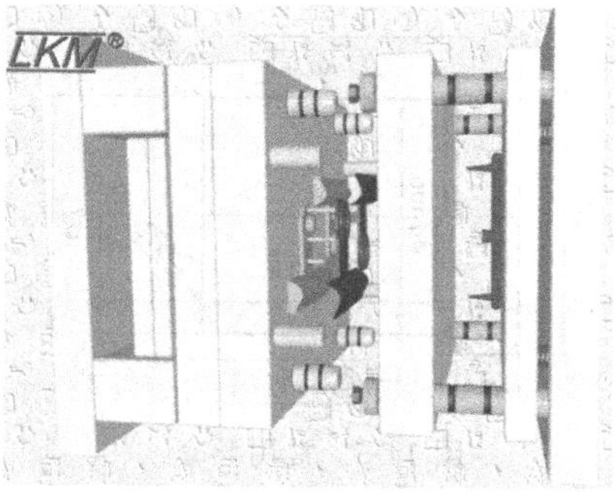

图 14-3　三板模具开模示意图

（4）承受模具重量　模具上的活动件，如推件固定板和推件底板、三板模架中的脱料板和定模 A 板、二板模架中的推板等，它们开模时及开模后都悬挂在导柱上，须由导柱支撑其重量，如图 14-3 所示。

14.2 注塑模具导向系统的设计

14.2.1 一般要求

导柱与导套的配合为间隙配合，公差配合为 H7/f7。

合模时，应保证导向零件先于型芯和型腔接触。

由于塑件通常留在动模，所以为了便于塑件取出，导柱通常安装在定模。

14.2.2 导柱设计

（1）形状　导柱前端应倒圆角、半球形或做成锥台形，以使导柱能顺利地进入导套，如图 14-4 所示。导柱表面有多个环形油槽，用于储存润滑油，减小导柱和导套表面的摩擦力。

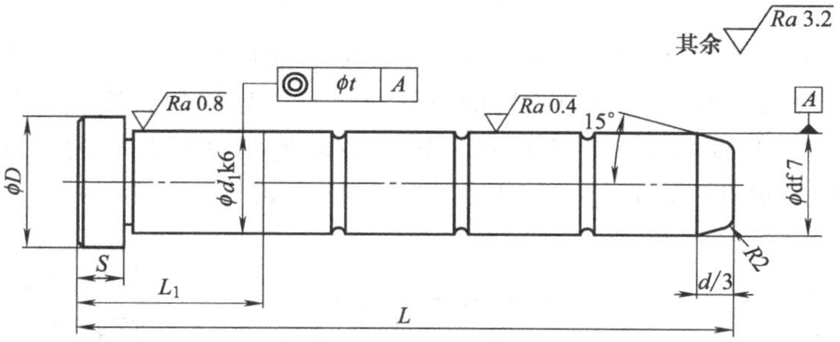

图 14-4　常用导柱

（2）材料　导柱应具有硬而耐磨的表面和坚韧而不易折断的内芯，因此多采用 20 钢，经表面渗碳淬火处理，或者 T8、T10 钢，经淬火处理，表面硬度为 50～55HRC。导柱固定部分的表面粗糙度 Ra 为 0.8μm，导向部分的表面粗糙度 Ra 为 0.4μm。

（3）公差与配合　导柱与固定板的配合为 H7/k6，导柱与导套的配合为 H7/f7。

（4）易出现的问题　导柱弯曲变形；导柱和导套磨损卡死。

14.2.3 导套设计

（1）形状　为使导柱顺利进入导套，导套的前端应倒圆角。导向孔最好做成通孔，以利于排出孔内的空气。如果模板较厚，导向孔必须做成盲孔时，可在盲孔的侧面打一个小孔排

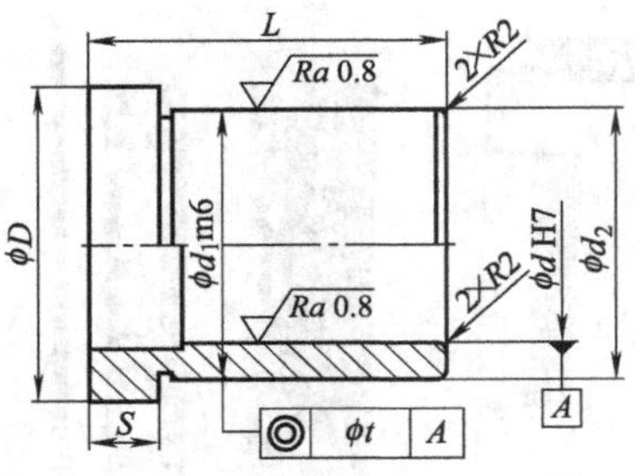

图 14-5 常用导套

气或在导柱的侧壁磨出排气槽。

(2) 材料 可用与导柱相同的材料或铜合金等耐磨材料制造导套，但其硬度应略低于导柱硬度，这样可以减轻磨损，以防止导柱或导套拉毛。

(3) 固定形式及配合精度 直身导套用 H7/r6 过盈配合镶入模板，为增加导套镶入的牢固性，防止开模时导套被拉出来，可以用止动螺钉紧固。有托导套（图 14-5）一般采用过渡配合 H7/m6 镶入模板，导套固定部分的粗糙度 Ra 为 0.8μm，导向部分粗糙度 Ra 为 0.8μm。

14.2.4 定、动模之间导柱导套设计

(1) 导柱导套的装配方式 导柱的装配一般有如图 14-6 所示的四种方式，一般常用 (a) 和 (d) 两种方式，定模板较厚时，为减小导套的配合长度，则常用 (b) 方式。动模板较厚及大型模具，为增加模具强度采用 (c) 方式，定模镶件落差大，塑件较大，为便于取出塑件，常采用 (d) 方式。

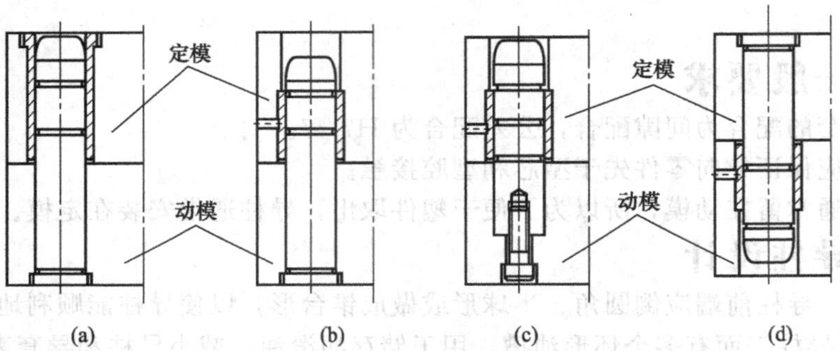

图 14-6 导柱导套的装配

(2) 导柱的长度设计 A、B 板之间导柱的长度一般应比型芯端面的高度高出 $A=15\sim25$mm，如图 14-7 所示。当有侧向抽芯机构或斜滑块时，导柱的长度应满足 $B=10\sim15$mm，如图 14-8 所示。当模具动模部分有推板时，导柱必须装在后模 B 板内，导柱导向部分的长度要保证推板在推出塑件时，自始至终不能离开导柱，如图 14-9 所示。

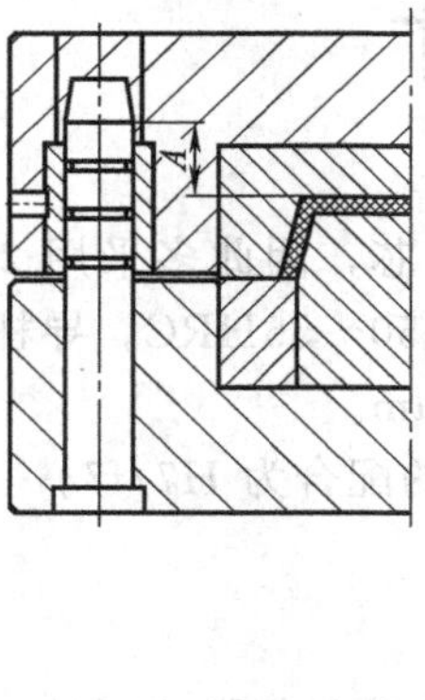

图 14-7 一般情况下导柱的长度

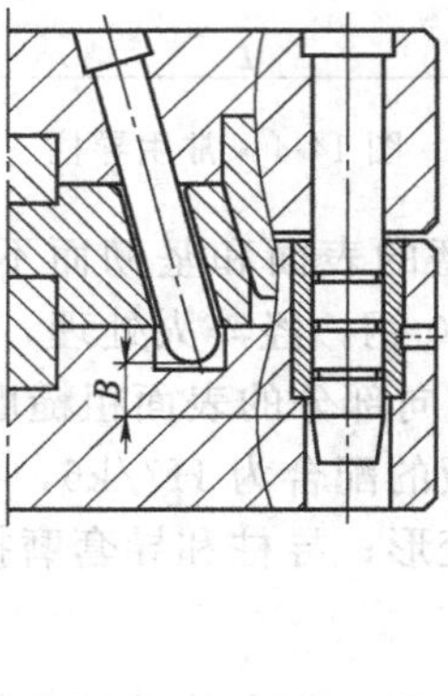

图 14-8 有侧向抽芯时导柱的长度

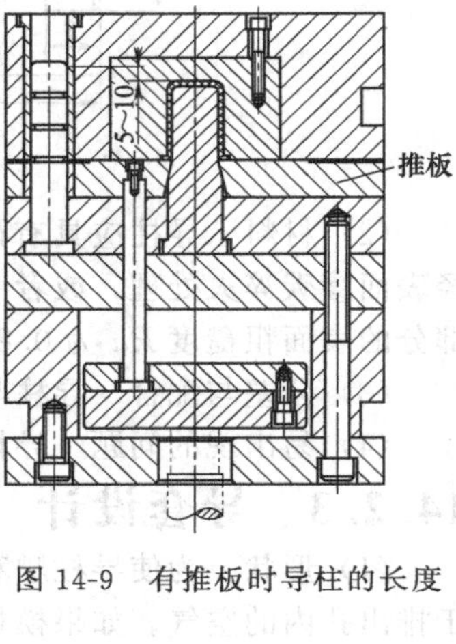

图 14-9 有推板时导柱的长度

(3) 导柱导套的数量及布置　A、B板之间的导柱导套数量一般为4根，合理均布在模具的四角，导柱中心至模具边缘应有足够的距离，以保证模具强度（导柱中心到模具边缘距离通常为导柱直径的1～1.5倍）。为确保合模时只能按一个方向合模，可采用等直径导柱不对称布置或不等直径导柱对称布置的方式。龙记模架采用等直径导柱，其中有一个导柱导套不对称布置的方法，以防止动、定模装错。

(4) 导套的排气　如果导套内孔装配后有一端封闭，如图14-10所示。合模时，由于导柱导套之间间隙很小，导套里面的气体难以及时排出，会影响导柱插入；开模时，导套内产生真空，又会影响导柱拔出。解决的办法是，在导套的封闭端开设排气槽，排气槽深度1～2mm，宽度5～10mm。

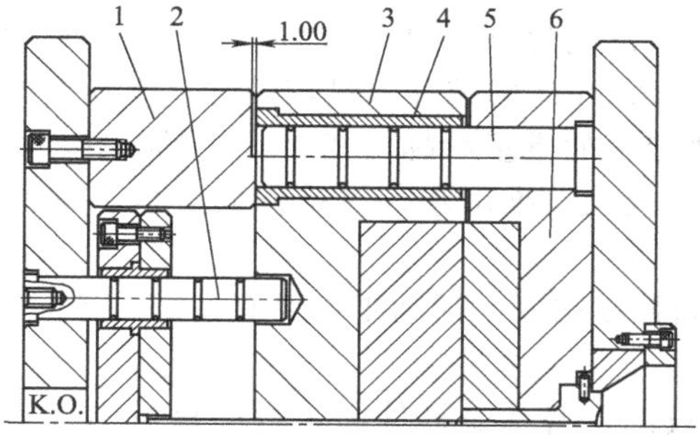

图14-10　导套排气

1—撑柱；2—推件固定板导柱；3—动模B板；4—导套；5—导柱；6—定模A板

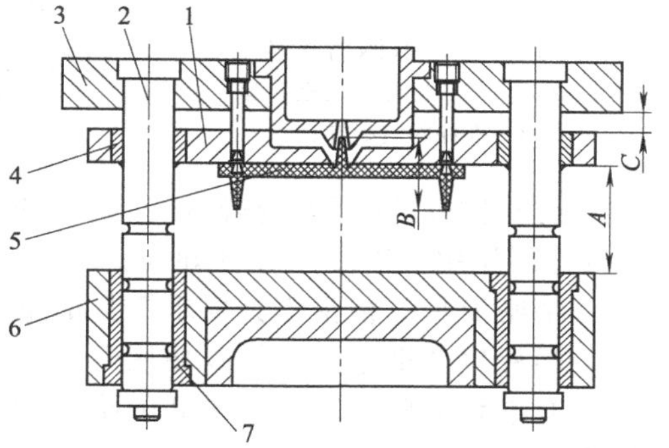

图14-11　三板模定模导柱

1—脱料板；2—导柱；3—面板；4—直身导套；5—浇注系统凝料；6—定模A板；7—有托导套

14.2.5　三板模定模导柱导套设计

三板模定模中脱料板及A板的导柱又称拉杆，它安装在三板模架的面板上，导套安装在脱料板及A板上。只用于三板模架，如图14-11所示。

(1) 导柱长度　导柱长度＝面板厚度＋脱料板厚度＋定模板厚度＋面板和脱料板之间的开模距离C＋脱料板和定模板之间的开模距离A。

① 面板和脱料板的开模距离C一般取6～10mm。

② 脱料板和定模板的开模距离A＝浇注系统凝料总高度＋30mm。其中，30mm为安全距离，是为了浇注系统凝料能够安全落下，防止其在模具中“架桥”。另外，为了维修方便，以及防止浇注系统凝料卡滞在A板和脱料板之间，尺寸A至少要取100mm。

③上式计算数值再往上取10的倍数。

(2) 导柱直径　三板模具定模导柱的直径随模架已经标准化，在一般情况下无须更改，但因为导柱要承受A板和脱料板的重量，所以在下列情况下，导柱应该加粗5mm或10mm，以防止导柱变形。

① 定模A板很厚，支撑定模板重量的脱料板导柱容易变形。

② 定模板在导柱上的滑动距离较大。

③ 模架又窄又长，如长宽之比在2倍左右。

导柱的直径加大后，其位置也要做相应改动。

14.2.6　推件固定板导柱导套设计

(1) 推件固定板导柱的作用　推件固定板导柱的主要作用是承受推件固定板的重量和推件在推出过程中所承受的扭力，对推件固定板和推件底板起导向定位作用，目的是减少复位

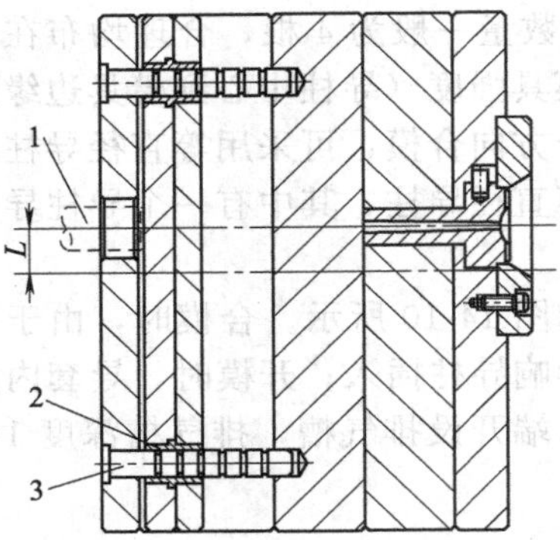

图 14-12 主流道偏离模具中心
1—顶棍；2—推件固定板导套；
3—推件固定板导柱

杆、推杆、推管或斜推杆等零件和动模内模镶件的摩擦，提高模具的刚性和使用寿命。

(2) 推件固定板导柱使用场合　标准模架上一般没有推件固定板的导柱导套，在模具设计时，若有下列情况必须设计推件固定板导柱导套，并在购置模架时说明。

① 模具浇口套偏离模具中心，如图 14-12 所示。主流道偏心会导致注塑机推动推件固定板的顶棍 1 相对于模具偏心，在顶棍推动推件固定板时，推件固定板会承受扭力的作用，这个扭力最终会由推件承受，细长的推件在承受扭力后容易变形，而采用推件固定板导柱 3 可以分担这一扭力，从而提高复位杆和推杆等的使用寿命。

② 直径小于 2.0mm 的推杆数量较多时。推杆直径越小，承受推件固定板的重量后越易变形，甚至断裂。

③ 有斜推杆的模具。斜推杆和后模的摩擦阻力较大，推出塑件时推件固定板会受到较大的扭力的作用，需要用导柱导向。

④ 精密模具。精密模具要求模具的整体刚性和强度很好，活动零件要有良好的导向性。

⑤ 塑件生产批量大，模具使用寿命要求高。

⑥ 有推管的模具。推管中间的推杆型芯通常较细，若承受推件固定板的重量则很易弯曲变形，甚至断裂。

⑦ 用双推件固定板的二次推出模。此时推板的重量加倍，必须由导柱来导向。

⑧ 塑件推出距离大，方铁需要加高。因力臂加长，导致复位杆和推杆承受较大的扭矩，必须增加导柱导向。

⑨ 模架较大，在一般情况下，模宽大于 350mm 时，应加推件固定板导柱来承受推件固定板的重量，增加推件固定板活动的平稳性和可靠性。

(3) 推件固定板导柱的装配　推件固定板导柱的装配通常有以下三种方式。

① 装配方式 1　导柱固定于动模底板上，穿过推件固定板，插入动模托板或 B 板，导柱的长度以伸入托板或 B 板深 $H=10\sim15$mm 为宜，如图 14-13 所示。这种方式最为常见，用于一般模具。

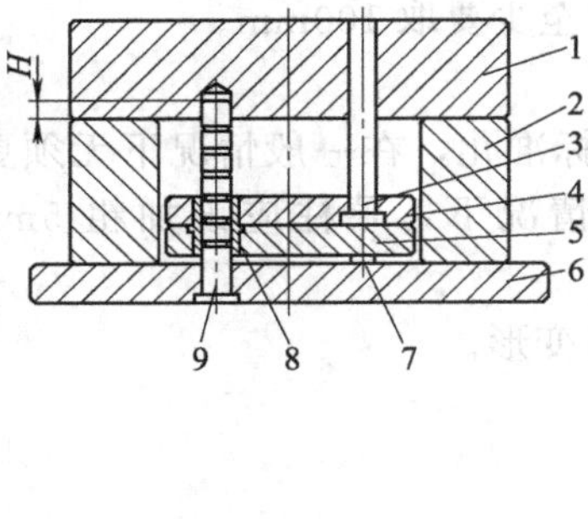

图 14-13 推件固定板导柱装配方式 1
1—B 板；2—方铁；3—复位杆；4—推件固定板；
5—推件底板；6—动模底板；7—垃圾钉；
8—推件固定板导套；9—推件固定板导柱

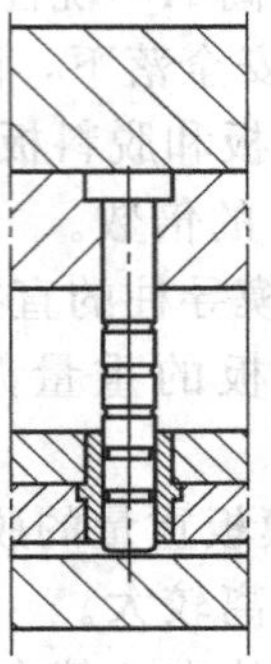

图 14-14 推件固定板装配方式 2

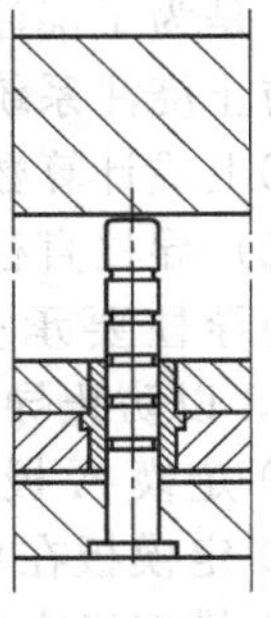

图 14-15 推件固定板装配方式 3

② 装配方式 2　导柱固定于动模托板上，穿过两块推件固定板，不插入底板，如图 14-14 所示。

③ 装配方式 3　导柱固定于动模底板上，穿过推件固定板，但与装配方式 1 不同的是，它不插入动模托板或 B 板，如图 14-15 所示。

装配方式 2 和 3 常用于模温高及压铸模具中。

(4) 推件固定板导柱的数量和直径　推件固定板导柱的直径一般与标准模架的复位杆直径相同，但也取决于导柱的长度和数量。如果方铁加高，则导柱的直径应比复位杆直径大 5～10mm。

推件固定板导柱的数量和位置，如图 14-16 所示。

① 对宽 400mm 以下的模架，推件固定板采用 2 支导柱即可，$2B_1$＝复位杆之间距离，此时导柱直径可取复位杆直径，也可根据模具大小取复位杆直径加 5mm。

② 对宽 400mm 以上的模架，推件固定板采用 4 支导柱，A_1＝复位杆至模具中心的距离，B_2 参见表 14-1，此时导柱直径取复位杆直径即可。

表 14-1　推件固定板导柱位置　　单位：mm

模架	4040	4045	4050	4055	4060	4545	4550	4555	4560	5050	5060	5070
B_2	126	151	176	201	226	143	168	193	218	168	218	268

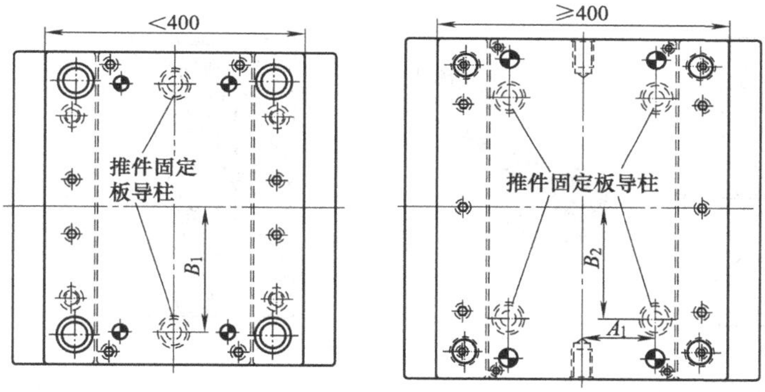

图 14-16　推件固定板导柱的数量和位置

14.3　注塑模具定位系统设计

14.3.1　定位系统的作用

注塑模具定位系统的作用主要是保证动、定模在合模和注射成型时精确定位，分担导柱所承受的侧面压力，提高模具的刚度和配合精度，减少模具合模和注射成型时所产生的误差，让内模镶件的摩擦力降至最低，帮助模具在注塑时不因胀型力而产生变形，从而提高模具的寿命。模具定位尺寸越大、数量越多，则效果越好。当模具不设置定位系统时，导柱导套就兼起定位机构的作用。但严格来说，导柱导套的作用主要是导向，如果还要承受侧向压力，则其使用寿命将受到严重影响。

14.3.2　定位系统使用场合

下列情况必须设计定位机构。

① 大型模具，模宽 400mm 以上。

② 深腔或塑件精度要求很高的模具。

③ 模腔配置偏心。

④ 存在多处插穿孔。

⑤ 存在不对称侧向抽芯。

⑥ 塑件严重不对称，胀型力偏离模具中心。

⑦ 分型面为非规则的斜面或曲面。

⑧ 产品批量大，模具使用寿命要求高。

⑨ 动、定模的内模镶件要外发铸造加工时，为保证动、定模镶件的位置精度，也经常设计锥面定位块定位。

14.3.3 定位结构的分类

注塑模具定位机构按其安装位置可分为 A、B 板之间的定位和内模镶件定位两大类。

(1) A、B 板之间的定位机构　A、B 板之间的定位机构常用于大型模架（模宽 400mm 以上），承担模具在生产时的侧向压力，提高模具的配合精度和生产寿命。这种机构又包括锥面定位块、锥面定位柱、边锁和 A、B 板原身定位。

① 锥面定位块　装配于 A、B 板之间，使用数量 4 个，对称布置或对角布置效果最好。其装配图和外形图如图 14-17 所示，属于标准件。锥面定位块两斜面的倾斜角度取 5°～10°。

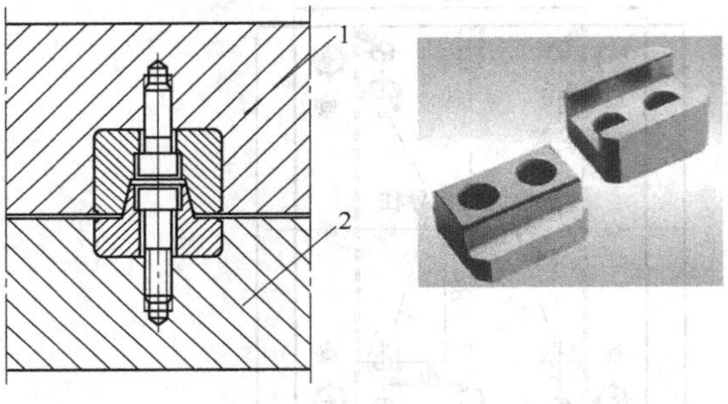

图 14-17　锥面定位块

1—定模 A 板；2—动模 B 板

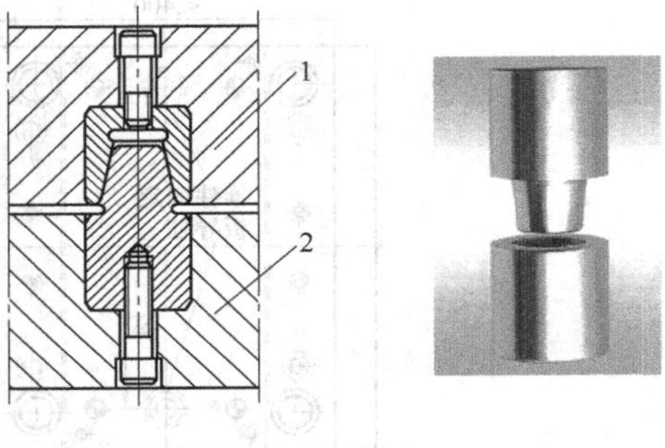

图 14-18　锥面定位柱

1—定模 A 板；2—动模 B 板

② 锥面定位柱　锥面定位柱的装配位置、作用以及使用场合，和锥面定位块完全相同，使用数量 2～4 个。其装配图和外形图如图 14-18 所示，属于标准件。

③ 边锁　边锁装配于模具的四个侧面，藏于模板内，防止碰坏或压坏。边锁有锥面锁

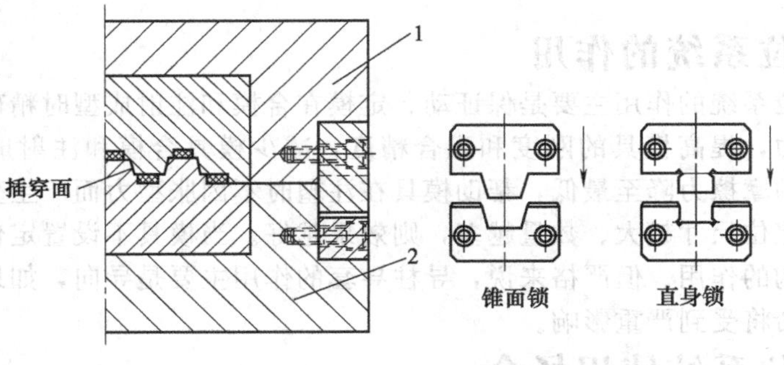

图 14-19　边锁的两种结构及装配

1—定模 A 板；2—动模 B 板

和直身锁两种，如图 14-19 所示。常用于大型模具或精密模具，用于提高动、定模 A、B 板的配合精度，及模具的整体刚度。

④ 模架原身定位　锥面定位块和锥面定位柱是常用的定位结构，但对于大型模具要承受较大的侧向力时，一般采用模架原身定位效果最好，如图 14-20 所示。

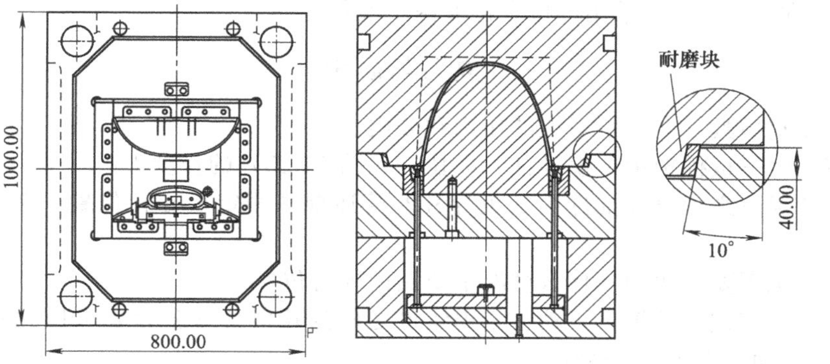

图 14-20　模架原身锥面定位

（2）内模镶件之间的定位机构　内模镶件之间的定位机构又称内模管位。常设计于内模镶件的四个角上，用整体式，定位效果好，如图 14-21 所示。

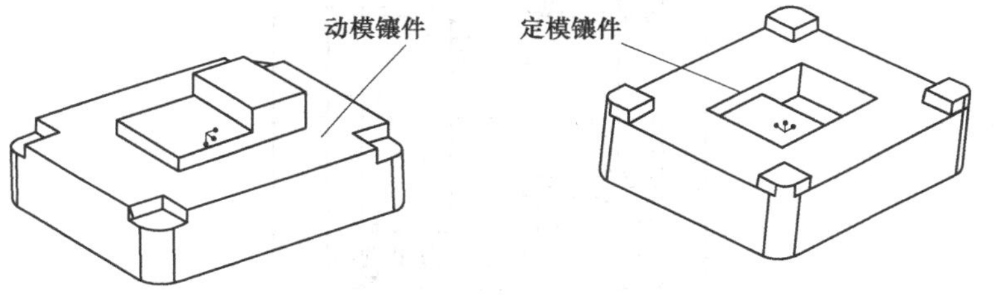

图 14-21　内模镶件原身锥面定位立体图

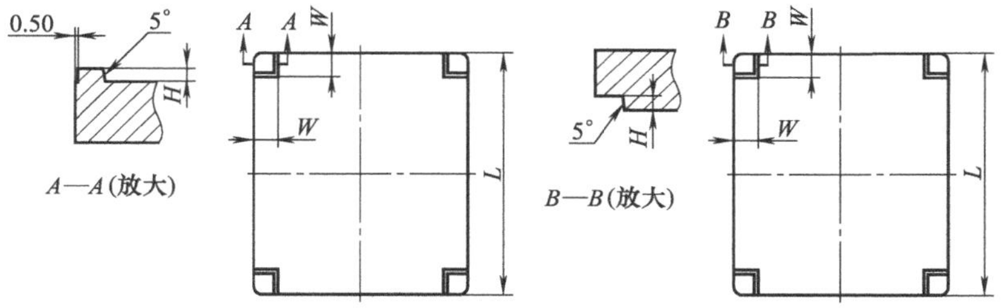

图 14-22　内模镶件原身锥面定位平面图

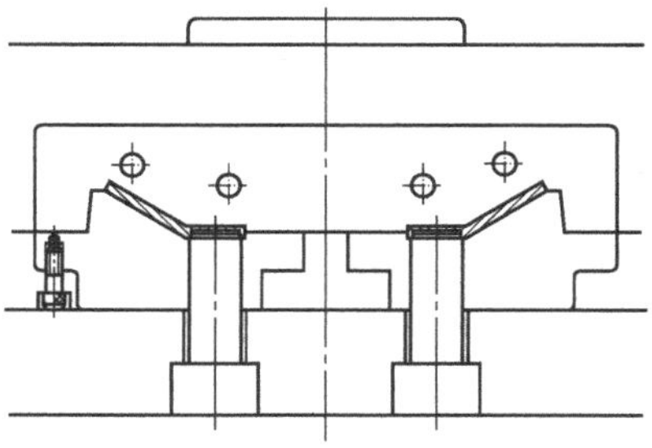

图 14-23　内模原身锥面定位实例 1

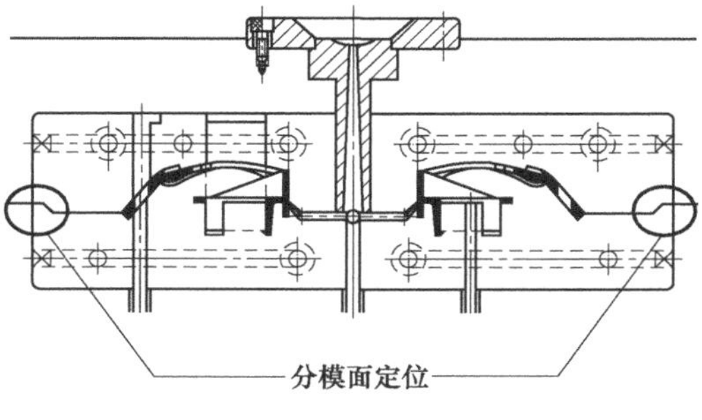

图 14-24　内模原身锥面定位实例 2

这种结构常用于精密模具、分型面为复杂曲面或斜面的模具，以及塑件严重不对称，在注射成型中会产生较大的侧向分力的模具。内模镶件定位角的尺寸可根据镶件长度来取：当 $L<250\text{mm}$ 时，W 取 15～20mm，H 取 6～8mm；当 $L\geqslant 250\text{mm}$ 时，W 取 20～25mm，H 取 8～10mm，如图 14-22 所示。

图 14-23 和图 14-24 为采用内模定位的两个实例。

复习与思考

1. 简述注塑模具导向定位系统的作用和分类。

2. 如何确定三板模架中定模导柱（即拉杆，图 14-25）的长度 L？

3. 什么情况下必须设计推件固定板导柱？简述推件固定板导柱位置、数量和大小如何确定？

4. 什么情况下要用边锁？什么情况下要用内模管位？

5. 某生产精密塑件的模具，动、定模镶件之间的相对位置公差要求做到 0.005mm。请问在设计模具时如何保证这一精度要求？

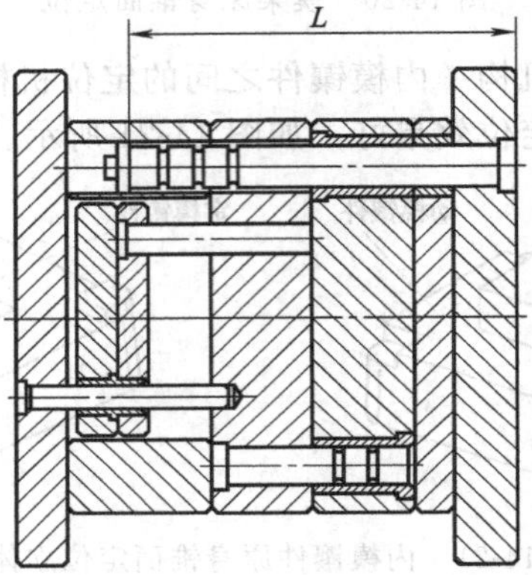

图 14-25　三板模架

Chapter 15

第 15 章 注塑模具设计步骤、内容及实例

15.1 注塑模具设计的基本要求

对注塑模具设计的基本要求可概括为如下几个方面。

(1) 保证塑件的质量及尺寸稳定性　塑件的质量包括外观质量和内部质量，优良的外观质量包括完整而清晰的结构形状，符合要求的表面粗糙度（包括蚀纹和喷砂等），没有熔接痕、银纹、震纹及黑点、黑斑等注塑缺陷。优良的内部质量包括不能存在组织疏松、气泡及烁斑等注塑缺陷。

塑件的尺寸精度稳定性取决于模具的制造精度、模具设计的合理性和注射工艺参数。而塑件的尺寸稳定性通常只取决于后面两种因素，塑件的尺寸稳定性不好，通常是收缩率波动造成的。要控制塑件的收缩率，不但要有恰当而稳定的注射工艺参数，在模具设计方面更要做到以下几点。

① 良好的温度调节系统，将模具各部位的温度控制在一个合理的范围之内。

② 在多腔注塑模具中，排位要努力使模具达到温度平衡和压力平衡。

③ 要根据塑件的结构和尺寸大小选择合理的浇注系统。

(2) 模具生产时安全可靠　模具是高频率生产的一种工具，在每一次生产过程中，其动作都必须正确协调，稳定可靠。保证模具安全可靠的机构包括以下几个部分。

① 三板模具中的定距分型机构。

② 侧向抽芯机构。

③ 推件固定板的先复位机构。

④ 内螺纹脱模机构中传动机构和塑件的防转机构。

⑤ 二次推出机构。

(3) 便于修理　模具的使用寿命很高，为方便以后维修，模具在设计时需要做到以下几点。

① 对易损坏的镶件做成组合镶拼的形式，以方便损坏后更换。

② 侧向抽芯的方向应优先选择两侧。

③ 冷却水要通过模架进入内模镶件。

④ 斜推杆不应直接在推件固定板上滑动。

⑤ 滑块上的压块做成组合式压块。

⑥ 三板模具中的定距分型机构优先采用外置式。

(4) 满足大批量生产的要求　模具的特点就是能够反复、大批量地生产同样一个或数个塑件，其寿命通常要求几十万、数百万甚至上千万。要做到这一点，在模具设计时必须注意以下几点。

① 模架必须有足够的强度和刚度。

② 内模镶件材料必须有足够的硬度和耐磨性。

③ 模具必须有良好的温度控制系统，以缩短模具的注射周期。

④ 模具的导向定位系统必须安全、稳定、可靠。

(5) 模具零件及装配能满足制造工艺要求　模具结构必须使模具装拆方便，零件的大小和结构必须符合机床的加工工艺要求，做到以最低的成本，生产出符合要求的模具。

15.2 模具设计一般步骤

注塑模具设计的一般步骤如图 15-1 所示。

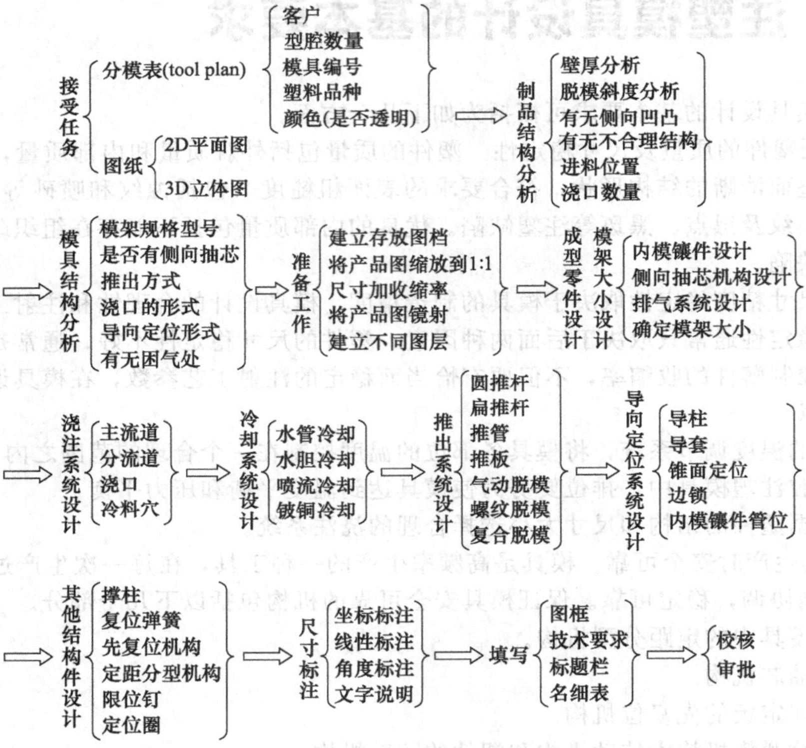

图 15-1　注塑模具的设计步骤

以上流程只说明了在模具设计过程中考虑问题和画图的先后顺序，在实际的设计过程中可能并非全部按此顺序进行，并且设计中经常要再返回上一步或上几步对已设计的内容进行修正，直至最终设计定稿。

15.3 注塑模具设计之前的准备工作

15.3.1 模具设计前必须了解的事项

模具图纸主要是根据客户提供的资料，考虑加工因素而设计出来。其中客户提供的资料对于模具设计起一个很大的指导性作用，设计出来的模具图纸一定要符合客户的要求（或经过客户批核），否则，设计出来的模具图纸是不合格或无效的。客户提供的资料，主要包括以下四个方面。

15.3.1.1　总体要求

（1）产品批量　了解产品的批量对确定模具的大小厚度、导向定位、材料、型腔数量、冷却系统设计等都有很大的影响。

（2）产品销往哪一个国家　每个国家的安全标准不同，产品销往不同的国家，执行标准也有一定的差异。

（3）模具是否要进行全自动化生产　模具是安装在注塑机上生产的，模具的大小必须和注塑机相匹配。模具若要采用全自动化生产，则塑件的推出距离必须足够，推出必须100%安全可靠。

（4）包装要求　略。

（5）注塑机型号　主要包含以下参数。

① 容模量。注塑机拉杆（即格林柱）的位置大小及允许模具最大、最小闭合高度。

② 喷嘴参数。喷嘴球面直径、喷嘴孔径、喷嘴外径、喷嘴最大伸出长度、定位孔径。

③ 模具装配参数。锁模孔、锁模槽尺寸。

④ 开模行程及动、定模板最大间距。

⑤ 顶出机构。顶出点位置和顶出直径，必要时，还需提供顶出力及顶出行程。

⑥ 最大注射量。

⑦ 最大锁模力。

15.3.1.2　塑件要求

（1）塑件图　包括装配图和零件图、平面图和立体图等。从塑件图中可以了解模具的大致结构和大小。

（2）塑件的外观和尺寸精度要求

① 外观和尺寸都要求很高。

② 尺寸要求很高，外观要求一般。

③ 尺寸要求一般，外观要求较高。

（3）塑件的颜色及材料

① 塑料是否有腐蚀性。

② 塑料的收缩率和流动性。

③ 塑件是否透明。

（4）塑件表面是否有特别要求　塑件表面的特别要求包括以下几个。

① 是否存在有不允许有脱模斜度的外侧面。

② 型腔表面粗糙度要求。一般抛光还是镜面抛光，是否要蚀纹，是否要喷砂，可否留火花纹等；不同的粗糙度对脱模斜度的要求是不同的。

（5）该塑件在产品中的装配位置　如果塑件装在产品的外面，则在设计推杆、浇口位置及确定镶件的组合结构时，就必须格外小心，尽量不要影响外观。

（6）塑件是否存在过大的壁厚　过大的壁厚会给模具的设计和生产带来麻烦，若能改良，则可以降低生产成本。但产品的任何更改，都必须征得客户或产品工程师的同意。

（7）塑件是否存在过高的尺寸精度　过高的尺寸精度会增加模具的制造和注射成本，有时甚至根本就做不到，因为塑件的尺寸精度不但取决于模具制造精度，还取决于塑件的收缩率，而收缩率又主要取决于注射成型时各工艺参数的选取和稳定性。

（8）塑件是否有嵌件　若有嵌件，则必须考虑其安装、定位、防转及加热。

(9) 塑件成型后是否有后处理工序 后处理工序包括镀铬、二次注射、退火和调湿等。若有后处理工序，则应考虑是否要用辅助流道。

15.3.1.3 模具要求

(1) 分模表。从分模表中可以知道模具的名称、编号、模具的腔数，所用的塑料，颜色，是否需要表面处理，以及其他注意事项。

(2) 模具使用寿命及成型周期。

(3) 模具型号是二板模具还是三板模具，是工字模还是直身模。

(4) 标准件的选用。

(5) 操作方式是手动、半自动还是全自动。

(6) 浇口形式和位置。

(7) 分型线的定义。

(8) 顶出位置和顶出方式。

(9) 侧向抽芯机构和抽芯动力是开模力、液压机构还是弹簧的弹力。

(10) 温度控制系统的设计中是否要有加热系统。

(11) 模具材料及热处理。

15.3.1.4 加工因素

加工因素包括加工工艺、加工精度、加工时间、加工成本，这四者的关系是相互制约，在考虑加工因素时，应按以下顺序来考虑：加工时间—加工精度—加工成本—加工工艺。

15.3.2 塑件结构分析要点

(1) 前期设计变更的项目在塑件图内是否都做了修改。

(2) 对一些常用塑料零件（如齿轮、齿轮箱、电池箱等）是否有现存的模具可用。

(3) 了解塑料的相关情况，如名称、生产厂家、等级、成型收缩率、流动性、热敏性、对模温的要求、成型条件等。

(4) 如有困气处，如何排气。

(5) 采用何种成型方法。

(6) 成型分析

① 塑件外表面成型于动模还是定模。

② 分型面、插穿面、碰穿面是否理想，插穿面的斜度是否足够。最好是 3°～10°。

③ 塑件表面的分型线能否获得客户的接受。

(7) 塑件结构分析

① 塑件是否严重不对称，如何克服因塑件严重不对称而导致的变形。

② 塑件局部较厚时其收缩痕迹如何克服。

③ 加强筋与壁厚的比例是否合理。

④ 自攻螺柱根部壁厚是否过大，如果过大如何解决。

⑤ 塑件局部是否会因热量过于集中，不易冷却，而导致表面出现收缩凹陷，凹陷会出现在哪一侧，可否有解决办法与对策。

⑥ 壁厚是否合理。

(8) 进料分析

① 如何选用浇口的形式、数量、位置、尺寸等，如何做到进料平衡。

② 所采用的浇口形式是否会造成流痕、蛇纹或浇口附近产生色泽不均匀（如模糊、雾状等）等现象，如何避免。

③ 如果塑件存在壁厚不均匀，进料理想方式是由厚入薄。

④ 是否有必要增加辅助流道。

⑤ 是否有必要设置溢料槽。

⑥ 随着辅助流道、冷料穴的设置，是否会对塑件表面的外观和色泽造成不良影响，如阴影、雾状和切断浇口后留下痕迹等。

⑦ 分析熔接痕出现的位置，尽量使熔接痕形成于不受力或不重要的表面。在熔接痕附近宜开设排气槽或冷料穴。

⑧ 浇口位置的选定是否会造成塑件的变形。

⑨ 塑件如存在格子孔，是否有必要在格子孔之后，设置辅助流道或透气式镶件。

⑩ 在熔体流动难以确定的情况下要进行模流分析。

(9) 侧向凹凸结构分析

① 塑件侧向凹凸在哪一侧，可否进行结构改良而不用侧向抽芯机构。

② 塑件是否会被侧向抽芯拉出变形，如有可能的话有何对策，有无必要在侧向抽芯机构内加推杆或采用延时抽芯。

③ 斜推杆推出时是否会碰到塑件的其他结构，如加强筋、自攻空心螺柱、弧形部，特别是模具型芯，如何避免。

(10) 脱模分析

① 脱模斜度是否足够，推出有没有问题，塑件图上有无特别要求的脱模斜度，是否有必要向客户要求加大脱模斜度，动、定模两侧的包紧力哪一侧较大，可否肯定会留于有推出机构的一侧，如不能肯定，有何对策。

② 对于透明塑件（如 PMMA、PS 等）或侧壁蚀纹的塑件，其脱模斜度能否做大一点。

③ 大型深腔塑件，推出时是否会产生真空，有何对策，是否需要采用气动推出。

④ 为了防止脱模时塑件划伤，脱模斜度越大越好，但随着脱模斜度的增加，是否会造成收缩凹痕或收缩变形。

⑤ 客户对推出系统是否有特别规定，如方式、大小、位置、数量等。

⑥ 透明塑件有无特别注意其推出位置。

⑦ 为防止推出顶白，客户有无针对局部推出部位的推杆规定使用延迟推出。

(11) 塑件相互间的配合关系

① 与其他塑件有配合要求的尺寸，其公差是否满足要求。尤其要注意脱模斜度对塑件装配所产生的影响。

② 分型线是否恰当，对外观有没有影响，飞边及毛刺是否会影响装配。

③ 塑件零件图的基准在哪里。

(12) 其他

① 是否充分检讨了塑件可能会产生的变形、翘曲，有没有对策。

② 塑件图上有锐角之处是否有必要倒圆角（塑件的表面外观必须倒圆角）。圆角 R 最小可以做到多大，包 R 后是否会影响到与其他塑件间的配合。

15.3.3 模具结构分析要点

(1) 客户对模具所用注塑机如果有规定

① 塑件投影面积×熔体给型腔的压强≤注塑机锁模力×80%。

② 塑件＋浇注系统凝料≤注塑机额定注射量×80%。

③ 定位圈直径、浇口套的规格是否与注塑机相匹配。

④ 模具最大宽度<拉杆之间的距离。

a. 模具最大宽度＝模板的宽度＋凸出模板两侧外的附属机构长度。

b. 附属机构有油（空）压缸、弹簧、定距分型机构、推件固定板先复位机构、热流道端子箱和水管接头等。

⑤ 塑件的推出距离是否足够，模具总厚度加上开模距离是否满足注塑机的开模行程。

⑥ 推件固定板先复位机构中，如采用注塑机顶棍拉回的方式，则与推件固定板配合的连杆位置、螺纹节距、直径等必须先从客户方面取得。

(2) 浇注系统分析

① 采用热流道还是普通流道，采用侧浇口还是点浇口。

② 如何选用主流道、分流道的形式及尺寸。

③ 浇注系统凝料占整个塑件的质量分数是否合理。

④ 浇注系统对成型周期的影响有没有考虑。

⑤ 浇注系统排气有没有考虑。

⑥ 浇口的形式是否合理。

⑦ 浇口的大小、位置、数量等是否合理。

⑧ 有没有考虑流道的平衡。

⑨ 浇注系统凝料的取出方式是自动落下、手取还是机械手取出。

⑩ 拉料杆的形式是否合理，切除浇口后对外观的影响客户是否接受。

(3) 模具结构

① 采用何种型号的模架，是二板模架、标准型三板模架还是简化型三板模架。

② 为增加模具强度，是否要增加动、定模之间的定位机构（如内模镶件管位或边锁）。

③ 分型线、分型面、插穿面、碰穿面如何确定。

④ 内模镶件如何镶拼，如何固定。

⑤ 有没有细小镶件的强度和刚度，如何解决。

⑥ 镶件加工有没有问题。

⑦ 如何应对塑件壁厚不均匀的问题。

⑧ 是否要设计推件固定板先复位机构，是否要设计定距分型机构。

⑨ 是否需要特殊的推出机构，如二次推出、气动脱模和内螺纹自动脱模等。

⑩ 镶件是否需要热处理。

⑪ 内模镶件镶拼时是否考虑了塑件尖角、*R* 角及内模镶件倾斜面等问题。

⑫ 四面抽芯的模具结构，其四面滑块是设置于动模还是定模，优缺点是否充分考虑了。

⑬ 四面滑块的分割法对塑件外观的影响有没有充分考虑。

⑭ 标准方铁是否要加高，标准导柱是否要加粗。

⑮ 模具下侧的附属机构（油压缸、水管接头等）会否碰到地面，是否要设计安全装置（如安全块或撑脚等）。

(4) 侧向抽芯机构的分析

① 是否必须做侧向抽芯机构，是否可用枕位、插穿或其他模具结构代替。

② 滑块在动模还是在定模，优先做在动模。

③ 滑块的动力来源何处，是斜导柱、液压、弹簧、弯销还是T形扣等。

④ 滑块的导向和定位如何保障。

⑤ 如何选取侧向抽芯的最佳方向。

⑥ 斜导柱、斜滑块、弯销或T形扣等倾斜角度如何确定。

⑦ 承受大面积的塑料注射压力时，其滑块的楔紧块如何保证有足够的锁紧力。

⑧ 如何保证抽芯机构的装配和维修方便。

(5) 推出系统

① 塑件哪些地方必须加推件，如长空心螺柱、高加强筋、深槽和边角地方等都是包紧力最大的地方。

② 推出行程如何，是否需要加高方铁。

③ 是否需要采用非常规推出方式，如推块推出、气动推出、二次推出、内螺纹机动脱模等。

④ 是否要设计推件固定板先复位机构。

⑤ 是否要设计推件固定板导柱。

⑥ 是否需要设计延时推出机构。

⑦ 塑件推出后，取出方式如何，是手取、机械手臂还是自动落下。

⑧ 如果模具要进行全自动化生产，如何保证脱模 100%可靠。

⑨ 透明塑件的推出系统如何保证其外观。

⑩ 对于大型塑件，推出时塑件和型芯与型腔是否会出现真空。

⑪ 是否要设计进气机构，是否必须设计定模推出机构。

(6) 温度控制系统分析

① 了解塑件的生产批量，客户对注射周期有无特别要求。

② 各部位如何能达到同时冷却的效果（冷却水路如何布置，水管直径的确定，是否要用到水井、喷流或镶铍铜等特殊冷却方式）。

③ 该模具生产时实际使用的模温范围应控制在多少度。

④ 模具是否有局部高温的地方，这些地方是否要重点冷却。

⑤ 冷却（加热）回路使用哪种介质（是普通水、冷冻水、温水还是油）。

⑥ 冷却回路会否与内部机构（螺栓、推杆等推出系统，内模镶件）或外部机构（吊环螺孔、热流道温控箱、油压缸等）发生干涉。

⑦ 客户对所使用水管接头的规格有无特别要求，水管接头是否必须埋入模板。

⑧ 冷却回路的设计如何避免死水。

⑨ 冷却回路的加工是否方便，是否太长。

⑩ 冷却回路的流量，雷诺数是否有必要计算。

⑪ 浇口套附近是否需要设置单独的冷却回路。

(7) 如果采用热流道系统

① 加热棒、加热圈等加热元件如何选择最合理。

② 加热元件的电容量如何确定。

③ 感温器的配线如何布置。

④ 客户对感温器的材质是否有明确指示。

⑤ 客户对金属接头、接线端子是否有明确指示。

⑥ 所用塑料会否有“流延”现象，若有，是否有对策。

⑦ 如何避免加热元件的断路、短路、绝缘等情况发生。

⑧ 热流道板如何实现隔热。

⑨ 热流道板如何装配和定位，装拆是否方便。

⑩ 如何应对热膨胀问题。

⑪ 热射嘴间隙如何选取，应尽量使用标准件，以缩短采购周期。

(8) 排气问题分析

① 是否按照客户的指示做了排气槽

a. 型腔有没有特别困气的地方。

b. 分模面的排气槽是设计在动模侧还是定模侧。

c. 内模镶件和加强筋如何排气。

d. 排气槽、孔的规格如何。

② 壁厚较薄而不利于填充的部位（客户不允许再加大壁厚时）如何做排气槽。

③ 浇注系统末端是否有必要设计排气槽。

④ 是否有必要采用特殊的排气方式，如透气钢排气、排气栓排气或气阀排气等。

⑤ 预测的熔接痕附近是预先做排气槽，还是等试模后再于熔接痕附近开设排气槽。

（9）型芯和型腔是否需要特殊加工，如蚀纹加工、喷砂加工、雕刻加工等

① 蚀纹加工

a. 蚀纹的花纹形式及编号是否明确。

b. 侧壁如果有蚀纹，则其脱模斜度应根据蚀纹规格去选取（详见附录3）。

c. 蚀纹范围是否明白无误。

d. 各部位的蚀纹形式及编号是一种还是两种以上。

e. 为避免刮花和色泽不均匀，薄壁处应避免蚀纹。

f. 动模侧的蚀纹或电极加工的蚀纹区域是否会反映至塑件表面上，而使该部位表面粗糙及产生不同色泽。

g. 蚀纹后要施以何种喷砂处理（光泽处理）。

全光泽 100%→玻璃砂半光泽 50%→玻璃砂＋金刚砂消光 0→金刚砂

② 喷砂加工

a. 喷砂的花纹形式及编号是否明确。

b. 喷砂的范围是否明确。

c. 使用一种或两种以上的喷砂时，其形式或编号是否清楚。

d. 使用哪一种喷砂形式（金刚砂、玻璃砂还是金刚砂＋玻璃砂）。

③ 雕刻加工

a. 客户是否提供了字稿、底片。

b. 底片的倍率是多少。

c. 塑件字体或符号是凹入还是凸出？

d. 雕刻方法的选择，是直接雕刻机雕刻、放电雕刻、铍铜挤压式镶件还是数控（NC）铣床加工。

e. 雕刻板尺寸是否有必要加收缩率。

（10）加工上的问题

① 塑件结构形状是否合理，模具型芯和型腔能否加工得出来，是否有改良的余地。

② 塑件表面的镶件夹线是否已取得客户的同意。

③ 仿形加工、数控加工、线切割、EDM 等加工是否有困难。

④ 加强筋处是否需要镶拼，如何镶拼。

15.4 模具装配图绘制

15.4.1 模具装配图组成

注塑模具设计从画装配图开始，模具装配图中，应有一个定模排位图、一个动模排位图及多个剖视图。定模排位图和动模排位图都采用国家标准中的拆卸画法，即画定模排位图时，假设将动模拆离；画动模排位图时，假设将定模拆离。剖视图一般应包括横向、纵向全剖视图各一个及根据需要而作的局部剖视图。一般横向剖视图剖导柱、螺钉，纵向剖视图剖复位杆、推件固定板导柱、浇口套、弹簧等。在实际工作中，为清楚起见，模具装配图中各模板的剖视图都不画剖面线。

由于模具结构复杂，模具装配图通常还包括推杆位置图、冷却水道位置图、零件图、电极加工图和线切割图等。这些图通常都单独打印，以方便加工。所有图纸均采用 1∶1 比例绘制，不得缩小或放大。但打印时未必要 1∶1，通常选“按图纸大小缩放”。

15.4.2 模具装配图布置

模具装配图的布置通常有以下两种方式。

① 动模排位图在左，定模排位图在右，纵向的剖视图在定模和动模排位图中间，横向的剖视图在动模排位图的下方，如图 15-2（a）所示。

② 动模排位图在左，定模排位图在右，纵向的剖视图在定模排位图下方，横向的剖视图在动模排位图的下方，如图 15-2（b）所示。

当从电脑里调出一个标准模架图时，它的摆放位置是标准的摆放位置。但当模具图较复杂时，还需要增加一些视图。应该注意的是，在画模具图时不要移动定模图及动模图的相对位置，更不要将它旋转，为方便作图可移动或旋转剖视图。在打印图纸时，如果不能在一张纸上打印完所有的视图，应该把定、动模视图摆放在一起，剖视图摆放在一起，并且上下位置不应颠倒。

15.4.3 绘制模具装配图注意事项

（1）视图应整洁清晰。撑柱、推杆、复位杆、弹簧在图面上不可重叠在一起，不可避免时可各画一半或干脆不画撑柱或推杆。也不可使图面看起来过于空旷，必要时应画多些撑柱或推杆使图纸看起来有内容。

（2）属于模架的零件只画一次即可，剖面线经过撑柱及推杆轴线时才画，否则可以不画。

（3）模具装配图可以先用 3D 绘制，但最后都要用 CAD 绘制成 2D 平面图。在用 CAD 绘制模具装配图时，不同的系统在模具装配图中应使用不同的图层、颜色、线型及比例，以方便日后图纸的修改。

（4）模具装配图各部分需表达正确、清楚，虚、实线分明。

（5）标题栏、明细表填写完整、正确。

（6）侧向抽芯机构需有三个方向不同的视图表达。

（7）模具上有特殊装置及要求的需特别说明，如推件固定板先复位机构，浇口套偏心。

（8）主要标准件要编号，并标出其规格尺寸。

（9）主流道、浇口要有放大图，并清楚地标明其尺寸。

15.4.4 模具装配图上的尺寸标注、明细表及技术要求

（1）装配图上的尺寸标注　装配图主要由平面排位图、剖视图和放大图组成。其中，定、动模平面排位图中的定位尺寸均采用坐标标注法，标注之前先将用户坐标原点设置在模具的两条对称线的交点上，如图 15-3 所示。

（2）剖视图中尺寸标注　剖视图中一般采用线性尺寸标注。装配图只须标注重要外形尺寸、总体尺寸，而零件图则要标注详细的定型尺寸和定位尺寸，零件图的尺寸基准往往取决于零件的装配和加工方法，装配图中剖视图尺寸基准通常为分型面。

15.4.5 模具装配图中的技术要求

对有热处理、表面处理要求的零件要注明，例如，淬火 48～50HRC，氮化 700HV，蚀纹面、抛光面等。

技术要求应写明模架规格型号，开框尺寸，内模镶件的材料，定、动模的脱模斜度，备料尺寸以及其他特别说明等。如果浇口套要偏离模具中心，方铁要加高，导柱要加粗，推板材料有特别要求，需要加先复位机构等，都要在技术要求中详细写明。

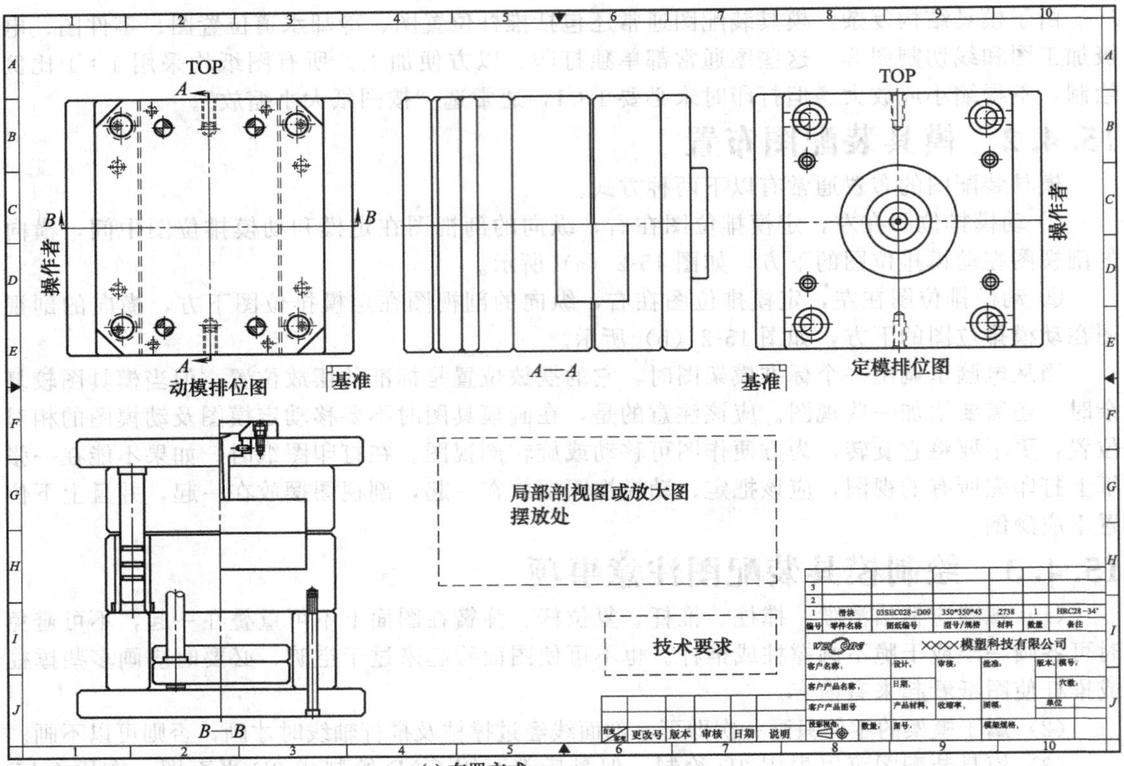

(a) 布置方式一

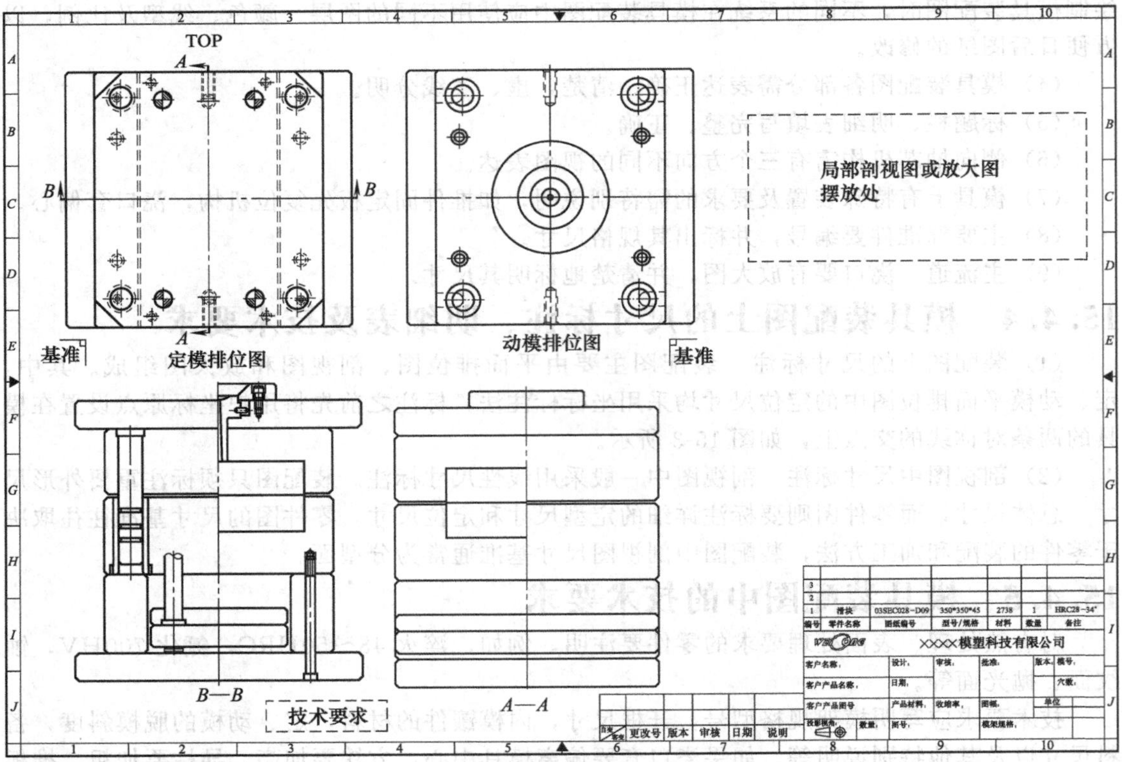

(b) 布置方式二

图 15-2　装配图布置方式

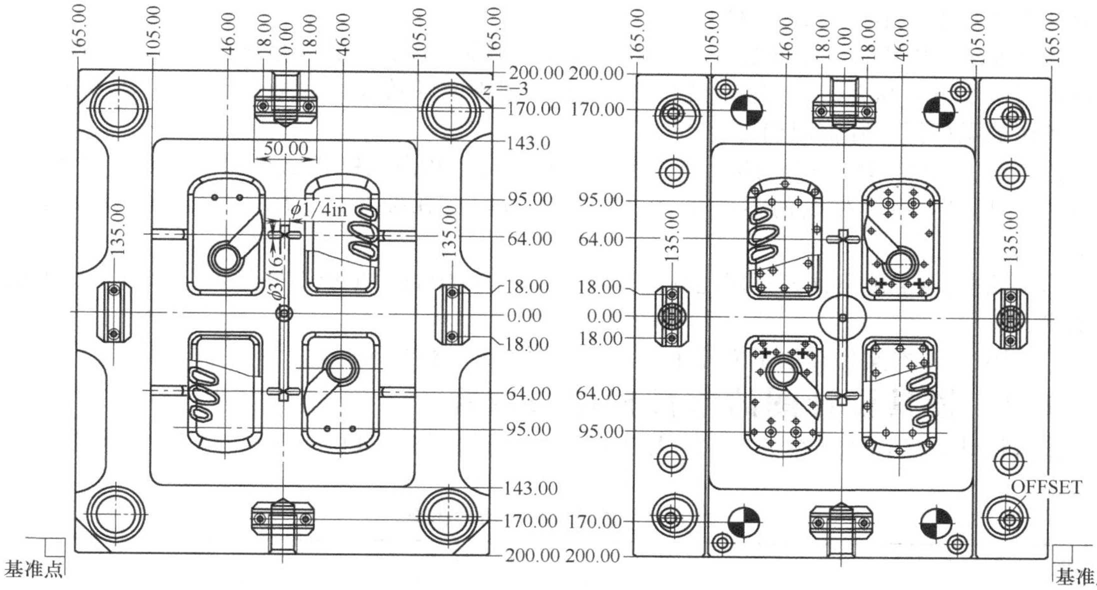

图 15-3　排位图尺寸坐标标注法

有配合要求的尺寸要标注配合公差，公差的选取见表 15-1。

表 15-1　模具装配图上各零件配合公差及应用

公差代号	常用配合形式	适用范围
H7/h6	配合间隙小，能较好地对准中心，用于经常拆卸且对同心度有一定要求的零件	内模镶件与型芯或定位销的配合
H7/f7	配合间隙较大，零件在工作中相对运动但能保证零件同心度或紧密性。一般工件的表面硬度和粗糙度比较低	内模镶件与推杆、推管滑动部分的配合；导柱与导套的配合；侧向抽芯滑块与侧向抽芯滑块槽的配合；斜推杆导滑槽与内模镶件的配合
H8/f8	配合间隙大，能保证良好的润滑，允许在工作中发热	推杆、复位杆与推件固定板的配合
H7/m6(k6)	过渡配合，应用于零件必须绝对紧密且不经常拆卸的地方，同心度好	模架与销钉的配合；齿轮与轴承的配合；模板与内模镶件的配合；导柱、导套与模架的配合
H7/s6	主要用于钢或铁制零件的永久性或半永久性结合	限位钉(俗称垃圾钉)与模板的配合

表 15-1 是中等精度等级的模具公差，对于精密级模具，可以在表 15-1 的基础上提高一级精度。

15.4.6　模具装配图中的明细表

注塑模具装配图中明细表的一般要求如下。

① 明细表要列出装配图上所有零件（包括模架板、螺钉），有些公司也规定只列出外购零件。

② 明细表“名称”栏填上零件名称，零件名称要按公司标准称谓书写。零件标准名称一律用中文名，除非客户有特殊要求。

③“规格尺寸”栏填写该零件规格尺寸，有小数点要四舍五入取整数。

④“材料”栏填写零件材料，一般外购标准件写“外购”，特殊外购标准件写“订购公司”，自制标准件写“自制”。注意：所有零件如果还需要回公司加工后才能装配，必须在材

料后写上“加工”字样，如“H13 加工”。

⑤“数量”栏填写该零件数量，对于易损件、难加工零件应该订购多一些，并注明备用数量，写法如下：“4+6”，前面一个“4”表示该零件实际数量，后面一个“6”表示备用数量，备用数量根据实际情况确定。

⑥“备注”栏应填写材料热处理要求，另外，模架和内模镶件已订的零件要在“备注”栏写上“已订”，有零件图的零件写上“零”。另外，有托推杆、全牙螺钉等都要在备注中写明。

⑦ 明细表通常由设计人员用电脑制作（AutoCAD 中自动生成）并打印，再由主管审核后发出。

⑧ 明细表正本文件存放于文控中心，副本两份，一份发至工厂，一份发至采购。

15.4.7 模具设计图的审核程序与内容

模具设计完成，图纸在下发工厂加工前必须经过严格认真的审核，审核内容可参考表 15-2。

表 15-2 模具设计图审核内容

分　类	校 核 事 项
注塑机	1. 注塑机的注射量、注射压力、锁模力是否足够 2. 模具是否能正确安装于指定使用的注塑机上；装模螺孔大小及位置，装模槽大小及位置，定位圈大小及位置，顶棍孔大小及位置等是否符合指定注塑机的要求
成型零件	1. 型芯型腔尺寸是否已加收缩率，产品图变为型芯型腔图时有没有镜射，有没有缩放到 1∶1 2. 在既有的塑件结构基础上，型芯型腔加工是否容易 3. 塑料的收缩率是否选择正确 4. 分型线位置是否适当，是否会粘定模，分模面的加工工艺性如何，是否存在尖角利边
内模镶件钢材	内模镶件材料、硬度、精度、构造等是否与塑料、塑件批量及客户的要求相符
脱模机构	1. 选用的脱模方法是否适当 2. 推杆、推管（尽量大些、推在骨上）使用数量及位置是否适当 3. 有无必要做多加顶棍孔 4. 推管是否会碰顶棍孔 5. 侧向抽芯下边有推杆时，推件固定板有无必要加行程开关或其他先复位机构 6. 斜面上的推杆有没有设计台阶槽防滑
温度控制	1. 冷却水道大小、数量、位置是否适当 2. 有无标注水管接头的规格 3. 生产 PMMA、PC、PA、加玻璃纤维材料的塑件时，模具有无加隔热板 4. 冷却水管、螺孔会不会和推件等发生干涉
侧向抽芯机构	1. 侧向抽芯机构形式是否合理可靠 2. 侧向抽芯的锁紧和复位是否可靠 3. 滑块的定位是否可靠 4. 斜推杆是否会与塑件结构或模具型芯发生干涉
浇注系统	1. 主流道是否可以再短一些 2. 分流道大小是否合理 3. 浇口的种类、位置和数量是否恰当，熔接痕的位置是否会影响受力或外观 4. 有没有必要加辅助流道
装配图	1. 塑件在模具上有无明确基准定位 2. 模具各零件的装配位置是否牢固可靠，加工是否简便易行 3. 模具零件要尽量选用标准件，以便于制造与维修 4. 技术要求是否明确无误 5. 剖切符号是否与剖切图相符

分　类	校 核 事 项
装配图	6. 图面是否简洁明了 7. 细微结构处有无放大处理 8. 尺寸标注是否足够、清晰，有无字母、数字、线条重叠现象 9. 高度方向尺寸是否由统一基准面标出 10. 三视图位置关系是否符合投影关系 11. 有无修正塑件图，使之有合理脱模斜度及插穿角度 12. 考虑塑件公差是否有利于试模后修正
零件图	1. 图面是否清晰明了，尺寸大小是否与图面协调一致 2. 必要位置的精度，表面粗糙度、公差配合等，是否已注明 3. 碰穿插穿的结构、枕位尺寸要和塑件图样仔细校对 4. 成型塑件精度要求特别严格的地方，是否已考虑修正的可能性 5. 尺寸的精度是否要求过高 6. 零件选用材料是否合适 7. 在需要热处理及表面处理的地方，有没有明确的指示 8. 有没有必要加排气槽
基本配置	1. 精密模具及有推管、斜推杆、多推杆时有没有设计推件固定板导柱 2. 定距分型机构是否能保证模具的开模顺序和开模距离 3. 有没有必要设计动、定模定位机构
明细表	1. 零件序号是否与装配图一致，零件名称是否适当 2. 材料名称、规格、件数有没有写错，明细表的内容及数量应全部齐全，包括任何自制的附加零件及螺钉等 3. 收集明细表所有零件后应可把模具组装起来及生产调试 4. 有没有按标准选用标准件，标准件有没有写明规格型号
对加工的考虑	1. 塑件图上重要尺寸应作标示，型芯型腔尺寸有没有考虑脱模斜度，是大端尺寸还是小端尺寸 2. 对容易损坏及难加工的零件，是否已采用镶拼结构 3. 对加工及装配的基准面是否已充分考虑 4. 是否制定特殊作业场合的作业指导规范 5. 有关装配注意事项是否已作标示 6. 为装配、搬运及一般作业方便，是否设计适当的吊环螺孔及安全机构 7. 模具外侧有没有必要加保护其他结构用的支撑柱

15.5　注塑模具设计实例

图 15-4 所示的塑件为某收音机的中盖，材料为 ABS，颜色为黑色。其立体图如图 15-5（a）所示，本章以此为例谈谈注塑模具设计的一般步骤。

机壳模具设计步骤如下。

（1）建立新文件夹　文件夹为 D:\MOLD\(产品编号)\SHEEL_molding。

（2）建立存放文件路径　将该模具所生产塑件的所有立体图（ProE 或 UG）和平面图存放于该文件夹内。

（3）分析塑件结构及模具结构

① 塑件的两个侧面有凹孔和凹槽，模具必须设侧向抽芯机构，本模具采用斜导柱加滑块的结构，如图 15-5（b）所示。

② 塑件内侧有一个方形盲孔，不能强行脱模，模具要设计斜推杆侧向抽芯机构，如图

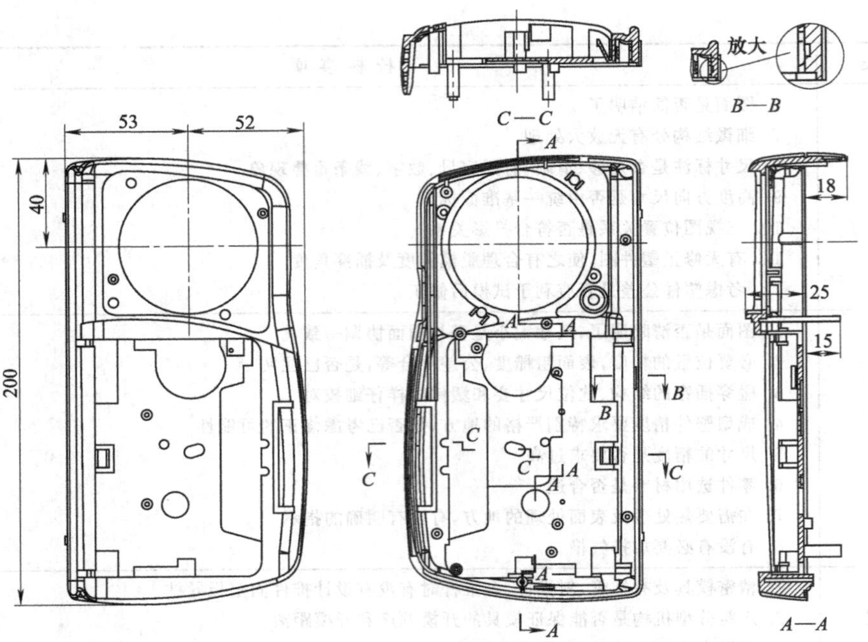

图 15-4 塑件图

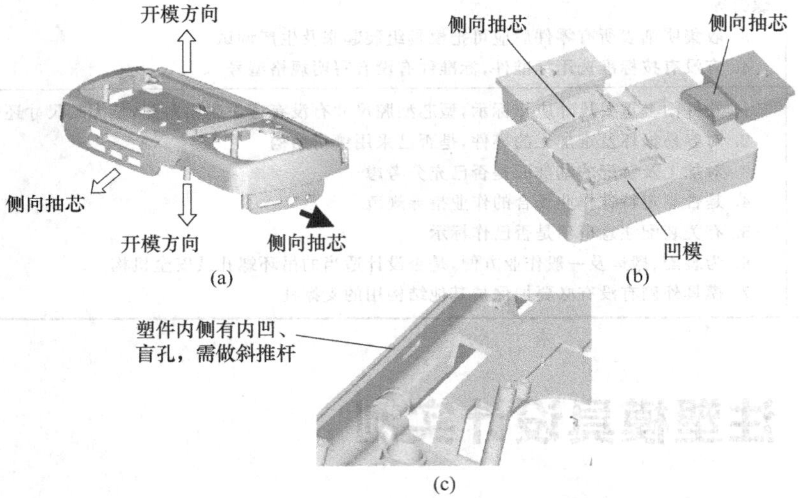

图 15-5 塑件脱模分析

15-5（c）所示。

③ 一模生产一件塑件，由于塑件尺寸较大，本模具采用点浇口、三点进料、三板模架。模具要设计定距分型机构。

④ 塑件分型面分析。除两处侧向抽芯外，其余分型面均为平面，天地模结构。

（4）绘图前的准备工作

① 打开 AutoCAD，建立新图名“SHEEL”，将该塑件的平面图插入。

② 建立新图层，包括尺寸线图层、冷却水图层、推杆图层、型腔型芯图层、中心线图层、虚线图层等。

③ 将图纸缩放到 1∶1。

④ 将塑件图变成型腔型芯图。

a. 尺寸放收缩率。ABS 收缩率取 0.5%，将塑件尺寸乘以 1.005。

b. 将塑件图镜射成型腔型芯图，并更换成型腔型芯图层。

(5) 排位，确定内模镶件的大小　由于动模镶件结构复杂，零件较多，模具设计通常从动模镶件设计开始。根据塑件的尺寸，以及第 7 章中表 7-3 和表 7-4，定模镶件大小为 260mm×166mm×50mm，动模镶件大小为 260mm×166mm×40mm，如图 15-6 所示。

(6) 设计 2 个“滑块＋斜导柱”侧向抽芯机构

① 滑块抽芯距离 S 的确定。侧孔为通孔，最小抽芯距离等于壁厚，约 2mm，由于侧向抽芯面积较大，为脱模方便，取安全距离 8mm，即滑块抽芯距离为 10mm。

② 斜导柱倾斜角度 α 的确定。根据侧向抽芯的面积，滑块高度取 48mm，用作图法求得斜导柱倾斜角度为 12°，由于斜导柱前端为半球状，为无效长度，滑块斜孔孔口又有 R2mm 的倒角，根据经验，通常在作图法求得的角度的基础上再加 5°～6°，本例加 6°，斜导柱倾斜角度取 18°，如图 15-7 所示。

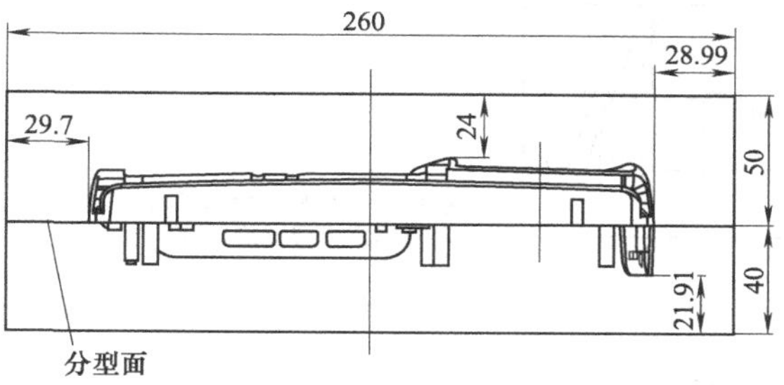

图 15-6　动、定模镶件设计

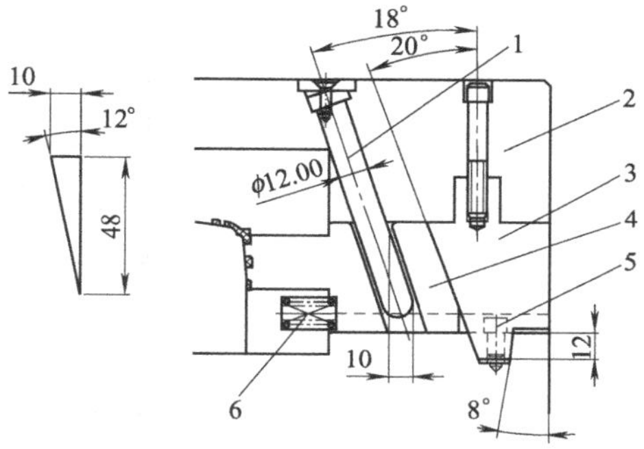

图 15-7　侧向抽芯机构设计

1—斜导柱；2—B 板；3—楔紧块；4—滑块；5—挡销；6—弹簧

③ 另外一个侧向抽芯机构设计方法相同。

④ 由于侧向抽芯要承受较大的胀型力作用，故楔紧块在合模后插入动模板，以防止滑块后退。

(7) 根据镶件及侧向抽芯机构确定模架大小　根据以上设计确定采用龙记三板模架：3545-DCI-A80-B90-300-O。调入模架图，将排位图插入动模视图及定模视图。完善动、定模侧向抽芯机构的视图（用弹簧加挡块定位），如图 15-8 所示。

(8) 画剖视图　确定镶接方式、镶件厚度。本模具镶件镶通，镶件多处要碰穿插穿。

(9) 设计斜推杆　本塑件存在内侧向凹槽，10mm×2mm×1mm，抽芯距离取 5mm，塑件推出高度为 35mm，用作图法求得斜推杆倾斜角度为 8°。为使斜推杆在推出时稳定可靠，设计斜推杆导向底座 5 和辅助导向块 4（图 15-9）。

(10) 设计浇注系统　本塑件结构复杂，碰穿孔较多，熔体流动阻力大，需要多点进料，故采用点浇口，根据塑件大小、结构和 ABS 的流长比，点浇口数量取 3 个，如图 15-10 所示。

(11) 设计模具冷却系统，确定螺钉位置及大小　本模具主要采用水管冷却，水管直径为 8mm。另外，因动模内模镶件较大，是本模具冷却的重点，故采用两个水井冷却，水井直径为 30mm，如图 15-11 所示。

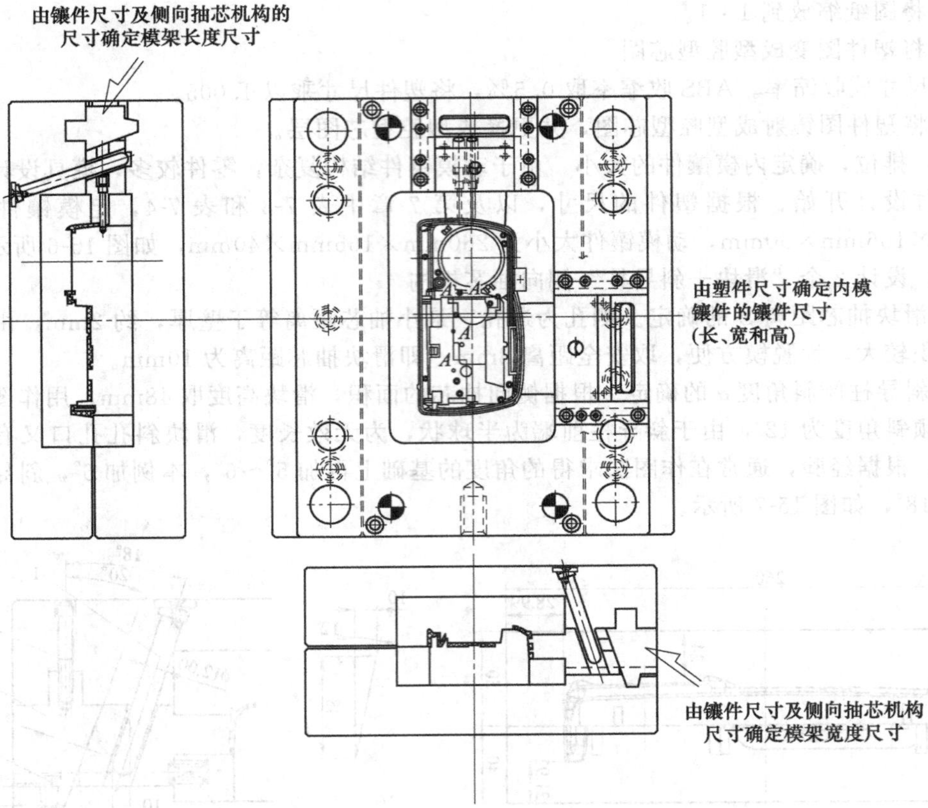

图 15-8 设计镶件和模架大小

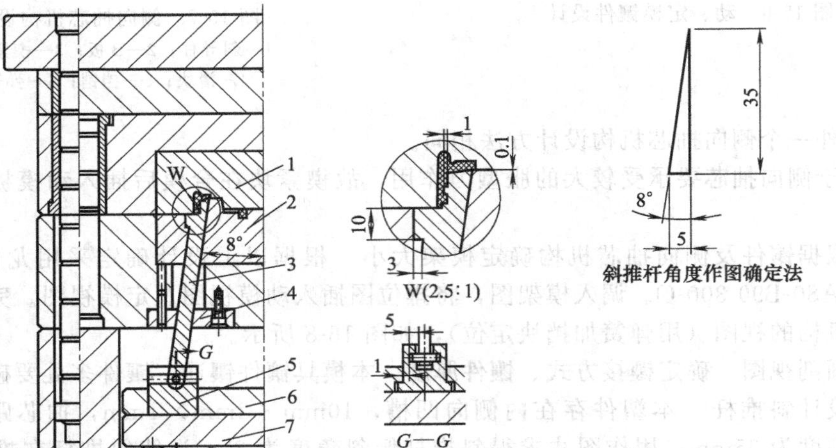

图 15-9 斜推杆设计

1—凹模；2—凸模；3—斜推杆；4—辅助导向块；5—斜推杆导向底座；6—推件固定板；7—推件底板

(12) 设计模具脱模系统　本模具主要推出零件为推杆，但有 2 个空心螺柱需要用推管推出，如图 15-12 所示。

(13) 设计模具导向定位系统　本模具采用龙记标准模架，导向系统均为标准件。因侧

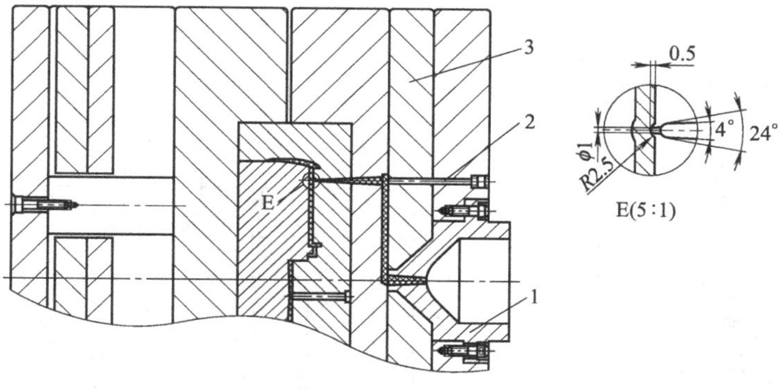

图 15-10 浇注系统设计

1—浇口套；2—拉料杆；3—脱料板

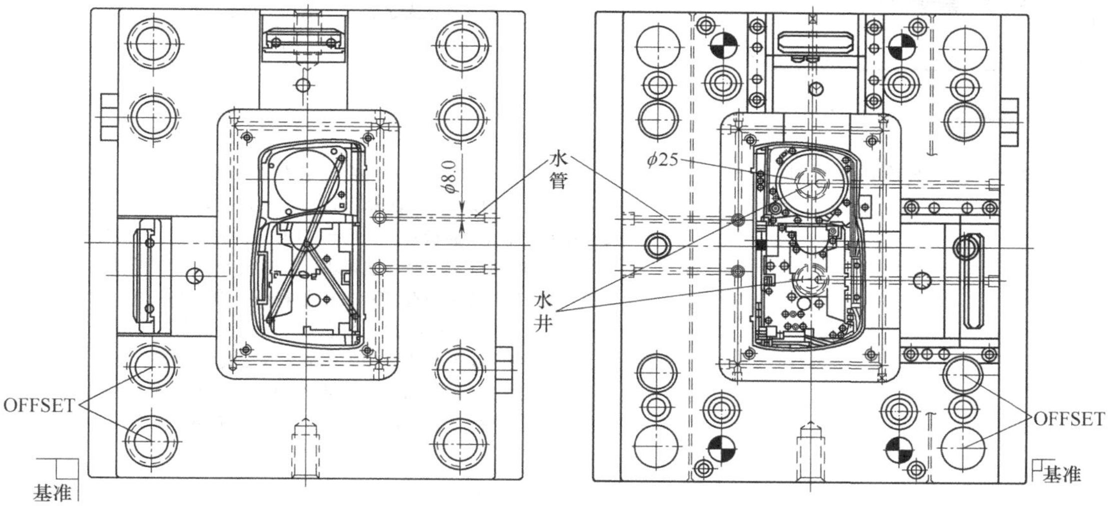

图 15-11 冷却系统设计

向抽芯机构不对称，须增加四个边锁或在分型面上加锥面定位，以提高动、定模定位精度和整体刚度。

(14) 设计其他结构件

① 本模具设计两支推件固定板导柱，以提高推件活动精度和稳定性。

② 本模具设计四支撑柱、四支复位弹簧。

③ 本模具定距分型机构采用外置式，以方便维修。

(15) 设计排气系统　由于采用点浇口，本模具主要排气的地方在分型面上，排气槽开在定模型腔部位。由于困气位置难以确定，设计时不画出排气槽位置，试模后根据实际情况再加工排气槽，排气槽深度不超过 0.03mm，宽度 10mm。

(16) 标注尺寸　略。

(17) 调入图框，填写标题栏和技术要求　略。

(18) 填写明细栏　略。

该模具的装配平面图和装配立体图如图 15-13 和图 15-14 所示。

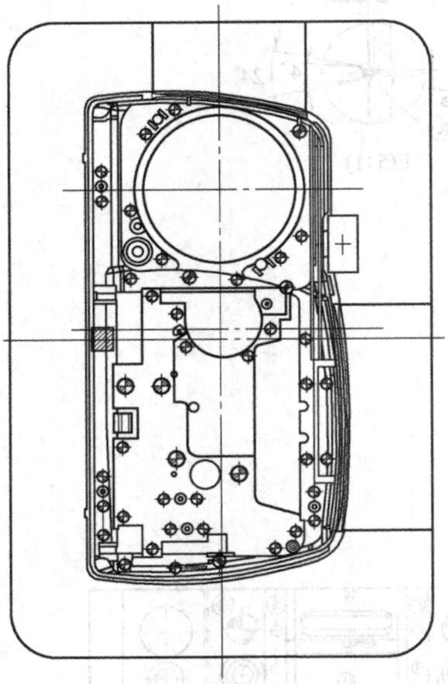

图 15-12　脱模机构设计

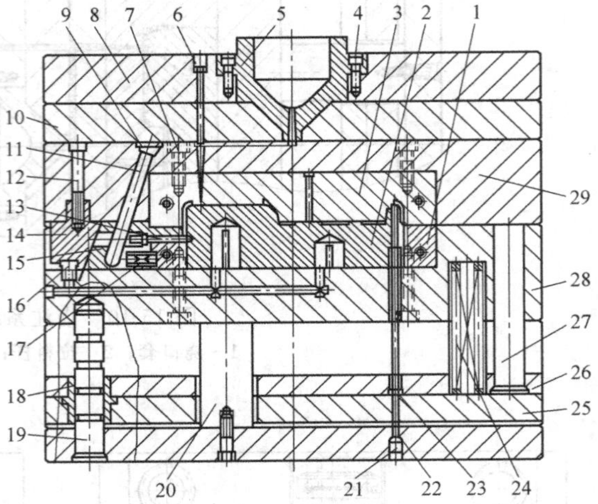

图 15-13　模具装配平面图

1—凸模；2—型芯；3—凹模；4，7，12—连接螺钉；5—浇口套；6—拉料杆；8—面板；9—压板；10—脱料板；11—斜导柱；13—侧向抽芯；14—楔紧块；15—滑块；16—挡销；17—滑块定位弹簧；18—推杆板导套；19—推杆板导柱；20—撑柱；21—无头螺钉；22—推管型芯；23—推管；24—复位弹簧；25—推件底板；26—推件固定板；27—复位杆；28—动模 B 板；29—定模 A 板

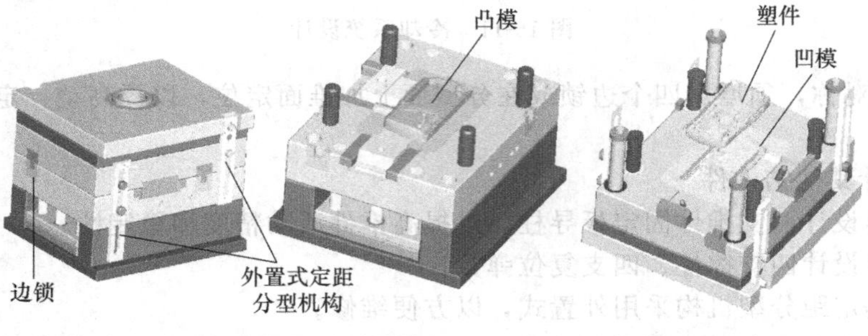

(a) 模具装配图　(b) 模具动模装配图　(c) 模具定模装配图

图 15-14　模具装配立体图

复习与思考

1. 简述模具设计的一般流程。

2. 俗话说好的开始是成功的一半，模具设计也一样。请问：在设计之前，要先做哪些工作？

3. 注塑模具设计图有哪几种形式？其中注塑模具的装配图是怎样摆放的？有哪些内容？与一般的机械制图相比，注塑模具的装配图有什么特点？

4. 注塑模具的装配图中尺寸标注需要注意什么？

5. 如何填写明细表？

6. 在注塑模具中，哪些零件采用间隙配合？哪些零件采用过渡配合？哪些零件采用过盈配合？配合公差分别是什么？

7. 因模具的价格较高，故模具设计完成后必须经严格认真的审核后方可投产。请问：注塑模具设计图纸的审核形式和审核内容有哪些？

8. 模具设计练习

（1）前盖：前盖塑件图如图 15-15 所示。

① 本模具共一腔。

② 塑料：ABS。平均壁厚 1.5mm。

③ 塑件颜色：红色。

提示：一外侧有两处凹孔，需要侧向抽芯。中间有一大方孔，可以采用潜伏式浇口。

（2）面盖：面盖塑件图如图 15-16 所示。

① 本模具共一腔。

② 塑料：PP。平均壁厚 3.0mm。

③ 塑件颜色：黑色。

提示：一外侧有两处大面积凹槽，需要侧向抽芯。大型塑件，必须采用点浇口。

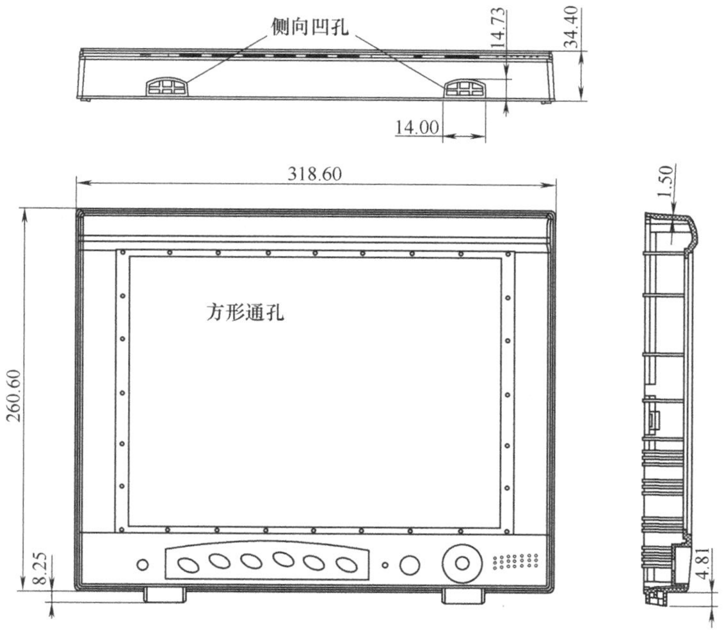

图 15-15　前盖塑件图

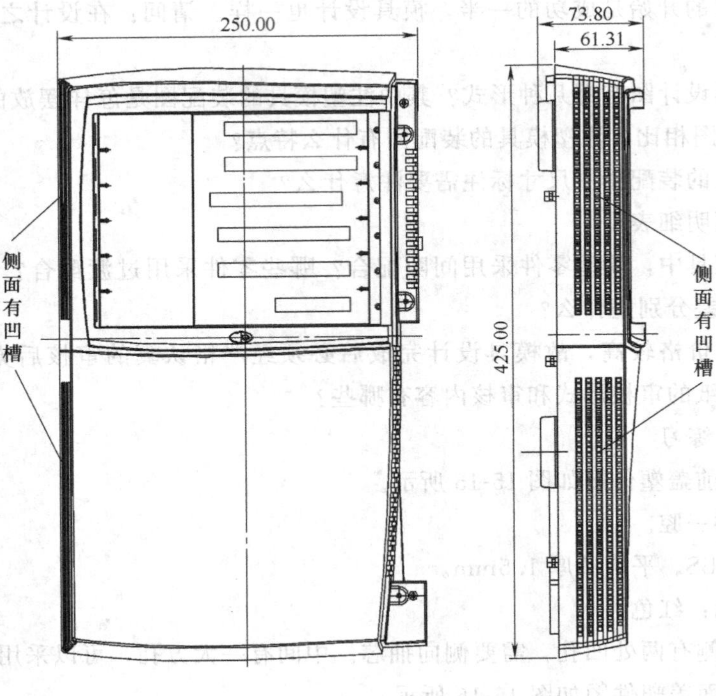

图 15-16　面盖塑件图

Chapter 16

第 16 章

注塑模具材料选用

16.1 注塑模具选材的依据

注塑模具选材的依据包括模具的寿命、塑料的特性、模具零件的作用与功能以及模具的成本。

16.1.1 模具的寿命

模具是一个长寿命的生产工具，根据生产批量的大小，模具所用的钢材也不同。详细情况见表 16-1 和表 16-2。

表 16-1 根据模具寿命选用国产钢材

塑料类别	塑料名称	生产批量/件			
		$<1\times10^5$	$1\times10^5\sim5\times10^5$	$5\times10^5\sim1\times10^6$	$>1\times10^6$
热固性塑料	通用型塑料(酚醛、蜜胺、聚酯等)	45 钢、50 钢、55 钢 渗碳钢 渗碳淬火	渗碳合金钢 渗碳淬火 4Cr5MoSiV1+S	Cr5MoSiV1 Cr12 Cr12MoV	Cr12MoV Cr12Mo1V1 7Cr7Mo2V2Si
热固性塑料	增强型塑料(上述塑料中加入纤维或金属粉等强化)	渗碳合金钢 渗碳淬火	渗碳合金钢 渗碳淬火 4Cr5MoSiV1+S Cr5Mo1V	Cr5Mo1V Cr12 Cr12MoV	Cr12MoV Cr12Mo1V1 7Cr7Mo2V2Si
热塑性塑料	通用型塑料(聚乙烯、聚丙烯、ABS 等)	45 钢、55 钢 渗碳合金钢 渗碳淬火 3Cr2Mo	3Cr2Mo 3Cr2NiMnMo 渗碳合金钢 渗碳淬火	4Cr5MoSiV1+S 5NiCrMnMoVCaS 时效硬化钢 3Cr2Mo	4Cr5MoSiV1+S 时效硬化钢 Cr5Mo1V
热塑性塑料	工程塑料(尼龙、聚碳酸酯等)	45 钢、55 钢 3Cr2Mo 3Cr2NiMnMo 渗碳合金钢 渗碳淬火	3Cr2Mo 3Cr2NiMnMo 时效硬化钢 渗碳合金钢 渗碳淬火	4Cr5MoSiV1+S 5CrNiMnMoVCaS Cr5Mo1V	Cr5Mo1V Cr12 Cr12MoV Cr12Mo1V1 7Cr7Mo2V2Si
热塑性塑料	增强工程塑料(工程塑料中加入增强纤维或金属粉等)	3Cr2Mo 3Cr2NiMnMo 渗碳合金钢 渗碳淬火	4Cr5MoSiV1+S Cr5Mo1V 渗碳合金钢 渗碳淬火	4Cr5MoSiV1+S Cr5Mo1V Cr12MoV	Cr12 Cr12MoV Cr12Mo1V1 7Cr7Mo2V2Si
热塑性塑料	阻燃塑料(添加阻燃剂的塑料)	3Cr2Mo+镀层	3Cr13 Cr14Mo	9Cr18 Cr18MoV	Cr18MoV+镀层

续表

塑料类别	塑料名称	生产批量/件			
		$<1\times10^5$	$1\times10^5\sim5\times10^5$	$5\times10^5\sim1\times10^6$	$>1\times10^6$
热塑性塑料	聚氯乙烯	3Cr2Mo+镀层	3Cr13 Cr14Mo	9Cr18 Cr18MoV	Cr18MoV+镀层
	氟化塑料	Cr14Mo Cr18MoV	Cr14Mo Cr18MoV	Cr18MoV	Cr18MoV+镀层

表 16-2 根据模具寿命选用进口钢材

模具寿命	10万次以下	10万～50万次	50万～100万次	100万次以上
镶件钢材	P20/PX5 738 CALMAX 635	NAK80 718H	SKD61(热处理) TDAC(DH2F)	AIAS420 S136
镶件硬度	(30±2)HRC	(38±2)HRC	(52±2)HRC	(60±2)HRC
模架钢材	S55C	S55C	S55C	S55C
模架硬度	(18±2)HRC	(18±2)HRC	(18±2)HRC	(18±2)HRC

16.1.2 塑料的特性

有些塑料有酸腐蚀性，有些塑料因添加了增强剂或其他改性剂，如玻璃纤维，对模具的损伤较大，选材时均要综合考虑。有强腐蚀性的塑料（如 PVC、POM、PBT 等）一般选 S136、2316、420 等钢材；有弱腐蚀性的塑料（如 PC、PP、PMMA、PA 等）除选 S136、2316、420 外，还可选 SKD61、NAK80、PAK90、718H 等钢材。不同塑料选用的钢材见表 16-3。

表 16-3 根据塑料特性选择模具钢材

塑料缩写名称	模具要求			模具寿命	建议用材		应用硬度/HRC	抛光性
	耐腐蚀性	耐磨性	抗拉力		AISI	YE 品牌		
ABS	无	低	高	长	P20	2311	48～50	A3
				短	P20+Ni	2738	32～35	B2
PVC	高	低	低	长	420ESR	2316ESR	45～48	A3
				短	420ESR	2083ESR	30～34	A3
HIPS	无	低	中	长	P20+Ni	2738	38～42	A3
				短	P20	2311	30～34	B2
GPPS	无	低	中	长	P20+Ni	2738	37～40	A3
				短	P20	2311	30～34	B2
PP	无	低	高	长	P20+Ni	2738	48～50	A3
				短	P20+Ni	2738	30～35	B2
PC	无	中	高	长	420ESR	2083ESR	48～52	A2
				短	P20+Ni	2738 氮化	650～720HV	A3
POM	高	中	高	长	420MESR	2316ESR	45～48	A3
				短	420MESR	2316ESR	30～35	B2
SAN	中	中	高	长	420ESR	2083ESR	48～52	A2
				短	420ESR	2083ESR	32～35	A3

续表

塑料缩写名称	模具要求			模具寿命	建议用材		应用硬度/HRC	抛光性
	耐腐蚀性	耐磨性	抗拉力		AISI	YE品牌		
PMMA	中	中	高	长	420ESR	2083ESR	48～52	A2
				短	420ESR	2083ESR	32～35	A3
PA	中	中	高	长	420ESR	2316ESR	45～48	A3
				短	420ESR	2316ESR	30～34	B2

产品的外观要求对模具材料的选择亦有很大的影响，透明件和表面要求镜面抛光，必须选用S136、2316、718S、NAK80、PAK90、420等钢材，透明度要求特别高的首选S136，其次是420。

16.1.3 模具零件的作用与功能

不同的零件在模具中的作用不一样，选用的钢材也不尽相同。

(1) 定模镶件材料　定模镶件材料要优于动模镶件材料，硬度也要比动模镶件高5HRC左右。

(2) 型芯材料　型芯材料与镶件材料一样，型芯硬度应低于镶件硬度4HRC左右。

(3) 定位销材料　定位销使用材料为SKD61 (52HRC)。

(4) 侧向分型与抽芯机构部分钢材

① 侧向抽芯和内模镶件如果要相对滑动的话，在一般情况下不能选相同的材料；若需与内模镶件同料，滑动表面必须氮化，而且硬度要不一样，宜相差2HRC左右。

② 滑块使用材料为P20或718。

③ 压块使用材料为S55C（需热处理至40HRC）或DF2淬火至52HRC。

④ 耐磨块使用材料为DF2淬火至52HRC。

⑤ 斜导柱使用材料为SKD61 (52HRC)。

⑥ 楔紧块使用材料为718。

⑦ 导向块使用材料为DF2（油钢需热处理至52HRC）。

(5) 斜推杆钢材　斜推杆应采用自润滑材料，导热性能要好。斜推杆与内模镶件所用的钢材不可相同，避免摩擦发热而被烧坏。钢材的配合可参考表16-4。

斜顶氮化前，斜推杆与斜推杆配合孔之间应留有适当的间隙，斜推杆的钢材硬度及是否氮化可参照表16-4。

表16-4　斜推杆材料

内模镶件材料	斜推杆材料
H-13,48～52HRC	S-7,54～56HRC 铍铜
S-7,54～56HRC	H-13,48～52HRC(需氮化) 铍铜
420SS,48～50HRC	H-13,48～52HRC(需气氮) 420SS,50～52HRC (需液氮) 440SS,56～58HRC (需液氮) 铍铜
P-20,35～38HRC	H-13,48～52HRC(需气氮) 铍铜

(6) 其他零件各部分材料

① 标准浇口套部分材料按厂商标准。

② 三板模具浇口套部分材料使用 S55C 或 45 钢（需热处理至 40HRC）。

③ 拉杆、限位块、支撑柱、先复位机构等，使用材料为 S55C 或 45 钢。

④ 其他零件如无特殊要求，均使用材料 S55C 或 45 钢。

16.1.4 模具的成本

“不懂经济学的工程师只能算半个工程师”。模具设计工程师必须有经济头脑，必须熟悉各种模具钢材的价格，在满足需要的前提下，选用最便宜的钢材。不同品种的钢材价格相差很大。例如同样具有防腐蚀功能，S136 比 PAK90 和 22136 的价格就要贵很多；同样可以镜面抛光，S136H 就比 NAK80 贵很多。另外，进口钢材比国产钢材又要贵很多。一副模具因材料不同，成本可能相差几千元甚至上万元，模具设计工程师绝对不能忽视这一点。

16.2 注塑模具常用材料及其特性

(1) C45 中碳钢　美国标准编号为 AISI 1050～1055；日本标准编号为 S50C～S55C；德国标准编号为 1.1730。中碳钢或 45 钢在我国香港称为黄牌钢，此钢材的硬度为 170～220HB，价格便宜，加工容易，在模具上用作模架、撑柱，以及一些不重要的结构件，市场上一般标准模架都采用这种钢材。

(2) 40CrMnMo7 预硬注塑模具钢　美国、日本、新加坡、中国标准编号为 AISI P20；德国和有些欧洲国家编号为 DIN 1.2311、1.2378、1.2312。这种钢是预硬钢，一般不适宜热处理，但是可以氮化处理，此钢种的硬度差距也很大，从 28HRC 到 40HRC 不等，视钢厂的标准。由于已做预硬处理，机械切削也不太困难，所以很适合做一些中低档次模具的镶件，有些生产大批量的模具模架也采用此钢材（有些客户指定要用此钢做模架），好处是硬度比中碳钢高，变形也比中碳钢稳定，P20 这种钢由于在注塑模具中被广泛采用，所以品牌也很多，其中在我国华南地区使用较为普遍的品牌有以下几种。

① 瑞典一胜百公司（ASSAB），生产两种不同硬度的牌号：一是 718S，硬度 290～330HB（相当于 33～34HRC）；二是 718H，硬度 330～370HB（相当于 34～38HRC）。

② 日本大同公司（DAIDO），也生产两种不同硬度的牌号：NAK80［硬度（40±2）HRC］及 NAK55［硬度（40±2）HRC］两种。在一般情况下，NAK80 做定模镶件，NAK55 做动模镶件，要留意 NAK55 型腔不能留 EDM 火花纹，据钢材代理商解释是因为含硫，所以电火花加工（EDM）后会留有条纹。

③ 德国德胜钢厂（THYSSEN），有几种编号，如 GS-711（硬度 34～36HRC）、GS738（硬度 32～35HRC）、GS808VAR（硬度 38～42HRC）、GS318（硬度 29～33HRC）、GS312（硬度 29～33HRC）。GS312 含硫不能做 EDM 纹，在欧洲做模架较为普遍，GS312 的编号为 40CrMnMoS8。

④ 澳大利亚百禄（BOHLER），编号有 M261（38～42HRC）、M238（36～42HRC）、M202（29～33HRC）。M202 型腔不能留电火花加工（EDM）纹路，也是因为含硫。

(3) X40CrMoV51 热作钢　美国、中国、新加坡标准编号为 AISI H13；欧洲编号为 DIN1.2344；日本编号为 SKD61。这种钢材出厂硬度是 185～230HB，须热处理。

用在注塑模具上的硬度一般是 48～52HRC，也可氮化处理，由于经过淬火热处理，加工较为困难，故在模具的价格上比较贵一些，若是需要热处理到 40HRC 以上的硬度，模具一般用机械加工比较困难，所以在热处理之前一定要先对工件进行粗加工，尤其是冷却水孔、螺钉孔及攻螺纹等必须在热处理之前做好，否则要退火重做。

这种钢材普遍用于注塑模具上，品牌很多，我们常用的品牌还有：一胜百（ASSAB）的 8407（热作工具钢）；德胜（THYSSEN）的 GS344ESR 或 GS344EFS。

（4）X45NiCrMo4 冷作钢　AISI 6F7 欧洲编号为 DIN 1.2767。这种钢材出厂硬度为 260HB，需要热处理，一般应用硬度为 50～54HRC，欧洲客户常用此钢，因为此钢韧性好，抛光效果也非常好。但此钢在我国华南地区使用不普遍，所以品牌不多，德胜（THYSSEN）有一款是 GS767。

（5）X42Cr13（不锈钢）　AISI 420 STAVAX，DIN 1.2083，出厂硬度为 180～240HB，需要热处理，应用硬度为 48～52HRC，不适合氮化热处理（锐角处会龟裂）。此钢耐腐蚀及抛光的效果良好，所以一般透明制品及有腐蚀性的塑料，例如，PVC、防火料 V2、V1、V0 类的塑料很适合用这种钢材，此钢材很普遍用在注塑模具上，故品牌也很多，如一胜百（ASSAB）S136、德胜（THYSSEN）GS083-ESR、GS083 GS083VAR。如果采用德胜的钢材要注意，如果塑件是透明件，那么定、动模镶件都要用 GS083ESR（据钢厂资料，ESR 电渣重熔可提高钢材的晶体均匀性，使抛光效果更佳），不是透明制品的动模镶件一般不需要太低的粗糙度，可选用普通的 GS083，此钢材价格比较便宜一些，也不影响模具的质量，此钢材有时客户也会要求用作模架，因为防锈的关系，可以保证冷却管道不生锈，以达到生产周期稳定的目的。

（6）X36CrMo17（预硬不锈钢）　DIN 1.2316，AISI 420 STAVAX，出厂硬度为 265～380HB，视钢厂的规格，如果塑件是透明制品，有些公司一般不采用此钢材，因为抛光到高光洁度时，由于硬度不够很容易有坑纹，同时在注塑时也很容易产生花痕，要经常再抛光，所以还是用 1.2083 ESR 经过热处理调质硬至 48～52HRC，可省去很多的麻烦，此钢硬度不高，机械切削较容易，模具完成周期短一些。

很多公司大多在中等价格模具上采用这款具有防锈功能的钢，例如有腐蚀性的塑料，如上面提及的 PVC、V1、V2、V0 类，此钢用在注塑模具上也很普遍，品牌也多，比如，一胜百（ASSAB）S136H（出厂硬度为 290～330HB）、德胜钢厂（THYSSEN）GS316（265～310HB）、GS316ESR（30～34HRC）、GS083M（290～340HB）、GS128H（38～42HRC）、日本大同（DAIDO）PAK90（300～330HB）。

（7）X38CrMo51 热作钢　“AISI　H11” 欧洲编号为 DIN 1.2343，此钢出厂硬度为 210～230HB，必须热处理，一般应用硬度为 50～54HRC。据钢厂资料，此钢比 1.2344（H13）韧性略高，在欧洲比较多采用，有些公司也常用此钢做定模及动模镶件，由于在亚洲及美洲地区此钢不甚普及，所以品牌不多，只有 2～3 个品牌在中国香港采用。如德胜钢厂（THYSSEN）GS343 EFS，此钢可氮化处理。

（8）S7 重负荷工具钢　出厂硬度为 200～225HB，需要热处理，应用硬度为 54～58HRC，美国客户多采用此钢，用于定、动模的镶件及滑块，在欧洲及我国华南地区应用不太普遍。主要品牌有一胜百（ASSAB）COMPAX-S7 及德胜钢厂（THYSSEN）GS307。

（9）X155CrVMo121 冷作钢　AISI D2 欧洲编号为 DIN 1.2379，日本 JIS SKD11，出厂硬度为 240～255HB，应用硬度为 56～60 HRC，可氮化处理，此钢多用在模具的滑块上（日本客户比较多采用）。品牌有一胜百（ASSAB）XW-41、大同钢厂（DAIDO）DC-53/DC11、德胜钢厂（THYSSEN）GS-379。

（10）100MnCrW4 & 90MnCrV8 油钢　AISI 01，DIN 1.2510 & AISI 02，DIN 1.2842，出厂硬度为 220～230HB，要热处理，应用硬度为 58～60HRC，此钢用在注塑模具中的耐磨块、压块及限位钉（俗称垃圾钉）上，品牌有一胜百（ASSAB）DF2、德胜（THYSSEN）GS-510、GS-842、龙记（LKM）2510。

(11) Be-Cu 铍铜　此材料热传导性能好，一般用在注塑模具难以做冷却的位置上，可铸造优美的曲面、立体文字（最大铸造 300mm×300mm）。适用于需要快速冷却或精密铸造的模芯和镶件。硬度高，切削性能好。品牌有 MOLDMAX MM30 和 MOLDMAX MM40，其硬度分别为 26～32HRC 和 36～42HRC。德胜（B2）出厂硬度为 35HRC。

主要化学成分为：Be 1.9%，Co+Ni 0.25%，Cu 97.85%。

(12) AMPCO940 铜合金　此材料出厂硬度为 210 HB，用在模具难以做冷却的地方上，散热效果也很理想，只是较铍铜软一些，强度没有铍铜那么好，用于产量不大的模具。

(13) 铝合金　借着航空、太空实验室及通用车辆所衍生的技术，铝材工业已开发出一种锻铝，特别适于塑料及橡胶模具用。这种铝合金材料（如 AlZnMgCu）已成功地应用于欧洲，特别是在德国、意大利与美国。

模具的使用温度通常可达 150～200℃，在此温度下使用的铝合金材料抗拉强度会下降 20%。由于使用条件的差异，无法确定高热抗拉强度。一般而言，在高温下材料的性能较难预测。

在一般用途下，抗压强度相等于抗拉强度，所有的 AlZn 合金，其耐疲劳性都很好。

与钢材做直接硬度比较有困难，因为多数钢材都经表面硬化或类似的处理，都以洛氏硬度测量，而铝材都以布氏硬度测量。

复习与思考

1. 塑料模具钢必须具备哪些性能？
2. 举出八种常用的模具材料，并简述其性能。
3. 生产透明塑料制品的模具，其内模镶件应选用何种钢材？
4. 生产 PVC 等有腐蚀性塑料制品的模具，其内模镶件应选用何种钢材？
5. 模具中的压块、耐磨块常选用何种钢材？模具中的斜推杆常选用何种材料？

第3篇 塑料其他成型工艺与模具设计

第17章

Chapter 17

挤出成型工艺与模具设计

17.1 挤出成型工艺

17.1.1 挤出成型原理及工艺过程

塑料的挤出成型（简称挤塑）广泛应用于管材、板材、薄膜、线材、异型材、棒材、网膜以及各种电缆的包层等生产领域。挤出成型具有效率高、成本低、连续生产等优点，在塑料制品中挤出成型占有很大的比例。图 17-1 是大口径 PVC 管材生产机组。

图 17-1　大口径 PVC 管材生产机组

挤出成型原理如图 17-2 所示。其工作原理是：塑料从料斗进入料筒被加热至熔融状态，在螺杆的旋转压力作用下被挤入机头，然后在牵引器的牵引力作用下，通过成型模具成型，在冷却定型器中被冷却固化定型，经切割装置定长切断后，放入卸料槽中。

根据挤出成型原理，挤出成型工艺过程可分为以下四个阶段。

① 塑化阶段。

② 挤出成型阶段。

③ 冷却定型阶段。

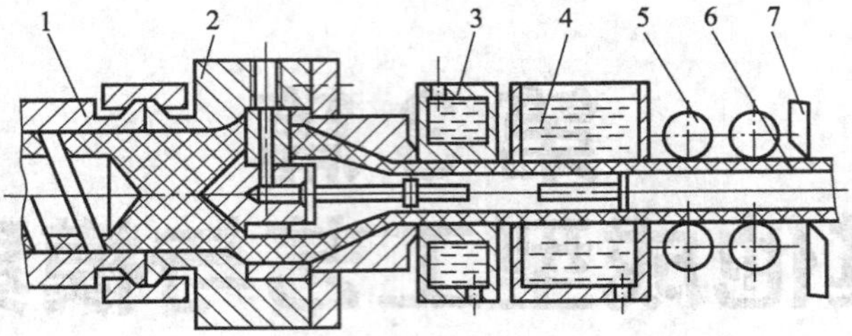

图 17-2　挤出成型原理

1—挤出机料筒；2—机头；3—定径装置；4—冷却装置；5—牵引装置；6—塑件；7—切割装置

④ 塑件的牵引、卷取和切割。

17.1.2　挤出成型工艺参数及其选择

挤出成型的工艺参数主要包括温度、压力、挤出速度和牵引速度等 。

(1) 温度　温度是挤出过程得以顺利进行的重要条件之一。温度主要是指塑料熔体的温度，该温度在很大程度上取决于料筒和螺杆的温度。因为塑料熔体的热量除一部分来源于料筒中混合时产生的摩擦热外，大部分是料筒外部的加热器所提供的。所以，在实际生产中经常用料筒温度近似表示成型温度。常用塑料挤出成型管材、片材和薄膜时的温度参数见表17-1。

表 17-1　常用塑料挤出成型的温度参数

塑料名称	挤出温度/℃				原料中水分控制/%
	加料段	压缩段	均化段	机头及口模段	
丙烯酸类聚合物	室温	100～170	约 200	175～210	≤0.025
醋酸纤维素	室温	110～130	约 150	175～190	<0.5
聚酰胺	室温～90	140～180	约 270	180～270	<0.3
聚乙烯	室温	90～140	约 180	160～200	<0.3
硬聚氯乙烯	室温～60	120～170	约 180	170～190	<0.2

(2) 压力　在挤出过程中，由于料流的阻力螺杆槽深度的改变以及过滤网、过滤板和口模等产生阻碍，沿料筒轴线方向，在塑料内部产生一定的压力。这种压力是塑料得以成型为塑件的重要条件之一。

增加机头压力可以提高挤出熔体的混合均匀性和稳定性，提高产品致密度。但如果机头压力过大将影响产量。

(3) 挤出速度　挤出速度是单位时间内挤出的塑料质量（单位为 kg/h）或塑件长度（单位为 m/min)。挤出速度的大小表征着生产能力的高低。

影响挤出速度的因素很多，如机头、螺杆和料筒的结构、螺杆的转速、加热冷却系统结构及塑料的特性等。在挤出机的结构和塑料品种以及塑件类型已确定的情况下，挤出速度仅与螺杆转速有关。因此，调整螺杆转速是控制挤出速度的主要措施。

(4) 牵引速度　挤出成型生产的是连续的塑件，因此必须设置牵引装置。不同的塑件，牵引速度不同。通常薄膜和单丝的牵引速度可以快一些，其原因是牵引速度大，塑件的厚度和直径减小，纵向抗断裂强度增高。对于挤出硬质塑件，牵引速度则不能大。通常是牵引速度与挤出速度相当或牵引速度略大于挤出速度。牵引速度与挤出速度的比值称为牵引比，其值必须大于等于 1。

17.2 挤出模具的组成

挤出模具的组成包括两部分：机头和定型模套。机头是使塑料熔体成型的工作部分，挤出工艺不同，塑件断面形状不同，机头的结构也不同。

17.2.1 机头的作用

机头是挤出成型的关键部件，它有如下四种作用。

① 使塑料由螺旋运动转变为直线运动。

② 产生必要的成型压力，使挤出的塑料熔体密实。

③ 使塑料得到进一步塑化。

④ 使塑料熔体获得需要的断面形状、尺寸，并被均匀地挤出。

17.2.2 定型模套的作用

定型模套的作用是使用定径装置将从机头挤出的具备了既定形状的制品进行冷却和定型，从而获得能满足使用要求的正确尺寸、几何形状及表面质量。通常采用冷却、加压或抽真空的方法，将从口模中挤出的塑料的既定形状稳定下来，并对其进行精整，从而获得截面尺寸更为精确、表面更为光亮的塑件。

17.2.3 机头的分类

机头按挤出的塑件形状大致可分为挤管机头、挤板机头和吹塑机头三大类。按塑件出口方向可分为直向机头和横向机头。前者机头内料流方向与挤出机螺杆轴向一致；后者机头内料流方向与挤出机螺杆轴向成某一角度。按机头内压力的大小可分为低压机头（料流压力小于4MPa）、中压机头（料流压力为4～10MPa）和高压机头（料流压力大于10MPa）。

17.2.4 挤出模具结构组成

图17-3为管材挤出成型机头。由图17-3中可以看出，挤出成型模具由以下七部分组成。

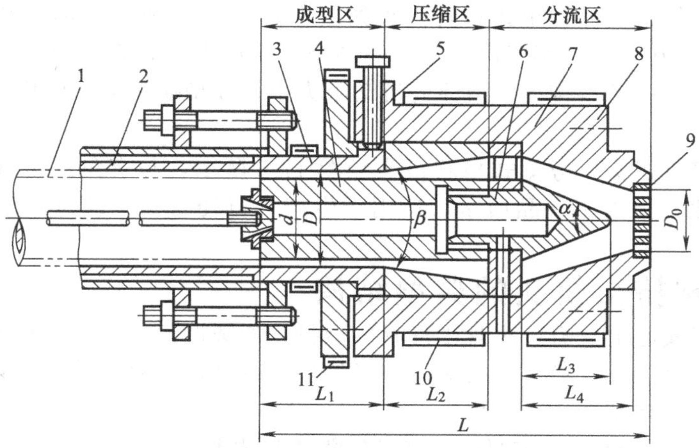

图 17-3 管材挤出成型机头

1—管材；2—定型模套；3—口模；4—芯棒；5—调节螺钉；6—分流器；7—分流器支架；8—机头体；9—过滤板；10,11—加热器

（1）口模和芯棒　口模3用来成型塑件的外表面，芯棒4用来成型塑件的内表面。所以口模和芯棒的成型部分决定了塑件的横截面形状。

（2）过滤板　过滤板9位于挤出机与机头之间，其作用是将塑料熔体由螺旋运动变为直线运动，并起到过滤杂质的作用。为了进一步加强过滤作用，可在过滤板上设置孔眼更加细密的过滤网，增加挤出压力，使塑件更加密实。

（3）分流器和分流器支架　分流器6又称鱼雷头，塑料熔体通过分流器被分为薄环状以平稳地进入成型区，以便进一步加热和塑化。分流器支架7主要用来支承分流器和芯棒，同时也能对分流后的塑料熔体加强搅拌。

（4）机头体　机头体8相当于模架，作用是用来组装机头各零件并与挤出机连接。

（5）温度调节系统　为了保证塑料熔体在机头中正常流动及挤出成型质量，机头上设置有可以加热的温度调节系统，如图17-3中所示的加热器10。

（6）调节螺钉　调节螺钉5用来调节口模与芯棒之间的间隙，保证制品的壁厚均匀。

（7）定型模套　定型模套2可以对塑料制品进行冷却和定型，以使塑件获得良好的表面质量、准确的尺寸和几何形状。

17.3　挤出机头的典型结构

17.3.1　管材挤出机头的典型结构

管材挤出机头主要用来成型连续的管状塑件。管材挤出机头适用的挤出机螺杆长径比（即螺杆长度与其直径之比）$i=15\sim25$，螺杆转速$n=10\sim35\text{r/min}$。常用的管材挤出机头结构有直通式、直角式和旁侧式三种形式。

（1）直通式挤管机头　直通式挤管机头如图17-3所示，其结构简单，容易制造，是最常用的机头。分流器和分流器支架设计成一体，装卸方便。但塑料熔体经过分流器支架时，产生几条分流痕，难以消除。

直通式挤管机头主要用来挤出薄壁管材，适用于软硬聚氯乙烯、聚乙烯、尼龙、聚碳酸酯等塑料管材的成型。

（2）直角式挤管机头　直角式挤管机头如图17-4所示，机头内的熔料挤出方向与挤出机螺杆轴线方向成90°夹角。用于内径定径的场合，冷却水从芯棒3中通过。成型时塑料熔体包围芯棒，并产生一条熔接痕。熔体的流动阻力小，成型质量高。但机头结构复杂，制造困难。

（3）旁侧式挤管机头　旁侧式挤管机头如图17-5所示，与直角式挤管机头相似。优点是加强了熔料塑化，提高了产品质量，适用于生产大口径管材。缺点是结构复杂，制造困难，模具成本高。

17.3.2　棒材挤出机头的典型结构

棒材主要是指实心的具有一定规则形状的型材，如圆形、方形、三角形、菱形和多边形等。棒材挤出机头结构比较简单，机头流道光滑呈流线型，一般流道中不必有分流措施。棒材挤出机头的典型结构如图17-6所示。

17.3.3　板材与片材挤出机头的典型结构

凡是成型段横截面具有平行缝隙特征的机头，为板材与片材挤出机头。主要用于板材、片材和薄膜的成型。常见的板材与片材挤出机头有鱼尾式机头、支管式机头和螺杆式机头等。

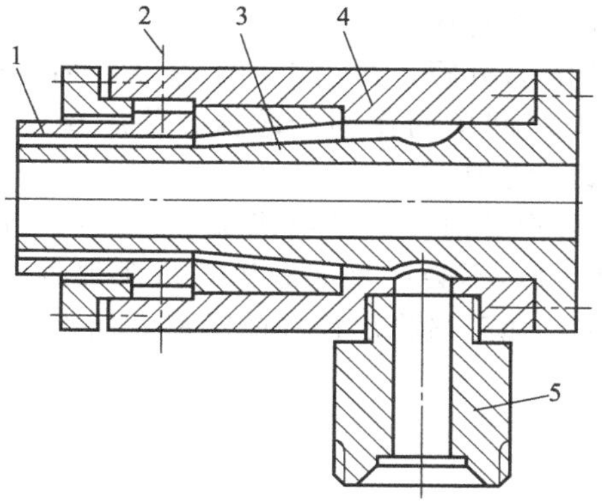

图 17-4　直角式挤管机头

1—口模；2—调节螺钉；3—芯棒；4—机头体；5—连接管

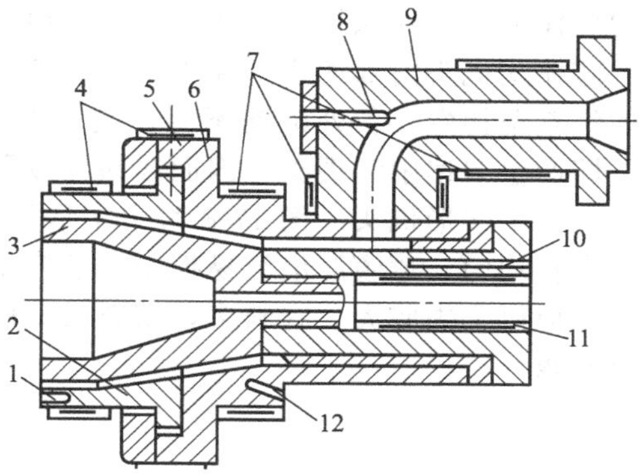

图 17-5　旁侧式挤管机头

1,12—温度计插孔；2—口模；3—芯棒；4,7—电热器；5—调节螺钉；6—机头体；8,10—熔料测温孔；9—机头体；11—芯棒加热器

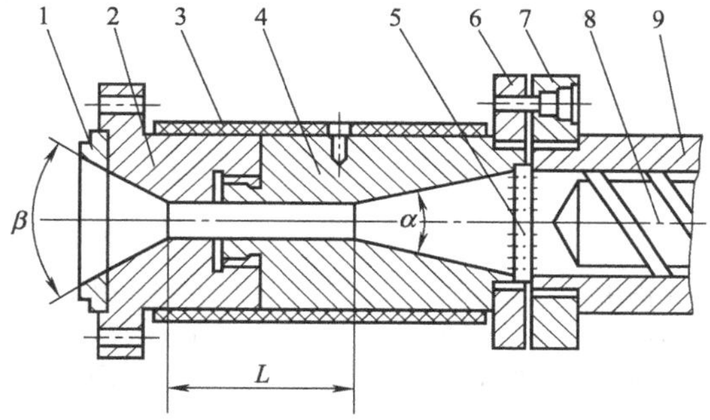

图 17-6　棒材挤出机头的典型结构

1—口模；2—连接套；3—加热圈；4—机头体；5—过滤板；6,7—法兰盘；8—螺杆；9—料筒

（1）鱼尾式机头　鱼尾式机头其模腔似鱼尾状。塑料熔体从机头中部进入模腔，向两侧分流。

鱼尾式机头结构简单，制造容易，适合于多种塑料的挤出成型。所生产的板材宽度小于500mm，厚度为1～3mm。

（2）支管式机头　这种机头的型腔呈管状，从挤出机挤出的熔体先进入歧管中，然后通过歧管经模唇间的缝隙流出成型板材。

（3）螺杆式机头　螺杆式机头实际上是支管式机头的一种，只是在歧管内装有分配螺杆。通过分配螺杆的转动，迫使塑料熔体沿机头幅宽均匀挤出，获得厚度均匀的板材。机头温度容易控制，适用于加工热稳定性差的塑料，可生产宽幅制品，最宽可达4000mm。其缺点是由于分配螺杆的转动，挤出制品易出现波浪形流痕。机头结构复杂，成本较高。

17.3.4　薄膜机头的典型结构

常见的吹塑薄膜机头结构形式有芯棒式机头、中心进料的十字形机头、螺旋式机头、旋转式机头以及双层或多层吹塑薄膜机头等。

（1）芯棒式机头　图17-7为芯棒式吹塑薄膜机头。塑料熔体自挤出机栅板挤出，通过机颈5到达芯棒轴7时，被分成两股并沿芯棒分料线流动，然后在芯棒尖处重新汇合，汇合后的熔体沿机头环隙挤成管坯，芯棒中通入压缩空气将管坯吹胀成管膜。

芯棒式机头内部通道空腔小，存料少，塑料不容易分解，适用于加工聚氯乙烯塑料。但熔体经直角拐弯，各处流速不等，同时由于熔体长时间单向作用于芯棒，使芯棒中心线偏移，即产生“偏中”现象，因而容易导致薄膜厚度不均匀。

(2) 十字形机头　图 17-8 为十字形机头，其结构类似管材挤出机头。这种机头的优点是，出料均匀，薄膜厚度容易控制，芯模不受侧压力，不会产生如芯棒式机头那种“偏中”现象。但机头内腔大，存料多，塑料易分解，适用于加工热稳定性好的塑料，而不适于加工聚氯乙烯。

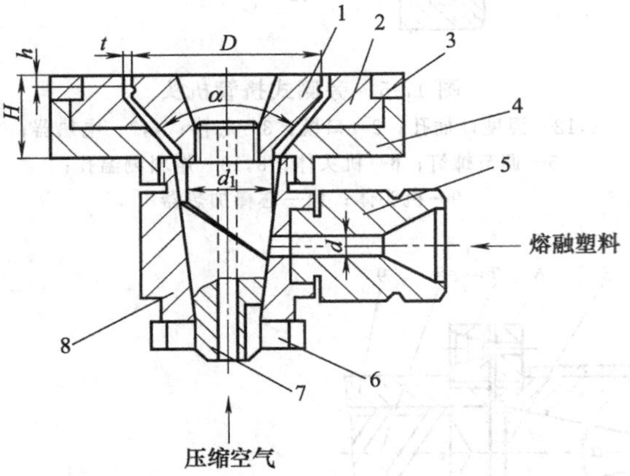

图 17-7　芯棒式机头

1—芯棒（芯模）；2—口模；3—压紧圈；4—上模体；5—机颈；6—螺母；7—芯棒轴；8—下模体

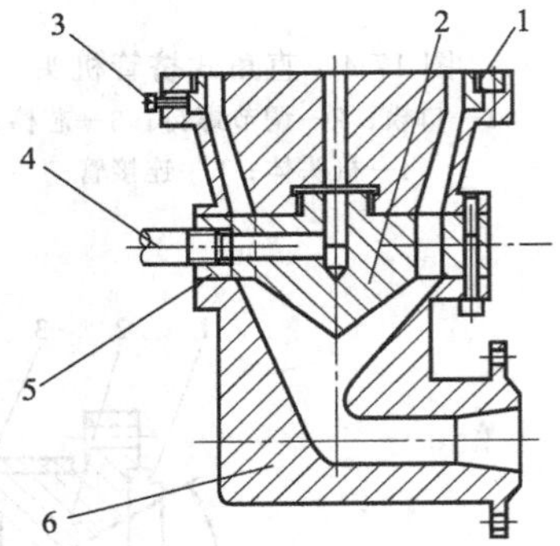

图 17-8　十字形机头

1—口模；2—分流器；3—调节螺钉；4—进气管；5—分流器支架；6—机体

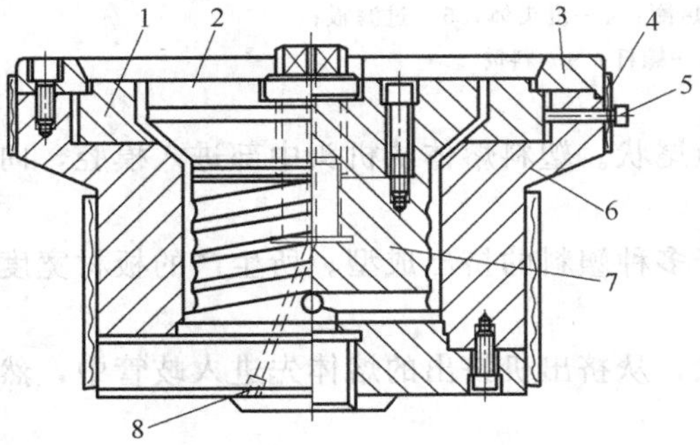

图 17-9　螺旋式机头

1—口模；2—芯模；3—压紧圈；4—加热器；5—调节螺钉；6—机体；7—螺旋槽的芯棒；8—气体进口

(3) 螺旋式机头　图 17-9 为螺旋式机头，塑料熔体从中央进口挤入，通过带有多个沟槽由深变浅直至消失的螺旋槽（也有单螺旋）的芯棒 7，然后在定型区前缓冲槽汇合，达到均匀状态后从口模 1 挤出。

这种机头的优点是，机头内熔体压力大，出料均匀，薄膜厚度容易控制，薄膜性能好。但结构复杂，拐角多，适用于加工聚丙烯、聚乙烯等黏度小且不易分解的塑料。

(4) 旋转式机头　图 17-10 为旋转式机头。其特点是芯模 2 和口模 1 都能单独旋转。芯模和口模分别由直流电机带动，能以同速或不同速、同向或异向旋转。

采用这种机头可克服由于机头制造、安装不准确及温度不均匀造成的塑料薄膜厚度不均匀，其厚度公差可达 0.01mm。它的应用范围较广，对热稳定性塑料和热敏性塑料均可成型。

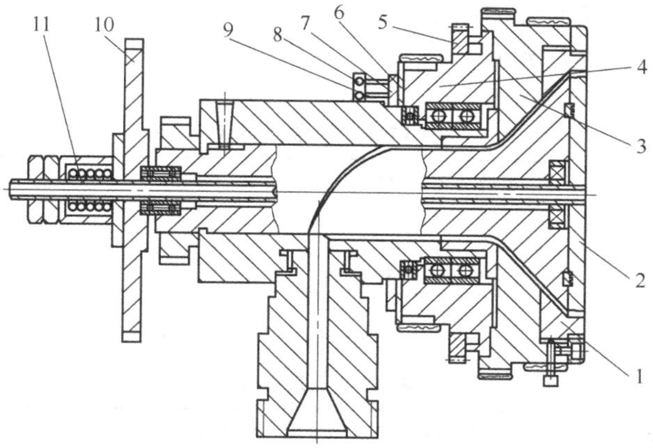

图 17-10 旋转式机头

1—口模；2—芯模；3—机头旋转；4—口模支持体；5,10—齿轮；6—绝缘环；7,9—铜环；8—炭刷；11—空心轴

17.4 挤出成型模具设计

在挤出成型模具的机构设计计算中，主要确定机头内口模、芯棒、分流器和分流器支架等主要零部件的形状和尺寸及其工艺参数。在设计管材挤出机头之前，需要获得的数据包括挤出机型号、塑件的内径、外径及塑件所用的材料等。下面以管材挤出成型机头为例，介绍挤出成型模具结构设计中的主要零部件尺寸与工艺参数的确定。

17.4.1 机头设计原则

① 内腔呈流线形。

② 成型部分要有足够的长度。

③ 选材合理。

④ 形成一定的压缩比。

⑤ 结构紧凑，装拆方便。

17.4.2 口模设计

口模是用于成型管子外表面的成型零件，其结构见图 7-1 的件 3。需要注意的是，由于离模膨胀和冷却收缩效应，口模内径的尺寸并不等于管材外径尺寸。在设计管材模具时，口模的主要尺寸为口模的内径 D 和定型段的长度 L_1，这些尺寸的确定主要靠经验公式完成。

（1）口模内径 D

$$D=kd \tag{17-1}$$

式中 D——口模的内径，mm；

d——管材的外径，mm；

k——补偿系数，见表 17-2。

（2）定型段长度 L_1

$$L_1=(0.5\sim3)D\ (\text{按管材外径计算}) \tag{17-2}$$

或

$$L_1=nt\ (\text{按管材壁厚计算}) \tag{17-3}$$

式中 L_1——口模定型段长度，mm；

D——塑料管材外径的公称尺寸，mm；
t——塑料管材壁厚，mm；
n——系数，见表 17-3。

表 17-2 补偿系数 k

塑料品种	定型套定管材内径	定型套定管材外径
聚氯乙烯		0.95～1.05
聚酰胺	1.05～1.10	
聚烯烃	1.20～1.30	0.90～1.05

表 17-3 系数 n

塑料品种	硬聚氯乙烯（HPVC）	软聚氯乙烯（SPVC）	聚酰胺（PA）	聚乙烯（PE）	聚丙烯（PP）
n	18～33	15～25	13～23	14～22	14～22

17.4.3 芯棒设计

芯棒是用于成型管子内表面的成型零件，其结构见图 17-2 的件 4。由于与口模结构设计同样的原因，即离模膨胀和冷却收缩效应，所以芯棒外径的尺寸不等于管材内径尺寸。一般芯棒与分流器之间用螺纹连接，其中心孔用来通入压缩空气，芯棒的结构应有利于物料流动，消除熔接痕，容易制造。芯棒主要尺寸有芯棒外径 d、压缩段长度 L_2 和压缩区锥角 β，这些尺寸的设计主要靠经验公式完成。

(1) 芯棒外径 d

$$d=D-2\delta \tag{17-4}$$

式中 d——芯棒的外径，mm；
D——口模的内径，mm；
δ——芯棒与口模的单边间隙，通常取 $\delta=(0.83\sim0.94)t$，mm；
t——塑料管材壁厚，mm。

(2) 定型段、压缩段和收缩角

① 芯棒定型段长度　与口模的定型段长度 L_1 相等或稍长。

② 芯棒压缩段长度 L_2

$$L_2=(1.5\sim2.5)D_0 \tag{17-5}$$

式中 L_2——芯棒的压缩段长度，mm；
D_0——塑料熔体在过滤板出口处的流道直径，mm。

③ 芯模收缩角 β　对于低黏度塑料，β 取 45°～60°；对于高黏度塑料，β 取 30°～50°。

17.4.4 分流器和分流器支架设计

图 17-11 为分流器和分流器支架结构。塑料通过分流器，使料层变薄，这样便于均匀加热，以利于塑料进一步塑化。大型挤出机的分流器中还设有加热装置。

(1) 分流锥角度 α（扩张角）　对于低黏度塑料，α 取 30°～80°；对于高黏度塑料，α 取 30°～60°。

扩张角 $\alpha>$收缩角 β，α 过大时料流的流动阻力大，熔体易过热分解；α 过小时不利于机头对其内的塑料熔体均匀加热，机头体积也会增大。

(2) 分流锥长度 L_3

$$L_3=(0.6\sim1.5)D_0 \tag{17-6}$$

式中　D_0——过滤板与机头交接处的流道直径，mm，如图 17-3 所示。

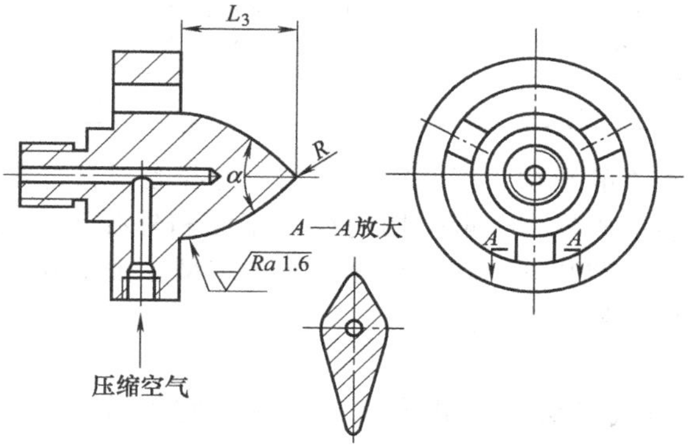

图 17-11　分流器和分流器支架结构

(3) 分流锥尖角处圆弧半径 R

$$R=0.5\sim2\text{mm}$$

式中，R 不宜过大，否则熔体容易在此处发生滞留。

(4) 分流器表面粗糙度值 Ra

$$Ra<0.2\sim0.4\mu\text{m}$$

(5) 过滤板与分流锥顶间隔 L_5

$$L_5=10\sim20\text{mm}$$

或

$$L_5<0.1D_1 \qquad (17\text{-}7)$$

式中　D_1——螺杆的直径，mm。

L_5 过小则料流不均匀，过大则停料时间长。

(6) 分流器支架　分流器支架主要用于支承分流器及芯棒。支架上的分流肋应做成流线形，如图 17-11 的 A—A 所示。在满足强度要求的条件下，其宽度和长度尽可能小一些，以减少阻力。出料端角度应小于进料端角度，分流肋尽可能少一些，以免产生过多的熔接痕迹。一般小型机头 3 根，中型机头 4 根，大型机头 6～8 根。

17.4.5　拉伸比和压缩比的确定

拉伸比和压缩比是与口模和芯棒尺寸相关的工艺参数。根据管材断面尺寸确定口模环隙截面尺寸时，一般凭借拉伸比确定。各种塑料的拉伸比和压缩比都是通过试验确定的。

(1) 拉伸比 I　管材的拉伸比是指口模和芯棒的环隙截面面积与管材成型后的截面面积之比，其计算公式如下：

$$I=(D-d)/(D_s-d_s) \qquad (17\text{-}8)$$

式中　I——拉伸比；

D_s，d_s——塑料管材的外、内径，mm；

D，d——口模的内径、芯棒的外径，mm。

常用塑料的挤管拉伸比见表 17-4。

(2) 压缩比　压缩比是指机头和过滤板相交接处最大料流截面（通常为机头和过滤板相接处的流道截面面积）与口模和芯模在成型的环形间隔截面面积之比，它反映挤出成型过程中塑料熔体的压实程度。

对于低黏度塑料，$\varepsilon=4\sim10$；对于高黏度塑料，$\varepsilon=2.5\sim6.0$。

17.4.6　定径套设计

管材从口模中出来后，温度仍较高，没有足够的强度和刚度来承受自重变形，同时受离

表 17-4 拉伸比

塑料品种	硬聚氯乙烯（HPVC）	软聚氯乙烯（SPVC）	ABS	高压聚乙烯（HDPE）	低压聚乙烯（LDPE）	聚酰胺（PA）	聚碳酸酯（PC）
拉伸比	1.00～1.08	1.10～1.35	1.00～1.10	1.20～1.50	1.10～1.20	1.40～3.00	0.90～1.05

模膨胀和冷却长度收缩效应的影响，因此需立即采取定径套对其冷却定型，保证挤出管材的尺寸形状精度和良好的表面质量。一般采用内径定型法和外径定型法，不论采用何种方法，都是使管坯内外形成压差，使其紧贴在定径套上冷却定型。由于我国塑料管材标准大多以外径为基本尺寸，故较常采用外径定型法。

17.4.6.1 外径定径

外径定径适用于直通式机头和微孔流道式机头，它可分为内压法定径和真空吸附法定径。

（1）内压法定径 图 17-12 为内压法定径原理，工作时在管子内部通入经过预热的压缩空气（0.02～0.28MPa），可用堵塞防止漏气，从而在管内形成一定的内压力。此法定径的效果好，适用于直径较大的管材。

定径套长度约为其直径的 3 倍。

100mm 以下的管子，定径套内径比口模内径大 0.5～0.8mm；100～300mm 的管子，定径套内径比口模内径大 1mm。

（2）真空吸附法定径 图 17-13 为真空吸附法外径定径原理，在定径套一段区域上加工很多小孔（孔径为 0.6～1.2mm），工作时通过这些小孔将管材与定径套之间抽真空，套内的真空度通常取 53.3～66.7kPa，真空套与口模之间应留有 20～100mm 的距离。此法定径表面粗糙度好，尺寸精度高，壁厚均匀，常用于生产小口径的管材。

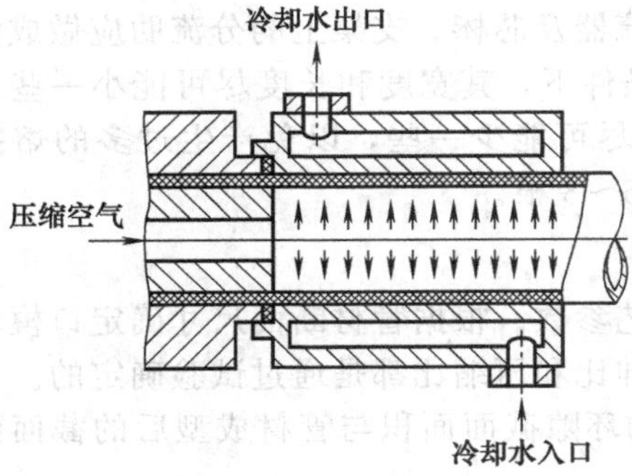

图 17-12 内压法定径原理

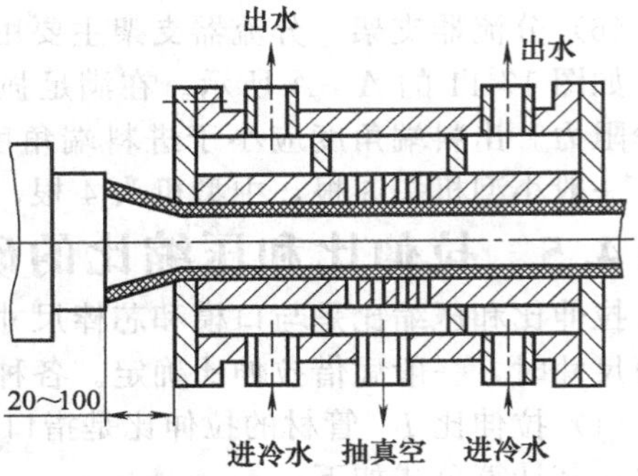

图 17-13 真空吸附法外径定径原理

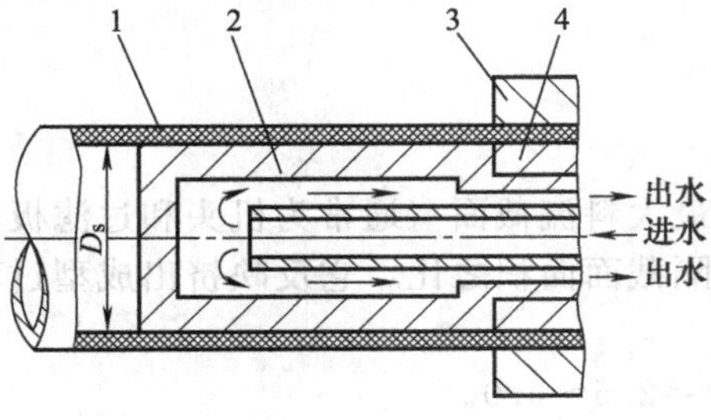

图 17-14 内径定径原理

1—管材；2—定径套；3—机头；4—芯棒

对于真空吸附法定径的定径套尺寸可按下面经验公式计算：

$$d_0=(1+C_z)d_s \tag{17-9}$$

式中 d_0——真空定径套内径，mm；

C_z——计算系数；

d_s——管材外径，mm。

17.4.6.2 内径定径

图 17-14 为内径定径原理，此法只适用于直角式机头，能保证管材内孔的圆度及内径尺寸精度，模具结构简单，操作方便。但不适于挤出成型聚氯

乙烯、聚甲醛等热敏性塑料。目前，多用于挤出聚乙烯、聚丙烯和尼龙等塑料管材。

定径套的尺寸确定如下。

① 定径套外径 D_0

$$D_0=[1+(2\%\sim4\%)]D_s \tag{17-10}$$

式中 D_0——定径套外径，mm；

D_s——管材内径，mm。

② 定径套的长度　定径套应沿长度方向有一定的锥度，可在（0.6～1.0）：100 范围内选取，定径套的长度一般取 80～300mm，牵引速度较大或管材壁厚较大时取大值。

复习与思考

1. 挤出成型机头由哪几部分组成？各自有什么作用？
2. 挤出成型设计应遵循哪些原则？
3. 管材挤出成型机头有哪些类型？各有何特点？
4. 常用吹塑薄膜机头有哪些类型？各有何特点？
5. 管材成型中的口模设计需确定几个尺寸？如何确定？
6. 管材定径有哪些方法？各自有何特点？

第 18 章

Chapter 18

压缩成型工艺与模具设计

18.1 概述

压缩成型工艺主要用于对热固性塑料的成型加工。其基本成型过程是将塑料粉料或粒料直接加在敞开的模具加料室内，再将模具闭合，通过加热、加压使塑料呈流动状态并充满型腔，然后由于化学或物理变化使塑料固化（或硬化）定型。该方法因为工艺成熟可靠，适宜成型大型塑件，塑件的收缩率小，变形小，各向性能比较均匀，得到了广泛的应用。

压缩成型模具简称压缩模、压模，又称压制模，是塑料压缩成型所采用的模具。

18.1.1 压缩成型原理与工艺

压缩成型是将物料加注到型腔及其延长部分（加料室）内，在压力机的柱塞作用下将物料压缩至型腔，经加热固化定型处理后，冷却并撤除压力，取出塑件。

18.1.2 压缩成型的优点

① 没有浇注系统，料耗少。

② 适用于成型流动性差的塑料，比较容易成型大型平面制品。

③ 成型制品的收缩率小，变形小，各项性能均匀性较好。

④ 使用的设备（用液压机）及模具结构要求比较简单，对成型压力要求比较低。

18.1.3 压缩成型的缺点

① 较厚的溢边，且每模溢边厚度不同，制品高度尺寸的精度较差。

② 压缩模成型时受高温高压的联合作用，因此对模具材料性能要求较高。有的压缩模操作时受到冲击震动较大，易磨损、变形，使用寿命较短，一般仅为 20 万～30 万次。

③ 不易实现自动化，劳动强度比较大，特别是移动式压缩模。由于模具高温加热，加料常为人工操作，原料粉尘飞扬，劳动条件较差。

④ 成型塑件的周期比注塑的长，生产率低。

18.2 压缩成型工艺

18.2.1 压缩成型工艺过程

压缩成型工艺过程如图 18-1 所示。

18.2.2 压缩成型工艺参数

（1）成型压力　成型压力是指压缩塑件时凸模对塑料熔体在分型面单位投影面积上的压

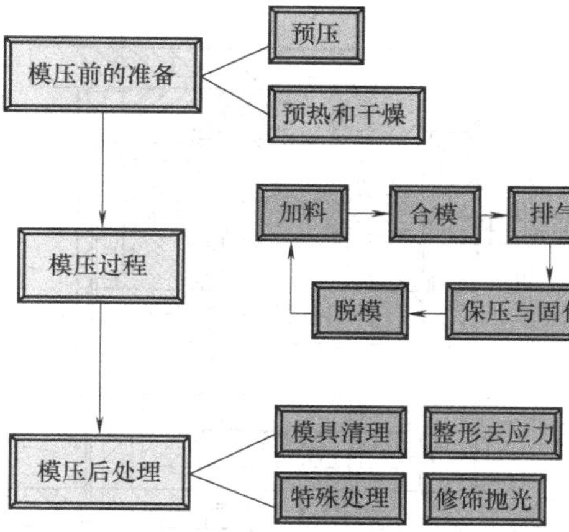

图 18-1 压缩成型工艺过程

力。成型压力与塑料种类、塑件结构、模具温度等因素有关。

施加成型压力的目的如下。

① 使塑料充满型腔。

② 使黏流态物质在一定压力下固化。

③ 克服塑料在成型过程中产生的各种顶模力。

④ 使模具闭合，防止飞边。

(2) 成型温度　成型温度是指压缩时所需的模具温度，保证充模、交联和固化定型。

合理的模具温度可以使成型周期短，提高生产率。模温太低，则塑料硬化速度慢、周期长，硬化不足；塑件表面无光；物理、力学性能差。但如果太高，则树脂、有机物分解，导致塑件外层先硬化。

(3) 模压时间　模压时间是指塑料在闭合模具中固化变硬所需的时间，与塑料品种、含水量、塑件形状和尺寸、成型温度、压缩模具结构、预压预热、成型压力等因素有关。

在保证塑件质量的前提下，应力求缩短模压时间。模压时间过短，则硬化不足，外观及力学性能差，易变形；模压时间过长，则塑件性能反而下降。

18.3 压缩模设计

18.3.1 压缩模结构组成

典型压缩模如图 18-2 所示，它主要由成型零件、加料室、导向机构、侧向分型与抽芯机构、脱模机构、加热系统和结构零件七部分组成。

(1) 成型零件　成型零件是直接成型塑件的零件，主要包括上凸模、下凸模、凹模镶件、侧型芯和型芯。

(2) 加料腔　加料腔是指凹模镶件的上半部分。由于塑料原料与塑件相比密度较小，成型前，只靠型腔无法容纳全部原料，因此在型腔之上设有一段加料腔。加料腔的尺寸计算如下。

① 塑料体积的计算

$$V_{sl}=mv=V\rho v \tag{18-1}$$

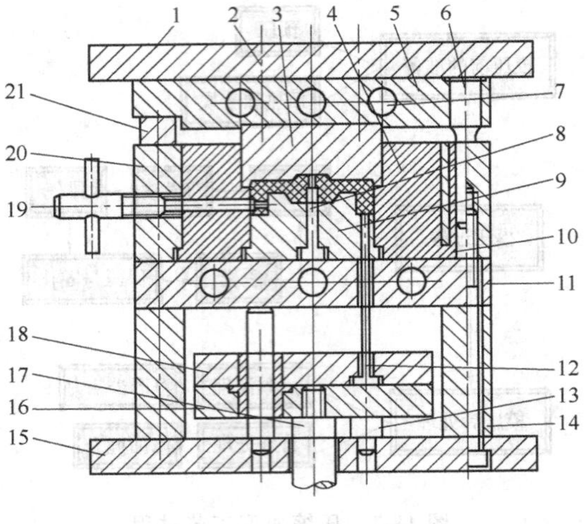

图 18-2　典型压缩模结构

1—上模座板；2—螺钉；3—上凸模；4—加料室（凹模）；5,11—加热板；6—导柱；7—加热孔；8—型芯；9—下凸模；10—导套；12—推杆；13—支承钉；14—垫块；15—下模座板；16—推板；17—顶杆；18—推杆固定板；19—侧型芯；20—型腔固定板；21—承压板

或

$$V_{sl}=VK$$

式中　V_{sl}——塑料原料体积，cm^3；

V——塑件的体积（包括溢料），cm^3；

v——塑料的比容积，cm^3/g；

ρ——塑件的密度，g/cm^3，见表 18-1；

m——塑件质量（包括溢料，溢料通常取塑件质量的 5%～10%），g；

K——塑料压缩比，见表 18-1。

表 18-1　常用热固性塑料的密度和压缩比

塑料名称	密度 $\rho/(g/cm^3)$	压缩比 K	塑料名称	密度 $\rho/(g/cm^3)$	压缩比 K
酚醛塑料(粉状)	1.35～1.95	1.5～2.7	碎布塑料(片状)	1.36～2.00	5.0～10.0
氨基塑料(粉状)	1.50～2.10	2.2～3.0			

② 加料腔高度的计算

a. 不溢式压缩模加料腔高度 H 的计算可由所用塑料的体积 V_{sl}、塑件的体积 V_1、加料腔横截面面积 A 得到：

$$H=(V_{sl}-V_1)/A+(0.5\sim1.0cm) \tag{18-2}$$

b. 半溢式压缩模和不溢式压缩模加料腔高度 H 的计算可由所用塑料的体积 V_{sl}、塑件的体积 V_1、溢料量 V_2 和加料腔横截面面积 A 得到：

$$H=(V_{sl}-V_1+V_2)/A+(0.5\sim1.0cm) \tag{18-3}$$

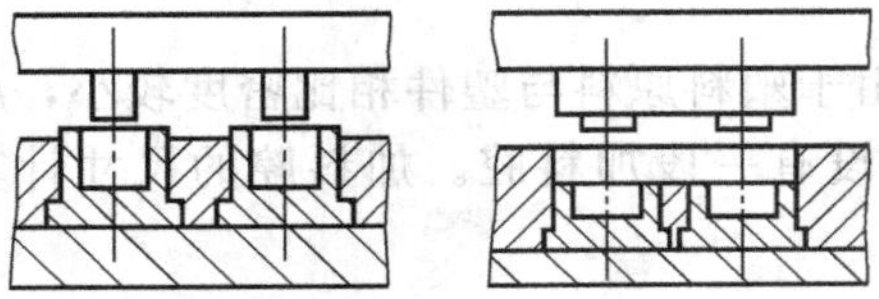

(a) 独立加料腔　　(b) 公共加料腔

图 18-3　加料腔的形式

加料腔有两种结构形式，如图 18-3 所示。一种是每个型腔都有自己的加料腔，而且每个加料腔彼此分开，如图 18-3（a）所示。优点是凹凸模定位方便，如果个别型腔损坏，不影响模具中其他型腔的使用。缺点是每个型腔都要求加料准确，加料时间长，外形尺寸大，装配精度高。另一种是多个型腔共用一个加料腔，如图 18-3（b）所示。其优点是加

料方便且迅速。飞边将各个塑件连成一体，可以将所有塑件一次推出模具。

(3) 导向机构　导向机构由布置在模具上模周边的四根导柱 6 和下模的导套 10 组成（图 18-2），导向机构是用来保证上、下模合模的对中性。

(4) 侧向分型抽芯机构　在成型带有侧孔或侧凹的塑件时，模具必须设有各种侧向分型抽芯机构，塑件才能脱出。图 18-2 中的塑件带有侧孔，在顶出前先要用手转动丝杠抽出侧型芯 19。

(5) 推出机构　图 18-2 中的推出机构由推杆固定板 18、推板 16、顶杆 17 等零件组成。

(6) 加热系统　热固性塑料压缩成型需要在较高的温度下进行，所以模具必须加热。图 18-2 中的电加热板 5、11 分别对上、下模进行加热。

18.3.2 压缩模分类

压缩模分类方法较多，常见分类如下。

(1) 按上、下模配合结构特征分类　压缩模可以分为溢式压缩模、半溢式压缩模和不溢式压缩模。

① 溢式压缩模　溢式压缩模如图 18-4 所示。这类压缩模没有加料室，型腔总高度 h 基本上就是塑件高度。由于凸模与凹模无配合部分，完全靠导柱定位，故塑件的径向尺寸精度不高。环形挤压面 B 的宽度较窄，可减小塑件的飞边。溢式压缩模结构简单，造价低廉，耐用，塑件易取出，对加料量的精度要求不高，加料量一般仅大于塑件重量的 5%左右，常用预压型坯进行压缩成型，它适用于精度不高且尺寸小的浅型腔塑件。

② 半溢式压缩模　半溢式压缩模如图 18-5 所示。这种压缩模在型腔上设有加料室，其截面尺寸大于型腔截面尺寸，两者分界处有一个环形挤压面，其宽度为 3～5mm。凸模与加料室呈间隙配合，凸模下压时受到挤压面的限制，故易于保证塑件高度尺寸精度。凸模在四周开有溢流槽，过剩的塑料通过配合间隙或溢流槽排出。因此，此种压缩模操作方便，加料时加料量不必严格控制，只需简单地按体积计量即可。

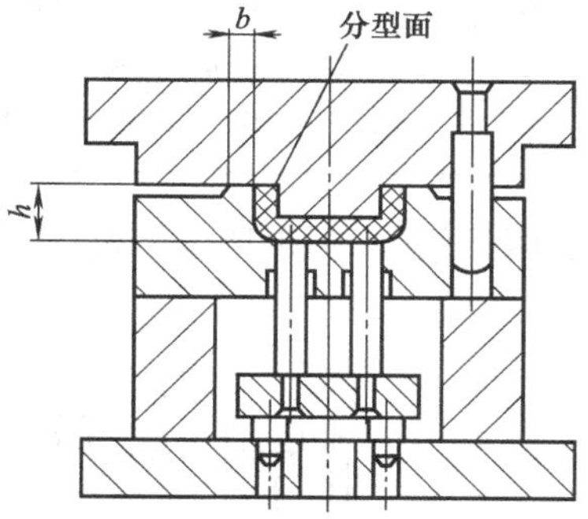

图 18-4　溢式压缩模

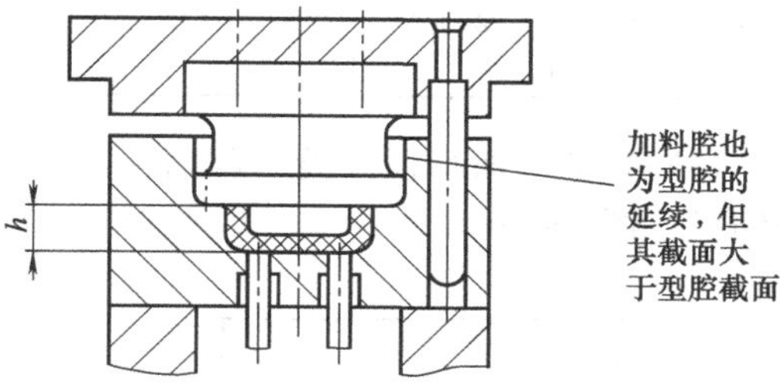

图 18-5　半溢式压缩模

③ 不溢式压缩模　不溢式压缩模如图 18-6 所示。这种模具的加料室为型腔上部延续，其截面形状和尺寸与型腔完全相同，无挤压面。塑件径向壁厚尺寸精度较高。由于配合段单面间隙为 0.025～0.075mm，故压缩时仅有少量的塑料流出，使塑件在垂直方向上形成很薄的轴向飞边，去除比较容易。模具在闭合压缩时，压力几乎完全作用在塑件上，因此塑件密度高、强度高。

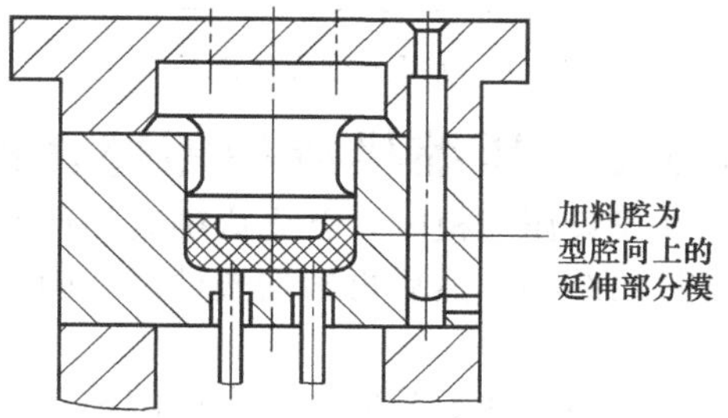

图 18-6　不溢式压缩模

不溢式压缩模适用于成型形状复杂、精度高、壁薄、流程长的深腔塑件，也可成型流动性差、比容大的塑件。但由于塑料溢出量极少，加料量多少直接影响塑件的高度尺寸，要求加料量必须准确；另外，凸模与加料室内壁有摩擦，可能会划伤内壁；不溢式压缩模还需要设置推出装置，否则塑件很难取出。

(2) 按模具在压力机上的固定方式分类　压缩模可以分为移动式压缩模、半固定式压缩模和固定式压缩模。图 18-7 是移动式压缩模的典型结构，图 18-8 是半固定式压缩模的典型结构。

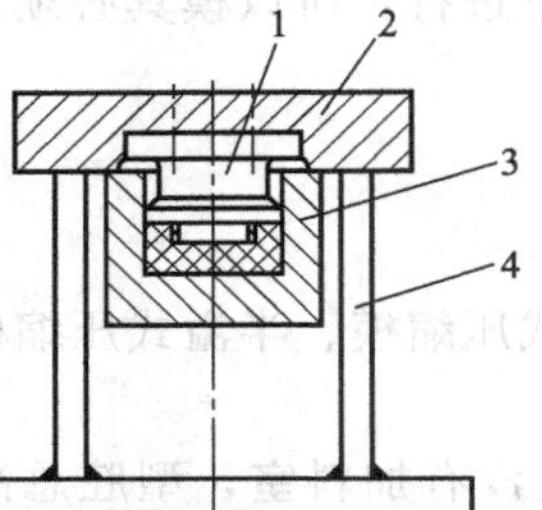

图 18-7　移动式压缩模

1—凸模；2—凸模固定板；3—凹模；4—U 形支架

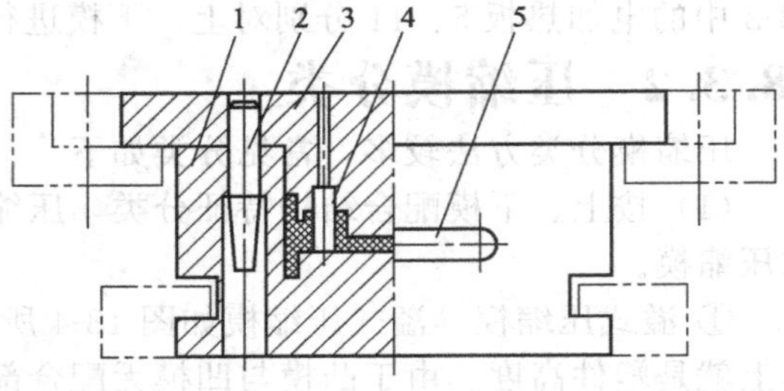

图 18-8　半固定式压缩模

1—凹模（加料室）；2—导柱；3—凸模（上模）；4—型芯；5—手柄

压缩模结构的选用可参考表 18-2。

表 18-2　压缩模结构的选用

制品生产批量	压缩模的结构形式			
	模具类型	模具体积质量/kg	模腔的数量	脱模方式
大批或中批	固定式	＞30	大型或较大型制品：单腔	模具带顶出脱模机构，手动、机动或自动脱模
中批	半固定式	＜30	中小型制品：双腔或多腔	
小批或试生产	移动式	＜20	中小型制品：单腔或多腔 较大型制品：单腔 中小型制品：多腔	机外手工脱模或采用专用卸模顶出装置脱取制品

(3) 按分型面特征分类　压缩模可以分为水平分型面压缩模（图 18-9）和垂直分型面压缩模（图 18-10）。

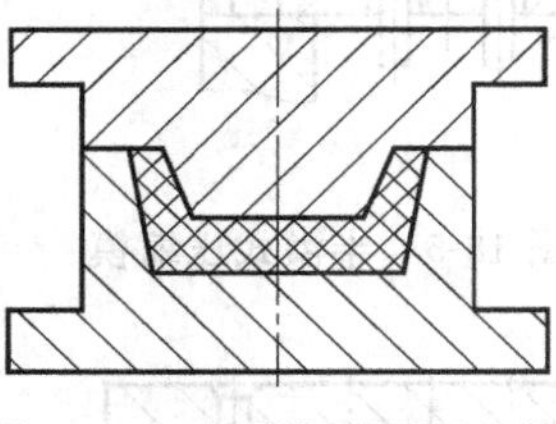

图 18-9　水平分型面压缩模

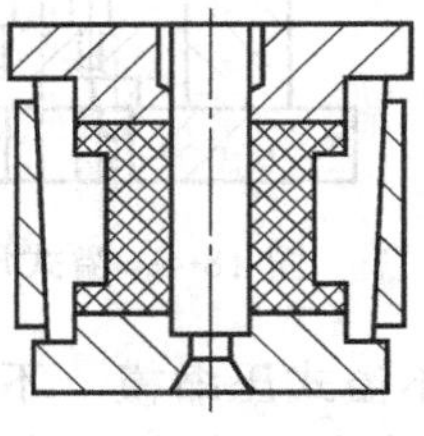

图 18-10　垂直分型面压缩模

18.3.3　压缩模成型零部件设计

在设计压缩模时，首先应确定加料室的总体结构、凹模和凸模之间的配合形式以及成型零部件的结构，然后再根据塑件尺寸确定型腔成型尺寸，根据塑件重量和塑料品种确定加料室尺寸。

(1) 塑件在模具内加压方向的确定　加压方向是指凸模作用方向。加压方向对塑件的质量、模具的结构和脱模的难易程度都有较大影响，因此在决定加压方向时应考虑下述因素。

① 便于加料　图 18-11 为同一塑件的两种加压方法。图 18-11（a）加料室直径小而深，不利于加料；图 18-11（b）加料室直径大而浅，便于加料。

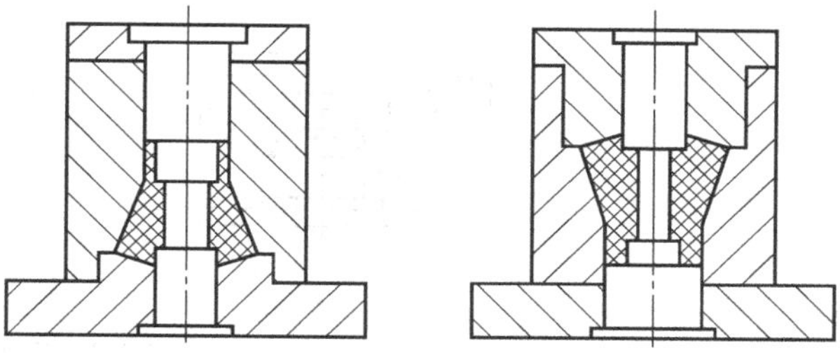
(a)　(b)
图 18-11　便于加料的加压方向

② 有利于压力传递　在加压过程中，尽量缩短压力传递距离，以减少压力损失。圆筒形塑件一般情况下应顺着其轴向施压，如图 18-12（a）所示。但对于轴线长的杠类、管类等塑件，由于塑件过长，成型压力不易均匀地作用在全长范围内，若从上端加压，则塑件底部压力小，会使底部产生疏松或角落填充不足的现象；若采用上下凸模同时加压，则塑件中部会出现疏松现象，为此可将塑件横放，采用如图 18-12（b）所示的横向加压形式，这种形式有利于压力传递，可克服上述缺陷，但在塑件外圆上将产生两条飞边夹线而影响外观质量。

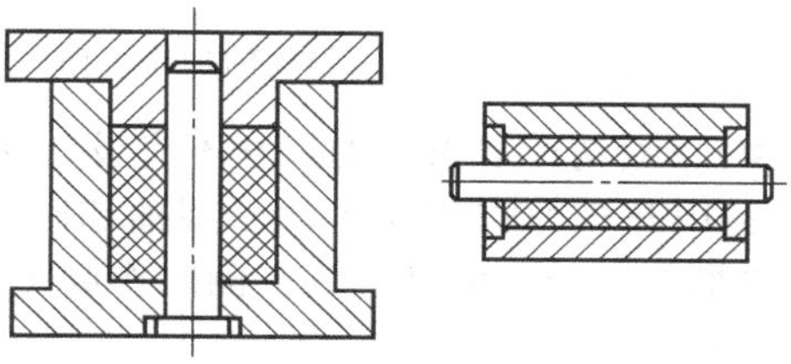
(a)　(b)
图 18-12　有利于压力传递的加压方向

③ 便于安装和固定嵌件　当塑件上有嵌件时，应优先考虑将嵌件安装在下模。若将嵌件安装在上模，如图 18-13（a）所示，既不方便，又可能使嵌件不慎落下压坏模具；如图 18-13（b）所示，将嵌件改装在下模，不但操作方便，而且还可利用嵌件推出塑件而不留下推出痕迹。

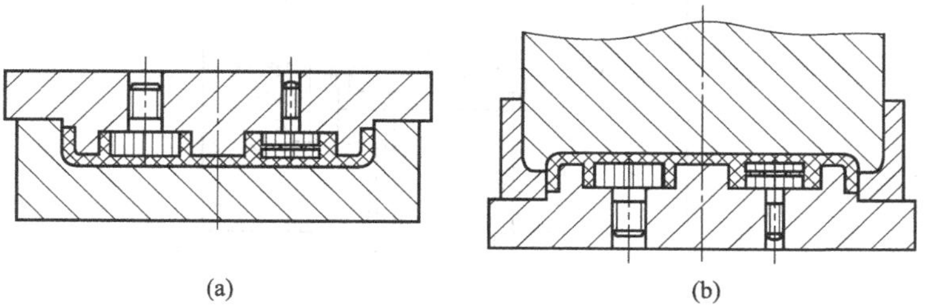
(a)　(b)
图 18-13　便于安装和固定嵌件的加压方向

④ 便于塑料流动　加压方向与塑料流动方向一致时，有利于塑料流动。如图 18-14（a）所示，型腔设在上模，凸模位于下模，加压时，塑料逆着加压方向流动，同时由于在分型面上需要切断产生的飞边，故需要增大压力；而在图 18-14（b）中，型腔设在下模，凸模位于上模，加压方向与塑料流动方向一致，有利于塑料充满整个型腔。

⑤ 保证凸模强度　对于从正反面都可以加压成型的塑件，选择加压方向时应使上凸模形状尽量简单，保证凸模强度。图 18-15（b）所示的结构比图 18-15（a）所示结构的凸模强度高。

⑥ 保证重要尺寸的精度　沿加压方向的塑件高度尺寸会因飞边厚度不同和加料量不同

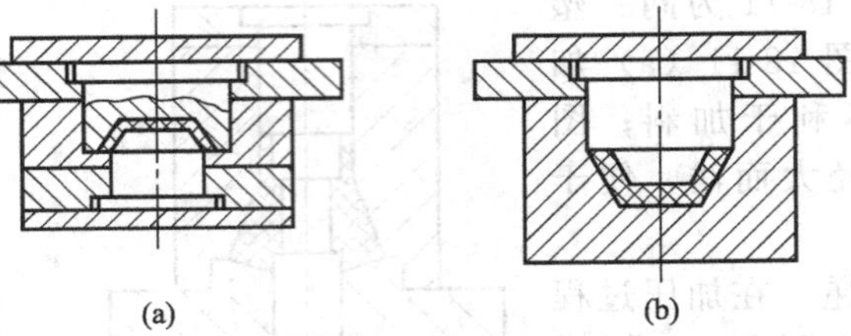

(a)　　　　　　　　　　(b)

图 18-14　便于塑料流动的加压方向

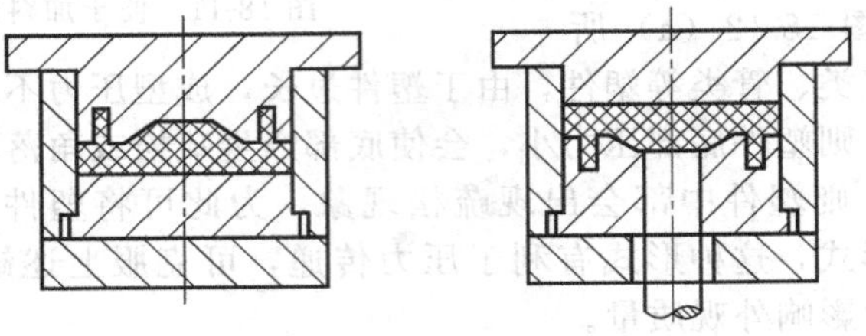

(a)　　　　　　　　　　(b)

图 18-15　有利于凸模强度的加压方向

而变化（特别是不溢式压缩模），故精度要求高的尺寸不宜设计在加压方向上。

⑦ 便于抽拔长型芯　当利用开模力作侧向机动分型抽芯时，应注意将抽拔距较大的型芯与加压方向保持一致，而将抽拔距较小的型芯放在侧向作侧向分型抽芯。

（2）凸模与凹模的配合形式

① 凸、凹模各组成部分及其作用　以半溢式压缩模为例，凸、凹模一般由引导环、配合环、挤压环、储料槽、排气溢料槽、承压面、加料室等部分组成，如图 18-16 所示。它们的作用及参数如下。

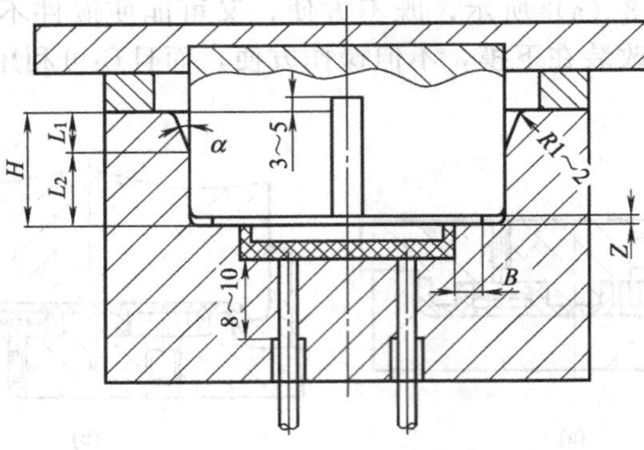

图 18-16　压缩模的凸、凹模各组成部分

a. 引导环 L_1　引导环是引导凸模进入凹模的部分。除加料室极浅（高度小于 10mm）的凹模外，一般在加料腔上部设有一段长为 L_1 的引导环。引导环都有一段 α 角的斜度，并设有圆角 R，以使凸模顺利进入凹模，减少凸、凹模之间的摩擦，避免在推出塑件时擦伤表面，增加模具使用寿命，减少开模阻力，并可以进行排气。移动式压缩模 α 取 $20'\sim1°30'$，固定式压缩模 α 取 $20'\sim1°$。有时上、下凸模为了加工方便，α 取 $4°\sim5°$。圆角 R 通常取 1～2mm，引导环长度 L_1 取 5～10mm，当加料腔高度 $H\geqslant30$mm 时，L_1 取 10～20mm。

b. 配合环 L_2　配合环是凸模与凹模的配合部位，其作用是保证凸模与凹模定位准确，阻止溢料，通畅地排气。凸、凹模的配合间隙以不发生溢料和双方侧壁互不擦伤为原则。通常移动式模具，凸、凹模可采用 H8/f7 配合，形状复杂的可采用 H8/f8 配合，或取单边间隙 $t=0.025\sim0.075$mm。配合环长度 L_2 应根据凸、凹模的间隙而定，间隙小则长度取短一些。一般移动式压缩模 L_2 取 4～6mm；固定式模具，若加料腔高度 $H\geqslant30$mm 时，L_2 取 8～10mm。

c. 挤压环 B　挤压环的作用是限制凸模下行位置并保证最薄的水平飞边，挤压环主要用于半溢式压缩模和溢式压缩模。半溢式压缩模的挤压环的形式如图 18-17 所示，挤压环的宽度 B 值按塑件大小及模具用钢而定。一般中小型模具 B 取 2～4mm，大型模具 B 取 3～5mm。

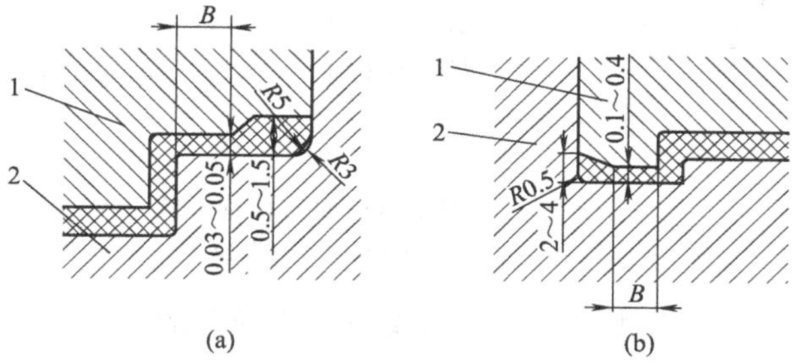

图 18-17　挤压环的形式
1—凸模；2—凹模

d. 储料槽　储料槽的作用是储存排出的余料。Z 过大，易发生制品缺料或不致密，过小则影响塑件精度及飞边增厚。半溢式压缩模的储料槽形式如图 18-16 所示的小空间 Z，通常储料槽深度 Z 取 0.5～1.5mm；不溢式压缩模的储料槽设计在凸模上，如图 18-18 所示。

e. 排气溢料槽　压缩成型时为了减少飞边，保证塑件精度和质量，必须将产生的气体和余料排出，一般可通过在压制过程中进行卸压排气操作或利用凸、凹模配合间隙来排气，但压缩形状复杂塑件及流动性较差的纤维填料的塑料时，应设排气溢料槽，成型压力大的深型腔塑件也应开设排气溢料槽。图 18-19 为半溢式固定式压缩模排气溢料槽的不同形式。排气溢料槽应开到凸模的上端，使合模后高出加料腔上平面，以便使余料排出模外。

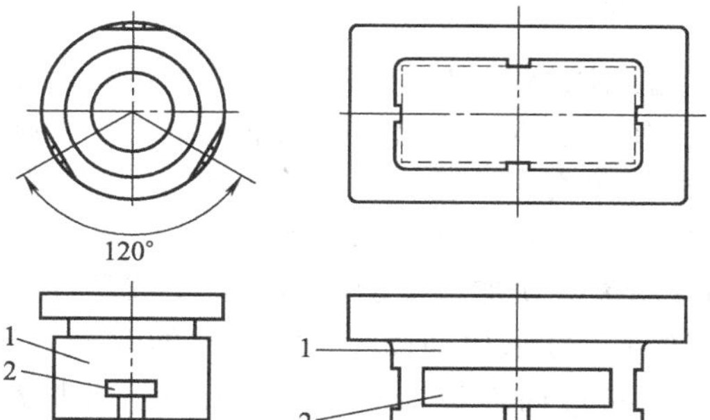

图 18-18　不溢式压缩模的储料槽
1—凸模；2—储料槽

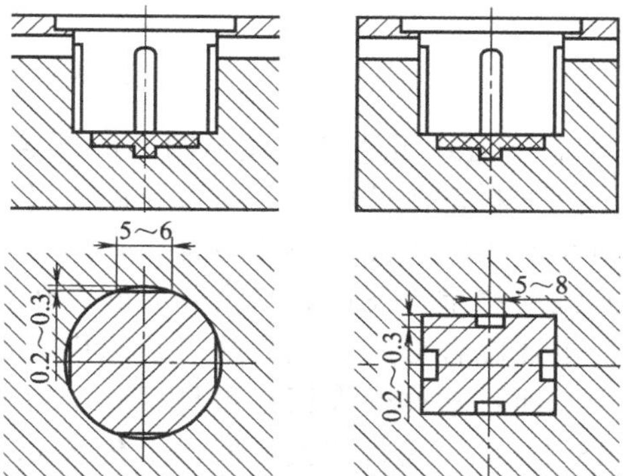

图 18-19　半溢式固定式
压缩模的排气溢料槽

f. 承压面　承压面的作用是减轻挤压环的载荷，延长模具的使用寿命。压缩模承压面的结构形式如图 18-20 所示。图 18-20（a）是以挤压环为承压面，承压部位容易变形甚至压坏，但飞边较薄；图 18-20（b）表示凸模与凹模之间留有 0.03～0.05mm 的间隙，以凸模固定板与凹模上端面作为支承面，可防止挤压环的变形损坏，延长模具使用寿命，但飞边较厚，主要用于移动式压缩模；图 18-20（c）是用承压块作挤压面，通过调节承压块的厚度来控制凸模进入凹模的深度或控制凸模与挤压边缘的间隙，减小飞边厚度，主要用于固定式压缩模。

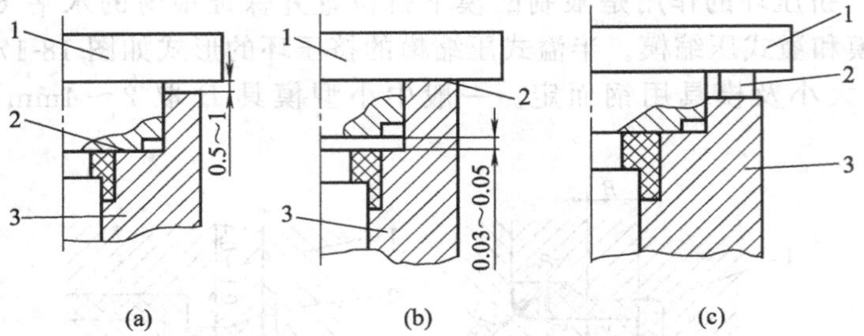

图 18-20　压缩模承压面的结构形式

1—凸模；2—承压面；3—凹模

② 凸、凹模配合的结构形式　压缩模凸模与凹模配合的结构形式及尺寸是压缩模设计的关键，其形式和尺寸依压缩模类型不同而不同。

a. 溢式压缩模凸模与凹模的配合形式　图 18-21 为溢式压缩模常用的配合形式，没有加料室，更无引导环和配合环，凸模和凹模在分型面水平接触。为了减少溢料量，接触面要光滑平整，且接触面积不宜太大，以便将飞边减至最薄，一般将接触面设计成单边宽度为 3～5mm 的环形面（溢料面），如图 18-21（a）所示。为了提高承压面积，在环形面（挤压面）外开设溢料槽，溢料槽内为溢料面，溢料槽外为承压面，如图 18-21（b）所示。

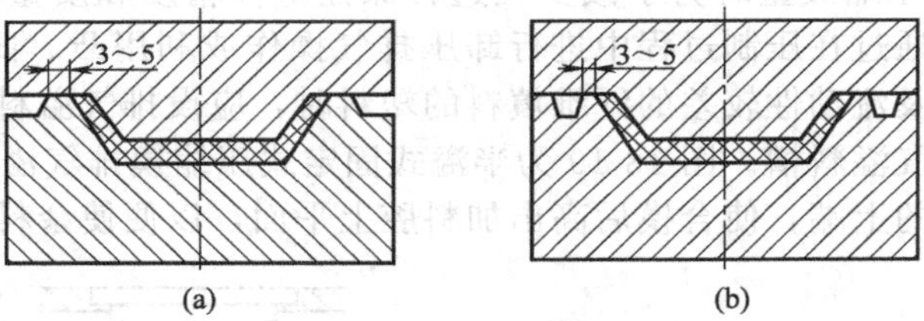

图 18-21　溢式压缩模的配合形式

b. 不溢式压缩模凸模与凹模的配合形式　不溢式压缩模典型的配合形式如图 18-22 所示，其加料室的截面尺寸与型腔截面尺寸相同，没有挤压环。其配合间隙不宜过小，否则压制时型腔内气体无法通畅地排出，而且凸、凹模极易擦伤、咬死；但配合间隙也不宜过大，否则溢料严重，飞边难以去除，配合环常用配合精度为 H8/f7 或单边 0.025～0.075mm。

上述配合形式的最大缺点是凸模与加料室侧壁摩擦会使加料室逐渐损伤，造成塑件脱模困难，而且塑件外表面也很易擦伤。为克服这些缺点，可采用如图 18-23 所示的改进形式。图 18-23（a）是将凹模型腔向上延长 0.8mm 左右，每边向外扩大 0.3～0.5mm，减少塑件推出时的摩擦，同时凸模与凹模之间形成空间，供排除余料用；图 18-23（b）用于带斜边的塑件，将型腔上端按塑件侧壁相同的斜度适当扩大，高度增加 2mm 左右。

c. 半溢式压缩模的配合形式　半溢式压缩模的配合形式如图 18-16 所示。这种形式的最大特点是具有水平挤压面，同时还具有不溢式压缩模凸模与加料室之间的配合环和引导环。配合环的配合精度可取 H8/f7 或单边留 0.025～0.075mm 间隙。

(3) 加料室尺寸的计算　压缩模凹模的加料室是供装塑料原料用的。其容积要足够大，以防在压制时原料溢出模外。

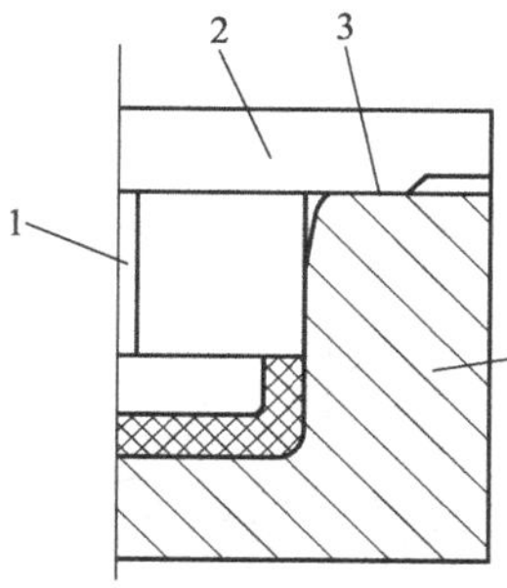

图 18-22 不溢式压缩模的配合形式

1—排气溢料槽；2—凸模；3—承压面；4—凹模

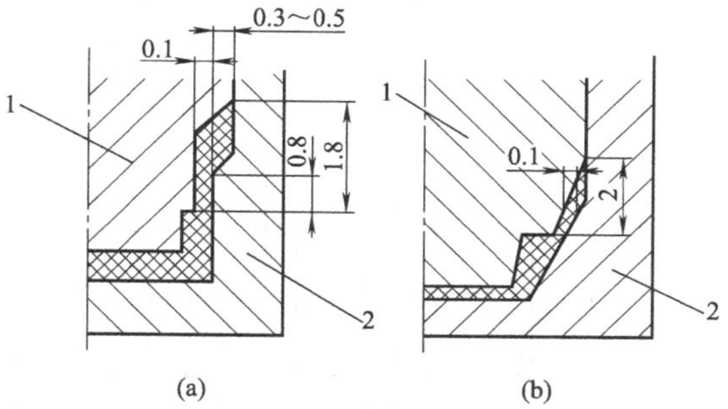

图 18-23 不溢式压缩模的改进形式

1—凸模；2—凹模

① 塑件所需原料体积的计算　塑件所需原料体积计算公式如下：

$$V_{sl}=KV_s \tag{18-4}$$

式中　V_{sl}——塑件所需原材料的体积，mm^3；

K——塑料的压缩比，见表 18-2；

V_s——塑件的体积，mm^3。

若已知塑件质量求塑件所需原料体积，则可用下式计算：

$$V_{sl}=mv=V_s\rho v \tag{18-5}$$

式中　m——塑件质量，g；

ρ——塑料的密度，g/cm^3；

v——塑料的比容，见表 18-3。

表 18-3　常见热固性塑料的比容、压缩比

塑料名称	比容 $v/(cm^3/g)$	压缩比 K
酚醛塑料(粉状)	1.8～2.8	1.5～2.7
氨基塑料(粉状)	2.5～3.0	2.2～3.0
碎布塑料(片状)	3.0～6.0	5.0～10.0

② 加料室高度的计算　在进行加料室高度的计算之前，应确定加料室高度的起始点。一般情况，不溢式压缩模的加料室高度以塑件的下底面开始计算，而半溢式压缩模的加料室高度以挤压边开始计算。

a. 如图 18-24（a）所示的不溢式压缩模，其加料室高度按下式计算：

$$H=\frac{V_{sl}+V_X}{A}+(5\sim10mm) \tag{18-6}$$

式中　V_{sl}——塑料原料的体积，mm^3；

V_X——下凸模凸出部分的体积，mm^3；

A——加料室的截面面积，mm^2。

b. 如图 18-24（b）所示的不溢式压缩模，其加料室高度按下式计算：

$$H=\frac{V_{sl}-V_j}{A}+(5\sim10mm) \tag{18-7}$$

式中　V_j——加料室底部以下型腔的体积，mm^3。

c. 如图 18-24（c）所示的不溢式压缩模，可压制壁薄而高的塑件，由于型腔体积大，塑料原料体积较小，塑料装入后尚不能达到塑件高度，这时加料室高度只需在塑件高度基础上再增加 10～20mm，即：

$$H=h+(10\sim20mm) \tag{18-8}$$

式中　h——塑件的高度，mm。

d. 如图 18-24（d）所示的半溢式压缩模，其加料室高度按下式计算：

$$H=\frac{V_{sl}-V_j+V_X}{A}+(5\sim 10\text{mm}) \quad (18\text{-}9)$$

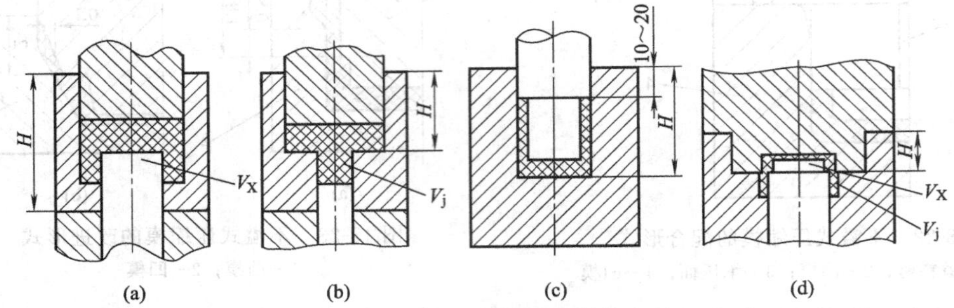

图 18-24　压缩模加料室的高度

18.3.4　压缩模脱模机构设计

18.3.4.1　固定式压缩模的脱模机构

固定式压缩模的脱模机构按推出方式可分为推杆脱模机构、推管脱模机构、推件板脱模机构等，与注塑模相似。

固定式压缩模脱模机构按动力来源可分为气动式、手动式、机动式三种。

(1) 气动式　气动式如图 18-25 所示，即利用压缩空气直接将塑件吹出模具。当采用溢式压缩模或少数半溢式压缩模时，如果塑件为薄壁壳形、对型腔的黏附力不大，则可采用气吹脱模。当薄壁壳形塑件对凸模包紧力很小或凸模斜度较大时，开模后塑件会留在凹模中，这时将压缩空气吹入塑件与模壁之间因收缩而产生的间隙里，使塑件脱模，如图 18-25（a）所示。图 18-25（b）为一个矩形塑件，其中心有一孔，成型后压缩空气吹破孔内的溢边，压缩空气便会钻入塑件与模壁之间，使塑件脱出。

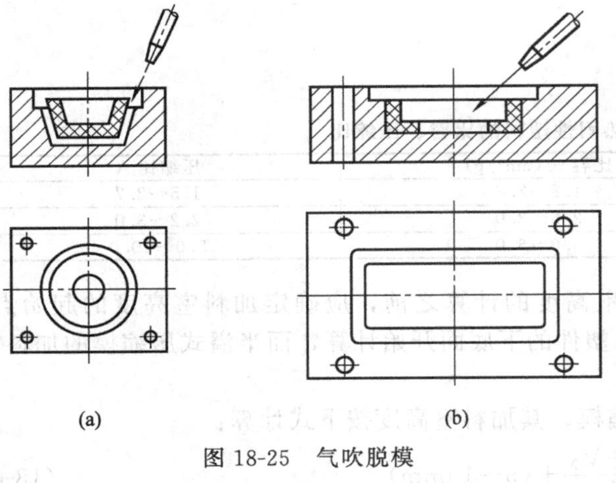

图 18-25　气吹脱模

(2) 手动式　手动式可利用人工通过手柄，用齿轮齿条传动机构或卸模架等将塑件取出。图 18-26 即为手动式的形式，摇动压力机下方是带齿轮的手柄，齿轮带动齿条上升进行脱模。

(3) 机动式　机动式如图 18-27 所示。图 18-27（a）是利用压力机下工作台下方的顶出装置推出脱模；图 18-27（b）是利用上横梁中的拉杆 1 随上横梁（上工作台）上升带动托板 4 向上移动而驱动推杆 6 推出脱模。

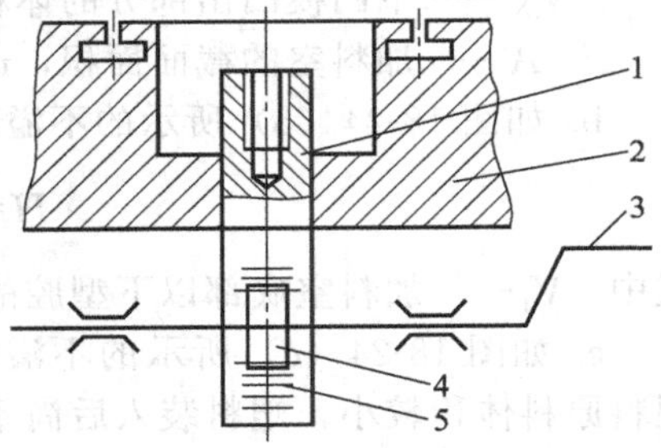

图 18-26　压力机中的手动推顶装置

1—推杆；2—压力机下工作台；3—手柄；4—齿轮；5—齿条

18.3.4.2　半固定式压缩模的脱模机构

(1) 带活动上模的压缩模脱模机构　这类压缩模可将凸模或模板制成沿导滑槽抽出的形式，如图 18-28

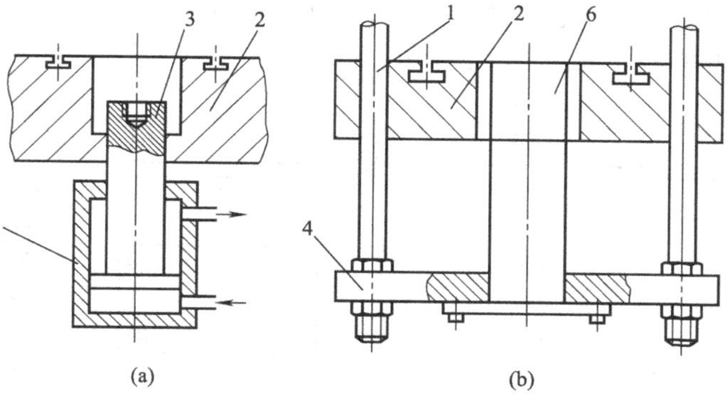

图 18-27　压力机中的机动推顶装置

1—拉杆；2—压力机下工作台；3—活塞杆（顶杆）；4—托板；5—液压缸；6—推杆

所示，开模后塑件留在活动上模 2 上，用手柄 1 沿导滑板 3 把活动上模拉出模外取出塑件，然后再把活动上模送回模内。

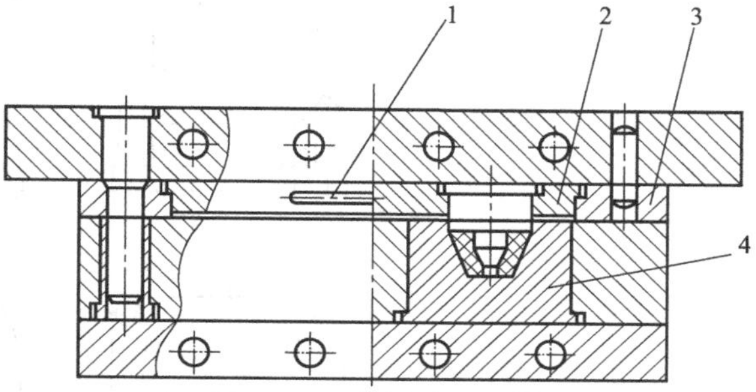

图 18-28　抽屉式压缩模

1—手柄；2—活动上模；3—导滑板；4—凹模

（2）带活动下模的压缩模脱模机构　图 18-29 为典型的模外脱模机构。该脱模机构工作台 3 与压力机工作台等高，工作台支承在四根立柱 8 上。在工作台 3 上装有宽度可调节的导滑槽 2，以适应不同模具宽度。在脱模工作台中间装有推出板、推杆和推杆导向板，推杆与模具上的推出孔相对应，当更换模具时则应调换这几个零件。工作台下方设有液压缸 9，在液压缸活塞杆上接有调节推出高度的丝杠 6，为了使脱模机构上下运动平稳而设有滑动板 5，该板上的导套在导柱 7 上滑动。为了将模具固定在正确的位置上，设有定位板 1 和可调节的定位螺钉。开模后将活动下模的凸肩滑入导滑槽 2 内，并推到与定位板相接触的位置。开动推出液压缸，推出塑件，待清理和安装嵌件后，将下模重新推入压力机的固定槽中进行压缩。当下模重量较大时，可以在工作台上沿模具拖动路径设滚柱或滚珠，使下模拖动轻便。

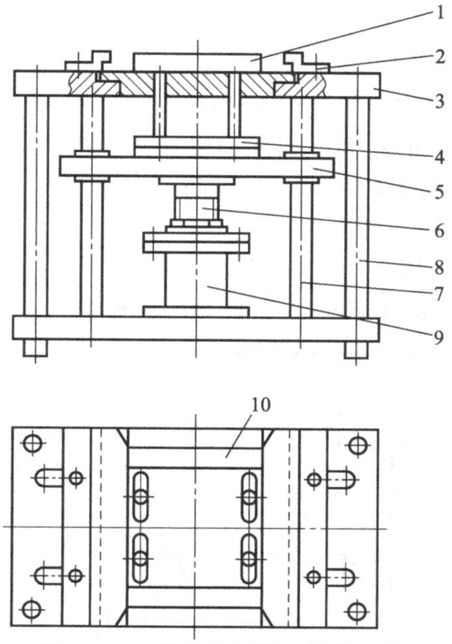

图 18-29　模外液压推顶脱模机构

1—定位板；2—导滑槽；3—工作台；4—推出板；5—滑动板；6—丝杠；7—导柱；8—立柱；9—液压缸；10—推杆导向板

（3）移动式压缩模脱模机构　简单的移动式压缩模可以采用撞击的方法脱模，即在特定的支架上将模具顺序撞开，然后用手工或简易工具取出塑件。采用这种方法脱模，其模具结构简单，成本低，但劳动强度大，振动大，而且由于不断撞击，易使模具过早地变形磨损，因此这种脱模方式已逐渐被淘汰。

移动式压缩模普遍采用特殊的卸模架，利用压力机提供的压力卸模，虽然生产率低，但开模动作平稳，劳动强度低，可提高模具使用寿命。对开模力不太大的模具，可采用单向卸模架，一般是用下卸模架，如图 18-30 所示；对开模力大的模具，要采用上下卸模架，如图 18-31 所示。

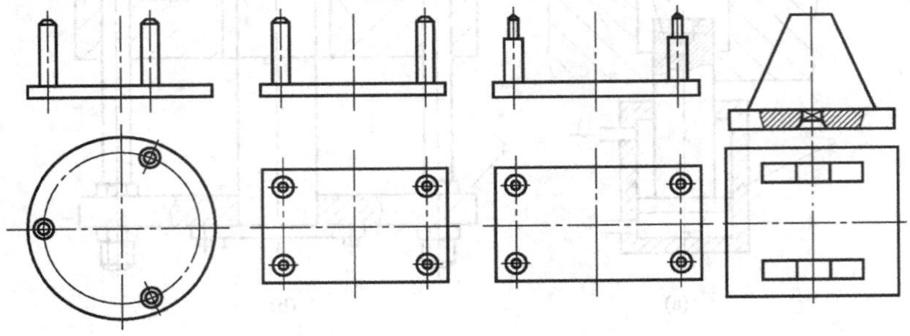

(a) (b) (c) (d)

图 18-30 单向卸模架的形式

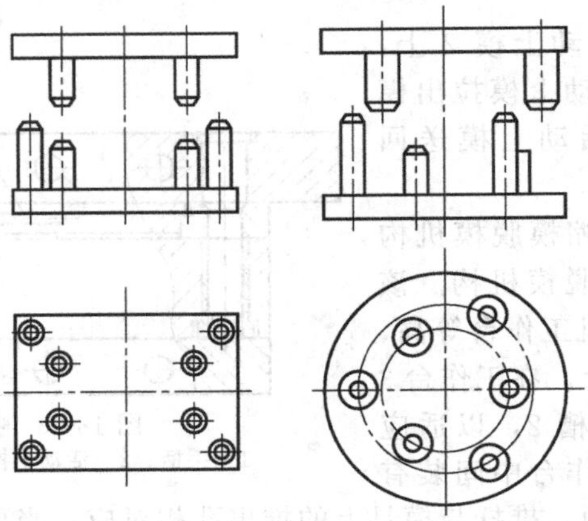

(a) (b)

图 18-31 上下卸模架的形式

卸模架脱模有两种常见的结构形式。

① 单分型面压缩模卸模架脱模 采用上下卸模架脱模时，其结构如图 18-32 所示。卸模时，先将上卸模架 1、下卸模架 6 的推杆插入模具相应的孔内。当压力机的活动横架即上工作台压到上卸模架时，压力机的压力通过上下卸模架传递给模具，使得凸模 2 和凹模 4 分开，同时，下卸模架推动推杆 3 推出塑件，最后由人工将塑件取出。

② 双分型面压缩模卸模架脱模 双分型面压缩模采用上下卸模架脱模时，其结构如图 18-33 所示。卸模时，同样先将上卸模架 1、下卸模架 5 的推杆插入模具相应的孔内。当压

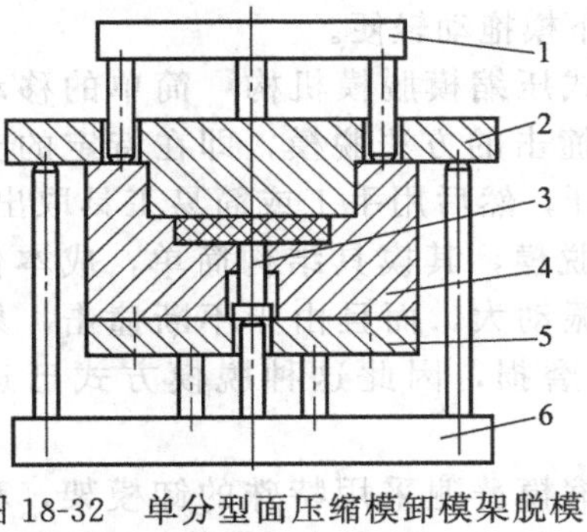

图 18-32 单分型面压缩模卸模架脱模

1—上卸模架；2—凸模；3—推杆；4—凹模；5—下模座板；6—下卸模架

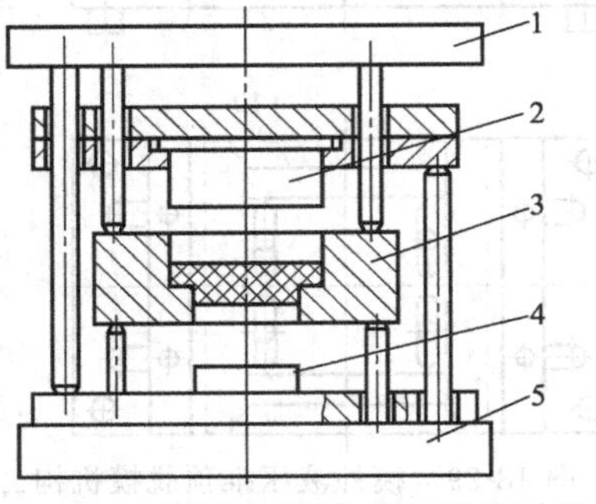

图 18-33 双分型面压缩模卸模架脱模

1—上卸模架；2—上凸模；3—凹模；4—下凸模；5—下卸模架

力机的活动横架压到上卸模架或下卸模架时，上下卸模架上的长推杆使得上凸模 2、下凸模 4 和凹模 3 分开，凹模 3 留在上下卸模架的短推杆之间，最后在凹模中取出塑件。

18.3.4.3　压缩模脱模机构与压力机的连接方式

设计固定式压缩模的脱模机构时，必须了解压力机顶出系统与压缩模脱模机构的连接方式。多数压力机都带有顶出系统，也有的不带顶出系统，不带顶出系统的压力机适用于移动式压缩模。当压力机带有液压顶出系统时，液压缸的活塞即为压力机的顶杆，一般顶杆上升的极限位置是其端部与工作台表面相平齐的位置。压力机的顶杆与压缩模脱模机构的连接方式有两种。

（1）间接连接　即压力机的顶杆与压缩模的脱模机构不直接连接，如图 18-34 所示。如果压力机顶杆能伸出工作台面且伸出高度足够时，将模具装好后直接调节顶杆顶出距离，便可进行操作；当压力机顶杆端部上升的极限位置只能与工作台面平齐时，必须在顶杆端部旋入一个适当长度的尾轴，尾轴的长度等于塑件推出高度加上压缩模座板厚度和挡销厚度。尾轴的另一端与压缩模脱模机构无固定连接，如图 18-34（a）所示。尾轴也可以反过来利用螺纹与压缩模的推板相连，如图 18-34（b）所示。这两种形式都要设计复位杆等复位机构。

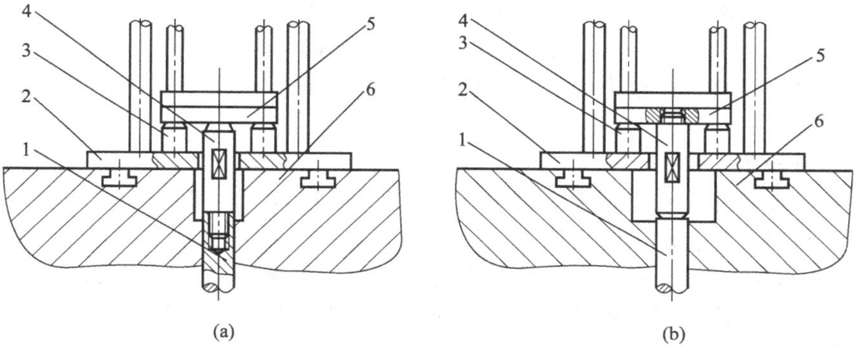

图 18-34　与尾轴间接连接的脱模机构

1—压力机顶杆；2—下模座板；3—挡销；4—尾轴；5—推板；6—压力机下工作台

（2）直接连接　即压力机的顶杆与压缩模的脱模机构直接连接，如图 18-35 所示。压力机的顶出机构与压缩模脱模机构通过尾轴固定连接在一起。这种方式在压力机下降过程中能带动脱模机构复位，不需再设复位机构。

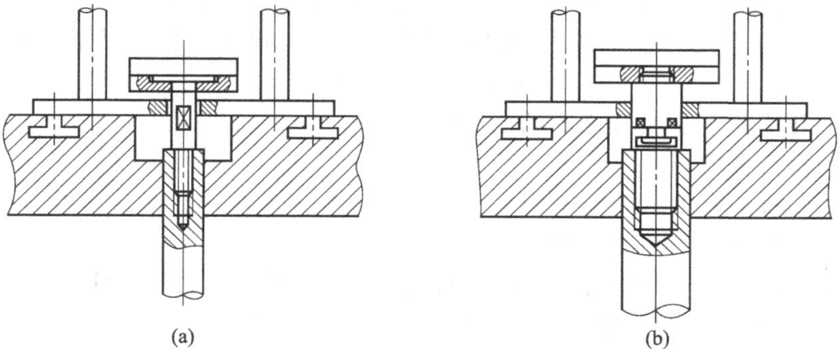

图 18-35　与尾轴直接连接的脱模机构

18.3.5 压力机有关工艺参数校核

压力机的成型总压力、开模力、脱模力、合模高度和开模行程等技术参数与压缩模设计有直接关系，同时压板和工作台等装配部分尺寸在设计模具时也必须考虑，所以在设计压缩模时应首先对压力机做以下几个方面的校核。

(1) 成型总压力的校核　成型总压力是指塑料压缩成型时所需的压力，它与塑料的几何形状、水平投影面积、成型工艺等因素有关，成型总压力必须满足下式：

$$F_m = nAp \leqslant KF_p \tag{18-10}$$

式中　F_m——成型塑件所需的总压力，N；

K——修正系数，按压力机的新旧程度取 0.75～0.90；

F_p——压力机的额定压力，N。

n——型腔数目；

A——单个型腔在工作台上的水平投影面积，mm^2，对于溢式模具或不溢式模具水平投影面积等于塑件最大轮廓的水平投影面积，对于半溢式模具等于加料室的水平投影面积；

p——压缩塑件需要的单位成型压力，MPa。

当压力机的大小确定后，也可以按下式确定多型腔模具的型腔数目：

$$n = KF_p / Ap\text{(取整数)} \tag{18-11}$$

(2) 开模力的校核　开模力的大小与成型压力成正比，可按下式计算：

$$F_k = kF_m \tag{18-12}$$

式中　F_k——开模力，N；

k——系数，配合长度不大时可取 0.1，配合长度较大时可取 0.15，塑件形状复杂且凸凹模配合较大时可取 0.2。

若要保证压缩模可靠开模，必须使开模力小于压力机液压缸的回程力。

(3) 脱模力的校核　压力机的顶出力是保证压缩推出机构脱出塑件的动力，压缩所需的脱模力可按下式计算：

$$F_t = A_c P_f \tag{18-13}$$

式中　F_t——塑件从模具中脱出所需要的力，N；

A_c——塑件侧面积之和，mm^2；

P_f——塑件与金属表面的单位摩擦力，MPa，塑件以木纤维和矿物质作填料取 0.49 MPa，塑料以玻璃纤维增强时取 1.47MPa。

若要保证可靠脱模，则必须使压力机的顶出力大于脱模力。

(4) 合模高度与开模行程的校核　为了使模具正常工作，必须使模具的闭合高度和开模行程与压力机上下工作台之间的最大和最小开距以及压力机的工作行程相适应，即：

$$h_{min} \leqslant h = h_1 + h_2 \tag{18-14}$$

式中　h_{min}——压力机上下模板之间的最小距离；

h——模具合模高度；

h_1——凹模的高度（图 18-36）；

h_2——凸模台肩的高度（图 18-36）。

如果 $h < h_{min}$，上下模不能闭合，模具无法工作，这时在模具与工作台之间必须加垫板，要求 h_{min} 小于 h 和垫板厚度之和。为保证锁紧模具，其尺寸一般应小于 10～15mm。为保证顺利脱模，还要求：

$$h_{max} \geqslant h + L = h_1 + h_2 + h_s + h_t + (10\sim30\text{mm}) \tag{18-15}$$

式中 L——模具最小开模距离，mm；

h_s——塑件的高度，mm；

h_t——凸模高度，mm；

h_{max}——压力机上下模板之间的最大距离，mm。

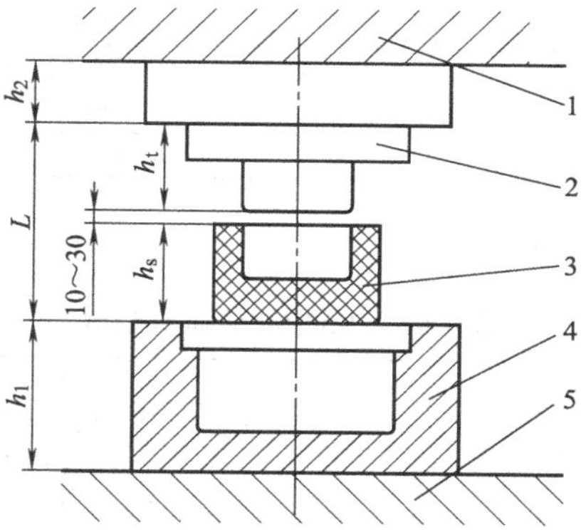

图 18-36 模具高度和开模行程

1,5—上、下工作台；2—凸模；3—塑件；4—凹模

（5）压力机顶出机构的校核 固定式压缩模一般均利用压力机工作台面下的顶出机构（机械式或液压式）驱动模具脱模机构进行工作，因此压力机的顶出机构与模具的脱模机构的尺寸要相适应，即模具所需的脱模行程必须小于压力机顶出机构的最大工作行程，模具需要的脱模行程 L_d 一般应保证塑件脱模时高出凹模型腔 10～15mm，以便将塑件取出，即有：

$$L_d = h_s + h_3 + (10 \sim 15\text{mm}) \leqslant L_p \tag{18-16}$$

式中 L_d——压缩模需要的脱模行程，mm；

h_s——塑件的最大高度，mm；

h_3——加料室的高度，mm；

L_p——压力机推顶机构的最大工作行程，mm。

（6）压力机工作台有关尺寸的校核 压缩模设计时应根据压力机工作台面规格和结构来确定模具的相应尺寸。模具的宽度尺寸应小于压力机立柱（四柱式压力机）或框架（框架式压力机）之间的净距离，使压缩模能顺利装在压力机的工作台上，模具的最大外形尺寸不应超过压力机工作台面尺寸，同时还要注意上下工作台面上的 T 形槽的位置。模具可以直接用螺钉分别固定在上下工作台上，但模具上的固定螺钉孔（或长槽、缺口）应与工作台的上下 T 形槽位置相符合，模具也可用螺钉和压板压紧固定，这时上下模底板设有宽度为 15～30mm 的凸台阶。

18.3.6 压缩模设计实例

18.3.6.1 设计任务书

设计如图 18-37 所示的压环的压缩模。制品材料为 UF，小批量生产，端面要求平整光洁，表面粗糙度 Ra 为 1.6μm。

18.3.6.2 收集、分析原始资料

（1）收集原始资料 UF 塑料性能及成型参数见表 18-4。

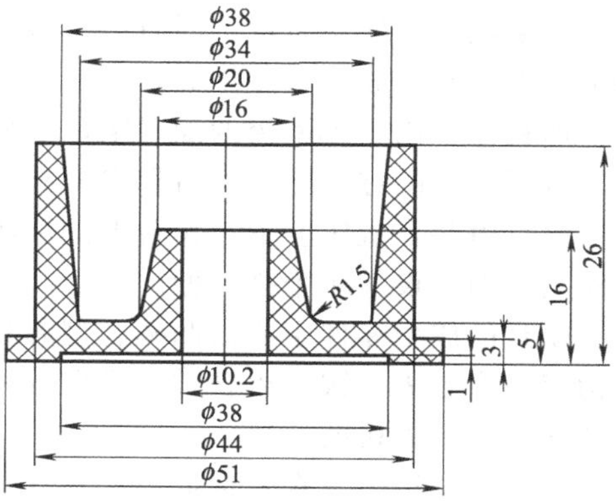

图 18-37 压环塑件图

表 18-4 UF 塑料性能及成型参数

项　目	参　数	项　目	参　数
密度/(g/cm^3)	1.47～1.52	比容/(cm^3/g)	2.0～3.0
收缩率/%	0.6～1.4	压缩比	2.0～3.0
热变形温度/℃	126～140	吸水性/(mg/cm^3)	0.50
		拉西格流动性/mm	140～200
线膨胀系数/10^{-5}℃$^{-1}$	2.2～3.6	保持时间/(min/mm)	1.0
		模具温度/℃	130～190
		成型压力/MPa	80～120

Y32-50 液压机参数见表 18-5。

表 18-5 Y32-50 液压机参数

项　目	参数	项　目	参数
公称压力/kN	500	顶出杆最大行程(手动)/mm	150
回程压力/kN	105	工作台最大开距/mm	600
工作液最大压力/MPa	20	工作台最小开距/mm	200
顶出杆最大顶出力/kN	7.5	滑块最大行程/mm	400
顶出杆最大回程力/kN	3.75		

(2) 对塑件进行分析

① 塑件的原材料分析　塑料制件采用热固性塑料 UF（脲-甲醛）压塑粉。其价格便宜，着色性好，塑料制品外观好，有优良的电绝缘性和耐电弧性，表面硬度高，耐油、耐磨、耐弱碱和有机溶剂，吸水性较大。

② 塑件的工艺分析　该塑件外形结构相对较为简单，整体为圆形结构，最大直径为 51mm，总高度为 26mm，大部分壁厚在 3mm 左右；所有尺寸均为无公差要求的自由尺寸；塑件表面粗糙度要求不高；材料为 UF（脲-甲醛）压塑粉；生产批量小。综合上述因素，优先考虑采用压缩成型。

18.3.6.3　确定模具的结构方案

结合对塑件的结构及工艺性分析，可采用手动移动式压缩模。塑件在模具中的布置方式是将塑件料多的部分放在上侧，采用上压式液压机，要求模具中的凸模安装在上模，加料室要布置在下模。根据塑件的结构，选择把主型芯安置在下模中。

根据塑件的结构特点及要求，采用了单型腔半溢式结构，并将塑件的回转轴线与模具的轴线布置在同一轴线上，结构简单，有利于压力的传递，并使之均匀。加压方向采用上压式。

考虑塑件的外观质量，同时考虑塑件的结构，选择了两个水平分型面，如图 18-37 所示的Ⅰ—Ⅰ、Ⅱ—Ⅱ两个分型面。

加料室采用了单型腔的加料室，以型腔的延伸部分及扩大部分作为加料室。

脱模取件的方式是成型后移出模具，用卸模架分型后从凹模中取出制品。

模具由装在机床上下工作台上的加热板来加热；配合热固性塑料成型时的排气需要，在凹模上表面开设了 4 个排气槽。

模具的成型零件主要由凸模、型芯和凹模构成。其中型腔由凹模和嵌入下模固定板的镶件构成，型芯采用镶拼组合式。模架选用移动式通用模架。

18.3.6.4　压力机的选取

(1) 成型压力　查表选取 $p=25$MPa；模具为单型腔，$n=1$；压力系数取 $K=1.2$。按照式（18-10）可得成型总压力为：

$$F_m = KnAp = \frac{1}{4}\pi d^2 npK = \frac{1}{4} \times 3.14 \times 51^2 \times 1 \times 25 \times 1.2 = 61.254(\text{kN})$$

（2）开模力　系数取 $k=0.15$，则由式（18-12）可得开模力为：

$$F_k = kF_m = 0.15 \times 61.254 = 9.188(\text{kN})$$

（3）脱模力　塑件侧面积之和近似为：

$$\begin{aligned} A_c &= \pi d_1 h_1 + \pi d_2 h_2 + \pi d_3 h_3 + \pi d_4 h_4 + \pi d_5 h_5 \\ &= 3.14 \times (51 \times 3 + 44 \times 23 + 38 \times 21 + 20 \times 11 + 10.2 \times 16) \\ &= 7367(\text{mm}^2) \end{aligned}$$

塑件与金属表面的单位摩擦力取 $P_f = 0.49\text{MPa}$，由式（18-13）可得开模力为：

$$F_t = A_c P_f = 7367 \times 0.49 = 3610(\text{N}) = 3.61(\text{kN})$$

根据成型压力、开模力和脱模力的大小，查表可以选择型号为 Y32-50 的液压机，为上压式、下顶出、框架结构，公称压力为 500kN，回程压力为 105kN，最大顶出力为 7.5kN，工作台最大开距为 600mm，各项参数均满足压缩模的需要。

18.3.6.5　模具设计的有关计算

（1）加料室尺寸的计算

① 塑件所需原料体积的计算　加料室结构采用单型腔半溢式结构，挤压边宽度取 5mm，则加料室直径为：

$$d = 51 + 2 \times 5 = 61(\text{mm})$$

根据塑件尺寸，近似算得塑件的体积 $V_s = 78.371\text{cm}^3$。

由塑件体积求出塑件所需原料体积，查表取压缩比 $K=2.5$，按照式（18-4）可得塑件所需原料体积为：

$$V_{sl} = KV_s = 2.5 \times 78.371 = 195.93(\text{cm}^3)$$

② 加料室高度的计算　按照式（18-9）计算加料室的高度为：

$$\begin{aligned} H &= \frac{V_{sl} - V_s - \pi r^2 h \times 10^{-3}}{\frac{1}{4}\pi d^2} + 0.5 \sim 1.0 \\ &= \frac{195.93 - 78.371 - 3.14 \times 19^2 \times 1 \times 10^{-3}}{0.25 \times 3.14 \times 6.1^2} + 0.5 \sim 1.0 = 4.486 \sim 4.986(\text{cm}) \end{aligned}$$

加料室高度可取为 $H = 46\text{mm}$。

（2）成型零件工作尺寸的计算　本实例仅以塑件的外径尺寸 $\phi 44\text{mm}$ 为例，计算其成型零件型腔的径向尺寸。

计算时可参照注塑模成型零件工作尺寸计算公式。查表知塑件的收缩率为 0.6%～1.4%，取平均收缩率 $S_{cp} = 1.0\%$；UF 塑料精度按一般精度选取，$\Delta = 0.28$，即有塑件的外径尺寸为 $\phi 44^{0}_{-0.28}\text{mm}$；模具制造公差 δ 取塑件公差 Δ 的 1/4；修正系数 x 取 0.5。按下式计算型腔径向尺寸：

$$D_0^{+\delta} = [(1+S_{cp})d'_{最大} - x\Delta]_0^{+\delta} = [(1+0.01) \times 44 - 0.5 \times 0.28]_0^{+0.25 \times 0.28} = 44.30^{+0.07}_{0}(\text{mm})$$

18.3.6.6　压缩模总装图和零件图的绘制

在模具的总体结构及相应的零部件结构形式确定后，便可以绘制模具的总装图和零件图。总装图应清楚地表达模具总体结构、各零部件之间的装配关系以及模具中塑件的大致形状、加料室的位置等。在绘制过程中采用了半剖的方法。总装图上除标注必要的尺寸外，还需要填写技术要求、使用说明和编写明细表（这里省略）。压环压缩模装配图如图 18-38 所示。

压缩模的非标准零件均需要绘制零件图，零件图的绘制也应符合国家标准。

18.3.6.7　图样的审核

总装图和零件图绘制完毕后，必须进行审核。在所有审核正确无误后，再将设计结果送达生产部门组织生产。

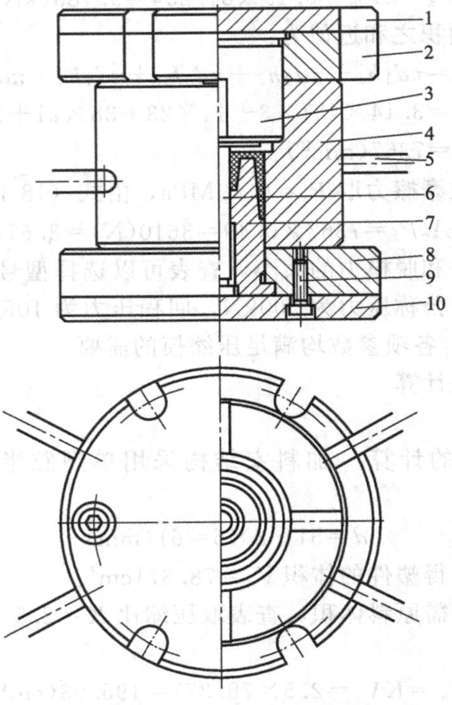

图 18-38　压环压缩模装配图

1—上模板；2—上模固定板；3—凸模；4—凹模；5—手柄；6—型芯镶件；7—主型芯；8—下模固定板；9—螺钉；10—下模板

复习与思考

1. 压缩成型工艺主要用于成型什么塑料？
2. 简述压缩成型工艺。
3. 压缩成型模具有哪些类型？

Chapter 19

第19章 压注成型工艺与模具设计

19.1 压注成型及其工艺过程

19.1.1 压注成型原理及特点

压注成型的原理是把预热的原料加到加料腔内，塑料经过加热塑化，在压力机柱塞的压力下经过模具的浇注系统挤入型腔，型腔内的塑料在一定压力和温度下保持一定时间充分固化，得到所需的塑件。压注成型和压缩成型都是热固性塑料常用的成型方法。

压注成型是在克服压缩成型缺点、吸收注射成型优点的基础上发展起来的，它与前述的压缩成型和注射成型有许多相同或相似的地方，但也有其自身的特点。与压缩成型相比有下列特色。

① 具有独立的加料室，而不是型腔的延伸。塑料在进入型腔前，型腔已经闭合，产品的飞边较少，尺寸精度较高。

② 塑料在加料室已经初步塑化，可加快成型速度，生产效率高。

③ 由于压力不是直接作用于塑件，所以适合成型带有细小嵌件、多嵌件或有细长小孔的塑件。也可以成型深腔薄壁塑件或带有深孔的塑件，还可成型难以用压缩成型的塑件，并能保持嵌件和孔眼位置的正确。

④ 塑件性能均匀，尺寸准确，质量提高，模具的磨损较小。

压注成型虽然具有上述诸多优点，但也存在如下缺点。

① 压注模比压缩模结构复杂，制造成本较压缩模高。

② 塑料损耗增多。

③ 成型压力也比压缩成型时高，压制带有纤维性填料的塑料时，会产生各向异性。

19.1.2 压注成型工艺过程

压注成型工艺过程如图19-1所示。从图19-1中可以看出，压注成型工艺过程和压缩成型基本相似，它们的主要区别在于，压缩成型过程是先加料后闭模，而一般结构的压注成型则要求先闭模后加料。

19.1.3 压注成型工艺参数

压注成型的主要工艺参数包括成型压力、成型温度和成型周期，它们与压缩成型的有关参数相似，但又有区别。

(1) 成型压力　在压注成型过程中，熔融塑料要经过浇注系统进入型腔，由于阻力导致压力损失，压注成型的压力一般为压缩成型压力的2～3倍。

(2) 成型温度　压注成型温度包括加料室的温度和模具本身的温度。为了保证塑料具有

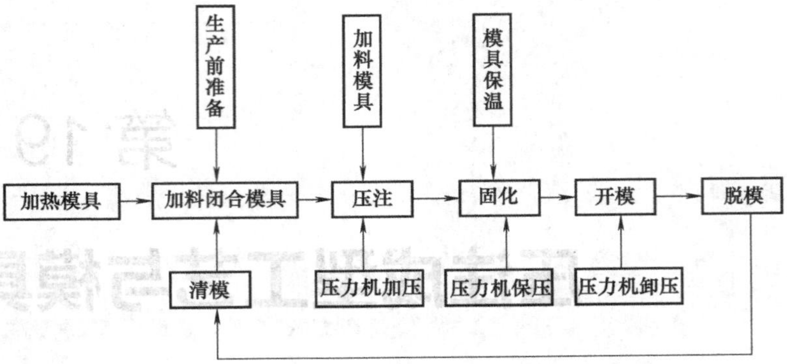

图 19-1　压注成型工艺过程

好的流动性，一般塑料的温度低于交联温度。成型中由于熔融塑料通过浇注系统进入模具型腔，经过浇注系统时会产生摩擦热，因此压注成型温度可以比压缩成型温度低一些，大概低15～30℃。

（3）成型周期　压注成型周期包括加料时间、充模时间、保压固化时间、脱模时间和清理模具时间等。

由于塑料进入型腔前已经充分塑化，而且流经浇注系统时摩擦生热，所以塑料塑化均匀，塑料进入型腔时已临近树脂固化的最后温度。因此塑料在模具内的保压固化时间较短，比压缩成型中的保压时间短一些。

19.2　压注模设计

19.2.1　压注模结构

压注模一般由加料腔（包括柱塞）、成型零部件、浇注系统、导向机构、推出机构、侧向分型与抽芯机构、加热系统、排气系统及安装连接部件等组成。图 19-2 为移动式压注模典型结构，图 19-3 为固定式料槽压注模典型结构。

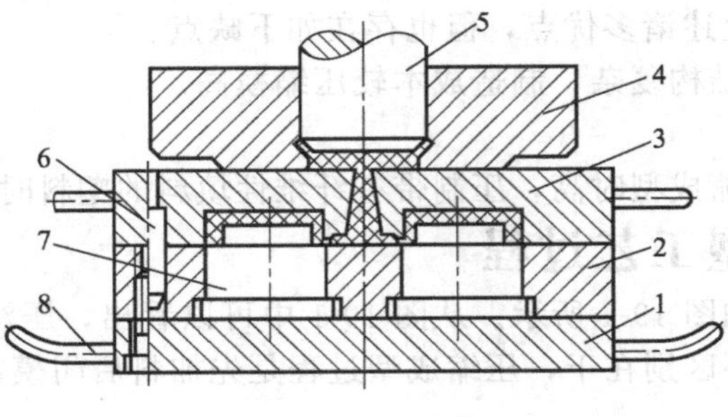

图 19-2　移动式压注模

1—下模板；2—凸模固定板；3—凹模；4—加料室；5—压柱；6—导柱；7—型芯；8—把手

19.2.2　压注模分类

在实际生产中，压注模常按使用的压力机特征和操作方法进行分类。

（1）普通压力机用压注模　这种压力机只装备一个工作油缸，兼起锁紧模具和对塑料施加传递压力的双重作用。在普通压力机上使用的压注模，按其与压力机的连接方式，又可分

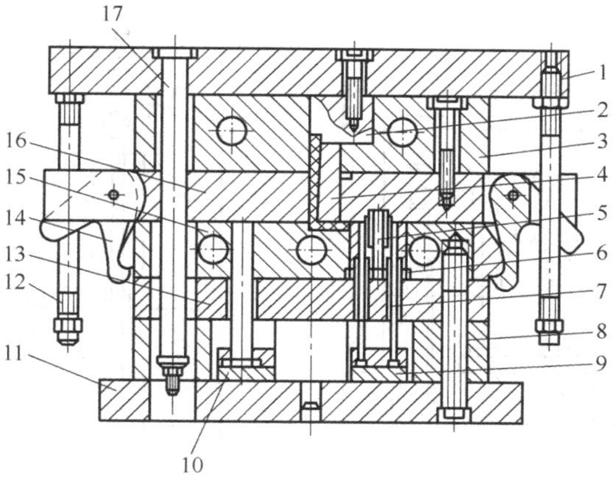

图 19-3　固定式料槽压注模

1—上模板；2—压料柱塞；3—加料室；4—主浇道衬套；5—型芯；6—型腔；7—推杆；8—支承块；9—推板；10—复位杆；11—下模块；12,17—拉杆；13—支承板；14—悬挂钩；15—凹模固定板；16—上凹模板

为移动式和固定式两类压注模。

① 移动式压注模　这种模具适用于塑料制品批量不大的压注成型生产，典型结构如图 19-2 所示。压注模的加料室与模具本体是可以分离的。模具闭合后放上加料室，将定量的塑料加入加料室内，利用压力机的压力，通过柱塞将塑化的物料高速挤入型腔，硬化定型后，开模时先从模具上取下加料室，再分别进行清理和脱出塑件，用手工或专用工具。这种模具所用的压力机、加热方法及脱模方式与压缩模相同。需要注意，在这种模具中，柱塞对加料腔中物料所施加的成型压力，同时也起合模力的作用。

② 固定式压注模　这种模具的上、下模部分分别与压力机的滑块和工作台固定连接，柱塞固定在上模部分，典型结构如图 19-3 所示。生产操作均在压力机工作空间进行。塑料制件脱模由模内的推出机构完成，劳动强度低，生产效率高。可适用于批量较大的压注成型。与移动式压注模相似，柱塞对加料室内物料施加的成型压力，同时也起合模力的作用，固定式压注模上设有加热装置。

(2) 专用压力机用压注模　这种压力机具有两个油缸，一个油缸负责合模，另外一个油缸负责压注成型。柱塞式压注成型就是用这种专用压力机来完成的。下面简介柱塞式压注模的特点。

① 上加料室柱塞式压注模　柱塞式压注模与移动式和固定式压注模的最大区别是它没有主流道，如图 19-4 所示，实际上主流道已经扩大成为圆柱形的加料腔，这时柱塞将物料压入型腔的力已起不到锁模力的作用，因此锁模和成型需要两个液压缸来完成，普通压力机不再适用，因此柱塞式压注模需专用压力机成型。

② 下加料室柱塞式压注模　这种模具用的压力机合模缸在压力机的上方，自上而下合模；成型缸在压力机的下方，自下而上将物料挤入型腔。它与上加料室柱塞式压注模的主要区别在于，它是先加料，后合模，最后压注，而上加料室柱塞式压注模是先合模，后加料，最后压注，如图 19-5 所示。

19.2.3　压注模设计和制造

19.2.3.1　加料室的结构设计

压注模结构上有很多地方与压缩模和注塑模相似，以下是其特殊之处。

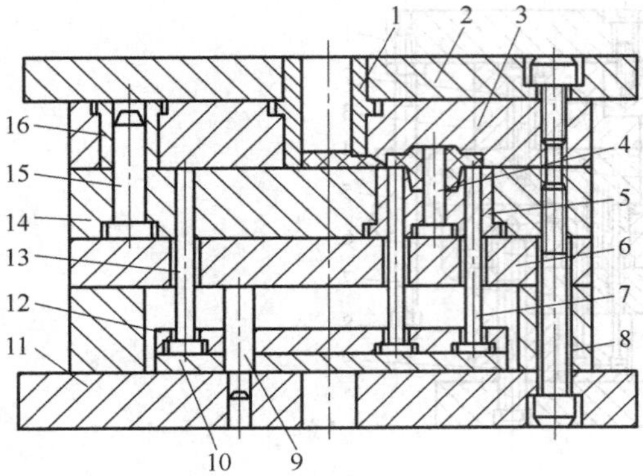

图 19-4　上加料室柱塞式压注模

1—加料室；2—上模座板；3—上模板；4—型芯；5—凹模镶块；6—支承板；7—推杆；8—垫块；9—推板导柱；10—推板；11—下模座板；12—推杆固定板；13—复位杆；14—下模板；15—导柱；16—导套

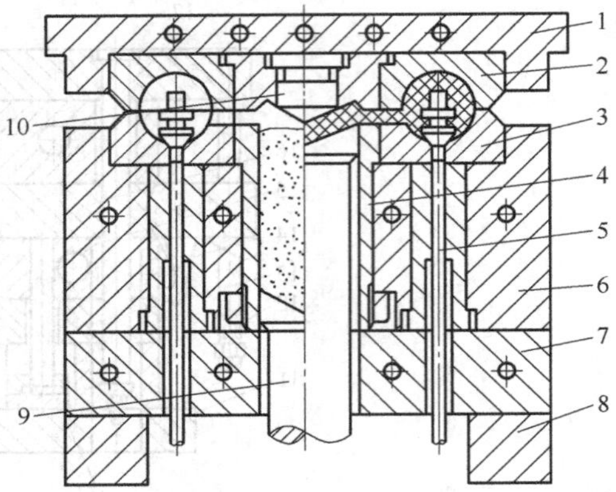

图 19-5　下加料室柱塞式压注模

1—上模座板；2—上凸模；3—下凹模；4—加料室；5—推杆；6—下模板；7—支承板；8—垫块；9—柱塞；10—分流锥

加料室形状、大小及位置的合理选择，是压注模设计的一个重要问题，无论是移动式压注模还是固定式压注模都设有加料室，作用是存放塑料，对其进行预热，加热成胶体状，并在压注时承受压力。

（1）加料室结构设计　压注模的加料室结构因模具类型不同而有所差异。移动式压注模和固定式压注模以及柱塞式压注模的加料室有所不同。

① 固定式压注模加料室　加料室与上模连成一体，在加料室底部开设一个或数个流道通过上模板通向型腔，如图 19-6 所示。当加料室和上模分别加工在两块板上时，为防止物料挤入两板之间的缝隙中，可在通向型腔的流道内加一个主流道衬套。

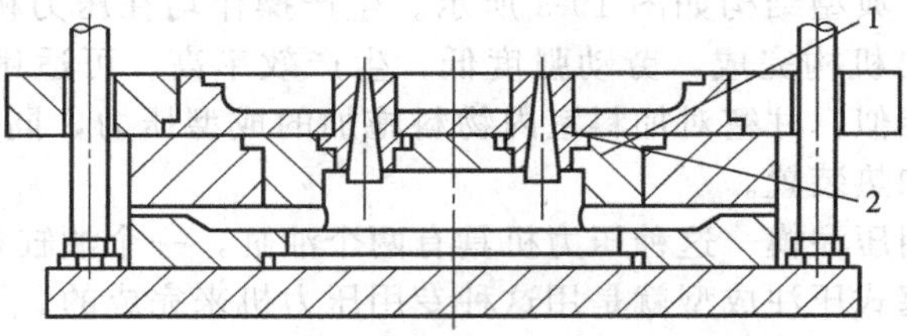

图 19-6　固定式压注模加料室

1—加料腔；2—主流道衬套

② 移动式压注模加料室　移动式压注模加料室可单独取下，并有一定的通用性，加料室断面形状一般采用圆形，加工容易。但对于一模多腔的加料室，为了覆盖所有模腔，便于主流道开设，也可采用矩形截面加料室，或者将矩形两短边改变成半圆弧的加料室。采用矩形截面时，矩形四角应带有较大的圆角，如图 19-7 所示。

移动式压注模的加料室与上模板是独立的，在工作时必须保证与上模板有可靠的定位，其固定方法有销钉定位、外形定位和内形定位三种方法，如图 19-8 所示。

③ 柱塞式压注模加料室　柱塞式压注模加料室截面均为圆形，由于采用专用液压机，液压机上有锁模液压缸，所以加料室的截面尺寸与锁模无关，只要加料腔容积能满足成型时要求即可，一般加料室水平投影面积比移动式和固定式面积小，而高度较大，如图 19-9 所示。

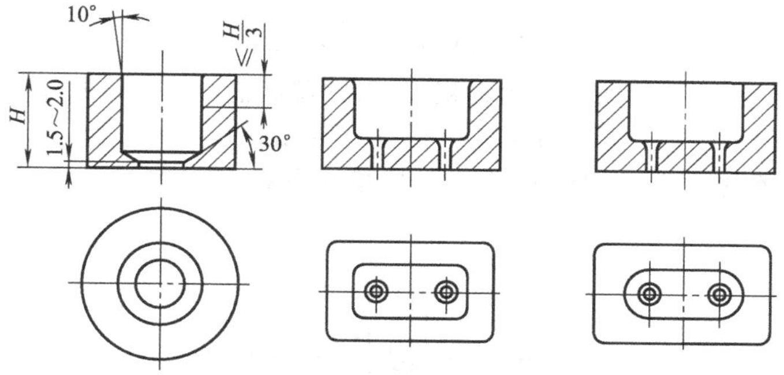

图 19-7 移动式压注模加料室

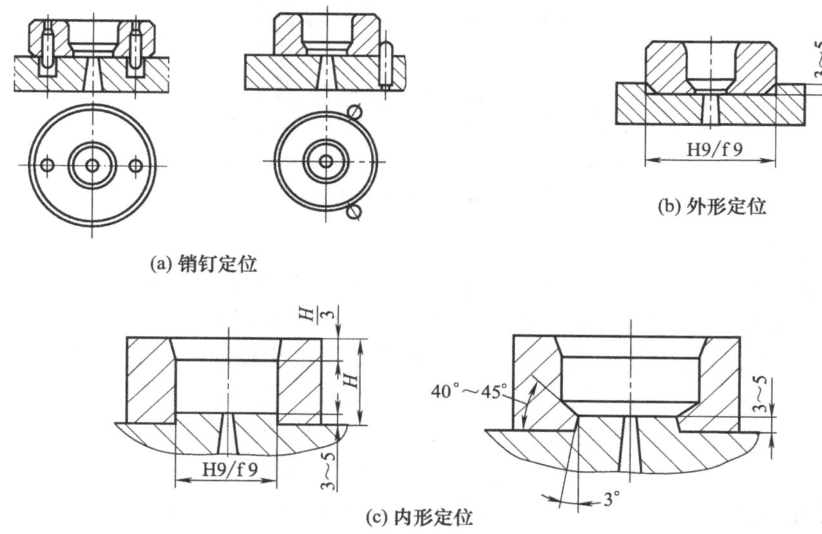

图 19-8 加料室定位方法

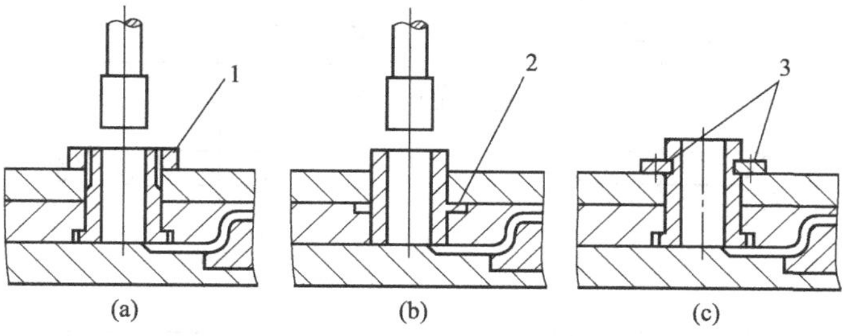

图 19-9 专用液压机用压注模的加料室的固定方法

1—螺母；2—轴肩；3—对剖半环

(2) 加料室尺寸的计算 加料室的加热面积取决于加料量，根据经验，未经预热的热固性塑料每克约 140mm² 的加热面积，加料室总表面积为加料室内腔投影面积的两倍与加料室装料部分侧壁面积之和。为了简便起见，可将侧壁面积略去不计，因此，加料室截面面积为所需加热面积的一半。

$$A=70m$$

式中 m——每次压注成型的注射量。

根据经验，加料室截面面积必须比塑件型腔与浇注系统投影面积之和大 10%～

25%。即：

$$A=(1.10\sim1.25)A_1$$

加料室高度 =(加料室的容积/加料室截面面积)+ 导向部分高度

$$H=V/A+(10\sim15\text{mm})$$

(3) 加料室位置的确定　加料室的位置尽量布置在型腔的中心位置，受力均匀，如图 19-10 所示。

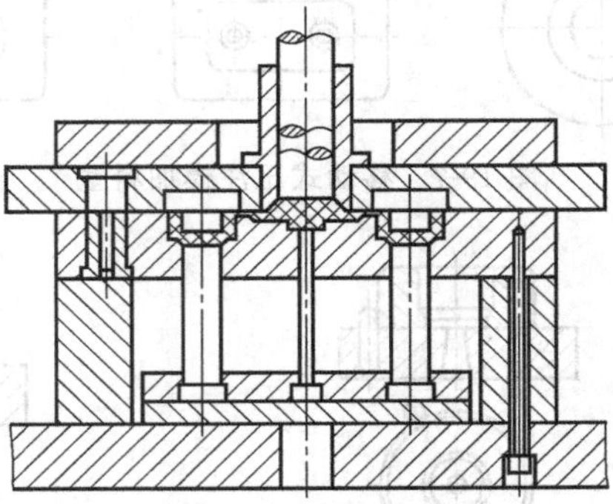

图 19-10　加料室的位置

19.2.3.2　柱塞的设计

压料柱塞的作用是将压力机的压力传递给加料室内的塑料，将塑料压入型腔，同时也起防止塑料在压力下从加料室内溢出，将固化后的流道内的废料从塑件上分离的作用。

(1) 压料柱塞形状及安装形式　图 19-11 为移动式压注模和固定式压注模几种常见的压料柱结构。图 19-11 (a) 为简单的圆柱形，加工简便、省料，常用于移动式压注模；图 19-11 (b) 为带凸缘的结构，承压面积大，压注平稳，移动式压注模和固定式压注模都能应用；图 19-11 (c) 在压料柱上开环形槽，在压注时，环形槽被溢出的塑料充满并固化在其中，继续使用时起到了活塞环的作用，可以阻止塑料从间隙中溢出；图 19-11 (d) 为组合式结构，用于固定式模具，以便固定在压力机上。

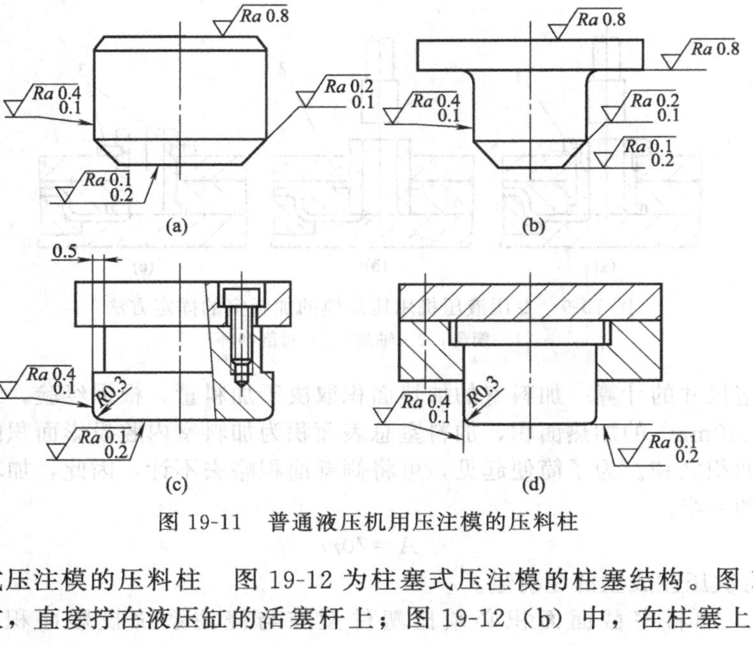

图 19-11　普通液压机用压注模的压料柱

(2) 柱塞式压注模的压料柱　图 19-12 为柱塞式压注模的柱塞结构。图 19-12 (a) 中，其一端带有螺纹，直接拧在液压缸的活塞杆上；图 19-12 (b) 中，在柱塞上加工出环形槽以便溢出的塑料固化其中，起活塞环的作用。

专用液压机上用的压料柱，顶端带有螺纹，底部带有球形凹面或楔形沟槽，如图 19-13 所示。

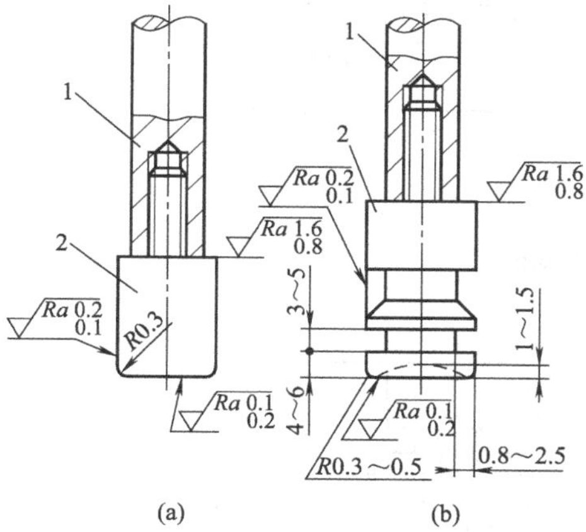

图 19-12　专用液压机用柱塞式压注模的压料柱
1—辅助缸活塞杆；2—压料柱

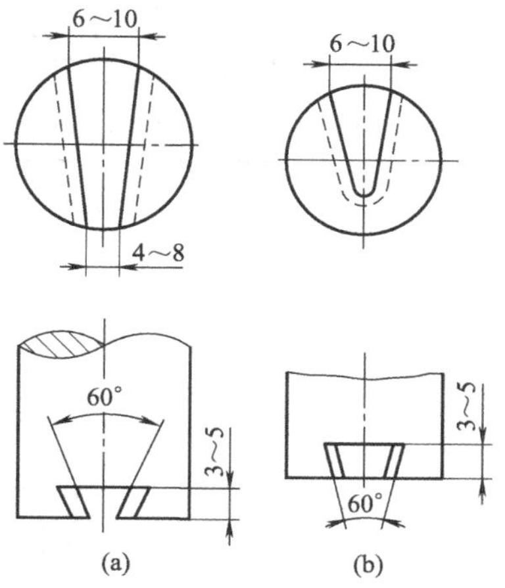

图 19-13　压料柱的拉料沟槽

19.2.3.3　加料室与柱塞的配合

柱塞与加料室径向尺寸之间应具有恰当的配合，能防止施压过程中加料室内塑料溢出，又可以避免两者之间的摩擦磨损。对于直径较小的柱塞，加料室的径向配合间隙最佳值应是 0.05～0.08 mm，直径较大的柱塞或矩形截面柱塞，与加料室单边配合间隙最佳值应是 0.10～0.13mm。为有效地防止加料室内塑料溢出，可在柱塞靠近工作端面的侧面加工出 1～2 个环形溢料密封槽，如图 19-14 所示。

19.2.3.4　浇注系统设计

压注模的浇注系统由主流道、分流道和浇口组成。

(1) 浇注系统的设计原则

① 浇注系统总长不能超过热固性塑料的拉西格流动指数。

② 主流道保证模具受力均匀。

③ 分流道宜取截面面积相同时周长最长的形状（梯形）。

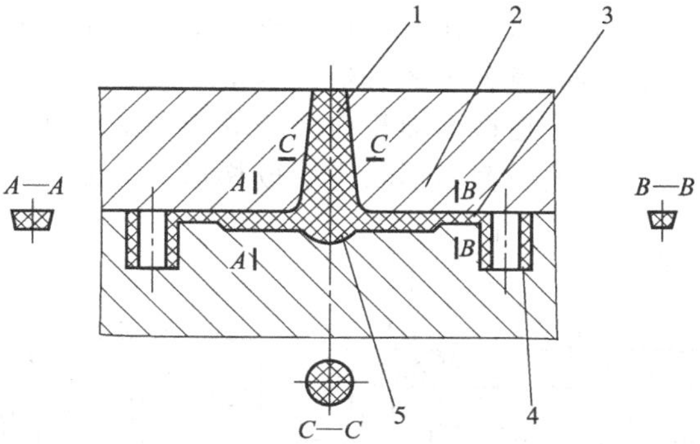

图 19-14　压注模浇注系统的组成
1—主流道；2—分流道；3—浇口；4—塑件；5—反料槽

④ 浇口应便于去除。

⑤ 主流道末端宜设反料槽，有利于塑料集中流动。

⑥ 浇注系统的拼合面必须防止溢料，以免取出困难。

(2) 主流道的设计　压注模的主流道有图 19-15 中的三种形状。

① 正圆锥形　浇注系统与塑件同时推出。

② 倒圆锥形　开模时从浇口拉断，并由压料柱底面的拉料钩槽将主浇道凝料拉出。

③ 分流锥形　用于塑件尺寸较大或型腔分布远离模具中心的场合。

当主流道穿过多块模板时应采用主流道衬套，如图 19-16 所示。

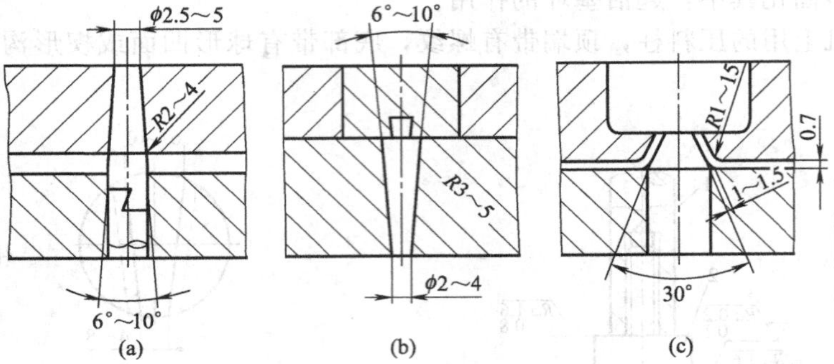

图 19-15　压注模的主流道

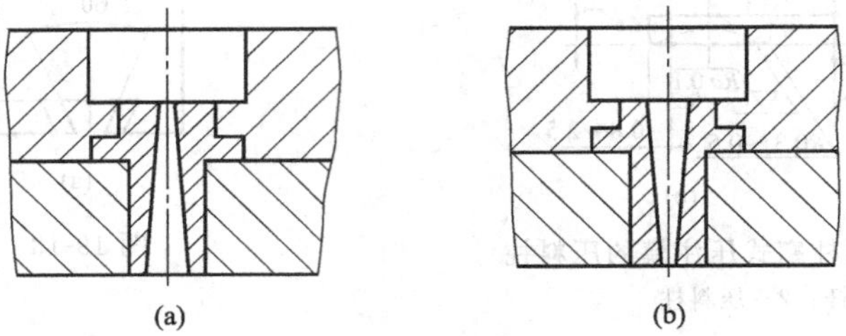

图 19-16　压注模主流道衬套

（3）分流道的设计　压注模分流道设计要注意以下几点。

① 分流道应尽量短，为主流道大径的 1～2.5 倍，缩短分流道长度的措施如图 19-17 所示。

② 分流道设在开模后塑件滞留的模板一侧。

③ 多腔模各腔的分流道尽量一致。

④ 分流道截面面积应大于等于各浇口截面面积之和。

⑤ 分流道截面形状常取成梯形，如图 19-18 所示。

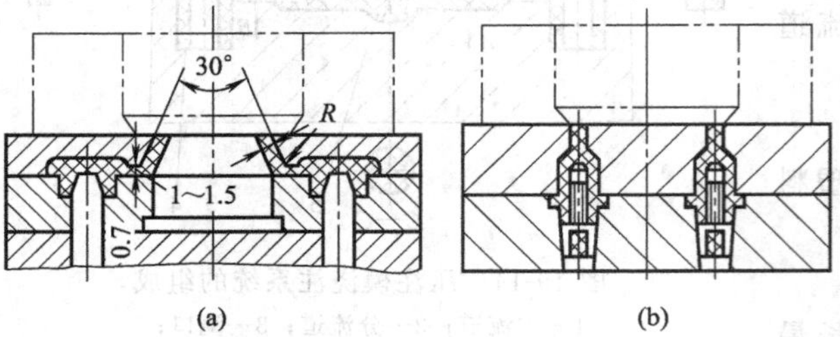

图 19-17　缩短分流道长度的措施

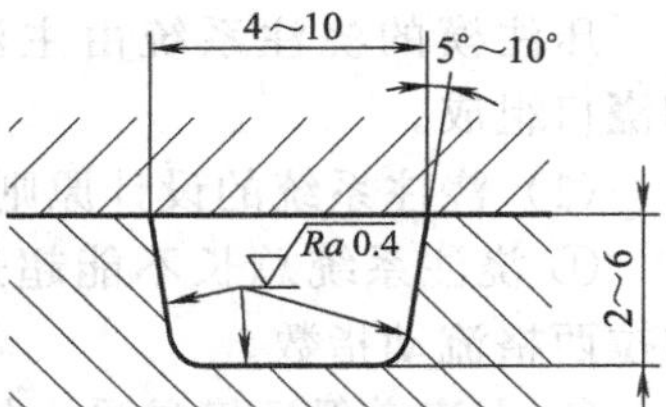

图 19-18　梯形分流道截面

（4）浇口的设计　浇口形式主要有直接浇口（图 19-19）、侧浇口［图 19-20（a）］、扇形浇口［图 19-20（b）］等。

浇口设计注意事项如下。

① 浇口位置应有利于料流，设在塑件最大壁厚处。

② 塑料熔体在型腔内的流程应小于 100mm，否则可设多个浇口。

③ 尽量减小组织的取向程度，如圆筒形塑件采用环形浇口。

（5）反料槽设计　常见的反料槽结构有四种，如图 19-21 所示。

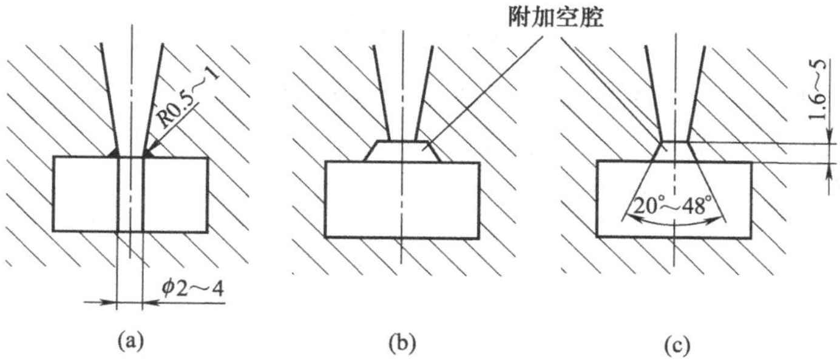

图 19-19　倒锥形直接浇口

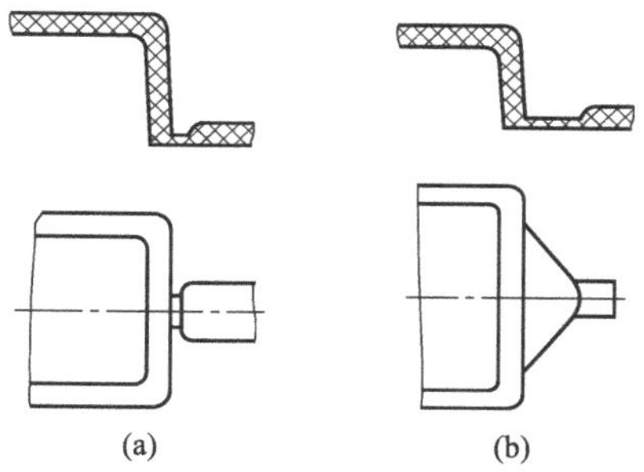

图 19-20　侧浇口和扇形浇口

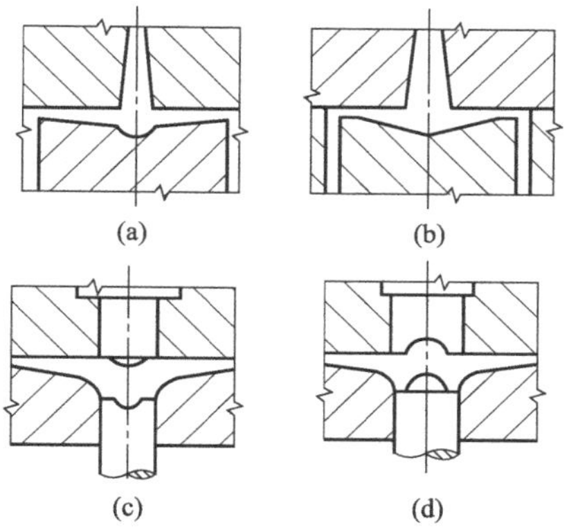

图 19-21　反料槽结构

19.2.3.5　溢料槽与排气槽设计

（1）溢料槽　溢料槽的作用是溢出多余的塑料、防止熔接痕的产生。溢料槽一般开在易出现熔接痕的部位，或开设在分型面上。溢料槽尺寸必须适中，过大则溢料过多，塑件组织疏松或缺料；过小则溢料不足。溢料槽宽度取 3～4mm，深度取 0.1～0.2mm，若有问题，试模时修正。

（2）排气槽　压注成型时，由于在极短时间内需将型腔充满，不但需将型腔内气体迅速排出模外，而且需要排出由于聚合作用产生的一部分低分子（气体），因此，不能仅依靠分型面和推杆的间隙排气，还需开设排气槽。

压注成型时从排气槽中不仅逸出气体，还可能溢出少量前锋冷料，因此需要附加工序去除，但这样有利于提高排气槽附近熔接痕的强度。排气槽的截面形状一般为矩形或梯形。对于中小型塑件，分型面上排气槽的尺寸为深度取 0.04～0.13 mm，宽度取 3.2～6.4 mm，视塑件体积和排气槽数量而定。

19.2.3.6　压注模的制造

压注模的制造工艺与注塑模或压缩模的相似，加料室与压料柱的技术要求如下。

材料为 T10A、CrWMn、9Mn2V。

硬度为 40～50HRC。

表面处理镀硬铬，Ra<0.1～0.4μm。

加料室与压料柱的配合关系如图 19-22所示。

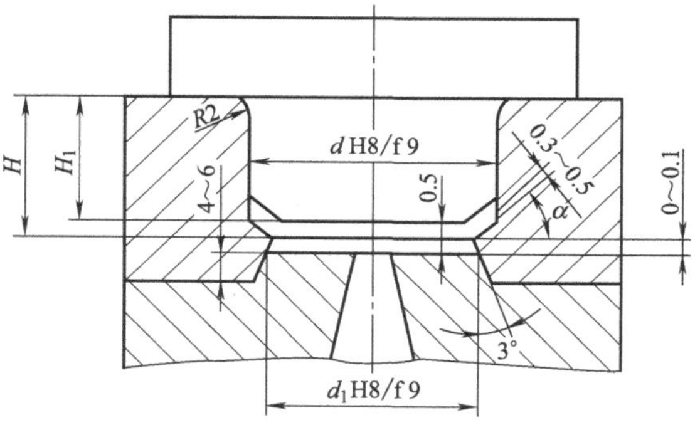

图 19-22　加料室与压料柱的配合关系

复习与思考

1. 压注成型与压缩成型工艺主要用于成型什么塑料?
2. 压注成型与压缩成型工艺有何不同?
3. 压注成型模具各有哪些类型?

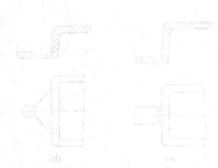

Chapter 20

第 20 章 吹塑成型工艺与模具设计

20.1 概述

吹塑成型是将处于熔融状态的塑料型坯置于模具型腔中，借助压缩空气将其吹胀，使之紧贴于型腔壁上，经冷却定型得到中空塑料制品的成型方法。其原理及模具如图 20-1 所示。

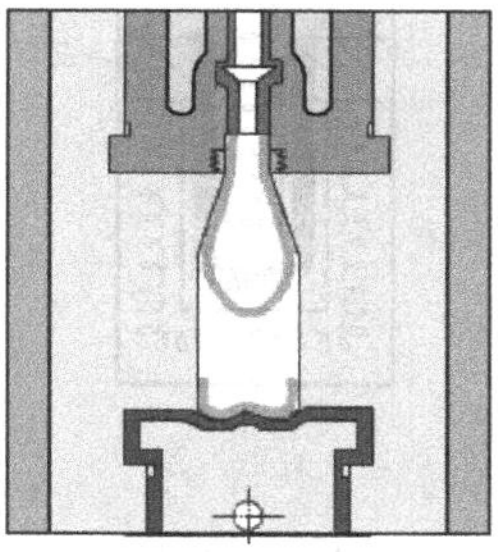

(a) 吹塑成型原理

(b) 吹塑成型模具

图 20-1 吹塑成型原理及模具

吹塑成型可以获得各种形状与大小的中空薄壁塑料制品，在工业中尤其是在日用工业中应用十分广泛。几乎所有的热塑性塑料都可以用于吹塑成型，尤其是 PE。

20.1.1 吹塑成型方法

吹塑成型方法主要有以下几种形式。

（1）挤出吹塑中空成型　挤出吹塑中空成型如图 20-2 所示。

（2）注射吹塑中空成型　这种方法是用注塑机在注塑模具中制成吹塑型坯，然后把热型坯移入吹塑模具中进行吹塑成型，如图 20-3 所示。

（3）注射拉伸吹塑成型　这种方法与注射吹塑相比，只是增加了将有底的型坯加以拉伸这一工序，成型过程如下。

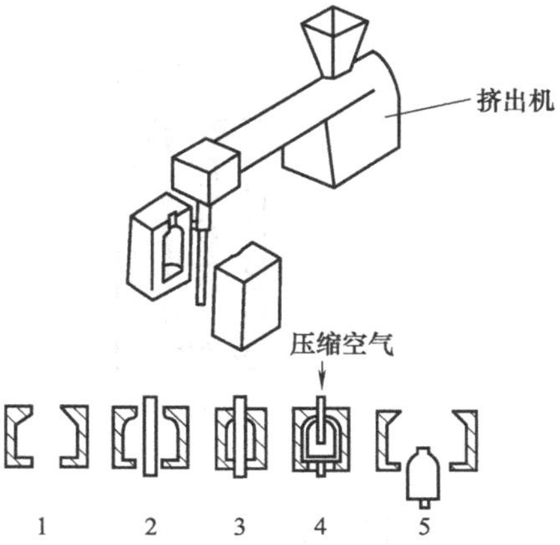

图 20-2 挤出吹塑中空成型

1—打开模具；2—型坯入模；3—闭模；4—吹气；5—保压冷却定型放气后脱模

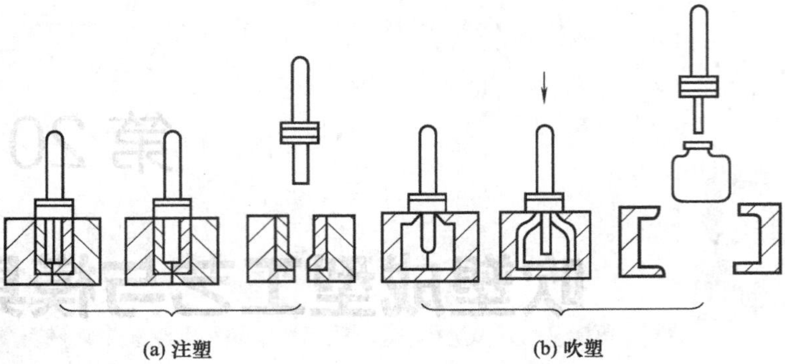

图 20-3　注射吹塑中空成型

① 把熔融塑料注入模具，急剧冷却，成型出透明的有底型坯，如图 20-4 所示。

② 将注射的型坯，其螺纹部分与模具螺纹成型块一起随转盘带动移到加热位置，用电热丝再将型坯内外加热，如图 20-5 所示。

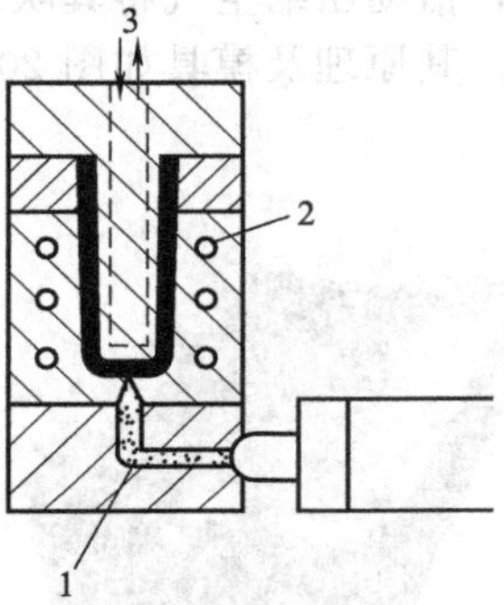

图 20-4　注射型坯

1—分流道；2—冷却水孔；3—冷却水

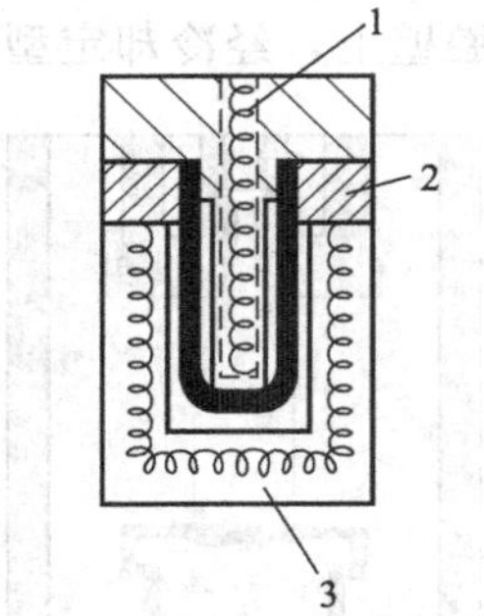

图 20-5　型坯加热

1—中心加热；2—螺纹成型块；3—电热丝

③ 将加热后有底型坯，移至拉伸吹塑位置，拉伸长 2 倍，如图 20-6（a）所示，吹塑成型如图 20-6（b）所示。

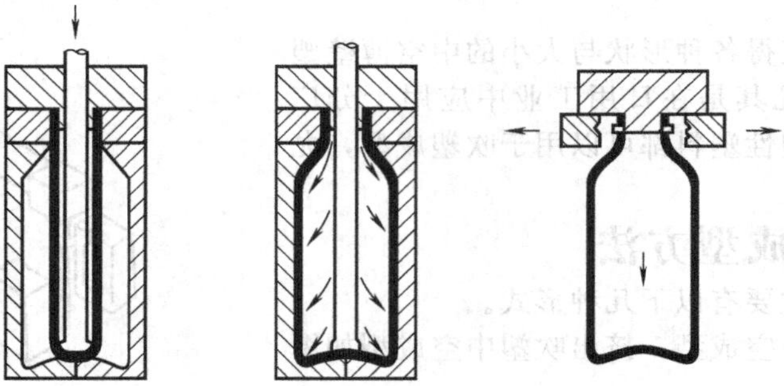

图 20-6　拉伸吹塑

④ 将拉伸吹塑后的制件移到下一位置，螺纹成型块半合部打开，取出制品，如图 20-6（c）所示。

这种成型设备实际上是一台多工位吹塑机，设有四个工位，每个工位相隔 90°。图 20-7 是注塑有底型坯的第一工位和拉伸吹塑的第三工位。

20.1.2 吹塑成型工艺特点

挤出吹塑是我国目前成型中空塑件制品的主要方法。下面以挤出吹塑为例介绍其工艺特点。

（1）加工温度和螺杆转速　原则是在既能挤出光滑而均匀的塑料型坯，又不会使挤压转动系统超负荷的前提下，尽可能采用较低的加工温度和较快的螺杆转速。

（2）成型空气压力　一般在 0.2～0.69MPa 范围内，主要根据塑料熔融黏度的高低来确定其大小。

黏度低的，如尼龙、聚乙烯，易于流动及吹胀，则成型空气压力可小一些；黏度高的，如聚碳酸酯、聚甲醛，流动及吹胀性差，那就需要较高的压力。

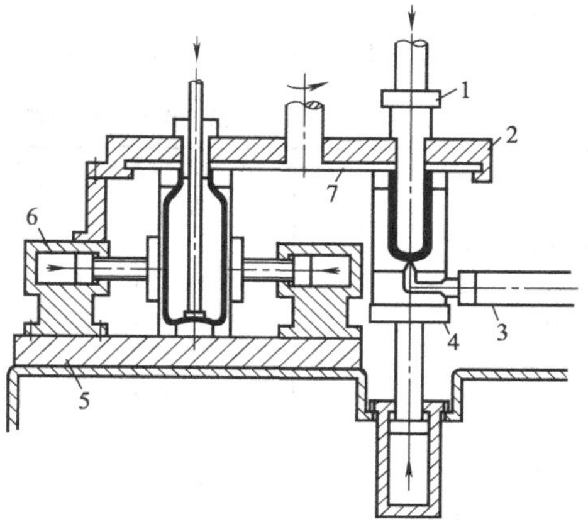

图 20-7　拉伸吹塑设备结构示意图

1—可动型芯；2—上模固定板；3—注射装置；4,5—可动下模板；6—油缸；7—转盘

成型空气压力大小还与制品的大小、型坯壁厚有关，一般薄壁和大容积制品宜用较高压力，而厚壁和小容积制品则用较低压力。最合适的压力在 0.1～0.9MPa 的压力范围内，以每递增 0.1MPa 的办法，分别吹塑成型一系列中空制件，用肉眼分辨其外形、轮廓、螺纹、花纹、文字等清晰程度而进行确定。

（3）吹胀比　制品尺寸和型坯尺寸之比，亦即型坯吹胀的倍数，称为吹胀比。

型坯尺寸和质量一定时，制品尺寸越大，型坯吹胀比越大。

虽然增大吹胀比可以节约材料，但制品壁厚变薄，成型困难，制品的强度和刚度降低；吹胀比过小，塑料消耗增加，制品有效容积减少；壁厚，冷却时间延长，成本增高。一般吹胀比为 2～4 倍，用 1∶2 较适宜，此时壁厚较均匀。

（4）模具温度和冷却时间　材料的熔融温度较高者，允许有较高的模具温度；反之，则应尽可能降低模具温度。模具温度过低，塑料冷却就过早，则形变困难，制品的轮廓和花纹等均会变得不清楚；若模具温度过高，则冷却时间延长，生产周期增加；如果冷却程度不够，则容易引起制品脱模形变、收缩率大和表面无光。

为防止聚合物因产生弹性回复作用引起制品形变，中空吹塑成型制品的冷却时间一般较长，可占成型周期的 1/3～2/3。

对厚度为 1～2mm 的制品，一般只需几秒到十几秒的冷却时间已足够。

表 20-1 为几种有代表性的塑料中空制件的吹塑成型工艺条件。

20.1.3 吹塑制品结构工艺特点

常见的中空成型制品几何形状有圆形、长方形、正方形、椭圆形、球形、异形等。进行中空制品的结构设计时，要综合考虑塑料制品的使用性能、外观、成型工艺性与成本等因素。也就是说，要确定好塑件的吹胀比、延伸比、螺纹、塑件上的圆角、支承面及脱模斜度等。下面分别叙述对它们的具体要求。

（1）吹胀比（B_R）　吹胀比表明了塑料制品径向最大尺寸与挤出机头口模尺寸之间的关系。当吹胀比确定后，便可根据塑料制品的最大径向尺寸及制品壁厚确定机头口模尺寸。机头口模与芯模间隙可用下式确定：

$$\delta = tB_R\alpha$$

式中　δ——口模与芯模的单边间隙；

t——制品壁厚；

B_R——吹胀比；

α——修正系数，一般取 1～1.5，它与加工塑料黏度有关，黏度大，取小值。

表 20-1　常用塑料中空制件的吹塑成型工艺条件

工艺条件	醋酸纤维素	硬聚氯乙烯	聚乙烯	尼龙 1010	聚碳酸酯
	电筒	500mL 瓶	浮球	100mL 瓶	圆筒
料筒温度/℃					
后	110～115	145～150	140～150	140～170	220～240
中	130～135	150～155		215～225	240～260
前	150～155	165～168	155～160	210～215	240～260
机头温度/℃	160～162	165～170	160	210～215	190～210
口模温度/℃	160	180	160	180～190	190～200
螺杆形式	渐变压缩	渐变压缩	渐变压缩	突变压缩	渐变压缩
型坯挤出时间/s	22	30	15	20	60
充气时间/s	12	15	15	10	20～30
冷却时间/s	3	3	5	5	10～15
总周期/s	45	55	40	40	120
充气压力/10Pa	0.3～0.34	0.4	0.3～0.4	0.2～0.3	0.69
充气方法	顶吹	顶吹	顶吹	顶吹	顶吹
吹胀比	1.5∶1	2∶1	2.5∶1	2∶1	1.6∶1
产品质量/g	50～55	75～80	80	7	300
螺杆转速/(r/min)	16.5	16.5	22	12	11.5
挤压机	ϕ45mm 立式挤出机	ϕ45mm 立式挤出机	ϕ89mm 卧式挤出机	ϕ30mm 卧式挤出机	ϕ50mm 立式挤出机

型坯截面形状一般要求与制品外形轮廓形状大小一致。如吹塑圆形截面瓶子，型坯截面应为圆形；若吹塑方形截面塑料桶，则型坯为方形截面，或用壁厚不均匀的圆形截面型坯，以获得壁厚均匀的方形截面桶。

(2) 延伸比（S_R）　在注射拉伸吹塑中，塑料制品长度与型坯长度之比称为延伸比。如图 20-8 所示，c 与 b 之比即为延伸比。延伸比确定后，型坯长度就可确定。在一般情况下，延伸比大的制品，其纵向和横向强度均较高，为保证制品的刚度和壁厚，生产中一般取 $S_R=4\sim6$ 为宜。

(3) 螺纹　吹塑成型的螺纹通常采用截面为梯形、半圆形，而不采用普通细牙或粗牙螺纹，因为后者难以成型。为了便于清理制品上的飞边，在不影响使用的前提下，螺纹可制成断续的，即在分型面附近的一段，塑料制品上不带螺纹，如图 20-9（a）所示。图 20-9（b）和（c）是用凸缘和凸环锁紧瓶盖的形式。

(4) 支承面　当中空制品需要一个面为支承时，一般应将该面设计成内凹形。这样不但支承平稳，而且具有较高的抗冲击性能。图 20-10（a）是不合理的，而图 20-10（b）是合理的。

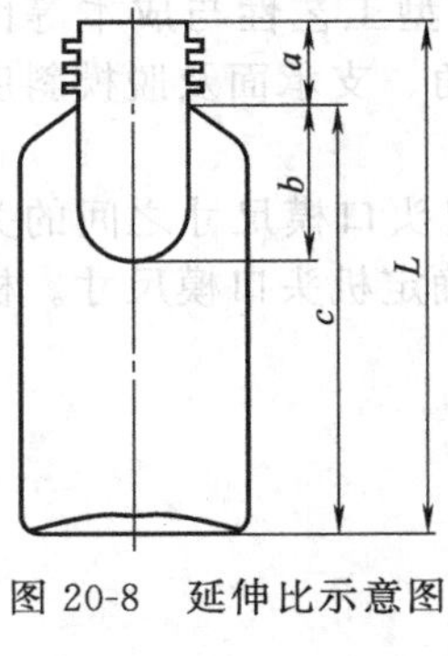

图 20-8　延伸比示意图

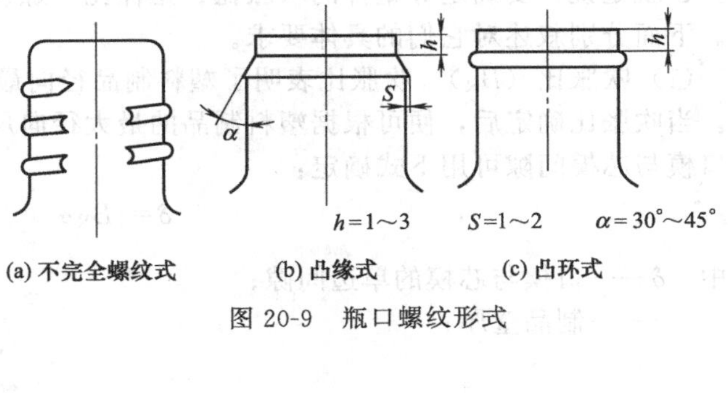

图 20-9　瓶口螺纹形式

（5）刚度　为提高容器刚度，一般在圆柱形容器上贴商标区开设圆周槽，圆周槽的深度宜小一些，如图 20-11（a）所示。在椭圆形容器上也可以开设锯齿形水平装饰纹，如图 20-11（b）所示。这些槽和装饰纹不能靠近容器肩部或底部，以免造成应力集中或降低纵向强度。

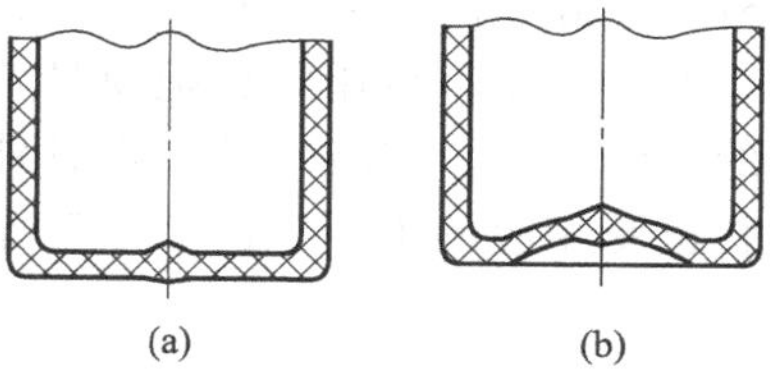

图 20-10　支承面设计

（6）纵向强度　包装容器在使用时，要承受纵向载荷作用，故容器必须具有足够的纵向强度。对于肩部倾斜的圆柱形容器，倾斜面的倾角与长度是影响纵向强度的主要参数。如图 20-12 所示，高密度聚乙烯的吹塑瓶，肩部 L 为 13mm 时，α 至少要 12°；L 为 50mm 时，α 应取 30°。如果 α 小，则由于垂直应力的作用，易在肩部产生瘪陷。肩部斜面与侧面交接处的圆角半径 r 应较大。

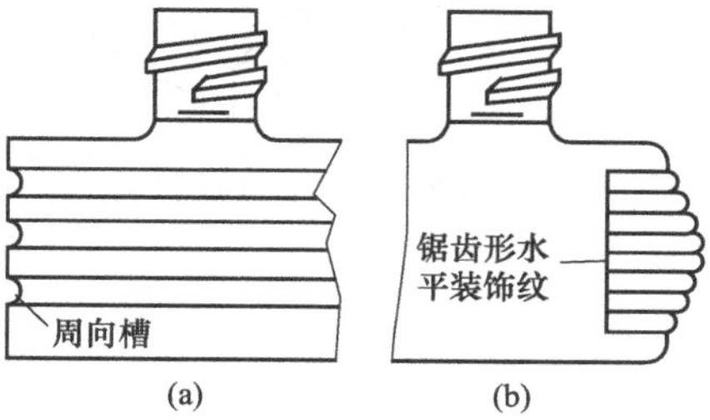

图 20-11　提高容器刚度的措施

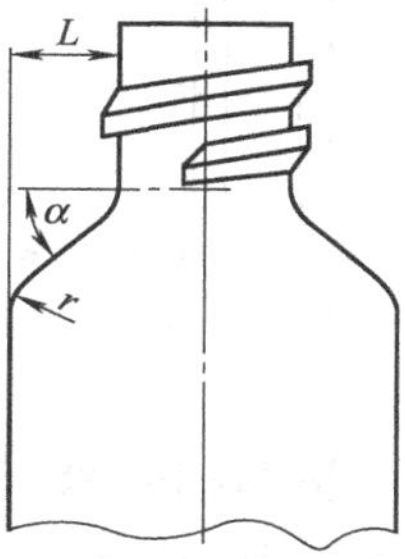

图 20-12　容器肩部倾斜面设计

若容器要承受大的纵向载荷作用，要避免采用如图 20-13 所示的波纹槽。这些槽会降低容器纵向强度，导致应力集中与开裂。

利用商标设计也是提高容器强度的方法，当然商标的凸字或花纹的位置及结构应合理。

（7）圆角　中空吹塑制品的转角、凹槽与加强肋要尽可能采用较大的圆弧或球面过渡，以利于成型和减小这些部位的变形，获得壁厚较均匀的塑料制品。

（8）脱模斜度　由于中空吹塑成型不需要凸模，且收缩大，故在一般情况下，脱模斜度即使为零也可脱模。但当制品表面有皮纹时，脱模斜度应在 3°以上。

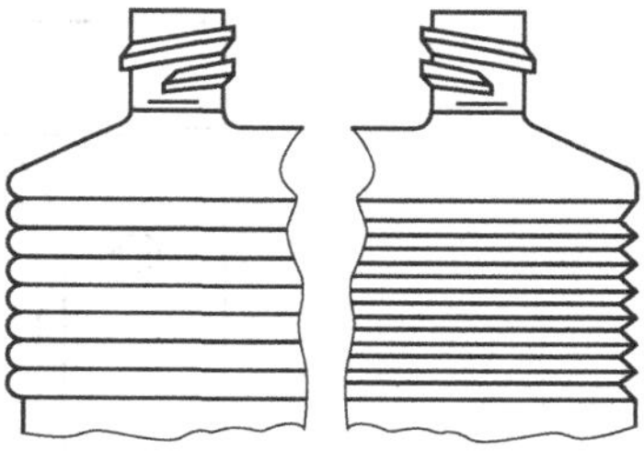
图 20-13　带周向波纹槽的容器

20.2　吹塑模具的分类及典型结构

20.2.1　吹塑模具分类

成型设备不同，模具的外形也不同。根据吹塑模具的工作情况，吹塑模具可分为以下两种类型。

（1）手动铰链式模具　手动铰链式模具依靠人工打开、闭合模具，它是由玻璃吹塑模具沿用过来的，现在已基本上不使用，仅用于小批量生产及试制。它的结构形式如图 20-14 所示，模腔是由两个半片组成的，在它的一侧装有铰链，在另一侧装有开、闭模手柄及闭锁销子。模具主体可用铸造法制作。

（2）平行移动式模具　平行移动式模具是由两半个具有相同型腔的模具组合而成的，吹塑机上的开、闭模装置有油压式、凸轮式、齿轮式、肘节式等多种。

通常都是直接用螺钉把模具安装在吹塑机上，依靠开、闭模装置进行开、闭模运动。模具的安装方法、安装尺寸、模具外形大小等都受到所用吹塑机的限制，因而造成塑件大小、形状也受相应的限制。图 20-15 所示的就是这种平行移动式模具。

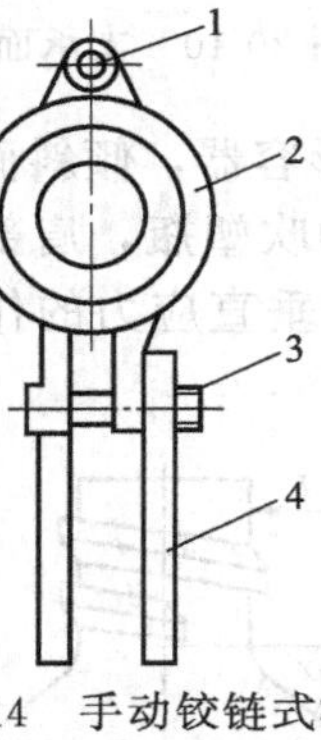

图 20-14　手动铰链式模具

1—铰链；2—型腔；3—锁紧零件；4—手柄

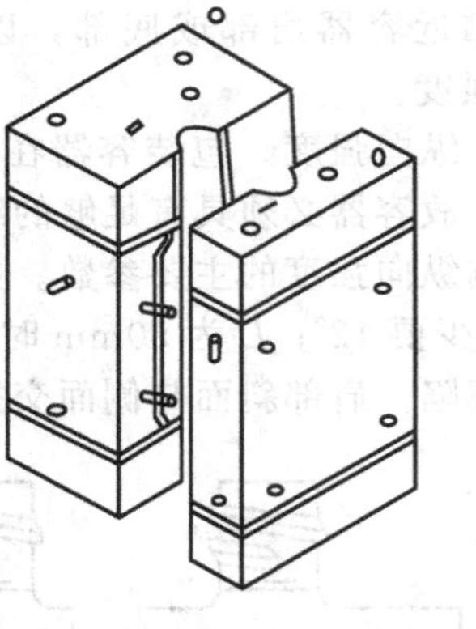

图 20-15　平行移动式模具

20.2.2　吹塑模具典型结构

吹塑模具的典型结构可分为以下两种类型。

(1) 组合式结构　模具整体由口板 1、腹板 2 和底板 5 组合而成，如图 20-16 所示。口板和底板用钢材制造，腹板用铝合金或其他材料制成。

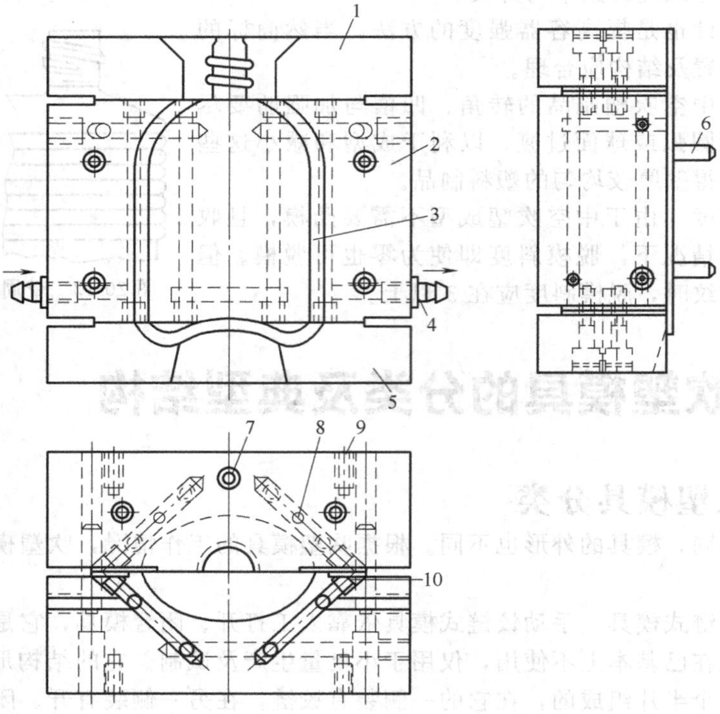

图 20-16　组合式吹塑模具

1—口板；2—腹板；3—塑件；4—水嘴；5—底板；6—导柱；7—固定螺钉；8—水道；9—安装螺孔；10—水堵

三部分用螺钉和圆销紧固。两半片的定位由装在腹板上的导柱保证。冷却水通路在腹板上做出。

为了保证三板之间的密合，每对板的接触面应减小，即在其左、右、后三面适当地去掉一部分，留下必要的接触部分，这样可以相对地增大板间的紧固力，避免使用中松动，产生缝隙，接触面的加工应保证平面性良好和必要的表面粗糙度。

（2）嵌镶式结构　模具整体由一块金属构成，一般采用铝合金铸件或锻锭，而在其口部和底部嵌入钢件，嵌件一般用压入方法，亦可用螺钉紧固，如图 20-17 和图 20-18 所示。

图 20-17 为整体铝锭制成的模体 2，在其上下各嵌入模口嵌件 1 和模底嵌件 5。模体上做出冷却水通路。而两半模的对合由导销 4 保证一致。

图 20-18 为铸造出冷却水通路的模体 5，其后面由盖板 6 把水路封闭。上下各嵌入模口嵌件 1、2 和模底嵌件 8、9。嵌件由两片组成，在其中间做出冷却水通路。两片的对合由导销 3 保证一致。

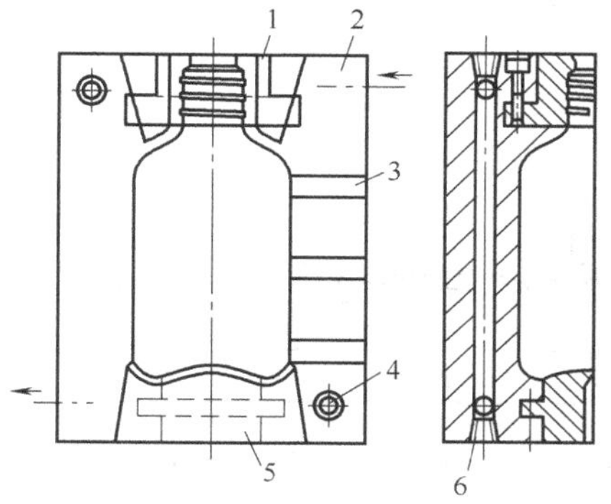

图 20-17　压入式结构

1—模口嵌件；2—模体；3—排气槽；4—导销；5—模底嵌件；6—堵头

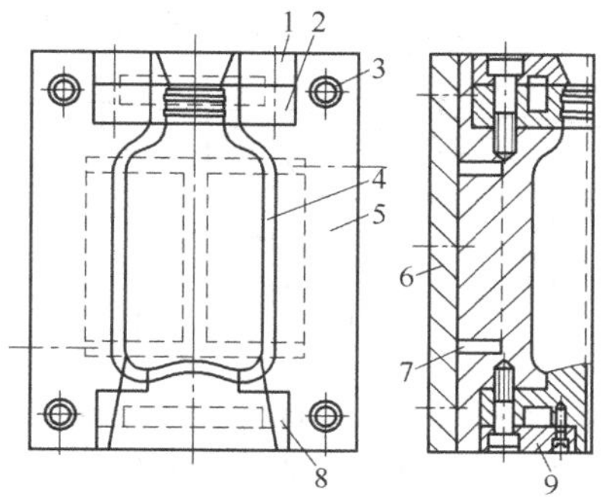

图 20-18　螺钉固定式结构

1,2—模口嵌件；3—导销；4—对合面；5—模体；6—盖板；7—冷却水路；8,9—模底嵌件

这种嵌镶式结构在制造上要求较高，因嵌件与模体之间必须接触紧密，否则容易发生漏水或在塑件上留有拼缝痕迹。可以采取先压嵌后加工的工艺方法。

20.3　吹塑模具设计要点

20.3.1　模口

成型瓶等容器类塑件时，模口成型瓶口部分，校正芯棒挤压成型瓶口内径并切除余料，成型时通过它吹入压缩空气。

模口的形式如图 20-19 所示。图 20-19（a）是具有锥形截断环的模口；图 20-19（b）是具有球面截断环的模口。

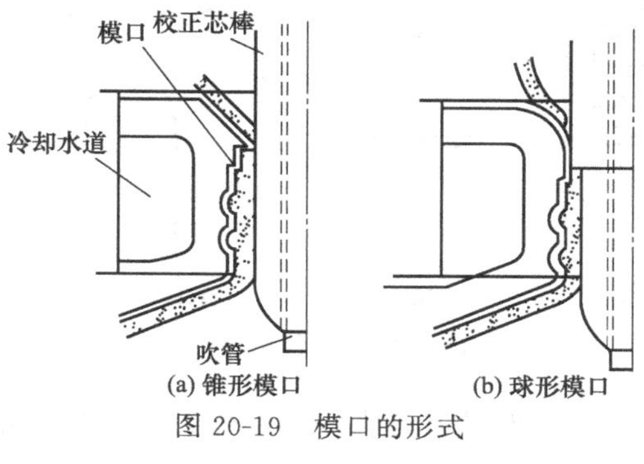

图 20-19　模口的形式

20.3.2　模底

采用注射吹塑成型时不需要切除余料，整体模底与模具本体分开，单独安装在机床的取件装置上，兼起取件的作用。若采用管状坯料进行吹塑成型时，模底为

两半个，分别装在两半个模具上，在合模时由剪切刃把余料切除，同时剪切刃还起夹持、密封型坯的作用。

剪切刃的宽度太小，角度太大，则剪切刃锐利，就有可能在吹制之前使型坯塌落，也有使熔接线厚度变薄的倾向。

如果剪切刃宽度太大，角度太小，则就有可能出现闭模不紧和切不断余料的现象。若使剪切刃平行地切除余料，则熔接线处的强度大小有改善。

有的资料认为，剪切刃平行部分的宽度为 0.5～1mm，角度约 15°时较好。为了防止型坯塌落，又便于清除余料，可以设置二道剪切刃。剪切刃是关键部分，具有剪切的口模，模底应采用像钢材、铍铜合金那样强度好而硬度大的材料。剪切刃处的粗糙度要小，热处理后要研磨抛光，大批量生产时要镀以硬质铬，并加以抛光。

图 20-20 是剪切刃截面形状的形式。图 20-20（a）为一般形式；图 20-20（b）是残留飞边的形式，b 为 0.2mm；图 20-20（c）是二道剪切刃的形式。

表 20-2 是对不同塑料进行吹塑成型时剪切口的推荐尺寸。

剪切口的切刃部应包括整个瓶底，如图 20-21 所示。

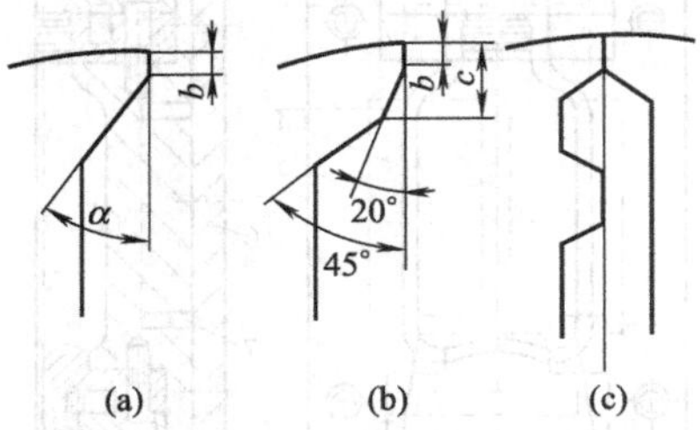

图 20-20 剪切刃截面形状的形式

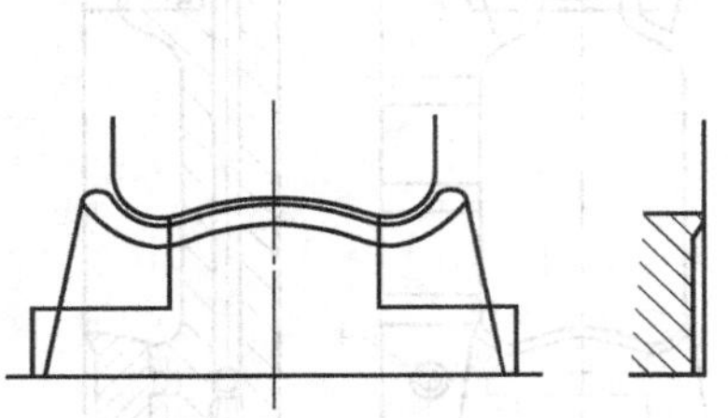
图 20-21 剪切口的切刃部形状

表 20-2 剪切口尺寸

塑料名称	b/mm	α	塑料名称	b/mm	α
聚甲醛及其共聚物	0.5	30°	聚苯乙烯及其改性物	0.5～1	30°
尼龙 6	0.5～4	30°～60°	聚丙烯	0.3～0.4	15°～45°
聚乙烯(低密度)	0.1～4	15°～45°	聚氯乙烯	0.5	60°
聚乙烯(高密度)	0.2～4	15°～45°			

20.3.3 排气孔

模具闭合后型腔是封闭状态，为了保证塑件的质量必须把模具内的原有空气加以排除。如果排气不良，就会在塑件表面上出现斑纹、麻坑、成型不完整等缺陷。应当特别注意的是，排气孔的部位应设在成型中空气容易储留的地方，即最后吹起来的地方，如多面体的角部、圆瓶的肩部等处。

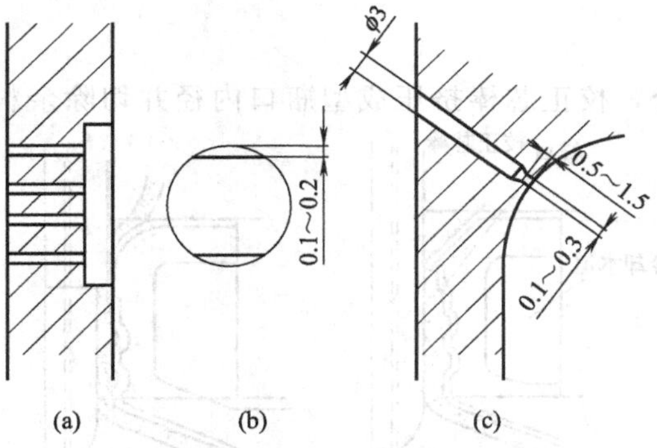

图 20-22 排气结构

如果可能的话，可在分型面上开设排气槽。排气槽的宽度为 10～20mm，深度为 0.030～0.05mm，用磨削和铣削的方法加工。在平面部分排气，可以采用以铜粉末冶金方法制造的多孔性金属来排气，如图 20-22（a）所示。

图 20-22（b）是在平面部位开设排气孔的方法，先钻一个直径约为 10mm 的孔，在该

孔中嵌入两面磨去 0.1～0.2mm 的圆柱销。利用形成的销、孔之间的间隙排气，不会给塑件留下痕迹。

图 20-22（c）是表示在角隅部及肩部开设排气孔的方法，排气孔的直径为 ϕ0.1～0.3mm，吹塑成型后也不会给塑件留下痕迹。还可以利用嵌件的排气间隙排气，如在瓶的首部及底部的嵌件处设置极为微小的间隙也可以排气。

20.3.4 模具的冷却

通常把吹塑模具的温度控制在 20～50℃范围内。模具温度低，则成型周期短，成型效率高。进行中空吹塑成型时，塑件各部分的厚度不一样，若冷却速度一样，厚壁部分就冷却慢，塑件表面会凹凸不平；又由于塑件各部分不均匀地冷却，在塑件中存有残余应力，故塑件易变形，抗冲击性和耐应力开裂性降低。由于来自型坯的热量与塑件的厚度成正比，因此有必要根据塑件的壁厚来对模具施行冷却。对于瓶类塑件，根据塑件的壁厚可把模具分为三部分，即首部、圆筒体部、底部。对模具也按此分为三部分进行冷却，以不同的冷却水温度，流速达到使各部分冷却速度相同，保证提高塑件的质量。

模具的冷却方式与一般注塑模具相同，也是用冷水冷却。冷却水通道可以用钻孔加工而成，也可以用铸造的办法加工出来。为了提高冷却效果，必要时可以在孔道中设置紊流器，用以增大冷却表面的面积。模具材料不同，热导率不同，也有必要注意防止在塑件相同壁厚处出现冷却不均匀的情况。

20.3.5 模具接触面

模具接触面若粗糙，则塑件上分裂线大而明显。若对模具接触面进行精细加工，则塑件上的分型线很细微，几乎看不见。为了使塑件上分型线不明显，必要时还可以使模具的接触面减小。模具接触面处磨损快、易划伤，在使用、保管中要特别加以注意。

20.3.6 模具型腔

在塑件外表面上常常设计有图案、文字、容积刻度等，有的塑件还要求表面为镜面、绒面、皮革面等，而往往由于模具型腔表面的加工情况直接地影响塑件表面状态，因此设计模具时应预先考虑到模具成型表面的加工问题。

若对模具成型表面进行研磨、电镀，则塑件表面粗糙度小。但随着使用时间的推移，模具成型面与型坯之间的气体不能完全排出，就造成塑件表面出现图状的花纹。因此对于成型聚乙烯制品的模具型腔表面，多采用喷砂处理过的粗糙表面，这不但有利于塑件脱模，而且也不妨碍塑件的美观。

对于模具型腔的加工来说，还有用电铸方法铸成模腔壳体后嵌入模体的；也有利用钢材热处理后的碳化物组织形状，通过酸腐蚀而做成类似皮革纹状的；也有用涂覆感光材料后，经过感光、显影、腐蚀等过程制作成有花纹的型腔表面的。

20.3.7 锁模力

设计吹塑模具时，所选用成型设备的锁模装置的锁模力要满足使两个半模能紧密闭合的要求。通常锁紧装置的锁模力 F 应比吹塑成型时在模腔内所形成的打开模具的力大 20%～30%。可以根据以下公式计算所要求的锁模力。

$$F \geqslant (1.2 \sim 1.3) P_1 S$$

式中 F——锁模力，kgf；

P_1——吹胀力，kgf/cm^2；

S——塑件在模具分型面上的投影面积，cm^2。

复习与思考

1. 何谓吹塑成型？吹塑成型主要有哪几类？
2. 吹塑成型塑件设计时应注意哪些问题？
3. 吹塑模具有哪些类型？各有何特点？
4. 采用管状坯料进行吹塑成型时，剪切刃的参数如何确定？
5. 吹塑模具如何排气？
6. 如何对吹塑模具进行冷却？

附　　录

附录 1　常用塑料英文缩写与中文对照表

英文缩写	中文全称	英文缩写	中文全称
ABS	丙烯腈-丁二烯-苯乙烯共聚物	PI	聚酰亚胺
AS	丙烯腈-苯乙烯树脂	PMCA	聚 α-氯代丙烯酸甲酯
AMMA	丙烯腈-甲基丙烯酸甲酯共聚物	PMMA	聚甲基丙烯酸甲酯
ASA	丙烯腈-苯乙烯-丙烯酸酯共聚物	POM	聚甲醛
CA	醋酸纤维素	PP	聚丙烯
CAB	醋酸丁酸纤维素	PPO	聚苯醚
CAP	醋酸丙酸纤维素	PPOX	聚环氧(丙)烷
CE	通用纤维素塑料	PPS	聚苯硫醚
CF	甲酚-甲醛树脂	PPSU	聚苯砜
CMC	羧甲基纤维素	PS	聚苯乙烯
CN	硝酸纤维素	PSU	聚砜
CP	丙酸纤维素	PTFE	聚四氟乙烯
CS	酪蛋白	PUR	聚氨酯
CTA	三醋酸纤维素	PVAC	聚醋酸乙烯
EC	乙烷纤维素	PVAL	聚乙烯醇
EP	环氧树脂	PVB	聚乙烯醇缩丁醛
EPD	乙烯-丙烯-二烯三元共聚物	PVC	聚氯乙烯
ETFE	乙烯-四氟乙烯共聚物	PVCA	聚氯乙烯醋酸乙烯酯
EVA	乙烯-醋酸乙烯共聚物	PVDC	聚偏二氯乙烯
EVAL	乙烯-乙烯醇共聚物	PVDF	聚偏二氟乙烯
FEP	全氟(乙烯-丙烯)塑料	PVF	聚氟乙烯
HDPE	高密度聚乙烯塑料	PVFM	聚乙烯醇缩甲醛
HIPS	高抗冲聚苯乙烯	PVK	聚乙烯咔唑
LDPE	低密度聚乙烯塑料	PVP	聚乙烯吡咯烷酮
MBS	甲基丙烯酸-丁二烯-苯乙烯共聚物	SAN	苯乙烯-丙烯腈塑料
MDPE	中密度聚乙烯	TPEL	热塑性弹性体
MF	蜜胺-甲醛树脂	TPES	热塑性聚酯
MPF	蜜胺-酚醛树脂	TPUR	热塑性聚氨酯
PA	聚酰胺(尼龙)	UF	脲醛树脂
PAA	聚丙烯酸	UP	不饱和聚酯
PAN	聚丙烯腈	UHMWPE	超高分子量聚乙烯
PB	聚 1-丁烯	VCE	氯乙烯-乙烯树脂
PBA	聚丙烯酸丁酯	VCMMA	氯乙烯-甲基丙烯酸甲酯共聚物
PC	聚碳酸酯	VCVAC	氯乙烯-醋酸乙烯树脂
PCTFE	聚氯三氟乙烯	VCOA	氯乙烯-丙烯酸辛酯树脂
PDAP	聚对苯二甲酸二烯丙酯	VCVDC	氯乙烯-偏氯乙烯共聚物
PE	聚乙烯	VCMA	氯乙烯-丙烯酸甲酯共聚物
PEO	聚环氧乙烷	VCEV	氯乙烯-乙烯-醋酸乙烯共聚物
PF	酚醛树脂		

附录 2 模塑件尺寸公差表（GB/T 14486—2008）

单位：mm

公差等级	公差种类	基本尺寸																											
		>0~3	>3~6	>6~10	>10~14	>14~18	>18~24	>24~30	>30~40	>40~50	>50~65	>65~80	>80~100	>100~120	>120~140	>140~160	>160~180	>180~200	>200~225	>225~250	>250~280	>280~315	>315~355	>355~400	>400~450	>450~500	>500~630	>630~800	>800~1000
标注公差的尺寸公差值																													
MT1	*a*	0.07	0.08	0.09	0.10	0.11	0.12	0.14	0.16	0.18	0.20	0.23	0.26	0.29	0.32	0.36	0.40	0.44	0.48	0.52	0.56	0.60	0.64	0.70	0.78	0.86	0.97	1.16	1.39
	b	0.14	0.16	0.18	0.20	0.21	0.22	0.24	0.26	0.28	0.30	0.33	0.36	0.39	0.42	0.46	0.50	0.54	0.58	0.62	0.66	0.70	0.74	0.80	0.88	0.96	1.07	1.26	1.49
MT2	*a*	0.10	0.12	0.14	0.16	0.18	0.20	0.22	0.24	0.26	0.30	0.34	0.38	0.42	0.46	0.50	0.54	0.60	0.66	0.72	0.76	0.84	0.92	1.00	1.10	1.20	1.40	1.70	2.10
	b	0.20	0.22	0.24	0.26	0.28	0.30	0.32	0.34	0.36	0.40	0.44	0.48	0.52	0.56	0.60	0.64	0.70	0.76	0.82	0.86	0.94	1.02	1.10	1.20	1.30	1.50	1.80	2.20
MT3	*a*	0.12	0.14	0.16	0.18	0.20	0.22	0.26	0.30	0.34	0.40	0.46	0.52	0.58	0.64	0.70	0.78	0.86	0.92	1.00	1.10	1.20	1.30	1.44	1.60	1.74	2.00	2.40	3.00
	b	0.32	0.34	0.36	0.38	0.40	0.42	0.46	0.50	0.54	0.60	0.66	0.72	0.78	0.84	0.90	0.98	1.06	1.12	1.20	1.30	1.40	1.50	1.64	1.80	1.94	2.20	2.60	3.20
MT4	*a*	0.16	0.18	0.20	0.24	0.28	0.32	0.36	0.42	0.48	0.56	0.64	0.72	0.82	0.92	1.02	1.12	1.24	1.36	1.48	1.62	1.80	2.00	2.20	2.40	2.60	3.10	3.80	4.60
	b	0.36	0.38	0.40	0.44	0.48	0.52	0.56	0.62	0.68	0.76	0.84	0.92	1.02	1.12	1.22	1.32	1.44	1.56	1.68	1.82	2.00	2.20	2.40	2.60	2.80	3.30	4.00	4.80
MT5	*a*	0.20	0.24	0.28	0.32	0.38	0.44	0.50	0.56	0.64	0.74	0.86	1.00	1.14	1.28	1.44	1.60	1.76	1.92	2.10	2.30	2.50	2.80	3.10	3.50	3.90	4.50	5.60	6.90
	b	0.40	0.44	0.48	0.52	0.58	0.64	0.70	0.76	0.84	0.94	1.06	1.20	1.34	1.48	1.64	1.80	1.96	2.12	2.30	2.50	2.70	3.00	3.30	3.70	4.10	4.70	5.80	7.10
MT6	*a*	0.26	0.32	0.38	0.46	0.52	0.60	0.70	0.80	0.94	1.10	1.28	1.48	1.72	2.00	2.20	2.40	2.60	2.90	3.20	3.50	3.90	4.30	4.80	5.30	5.90	6.90	8.50	10.60
	b	0.46	0.52	0.58	0.66	0.72	0.80	0.90	1.00	1.14	1.30	1.48	1.68	1.92	2.20	2.40	2.60	2.80	3.10	3.40	3.70	4.10	4.50	5.00	5.50	6.10	7.10	8.70	10.80
MT7	*a*	0.38	0.46	0.56	0.66	0.76	0.86	0.98	1.12	1.32	1.54	1.80	2.10	2.40	2.70	3.00	3.30	3.70	4.10	4.50	4.90	5.40	6.00	6.70	7.40	8.20	9.60	11.90	14.80
	b	0.58	0.66	0.76	0.85	0.96	1.06	1.18	1.32	1.52	1.74	2.00	2.30	2.60	2.90	3.20	3.60	3.90	4.30	4.70	5.10	5.60	6.20	6.90	7.60	8.40	9.80	12.10	15.00
未注公差的尺寸允许偏差																													
MT5	*a*	±0.10	±0.12	±0.14	±0.16	±0.19	±0.22	±0.25	±0.28	±0.32	±0.37	±0.43	±0.50	±0.57	±0.64	±0.72	±0.80	±0.88	±0.96	±1.05	±1.15	±1.25	±1.40	±1.55	±1.75	±1.95	±2.25	±2.80	±3.45
	b	±0.20	±0.22	±0.24	±0.25	±0.29	±0.32	±0.35	±0.38	±0.42	±0.47	±0.53	±0.60	±0.67	±0.74	±0.82	±0.90	±0.98	±1.06	±1.15	±1.25	±1.35	±1.50	±1.65	±1.85	±2.05	±2.35	±2.90	±3.55
MT6	*a*	±0.13	±0.16	±0.19	±0.23	±0.26	±0.30	±0.35	±0.40	±0.47	±0.55	±0.64	±0.74	±0.86	±1.00	±1.10	±1.20	±1.30	±1.45	±1.60	±1.75	±1.95	±2.15	±2.40	±2.65	±2.95	±3.45	±4.25	±5.30
	b	±0.23	±0.25	±0.29	±0.33	±0.36	±0.40	±0.45	±0.50	±0.57	±0.65	±0.74	±0.84	±0.96	±1.10	±1.20	±1.30	±1.40	±1.55	±1.70	±1.85	±2.05	±2.25	±2.50	±2.75	±3.05	±3.55	±4.35	±5.40
MT7	*a*	±0.19	±0.23	±0.28	±0.33	±0.38	±0.43	±0.49	±0.56	±0.55	±0.77	±0.90	±1.05	±1.20	±1.35	±1.50	±1.65	±1.85	±2.05	±2.25	±2.45	±2.70	±3.00	±3.35	±3.70	±4.10	±4.80	±5.95	±7.40
	b	±0.29	±0.33	±0.38	±0.43	±0.48	±0.53	±0.59	±0.66	±0.76	±0.87	±1.00	±1.15	±1.30	±1.45	±1.60	±1.75	±1.95	±2.15	±2.35	±2.55	±2.80	±3.10	±3.45	±3.80	±4.20	±4.90	±6.05	±7.50

注：1. *a* 为不受模具活动部分影响的尺寸公差值；*b* 为受模具活动部分影响的尺寸公差值。

2. MT1 级为精密级，具有采用严密的工艺控制措施和高精度的模具、设备、原料时才有可能选用。

附录3 塑件外侧蚀纹深度与脱模斜度对照表

目前蚀纹最大的公司是Mold-Tech，几乎所有国外厂商提供的蚀纹规格都是以这家公司为准。表1为塑件外侧蚀纹深度与脱模斜度对照表。表格中脱模斜度是根据ABS料测定而得，实际运用时要根据成型条件、成型塑料、壁厚的变化等情况做调整。

在模具设计之前即应确认蚀纹型号与脱模斜度，避免蚀纹后塑件蚀纹面产生拖花的现象。

表1 塑件外侧蚀纹深度与脱模斜度对照表

编号	蚀纹深度(英制)/in	最小脱模斜度/(°)
MT-11000	0.0004	1.5
MT-11010	0.001	2.5
MT-11020	0.0015	3
MT-11030	0.002	4
MT-11040	0.003	5
MT-11050	0.0045	6.5
MT-11060	0.003	5.5
MT-11070	0.003	5.5
MT-11080	0.002	4
MT-11090	0.0035	5.5
MT-11100	0.006	9
MT-11110	0.0025	4.5
MT-11120	0.002	4
MT-11130	0.0025	4.5
MT-11140	0.0025	4.5
MT-11150	0.00275	5
MT-11160	0.004	6.5
MT-11200	0.003	4.5
MT-11205	0.0025	4
MT-11210	0.0035	5.5
MT-11215	0.0045	6.5
MT-11220	0.005	7.5
MT-11225	0.0045	6.5
MT-11230	0.0025	4
MT-11235	0.004	6
MT-11240	0.0015	2.5
MT-11245	0.002	3
MT-11250	0.0025	4
MT-11255	0.002	3
MT-11260	0.004	6
MT-11265	0.005	7
MT-11270	0.004	6
MT-11275	0.0035	5
MT-11280	0.0055	8

注：1in=25.4mm。

附录4 模具优先采用的标准尺寸

在GB/T 2822—1981《标准尺寸》基础上，考虑到模具标准的通用性，我国模具标准化技术委员会制定了指导性文件《模具用标准尺寸》，其内容包括表1和表2所示的板类零件和轴类、轴套类零件的标准尺寸。

表1 模具用板类零件标准尺寸 单位：mm

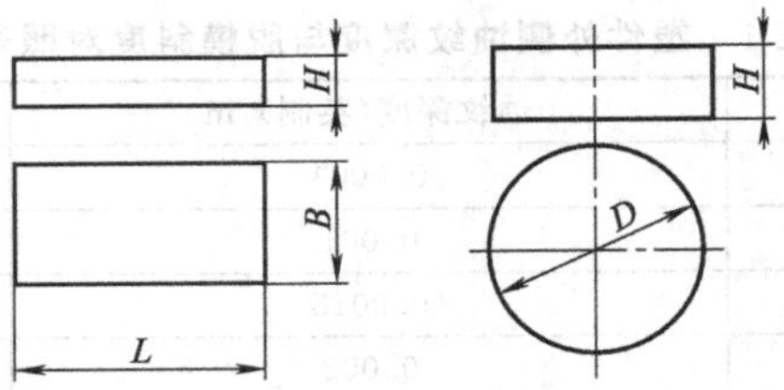

L、B、D		H	
第一系列	第二系列	第一系列	第二系列
10.0，12.5（12），16.0，20.0，25.0，31.5(32)，40.0，50.0，63.0，80.0，100，125，160，200，250，315(320)，355，400，450，500，560，630，710，800，900，1000	11.2（11），14.0，18.0，22.4，28.0，35.5(36)，45.0，56.0，71.0，90.0，112，140，180，224，280，375(380)，425(420)，475(480)，530，600，670，750，850，950	4.0，6.0，8.0，10.0，12.5，16.0，20.0，25.0，32.0，40.0，50.0，63.0，80.0，100，125，160，200，250	5.0，7.1，9.0，11.2，14.0，18.0，22.4，28.0，35.5，45.0，56.0，90.0，112，140，180，224

表2 模具用轴类、轴套类零件标准尺寸 单位：mm

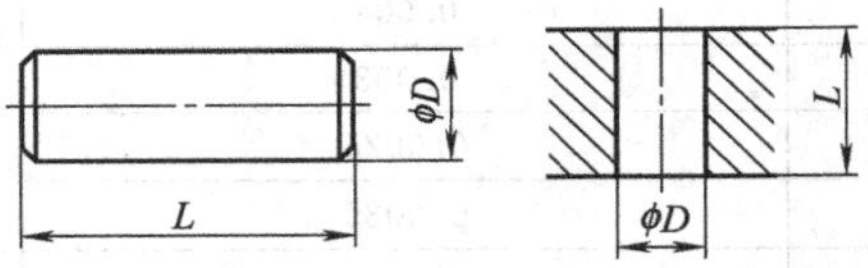

D		L	
第一系列	第二系列	第一系列	第二系列
1.0，1.25(1.2)，1.6，2.0，2.5，3.15(3.0)，4.0，5.0，6.3(6.0)，8.0，10.0，12.5(12)，16.0，20.0，25.0，31.2(32)，40.0，50.0，63.0，80.0，100	1.12(1.1)，1.4，1.8，2.24(2.2)，2.8，3.55(3.5)，4.5，5.6(5.5)，7.1，9.0，11.2，14.0，18.0，22.4，28.0，35.5，(36)，45.0，56.0，71，90	10.0，12.5(12)，10.0，12.5(12)，16.0，20.0，25.0，31.5(32)，40.0，50.0，63.0，80.0，100，125，160，200，250，315(320)，355，400，450，500，560，630，710，800，900，1000	11.2，14.0，18.0，14.0，28.0，35.5，45.0，56.0，71.0，90.0，112，140，180，224，280，375(380)，425，475，530，600，670，750，850，950

表1和表2中的数值可搭配使用，第一系列为优选数系，括号内数值为取整处理。注塑模具零件的起始规格和最大规格，要根据模具使用对象，即塑件的尺寸范围、重量和数量确定，使其经济上合算、技术上合理。

附录 5　注塑模具术语中英文对照表

序号	中文名	英文名	序号	中文名	英文名
1	浇注系统	feed system	41	定位圈	locating ring
2	进料位置	gate location	42	浇口套	sprue bushing
3	浇口	gate	43	固定板	retainer plate
4	浇口形式	gate type	44	托板	support plate
5	侧浇口	edge gate	45	垫板 /支承板	backing plate
6	点浇口	pin-point gate	46	定位板	locating plate
7	直接浇口	direct gate	47	挡板	stop plate
8	环形浇口	ring gate	48	方铁	spacer block
9	盘形浇口	disk gate	49	模具底板	bottom clamp plate
10	潜伏浇口	submarine gate	50	定模板	A　plate
11	扇形浇口	fan gate	51	动模板	B　plate
12	护耳浇口	tab gate	52	推板	stripper plate/ ejector plate
13	浇口大小	gate size	53	推件底板	ejector support plate
14	转浇口	switching gate	54	推件固定板	ejector retainer plate
15	浇注口直径	sprue diameter	55	导板	guide plate
16	流道	runner	56	滑板	slide plate
17	热流道	hot runner	57	隔热板	insulated plate
18	冷流道	cold runner	58	定模型腔	cavity
19	圆形流道	round runner	59	动模型芯	core
20	梯形流道	trapezoidal runner	60	活动型芯	movable core
21	模流分析	mold flow analysis	61	定模镶件	cavity insert
22	流道平衡	runner balance	62	动模镶件	core insert
23	热射嘴	hot sprue	63	镶针	core pin
24	热流道板	hot manifold	64	螺纹型芯	threaded core
25	发热管	cartridge heater	65	导柱	leader pin/guide pin
26	探针	thermocouples	66	导套	bushing/guide bushing
27	插头	connector plug	67	推件固定板导套	ejector guide bushing
28	插座	connector socket	68	推件固定板导柱	ejector guide pin
29	密封圈	“O” ring/seal ring	69	流道板导套	support bushing
30	冷却水	water line	70	流道板导柱	support pin
31	喉塞	pipe plug	71	斜导柱	angle pin
32	喉管	tube	72	弯销	dog-leg cam
33	塑料管	plastic tube	73	滑块(行位)	slide
34	隔片	buffle	74	斜滑块	angled-lift splits
35	模具零件	mold components	75	斜顶	angle from pin
36	三板模	three-plate mold	76	楔紧块	wedge
37	二板模	two-plate mold	77	耐磨板	wedge wear plate
38	双层模	two-plate mould	78	压条(块)	plate
39	三层模	three-plate mould	79	限位钉	stop pin
40	模架(坯)	mold base	80	斜顶(斜推杆)	angle ejector rod

序号	中文名	英文名	序号	中文名	英文名
81	撑柱(头)	support pillar	117	雕字	engrave
82	拉料杆	sprue puller	118	基准	datum
83	先复位机构	early return	119	注射压力	injection pressure
84	先复位杆	early return bar	120	成型压力	moulding pressure
85	弹簧柱	spring rod	121	锁模力	clamping force
86	弹簧	die spring	122	开模力	mould opening force
87	波子弹簧	ball catch	123	抽芯力	core-pulling
88	定位销	dowel pin	124	抽芯距离	core-pulling distance
89	内模管位	core/cavity inter-lock	125	抛光	buffing
90	推杆	ejector pin	126	飞边	flash / buns
91	有托推杆	stepped ejector pin	127	流痕	ripples
92	推管	ejector sleeve	128	填充不足	short shot
93	推管型芯	ejector pin	129	收缩凹痕	sink marks
94	推块	ejector pad	130	熔接痕	weld line
95	扁推杆	ejector blade	131	银纹	spray marks
96	推板	push bar	132	拉丝	string
97	锁扣	latch	133	顶白	stress marks
98	活动臂	lever arm	134	气纹	vent marks
99	复位杆	return pin	135	弯曲	warpage
100	撬模槽	ply bar score	136	公差	tolerance
101	斜度锁	taper lock	137	注射周期	moulding cycle
102	直身锁(边锁)	side lock	138	分型线	mould parting line
103	锁模块	lock plate	139	排气	breathing
104	扣基	parting lock set	140	填充剂	filler
105	螺钉	screw	141	阻燃剂	flame retardant
106	山打螺钉	S. H. S. B	142	聚合物	polymer
107	尼龙塞	nylon latch lock	143	树脂	resin
108	气阀	valves	144	润滑剂	lubricant
109	分型面排气槽	parting line venting	145	黏结剂	adhesive
110	老化	aging	146	催化剂	accelerator
111	光泽	gloss	147	添加剂	additive
112	双色注塑	double-shot moulding	148	抗氧化剂	antioxidant
113	线切割	wire cut	149	抗静电剂	antigtatic agent
114	火花电蚀	EDM	150	着色剂	colorant
115	电极(铜公)	copper electrode	151	稳定剂	stabilizer
116	数控加工	CNC	152	增塑剂	plasticizer

附录6　通用模具术语与珠江三角洲地区模具术语对照表

通用	珠江三角洲地区	通用	珠江三角洲地区
注塑机	机合	三板模	细水口模(简化细水口模)
二板模	大水口模	动模	后模、公模
定模	前模、母模	动模板	B板、公模板
定模板	A板、母模板	三板模和二板模动、定模导柱	边钉或导承销
三板模流道板导柱	水口边、长导柱		
凹模	前模镶件(cavity)或母模仁	凸模	后模镶件或公模仁
型芯	镶可(core)或入子	圆型芯	镶针或型芯
推件固定板导套	中托司(EGB)	推件固定板导柱	中托边(EGP)
直身导套	直司(GB.)	带法兰导套	托司或杯司(G.B.)
推件固定板	面针板(或顶针面板)	流道推板	水口推板(水口板)
定位圈	定位器(Loc. ring)	支承板	活动靠板
定模座板	面板或上固定板	动模座板	底板或下固定板
分型面	分模面(P.L.)	推板	顶板
垫块	方铁	浇口套	唧嘴或灌嘴
弹簧	弹弓(sping)	支承柱	撑头(SP.)
复位杆	回(位)针(R.P)	螺栓	螺丝(scrow)
楔紧块(锁紧块)	铲基	销钉	管钉
侧抽芯	滑块入子	侧向滑块	行位(slider)
斜滑块	弹块、胶杯	斜导柱	斜边
推杆	顶针(E.J. pin)	斜推杆	斜顶、斜方
定距分型机构	开闭器,扣基	推管(推管型芯)	司筒(司筒针)
限位钉	垃圾钉(STP)	加强筋	骨位
侧浇口	大水口	浇口	入水(或水口)
潜伏式浇口	潜水、隧道浇口	点浇口	细水口
冷却水	运水	热射嘴	热唧嘴
排气槽	分模隙	水管接头	水喉
抛光	省模	脱模斜度	啤把
电极	钢公	蚀纹	咬花
飞边	披锋(flash)	填充不足	啤不满(short shot)
熔接痕	夹水纹(weld line)	收缩凹陷	缩水(sink mark)
注塑模	塑胶模	银纹	水花(silver streak)

附录 7 注塑模具常见加工方法与加工工艺一览表

加工方法	加工时间	加工精度	加工成本	加工工艺特点描述	模具加工一般应用
锯床	短	低	少	—	各种金属材料的下料
钻床	短	低	少	只能加工圆形的孔，对于一般的钻头，工件材料的硬度不能超过 40HRC	(1)冷却水孔、推杆孔、螺纹底孔、定位孔；(2)精度要求低的孔及为精度要求高的孔粗加工
车床	中	中	中	只能加工圆形的孔、轴及环形槽，一般来讲，工件的硬度不要超过 50HRC	撑头、定位圈、浇口套、导套、圆形镶件等的内外圆加工
铣床	中	中	中	不能加工曲面，工件的硬度一般不要超过 50HRC	(1)A、B 板开框，滑块槽、码模坑、撬模槽；(2)滑块、压板、耐磨板预加工；(3)锁紧块、定位板、挡板的加工；(4)规则内模、滑块(侧抽芯)、型芯、铜电极加工或预加工
平面磨床	中	高	中	不能加工曲面	内模镶件、滑块(侧抽芯)、压板、耐磨板等精加工，其他表面光洁度较高的平面加工
火花机	长	高	高	—	(1)内模镶件、滑块(侧抽芯)、型芯零件成型加工；(2)重要尺寸加工；(3)铣床、CNC 等后续清角加工
线切割	长	高	高	(1)不能加工盲孔；(2)工件高度不超过 400mm；(3)斜度不超过 12°	(1)内模镶件、滑块(侧抽芯)的非圆通孔(镶件、斜顶)；(2)异形镶件、斜推杆加工
CNC(数控铣床)	中	高	高	能加工曲面，但有些地方不能清角	(1)A、B 板开框，滑块(侧抽芯)导向槽、码模坑、撬模槽、模架浇口套孔；(2)滑块(侧抽芯)、内模镶件、型芯加工；(3)异形零件加工；(4)重要零件加工；(5)铜电极加工或预加工
深孔钻	短	中	高	—	内模镶件、模架的冷却水孔和推杆孔
蚀纹	长	中	高	保证加工部分能感光	模具上的图案、纹理加工
抛光	长	—	低	保证加工部分能容纳抛光工具	(1)模具成型表面；(2)模具火花机加工的后续工序
铸钢/铸铜	长	低	高	(1)一定要有模型(样板)；(2)加工出来的产品易渗水	玩具类模具且花纹较多的内模镶件、滑块、侧抽芯、型芯

附录 8　模具的价格估算与结算方式

1. 模具价格的估算方法

(1) 比例系数法　模具价格由下列各项组成。

模具价格=材料费+设计费+加工费与利润+试模费+包装运输费+增值税

其中，材料费（包括材料和标准件）约占模具总费用的 30%；设计费约占模具总费用的 5%；加工费（包括管理费）与利润占模具总费用的 40%～50%；试模费，大中型模具可控制在 3%左右，小型精密模具可控制在 5%左右；包装运输费可按实际计算或按 3%计算；增值税占模具总价格的 17%。

(2) 材料系数法　根据模具尺寸和材料价格由下式估算：

模具价格=(3～4)×材料费

系数大小根据模具精度和复杂程度确定，有侧向抽芯机构（包括斜推杆）的模具，其价格至少要取材料费的 4 倍。

2. 模具报价及模具价格

(1) 模具报价单的填写　模具价格估算后，一般要以报价单的形式向外报价。报价单的主要内容有：模具报价，周期，要求达到的模次（寿命），对模具的技术要求与条件，付款方式及结算方式以及保修期等。

(2) 模具报价与模具估算价格的关系　模具的报价往往并非模具最后的价格。报价是讲究策略的，正确与否直接影响模具的价格，影响模具利润的高低，影响所采用的模具生产技术管理等水平的发挥。

(3) 模具价格与模具报价的关系　模具价格是经过双方认可且签订在合同上的价格。这时形成的模具价格，有可能高于估价或低于估价，但通常都低于报价。当商讨的模具价格低于模具的保本价格时，需重新提出修改模具要求、条件、方案等，降低一些要求，以期可能降低模具成本，重新估算后，再签订模具价格合同。

应当指出，模具是属于科技含量较高的专用产品，不应当用低价，甚至是亏本价去迎合客户。而是应该做到优质优价，把保证模具的质量、精度、寿命放在第一位，而不应把模具价格看得过重，否则，容易引起误导。追求模具低价，就较难保证模具的质量、精度、寿命。价廉质次一般不是模具行业之所为。

3. 模具价格的结算方式

模具的结算是模具设计与制造的最终目的。模具的价格也以最终结算到的价格为准，即结算价才是最终实际的模具价格。按惯例，结算方式一般有以下几种。

(1) “五五”式结算　模具合同签订开始之日，即预付模价款的 50%，其余 50%，待模具试模验收合格后，再付清。

(2) “六四”式结算　模具合同签订生效之日，即预付模价款的 60%，其余 40%，待模具试模合格后，再结清。

(3) “三四三”式结算　模具合同签订生效之日，预付模价款的 30%，等参与设计会审、模具材料备料到位，开始加工时，再付 40%模价款，其余 30%，等模具合格交付使用后，1 周内付清。

(4) “四三三”式结算　模具合同签订生效之日，预付模价款的 40%，第一次试模(first shot)后，再付 30%模价款，剩下的 30%，于模具生产一段时间后，常常是产品出第一批货后结清。这种结算方式在珠江三角洲地区使用较普遍。

参考文献

[1] 张维合．注塑模具设计实用教程．北京：化学工业出版社，2007．

[2] 张维合．注塑模具复杂结构100例．北京：化学工业出版社，2010．

[3] 张维合．注塑模具设计实用手册．北京：化学工业出版社，2011．

[4] 黄虹．塑料成型加工与模具．北京：化学工业出版社，2003．

[5] 池成忠．注塑成型工艺与模具设计．北京：化学工业出版社，2010．

[6] 屈华昌．塑料成型工艺与模具设计．北京：机械工业出版社，1996．

[7] [加] 瑞斯 H．模具工程．朱元吉等译．北京：化学工业出版社，2009．